U0415528

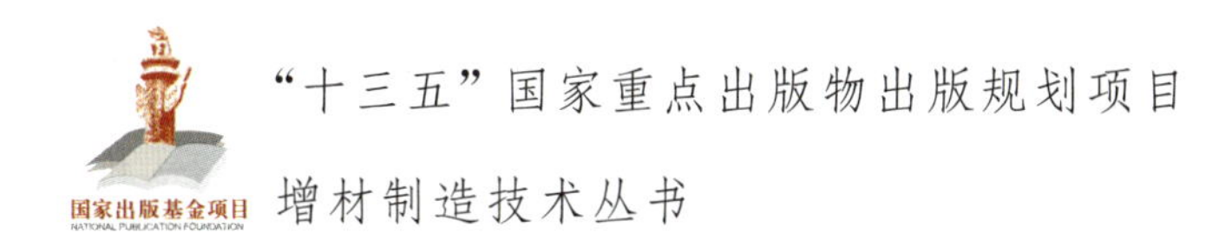

粉末床激光熔融技术

Laser Powder Bed Fusion Additive Manufacturing Technology

王 迪 杨永强 刘 洋 白玉超 谭超林 著

国防工业出版社
·北京·

内 容 简 介

本书系统地介绍粉末床激光熔融技术及其应用，总结作者多年来有关粉末床激光熔融技术(国内称为激光选区熔化技术)的研究和实践成果。全书共分15章，包括绪论，粉末床激光熔融设备组成与操作流程，粉末床激光熔融零件成形质量影响因素，单道、多道与多层熔融成形、粉末床激光熔融工艺过程不稳定因素与缺陷种类，典型的几何形状特征加工，激光与振镜延时对打印质量影响，工业和医学应用典型案例，粉末床激光熔融技术前沿与未来发展，粉末床激光熔融过程激光安全与粉末污染等。

本书主要基于作者所在团队近15年来在科研、工程开发方面的经验与数据编撰而成，不仅包括对粉末床激光熔融技术理论的深入分析，也囊括大量在设备调试、工艺开发、材料测试等阶段积累的工程经验，可供从事金属3D打印上游(面向增材制造技术设计、金属粉末原材料)、中游(装备研究与开发、材料工艺与性能提升)、下游(行业应用)工作的科研、工程开发等人员作为技术学习资料。也可供从事机械工程、激光技术和装备制造等领域的科技工作者参考，可作为高等院校学生教学参考书。

图书在版编目(CIP)数据

粉末床激光熔融技术 / 王迪等著. —北京：国防工业出版社，2021.11

(增材制造技术丛书)

“十三五”国家重点出版项目

ISBN 978-7-118-12404-0

Ⅰ.①粉… Ⅱ.①王… Ⅲ.①激光熔覆 Ⅳ.①TG174.445

中国版本图书馆CIP数据核字(2021)第216432号

※

国防工業出版社 出版发行

(北京市海淀区紫竹院南路23号 邮政编码100048)

雅迪云印（天津）科技有限公司印刷

新华书店经售

*

开本 710×1000 1/16 **印张** 32¾ **字数** 592千字

2021年11月第1版第1次印刷 **印数** 1—3 000册 **定价** 198.00元

(本书如有印装错误，我社负责调换)

国防书店：(010)88540777 书店传真：(010)88540776

发行业务：(010)88540717 发行传真：(010)88540762

总　序

Foreword

增材制造（additive manufacturing，AM）技术，又称为3D打印技术，是采用材料逐层累加的方法，直接将数字化模型制造为实体零件的一种新型制造技术。当前，随着新科技革命的兴起，世界各国都将增材制造作为未来产业发展的新动力进行培育，增材制造技术将引领制造技术的创新发展，加快转变经济发展方式，为产业升级提质增效。

推动增材制造技术进步，在各领域广泛应用，带动制造业发展，是我国实现强国梦的必由之路。当前，推动制造业高质量发展，实现传统制造业转型升级等，成为我国制造业发展的重中之重。在政府支持下，我国增材制造技术得到了迅速的发展，增材制造技术与世界先进水平基本同步，高性能复杂大型金属承力构件增材制造等部分技术领域已达到国际先进水平，已成功研制出光固化成形、激光选区烧结成形、激光选区熔化成形、激光净成形、熔融沉积成形、电子束选区熔化成形等工艺装备。增材制造技术及产品已经在航空航天、汽车、生物医疗等领域得到初步应用。随着我国增材制造技术蓬勃发展，增材制造技术在各领域方向的研究取得了重大突破。

增材制造技术发展日新月异，方兴未艾。为此，我国科技工作者应该注重原创工作，在运用增材制造技术促进产品创新设计、开发和应用方面做出更多的努力。

在此时代背景下，我们深刻感受到组织出版一套具有鲜明时代特色的增材制造领域学术著作的必要性。因此，我们邀请了领域内有突出成就的专家学者和科研团队共同打造了这套能够系统反映当前我国增材制造技术发展水平和应用水平的科技丛书。

“增材制造技术丛书”从工艺、材料、装备、应用等方面进行阐述，系统梳理行业技术发展脉络。丛书对增材制造理论、技术的创新发展和推动这些技术的转化应用具有重要意义，同时也将提升我国增材制造理论与技术的学术研究水平，引领增材制造技术应用的新方向。相信丛书的出版，将为我国增材制造技术的科学研究和工程应用提供有价值的参考。

卢秉恒

卢秉恒，中国工程院院士，西安交通大学教授。

前　言

—

Preface

自 2015 年以来，中国陆续颁布了全面提升中国制造业发展质量和水平的重大部署文件，在已纳入国家重点发展领域的规划中，具有重大意义的当属增材制造技术（additive manufacturing，AM，又称 3D 打印技术）。该技术是基于增材制造原理的一种高新技术，与传统去除材料的减材制造或使用各种成形工艺的等材制造都不相同：3D 打印技术以三维数字模型为基础，将材料通过分层制造、逐层叠加的方式累加制造三维实体，是集先进制造、智能制造、绿色制造、新材料、精密控制等技术于一体的新技术。增材制造技术从原理上突破了复杂异型构件的技术瓶颈，实现材料微观组织与宏观结构的可控成形，从根本上改变了传统“制造引导设计、制造改变设计”的设计理念，真正意义上实现了向“设计引导制造、功能性优先设计、拓扑优化设计”的转变，为全产业技术创新、军民深度融合、新兴产业和国防事业的兴起与发展开辟了巨大空间。

在各种增材制造技术中，金属增材制造是门槛最高、前景最好、最前沿的技术之一，被称为“增材制造皇冠上的明珠”。在所有的金属增材制造技术中，应用最广泛的就是基于激光的粉末床熔融技术。粉末床激光成形具有高能量密度、细微光斑等特点，几乎可以直接成形任意复杂结构且具有冶金结合、组织致密、力学性能良好的金属零件，已广泛应用于航空航天、医疗、模具等领域。

本书是作者所在团队多年来对从事的粉末床激光熔融技术理论研究和实践应用工作成果的总结。作者从 2006 年开始在该领域学习和研究，本书内容汇聚了作者团队长期的理论和实践经验，大部分参考文献来自作者研究论文或指导的学位论文。本书重视理论和实践应用的研究，首先，在自身研究的基础上，引用了国内外该领域成熟的理论和基本观点；其次，结合自身的研究，重点阐述了该领域内有着广阔发展前景、广泛应用价值以及工业现代化所需的新技术。

本书内容丰富，共分15章，相关的内容如下：

第1章为绪论，简要介绍粉末床激光熔融技术的原理及发展历史。

第2章为粉末床激光熔融设备组成与操作流程，介绍粉末床激光熔融设备的硬件、软件、操作流程以及操作过程中的注意事项。

第3章为粉末床激光熔融零件成形质量影响因素，首先对影响成形质量的因素进行分类，然后重点讨论光学参数、机械结构、成形环境、粉末材料及零件摆放对成形质量的影响。

第4章为单道、多道与多层熔融成形，讨论粉末床激光成形的工艺参数对单道、多道、多层成形的影响，分析零件的稳态堆积机制。

第5章为粉末床激光熔融工艺过程不稳定因素与缺陷种类，讨论粉末床激光熔融过程中的不稳定因素与缺陷，重点介绍应力变形、CAD图形设计、粉末污染和工艺过程不确定的影响。

第6章为粉末床激光熔融工艺过程飞溅形成机理及对力学性能的影响，首先分析影响飞溅行为的因素，其次讨论飞溅的类型及形成机理，最后介绍飞溅对打印件力学性能的影响。

第7章为粉末床激光熔融表面特征与粗糙度，分析粉末床激光成形零件的表面特征、表面粗糙度的理论计算与影响因素，介绍改善零件表面粗糙度的措施。

第8章为激光熔融成形零件过程晶粒生长和组织表征，分析影响粉末床激光成形零件晶粒生长的因素，介绍微观组织结构的表征手段。

第9章为激光熔融过程质量反馈检测技术，首先对粉末床激光熔融技术的质量反馈技术进行分类，其次介绍国内外质量反馈技术的研究进展，再次重点讨论同轴监控和逐层反求质量反馈技术，最后介绍质量监控的其他措施。

第10章为典型的几何形状特征加工，分析讨论了粉末床激光熔融成形典型几何特征的尺寸精度、几何分辨率、轮廓精度和表面粗糙度，总结出面向粉末床激光熔融成形的零件设计规则。

第11章为激光与振镜延时对打印质量的影响，分别讨论激光延时和振镜延时对打印质量的影响，之后介绍激光延时与振镜延时协同控制方法。

第12章为激光熔融扫描策略及其对应力的影响，首先对扫描策略进行分类，其次分析扫描测量对应力的影响，最后提出降低应力累积的办法。

第13章为典型材料激光熔融成形，介绍高温镍基合金、钛合金、纯钛、钴铬合金、不锈钢和模具钢等典型材料的激光熔融成形过程中的材料属性、组织特征、零件性能、后处理等方面的研究。

第14章为粉末床激光熔融技术前沿与未来发展，先阐述了粉末床激光熔融技术面临的瓶颈，然后从TiNi合金与4D打印、多材料成形、难熔材料熔融成形、贵金属材料熔融成形、超大尺寸成形及高分辨率成形等方面介绍粉末床激光熔融技术的前沿进展。

第15章为粉末床激光熔融过程防护安全与粉末污染，介绍粉末床激光熔融工作过程中的激光安全、粉末污染及防护措施。

本书对粉末床激光熔融技术的前沿课题作了较为全面的总结，提出了若干技术难点作为科研探索，以望给广大科研工作者参考的同时，共同交流予以突破。

在本书编写过程中，宁波大学刘洋博士、白玉超博士、谭超林博士参与了部分章节的撰写工作，华南理工大学硕士生窦文豪、叶光照、陈晓君、欧远辉、韦雄棉、邓国威等为本书做了资料收集、整理等工作。书中也引用了团队几位毕业博士、硕士论文作为资料，包括肖泽锋博士、刘睿诚硕士、邓诗诗硕士、杨雄文硕士等，在此对他们的贡献表示感谢。

本书中对 LPBF 设备控制软件的操作，也得到了李永刚老师的大力支持，在此表示感谢。

本书在阐述不同材料工艺参数时，引用了作者过往论文与毕业研究生的相关数据，因不同时段设备型号、设备调试效果不完全一致，本书中相应的材料工艺参数可能存在冲突或不准确，所以本书的相关参数仅供参考，具体结果以实际的实验结果为准。

由于作者水平有限，书中难免存在一些疏漏和不妥之处，真诚欢迎广大读者批评指正。

作者

2020 年 10 月于广州

目　录

—

Contents

第 4 章 单道、多道与多层熔融成形

第 5 章 粉末床激光熔融工艺过程不稳定因素与缺陷种类

第6章 粉末床激光熔融工艺过程飞溅形成机理及对力学性能的影响

第7章 粉末床激光熔融零件表面特征与粗糙度

第8章 激光熔融成形零件过程晶粒生长和组织表征

第9章 激光熔融过程质量反馈检测技术

第 10 章 典型的几何形状特征加工

第 11 章 激光与振镜延时对打印质量的影响

第 15 章 粉末床激光熔融过程防护安全与粉末污染

第1章 绪 论

1.1 粉末床激光熔融技术的历史发展进程

粉末床熔融(powder bed fusion，PBF)是通过热能选择性地熔化/烧结粉末床区域的增材制造(additive manufacturing，AM)技术。典型的粉末床熔融技术包括激光选区烧结(selective laser sintering，SLS)技术、激光选区熔化(selective laser melting，SLM)技术以及电子束熔化(electron beam melting，EBM)技术等。其中SLM技术使用激光为能量源，选择性地熔化粉末床区域实现金属增材制造，又称为粉末床激光熔融(laser powder bed fusion，LPBF)技术。

粉末床激光熔融技术是在激光选区烧结技术的基础上发展起来的，区别在于粉末床激光熔融技术的粉体材料被激光直接加热到熔点以上，不需要低熔点合金或非金属粉末作为黏结材料进行烧结，粉末床激光熔融技术只需要单种金属粉末。以塑料粉末为基础的SLS技术由美国得克萨斯大学奥斯汀分校的C. R. Dechard于1986年发明，并于1989年第一次提出实用化专利(专利号WO1992010343 A1)。在其基础上发展的粉末床激光熔融技术在1995年于德国弗劳恩霍夫激光技术研究院(Fraunhofer Institute for Laser Technology，ILT)被研发出来。相关专利(专利号DE 19649865)于1997年在德国申请，并于次年获得授权。第一台粉末床激光熔融系统是1999年由德国Fockele & Schwarze(F&S)公司与德国弗劳恩霍夫研究所一起研发的基于不锈钢粉末床激光熔融设备。

国外对粉末床激光熔融技术进行研究的国家主要集中在德国、美国、英国、日本、法国等。在第一台粉末床激光熔融设备面世之后，多家公司也推出了LPBF相关设备，如2004年F&S公司与原MCP公司(现为MTT公司)

一起发布了第一台商业化激光选区熔化设备 MCP ReaLizer 250，后来又将该设备升级为 SLM ReaLizer 250。此外，德国的 EOS 公司、SLM Solutions 公司、Concept Laser 公司和英国的 RENISHAW 公司等也陆续推出相关产品。多家国外高校及研究所，如德国亚琛工业大学，英国焊接研究所、利物浦大学、利兹大学，比利时鲁汶大学，日本大阪大学等均围绕材料、工艺、性能等方面开展了相关研究工作。

国内研究粉末床激光熔融技术领域的单位，主要有华中科技大学、华南理工大学、南京航空航天大学、西北工业大学等，每个单位的研究重点各有优势。华南理工大学于 2003 年开发出了选区激光熔化设备 DiMetal－240，并于 2007 年研发了商品化设备 DiMetal－280，2012 年研发了精密型设备 DiMetal－100，其研究重点偏向于医学医疗领域。

光学系统是粉末床激光熔融设备的核心部分，其中激光器是光学系统的关键部件。激光器的技术进步促进了粉末床激光熔融设备技术水平提升。光纤激光器具有光束质量优良、光电转换效率高、几乎免维护等显著优点，2005 年后光纤激光器在粉末床激光熔融设备中的应用逐步提升，目前已经成为主流选择。随着光纤激光器的发展，使用光纤激光器的功率有逐渐加大的倾向，从初始的 50W 到目前主流的 200～ 500 W，某些大型设备配备的光纤激光器甚至超过 1000W，伴随着功率的提升，可以获得更快的扫描速度以提高成形效率。

伴随着粉末床激光熔融设备各分系统的技术进步，可供加工的金属粉末材料也在同步研发，从最早的水雾化、气雾化不锈钢粉末和钛合金粉末，到目前数十种商业化金属粉末牌号，大大拓宽了粉末床激光熔融技术的可加工对象和应用场合。目前，已经突破了用粉末床激光熔融技术对极高激光反射率的铜合金、高熔点金属钨和脆性较大的金属间化合物等材料的加工。

材料、工艺的双重进步，使粉末床激光熔融技术的商业化应用成为可能，近十年来该技术在航空航天、生物医学(尤其是牙科)、模具等领域取得了良好的应用成果。

1.2 粉末床激光熔融技术工艺原理

目前，常见的粉末床激光熔融设备原理如图 1－1 所示，主要包括密封腔

(供粉缸、零件缸、粉末回收槽)、激光与光学系统、铺粉系统和保护气体循环系统等。该技术主要工艺流程：

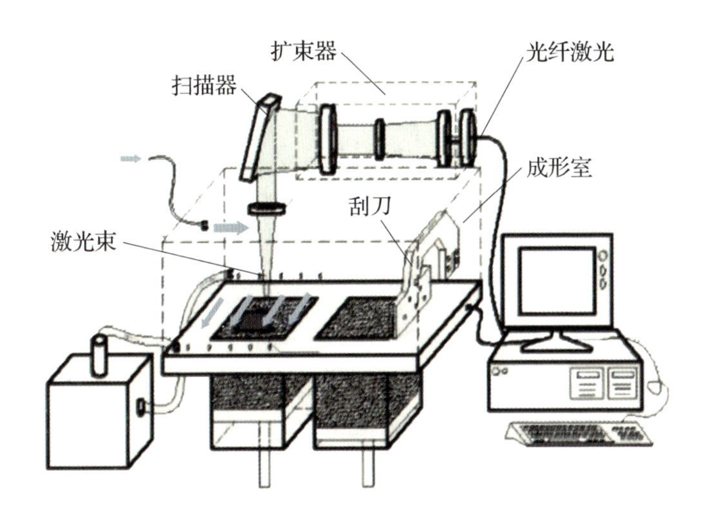

图1-1 粉末床激光熔融设备原理

(1)利用计算机建模软件或者计算机断层扫描(computed tomography，CT)、三维扫描仪等扫描设备获得三维模型。

(2)使用增材制造常用软件对三维模型进行分析，进行修复、添加支撑等处理。

(3)利用计算机分层软件对完成设计的数字化三维模型进行沿 Z 轴的离散化切片分层处理，将三维模型数据分层后得到大量单层的数据。

(4)对二维层数据进行激光扫描路径规划后，将由计算机控制的激光成形系统按照设定的扫描路径对粉末床上的金属粉末材料进行扫描。

(5)金属粉末材料在激光的照射下在极短时间内形成高温熔化，并形成一定范围的熔池，从而与下一层已成形的实体发生冶金结合。随后熔池快速冷凝，形成该层金属实体。

(6)完成该层的熔融成形后，成形缸下降一个层厚，铺粉系统在该层金属实体上铺设新一层的粉末，对下一层数据进行同样的操作，最后叠加形成金属实体。

通常，为避免金属在高温熔融状态下与氧等气体发生反应导致成形失败，成形过程会在密闭的成形腔内进行，成形腔内通入惰性保护气体防止氧化。

由于分层扫描数据是直接从数字化三维模型中得来，只要保证分层精度，成形出来的实体与设计的数字化三维模型是非常接近的。因此，三维模型的成形过程可以不受三维模型的结构限制以及传统减材制造的刀具外形限制，直接成形出复杂形状的模型。

粉末床激光熔融技术成形过程中的各种影响因素有数十项，在过去十余年的研究中主要技术难点可归纳为5点：

(1)粉末材料。粉末床激光熔融技术应用中材料选择是关键。虽然理论上可将任何可焊接材料通过粉末床激光熔融方式进行熔化成形，但实际发现对粉末的成分、形态、粒度等要求严格。研究发现合金材料(不锈钢、钛合金、镍合金等)比纯金属材料更容易成形，主要是因为材料中的合金元素增加了熔池的润湿性，或者抗氧化性，特别是成分中的含氧量对粉末床激光熔融成形过程影响很大。球形粉末比不规则粉末更容易成形，因为球形粉末流动性好，容易铺粉。

(2)具备良好光束质量的激光光源。良好的光束质量保障了获得细微聚焦光斑，而这对提高成形精度意义重大。由于采用细微的聚焦光斑，成形过程采用50～250 W激光功率即可实现主流金属粉末材料的熔化成形，同时限制减小扫描过程的热影响区，抑制零件加工中的热变形。

(3)精密铺粉装置。在粉末床激光熔融成形过程中，需保证当前层与上一层之间、同一层相邻熔道之间具有完全冶金结合。但是激光成形过程会发生飞溅、球化等缺陷，一些飞溅颗粒夹杂在熔池中，不利于成形件表面质量。在铺粉过程中，飞溅颗粒直径常大于铺粉层厚，导致铺粉装置与成形表面碰撞。因此，不同于激光选区烧结技术，粉末床激光熔融技术需用到特殊设计的铺粉装置，如柔性铺粉系统、特殊结构刮板等，对铺粉质量的要求是铺粉后粉床平整、紧实、层厚一致且尽量薄。

(4)气体保护系统及循环系统。由于金属材料在高温下极易与空气中的氧发生反应，氧化物对成形质量具有消极影响，使材料润湿性大大下降，阻碍层间、熔道间的冶金结合能力。粉末床激光熔融成形过程须在保护气体氛围中进行，根据成形材料的不同，保护气体可以是氩气或成本较低的氮气。成形过程中飞溅、黑烟的产生会污染腔内光学镜片和粉末床，需要利用循环系统使保护气体对粉末床上方进行吹扫，并过滤循环保持气体的清洁。

(5)合适的成形工艺。一般认为主要工艺参数包括激光功率(laser power)

P、激光扫描速率(scan speed)v_s、激光扫描间距(hatch space)h、每层的铺粉厚度(layer thickness)t 和激光扫描策略等，并常采用如下公式计算激光与粉末作用时的体积能量密度(E_V，J/mm^3)：

$$E_V = \frac{P}{v_s th} \tag{1-1}$$

式中 E_V——体积能量密度(J/mm^3)；

P——激光功率(W)；

t——每层的铺粉厚度(mm)；

v_s——激光扫描速率(mm/s)；

h——激光扫描间距(mm)。

粉末床激光熔融技术具有精度高、成形致密度高、力学性能优异和节省材料等优点，已经应用于个性化医疗、随形冷却模具制造、复杂几何形状梯度结构和功能结构件制造等。采用优化的粉末床激光熔融工艺参数和合适的后续热处理工艺，能够获得力学性能达到甚至优于传统锻造水平的钛合金、铝合金、镍合金和铁基合金等金属零件。

1.3 国内外最新设备研究进展

1.3.1 商业化设备及公司简介

德国的EOS公司是全球金属3D打印领域的领导者之一。2003年，该公司发布了设备DMLS EOSINT M270，是目前金属成形最常见的装机机型，2011年该机型开始销售，目前EOS公司市场销售主力机型为DMLS EOSINT M290。2016年发布了M400-4机型，该设备通过4个激光器和400mm×400mm×400mm的生成体积将生产率提升了4倍。这4个400 W激光器每个都有250mm×250mm的构建区域(有50mm重叠)，可同时制造4个部件。

Concept Laser公司在2016年被通用电气(GE)公司以5.99亿美元的价格收购75%的股份，该公司设备囊括了M1、M2、M3、Mlab、X-1000 R等机型，其中X-1000 R最大成形尺寸为630mm×400mm×500mm，目前该设备可成形产品在激光选区熔化设备成形尺寸方面仍是最大的。

3D Systems公司在2008年开始与MTT公司在北美合作销售SLM设备。

此外日本松浦机械(MATSU - URA)在 2010 年研发了激光选区熔化复合机(SLM 成形 + 复合机加工) Avance - 25，在 SLM 成形若干层厚采用微机切削方式提高表面粗糙度。

ReaLizer GmbH 公司也是较早开展金属增材制造设备研发销售的德国企业。2017 年，知名工具制造商德马吉森精机(DMG MORI)收购了 ReaLizer GmbH 公司 50.1% 的股份。由此，DMG MORI 便获得了 ReaLizer GmbH 公司的增材制造技术。同时，除了 ReaLizer GmbH 公司位于德国博尔兴(Borchen)的总部，DMG MORI 位于比勒菲尔德(Bielefeld)的工厂也成为 ReaLizer GmbH 公司 SLM 增材制造设备的制造装配点。

早期国内高校主要以华南理工大学和华中科技大学为主研究 SLM 技术，2012 年后国内有 50 余家高校和研究所进入该领域进行研究。华南理工大学杨永强团队自 2002 年开始研发激光选区熔化设备，先后自主研发了 DiMetal - 240(2004 年)、DiMetal - 280(2007 年)、DiMetal - 100(2012 年)、DiMetal - 50(2016 年)等系列化设备，并已经实现商业化。国内西安铂力特、华曙高科、易加三维、华科三维、江苏永年激光、广州雷佳增材、广州瑞通激光等公司也纷纷推出商品化设备。

国内外激光选区熔化设备主要机型如表 1 - 1 所列。

表 1 - 1　国内外激光选区熔化设备主要机型

国外激光选区熔化设备主要机型		
设备厂商	**设备机型**	**成形尺寸/mm**
EOS GmbH	EOS M080 EOS M100 EOS M290 EOS M400	ϕ 80×95 ϕ 100×95 250×250×325 400×400×400
Concept Laser GmbH	M1 M2 M3 Mlab X - 1000R	250×250×250 250×250×280 300×350×300 50(90)×50(90)×80 630×400×500
SLM Solutions GmbH	SLM 125 SLM 280 SLM 500	125×125×125 280×280×365 500×280×365

（续）

国外激光选区熔化设备主要机型		
设备厂商	**设备机型**	**成形尺寸/mm**
ReaLizer GmbH	SLM 50 SLM 100 SLM 250 SLM 300	70×70×80 125×125×200 250×250×300 300×300×300
3D Systems	ProX DMP 100 ProX DMP 200 ProX DMP 300 DMP Flex 350	100×100×90 140×140×115 250×250×330 275×275×420
国内激光选区熔化设备主要机型		
西安铂力特	BLT-S210 BLT-S310 BLT-S320 BLT-S400	105×105×200 250×250×400 250×250×400 400×250×400
华曙高科	FS412M FS301M FS271M FS121M FS121M-E	425×425×420 305×305×400 275×275×320 120×120×100 120×120×100
华科三维	HK M125 HK M280	125×125×150 280×280×300
易加三维	EP-M100T EP-M150 EP-M250 EP-M450 EP-M650	120×120×80 ϕ150×120 262×262×350 455×455×500 650×650×650
江苏永年激光	YLM-328 YLM-300 YLM-T150	300×300×328 ϕ300×300 ϕ150×100
广州雷佳增材	DiMetal-50 DiMetal-100 DiMetal-280 DiMetal-500	ϕ50×50 100×100×120 250×250×300 500×250×300

从表1-1可以看到，目前主流SLM设备的成形幅面一般在300mm×300mm以下，尺寸相对较小。这主要是受到粉末床激光熔融装备光学系统的限制，扫描光学系统输出端主要由振镜与 $f-\theta$ 场镜构成。当扫描区域过大时，对于边缘位置，$f-\theta$ 场镜很难将焦点补偿到成形平面上，整个成形幅面内激光的均匀性无法得到保证，进而严重影响成形质量，这使得装备的成形尺寸受到很大限制。由于成形尺寸偏小，目前一般的粉末床激光熔融设备还无法满足对于汽车、模具、航空航天、核电等领域诸多大型复杂零件的制造需求。

另一方面，由于粉末床激光熔融成形过程中的熔池飞溅、粉末黏附和球化效应等效应与缺陷，使得加工零件的表面粗糙度仍然有待提高(5～30 μm)。同时由于激光光斑固有直径，熔池极高的冷却梯度以及热量累计引起的热变形，软件分层切片阶梯效应与装备误差等原因，粉末床激光熔融技术成形零件的尺寸精度也不够高(±50 μm)。目前用粉末床激光熔融设备成形的零件精度和表面粗糙度还不能直接满足多种工业领域的应用需求，需要针对性地进行喷砂、CNC机加工、磨粒流、电化学抛光等后处理进行改善。

此外，尽管已有不少研究提出基于增材制造加工自由度而设计不同目标的优化结构，但是这些结构设计主要是依赖于单种材料的密度空间分布改善性能，极少直接利用不同材料的空间分布实现零件的优化。多材料粉末床激光熔融加工还面临一些技术挑战，例如，粉末床的多材料铺粉结构挑战，不同材料粉末同时加入到粉末床后的混合、分离技术挑战，以及任意两种、多种材料之间在激光作用下熔融的成形工艺挑战。目前，多种材料的粉末床激光熔融加工方法或设备仍然缺乏完全成熟的方案。

面对当前存在的问题，大尺寸、高精度、多材料粉末床激光熔融成形设备的研制将是未来重要的发展方向。

1.3.2 大尺寸粉末床激光熔融设备发展现状

国内外粉末床激光熔融设备供应商已研发了一系列针对大尺寸零件成形的设备，并有成功应用案例。目前主要的技术方案有3种：长焦距 $f-\theta$ 场镜、移动振镜和多激光多振镜拼接成形。

1. 长焦距 $f-\theta$ 场镜

该方案的原理如图1-2所示。成形投影面的大小受到振镜极限运动角度及焦距大小的共同作用，其中 L 和 L' 为扫描范围的边长，f 和 f' 为对应的焦距大小，有几何关系为

$$L'/f' = L/f \tag{1-2}$$

式中 L——短焦距时扫描范围的边长(m)；

L'——长焦距时扫描范围的边长(m)；

f——短焦距大小(m)；

f'——长焦距大小(m)。

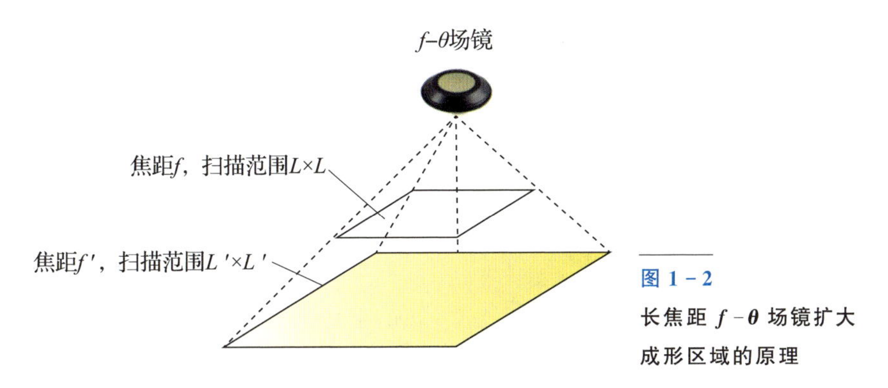

图 1-2
长焦距 $f-\theta$ 场镜扩大成形区域的原理

因为扫描边长 L 与焦距 f 呈正比关系，所以用长焦距的 $f-\theta$ 场镜以增加 L。德国 EOS 公司的 M400 就是采用此方案，M400 最大成形尺寸为400mm×400mm×400mm，使用 1 台 1000 W 激光器。因为长焦距使得聚焦后光斑增大，需要采用更高功率的激光以弥补激光功率密度损失。然而更大的光斑会降低零件的精度和表面粗糙度，该技术仍具有一定的局限性。

2. 移动振镜

顾名思义，通过整体移动扫描振镜，使振镜可以扫描到更多的区域，实现大范围的加工，原理如图 1-3 所示。该成形方案采用分区域扫描的策略，在一个振镜扫描范围内完成扫描后移动到下一区域，继续进行扫描。Concept Laser 公司的 X-1000R 采用此方案，成形尺寸为 630mm×400mm×500mm。

该方案的不足也较为明显：①需安装直线电机及导轨作为运动系统，整机系统更为复杂；②仅使用单激光单振镜，成形大尺寸构件时效率依然偏低；③由于加工效率低，加工不同分区位置零件的结束时间相差很大，整个成形面的温度变化不均不利于零件的应力控制。

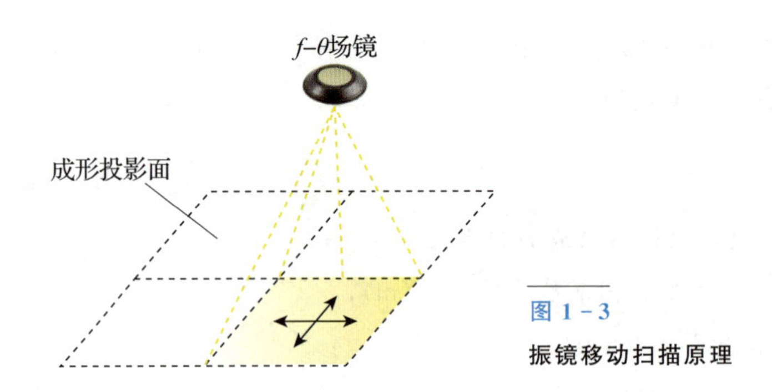

图 1-3
振镜移动扫描原理

3. 多激光多振镜拼接成形

该方案的原理如图 1-4 所示，相当于在上文分区域的扫描范围中，同时增加振镜和激光器以覆盖更大的成形区域，既可以扩大成形尺寸，又可以保证加工效率，因此是大尺寸粉末床激光熔融设备发展的主流方案。但是随着扫描系统数量的增加，相应的系统控制、软件开发、扫描搭接区域质量控制等问题的难度也将增大。

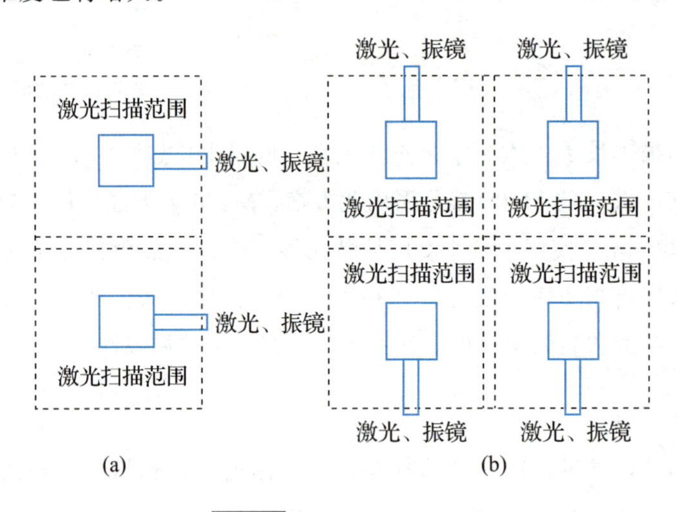

图 1-4 多光束扫描原理
(a)双振镜双场组；(b)四振镜四场组。

1.3.3 高精度粉末床激光熔融设备发展现状

1. 短焦距 $f-\theta$ 场镜和低功率激光器

对于直接成形的工序，为提高成形构件的精度，离不开精细稳定的激光光斑。因此采用短焦距 $f-\theta$ 场镜和低功率光纤激光器，同时配合小的层厚(30 μm以下)，可在一定程度上提高粉末床激光熔融加工的精度，适合复杂精细结构的成形。国内外较多厂商采用了此方案，如表 1-2 所列。该方案的不足是成形尺寸小，且成形效率较低。此外，该方案的成形精度(±50 μm，$Ra=5$ μm)仍然不能与减材加工相比。

表 1-2 高精度粉末床激光熔融设备关键参数

厂商	型号	成形尺寸/mm	激光器功率/W
EOS	M100	ϕ100×95	200
Concept Laser	Mlab cusing	90×90×80	100
3D Systems	ProX DMP 100	100×100×80	100
上海探真	TZ-SLM120	ϕ120×100	200/500
西安铂力特	BLT-A100	100×100×100	200
湖南华曙高科	FS121M	120×120×100	200
广州雷佳增材科技	DiMetal-50	ϕ50×50	75

2. 增减材复合制造

为了提高增材制造零件的表面质量和加工精度，人们很早就开始对增材制造后的零件进行打磨、抛光等减材机械加工后处理，为了进一步提高效率，提出了增减材复合制造概念。增材制造的复杂高性能零件，通过数控(CNC)加工技术减材制造获得良好的尺寸精度和表面质量。国外一些高端数控机床制造商凭借自身技术优势，已推出了商业化的增减材复合制造设备。现有增减材复合制造方案主要分为两类：一类是将激光熔覆沉积技术和 CNC 加工技术相结合，如德国德马吉公司的 LASERTEC 4300 3D hybrid，Hamuel Reichenbacher 公司的 HYBRID HSTM1500；另外一类是将粉末床激光熔融技术与 CNC 加工技术结合，比如日本松浦公司的 LUMEX Avance-25，沙迪克公司的 OPM250L、OPL350L。

对于增减材复合制造的粉末床激光熔融设备，一个显著的技术难点是如何避免减材加工产生的金属废屑污染粉末床。如果将增材和减材两个工序完全区分，可以方便解决此难题，但是加工效率较低，和增材制造后另外再使用一台加工中心等减材设备的效率相差无几。而如果增材和减材两个工序脉冲式交替进行，可以保证加工效率以及零件内部结构的加工精度，但是金属碎屑和粉末的混合问题更严重。

1.3.4 多材料粉末床激光熔融设备

多材料粉末床激光熔融技术是使用多种粉末材料(其中至少有一种为金属材料),制备出具有多种材料结构的单个复杂功能部件的增材制造技术。目前,多材料粉末床激光熔融技术的研究还在研究阶段,商业化设备较为罕见,主要可以分为以下两种技术。

1. Z 轴方向多材料

根据粉末床熔融设备的铺粉原理,在零件的 Z 轴方向上实现多材料分布较为容易,只需在特定的加工层上更换供应的粉末材料,铺粉系统保持平稳地将其铺设到粉末床上,待界面加工完成,后续层的加工相当于单一材料增材制造。广州雷佳增材科技有限公司的 DiMetal-300 设备利用四漏斗多材料系统实现了 Z 轴方向 4 种材料成形,如图 1-5 和图 1-6 所示。

图 1-5 CuSn/18Ni300 双金属多孔结构

图 1-6 广州雷佳增材科技有限公司 DiMetal-300 设备的四漏斗多材料系统

2. XY 平面多材料

为了能在不同层间或同层内不同区域按需自由布置多种材料，常规的粉末床激光熔融供粉系统和铺粉系统都需要改进，目前尚未有成熟的商业化设备，但有科研人员已提出、试验了部分方案。

曼彻斯特大学的 Chao 等研制出一种结合粉末床铺展、逐点多材料选择性真空吸粉和逐点干粉输送的粉末床激光熔融系统（图 1-7），开发了用于粉末床激光熔融的特殊 CAD 数据准备程序，并成功制备出 316L/ Inconel 718、316L/Cu10Sn 样品，如图 1-8 所示。制得的样品在材料界面处获得了明显的不同夹层分布与良好的冶金结合，但是在超声沉积的粉末区域中发现了一些缺陷，如孔隙和裂纹。

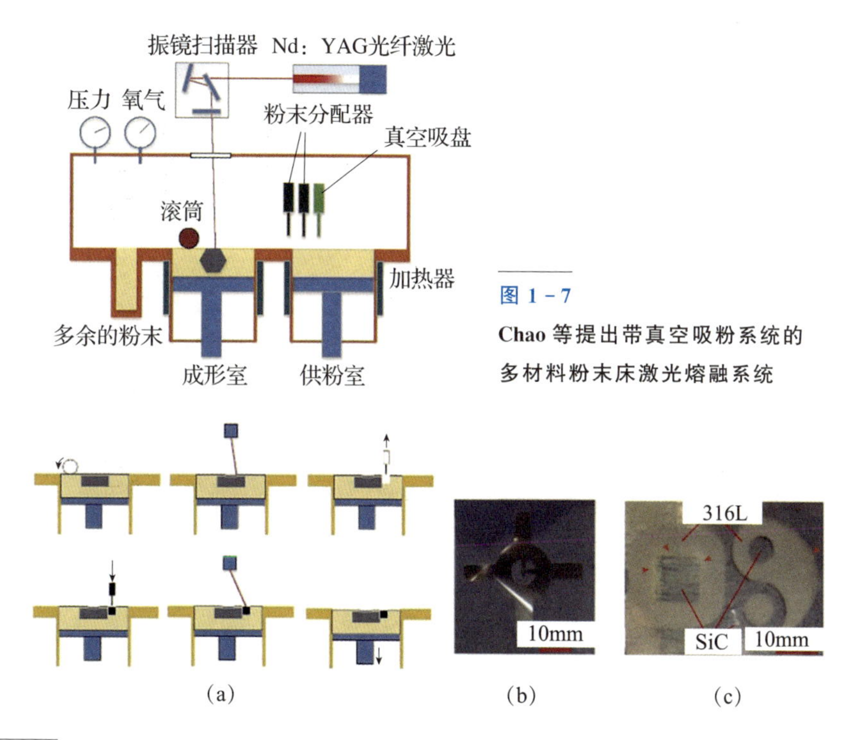

图 1-7 Chao 等提出带真空吸粉系统的多材料粉末床激光熔融系统

图 1-8 Chao 等提出带真空吸粉系统的多材料粉末床激光熔融系统工作原理图及实物图

(a) 多材料粉末床激光熔融工艺流程；(b)真空吸出粉末；(c)激光熔融 SiC 粉末层选择性粉末沉积 316L 盒形和半阴阳图案。

吴伟辉等基于多漏斗供粉 + 柔性清扫回收粉末原理，研制了一套新型的多材料粉末床激光熔融系统。该系统基于多漏斗定量供粉和柔性清理回收粉末的原理，能在不同层间或同层内不同区域按需实现多材料增材制造。为验证该系统的性能，进行了异质材料零件增材制造验证，成功制造出了CuSn10/4340钢异质材料零件，如图1-9所示。

多材料金属增材制造技术为制造业开启了一扇通向全新领域的大门，为航空航天、生物医疗、核能装置等领域提供了突破当前局限的技术手段。目前，多材料粉末床激光熔融设备还面临着诸如数据处理、异质材料的精准预置与避免粉末污染等技术挑战。此外，多材料金属增材制造技术在能量输入与界面成形质量、材料相容性与界面结合、材料-结构一体化设计等方向还需要进行深入研究与讨论。

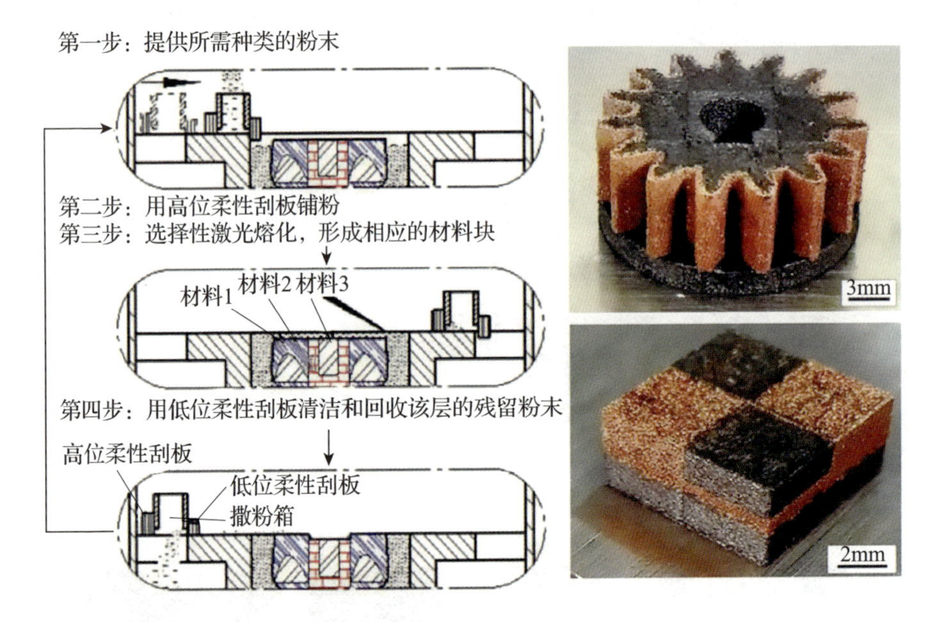

图1-9　多漏斗供粉+柔性清扫回收粉末原理图及该装备制造的CuSn10/4340钢异质材料零件

1.4　国内外最新材料工艺研究进展

与传统加工方式相比，激光增材制造技术特有的沉积方式和热输入行为，都为新材料的研究提供了新的途径。新材料是我国重要的战略发展方向，开发与激光增材制造熔池热输入特性相匹配的专用新材料，有利于解决“巧妇难为无米之炊”的困境。现有的商业化钛合金（Ti-6Al-4V）、镍基合金

(Inconel 718、Inconel 625)、铝合金(AlSi10Mg)、合金钢(316L、H13)、金属间化合物合金(Ti-Al)、难熔合金等都根据传统的成分配比，面向增材制造专用定制化金属材料研究尚少，是发展增材制造专用新材料亟待解决的问题。下面介绍近几年关于激光增材制造几种典型的新材料的研究进展。

1.4.1 新型铝合金研究进展

新型改性铝合金具有成为高优先级航空材料的巨大潜力。2011 年，Schmidtke 等研究了微量元素钪添加对其性能的影响。采用激光增材制造制备成分为 Al-4.5Mg-0.66Sc-0.51Mn-0.37Zr 的铝合金。平行于层堆积方向测试的样品具有的拉伸强度超过 530MPa。在325℃下进行 4h 的时效处理后显著提高了试样的硬度，这主要是由 Al_3Sc 析出导致强化。该合金与其他铝合金(如 7050 铝合金)相比，添加钪导致晶粒细化，韧性也大幅改善，伸长率达到 14%。图 1-10所示为 SLM 成形 7075 铝合金的过程、微观组织和成形件。

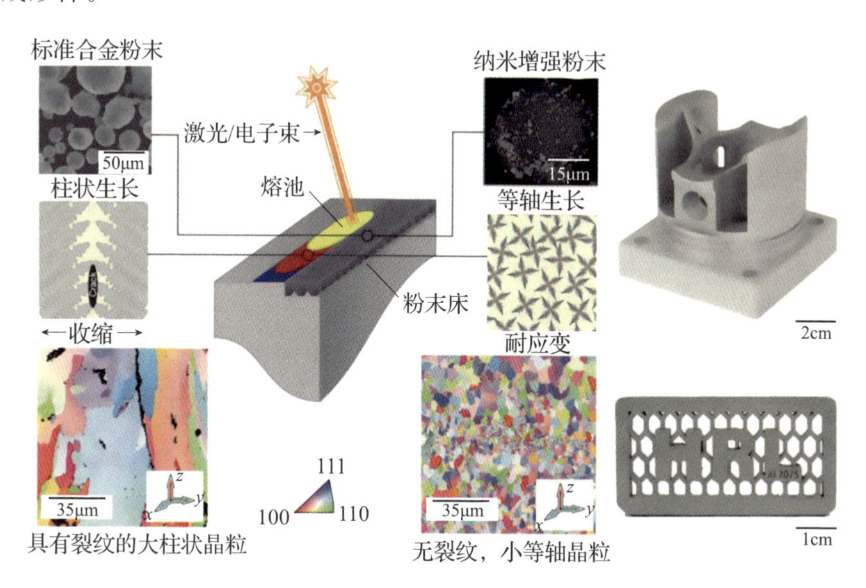

图 1-10 粉末床熔融成形 7075 铝合金的过程、微观组织和成形件

此外，往金属中添加高密度的纳米颗粒可以增强金属的各项性能。但是，如何有效掺入和分散纳米颗粒成了阻碍激光金属增材制造的关键挑战。2017 年美国 HRL 实验室 Martin 等通过添加纳米成核剂的方法，成功实现了

Al7075、Al6061 等高强度铝合金的增材制造，并且成形的成品强度和质量都显著提高，没有出现开裂等情况。具体做法是在平均粒径为 45 μm 的预合金气雾化 7075 球形粉末表面采用静电组装技术吸附体积分数为 1%的锆成核剂，以确保在粉末中均匀分布并避免偏析。锆纳米粒子熔化后，被拉入熔池并与铝合金反应形成 Al_3Zr。Al_3Zr 与主要的面心立方结构(face - centered cubic，FCC)铝相具有 20 多个匹配界面，表现出小于 0.52%的晶格失配和 1%的原子密度差异，提供了理想的低能量异质成核位点。在与未改性粉末相同的激光加工条件下，凝固前沿之前的大量形核位置会诱导出精细的等轴结构，此外，形核颗粒均匀地掺入到微观组织结构中，形成钉扎效应，不仅可以提供额外的强化作用，同时有利于抑制晶粒生长。其主要机理是通过将纳米颗粒作为成核剂与液体金属混合来孕育晶种，在温度梯度较大和凝固速度快的非平衡条件下晶体实现细晶生长，从而提高产品的性能。这种做法制造出的铝合金 7075 的强度可以达到 400 MPa 以上，与锻件的性能相当。

类似地，通过添加陶瓷增强颗粒，也能够显著提高铝合金的力学性能，突破金属结构材料的力学性能极限。2019 年加利福尼亚大学 Lin 等通过激光增材制造高体积分数纳米 TiC 掺杂纯铝，获得高性能铝基纳米复合材料。当 TiC 添加量达到 34%时，屈服强度达到了 1000 MPa，同时塑性超过了 10%，弹性模量约为 200 GPa。这种纳米复合在结构金属中具有最高的比强度(屈服强度与密度的比值)和比刚度(弹性模量与密度的比值)；同时与其他铝基材料相比具有更高的热稳定性(高达400℃)。这些改善的性能归因于高密度的、良好分散的纳米颗粒，也归因于纳米颗粒与铝基质之间的较强的界面结合，以及超细晶粒组织形成的细晶强化效应。通过分散纳米颗粒技术强化轻金属、细化晶粒并防止凝固裂纹，该实验成果打破了传统冶金与制造业的限制，也预示着其他激光增材制造纳米复合材料的良好发展前景。

1.4.2 新型钛合金研究进展

激光增材制造钛合金的工艺主要集中在 Ti - 6Al - 4V 上，近年来，TC11、TC21、Ti5553、Ti - 8Al - 1Er 和 Ti - Cu 等钛合金的增材制造工艺研究也取得了一定的研究进展。

激光增材制造的 TC21 样品拉伸性能在两种不同的热处理条件下表现出明显的各向异性。水平样品的强度比垂直样品的强，但伸长率远低于垂直样品。热处理后试样的抗拉强度和延伸率分别达到了1060 MPa和11%。此外，钛-稀土合金也受到研究者的关注。铒(Er)在钛中的固溶度扩展相对较大以及Er_2O_3沉淀物的热稳定性，可以细化晶粒并增强高温性能。与Ti-6Al-4V相比有很大的不同，这种钛合金的显微组织没有明显的柱状晶粒结构，主要为等轴晶组织，晶粒大小在本质上似乎是双峰分布的，大晶粒和小晶粒混合。在高温合金所需的尺寸范围内，弥散分布在晶界的Er_2O_3半径小于0.5μm。

决定金属增材性能的关键因素之一是晶粒控制，晶粒结构控制可能会影响热裂敏感性等因素，并产生各向异性的力学性能，这种现象尤其存在于高性能合金的增材制造中。但在目前的钛合金增材制造过程中，由于高冷却速率和热梯度造成的不平衡凝固，晶粒的主要特征是具有柱状和织构化的微观结构，使在增材制造中形成等轴晶粒成为一个巨大的挑战。

1.4.3 新型铁基材料研究进展

对马氏体不锈钢的研究近年来较多。马氏体时效钢(maraging steel，MS)的基体是一种高合金、低碳含量的铁镍马氏体。该马氏体基体通常呈板条状，含有高密度的位错，硬度仅为28～30HRC，具有良好的韧性和延展性。它通过455～510℃时效处理后，形成$\eta-Ni_3Ti$、Fe_2Mo、NiAl、Ni_3(Al，Ti，Mo)、Ni(Al，Fe)等金属间化合物，均匀分布于马氏体基体中，对马氏体基体中的位错产生钉扎，形成第二相析出强化。根据合金元素(主要是Ni、Co、Mo和少量Ti)含量的改变，其时效处理后的屈服强度通常达到1500～2500MPa，最高可达到3450MPa。马氏体时效钢因兼具超高强度和良好的韧性，以及优良的焊接加工性能和热处理尺寸稳定性，被广泛应用于原子能、航空航天和高性能工模具等尖端领域。

目前，MS材料采用LPBF技术制备的成分比较单一，集中在传统牌号18Ni300。研究内容主要包括成形工艺参数优化和力学性能优化。成形工艺参数优化包括调整激光工艺参数(主要包括功率、扫描速度、扫描间距、铺粉层厚和体积能量密度E_v等)、基板预热温度及进行激光重熔处理等，目的是获得高致密度、低缺陷的成形件。MS材料的SLM成形工艺窗口较大，激光能量密度E_v在66～123J/mm³时，致密度均高于99%。当E_v约为67～71J/mm³时，成形件致密度达到99.8%。此外，激光重熔处理能提高密度、降低残余应力，但同时会降低拉伸强度和硬度；过高的基板预热温度并没有降低孔隙率，反而由于预热产生的退火处理效应，容易导致试样硬度降低。

力学性能优化主要是对 LPBF 原始成形试样采用热处理以对组织、结构和力学性能进行调控和优化，主要包括时效处理或固溶时效处理等。如图 1－11所示，Mooney 等则通过研究不同热处理温度和时间对 LPBF 成形 MS 试样的强度和延伸率的影响绘制了关系图。试样在 460～525℃之间时效处理能够显著提高强度，但延伸率明显降低。提高时效处理温度虽然能够提高延伸率，但会降低强度。有趣的是，采用525℃、8h 时效处理，能够同时兼顾强度和韧性，屈服强度达到 1700MPa，并且延伸率高达 10%。

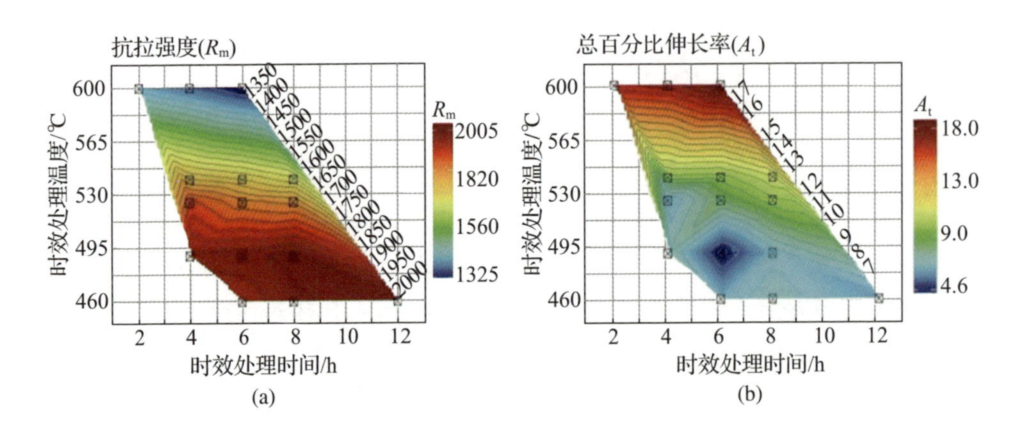

图 1－11　不同时效处理工艺对拉伸强度和断裂延伸率的影响(Mooney 等，2019)

(a)拉伸强度；(b)断裂延伸率。

Tan 等在用 LPBF 技术制备 MS 立方晶体结构材料中未观察到沿 Z 轴方向的织构，这主要是由于层与层之间旋转扫描策略导致了热流方向的交替变换，抑制了晶粒织构的形成，从而也抑制了力学性能各向异性。如表 1－3 所列，拉伸试验和硬度测试均表明，试样沿 Z 轴方向和 X/Y 轴方向的力学性能基本一致，并没表现出明显的各向异性。用 LPBF 技术制备的 MS 试样极限抗拉强度(ultra tensile strength，UTS)和延伸率(elongation，El)分别达到了 1165MPa 和 12.4%，完全达到标准锻件水平。并且，时效处理后试样 UTS 大幅提高，但 El 低于标准。经固溶时效热处理后，UTS 和 El 分别为 1943MPa 和 5.6%，强度、硬度和伸长率均基本达到标准水平。

表1-3　LPBF成形的18Ni300 MS试样与标准锻件的力学性能对比

制造方向	试样	极限抗拉强度/MPa	屈服强度/MPa	延伸率/%	洛氏硬度
水平	LPBF原始成形	1165±7	915±7	12.4±0.1	34.8±0.2
	LPBF时效	2014±9	1967±11	3.3±0.1	54.6±0.8
	LPBF固溶	1025±5	962±6	14.4±0.4	29.8±1.3
	LPBF固溶—时效	1943±8	1882±14	5.6±0.1	53.5±0.8
垂直	LPBF原始成形	1085±19	920±24	11.3±0.3	35.7±1.1
	LPBF时效	1942±31	923±16	2.8±0.1	52.9±1.2
	LPBF固溶	983±13	1867±22	13.7±0.7	27.5±0.4
	LPBF固溶—时效	1898±33	1818±27	4.8±0.2	51.3±0.9
标准	锻造	1000～1170	760～895	6～15	35
	锻造—时效	1930～2050	1862～2000	5～7	52

1.4.4　新型镍基高温合金研究进展

镍基合金通常用于制造燃气轮机的热段部件，因为此类合金由于存在次级γ′相，故随着工作温度的升高提供更高的屈服强度。目前激光增材制造镍基高温合金除了Inconel 718和Inconel 625外，研究者也对一些新型高温合金进行了探索。Inconel 738LC合金是一种典型的铸造镍基高温合金，采用激光成形时由于Al+Ti含量高，经常出现高温合金开裂现象。已经发现，对于Inconel 738LC合金，可以在1050℃的温度下预热，以获得无裂纹的样品。Inconel 738LC主要通过在镍基FCC基质(γ)中形成大量γ′相来提高强度。Rickenbacher等研究发现，激光增材制造成形的Inconel 738LC合金与铸造件相比，屈服强度和抗拉强度均提高14%，伸长率则提高44%。Rene 142是一种商用燃气涡轮机翼用镍基高温合金，主要合金成分为Ni-12Co-6.8Cr-1.5-Mo-1.5Hf-6.35Ta-6.15Al-4.9W-2.8Re（质量分数/%），并添加了微量Zr和B，其组织是典型的柱状晶。

1.5　粉末床激光熔融的交叉技术

LPBF的交叉技术包括材料工程技术、计算机编程技术、机械工程技术、光学技术、自动化控制技术、成形监控检测技术、计算机仿真技术、个性化生物医学技术和新材料技术等。其中新材料技术在1.4节已经进行概述，下面对其他几类技术加以介绍。

1. 材料工程技术

当前，能用LPBF技术成形的材料有限，从粉末材料的开发到成形零件的表征测试与材料工程技术息息相关，依赖于材料工程技术的进步发展。

2. 计算机编程技术

要想采用LPBF技术加工出实体零件，首先要将产品数字化。目前处于增材制造产业上游的建模方法仍很少，控制软件功能性和通用性仍存在许多技术问题，不同单位开发的数据处理和设备控制软件也没有形成统一的数据格式与工艺标准等，各种增材制造设备的控制软件之间虽然存在着很大的相似性，但却无法兼容，相似模块也很难得到共用，工艺要求仍无法通过软件实现。这些问题依赖于计算机编程技术来解决。

3. 机械工程技术

在增材制造领域，由于其工艺赋予的独特特性，导致一些复杂几何形状的零件可以通过较低的制造成本生产。这类零件的设计往往困难较大，尤其是通过拓扑学优化方法生成的增材零件，这就需要先进的机械设计技术进行辅助。另外，增材制造技术与传统机械工程技术需要不断融合，克服增材制造自身的缺点。

4. 光学技术

如前所述，光学系统是激光粉末床熔融设备的核心系统，相关的光学技术对成形质量和效率都意义重大。例如前文提及，光束质量优良可获得精细聚焦光斑，进而直接影响加工精度和最小加工尺寸；多光束多振镜扫描系统可有效提升加工效率和拓展加工范围。此外，研究不同波长激光对高反射率材料(如铜及其合金)的激光熔融实验表明，特定波长的激光(蓝绿)对于常规1024 nm波长激光难以成形的铜合金材料有更好的适应性，拓宽了材料的选择。

5. 自动化控制技术

粉末床激光熔融设备是精密的光、机、电、气集合自动化产品，多个系统协同配合精准运行方可保证加工制造，这一切离不开可靠的自动化控制技术。

6. 监控检测技术

LPBF过程耦合性强，面向其过程监控的检测手段及方法仍有待完善。开展面向LPBF技术的检测技术研究是探究其成形机理，理解其缺陷形成、演变及科学界定，提高LPBF成形质量，最终实现过程质量控制及质量回溯的必然要求。面向LPBF技术的检测技术可分为在线检测和离线检测两类。其中，在线检测具有高实时性，可向控制系统及时反馈信息。离线检测通常精度较高，便于进行全面的质量检测，是在线检测无法替代的基准或补充。

在线检测方面，目前国内外大部分研究学者采用了同轴/旁轴原位架构的高速CCD及红外成像装置获取LPBF过程丰富的可见光和红外信息，发展了熔池、熔道、飞溅、羽流及温度场分布的统计描述子，并研究了相关描述子与LPBF成形质量的相关性，取得了较多的成果。少部分学者基于声信号信息源、光电二极管采集的熔池辐射强信号进行了单熔道成形质量的分类识别研究。

在离线检测方面，除传统的材料测试分析方法外，显微CT和激光诱导击穿光谱学为LPBF成形的缺陷三维表征和成分分析提供了高效新型的工具。

目前，LPBF过程控制基本是基于参数优化的开环控制。在线过程监控及反馈控制策略是最终实现LPBF闭环控制的核心。国内外学者基于机器学习模型预测和传统的统计过程控制(statistical process control，SPC)对其进行了大量研究。其中，常见的机器学习模型主要有K均值聚类分析、支持向量机(support vector machines，SVM)、深度置信网络(deep belief network，DBN)、卷积神经网络(convolutional neural network，CNN)等，主要用于LPBF过程统计描述子的提取。统计过程控制研究成果主要应用在特征量间和特征量与LPBF成形质量间的关系分析及控制图的生成。总体而言，在线和离线检测相融合、仿真分析应用、智能算法应用、实时性改善是LPBF监控检测技术的发展趋势。

7. 计算机模拟仿真技术

计算机模拟仿真技术已经发展了多年，通过经典公式模型对预设场景及边界条件下进行模拟计算，是科研实验设计分析的有力助手。保证质量是金属增材制造关键目标，但是，LPBF是典型的多尺度、多物理场耦合作用过程，成形质量受多因素影响。同时，由于激光聚焦光斑极小、激光光斑能量密度高、扫描速度快、冷却时间短，大量的物化反应在粉末床不同的地方快速发生，即使采用了在线监测技术也难以完全揭示某点发生的激光熔融全过程。以上种种困难凸显了计算机模拟仿真技术的重要性。

多尺度仿真包括从宏观尺度(如零件整体热变形与固有应力变形)到介观尺度(如熔池、飞溅现象)再到微观尺度(如组织演变、晶粒取向)的多尺度分析；多物理场仿真则包含成形温度场、风场(保护气体)、熔体流场(熔池流体)、运动场(铺粉过程)及增材制造结构的固体应力和变形场等多物理场的分析，多物理场作用渗透在金属增材制造成形的每个阶段。图1-12所示为粉末床激光熔融过程中气流-飞溅相互作用的仿真示意图。

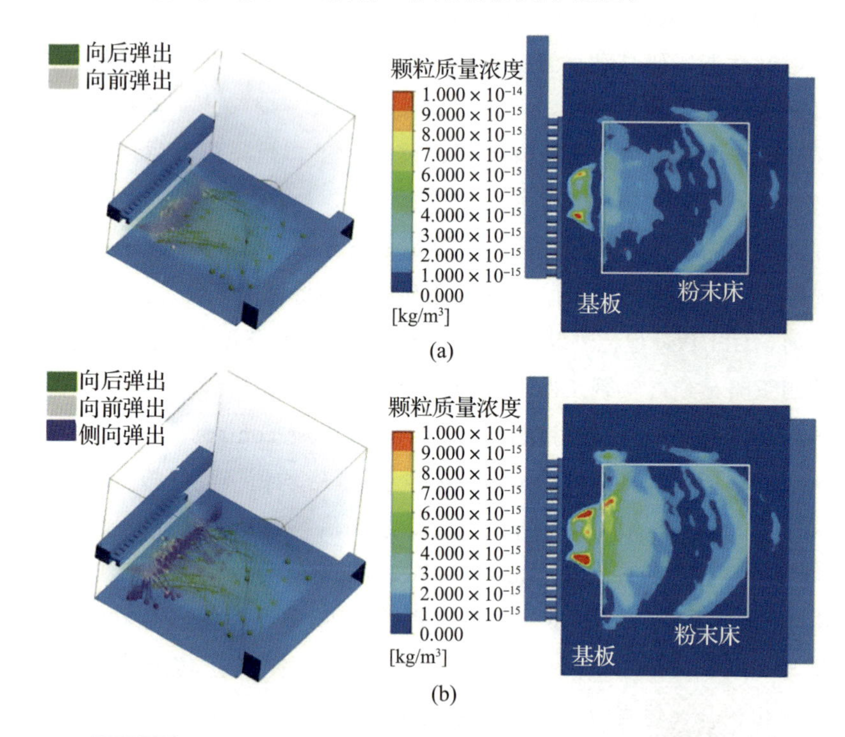

图1-12 粉末床激光熔融过程中气流-飞溅相互作用的仿真示意图

(a)前后飞溅模型的飞溅轨迹和浓度图；(b)三维空间飞溅模型的飞溅轨迹和浓度图。

在增材制造工艺制定期间，利用CAE仿真分析技术提前获取产品的性能特性和加工风险识别，是解决增材制造工艺质量问题的一个重要方法。如此，可以减少实物零件成形失败的概率，同时避免了相应的成本损失。此外，增材制造金属零件有利于进化设计方式和便于设计修正，工艺设计流程和经验可更好地固化，机器的利用率和产品加工效率提高，工艺可重复性和质量能得到保证。如果微观金相组织和特性预测也能够通过仿真实现，仿真将显著加快新设备、新工艺、新材料参数集的开发，减少研发成本和周期。

8. 个性化生物医学技术

LPBF 技术与个性化医疗技术结合，充分体现了增材制造技术特有的自由设计与个性化制备、复杂内部和空间结构快速成形的优势。如图 1－13 所示，利用医学 CT 数据获取人体骨骼结构，并提取骨骼单元尺寸。然后，利用 CAD 建模技术，设计不同结构孔隙率的单元并组合梯度结构模型。利用 LPBF 技术制备梯度结构试样，满足细胞生长对不同孔径的需求，匹配强度和模量等力学性能。研究发现，在多孔结构中，有相同的结构孔隙率时，梯度结构试样具有更高的强度。因此，将仿生结构设计、金属植入体和 LPBF 技术结合，用于人体组织工程重建和个性化医疗，具有重要的研究意义和发展前景。

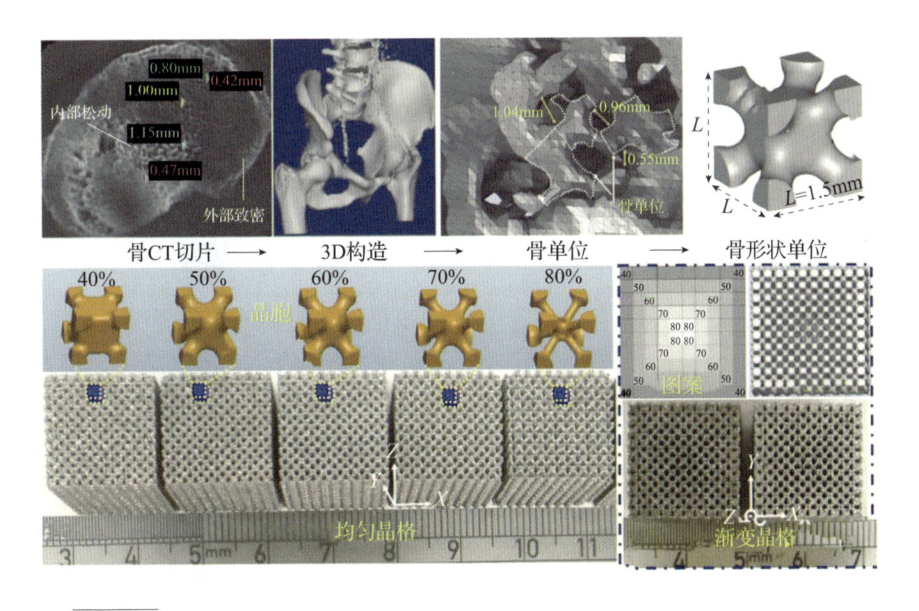

图 1－13 基于医学 CT 的个性化梯度结构 TiNi 合金植入体设计与 LPBF 成形

9. 多场耦合技术

LPBF技术与磁场、声场等耦合，获得多场耦合技术。例如，在设备成形平台添加磁场，可以调控熔池凝固组织，影响晶粒尺寸和取向分布。主要原理是液态金属在熔池中发生对流与传质效应时，会切割磁场中的磁感线，从而使液态金属受到洛伦兹力作用。因此，通过调节磁场的方向和磁场的强度，就可以调控液态金属的微观运动。

此外，也有研究者在成形过程中添加高强度超声波，以调控微观组织和力学性能。墨尔本皇家理工大学Todaro等在激光增材制造Ti－6Al－4V过程中在成形基板下添加高强度超声波，使组织明显细化，并且原来的柱状晶转变为等轴晶，力学性能提高。如图1－14所示，超声波调控组织的主要机理是超声波在熔池中产生的空穴(cavitation)促进等轴晶生长。

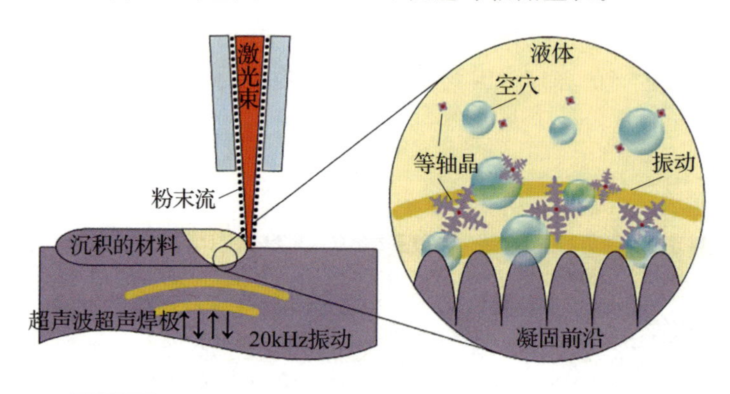

图1－14 增材制造过程中添加高强度超声波调控组织生长

参考文献

[1] BEAMAN J J. Historical Perspective，Chapter 3 in JTEC/WTEC Panel Report on Rapid Prototyping in Europe and Japan[R]. [s. l.]：WETC Hyper－Librarian，1997.

[2] BOURELL D L，BEAMAN J L，LEU M C，et al. A brief history of additive manufacturing and the 2009 roadmap for additive manufacturing：looking back and looking ahead，RapidTech [C]. Turkey：Workshop on Rapid Technologies，2009.

[3] CHUA C K，LEONG K F，LIM C S. Rapid prototyping：principles and

applications（with companion CD-ROM）[M]. Singopore: World Scientific Publishing Company, 2010.

[4] NAKAGAWA T. A low cost blanking tool with bainite steel Laminated: Proceedings of the Ilst international machine tool desigh an research cohference[C]. Berlin Springer, 1981.

[5] PHAM D, DIMOV S S. Rapid manufacturing: the technologies and applications of rapid prototyping and rapid tooling [M]. Berlin: Springer, 2012.

[6] PIPES A. Plotting the progress of CAD/CAM: Falling hardware costs and improved software are making CAD/CAM systems more attractive [J]. Data Processing, 1982, 24(10): 19-21.

[7] WOHLERS T, GORNET T. History of additive manufacturing: Wohlors Report[R]. Wohlers Report, 2014.

[8] MUELLER B. Additive manufacturing technologies-Rapid prototyping to direct digital manufacturing[J]. Assembly Automation, 2012, 32(2): 1501-1755.

[9] SHELLABEAR M, NYRHILÄ O. DMLS-Development history and state of the art[C]. Erlangen: EOS GmbH Electro Optical Systems, 2004.

[10] 宋长辉，翁昌威，杨永强，等. 激光选区熔化设备发展现状与趋势[J]. 机电工程技术，2017，46(10)：1-5.

[11] 王泽敏，黄文普，曾晓雁. 激光选区熔化成形装备的发展现状与趋势[J]. 精密成形工程，2019，11(4)：21-28.

[12] BUCHBINDER D, SCHLEIFENBAUM H, HEIDRICH S, et al. High power selective laser melting (HP SLM) of aluminum parts[J]. Physics Procedia, 2011, 12: 271-278.

[13] BARTKOWIAK K, ULLRICH S, FRICK T, et al. New developments of laser processing aluminium alloys via additive manufacturing technique[J]. Physics Procedia, 2011, 12: 393-401.

[14] FLYNN J M, SHOKRANI A, Newman S T, et al. Hybrid additive and subtractive machine tools - Research and industrial developments [J]. International Journal of Machine Tools and Manufacture, 2016, 101: 79-101.

[15] HANSEL A, MORI M, FUJISHIMA M, et al. Study on consistently optimum deposition conditions of typical metal material using additive/

subtractive hybrid machine tool[J]. Procedia CIRP, 2016, 46: 579 - 582.
[16] CHEN J, YANG Y, SONG C, et al. Interfacial microstructure and mechanical properties of 316L/CuSn10 multi-material bimetallic structure fabricated by selective laser melting[J]. Materials Science and Engineering: A, 2019, 752: 75 - 85.
[17] ZHANG M, YANG Y, WANG D, et al. Microstructure and mechanical properties of CuSn/18Ni300 bimetallic porous structures manufactured by selective laser melting[J]. Materials & Design, 2019, 165: 107583
[18] 吴伟辉，杨永强，毛桂生，等. 异质材料零件 SLM 增材制造系统设计与实现[J]. 制造技术与机床，2019(10)：13.
[19] 吴伟辉，杨永强，毛桂生，等. 激光选区熔化自由制造异质材料零件[J]. 光学精密工程，2019，27(3)：517 - 526.
[20] 吴伟辉，林伟坚，廖民辉，等. CuSn10 铜合金/4340 钢异质材料零件 SLM 成形组织分析[J]. 现代制造技术与装备，2019(9)：152 - 154, 160.
[21] EOS. Metal 3D printer _ DMLS Printer _ Additive Manufacturing Systems [EB/OL]. [2020 - 05 - 11]. https://www.eos.info/systems _ solutions/metal/systems _ equipment.
[22] GE additive. Additive Manufacturing Machines _ GE Additive[EB/OL]. [2020 - 06 - 12]. https://www.ge.com/additive/additive-manufacturing/machines.
[23] SLM. High - Quality Industrial Metal 3D printers _ SLM Solutions[EB/OL]. [2020 - 06 - 20]. https://www.slm-solutions.com/products/machines/selectivelasermeltingmachines.
[24] Aniwaa. Get the right 3D printer or 3D scanner[EB/OL]. [2020 - 06 - 20]. https://www.aniwaa.com.
[25] 3D SYSTEMS. Metal 3D Printers - 3D Systems[EB/OL]. [2020 - 06 - 20]. https://www.3dsystems.com/3d-printers/metal.
[26] 铂力特. 铂力特 BLT[EB/OL]. [2020 - 06 - 30]. http://www.xa-blt.com/home/product/index.
[27] 华科三维. 武汉华科三维科技有限公司[EB/OL]. [2020 - 06 - 30]. http://www.huake3d.com/product _ detail.asp? Product _ ID =

48&Product _ ParentID = 10.
[28] 北京易加三维科技有限公司. Industrid 3D Printer _ Metal Additive Manufacttlring Provider [EB/OL]. [2020 - 07 - 01]. http://www.eplus3d.com.
[29] 云 3D 打印/3D 打印设备[EB/OL]. [2020 - 07 - 03]. http://www.cloud - 3dp.com/hardware _ goods.php?act = list.
[30] 广州雷佳增材科技有限公司. SLM 打印设备 _ 品牌金属 3D 打印机 - 雷佳 3D[EB/OL]. http://www.laseradd.com/products.aspx?TypeId = 74&FId = t3:74:3.
[31] SCHMIDTKE K, PALM F, HAWKINS A, et al. Process and mechanical properties: applicability of a scandium modified Al - alloy for laser additive manufacturing[J]. Physics Procedia, 2011, 12: 369 - 374.
[32] MARTIN J H, YAHATA B D, HUNDLEY J M, et al. 3D printing of high-strength aluminium alloys[J]. Nature, 2017, 549(7672): 365 - 369.
[33] LIN T C, CAO C, SOKOLUK M, et al. Aluminum with dispersed nanoparticles by laser additive manufacturing[J]. Nature Communications, 2019, 10(1): 1 - 9.
[34] ZHU Y, TIAN X, LI J, et al. The anisotropy of laser melting deposition additive manufacturing Ti - 6.5 Al - 3.5 Mo - 1.5 Zr - 0.3 Si titanium alloy[J]. Materials & Design, 2015, 67: 538 - 542.
[35] ZHANG Q, CHEN J, ZHAO Z, et al. Microstructure and anisotropic tensile behavior of laser additive manufactured TC21 titanium alloy[J]. Materials Science and Engineering: A, 2016, 673: 204 - 212.
[36] BUSH R W, BRICE C A. Elevated temperature characterization of electron beam freeform fabricated Ti - 6Al - 4V and dispersion strengthened Ti - 8Al - 1Er[J]. Materials Science and Engineering: A, 2012, 554: 12 - 21.
[37] ZHANG D, QIU D, GIBSON M A, et al. Additive manufacturing of ultrafine-grained high-strength titanium alloys[J]. Nature, 2019, 576: 91 - 95.
[38] HUANG C, LIN X, LIU F, et al. High strength and ductility of 34CrNiMo6 steel produced by laser solid forming[J]. Journal of

Materials Science & Technology，2019，35(2)：377－387.

[39] ZHAO X，DONG S，YAN S，et al. The effect of different scanning strategies on microstructural evolution to 24CrNiMo alloy steel during direct laser deposition[J]. Materials Science and Engineering：A，2020：771.

[40] HANDBOOK A S M：Properties and Selection：Irons，Steels，and High Performance Alloys，Section：Carbon and Low Alloy Steels[M]. Almere：ASM International，2005.

[41] 谭超林，周克崧，马文有，等. 激光增材制造成形马氏体时效钢研究进展[J]. 金属学报，2019，56(1)：36－52.

[42] MOONEY B，KOUROUSIS K I，RAGHAVENDRA R. Plastic anisotropy of additively manufactured maraging steel：Influence of the build orientation and heat treatments[J]. Additive Manufacturing，2019，25：19－31.

[43] TAN C，ZHOU K，KUANG M，et al. Microstructural characterization and properties of selective laser melted maraging steel with different build directions[J]. Science and Technology of Advanced Materials，2018，19(1)：746－758.

[44] RICKENBACHER L，ETTER T，HÖVEL S，et al. High temperature material properties of IN738LC processed by selective laser melting（SLM）technology[J]. Rapid Prototyping Journal，2013，19(4)：1355－2546.

[45] LI N，HUANG S，ZHANG G，et al. Progress in additive manufacturing on new materials：A review[J]. Journal of Materials Science & Technology，2019，35(2)：242－269.

[46] BI G，SUN C N，CHEN H，et al. Microstructure and tensile properties of superalloy IN100 fabricated by micro－laser aided additive manufacturing[J]. Materials & Design，2014，60：401－408.

[47] ZHANG X，CHENG B，TUFFILE C. Simulation study of the spatter removal process and optimization design of gas flow system in laser powder bed fusion[J]. Additive Manufacturing，2020，32：101049.

[48] TODARO C J，EASTON M A，QIU D，et al. Grain structure control during metal 3D printing by high-intensity ultrasound[J]. Nature Communications，2020，11(1)：1－9.

第2章
粉末床激光熔融设备组成与操作流程

2.1 设备组成

一般粉末床激光熔融设备主要由光学系统、密封成形室(包括铺粉装置)、控制系统、工艺软件、气体循环净化装置等几个部分组成。

2.1.1 激光与光学系统

光学系统作为粉末床激光熔融加工的能量源，是粉末床激光熔融设备系统的重要组成部分，其工作的稳定性直接决定成形加工的质量。一般粉末床激光熔融设备的光学系统由激光器、扩束镜或者准直镜、振镜和聚焦镜($f-\theta$ 镜)组成，如图 2-1 所示。其工作原理是激光光束通过光纤激光器发出，经扩束镜放大 2~8 倍后，再经过振镜和聚焦镜将光束按照特定的位置投射到基板上，从而提供激光熔融所需的能量束。同时该结构上装有微调平台，在 X、Y、Z 轴都可以实现微调，可以更好地调节焦距和位置，有效地避免加工误差。

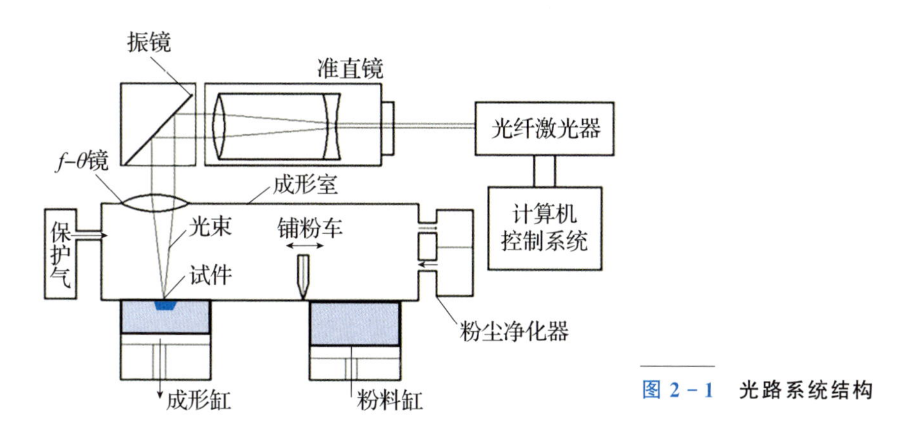

图 2-1 光路系统结构

1. 激光器

激光选区烧结技术往往采用较低功率的CO_2激光器，致使激光功率密度不能熔化高熔点的金属粉末。此外，由于CO_2激光器的波长为10.6μm，所发出的激光不能很好地被金属粉末吸收，因而必须采用一种金属材料与另一种低熔点的材料混合的方式烧结出金属零件。

光纤激光器因为诸多优点成为金属零件LPBF成形技术最合适的能量源，与传统的YAG、CO_2激光器相比，光纤激光器具有许多独特的优点。

(1)激光聚焦精度更高。光纤激光器很容易将高质量光束光斑直径聚焦到30～100μm，因此可以获得更高的加工精度，同时可以获得更高的输入能量，使得几乎所有的金属材料都能够瞬间熔化。

(2)较好的光束质量。光纤激光器的光束参数(beam-parameter product，BPP)值可达1mm·mrad(lmrad≈0.0573°)。

(3)光电转换效率较高。光纤激光器光电转换效率达33%，而传统的Nd：YAG激光器仅为3%，因此光纤激光器可以大幅降低电力损耗和运行成本。

(4)功率稳定性更好。传统的Nd：YAG激光器功率稳定性典型值为5%，而光纤激光器可以达到1%，因此加工过程中可以获得更稳定的功率输出。

(5)可靠性高。光纤激光器为全光纤机构，使用过程中无需维护，因此更长的使用寿命、更低的维护成本等几个优点使光纤激光器非常适合于LPBF工艺。

由于光纤激光器以上主要性能参数的优异性，因此广泛用于粉末床激光熔融加工。目前各LPBF设备制造公司使用的国外品牌激光器主要有IPG、SPI、德国通快(Trunpf)等，而中国品牌的激光器主要有武汉锐科、创鑫(MAX)、中科梅曼(Maiman)、北京国科(Guoke)等。目前在粉末床激光熔融领域中，各厂家采用的激光器功率主要有100W、200W、400W、500W，个别厂家采用700W和1000W的激光器进行大尺寸零件成形。

2. 扫描振镜系统

1)振镜

在快速成形加工出现的初期，开发的设备采用机械式X/Y轴移动扫描，响应速度较慢、误差较大，无法满足快速成形技术的发展需求。随着技术的发展，由高速伺服电机驱动微小反射镜片偏转的扫描振镜系统在快速成形加工中应用成功，迅速成为快速成形系统的标准配置。这是因为相比于机械式扫描，扫描振镜系统存在以下优点：

(1)镜片偏转较小角度即可实现机械式扫描大移动量的效果，利用两个镜片的空间组合，实现大幅面的扫描，具有更紧凑的结构。

(2)镜片偏转的转动惯量很低，配合计算机控制和高速伺服电机能明显降低激光扫描延迟，提高系统的动态响应速度，具有更高的效率。

(3)振镜系统的原理性误差目前已能通过计算机控制的编程调节的方式弥补，具有更高的精度。

扫描振镜系统的振镜头由两个振镜(反射镜、扫描电机)和伺服电路组成。反射镜安装在扫描电机的主轴上，电机偏转带动反射镜旋转：扫描电机在限定角度内偏转，其内集成了测定实时旋转角度的传感器；伺服电路接收驱动电压信号来控制扫描电机的偏转。

扫描振镜的工作原理如图 2-2 所示，激光光束进入振镜头后，先投射到沿 X 轴偏转的反射镜上，然后经反射到沿 Y 轴旋转的反射镜上，最后投射到工作平面 XOY 内。利用两反射镜偏转角度的组合，实现在整个视场内任意位置的扫描。带动反射镜片偏转的扫描电机是特殊的摆动电机，不能像普通电机一样旋转，其转子上有机械扭簧或通过电子方法施加复位力矩，复位力矩大小与转子偏离平衡位置的角度成正比；而偏转角度与电流大小成正比，当通入的电流大小一定时，扫描电机偏转一定角度，此时产生的电磁力矩与复位力矩大小相等，转子就不再转动，有类似电流表的效果，因此又被称为电流表式扫描。

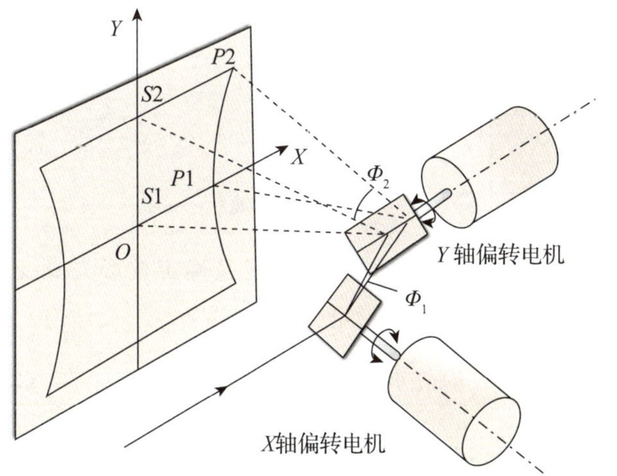

图 2-2

扫描振镜的工作原理

基于振镜扫描系统的工作原理，激光在工作平面内的坐标(x, y)跟两振镜反射片转角 Φ_1、Φ_2 之间的关系可以表示为

$$\dot{y} = d\tan\Phi_2 \tag{2-1}$$

$$x = \left(\sqrt{d^2 + y^2} + e\right)\tan\Phi_1 \tag{2-2}$$

式中 d——通过振镜扫描到工作区域中心处的光路距离(m)；

Φ_1——X 轴振镜反射片转角(rad)；

Φ_2——Y 轴振镜反射片转角(rad)；

e——两个振镜反射镜片转轴之间的距离(m)；

x——X 轴坐标；

y——Y 轴坐标。

式(2-1)和式(2-2)经过变换后可得

$$\left(\frac{x}{\tan\Phi_1} - 2\right)^2 - y^2 = d^2 \tag{2-3}$$

若 Φ_1 不变，式(2-3)描述的是一条非圆周对称双曲线，如图 2-3 所示。因此从扫描原理上看，$X-Y$ 二维振镜扫描系统存在不可避免的变形。振镜的偏转角与扫描点的坐标为非线性的映射关系，如果依据常规线性映射算法策略控制振镜偏转，就会产生枕形失真。

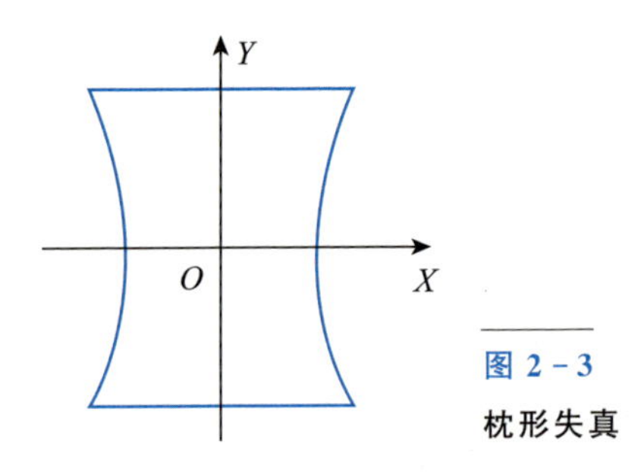

图 2-3
枕形失真

为了衡量变形量的大小，用该双曲线的弦高来定义确定枕形失真变形量 ε，当 Φ_1不变，而 Φ_2从 0 变为 Φ_2时，变形量为

$$\varepsilon = x - x_0 = d\tan\Phi_1\left(\frac{1}{\cos\Phi_2} - 1\right) \tag{2-4}$$

从式(2-4)可以看出，当振镜扫描头与工作平面之间的距离不变时，失真变形量只与偏转角 Φ_1、Φ_2大小有关，且随着 Φ_1、Φ_2的增大而增大，即在

工作平面中心时失真变形最小，在扫描工作平面边沿时的失真变形量较大。

2)场镜($f-\theta$ 透镜)

工作在物镜聚焦面附近的透镜称为场镜，也称为透镜、扫描聚焦镜、平面聚焦镜。其主要作用是为了克服扫描振镜产生的枕形畸变，使聚焦光斑在扫描范围内得到一致的聚焦特性，其校正原理如图 2-4 所示。图 2-4(a)所示为扫描振镜产生的畸变，图 2-4(b)所示为 $f-\theta$ 透镜产生的畸变，图 2-4(c)所示为激光经过扫描振镜和 $f-\theta$ 透镜产生的叠加效果，经过校正后枕形失真得到有效改善。

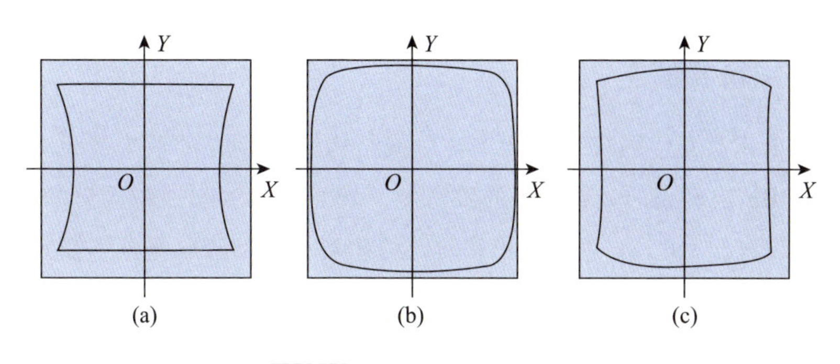

图 2-4　$f-\theta$ 透镜校正原理

(a)枕形畸形；(b)桶形畸形；(c)枕形与桶形叠加。

此外，$f-\theta$ 透镜可以将入射的平行光束聚拢，获得合适尺寸的光斑，常用于波长为 10.6μm、1064nm、532nm 和 355nm 的光学系统中。光束通过场镜聚焦后的光斑直径可由式(2-5)得出。

$$d=\frac{4\lambda M^2 f}{\pi n D_0} \tag{2-5}$$

式中　f——透镜焦距(m)；

D_0——激光束经过扩束前的束腰直径(m)；

λ——光纤激光波长(rad)；

M——光束质量因子。

3)准直器

粉末床激光熔融设备中，准直器的主要功能是将光纤内的传输光转变成准直光(平行光)，其工作原理如图 2-5 所示，从激光器发射出来的激光通过准直器后光束转换为发散角较小的光束，而后进入扫描振镜。选用准直器应考虑的主要性能指标：①发散角；②工作距离；③腰束直径；④最大可通过激光功率；⑤工作波长。

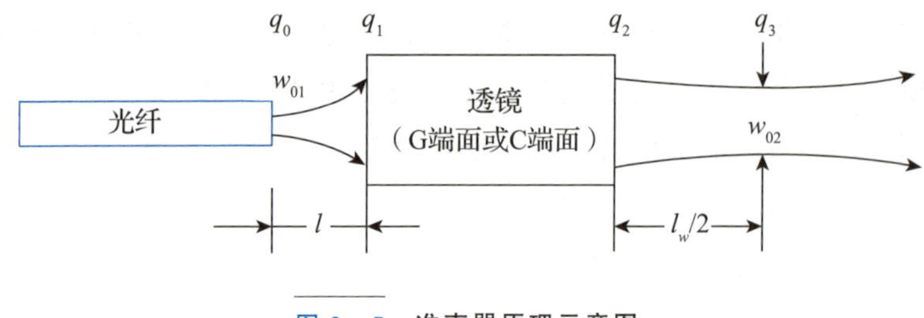

图 2-5　准直器原理示意图

2.1.2　铺粉装置

在粉末床激光熔融成形过程中，机械结构对成形质量影响最大的是铺粉装置。LPBF 快速成形金属零件的致密度、表面粗糙度与铺粉质量(表面平整度、紧实度)密切相关。当铺粉平整时，粉床对激光的吸收平稳，激光熔化粉末后容易获得平整的成形表面；当铺粉平面凹凸不平时，粉末床对激光的吸收不稳定，粉末床的不同位置激光聚焦效果不同，因离焦量的变化使粉末床吸收激光能量不一致，粉末熔化的效果有差异，从而导致 LPBF 扫描成形面也呈现凹凸不平状态，最终造成成形件的致密度、表面质量严重下降。另外 LPBF 成形过程中，成形表面质量具有“反馈效果”，当铺粉不平整时，激光熔化粉末后成形面呈现凸起或者凹陷状态，导致下一次铺粉效果更加不平；而当铺粉平整时，激光在整个粉末床表面照射均匀，获得平整的熔化表面，下一层铺粉也容易实现平整的效果。因 LPBF 成形完全熔化金属粉末时，粉末从松装密度 45%附近完全熔化获得近乎 100%致密度，材料收缩严重，导致激光与粉末作用的不稳定性增加。粉末松装密度提高，可使激光熔化粉末后收缩减小，增加激光与材料作用的稳定性。所以，铺粉效果的好坏在某种程度上决定了 LPBF 成形效果。为了获得理想的成形效果，必须获得平整、紧实的铺粉。目前应用于 LPBF 技术的铺粉方式主要是使用柔性胶条和刚性刮板结构。两种普通刮板结构的铺粉装置在铺粉过程中与成形面相撞，与成形面接触产生很大的剪切应力，铺粉后表面也不平，且一般刮板装置对粉末的压实作用非常小，刮板推动粉末在成形面上行走，而与成形面产生的剪切应力容易把成形薄壁件、强度不高的精密件撞坏。

因为 LPBF 成形过程中容易发生球化、飞溅及其他不稳定现象，造成已成形的金属零件表面粗糙度高，表面形貌为高低起伏状。于是，寻找一种专门适用于 LPBF 技术的柔性铺粉装置很有必要。柔性齿弹性铺粉装置的柔性齿需要有一定的强度以推动粉末铺展到成形件表面，同时柔性齿也要有良好的弹性越过飞溅、凸起部分而不会损坏加工件。所以，柔性齿一般采用非常薄、弹性优良的不锈钢片制作，避免了刚性铺粉装置与成形零件表面凸起接触所造成的碰撞。对柔性齿条的选择、设计非常重要，推荐使用 30～100 μm 厚度范围的 316L 或者 304 不锈钢薄片，采用光纤激光切割的方式切割成齿条状，齿与齿之间的间隙在 0.05～0.15mm 之间，齿宽为 3～5mm，齿高根据实际的工艺需求可以任意调节，一般在 2～10mm。因为不锈钢齿条很柔软，且单片不锈钢齿条的齿间隙允许粉末漏过，造成铺粉后有粉床表面存在高低起伏的齿痕，所以，最好采用几片不锈钢齿条错开叠加的方式组合，柔性齿条之间通过钢片间隔开。另外，柔性齿条前需要安装一块倒角加工的刮板，作用是避免粉末过多时柔性齿条没有足够的强度推动粉末，导致柔性齿条过度弯折发生塑性变形，造成齿条损坏。刮板与齿条的安装高度差需要经过精密调整，刮板的底端比齿条的底端高 0.05～0.2mm。

2.1.3　控制系统

粉末床激光熔融控制系统控制着整个加工过程，控制系统的好坏将影响加工速度、加工精度和加工效率，并直接影响成形质量，是粉末床激光熔融设备的核心。其控制难点在于要协调各个硬件之间的关系，保证系统安全稳定地运行。粉末床激光熔融控制系统的控制对象主要有激光光路系统和机械传动系统两大部分，通过对这两部分的控制，实现粉末床激光熔融控制系统的功能要求。激光光路系统的控制主要包括激光器和振镜的控制，机械传动系统控制主要包括工作平台的升降动作控制和铺粉装置的动作控制。粉末床激光熔融控制系统硬件组成如图 2 - 6 所示。

控制系统主要包括以下功能。

(1)系统初始化，状态信息处理，故障诊断和实现人机交互功能。

(2)对电机系统进行各种控制，提供了对成形缸、供粉缸和铺粉装置的运动控制。

(3)对扫描振镜控制，设置扫描运动、扫描延时等。

(4)设置自动成形时参数，如调整激光功率、加工层厚等。

(5)提供对成形设备4个伺服电机的协调控制，完成对零件的加工操作。

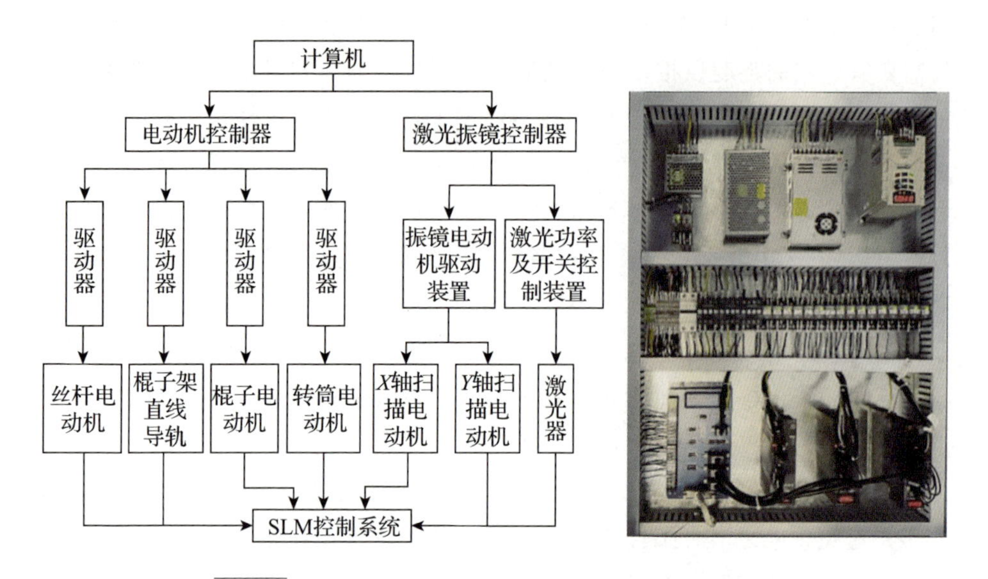

图2-6 控制系统硬件组成框图(左)和控制电路图(右)

2.1.4 气体循环净化系统

粉末床激光熔融加工过程中密封成形室内气体环境的控制非常重要，其中关键指标为氧含量、气压、金属粉尘颗粒浓度。氧含量直接关系到成形金属零件的成形质量，对金属零件的综合性能有着很大的影响。粉末床激光熔融的成形室内需要维持很低的氧含量，以防止成形中金属零件被氧化，影响零件性能。在成形过程中，密封成形室内应该维持10kPa的低正压环境，以保证外界氧气不能渗入密封成形室内。气体环境中金属粉尘颗粒的污染、泄漏，也是一个关键的问题，这些粉尘颗粒影响激光辐照、光学镜片的透光率，甚至熔池的熔化凝固稳定性。通常，粉末床激光熔融所用金属材料如316L不锈钢、CoCrMo合金和钛合金等粒径只有几十微米，选择性激光熔化成形过程产生的金属飞溅尺寸与粉末颗粒粒径相近，这些粉末以及飞溅极易散落在金属的成形表面和长期弥散在空气中，既影响到成形金属零件的性能，也严重威胁操作人员的人身安全。因此需采用气体循环系统对成形室内的气氛进行净化，气体循环系统的结构如图2-7所示。

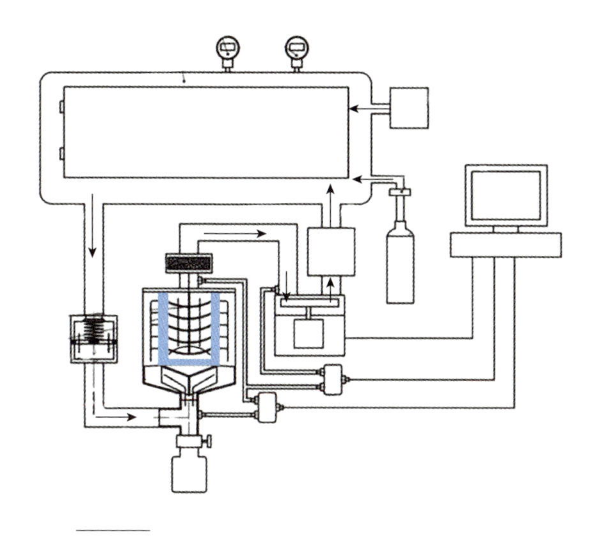

图 2－7　粉末床激光熔融设备气体循环系统

该气体循环系统的主要工作步骤如下：

(1)当计算机接收到气体循环净化过程的开始命令之后，发送信号开启真空泵，同时打开电磁阀接通保护气瓶。真空泵负责将成形室内混有氧气的气体抽出，保护气瓶负责向成形室内填充惰性保护气体，不断稀释成形室内的氧气浓度。同时开启真空泵和通入惰性保护气体的作用在于，可加快成形室中氧气浓度的下降速率。

(2)氧含量传感器将检测到的成形室中的氧气浓度数据实时发送给计算机，计算机检测氧气浓度是否低于 0.001% 这一阈值。若氧气含量高于 0.001%，则继续保持真空泵和通入惰性保护气体的工作状态，继续降低氧气浓度，直到达到该阈值；若氧气含量低于 0.001%，则关闭真空泵，但保持电磁阀开启状态，继续向成形室中充惰性保护气体以提高成形室内的气压。

(3)气压传感器将成形室中的气压数据实时发送给计算机，计算机检测压强是否达到 10kPa 这一阈值。若压强低于这一阈值，则继续开启电磁阀以保持惰性保护气体的供给，直到计算机检测到的压强达到该阈值，使成形室内维持低正压状态。若气压高于 10kPa，则关闭电磁阀，断开惰性保护气体的供给。

(4)来自成形室内的含金属粉末颗粒的气流通过气体均布装置的进气口均匀分流至各扇形出气通道，在各个扇形出气通道腔壁的导引下进入滤箱，均匀的通过 HEPA 滤芯表面，并在 HEPA 滤芯处完成气流中金属粉末的一次过滤，过滤掉绝大多数杂质。同时，与 HEPA 滤芯紧密接触的静电释放网可快速释放掉金属粉末气流与 HEPA 滤芯表面摩擦产生的静电积累。经过一次过滤的较洁净的气体，再通过活性炭滤箱，完成气体的二次过滤，继续提高气流的洁净度。经过两级过滤的洁净气体在循环气泵的驱动之下，通过第二单向气体阀，被送回到成形室中，完成一次气体循环动作。

2.1.5 成形过程监控系统

在整个粉末床激光熔融成形过程中，零件的成形质量受到扫描速度、扫描间距、加工层厚、扫描路径、光斑补偿、激光功率与密度等多重因素的影响。因此，在如此复杂的工艺下，要想获得高质量的成形件，必须对粉末床激光熔融成形过程中的一系列关键参数进行监控。质量保证和过程监控便成为增材制造技术从模型加工水平提升到一流车间制造水平的必要手段。粉末床激光熔融设备的熔池直接决定了零件的成形质量，因此需对熔池进行质量监控，着重于熔池形态、熔池亮度等特征。质量监控解决的主要问题是增材制造设备或激光与材料的相互作用所具有的多变性，因为后者会反过来扰乱金属的微观结构或宏观力学性能。

本书作者针对成形过程的监控采用了一种在粉末床激光熔融过程中结合高速摄像机和光电二极管的同轴监测方法，逐层监控金属的熔融过程。同轴实时监控装置基于在同一平面上分布的高速摄像机和光电二极管两个探测器，二者与激光器共用同一套光学系统，通过激光光学与精确定位实现同轴监测，这种方式有利于获得高的局部分辨率和快速扫描率。该系统的详细介绍，请参看 9.4 节中同轴监测系统。

2.1.6 其他重要元器件

成形系统中的其他重要元器件主要包括：①氧含量传感器；②压力传感器；③进气流量传感器；④位置传感器。氧含量传感器主要用于对成形室内气氛中氧含量的实时监测，设备加工过程中应保证氧含量小于 0.01%；压力传感器用于实时监测成形室内的压力值，加工过程中应保证成形室内为正压环境，避免氧气进入成形室内，通常成形室正压力为 10kPa；进气流量传感器用于监测惰性保护气的进气速度，通过调整进气流量获得成形室内的正压力保证氧含量稳定，当成形室密封性不良的时候应增大进气流量，但如果增大进气流量仍不能使氧含量稳定时，则应停止成形，检查设备；位置传感器主要为成形缸和供粉缸基板位置传感器、铺粉车位置传感器，成形缸和供粉缸基板位置传感器用于监测成形缸内基板的位置和供粉缸内材料的储量，而铺粉车位置传感器则是监测铺粉车的实时位置。

2.2 设备控制软件与路径规划软件

2.2.1 设备控制软件

国内虽然许多企业与高校有良好的增材制造软件与设备开发基础，但是多家单位开发的设备控制软件没有形成统一的工艺和技术等标准，控制软件的功能性不强，许多加工工艺要求无法实现，此外，控制软件的通用性较差，各软件之间虽然很相似，但却无法兼容。常用的设备控制软件构架如图 2－8 所示。

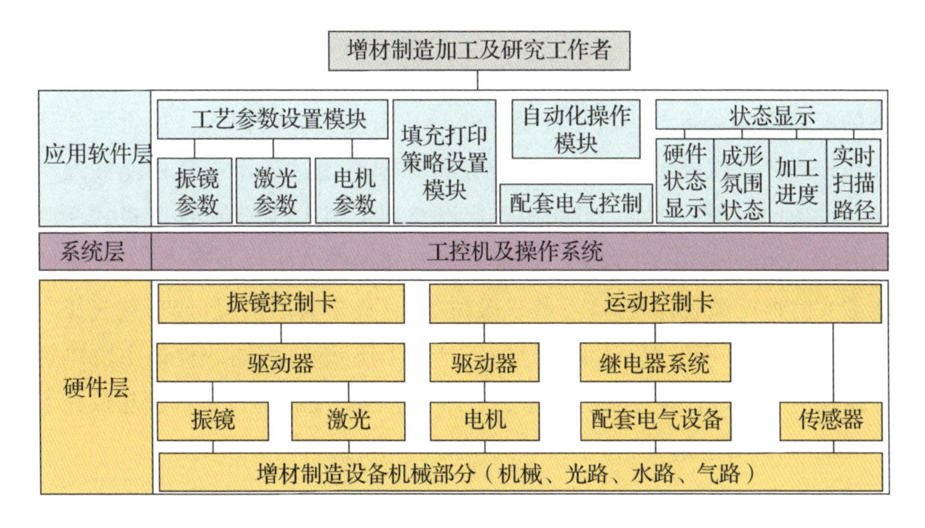

图 2－8　设备控制软件构架

1. 软件人机交互

1）友好的人机交互

友好的人际交互是一款通用软件所应该具有的特点。华南理工大学研发的开放式控制软件具有友好的呈现方式。软件界面包括导入文件管理栏、工艺参数设置栏、加工控制栏、加工指令输入栏、自动化操作栏、显示操作栏、状态监控栏以及主窗口8个部分，如图2-9所示。

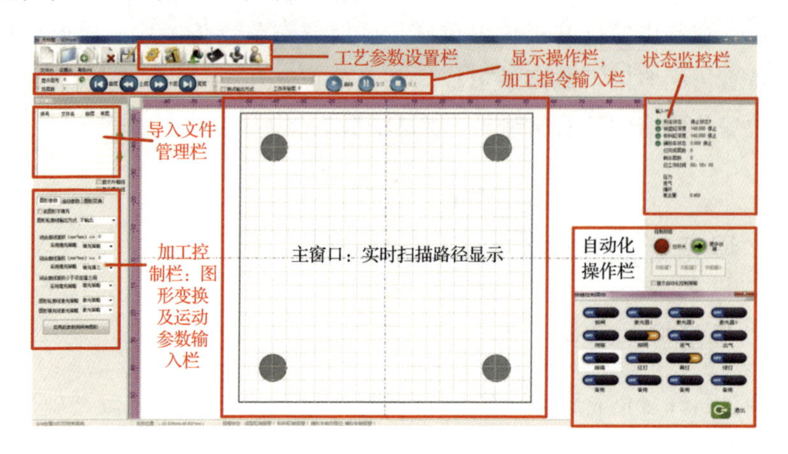

图2-9 设备控制软件主界面

其中，导入文件管理栏支持3DP文件以及CLI文件的读取识别，同时支持多文件的导入；工艺参数设置栏能够按照用户的要求自主设置激光振镜参数、电机、机械等参数。自动化操作栏能够按照用户要求自主控制增材制造设备的配套设备，还支持预先配置的自动化策略文件的读入。显示操作栏能够操作检查各扫描成形层的路径规划情况，同时通过显示操作栏能够控制增材制造设备的启动、停止、开始工作层以及加工模式(如实际加工模式和测试输出方式，测试输出时送粉缸、成形缸以及铺粉臂处于停止状态)。状态监控栏能够实时地反馈硬件状态(过载、限位等)、成形氛围情况(成形室气压、氧气浓度)、加工进度情况(已加工时间、已加工层数)。控制软件的主窗口负责扫描路径的显示，能够实时动态地显示加工情况，支持通过鼠标滚轮操作实现加工区域的自助缩放，支持主窗口周围测量标尺的自动显示更新。

2)便捷的加工控制功能

如图2-10所示，加工控制栏集成了图形变换功能和运动控制功能。通过图形变换功能可以实现对导入加工零件位置的位置移动、旋转、大小缩放以及阵列操作，可以便捷地对导入零件的加工摆放位置、加工数目进行控制，提高加工的自主程度，提高了软件的实用性。通过运动控制功能能够控制加工过程粉料等待加工材料的供应速度。

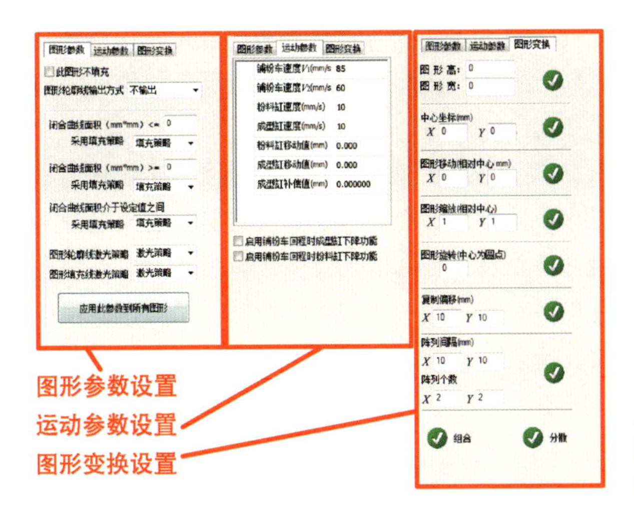

图 2-10
设备加工控制界面

2. 软件开放性实现

1)开放式硬件设备参数支持

现在国内外增材制造控制软件的主要问题就是封闭性太强，开放性差，进而导致兼容性不足，阻碍增材制造技术的研究及应用，提高重复开发的成本。项目针对这些不足，在以下几个方面做了相应规划。

(1)开放式振镜激光控制。支持主流的 RTC 系列振镜激光器控制卡以及固高系列振镜控制卡，能够灵活地配置振镜以及激光器的参数，同时为不同型号的振镜控制卡以及电机控制卡预留了参数设置接口，以便扩展适用于不同硬件配置的增材制造设备。设备参数设置界面如图 2-11 所示。

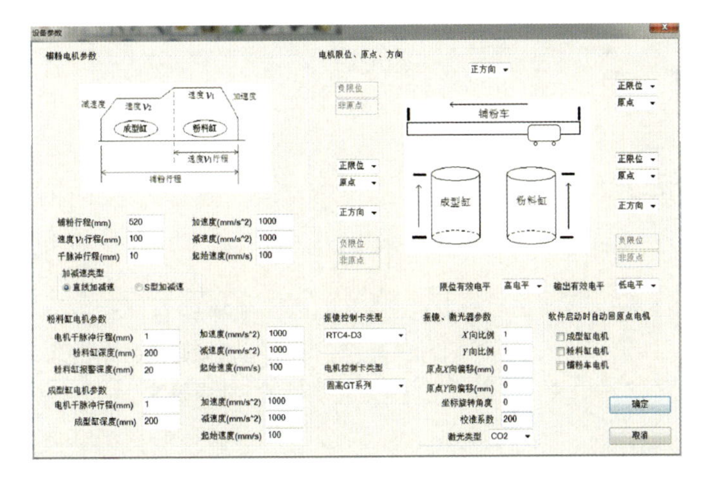

图 2-11
设备参数设置界面

(2)开放式电机控制。开放了电机的运动特性参数以及限位的电气特性匹配设置模块，能够动态地根据实际不同配置的增材制造设备的硬件结构要求来由软件使用者修改匹配参数。

(3)自动化控制策略。自动化操作栏能够按照用户要求自主设置增材制造设备中配套电气的开启时序，同时能够在软件层面自定义控制卡的通用 I/O 口，配置 I/O 口控制对应的增材制造配套电气设备。通过软件层面的自动化操作控制策略的配置，可以减少硬件接线的限制。此外，自动化操作栏还支持自动化策略文件的保存及读入。软件的端口设置模块和自动化控制策略模块如图 2-12 与图 2-13 所示。

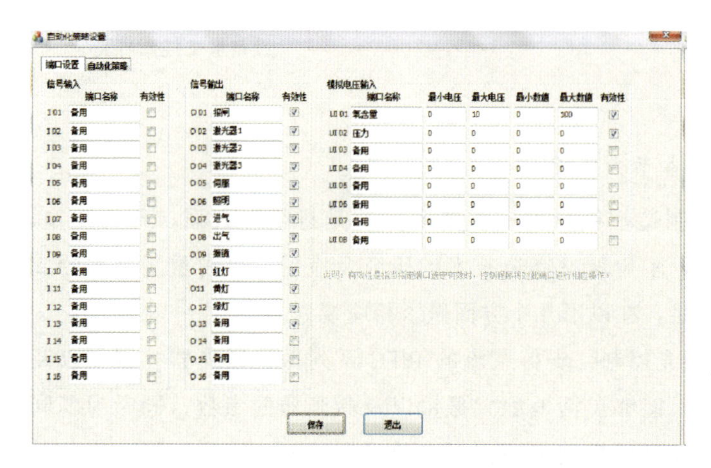

图 2-12
端口设置模块

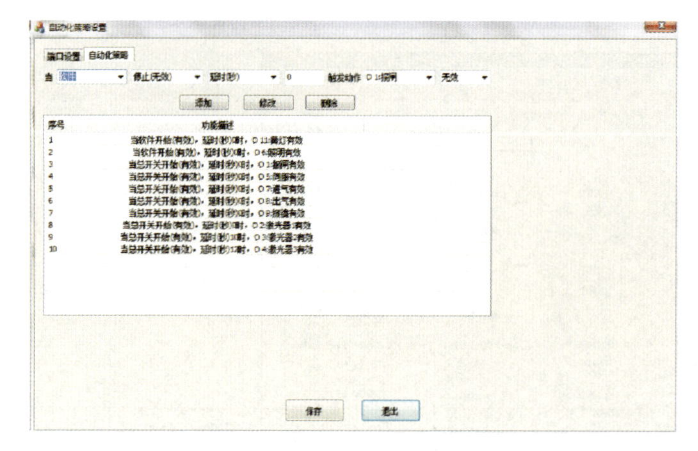

图 2-13
自动化控制策略配置模块

2)开放式打印文件支持

粉末床激光熔融成形设备的控制软件目前支持 CLI 文件以及 3DP 文件的读取处理与加工，还支持 500M 大小的 CLI 文件的数据读入，能够加工结构复杂的零件，基本能够满足市场上零件的需求。

3)开放的工艺参数设置

(1)激光参数设置。软件能够方便地设置激光振镜参数。用户可以通过开放的激光振镜参数设置界面，按照自己需要配置激光策略，以进行工艺研究或者满足不同背景的加工生产要求。同时软件支持用户对自主配置的激光策略进行保存，再次执行加工任务时自动读取，提高了加工效率，简化了加工操作。

(2)路径填充参数设置。软件集成了完整的激光填充策略模块。目前开发的控制软件采用多线程技术、并行工作的方式，在指导加工的同时能够实施动态路径规划，将路径规划与加工控制整合在一起，在加工零件的同时后台完成路径规划的过程，节约了单独的路径规划过程所需的时间，提高了生产效率；将填充策略软件作为控制软件的子模块，能够消除因填充策略软件与控制软件之间由于中间文件格式不同而导致的兼容问题，提高了控制软件的通用程度。

图 2-14 所示为开放式加工工艺参数界面。

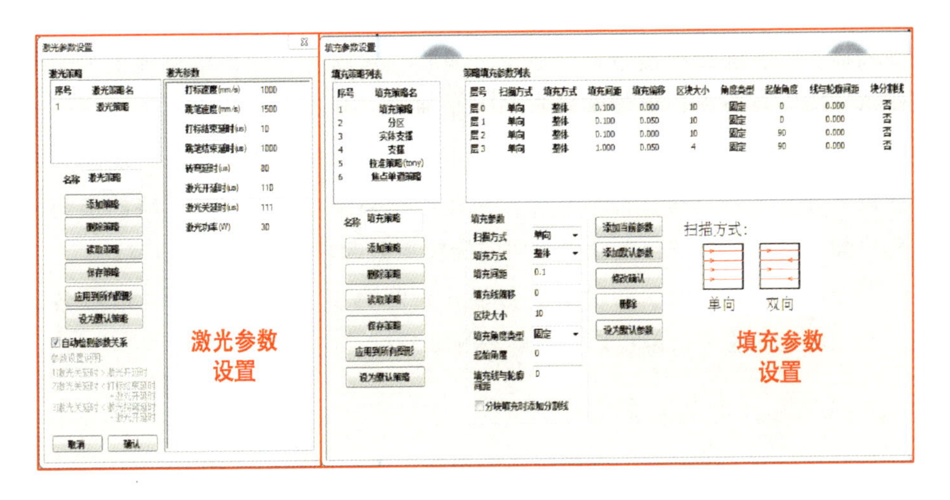

图 2-14　开放式加工工艺参数界面

(3)智能加工功能。加工控制栏还提供了一种新型的智能加工功能，用户可以指定一组面积参数，软件能够按照每一成形层的面积大小自动映射匹配相应的填充扫描策略，如图 2-15 所示。

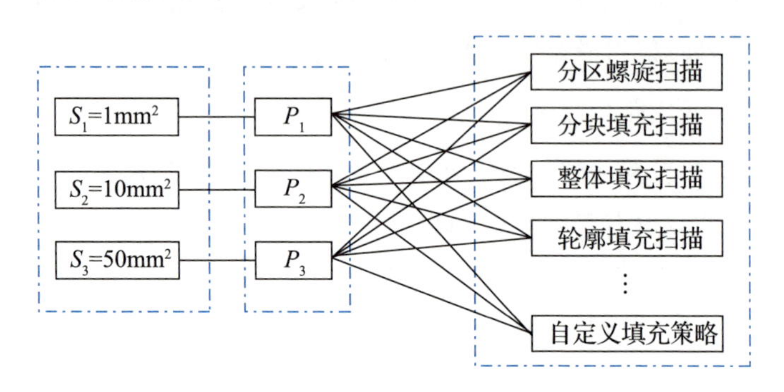

图 2-15　基于面积参数判断的智能加工功能(面积参数与映射路径配置关系)

2.2.2　路径规划软件

国内外很多研究表明，激光增材制造技术成形零件的性能除受工艺参数的影响之外，还与激光的扫描路径密切相关。优选的激光扫描路径可以很好地控制零件加工过程中热变形及残余应力的累计，进而保证零件具有良好的成形精度及综合力学性能。因此，激光扫描策略生成是增材制造中的一项关键技术。当今，国外主流的粉末床激光熔融科研机构使用的扫描策略有 *S* 形正交扫描策略、螺旋扫描策略、矩形分块扫描策略等。国内华南理工大学增材制造实验室对激光扫描策略进行了大量研究工作，取得了突出的成果。但是各家的填充扫描策略软件还存在很多不足，如对层间旋转偏移、层间旋转参数设置等工艺参数的支持不够等。因此，有必要对传统扫描策略的层间偏置模块如增加层间平移参数设置、层间旋转参数设置等进行优化研究。

下面以华南理工大学增材制造实验室开发的 SLM DiMetal-100 设备为例，介绍粉末床激光熔融成形设备路径规划软件。

1. 填充参数自定义组合

目前华南理工大学基于之前的开发积累，通过不断的算法开发测试改进，开发的填充规划软件支持主要参数的自定义动态组合，在理论上可以实现任意激光扫描路径策略的规划组合，能够满足国内外很多科研机构及工业应用的实际要求。填充规划参数设置模块如图 2－16 所示。

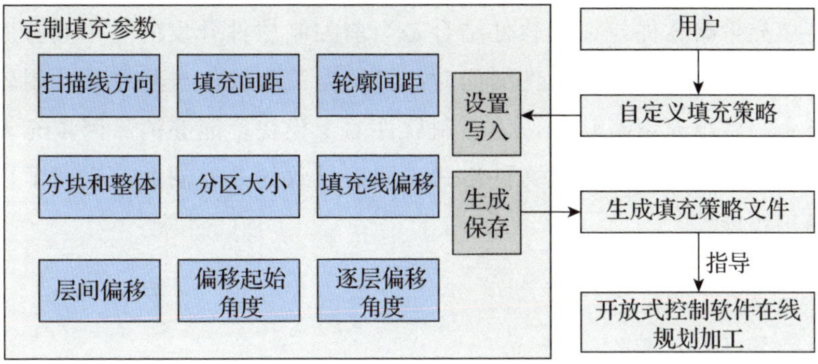

定制填充参数
扫描线方向
填充间距
轮廓间距
设置写入
分块和整体
分区大小
填充线偏移
生成保存
层间偏移
偏移起始角度
逐层偏移角度
用户
自定义填充策略
生成填充策略文件
指导
开放式控制软件在线规划加工

图 2－16　填充规划参数设置模块

2. 填充策略配置文件生成

华南理工大学团队研发的填充软件模块能够支持相邻几层配置不同的填充参数，进而构成一个激光扫描路径的循环单元，可以实现激光扫描策略的周期性规划成形。

该模块同时支持自定义填充策略配置文件的保存，指导开放式控制软件的在线规划加工。当用户再次开机需要进行相同激光扫描策略工艺的加工及研究任务时，不必重新输入自定义的填充策略，只需读取之前保存的填充策略配置文件即可，简化了工艺参数的设置难度，提高了生产效率。扫描路径填充规划模块如图 2－17 所示。

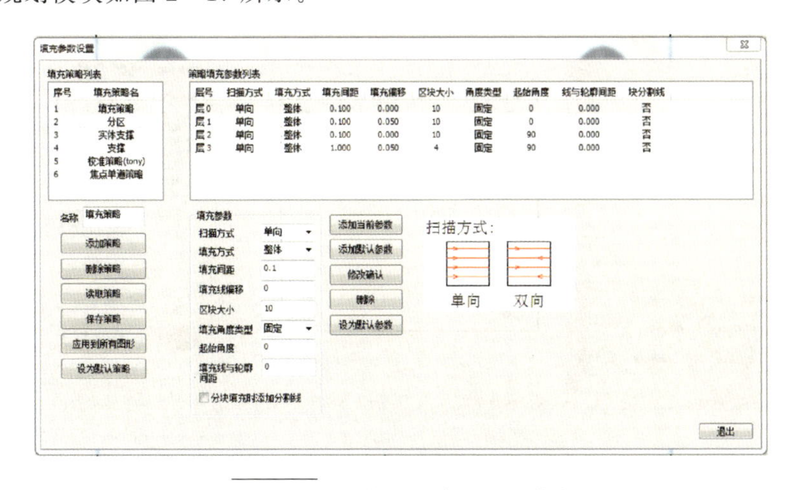

图 2－17　扫描路径填充规划模块

3. 填充策略软件与开放式控制软件的整合

将填充策略软件与控制软件结合是当前控制软件开发的一个趋势。华南理工大学在开发填充策略软件的同时，将填充策略软件与开放式控制软件进行了整合。将填充策略软件作为控制软件的子模块，能够消除因填充策略软件与控制软件之间由于中间文件格式不同而导致的兼容问题，提高了控制软件的通用程度。

2.3 操作流程

粉末床激光熔融成形设备的一般操作流程以华南理工大学研发的DiMetal－280设备为例进行说明。操作流程主要分为设备软件操作和设备操作两个流程。

2.3.1 软件操作流程

1. 软件界面功能说明

软件整体工作界面如图2－18所示。

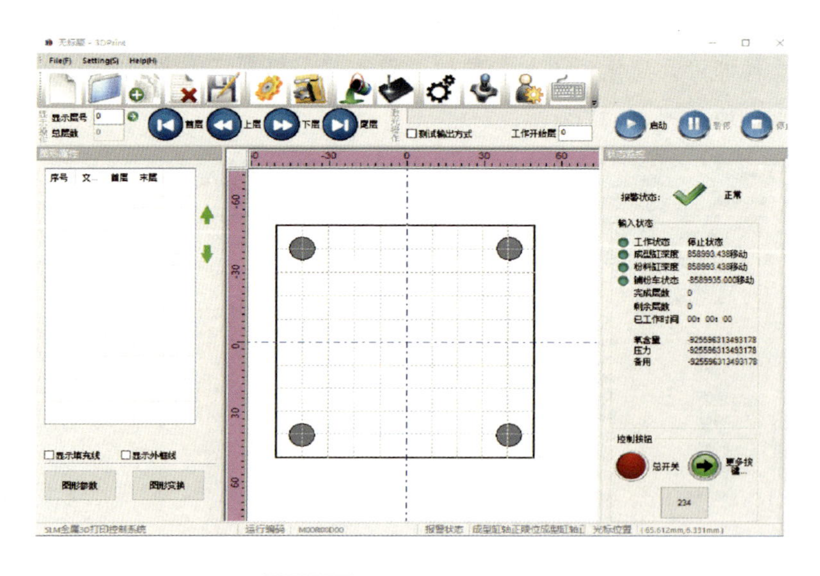

图2－18　软件整体工作界面

(1)功能工具栏的功能包括  。

(新建空白文件)：如果新建之前有图形数据，则会全部被删除，恢复到初始状态。

(打开文件)：文件格式为 CLI、3DP。一次只能打开一个文件，如果打开一个新文件之前，软件中有图形数据，则会在打开新文件后，删除之前的全部数据。

(导入文件)：一次可以导入任意数量的 CLI 文件，每次导入操作，软件中的图形数据自动累加。

(删除)：删除选中文件数据。

(保存)：保存当前软件中的数据及相关参数(填充策略、激光策略)为 3DP 格式文件。

(图形选取光标)：当光标处于这个状态时，鼠标可进行图形选中、移动等操作。

(显示拖动光标)：当光标处于这个状态时，鼠标可进行图形的拖动，这个拖动只是为了选取更合适的显示位置，并不会改变图形的实际位置坐标。

(页面显示)：此功能可让显示按工作区域占满屏幕显示。

(设备参数设置)：所有与硬件相关的参数都在此对话框中设置，包括电机、激光器、控制卡、传感器类型、信号电平类型等，此功能只对设备生产厂家开放。

(系统参数设置)：在此可进行文件导入、界面显示相关的设置。

(填充设置)：图形的不同填充策略可在此进行设置。

(激光设置)：图形工作时的激光工作策略可在此进行设置。

(手动操作)：三个电机的手动控制操作可在此进行控制。

(用户管理)：可在此设置操作人员的权限管理。

(2)操作工具栏的功能包括两部分：一部分是用于层显示操作 ；另一部分是用于控制设备工作 。

显示层号：可设置要直接到达的层号，点击 即可直接显示出要显示层的数据。

总层数：显示现在总共的层数。

首层：直接显示第0层数据。

上层：显示当前层的前一层数据，如果当前层为第0层，则不变。

下层：显示当前层的下一层数据，如果当前层为最后一层，则不变。

尾层：直接显示最后一层数据。

测试输出方式：当选中此选项时，按启动按键，三个电机都不动作，只有激光和振镜正常工作。

工作开始层：可设置开始工作的层号，如果在工作途中由于各种原因，导致设备停止了工作，在处理完后，需要接着刚才的层数工作时，可在此设置起始层号，按启动按键后，则从指定层接着继续工作。

启动按键：设备开始工作。

暂停按键：当处于工作状态时，才会处于有效状态，当按下时，设备并不会立即停止工作，而是等待当前层数据全部处理完成后，才真正开始暂停工作。当在暂停状态时，激光参数、填充参数、工作参数等可以设置，在工作状态时，是不可以设置的。

停止按键：结束工作状态。在工作或暂停状态时，任何时候都可操作停止。

(3)图形属性工具栏。所有与图形数据相关的功能都集中在这里，包括：①已加载进软件的数据文件；②与数据文件相关的激光参数；③与数据文件相关的填充参数；④与数据文件相关的图形操作；⑤与设备工作相关的工作参数。

2. 设备参数设置

用户在系统控制软件中，可进行电机、传感器信号、控制信号、振镜、激光器等硬件的参数设置，如图2-19所示。

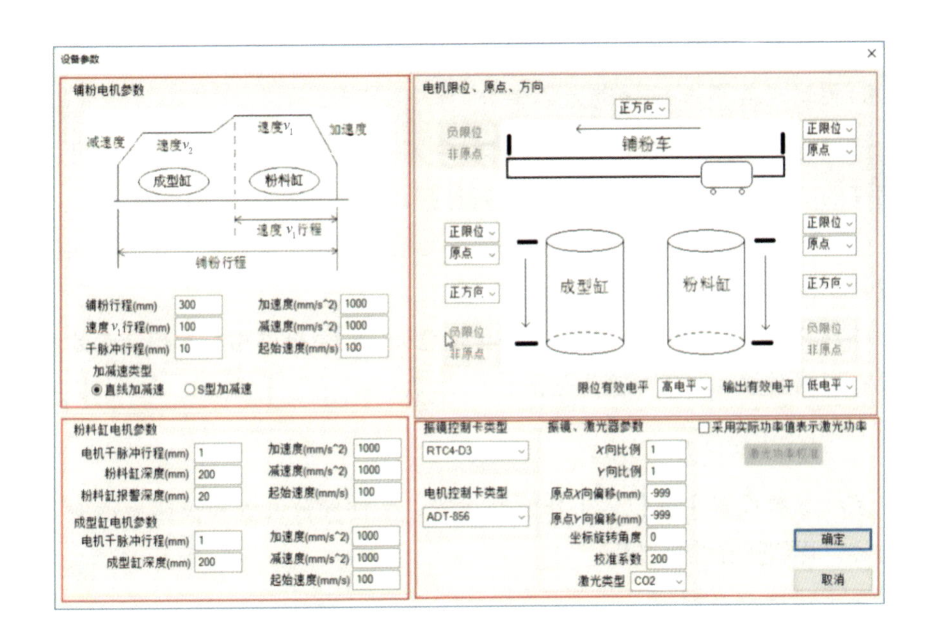

图 2-19　硬件参数设置

1)铺粉电机参数

(1)铺粉行程：指铺粉车从原点开始行走的最长距离。

(2)速度 v_1 行程：指铺粉车以较大速度 v_1 行走的距离。这个距离一般等于从原点到粉料缸远端的距离。

(3)加速度、减速度：指电机从静止到指定速度所用的单位时间中速度的变化值。此值越大，达到指定速度所用的时间就越少。

(4)起始速度：指电机起动时的速度。起始速度太大，会导致起动时，电机驱动器失步或卡死；起始速度太小，会导致起动时间比较长。

(5)千脉冲行程：指给电机驱动器 1000 个脉冲，电机产生的运动行程。

2)粉料缸电机参数

(1)粉料缸深度：指粉料缸从原点开始的最大行程。

(2)粉料缸的报警深度：指粉料缸距离最上边沿的高度，用来指明剩余粉料量，提示及时加粉。其余参数同上。

3)成形缸电机参数

参数设置同上，主要是设计电机的正负限位，运动的正负方向(包括铺粉车的行进方向、缸体的上下运动的方向)；在限位时，设置限位的有效电平和输出有效电平的类型。电平分为高电平和低电平。

4)控制卡类型与振镜激光器参数

(1)软件共支持两种类型的控制卡：一种是众为兴的 ADT-856；另一种是固高的 GT 系列。根据实际情况进行选择。

(2)X 向比例、Y 向比例：如果图形的输出比例失调，可在此进行相应的设置，比例值 = 理论值/实际值。

(3)校准系数：对于 SCANLAB 套装镜头，它会提供相应的校准参数，如果没有，则系数 = 65536/镜头范围。

3. 系统参数设置

系统参数设置主要包含工作空间设置、文件参数设置和快捷显示项 3 部分内容，详细操作步骤如下：

1)工作空间设置

如图 2-20 所示，工作空间设置主要是设置界面显示相关的参数。其中，工作区间的宽度与高度是指工作区间的大小；定位孔距中心距离是指 4 个黑色小圆孔到工作区间中心点的距离，代表实际设置中的固定孔位；显示十字线是指显示工作区过中心的蓝色虚十字线；显示网格则是工作区域显示圆形或井字形灰色网络线，如图 2-21 所示。

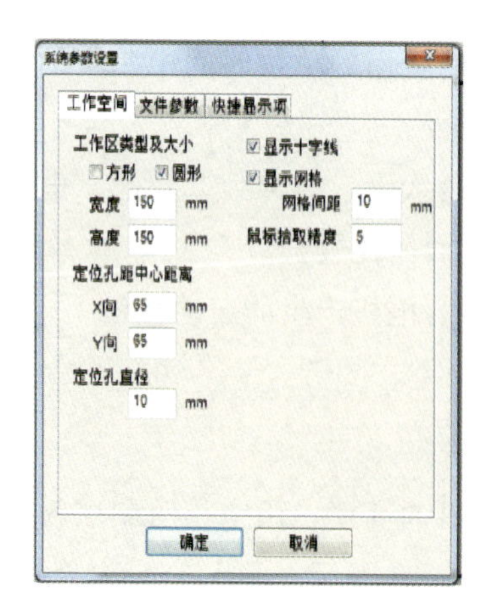

图 2-20　工作空间设置

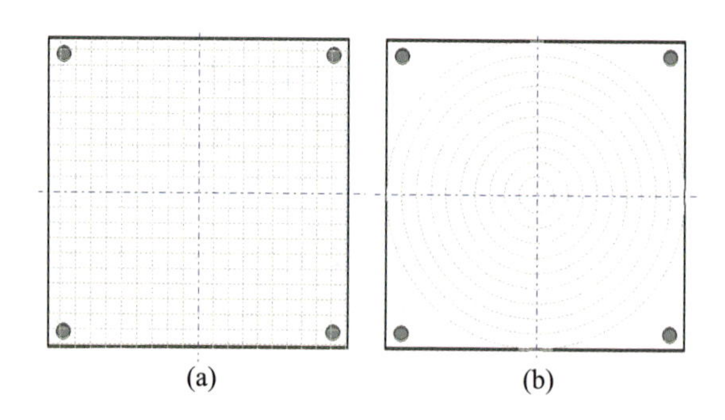

图 2-21　工作区域

(a)方形工作区域；(b)圆形工作区域。

2)文件参数设置

如图 2－22 所示，在文件参数设置界面中，可以进行以下选项设置。

(1)曲线闭合检查：默认开启，对曲线的闭合性进行检查。

(2)自动删除重复点、线：默认开启，对同一条线段上的重复点进行判断并删除。

(3)合并相临线：当两条线的端点距离小于设定的合并容差时，将两线段合并为一条曲线。

(4)打开文件时默认自动填充：打开文件时自动进行填充计算。

(5)CLI 文件导入时自动偏移值：CLI 切片文件导入后，自动偏移设定距离。

(6)轮廓线颜色：设定图形外轮廓的颜色。

(7)填充线颜色：设定图形填充线颜色。

3)快捷显示项

快捷显示项的系统参数设置如图 2－23 所示，用于图形属性工具栏中工作参数与激光参数中的显示项。如果选中，则会出现在图形属性工具栏中，如果不选中，则不会显示。此设置主要是为了尽可能让常用参数显示出来，不常用参数则不显示，让界面参数更简洁。

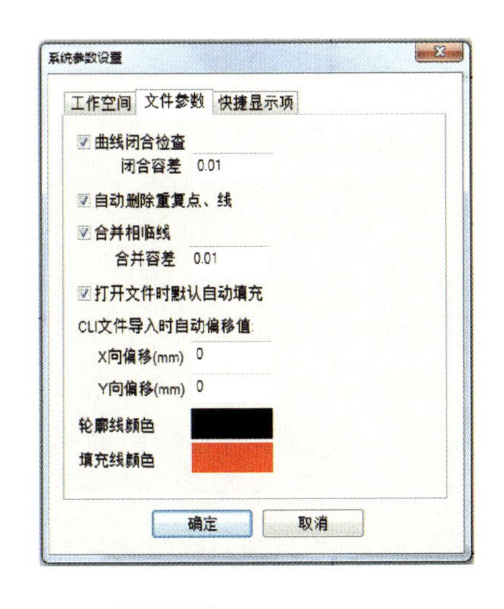

图 2－22　文件参数设置

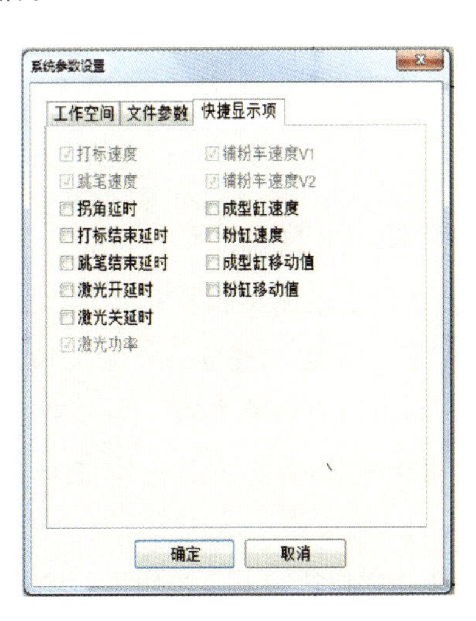

图 2－23　快捷显示项的系统参数设置

4. 填充数据设置

1）进入增材制造填充数据路径规划软件操作页面

(1)打开软件，进入软件整体工作界面，如图 2-24 所示。

(2)选择填充设置，图形的不同填充策略可在此进行设置。点击填充图标按钮，进入填充设置界面。

(3)填充设置界面大致分为填充策略列表、策略填充参数列表、填充策略编辑栏、填充参数设置栏和桌面键盘。

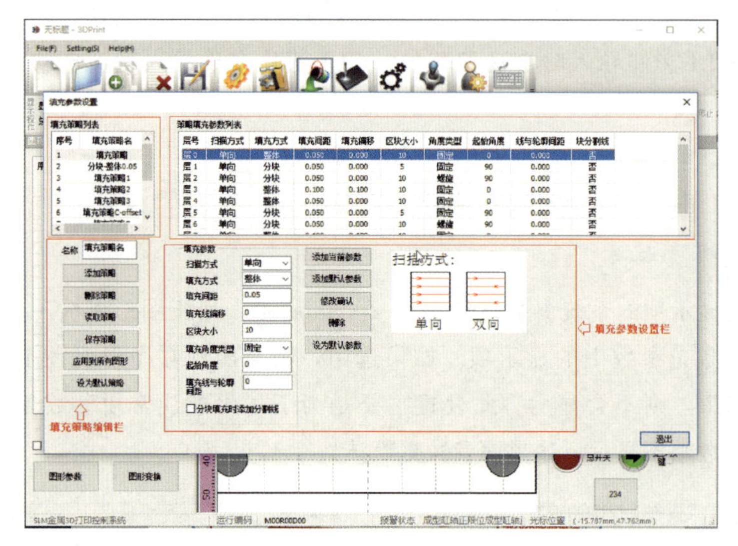

图 2-24　软件工作界面和填充数据设置界面

2)新建一个填充策略

(1)在填充策略编辑栏里的“名称”项写入填充策略名称，再单击“添加策略”按钮，就可以建立一个新的填充策略，如图 2-25 所示。

(2)编辑填充策略参数。由于新建的填充策略自动生成的填充参数是默认参数，由于默认参数并不一定能符合要求，故一般都要检查参数和做相应修改。

①单击“扫描方式”按钮后，会有“单向”“双向”两种扫描方式，并且会在左边出现扫描方式的示意图。本例选择“单向”。

②填充方式分为“整体”“分块”两种，在左边是两种方式的示意图。使用者可以按自己的技术要求选择填充方式。本例选择“整体”。

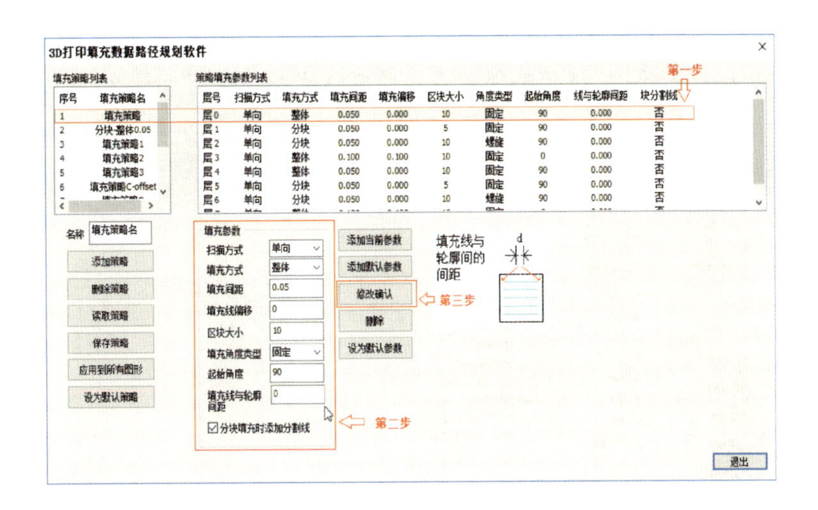

图 2－25　建立一个新的填充策略

③单击填充间距编辑框，在左边会出现填充间距的示意图。使用者可以按自己的技术要求选择填充间距。本例选择“0.05”。

④单击“填充线偏移量”编辑框，在左边会出现填充偏移值的示意图。使用者可以按自己的技术要求选择填充间距。本例选择“0”。

⑤单击“区块大小”编辑框，在左边会出现区块大小的示意图。使用者可以按自己的技术要求选择区块大小。本例选择“10”。

⑥单击“填充角度类型”按钮后，会有“固定角度”“随机角度”“螺旋角度”三种扫描方式。并且会在左边出现填充角度类型的示意图。为了和默认参数区别，本例选择“固定”。

⑦单击“起始角度”编辑框，在左边会出现起始角度的示意图。使用者可以按自己的技术要求选择起始角度大小。为了和默认参数做区别，本例选择“90”。

⑧单击“填充线与轮廓间距”编辑框，在左边会出现填充线与轮廓间距的示意图。使用者可以按自己的技术要求选择填充线与轮廓间距大小。为了和默认参数做区别，本例选择“0”。

⑨单击“分块填充时添加分割线”编辑框，在左边会出现分块填充时添加分割线的示意图。使用者可以按自己的技术要求选择是否添加分块填充时添加分割线。为了和默认参数做区别，勾选添加分块填充时添加分割线。

数据修改完成后，单击“修改确认”，即可将修改的参数设为当前参数。

本例单击“修改确认”后，新数据覆盖默认参数成为当前数据。

单击“保存策略”，将策略保存在电脑文件夹中，执行如图 2-26 所示。

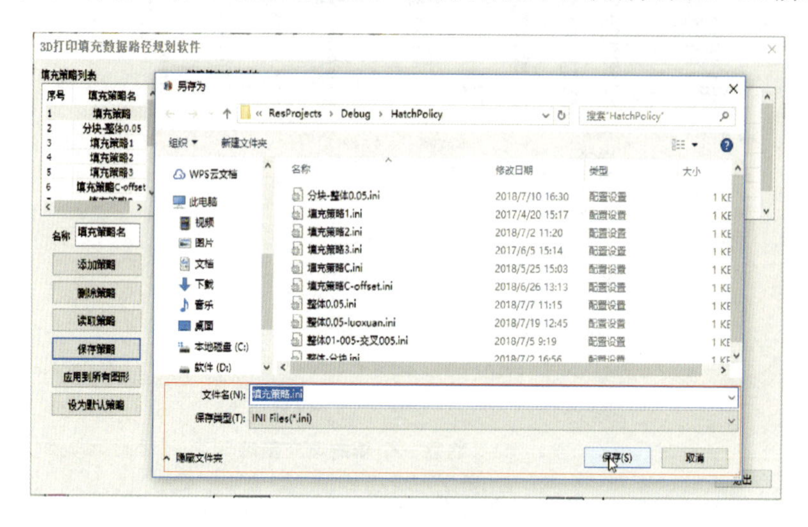

图 2-26　保存策略

3)填充策略的读取与删除以及层的添加与删除

(1)读取填充策略。单击“读取策略”，会打开保存填充的文件夹，在文件中选择相应的填充策略，单击“打开”，相应的填充策略就会进入软件的策略列表中。如图 2-27 所示。

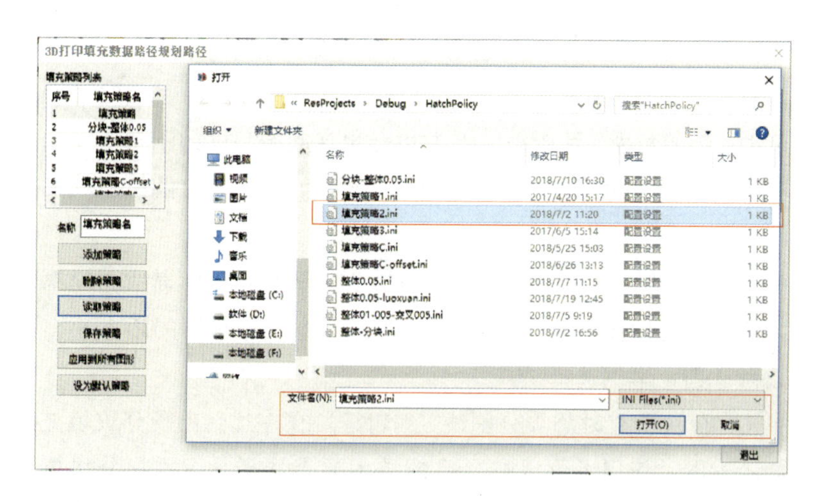

图 2-27　读取策略

按如上操作，使用者可以读取任意保存在电脑文件夹中的填充策略。

(2)删除填充策略。在填充策略列表选中要删除的填充策略名，再单击“删除策略”按钮，如图 2-28 所示。

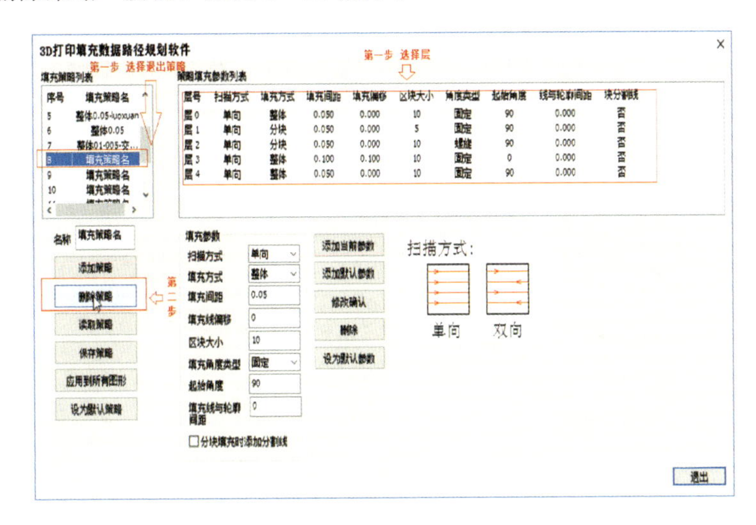

图 2-28
删除策略

按如上操作，使用者就可以删除掉一个填充策略。还可以打开填充策略，在策略填充参数列表中，选择一个层，单击“删除”，同样可以删除该填充策略。

(3)“应用到所有图形”和“设为默认策略”。以填充策略“填充策略 C”为例来讲解这两个按钮的作用。

①先选择填充策略“填充策略 C”，再单击“应用到所有图形”按钮，则填充策略“填充策略 C”会应用到所有的打印图形，如图 2-29 所示。

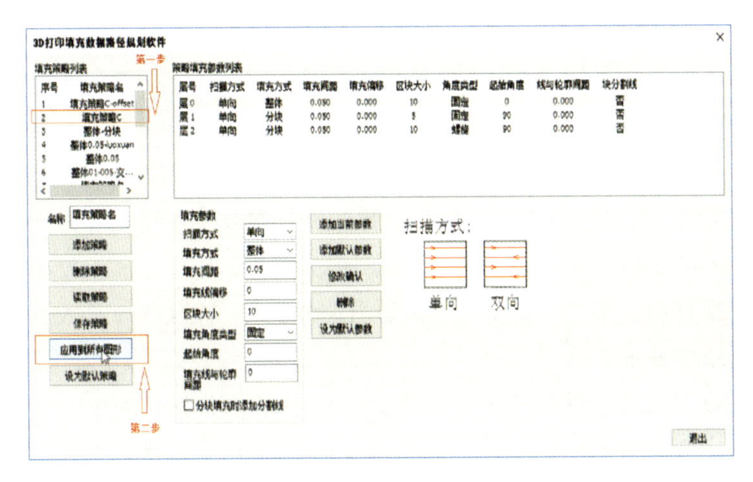

图 2-29
策略应用

②选择填充策略“填充策略 C－offset”，再单击“设为默认策略”按钮，则填充策略“填充策略 C－offset”会被设置为默认策略，如图 2－30 所示。

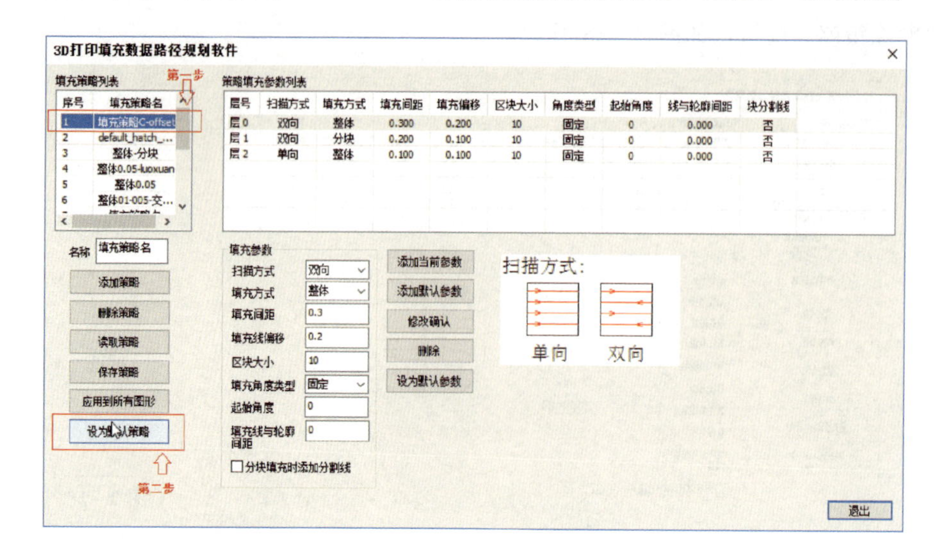

图 2－30　设置默认策略

(4)层的添加与删除。

①添加策略填充参数列表层。添加一个名叫“填充策略”的层。第一步，在“填充策略列表”中选择要添加层的填充策略“填充策略”；第二步，填写相应的填充参数如上述建填充策略相应过程一样；第三步，单击“添加当前参数”，即生成新的层。若要生成一个默认参数的层，则可以在选择填充策略名“填充策略”后，直接单击“添加默认参数”，就可生成默认参数的层。

②以“添加当前参数”的形式添加参数。如图 2－31 所示，第一步，先在“填充策略列表”中选择要添加层的填充策略，一旦选中了填充策略，在右边的“策略填充参数列表”就显示出目前的填充策略的层数和层的参数。第二步，在“填充参数”的参数框中修改参数，将要设置参数填写完整。由于未修改和一开始生成的参数是默认参数，所以在加层时，要把每一个参数项检测一遍，防止数据有误。第三步，单击“添加当前参数”，新设置的参数就会在填充策略的新层中显示。

在添加参数后，刚才设置的参数，还会显示在填充参数列表中，因为新生成的层是默认被选中的层，所以不要急着点击，点击次数越多生成的层也会越多，会导致很多不需要的层，如果忘记删除，在调用策略时会导致成形

（打印）质量和层出错，最终导致打印出错。

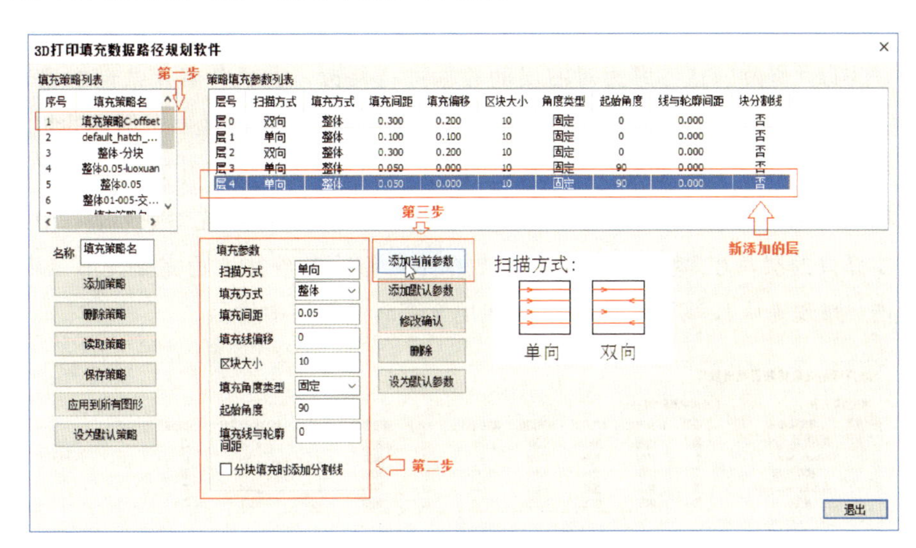

图 2-31　添加当前参数

③以“添加默认参数”的形式添加参数。如图 2-32 所示，和“添加当前参数”方式相似。添加默认参数更加简洁，少了设置“填充参数”步骤，是一个在同种材料打印的情况下比较方便的方法。

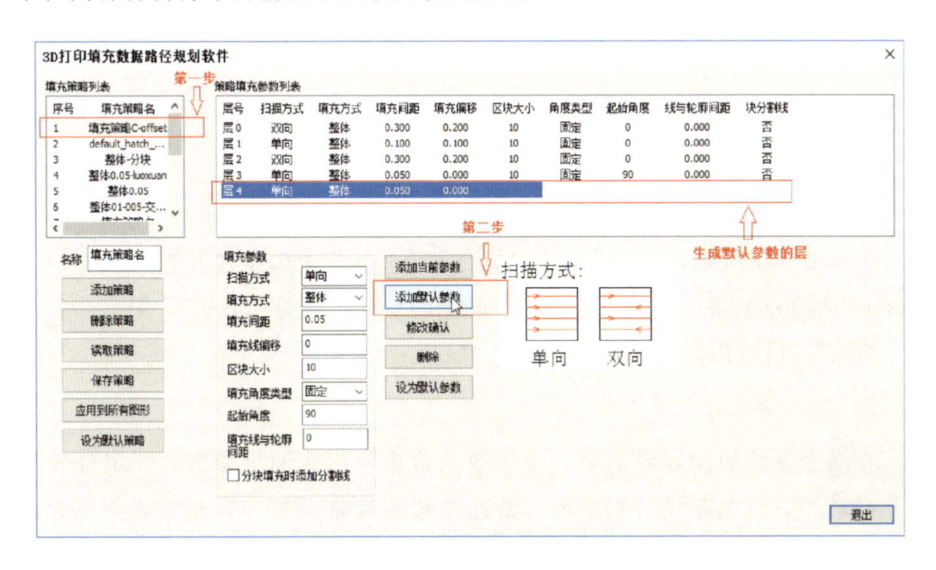

图 2-32　添加默认参数层

具体操作如“添加当前参数”，由于不用设置参数，当单击“添加默认参数”时，会生成一个与默认参数一样的新层。

④以“修改确认”形式对旧层的数据进行修改，在原位置生成新参数的层，如图 2-33 所示。第一步，先在“填充策略列表”中选择要添加层的填充策略，一旦选中了填充策略，在右边的“策略填充参数列表”中就显示出目前的填充策略的层数和层的参数。第二步，在右边的“策略填充参数列表”中选择要修改的层，在“填充参数”的参数框中，修改参数并填写完整。第三步，单击“修改确认”，新设置的参数就在填充策略的新层中显示。

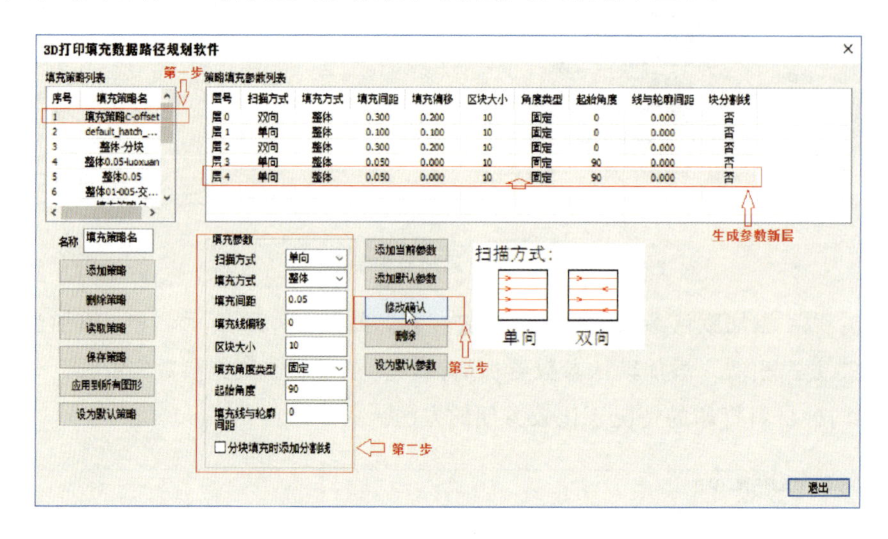

图 2-33 以“修改确认”形式添加层

4）删除策略填充参数列表层

如图 2-34 所示，第一步，在“填充策略列表”中选择名为“填充策略 C-offset”的填充策略；第二步，选择要删除的层，本例是“层 0”；第三步，选择“删除”，就可以删除对应的层。

5）激光参数设置

在激光参数的设置界面中，一个激光策略中包含两组参数：一组外轮廓激光参数和一组填充线激光参数。激光参数的策略设置与填充策略的概念是一样的，一个策略对应一组不同的激光参数，这样方便不同图形选择不同的激光参数来实现工作的差异化，如图 2-35 所示。

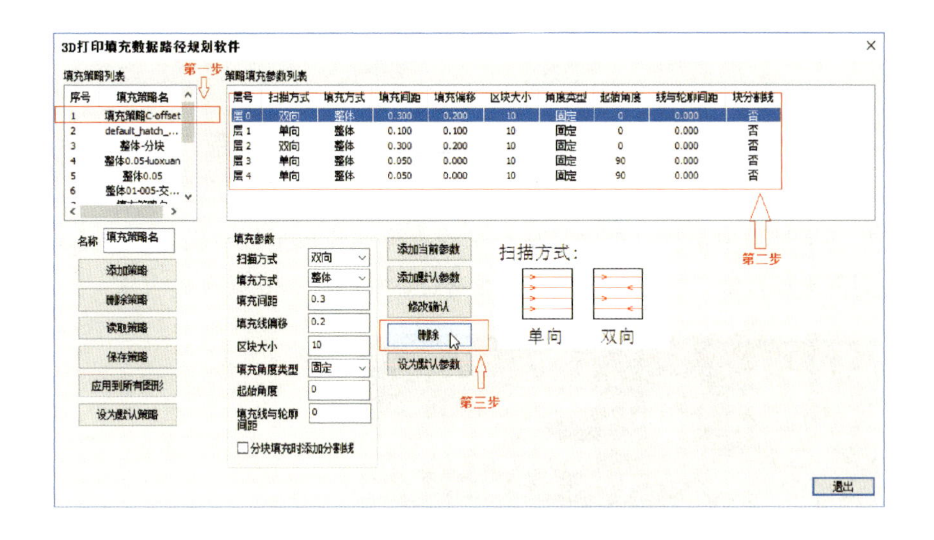

图 2－34　删除策略填充参数列表层

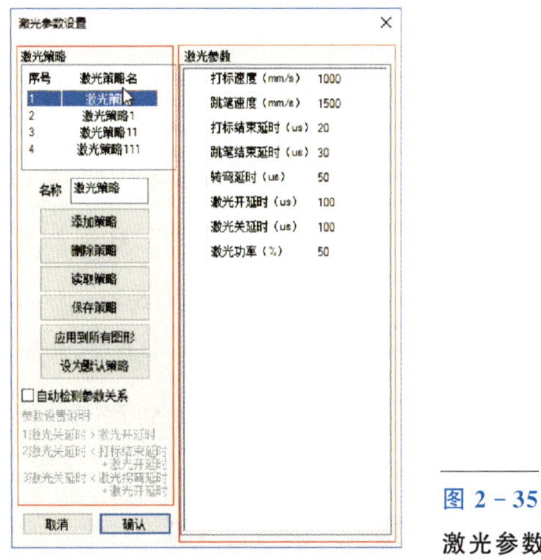

图 2－35
激光参数设置

激光策略的添加、删除、读取、保存、应用到所有图形、设为默认值的过程和填充策略的相应过程相似。

2.3.2　设备操作流程

粉末床激光熔融成形设备的一般操作流程主要包括成形基板安装与基板调零、调节铺粉层厚、加工环境准备、导入零件数据、零件加工与零件取出及粉末处理等步骤。

1. 成形基板安装与基板调零

安装基板前需用吸尘器将成形缸基板安装底板表面清理干净，再把打磨过的基板放到成形缸安装底板上，用螺钉将基板锁紧在成形缸安装底板上。在基板调平过程中，将一把钢尺放在基板上方，使成形缸缓慢下降，直到钢尺与周围平面接触，接触部分没有光线透过，如图 2－36 所示。

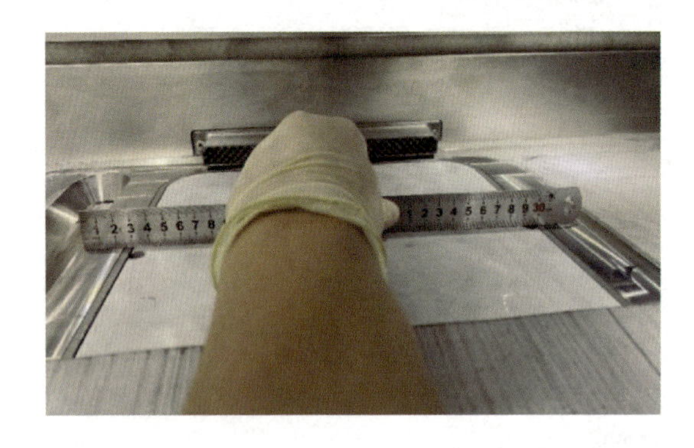

图 2－36
基板安装与调零

2. 调节铺粉层厚

铺粉层厚的调节是通过提高与降低铺粉条的高度，进而调整铺粉条与成形基板之间的间隙来实现的。调节两端调节螺钉，顺时针旋转蝶形螺钉可提升刷粉条间隙，逆时针旋转降低刷粉条间隙，如图 2－37 所示。使用塞尺确保铺粉条和基板之间具有 0.05mm 的平均间隙后(至少测量 3 个位置)，锁紧两端 M4 双头锁紧螺钉。将供粉缸抬升进行刮粉，检查铺粉效果，铺粉后要能看到底部的基板。

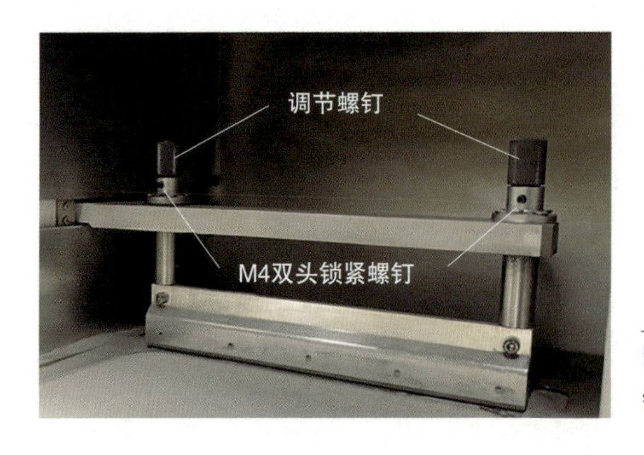

图 2－37
铺粉条高度调节

3. 加工环境准备

加工过程中会产生烟尘在成形腔中沉积，因此进行打印前应对成形腔进行清理，特别是振镜保护镜，如图2-38所示，用擦镜纸进行擦拭。如振镜保护镜得不到及时的清理，附着在上面的黑色烟尘将影响光斑的透过率，严重的将损坏扫描振镜。

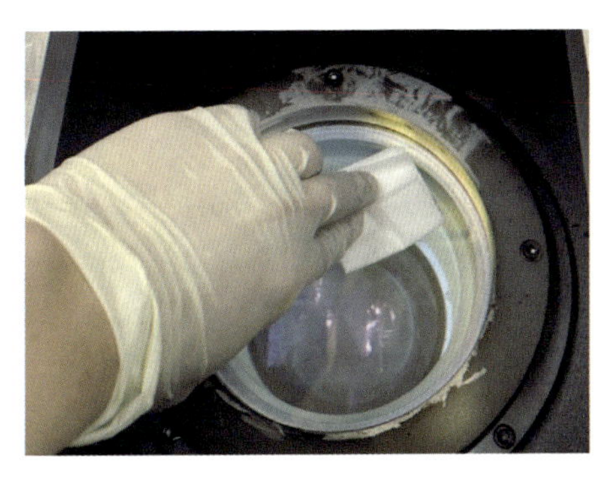

图2-38
成形腔清理

待成形腔清理干净后，打开气瓶压力阀开始通气，同时在软件控制界面中，依次开启"激光器""冷水机""振镜""测氧""循环""大进气""小进气""出气"等按键，调节进气流量，将成形腔中氧气排出，直至氧含量降至0.01%以下；然后，将"出气"按键关闭，同时减小进气速度，维持进气流量在1.0～2.0 L/min，保证成形腔内氧含量在0.01%以下，如图2-39所示。

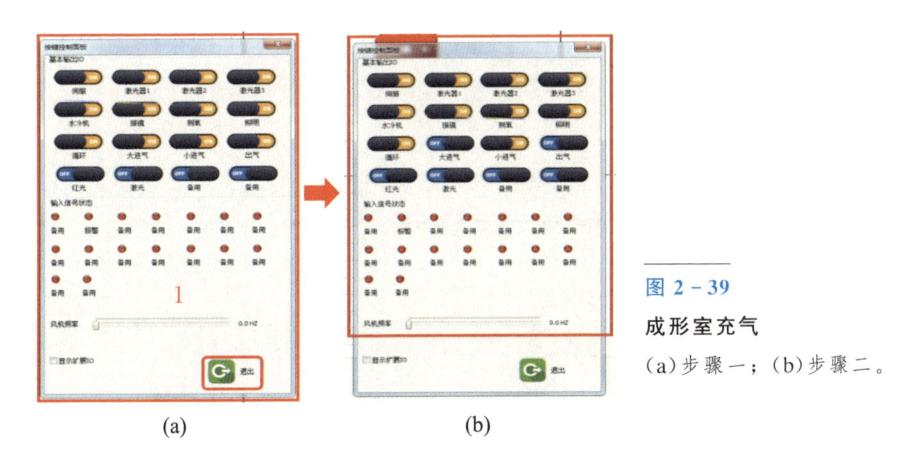

图2-39
成形室充气
(a)步骤一；(b)步骤二。

4. 导入零件数据

零件数据的导入将通过加工实例进行说明，同时对零件的数据处理流程进行介绍。一般模型的数据处理流程包括如下步骤。

1）数据格式转换

由于采用 Magics 软件进行模型的数据处理，因此三维图形的格式必须转换为 STL 格式之后才可以进行后续数据处理工作，在非 STL 格式下需要进行格式转换。常见需要转换的格式有 STEP/STP、IGS、X_T、PRT、SLDPRT、CATPRT、DWG 等，不同软件的格式转换方式存在差别，此处不进行说明。

2）STL文件检查、网格优化与修复

STL文件的简单修复工作可以使用 Magics 软件中的自动修复功能，如图 2－40所示。同时也可使用“修复向导”功能根据提示对检查出的问题依次进行修复，如图 2－41 所示，在“修复向导”窗口的诊断界面，更新分析结果，随后单击“根据建议”，直到所有错误修复完成。

图 2－40　模型修复界面

图 2－41
模型修复向导

对于上述常规方法无法修复的问题，需要通过手动修复来解决，在 Magics 软件的“半自动修复”模块可以进行较为复杂的修复工作。

3）支撑添加

常用支撑的用法如下：

(1) 锥状支撑和树状支撑的一般用法。锥状支撑和树状支撑都是常用的实体支撑类型，与非实体支撑相比，强度高、导热性好，在很多成形加工中均会用到。

① 在横截面面积或者跨度较大时，界面边缘会受到热应力的影响发生翘曲，此时需要添加锥形/树状支撑增加支撑强度，提高支撑导热效果从而降低热应力的影响，如图 2-43 所示。

② 对于复杂结构，尤其是多孔或者网格状结构，添加非实体支撑困难的时候，采用实体支撑能够实现较好的成形效果。

③ 对于口腔类产品，表面形貌较为复杂且尺寸不太大的薄壁零件，可以采用细而密的锥形支撑，尺寸较小的锥形支撑其导热性和强度与非实体支撑差别不大，因此打印过程可以采用只输出轮廓的方式提高成形效率。

④ 对于大尺寸的零件，在支撑面范围较大、高度较高的情况下，添加树状支撑能够有效减小支撑结构对材料的损耗，提升加工效率。

(2) 悬垂结构的支撑设计。对于从实体部分延伸出的悬臂梁类型悬垂结构，设计准则如下：

①当延伸部分与平台夹角小于 45°，且悬垂距离大于 0.5mm 时，建议添加支撑。

②对于较小的悬垂距离(一般小于 3mm)，建议在悬垂边缘添加线支撑。

③对于较大悬垂距离(一般大于 5mm)，建议采用块状支撑和肋状支撑，必要时，在悬垂边缘添加锥状支撑防止变形。

对于两端与实体相连而中部悬垂的静定梁结构，设计准则如下：

①非水平方向的静定梁结构与悬臂梁没有区别。

②水平方向的静定梁结构，可以通过调整“实体轮廓先输出”的方式，改善成形效果。根据经验，316L 材料在中段 3mm 悬垂的情况下，通过实体轮廓先输出仍然能够实现较好的成形效果。

③水平方向跨度较大的静定梁结构，可以在中段添加锥形支撑，支撑间距可以控制在 2～3mm 范围，只扫轮廓。

对于圆拱类悬垂结构的设计准则如下：

①水平跨度超过5mm的圆拱结构一般需要添加支撑，可以采用无边界的块状支撑，边缘叠加锥状支撑(跨度较大时)。

②悬垂处于零件内部且支撑无法去除的情况下，为了减小支撑体积，可以合理添加肋状支撑。

③ 对于具有内部流道的模具钢产品，建议采用椭圆形的流道设计，摆放时应尽量减小流道的水平跨度。

4) 切片保存

完成零件的支撑添加后，采用Magics软件的切片功能对模型进行切片，如图2-42所示。切片属性中应将“缝隙填充”中“最大值”“轮廓过滤”设置为0，“切片格式”中单位根据实际设备进行调整，“切片参数”根据实际加工要求进行调整。

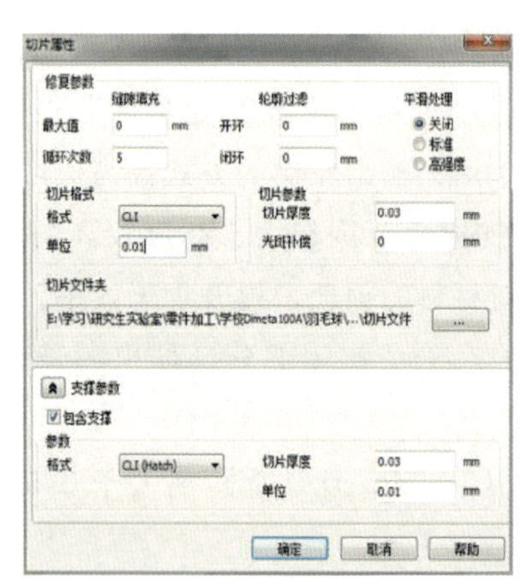

图2-42 切片属性设置

5)设备零件数据导入

打开设备加工控制软件界面后，单击“图形”中的“新建”，在弹出的窗口中找到要加工的文件，单击选择文件夹，如图2-43所示。此步操作只是选择参数数据保存路径。

随后单击“导入”选项，在出现的文件夹里选中需要打印的零件切片数据，单击“打开”完成零件切片数据的导入，如图2-44所示。加工零件文件显示窗口中显示的文件类型有3种：第1种为实体零件类型，文件格式为×××.cli；第二种为非实体支撑类型，文件格式为s_×××.cli或×××_s.cli；第三种为实体支撑类型，文件格式为×××_ov.cli。

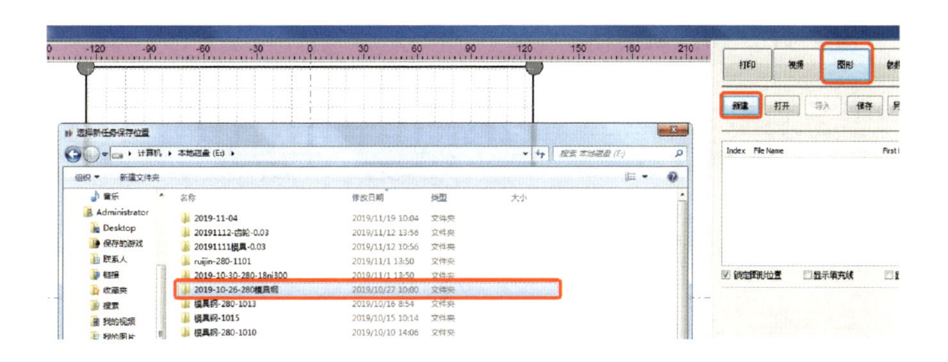

图 2-43 新建加工参数保存位置

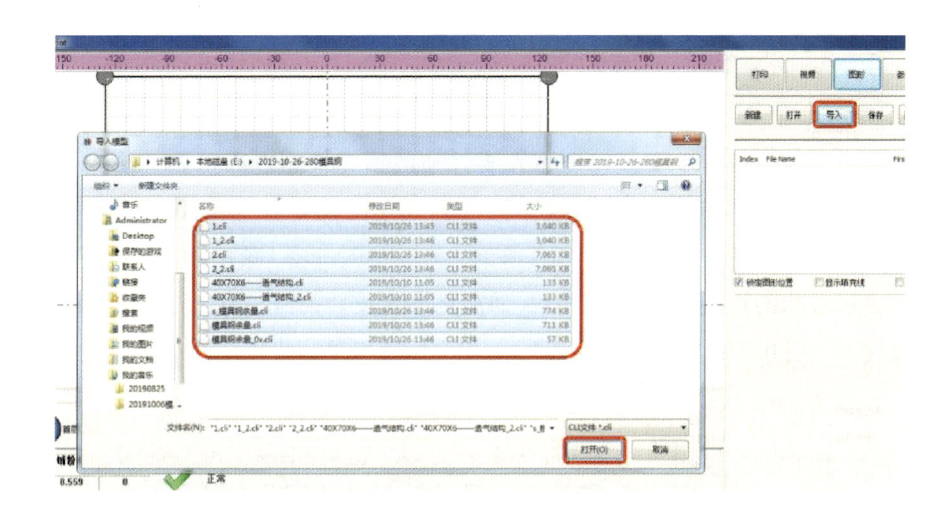

图 2-44 数据导入

6)加工策略设置

加工策略的设置通过软件中的“参数”设置功能实现，在“参数”设置页面中设置激光策略。如图 2-45 所示，首先输入不同的激光策略名称(如 316-st，表示实体填充策略)，然后单击“添加策略”，在“激光策略”列表中将会显示添加的策略；选中添加的“316-st”策略，在其右侧“激光参数”列表中根据具体要求进行激光参数设置，一般只需要设置“打标速度”和“激光功率”。其他激光策略如实体支撑激光策略、非实体支撑激光策略、轮廓激光策略均按上述方法进行设置。

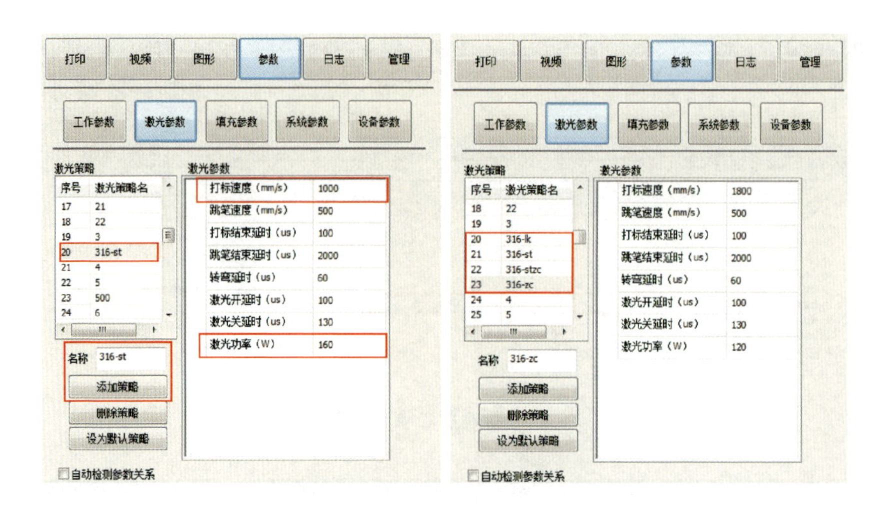

图 2-45　激光策略设置

填充参数的设置步骤：首先输入要添加的填充策略名称，如“316-st”，再单击“添加策略”，在“填充策略列表”中会出现新添加的填充策略名称“316-st”，如图 2-46 所示；然后选中“316-st”，在“策略填充参数列表”中将显示最初的填充参数(如层 0)，如需更改参数，则需要重新设置参数，本例设置了“层 0”和“层 1”两个参数。相应的支撑策略设置步骤如上所述。

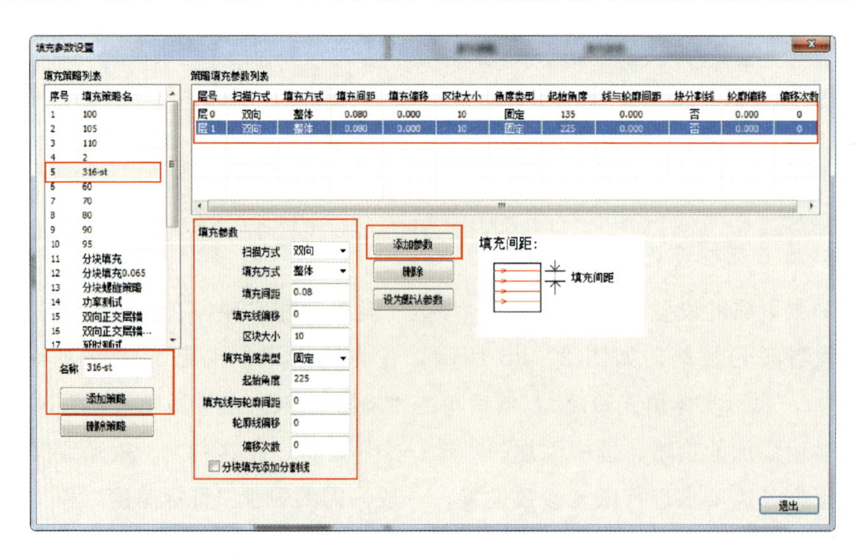

图 2-46　填充参数设置

在完成上述步骤后，还应进行工艺策略参数的设置，其目的在于对实体零件和支撑采用不同的加工策略，以获得更好的成形质量。在图形窗口界面选中其中一个文件，再单击“修改策略”，如图 2－47 所示。

图 2－47　工艺策略的修改

在弹出的“工艺策略参数对话框”中进行工艺策略设置：首先输入工艺策略名称并添加，如“316－st”，然后在“工艺策略列表”中选中“316－st”，在策略选项中选择相应设置好的策略，如图 2－48 所示。支撑的工艺策略设置步骤与上述一致。

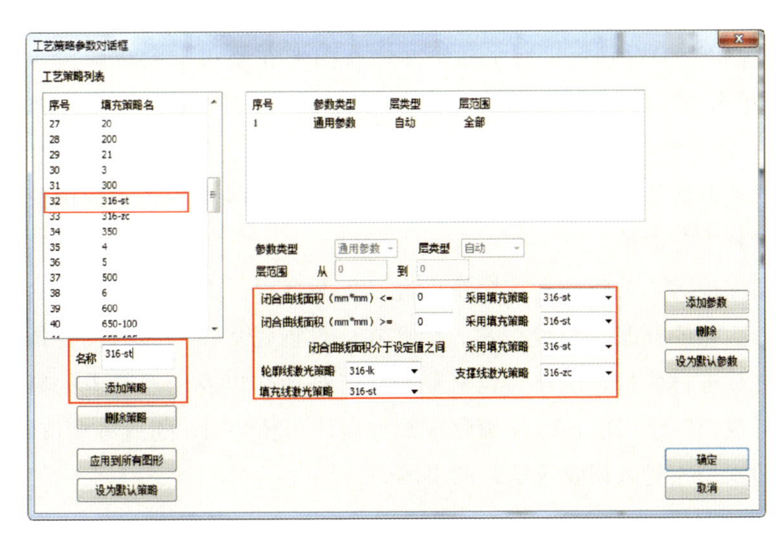

图 2－48　工艺策略设置

完成支撑和实体零件的工艺策略设置后，在图形界面分别对实体零件、实体支撑、非实体支撑进行工艺策略和图形轮廓线输出方式设置，如图 2－49

所示。非实体支撑由于厚度小，因此不需要填充，只需要输出轮廓线；实体支撑厚度大于光斑直径，需要进行填充，而由于其为非功能零件对零件表面质量无要求，所以不需要输出轮廓线；实体零件则需要进行填充，同时需要进行光斑输出。

图 2-49 工艺策略选择

5. 零件加工与零件取出

加工准备工作完成后，在软件的打印工作页面中，先勾选测试输出选项框(该选项相当于对基板进行加热，并检查图形在基板上的成形位置是否正确)，再单击“启动”开始加工。打印3～4层后，单击“停止”，然后取消测试输出勾选框，再单击“启动”，正式开始加工，加工过程中根据需要调节粉料缸的每次上升数值，正常情况下为层厚的2倍，实体面积较小的成形件可以减小粉料缸上升数值。

打印完成后，关闭激光、振镜、进气、循环等。在打印过程中，成形腔内残留着大量的热量，温度较高，因此在取件前需等待一段时间，待零件温度降低之后进行取件，这样可以避免操作者被烫伤以及金属粉末的氧化等问题。打开成形室仓门前，需要确保成形室内压力值为0，随后将成形缸升起，将多余粉末扫入粉末回收罐中，取出零件。

6. 粉末处理

零件打印过程中，激光作用产生部分球化物和氧化物，对下一次的打印质量将产生影响，因此在成形件取出后需要将粉末进行筛分，去除杂质，以便下一次进行打印。同时应对成形腔进行清理。最后关闭控制软件，关机，断开总电源。

2.4 操作过程中注意事项

2.4.1 操作环境安全

(1)设备工作过程需要氩气或氮气等保护气体，打开设备门时会释放氩气至室内，含量过多时会造成氧含量下降，可能导致人员窒息，因此设备应在通风良好的环境中使用。

(2)室内的温差不能变化太大，必须遵守 15～30℃ 的安全工作范围。目标室温为20℃±2℃。

(3)必须确保房间通风良好，相对湿度为 60%～65%。为此，必须在房间安装某些形式的加热和抽气系统，气体流量要大于 $50m^3/h$。

2.4.2 设备操作及加工过程注意事项

(1)装粉前需检查所用粉末的状态：流动性、清洁度。

(2)打印前必须使用专用的擦镜纸配合无水乙醇清洁激光光学保护镜片，检查滤芯状态并清理过滤器组件，更换粉刷橡胶刮刀，检查本次打印粉末是否够用，检查图形打印工艺策略设置是否正确。

(3)打印中需查看氩气是否用完、漏气；回收粉末瓶是否装满(及时清空瓶内粉末)；打印零件是否有翘曲，如有需停止打印。

(4)打印完成后清洁铺粉车牵引装置、工作台、吸风装置、观察窗，清理时用防爆吸尘器注意防止粉末扩散。保持现场清洁。

2.4.3 设备维护

粉末床激光熔融设备是光机电一体化的新技术产品，属于精密设备，必须进行日常维护和保养，以保证设备正常工作。对于设备的各个部件，应定期进行清洁除尘等维护工作。日常维护时，要做到工作台面无杂物，周围地面无尘、洁净，以保证设备的良好性能。

设备使用过程中应定期对设备性能进行检测，主要检测内容包括：

(1)光斑：采用专用仪器进行光斑质量检测。

(2)激光功率/透过率：成形面的实际激光功率。

(3)激光延时/振镜延时：采用标准图形打印，放大实际观察偏差值。

(4)熔道宽度：根据实际情况实体参数打印，放大实际观察偏差值。

(5)振镜 X、Y 轴尺寸精度：通过实际打印测量尺寸偏差。

(6)机械 Z 轴尺寸精度：主要检测成形缸丝杆精度。

(7)振镜头水平度：采用水平仪检测。

(8)成形缸水平度：采用水平仪测量。

(9)气体循环效果：通过实际打印效果进行评估。

(10)设备腔体整体密封性：通过成形腔压力稳定性进行评估。

第3章 粉末床激光熔融零件成形质量影响因素

3.1 影响成形质量因素分类

国内外研究人员在对于粉末床激光熔融技术的研究中发现，大约有130个因素会对粉末床激光熔融成形件的最终成形质量产生影响。在这130个影响因素中起着决定作用的主要有以下几种，包括材料（材料类别、粒径分布、流动性等）、激光器与光路系统（激光器种类、激光模式、波长、功率、光斑大小等）、扫描策略（扫描速度、扫描策略、扫描间隔、切片层厚等），外部环境（湿度、含氧量等）、机械（金属粉末层是否均匀平整、成形缸电机运动的精度、铺粉装置的电机稳定性等），几何特征（支撑的添加、形状的不同、摆放的不同等），如图3-1所示。成形质量可通过测量成形件的致密度、硬度、

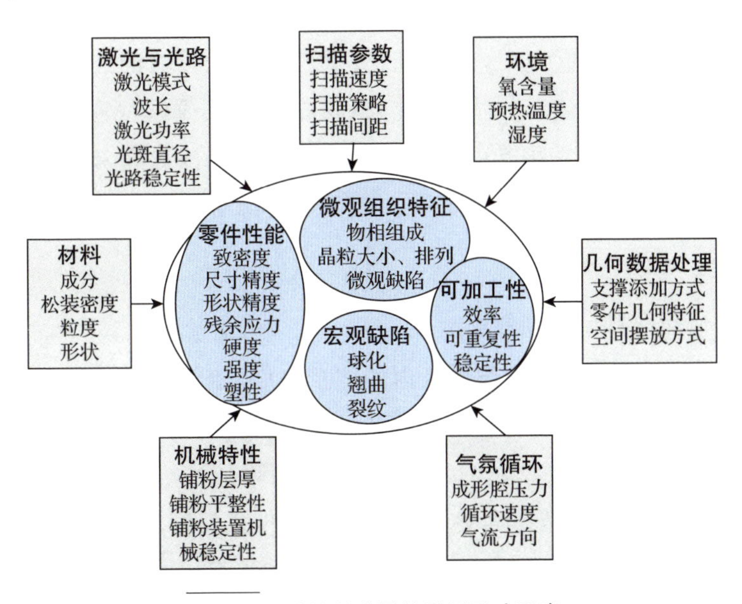

图3-1 增材制造零件质量影响因素

尺寸精度、强度、表面粗糙度与零件内部的残余应力等指标进行评估。

由于成形材料为高熔点金属材料，易发生热变形，且成形过程伴随飞溅、球化现象，因此，LPBF 成形过程工艺控制较困难，为保证成形质量，LPBF 成形过程需要解决的关键技术可参见 1.2。

3.2 工艺参数对成形质量的影响

LPBF 成形过程中包括激光能量的吸收与传递、材料加热熔化与冷却凝固、微观组织的演变(包括孔隙率和物相转变)、熔池内因表面张力影响造成的流动、材料的蒸发、化学反应等物理现象。当激光熔化粉末时，粉末中的气体体积会大大下降，同时激光作用区内密度会相应的大大提升。一般认为，与工艺有关的物理现象(熔化或汽化、润湿、氧化)都以热量为主线，其他的问题如翘曲、气孔、球化等，直接或间接与能量输入有关系。所以，了解 LPBF 成形过程中的热量输入、转变过程对优化 LPBF 的成形工艺，提高 LPBF 成形金属零件的质量至关重要。

3.2.1 光学参数对致密度的影响

粉末床激光熔融成形中，对成形质量产生较大影响的光学参数包括激光功率、激光扫描速度、扫描间距和离焦量等。在成形过程中，各光学参数对成形质量的影响是相互的，具有相互依赖性，因此在考虑光学参数对成形质量的影响时应综合考虑，引入能量密度综合评估光学参数对成形质量的影响。

1. 激光功率对致密度的影响

激光功率主要影响激光作用区内的能量密度。激光功率越高，激光作用范围内激光的能量密度越高，在相同条件下，材料的熔融也就越充分，越不易出现粉末夹杂等不良现象，熔化深度也逐渐增加。然而，激光功率过高，会引起激光作用区内激光能量密度过高，易产生或加剧粉末材料的剧烈汽化或飞溅现象，形成多孔状结构，表面不平整，甚至引起翘曲、变形等其他缺陷。

如图 3-2 所示为不同激光功率下 316L 不锈钢粉末床激光熔融成形试样的表面孔隙显微图，两试样除激光功率不同外，其他工艺参数均一致。从图 3-2可以看出，在高功率激光作用下，成形试样表面较为平整，扫描道本身无分裂现象，扫描道之间整齐排列，搭接效果良好，基本无孔隙产生(图 3-2(a))；而在低功率下成形的试样，表面较为粗糙，扫描道出现间断，熔体的润湿性较差，非连续的熔体之间出现大量的孔隙(图 3-2(b))。主要原因是随着功率的减小，熔体的温度降低，润湿性变差，熔体铺展性、流动性变差，形成大量未被熔体填充的孔隙。因此，增大激光功率有利于 LPBF 成形过程的致密化。

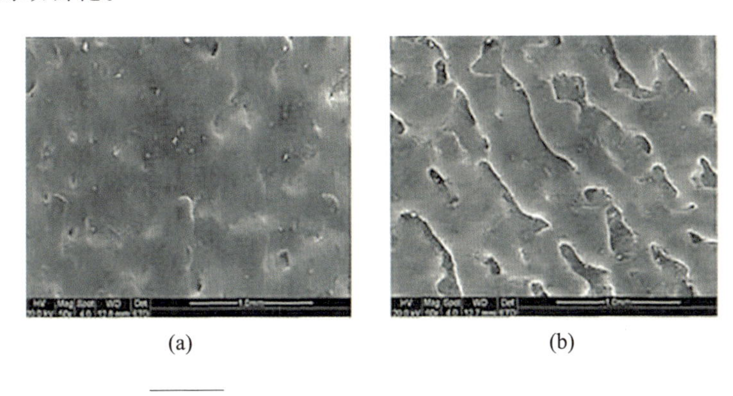

(a)　　　　(b)

图 3-2　两种激光功率下成形试样表面孔隙
(a)高功率；(b)低功率。

激光功率对试样致密度的影响同样适用于其他材料，钛合金(Ti-6Al-4V)的 LPBF 成形中，在一定的扫描速度下，随着激光功率的增大，试样致密度相应得到提高。但激光功率超过一定阈值后，试样致密度反而降低，这主要是由于激光功率太大，能量输入值过大，使熔池表面积增大，冷却凝固时间更长，增加了氧化与球化倾向，同时造成材料汽化蒸发以及熔池的不稳定，进而使成形件中孔隙数量增加，致密度降低。

2. 扫描速度对致密度的影响

图 3-3 所示为不同扫描速度下 316L 成形试样的表面孔隙，从图中可以看出，扫描速度对孔隙率的影响较大。当扫描速度较低时，尽管成形试样抛光截面照片存在个别小孔隙，但无大孔隙产生，相对密度较高(图 3-3(a))；当扫描速度增大时，孔隙的数量与尺寸有所增大，相应的致密度也会减小

(图 3－3(b))；随着扫描速度继续增大，激光与粉末作用时间不足以熔化粉末时，会形成大孔径的孔隙，致使零件含有大量孔隙(图 3－3(c))。

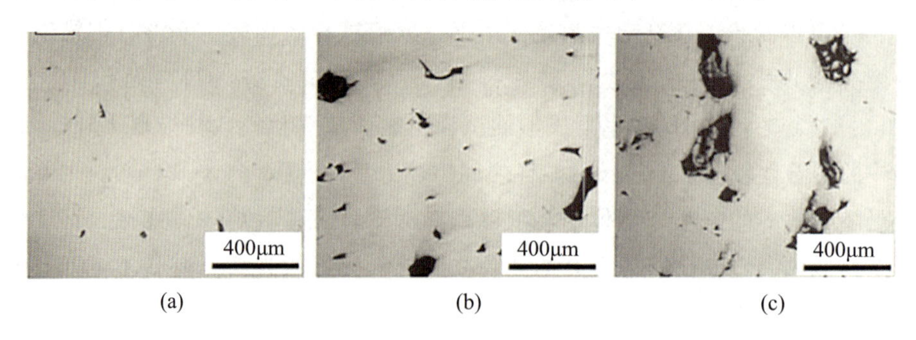

图 3－3　不同扫描速度下成形试样表面孔隙

(a)低扫描速度；(b)中扫描速度；(c)高扫描速度。

扫描速度对致密度的影响主要体现在熔体的润湿铺展能力。当扫描速度较小时，激光停留在粉末表面的时间相对延长，使得熔化的粉末有充足的时间与周围的粉体发生热交换，熔体润湿铺展能力较好，在表面张力和毛细管力的作用下填充固相间的孔隙，样品致密度较高。但扫描速度太小易使局部液相过多，高能激光的冲击下发生液态小球的飞溅，而当液态小球回落到表面时已经发生凝固，在冷却后的熔池表面形成一些比合金颗粒直径大的小球，导致了球化缺陷，进而导致新一层熔池的不连续，在小球周围产生气孔、夹杂等缺陷，降低 LPBF 样品的致密度。同时激光束在粉末上停留的时间太久，周围粉末容易被吸附到熔池内，当激光束移动到下一个位置时粉末量不足，形成凹坑。当扫描速度较大时，输入能量不足以熔化粉末，润湿铺展能力变差，导致试样中存在未熔粉末，产生较多孔隙，使致密度大大减小。

3. 扫描间距对致密度的影响

扫描间距是相邻两条扫描线之间的距离，如图 3－4 所示，当扫描间距 L 大于熔池宽度 D 时，相邻两条扫描线之间没有叠加，其间的粉末不能熔化，反映出来就是扫描面上呈现独立的扫描线。当扫描间距小于熔池宽度时，扫面线之间产生搭接，其叠加率的大小变化影响着扫描面的形貌和致密度。一般来说，扫描间距等于或稍小于熔池宽度的 1/2 时，扫描面的形貌最为平整。这是因为扫描间距若过大，则相邻扫描线之间结合不紧密，波峰和波谷之间没有足够的金属填充，扫描面的表面呈现出波浪形的变化。而扫描间距若过小，即重叠率过高时，扫描面上产生堆积的现象，表面形貌也会不平整。

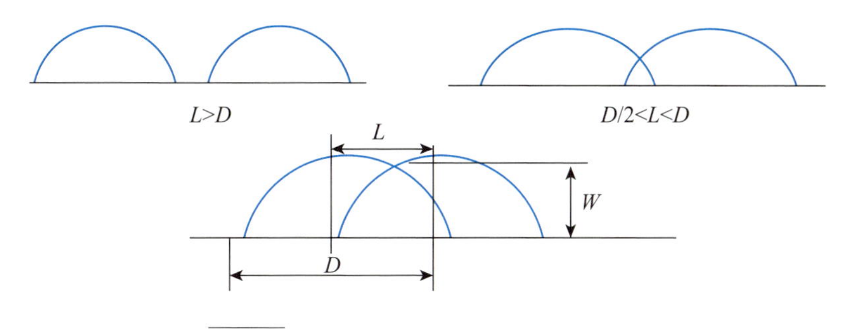

图 3－4　不同扫描间距下的熔池重叠情况

如图 3－5 所示，可以看到重叠率过高时，扫描面上产生堆积的现象，表面形貌不平整；当重叠率过小时，扫描线之间的搭接太少，导致扫描线之间的结合不紧密，而且表面形貌凹凸不平，呈波浪形的变化，波峰和波谷之间没有金属填充。

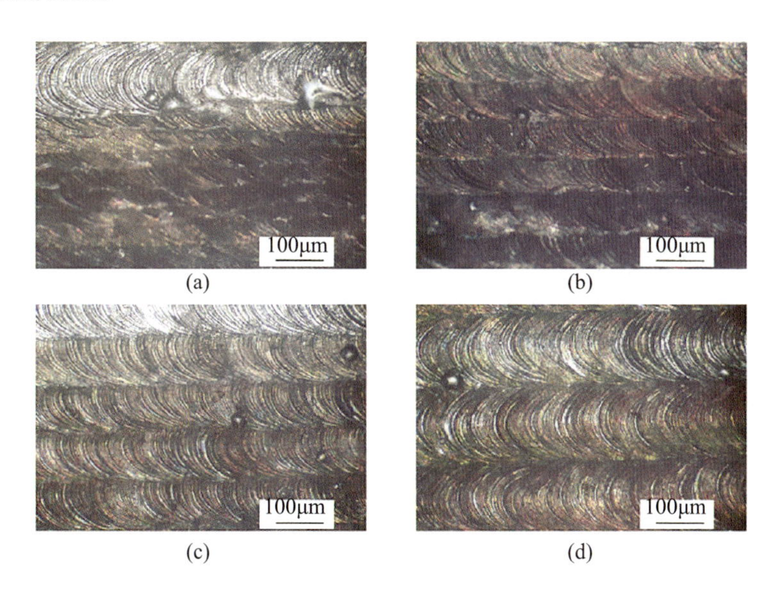

图 3－5　不同扫描间距的试样表面

(a)(b)重叠率过大；(c)(d)重叠率过小。

4. 离焦量对致密度的影响

离焦量是指激光焦点离作用物质间的距离。当焦平面位于工件上方时为正离焦，当焦平面位于工件下方时为负离焦。在保证其他激光工艺参数不变的条件下，通过改变离焦量的大小，可以直接影响聚焦光斑和功率密度，显著改变熔池的成形状态。

$$Z_R = \frac{\pi \omega_0^2}{\lambda_0} \tag{3-1}$$

式中　ω_0——束腰半径；

λ_0——波长；

Z_R——瑞利长度。

$$\omega(z) = \omega_0 \sqrt{1 + \left(\frac{z}{Z_R}\right)^2} \tag{3-2}$$

式中　z——光束到腰部的距离；

$\omega(z)$——光束在距腰部位置的半径。

离焦量主要影响光斑直径，根据式(3-1)、式(3-2)可计算出不同离焦量下，激光光斑半径和功率密度的大小。

$$PD = \frac{P}{\pi \omega^2} \tag{3-3}$$

式中　PD——功率密度；

P——激光功率；

ω——光斑半径。

离焦量不同反映激光光斑直径不同，激光功率密度不同，聚焦光斑小的光束中心能量密度更高，其热影响区与能量密度分布较为均匀，与激光光斑大致相等。当离焦量增加太多，激光光斑过大，光斑中心的能量密度太低，使粉层底部无法熔化，造成成形试样中存在未熔粉末，产生孔隙，降低致密度。

3.2.2　光学参数对成形精度的影响

由于激光光斑实际上是一个圆，而不是理论上抽象的点，因此在粉末床激光熔融成形过程中会在原有的基础上存在一个激光光斑的尺寸偏差，如图3-6(a)所示。在成形大尺寸零件时，由于零件尺寸与尺寸偏差之间的数量级差别较大，因此尺寸偏差影响较小。但是当成形小尺寸零件时，特别是具有微小特征结构或者个性化零件时，由于激光光斑尺寸引起的误差则不可忽略。因此，在确定了成形工艺后，需要采用光斑补偿或者设计补偿的方式来消除尺寸偏差。

激光对粉末床激光熔融成形件精度产生影响的另一种因素是激光深穿透现象，如图 3-6(b)所示。由于切片处理时存在台阶效应以及横向悬空结构的存在，在成形倾斜面或悬垂结构时，当激光光斑打在一层粉末上，由于该层粉末底下无实体支撑，而是由粉末支撑，此时，一方面粉末的导热率较小，导致熔池的持续加深；另一方面在粉末的毛细管力和熔池的重力双重作用下，熔化的金属液体开始向下方渗透，表现为熔池深度增加。

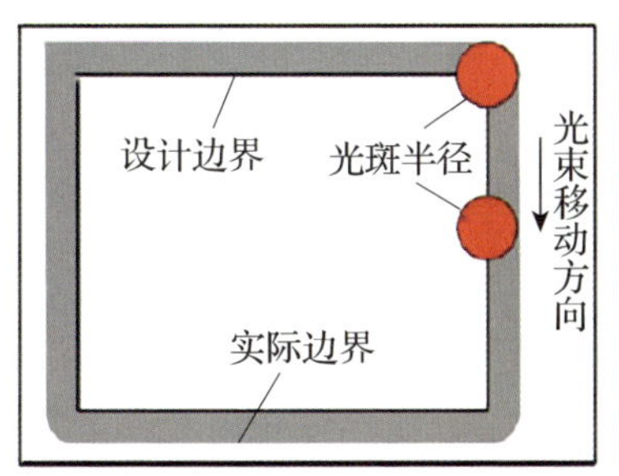

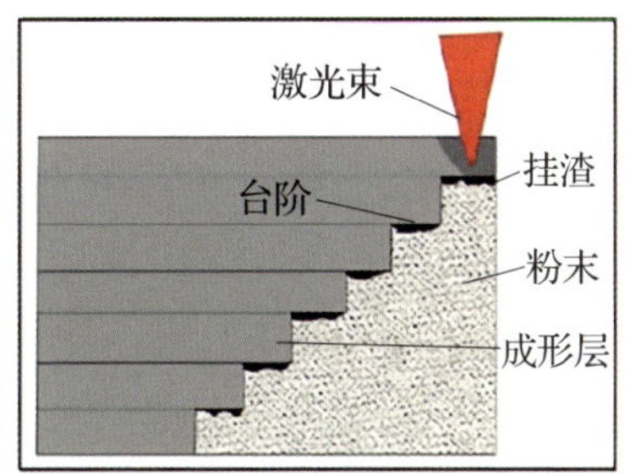

图 3-6　激光光斑与深穿透对成形精度影响机理

(a)激光光斑影响；(b)深穿透影响。

在上述两种因素的影响下，成形件下侧几何尺寸增加，同时由于部分热量不足，在下侧表面产生了大量由熔池黏附粉末后而形成的挂渣，因而严重影响了成形件的精度。受到数据和结构的约束，激光深穿透现象很难消除，目前减少其影响的方法主要是优化摆放位置来削弱“台阶效应”以及通过添加支撑来削弱挂渣缺陷。

3.2.3　光学参数对力学性能的影响

材料的力学性能体现了材料抵抗变形的能力，与材料化学组成、内部结构、加工方式等一系列因素有关。对于同一材料而言，影响材料力学性能的主要因素是材料的制备方法及内部结构。众多研究表明，无论是通过铸造还是粉末床激光熔融技术获得的制件，气孔、裂纹、残余应力等缺陷的多少将直接影响试样的力学性能。一般来说材料的气孔率和残余应力越小，致密度越高，材料的力学性能越好。粉末床激光熔融过程是利用高能激光将金属粉体熔化并迅速冷却的过程，金属粉体需要吸收足够的激光能量才能达到完全熔化，以最大限度地排除气孔等缺陷，得到致密度较高的 LPBF 样品，但输入能量提高的同时，也将产生更大的残余应力。因此应综合调控光学参数以获得最优的综合力学性能。具体各光学参数对性能的影响将在余下章节中进行详细说明。

3.2.4 扫描策略对成形质量的影响

激光扫描线是零件成形的最小构成元素，为了减少应力集中，把长扫描线分割后以搭接形式形成各种形状区域，再分别以不同的先后次序扫描这些区域，即形成不同的扫描策略。目前市场上已有的增材制造扫描策略种类繁多，但是各种设计都与传统焊接工艺有着千丝万缕的联系，其中金属增材制造扫描策略的重点在于控制搭接和减少应力集中。金属零件成形过程中搭接过多将直接导致区域内热应力集中，或造成零件变形量过大，或导致零件产生裂纹。与此同时，局部热输入过大，零件内部缺陷增多，造成零件力学性能的下降。为避免出现上述问题，金属增材制造的扫描策略出现了很多变化，从最初简单的条状扫描策略，逐渐进化出线扫描状、圆弧线、棋盘、岛屿等扫描策略。而不同扫描策略对成形质量的影响也存在差异，因此还需要对扫描策略进一步分析，相关详细分析请见本书第 12 章。

3.2.5 铺粉层厚对成形质量的影响

由于粉末床激光熔融快速成形过程是一个叠层制造的过程，因此，理论上铺粉层厚越薄，成形精度也越高，但是采用薄的层厚也会让成形时间大大增加，降低成形效率，导致成形过程成本上涨；而采用过厚的铺粉层，将会使粉末材料无法完全熔化，进而导致层间结合不良，经过累积后成形零件会出现断层等情况。

图 3－7 所示为铺粉层厚由 0.02mm 增加到 0.05mm 的表面及内部形貌，可以看出小铺粉层厚时表面形貌非常良好，表面较为平整且几乎看不到空洞，内部间隙非常少，而随着铺粉层厚的增加，逐渐出现了空隙，而且熔道开始断续，表面变得不平整。这是由于小铺粉层厚时，激光熔化的粉末厚度较小，一方面可以实现粉末的彻底熔化，另一方面充足热量可以进一步对上一成形

层上半部分充分重熔而使其更加平整，两方面共同作用使得整个成形面较为平整。而随着铺粉层厚的增加，粉末熔化所需要的能量也随之增加，激光提供的能量则逐渐相对变得不足，当能量无法维持整条熔道的粉末熔化时，在轻微扰动以及表面张力的作用下，熔道即会断开而出现前后之间空隙现象，由图 3 - 7(c)中空隙出现在熔道中间可以证明。

在实际加工中应根据设备激光器所能提供的激光功率设计铺粉层厚的大小，以避免因能量输入不足而引起孔洞、断层等缺陷。

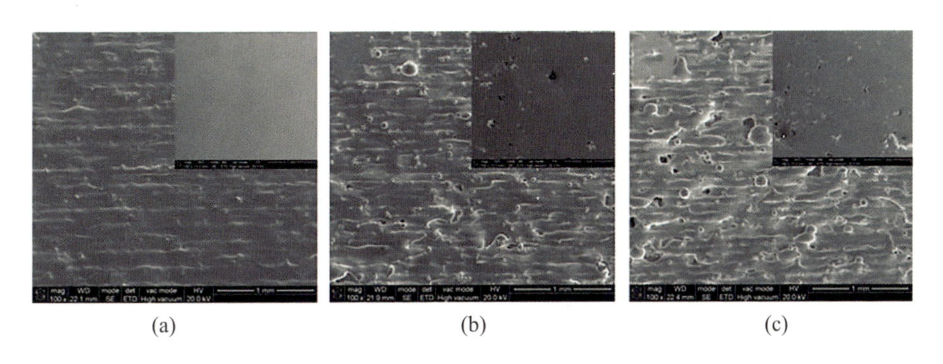

(a)　(b)　(c)

图 3 - 7　不同铺粉层厚下试样表面和内部形貌

(a)0.02mm；(b)0.035mm；(c)0.05mm。

3.3　铺粉结构设计对成形质量的影响

3.3.1　铺粉装置结构

铺粉是粉末床激光熔融成形过程重要的一个步骤，铺粉装置也是粉末床激光熔融成形设备的关键部件之一。常用的铺粉方式有两种：由上而下送粉的料斗式和由下而上送粉的料缸式(图 3 - 8)。铺粉装置作为铺粉系统中与粉末接触的部位，必须能够将粉末平整、紧实、均匀地铺在成形缸上面。只有在此基础上进行快速成形，才可能获得高密度、高精度的成形件，并保证成形过程流畅。在实际加工过程中，尽管理论上粉末层的厚度应是处处相等的，粉末熔凝后的平面也应是处于同一水平面，实际上由于加工过程中瞬时条件的变化，扫描区域表面并不是完全的一个平面，有时候由于加工条件的恶化，甚至可能成形件表面的凸起部分远超过铺粉厚度，这就可能造成铺粉装置与成形件之间的碰撞。所以，铺粉装置除了要获得平整、均匀、紧实的粉末层，还需要保证铺粉装置不会破坏已成形的零件。

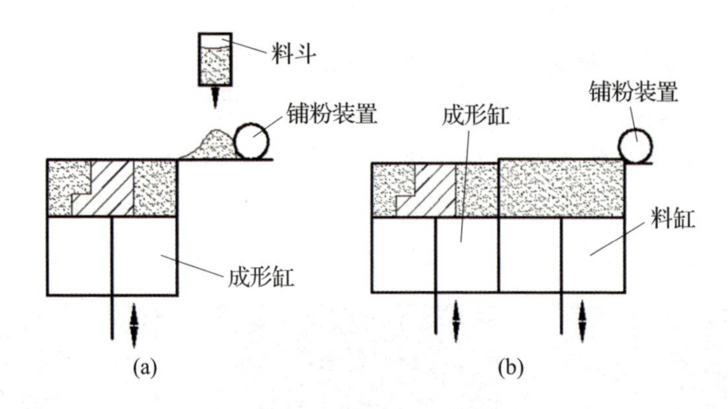

图 3-8 两种铺粉方式示意图

(a)料斗式；(b)料缸式(双缸)。

随着技术的发展，在传统刚性铺粉圆辊的基础上，多种具有柔性铺粉效果的铺粉装置逐渐代替刚性铺粉辊。作者所在实验室分别设计了一种具有预压紧功能的刚性铺粉刮板和一种柔性铺粉刷，分别应用于不同类型的实验和材料成形中，取得了较好的成形效果。

具有预压紧功能的刚性铺粉刮板的原理是电机带动支架在铺粉缸和成形缸之间运动，从而带动刮板和压板推动粉末进行铺粉动作。装配在压板前面(沿着铺粉方向，如图 3-9 所示)的刮板先把堆积在铺粉装置前方的粉末沿着铺粉方向推平，在成形缸平面上获得均匀厚度 h_g 的粉末；随后在下沿带一定弧度的压板的推压下，粉末层由厚度 h_g 推压为厚度 h_y，令粉末层厚达到工艺设定厚度 h，同时提高粉末层密度。

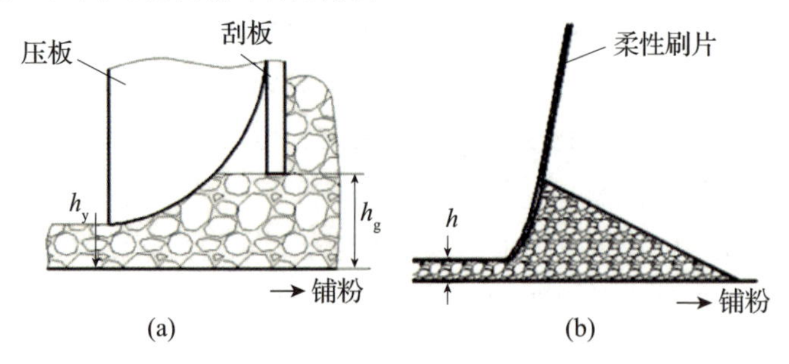

图 3-9 两种铺粉装置设计原理图

(a)具有预压紧功能的铺粉刮板；(b)柔性铺粉刷。

柔性铺粉刷的原理是使用多张 0.01～0.06mm 的超薄不锈钢片组成粉刷组推动粉末运动，并使用激光将不锈钢片切为宽度相等的刷片，刷片的宽度可以为 3～5mm，相邻的两个刷片之间存在间隙，间隙取决于切割时使用的激光光斑直径。柔性刷铺粉的最大特点是利用薄金属片的弹性推动粉末，同时在铺粉过程中能越过高低不平的成形件表面，保证铺粉层平整均匀，并且不会对成形件造成损伤。理论上，使用的铺粉刷片数越多，铺粉效果越好。

3.3.2　铺粉装置选择

在选择刚性还是柔性铺粉装置时，需要根据实际成形零件的结构特点进行判断，主要选择原则有如下几点：

(1)针对扫描平面上形状复杂多变的零件，成形面起伏较大，边缘有时会稍微发生翘曲，柔性铺粉刷比刚性铺粉装置具有更好的适应性。

(2)使用预压紧铺粉装置的情况下，当铺粉装置与成形件表面发生摩擦时，会稍微抬高整个铺粉装置，令刚性铺粉装置发生振动，出现整行的波浪状铺粉面，而且存在恶性循环效应。而柔性铺粉刷为齿片状，越过凸点时其影响范围仅为该刷片的宽度。

(3)个性化精密零件多存在悬垂面，而悬垂面在成形过程中容易出现严重的翘曲，如果使用刚性铺粉装置，会造成铺粉装置与成形件的碰撞，影响成形件精度，严重时会造成成形件损坏，无法成形。

(4)对于切片厚度为 25～35μm 之间的成形件，切片厚度接近粉末的铺粉极限，不论是使用柔性铺粉装置还是刚性铺粉装置，各自铺粉层密度没有太大的差距，对成形件致密度的影响甚微。

(5)在整体结构上，具有预压紧功能的铺粉装置结构简单，各主要零件(刮板和压板)相对比较容易加工；而柔性铺粉刷制造要求较严格，维护也比较耗时。

虽然柔性铺粉刷的适应性高，但也存在不足之处。如图 3-10 所示，粉刷在推粉时有形变，当前面一直有粉末时，形变较稳定，粉末也较平；遇到障碍后形变越大，回弹势能越大，越过障碍后粉末质量不足以阻止钢片回弹，刷片会弹回原形，最后再恢复到原来推动粉末时的形状，粉末再度平整，但过渡区会形成低于正常粉层高度的“坑”。当钢片势能很大时，还可能向前弹出，扬起粉末。

为改善刚性铺粉刷的不足，目前主流设备采用图 3-10 所示的硅胶条替代刚性粉刷完成铺粉工作。采用硅胶条能够使铺粉装置结构进一步简化，同时更易夹紧，且既能保证铺粉平整、均匀、紧实，又因其具有一定柔性，铺粉装置铺粉过程中不会与零件发生刚性碰撞。因此，采用硅胶条作为刮刀是目前较好的解决方案。

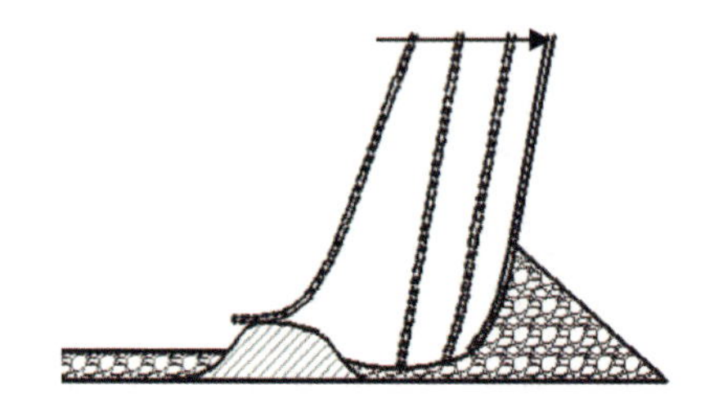
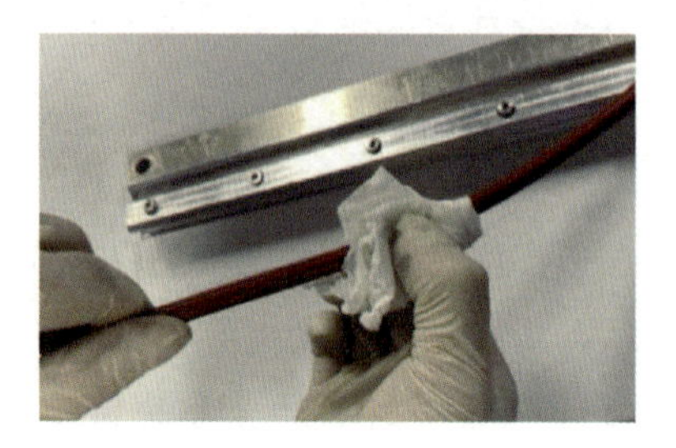

图 3-10　柔性铺粉刷的铺粉缺陷(左)和硅胶刮粉条(右)

3.4　成形气氛环境对成形质量的影响

3.4.1　氧含量的影响

氧化问题是粉末床激光熔融成形过程当中的常见难题。粉末床激光熔融成形过程当中形成连续的高温液相熔池，熔池中的液相金属在高温下活性很强，很容易与氧反应生成金属氧化物，甚至燃烧(如纯钛粉末)，因此在粉末床激光熔融成形过程中成形腔气氛环境一定要得到严格保护。

氧含量对粉末床激光熔融成形质量的影响可通过熔池的界面热动力学来解释，粉末床激光熔融成形的熔池形成就是液相金属润湿已凝固的固相金属的过程，其中液相与固相、气相的三相平衡图如图 3-11 所示。

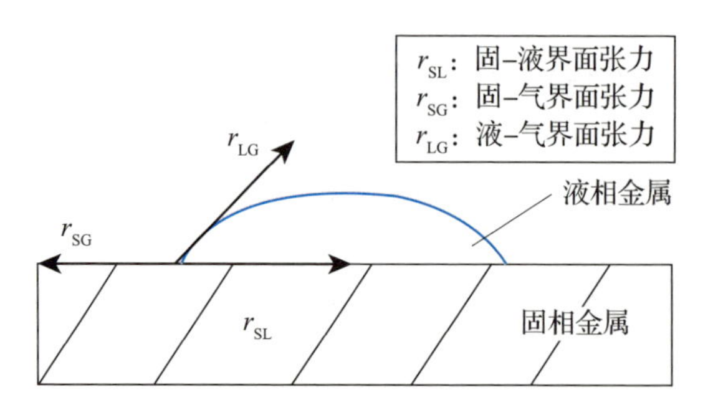

图 3-11　三相平衡图

液相金属对固相金属的润湿性主要由其接触角大小和液相的黏度来决定。可以看到当接触角小于 90°时，液相金属能够很好地润湿固相界面，而当接触角大于 90°时，液相金属就会收缩向球形发展，如图 3－12 所示。

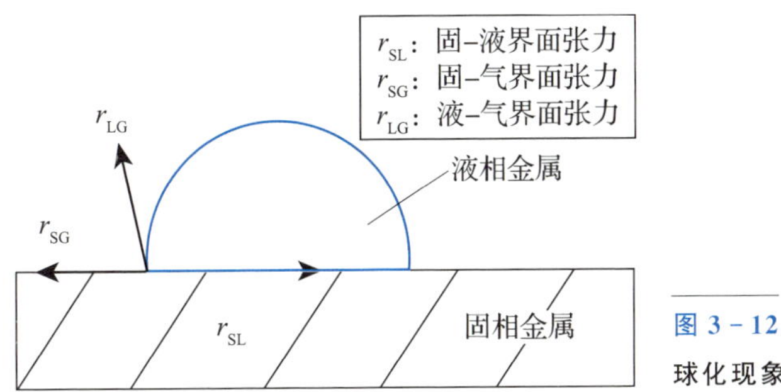

图 3－12
球化现象产生

在熔池的发展过程中，系统的自由能向最低的方向发展，当熔池发展到金属氧化物的表面时，因其表面自由能比液相金属与气相的界面自由能小很多，所以在一般的激光功率下，由于系统自由能的趋势，液相金属很难润湿金属氧化物，而球形的表面自由能最低，就导致了球化效应的产生，如图 3－13所示。由于选择性激光熔化是一个分层制造的过程，即扫描线在水平和垂直方向上的不断累积，金属氧化物产生的小球会严重影响到扫描线之间的结合，甚至氧化严重时会使成形件发生脱层，即上下两层之间的结合力太小，在累积热应力的作用下两层结合处发生断开，大大降低成形件的致密度和力学性能。因此在加工过程中，需要通入合适的保护气体，避免成形过程中产生氧化现象。

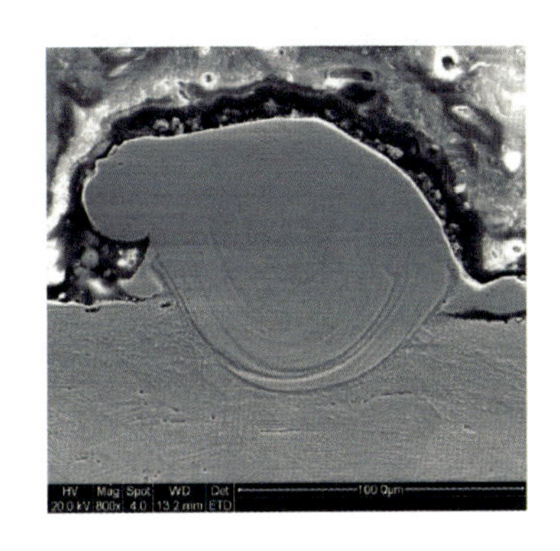

图 3－13
球化现象

图 3－14 所示为粉末床激光熔融成形时不同氧含量下激光与粉末作用瞬间产生的火花，图 3－14(a)所示为激光与粉末稳定作用时的火花，可以看出

火花为直线发散状；图 3－14(b)所示为激光与粉末作用时发生飞溅或者氧化严重时候的现象，可以发现火花不再呈现直线而变得较为杂乱，许多飞溅物质落入已成形面中，经过不断积累后对致密度、表面粗糙度均会产生不同程度的影响。

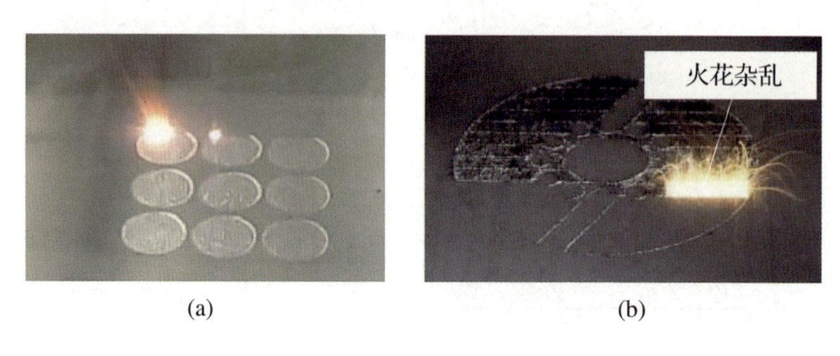

(a) (b)

图 3－14 粉末床激光熔融成形时的火花

(a)激光与粉末稳定作用时的火花；(b)激光与粉末不稳定作用时的火花。

为保证成形室内的低氧含量，成形过程中需要持续通入惰性保护气体保证成形室内形成正压环境，同时采用气氛循环过滤系统对成形室内气氛进行循环过滤以及时将产生的烟尘吹走，因此激光扫描后粉末床很干净，烟尘、飞溅颗粒很少；而无气体保护以及循环净化时，成形室内没有气体流动，生成的气体散落在成形区域附近，导致粉末床上积累了一层明显的烟尘和飞溅颗粒，如图 3－15 所示。

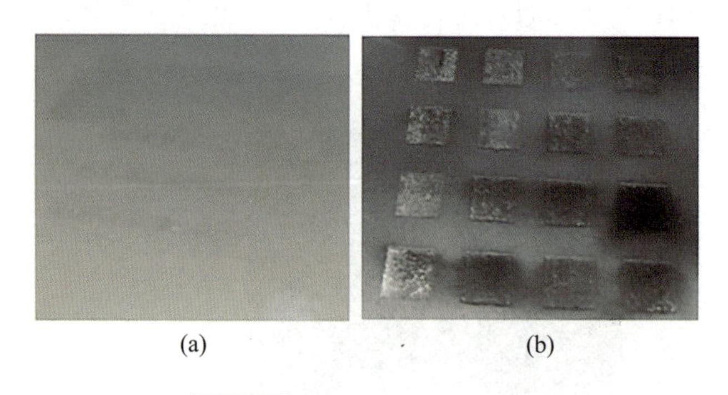

(a) (b)

图 3－15 激光扫描后粉床表面

(a)有气体保护和循环净化的粉床表面；(b)无气体保护和循环净化的粉床表面。

3.4.2 不同保护气体的影响

粉末床激光熔融成形过程中，为防止金属制品被氧化，通入惰性气体保护是常见且必要的。粉末床激光熔融成形过程中使用的惰性气体主要有氮气、氩气、氦气。不同的惰性气体对成形质量也会产生影响，例如在 Ti-6Al-4V 的成形过程中使用氮气，其中的钛元素与氮气将发生化学反应，产生 TiN，对试样的硬度和强度具有强化作用。因此保护气体对成形质量的影响也需要考虑。

3.4.3 气氛循环净化

不锈钢粉末(新粉、旧粉)、纯钛粉末分别在氮气和氩气保护条件下进行成形，均会发现激光与粉末发生作用瞬间会产生黑烟。黑烟的主要来源是金属粉末中的碳元素、低熔点合金元素以及杂质元素燃烧、汽化造成。粉末的长期反复使用对黑烟产生有累积加剧作用，即新的不锈钢粉末虽然产生少量黑烟，但黑烟对粉末产生污染，长期累积造成激光与粉末作用时产生黑烟越来越严重。目前所有厂商或者科研机构还无法从根本上解决黑烟问题。黑烟存在的主要负面作用包括：①污染透光镜片；②污染粉末。

低速扫描时，激光能量输入大，产生的黑烟量也大，黑烟很快使透光镜片黏上一层黑烟粉末，导致激光透过镜片时功率衰减严重，镜片很快发热、发烫直到爆裂。黑烟对透光镜片的污染，导致激光入射到粉床表面的功率不足，粉末熔化不充分，进而导致成形件质量差，甚至无法完成打印工作，所以黑烟污染透光镜片后对粉末床激光熔融的成形效率和成形件质量等方面影响很大。另外，黑烟产生后小部分被保护气吹到粉末床以外，大部分仍然飘落到没有使用的粉末床表面，与粉末混合在一起，加重了粉末的污染程度，影响下一次打印成形件的质量。

为了减少黑烟的影响，可以从成形腔或保护气罩的机械设计方面进行优化：①透光镜片与粉末床的表面离得尽量远；②透光镜片在机械设计时，考虑装卡方便，当其被黑烟污染时能够迅速地取下，擦拭后再迅速装上，避免成形机停机时间过长；③在成形腔内添加气体循环过滤装置，成形腔内气氛通过过滤装置后，黑烟与汽化产物被过滤掉，得到干净的气体后再通入成形腔内。

图 3-16 所示为总结粉末床激光熔融成形过程中各类缺陷之间的关系。从图中可以发现，成形过程中飞溅、嵌入物、黑烟、材料污染等缺陷与成形过程控制密切相关，并影响了粉末床激光熔融成形件力学性能。而且各缺陷之间存在相互影响的关系，如黑烟的产生导致激光功率衰减，粉末熔化不充

分，成形表面质量变差，影响粉末床激光熔融成形过程稳定性，导致飞溅的发生，而飞溅是成形件表面嵌入物主要来源，最终导致粉末床激光熔融成形件力学性能大大下降。因此，成形过程中应及时将飞溅、黑烟等污染物通过气氛循环系统过滤净化，减少成形件中的杂质含量，提高成形质量。

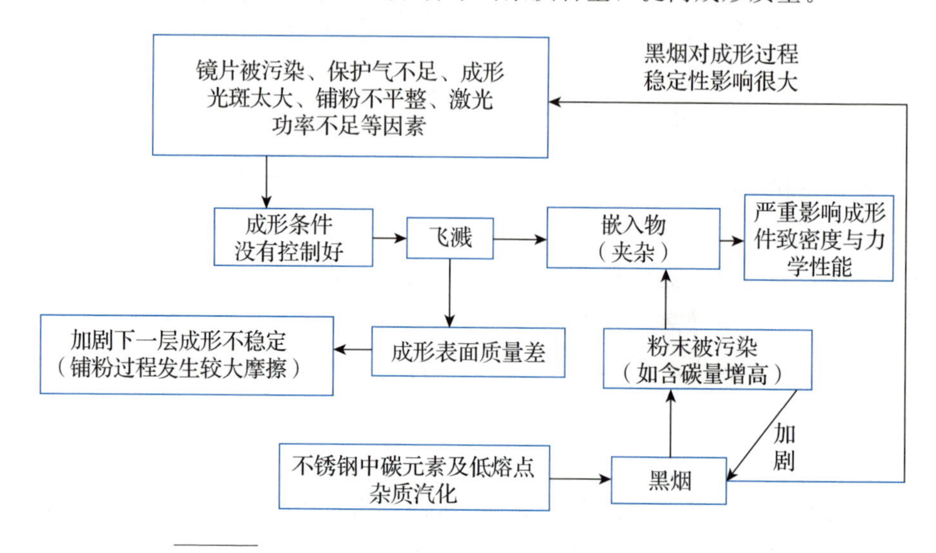

图 3-16　粉末床激光熔融成形过程中各种缺陷之间的关系

3.5　其他因素对成形质量的影响

3.5.1　粉末材料

1. 粉末属性

粉末床激光熔融成形通常采用的是金属或合金粉末材料，其成形过程其实就是粉末材料在高能量激光作用下的快速熔凝。针对粉末床激光熔融的成形特点和零件的应用需要，要求材料能确保成形件成分和性能的均匀。应根据成形要求，综合考虑金属粉末的成分组成、物理和化学特性，从而选取或制备合适的粉末材料。

目前使用的金属粉末材料包括混合粉末、预合金粉末和单质金属粉末三种。其中混合粉末是利用机械球磨的办法将多种成分的粉末颗粒混合均匀而得，但在成形实验当中，因为在粉末传送过程特别是铺粉时会对混合粉末产生分离的作用，并且在扫描过程中，粉末的熔化是选择性的动态凝固过程，即一部分熔化而另外一部分未熔化，且热作用程度各处不一，所以采用混合粉末制得的粉末床激光熔融试件存在成分不均匀的现象，影响了粉末床激光熔融成形件的性能。而对于预合金粉末即通过雾化方法制得的粉末和单质金属粉末来说，不存在成分不均匀的情况。因此后两种粉末是粉末床激光熔融技术研究较为合适的材料。图 3 - 17 所示为 TiNi 合金混合粉末和预合金粉末成形的试样，可以明显看到，采用混合粉末成形的试样出现断层情况，而采用预合金粉末成形的试样成形效果较好，没有出现较为明显的缺陷。

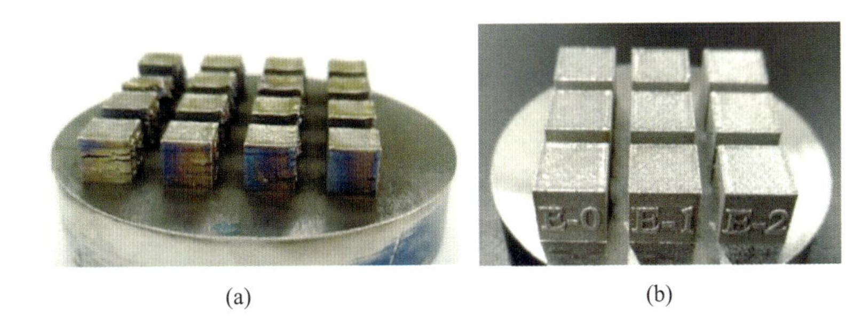

(a)　　(b)

图 3 - 17　不同粉末成形的 TiNi 试样

(a)混合粉末；(b)预合金粉末。

雾化方法又可分为气雾化和水雾化两种，二者在粉末颗粒形貌和氧含量上都有差异。二者微观形貌差异如图 3 - 18 所示，水雾化的 316L 不锈钢粉末颗粒形状不规则，而气雾化的 316L 不锈钢粉末颗粒形状均为球形。由于粉末颗粒形貌影响粉末的流动性，粉末的流动性对加工过程的铺粉均匀性产生影响，若铺粉不均匀，会导致扫描区域内各部分的金属熔化量不均，熔池发展不均匀，进而使成形件的组织结构不均匀，即部分区域结构致密，而另外的区域可能出现缝隙，从图 3 - 19 中可以看出粉末形貌对成形质量的影响。因此，球形颗粒粉末相对不规则的颗粒粉末更有利于获得更致密的粉末床激光熔融制件。

在选择粉末床激光熔融成形材料时，还需要考虑粉末材料特性与激光作用的关系，即金属粉末对激光的吸收率。金属粉末中含有的各项组分对激光的吸收都是不同的，这一方面是由它们的热物理特性和化学特性的差异造成的。热物理特性包括金属的熔点、沸点、熔化热、汽化热、辐射率、导热系数、热膨胀系数、原子结构、电阻率等，特别是金属的电阻率。另一方面，同

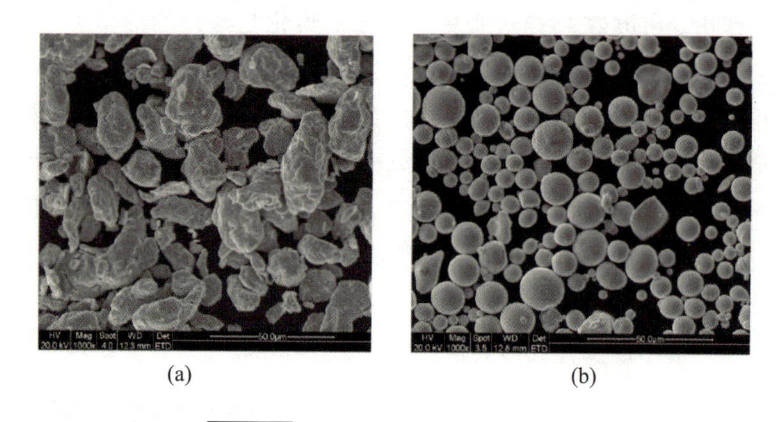

(a) (b)

图 3-18　**316L 不锈钢粉末微观形貌**

(a)水雾化；(b)气雾化。

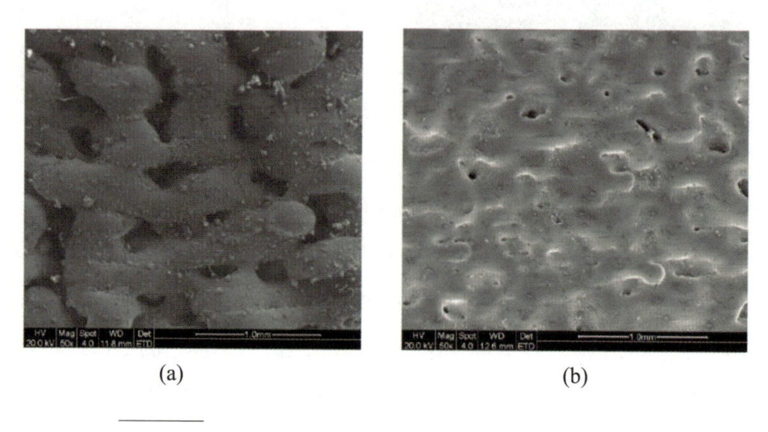

(a) (b)

图 3-19　**316L 不锈钢粉末床激光熔融试样表面形貌**

(a)水雾化；(b)气雾化。

样的金属材料对不同激光种类的激光吸收率也不一样。这主要取决于激光波长，一般来说随着激光波长的增加，金属材料对激光的反射率增加，即吸收率下降。例如，采用波长为 1064nm 的光纤激光器进行铜合金粉末床激光熔融成形时，由于铜合金对激光反射率高，导致能量输入不足，成形试样表面质量较差，如图 3-20 所示。

粉末粒度及分布和粉末的颗粒形状一起决定了粉末的松装密度。一方面小的粒度可以提高松装密度，另一方面单一的粉末粒度不利于提高松装密度，因此粉末粒度分布就显得尤为重要。实验表明，呈高斯分布的粒度最有利于提高松装密度。同时粉末的颗粒形状也是一个主要影响因素，如对于球形粉，其堆积密度小，所以就需要粗细粉末更好的搭配。松装密度对粉末床激光熔融成形有直接影响，在足够大的激光能量密度下，高松装密度给激光熔化提供了足够的金属以形成熔池，松装密度越高，粉末床激光熔融成形件越容易达到致密化。

图3－20　铜合金粉末床激光熔融成形试样

2. 粉末氧含量

由于粉末床激光熔融成形工艺对氧含量有着严格的要求，成形过程中除了通过控制成形腔内气氛的氧含量处于最低水平外，还需要控制粉末材料中的氧含量。粉末材料中的氧一方面来自生产过程中不完全还原的残留，另一方面由于金属粉末颗粒细小，与空气中的氧气反应生成氧化膜从而覆盖在金属粉末颗粒上。成形粉末本身所残留的氧化物在高温作用下使液相金属氧化，从而使液相熔池的表面张力增大，强化球化效应，使熔池质量下降并影响到后续成形的进行，进而影响到制件的内部组织。

3. 粉末杂质

金属粉末熔化成形过程经常发生飞溅、氧化、球化等缺陷，造成金属粉末被污染。粉末杂质主要由一些大粒径颗粒、粉末表面被氧化的金属球化产物、飞溅产物和成形悬垂结构时出现的掉渣等组成。假如粉末长期反复使用而没有过筛，成形件的表面将嵌入很多夹杂物。这些夹杂物的成分与炼钢过程中产生的废渣成分一样，经过分析，夹杂物成分主要为SiO_2、CaO、MnO等。粉末床激光熔融成形件内部组织中存在夹杂物严重影响金属零件的力学性能，并可能威胁铺粉装置的稳定运行，因为球化颗粒、飞溅物的粒径一般比粉末颗粒直径大好几倍，而铺粉装置与成形件表面的高度一般只有几十微米(设定的加工层厚)，当铺粉装置遇到上述夹杂物时，很容易发生卡死等机械故障。所以，消除嵌入物、减少粉末中的氧化物颗粒对粉末床激光熔融成形高质量金属零件很重要。减少材料中的杂质可通过以下方法实现：①尽量使用单相成分粉末；②成形室含氧量要尽量稳定在低水平；③对粉末材料进行周期性的过筛和烘干。

3.5.2 零件摆放

从粉末床激光熔融成形的原理可知，由于成形的方式特殊，成形件的性能必然存在各向异性，零件的摆放方式也会对成形质量产生较为明显的影响。因此在进行粉末床激光熔融成形时，需要考虑成形件的摆放方式，以保证成形质量。

在激光成形工艺中，当激光照射熔化粉末层时，如果粉末层下方为固体金属，则热量会通过实体从熔池传递至下方结构，同时使下方实体结构发生二次熔化以形成牢靠的黏结。由于存在实体结构，熔池的热量能够得到有效的传递，熔池凝固；如果零件具有悬臂部分，那么熔池下方区域至少有一部分会是未熔粉末，这些粉末的导热性远远低于固体金属，因此来自熔池的热量会保留更长时间，导致周围出现更多粉末烧结情况。由于粉末导热性很差，热量会聚集在悬臂部分下方粉末中，这部分粉末不能充分熔化导致附着在悬臂区域的底面，造成悬臂部分下表面的变形或者导致非常差的表面粗糙度。

悬垂结构的出现通常是由零件成形时的摆放方式决定的。当零件存在大面积的水平悬垂面时(图 3－21(a))，不仅需要大量的支撑，成形后表面质量也很差，并且长线扫描可能使底面两端发生严重翘曲而脱离支撑。所以大面积的表面应避免作为水平悬垂面，除非其不需要支撑而可直接置于成形基板上。将面积小的表面设为底面的方式(图 3－21(b))支撑添加量最少，但是 Z 轴尺寸最大，成形时间最长。图 3－21(c)所示为倾斜摆放，α 角一般为可靠成形角度，在特殊情况下为最小成形角度。倾斜摆放不仅支撑添加量少，Z 轴尺寸也比前一种方式大大减小。倾斜摆放的另一个好处是零件底面添加支撑为线接触，而图 3－21(a)和图 3－21(b)所示的两种为面接触，图 3－21(c)所示摆放时除去支撑容易得多。倾斜摆放通过牺牲不重要部位的质量(表面质量比垂直成形要差)保证了零件结构完整性和功能实现，所以复杂零件的成形一般采用此种摆放方式。

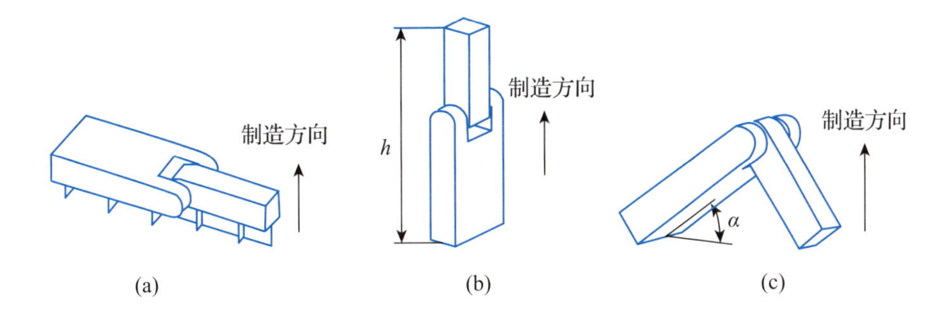

图 3-21　LPBF 成形过程中不同的摆放方式
(a)水平摆放；(b)竖直摆放；(c)成角度摆放。

一般零件与水平角度小于 45°的部分需要添加支撑结构，这一部分通常称为下表面，下表面的表面粗糙度通常会比垂直壁面和上表面更为粗糙。这时零件下表面摆放就显得尤为重要，它不仅能优化任务零件性能，甚至可以决定成形是否成功。当零件有多种摆放方式可选的情况下，应选择可实现理想化零件自身支撑摆放，以便尽可能地减少后期处理和降低加工成本。

3.6　成形零件性能指标

3.6.1　力学性能指标

1. 刚度指标

刚度是指零件在受力时抵抗弹性变形的能力，其等于材料弹性模量与零件截面积的乘积。

$$E = \frac{\sigma}{\varepsilon} = \frac{P}{A\varepsilon} \tag{3-4}$$

$$EA = \frac{P}{\varepsilon} \tag{3-5}$$

式中　E——弹性模量；
σ——正向应力；
ε——正向应变；
P——内力大小；
A——作用面积。

弹性模量，也称杨氏模量(Young's modulus)，是材料力学中的名词。弹性材料承受正向应力时会产生正向应变，在形变量没有超过对应材料的规定弹性限度时，定义正向应力与正向应变的比值为这种材料的弹性模量，记为

$$E = \frac{\delta}{\varepsilon} \tag{3-6}$$

式中 E——弹性模量；

δ——正向应力；

ε——正向应变。

剪切模量(shear modulus)是材料在剪切应力作用下，在弹性变形比例极限范围内，剪切应力与应变的比值，又称切变模量或刚性模量，材料的力学性能指标之一。它表征材料抵抗切应变的能力，模量大，则表示材料的刚性强。剪切模量的倒数称为剪切柔量，是单位剪切力作用下发生剪切应变的量度，可表示材料剪切变形的难易程度。剪切模量 G 和弹性模量 E、泊松比 μ 之间有关系：

$$G = \frac{E}{2(1+\mu)}$$

增材制造零件的刚度、弹性模量以及剪切模量一般高于传统的铸造零件。

2. 强度指标

强度是指材料抵抗变形或者断裂的能力，包括比例极限强度 σ_p、弹性极限强度 σ_e、屈服极限强度 σ_s、抗拉强度 σ_b 以及断裂强度 σ_k。

如图 3-22 所示，比例极限强度是在应力-应变曲线上开始偏离直线时的应力。弹性极限强度是指由弹性变形过渡到弹-塑性变形时的应力。屈服极限强度分 4 种情况：①在屈服时有齿状曲线的部分，曲线的下屈服点对应的应力为屈服极限强度，如退火态低碳钢；②在屈服时曲线上没有齿状曲线，而是表现为一段近似平坦的水平线段，则该水平向所对应的应力为屈服极限强度，如正火态低碳钢；③既没有齿状曲线也无近似水平线段，则将产生特定量塑性变形所对应的应力作为屈服极限强度(如铸铁)，通常选区的特定量塑性变形为 0.05%($\sigma_{0.05}$)、0.1%($\sigma_{0.1}$)以及 0.2%($\sigma_{0.2}$)等；④对应脆性材料，没有明显的屈服阶段。GB/T228-2010 规定将非比例伸长与原标距长度之比为 0.2%时的应力定义为该材料的屈服强度，此类屈服强度被称为条件屈

服强度($\sigma_{0.2}$)。抗拉强度是指拉伸过程中材料所能承受的最大应力。在拉伸过程中，当载荷继续增加到 b 点时材料横截面出现局部变细的颈缩现象，此时的应力称为抗拉强度。断裂强度是指材料发生断裂时的应力与断裂横截面积的比值，如图 3-22中的 k 点所示。

增材制造零件具有极细的晶粒，同时由于冷却速度快而具有固溶效果，这些因素导致了增材制造的金属零件普遍其有较高的强度。

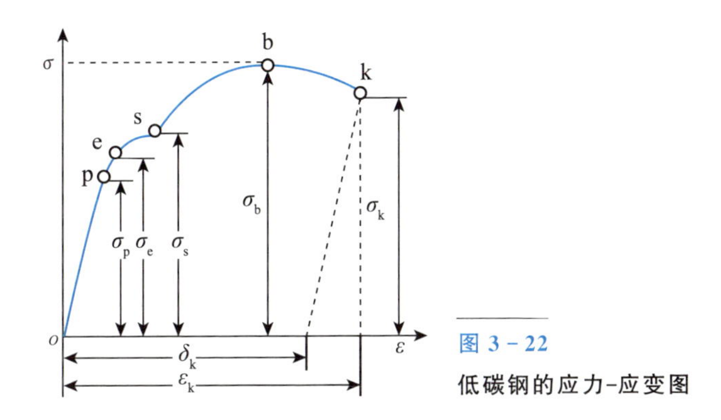

图 3-22　低碳钢的应力-应变图

3. 塑性指标

塑性是指材料断裂前发生塑性变形的能力。塑性指标包括：

(1)断后伸长率 $\delta=[(L_1-L_0)/L_0]\times100\%$；

(2)断面收缩率 $\varphi=[(A_0-A_1)/A_0]\times100\%$。

塑性指标 δ 和 φ 的值越大表明塑性越好。塑性是金属材料可以进行塑性加工的必要条件，也是保证零件可以可靠工作的重要前提条件。由于内部的空隙、夹杂以及高残余应力等影响，导致增材制造的金属零件的塑性普遍较低。然而通过后处理，尤其是热处理后，其塑性会得到明显提升，甚至与铸造的零件塑性水平相当。

4. 硬度指标

硬度是用来表征材料软硬程度的一种性能指标。测试硬度方法较多，包括划痕法、弹性回跳法和压入法。硬度表示方法有布氏硬度(HB)、洛氏硬度(HRA/HRB/HRC)和维氏硬度(HV)。增材制造的零件经历了快速冷却阶段，在没有进行后续处理的条件下，会残留大量的内应力，由于晶粒的细化强化作用，导致零件内部的位错移动受阻，从而使其硬度明显高于铸造零件。

5. 韧性指标

在材料科学及冶金学上，韧性是指当承受应力时对折断的抵抗，一个定义是材料在破裂前所能吸收的能量与体积的比值；另一个定义是直至断裂时能吸收到多少机械能(或动能)的能力。目前金属增材制造中常用测量韧性指标的方式是测量冲击韧性，包括冲击吸收功和冲击韧度。一般来说，增材制造的零件的韧性低于铸造零件，这与零件的组织、残余内应力以及内部缺陷有关。

6. 疲劳性能指标

(1)疲劳寿命：从加载到最终断裂零件所承受的交变载荷的次数，用 N_f 表示。

(2)疲劳极限：材料经过无限次应力循环不发生断裂的最大应力，对应疲劳曲线($S-N$ 曲线)上水平部分的值，如图 3-23 所示。如果疲劳曲线上无水平部分，即都是曲线，则可规定一个循环周次 N_0，在该循环周次下断裂时所对应的应力称为条件疲劳极限。

(3)过载持久值：指材料在高于疲劳极限的应力作用下发生疲劳断裂的循环次数。

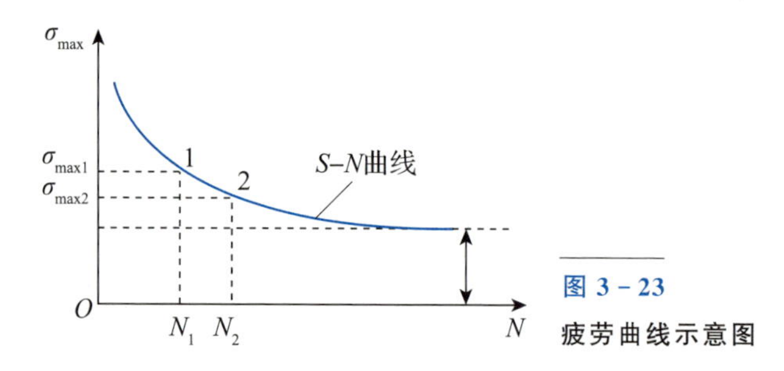

图 3-23
疲劳曲线示意图

增材制造的金属零件由于其内部不可避免的成分偏析和复杂的相组成，以及由设备、原始粉末和工艺等因素引起的内部氧化物夹杂和孔隙缺陷，当零件长时间处于周期性载荷的作用下，上述缺陷会成为疲劳失效的发源地，导致零件失效。因此，对于增材制造技术来说，如何获得组织均匀且无缺陷的零件是提高疲劳性能的重要方向。

7. 磨损性能指标

磨损是指在摩擦过程中零件表面发生尺寸变化和物质损耗的现象。主要包括黏着磨损、磨粒磨损以及接触疲劳磨损等。材料的耐磨损性能用磨耗量或耐磨指数表示。耐损磨性是指材料抵抗机械磨损的能力，在一定荷重的磨速条件下，单位面积在单位时间的磨损。用试样的磨损量来表示，它等于试样磨前质量与磨后质量之差除以受磨面积，用材料在规定摩擦条件下的磨损率或磨损度的倒数来表示。耐磨损性又称耐磨耗性，耐磨耗性几乎和材料所有性能都有关系，而且在不同磨耗机理条件下，为提高耐磨耗性对材料性能亦有不同要求。耐磨损性的测定包含以下方法：①失重法；②尺寸变化测重法；③表面形貌测定法；④刻痕法；⑤同位素测定法。

3.6.2　致密度与孔隙率

致密度是衡量粉末床激光熔融增材制造零件质量极其重要的指标之一，它决定了零件是否可以进行实际应用，影响着零件的力学性能以及物理化学性能。影响增材制造零件的致密度的因素有很多，除了设备、材料、人为以及环境因素外，最主要的因素还有激光功率、扫描速度、扫描间距、铺粉层厚以及扫描策略等。通过优化上述工艺参数可以获得高致密度甚至接近100%全致密的增材制造零件。目前致密度的测量方法较多，主要有阿基米德排水法、横截面微观分析法以及X射线扫描法等。A. B. Spierings等研究调查了以上3种致密度测量原理的准确性。研究结果发现，阿基米德排水法使用较多且具有较高的测量精度。孔隙率是与致密度相对应的另一个指标，两者之间一般呈负相关关系。提高零件的致密度则可以显著降低零件的孔隙率。

3.6.3　成形精度

目前，增材制造成形精度研究主要集中在对尺寸精度、表面粗糙度和形状精度的研究上。尺寸精度研究了成形零件的几何尺寸和设计尺寸之间的匹配度，除了受到设备精度影响外，还受到材料的收缩效应、光斑尺寸效应以及数据处理精度等影响。表面粗糙度是指成形零件的表面具有的较小间隙和微小峰谷的不平度，主要由增材制造过程中的球化、粉末黏附、飞溅、挂渣以及相邻熔道和层间无法圆滑过渡引起。形状精度是指成形零件表面的实际几何形状与理想几何形状的符合程度，在增材制造中主要表现为成形零件受残余应力的影响而产生局部变形，包括翘曲、扭曲变形、椭圆度误差和局部缺陷等。

除上述影响因素外，三者也均受增材制造成形工艺的影响，包括激光功率、扫描速度、扫描间距、铺粉层厚以及扫描策略。作者团队对粉末床激光熔融增材制造的典型几何特征的极限能力和成形精度进行研究，包括薄壁、倒角、尖角、四面体、平行和垂直于 Z 轴的圆孔、垂直于 Z 轴的方孔。发现通过调整成形工艺可以提高成形能力和成形精度。最后，根据研究结果设计和制造了一种无需组装即可折叠的带有 0.2mm 余量的算盘，展示了激光粉床熔融技术的巨大制造灵活性。

3.6.4 残余应力

粉末床激光熔融成形过程中，粉末材料经历了极其快速的熔化和凝固过程，熔池具有较大的温度梯度，从而产生极大的热应力。随着零件的层层成形，产生的热应力得不到充分释放，而储存在成形零件中成为了残余应力。刘洋等根据温度梯度机理研究了残余应力的起源，通过 X 射线衍射测量沿高度和水平方向的应力，并研究加工参数对应力分布的影响。结果表明，残余应力沿高度方向的分布和演变受到后续热循环(STC)的显著影响，在水平方向上，较高的能量输入和较长的轨道长度会引起较大的残余应力；平行于扫描方向的应力远大于垂直于扫描方向的应力，残余应力的峰值始终出现在扫描轨迹的起点。根据这项研究，可以采取相应的措施来减少残余应力或避免应力集中，从而改善粉末床激光熔融成形过程稳定性。残余应力对增材制造零件的性能影响极大，部件会因为应力变形而导致尺寸精度降低，残余应力还会导致强度和塑性降低，并引起应力腐蚀、疲劳性能降低等。因此，如何尽最大可能降低激光粉末床激光熔融后形成的残余应力成了提高成形件性能的关键技术之一，目前常用的方法主要是优化工艺参数、开发新的扫描策略以及进行去应力热处理等。

3.6.5 可加工性

可加工性多指增材制造的零件为获得更高的精度而采取传统切削加工的难易程度以及加工后表面质量的好坏，多采用表面粗糙度值和刀具的使用寿命来表示。增材制造零件的硬度和脆性对切削性影响较大。另外，由于技术限制，目前增材制造的零件内部还存在夹杂和空隙等缺陷，这会增加材料的切削难度并引起刀具的快速磨损，最终导致加工后的表面质量降低。白玉超等对增材制造的 A131 船用结构钢和铝合金分别使用加工中心进行铣削加工和超精密机床进行超精密加工，发现增材制造的零件对刀具的磨损较为严重，加工后的表面发现了大量的夹杂缺陷和硬质颗粒引起的划痕。

3.6.6　化学性能

材料的化学性能主要指耐腐蚀性和抗氧化性，二者统称为化学稳定性。增材制造零件由于经历了快速熔化和快速凝固过程，其微观组织与传统的铸造组织有明显区别，如熔道特征、超细亚结构及细粒等。独特的微观组织使其化学性能有着明显特殊性。

1. 耐腐蚀性能

金属材料在常温下抵抗氧化、水蒸气及其他化学介质腐蚀破坏作用的能力称为耐腐蚀性。钛及钛合金、不锈钢的耐腐蚀性好；碳钢、铸铁的耐腐蚀性较差；铝合金和铜合金也有较好的耐腐蚀性。金属的腐蚀既造成表面金属光泽的缺失和材料的损失，也会造成一些隐蔽性和突发性的事故。对于金属材料，腐蚀有两种主要形式：一种是电化学腐蚀，另一种是化学腐蚀。电化学腐蚀是指由于一次电池的作用而在酸、碱和盐的电介质溶液中腐蚀金属的情况。化学腐蚀是金属与周围介质之间的纯化学反应，如钢的氧化。

2. 抗氧化性能

金属材料在加热时抵抗氧化作用的能力称为抗氧化性。具有 Cr 和 Si 等元素的钢铁材料具有较好的抗氧化性。在高温下金属材料易与氧结合，形成氧化皮，造成金属的损耗和浪费，因此高温下使用的工件，要求材料具有高温抗氧化的能力。提高高温抗氧化性的措施是使材料在迅速氧化后能在表面形成一层连续而致密并与母体结合牢靠的膜，从而阻止零件进一步氧化。

3.6.7　热处理性能

热处理性能指标主要考虑其获得所需性能时的工艺步骤、热处理温度、热处理时间以及热处理介质等。SLM 成形的金属零件具有极大的残余应力，因此绝大部分零件都需要进行去应力退火来提高零件的尺寸精度，而对微观组织均匀性有要求的零件还需要进行均匀化退火处理。对于需要热处理来强化的零件如马氏体时效钢，还需要固溶处理以及时效处理等。对于需要进行机械加工后处理的零件，需要进行退火处理来降低硬度。还有一个重要的热处理方式是热等静压处理，可以消除 SLM 成形零件内部的孔隙等缺陷，提高零件的塑性和抗疲劳性能。通常，由于 SLM 成形的金属零件具有严重的成分偏析，因此需要在更高温度下进行更长时间的热处理才能实现成分分布均匀，获得需要的组织和物相。例如，EOS 公司对其增材制造的马氏体时效钢 18Ni(300)的热处理温度分别为940℃固溶处理 2h，490℃时效处理 6h，这高于传统制造 18Ni(300)的推荐热处理温度和时间：850～870℃固溶处理 1h，480℃时效处理 3h。

3.6.8 高温力学性能

蠕变是指材料在长时间的恒温、恒应力作用下缓慢的产生塑性变形的现象，蠕变断裂是指零件由于蠕变变形而引起的断裂。图 3-24 所示为蠕变曲线，可分为 3 个阶段，分别为第一阶段蠕变(ab)，斜率随时间的增加而减少；第二阶段蠕变(bc)，斜率不变；第三阶段蠕变，蠕变速率随着时间增加而增加，最终发生断裂。

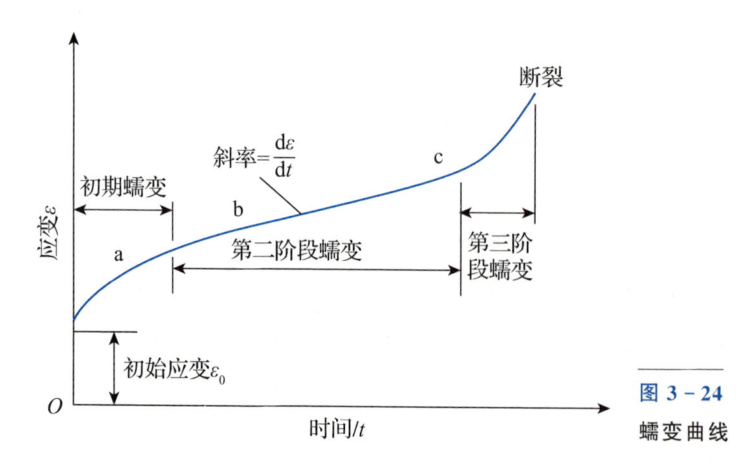

图 3-24 蠕变曲线

表征抗蠕变的性能指标包含蠕变极限和持久强度两种。蠕变极限是指在高温和长期载荷作用下，材料对塑性变形的抵抗力，通常有两种方式表示：①在规定温度下，材料产生规定稳态蠕变速率的应力；②在规定温度下，规定时间内材料产生一定蠕变总变形量的应力。持久强度是指材料在高温长期载荷作用下抵抗断裂的能力，通常用规定温度和规定时间内材料发生断裂时的应力表示。

3.6.9 其他物理性能

1. 导热性

材料的导热性用导热率 λ 来表示，其含义是在单位厚度金属，温差为1℃时，每秒钟从单位断面通过的热量，单位为 W/(m·K)。金属的导热性以银为最好，铜和铝次之，一般合金的导热性比纯金属差。在热加工和热处理时，都必须考虑金属材料的导热性，防止材料在加热或冷却过程中形成过大的内应力，造成零件变形或开裂。此外，导热性好的金属散热也好，如散热器和热交换器等都要求材料的导热性好。在模具材料中，导热性同样重要，高导热性可以快速冷却模具来增加制造效率。

2. 导电性

材料传导电流的能力称为导电性，常用电阻率 ρ 来衡量，指单位长度、单位面积的电阻值，单位为 Ω·m。材料的电阻率越小，导电性越好。在传统材料中，金导电性最好，铜和铝次之，钢铁材料较低，一般合金的导电性都比纯金属差。

3. 热膨胀性

材料随着温度变化而膨胀、收缩的特性称为热膨胀性，用线膨胀系数 α_l 来表示，其含义是温度上升1℃时，单位长度的伸长量，单位是1/℃。陶瓷的热膨胀性小，金属次之，高分子材料最大。线膨胀系数大的材料在温度变化时，尺寸和形状变化都较大，反之较小。因此，在设计零件时需要根据材料的线膨胀系数设定足够的间隙余量等。此外，在模具的制造和使用中，热膨胀性也非常重要，低的线膨胀系数可以提高模具制造件的尺寸精度和成品率。

4. 磁性

磁性材料主要分为 3 类：①铁磁性材料，即在外磁场中能被强烈磁化的材料，如铁、镍和钴等；②顺磁性材料，即在外磁场中只能微弱的被磁化，如锰和铬等；③抗磁性材料，即能抗拒或削弱外磁场对材料本身磁化作用的材料，如铜和锌等。材料的磁性通常用以下4个物理量来表示：

(1)导磁率 $\mu(\mu=B/H)$：表示铁磁材料磁化曲线上某一点的磁化强度 B 与外磁场强度 H 的比值。

(2)磁饱和强度 B_1：表示材料能达到的最大磁化强度。

(3)剩磁 B_x：表示外磁场退为零时，材料的剩余磁感强度。

(4)矫顽力 H_c：表示要使磁感应强度降为零时，必须加反向的磁场 H_c。

增材制造金属零件的磁性性能目前研究较少。为了推进增材制造技术在磁性领域的应用，研究增材制造后零件的磁性性能尤为重要，因此磁性研究应该作为增材制造零件的性能研究方向之一，并引起足够的重视。

参考文献

[1] 白玉超. 马氏体时效钢激光选区熔化成形机理及其控性研究[D]. 广州：华南理工大学，2018.

[2] 麦淑珍. 个性化 CoCr 合金牙冠固定桥激光选区熔化制造工艺及性能研究[D]. 广州：华南理工大学，2016.

[3] 王赟达. CoCrMo 合金激光选区熔化成形工艺与组织性能研究[D]. 广州：华南理工大学，2015.

[4] 罗子艺. 薄壁零件选区激光熔化制造工艺及影响因素研究[D]. 广州：华南理工大学，2011.

[5] 卢建斌. 个性化精密金属零件选区激光熔化直接成形设计优化及工艺研究[D]. 广州：华南理工大学，2011.

第4章 单道、多道与多层熔融成形

4.1 单道熔道成形基础与控制

粉末床激光熔融成形零件的性能很大程度基于其线—面—体的成形方式以及材料的单道和单层的成形质量。在单道上形成的缺陷直接影响了单层的成形质量，这个缺陷点也会在下一层激光扫描时累积。当缺陷未得到完全消除时，会形成零件内部缺陷。因此，本节内容将介绍粉末床激光熔融单道成形基础与控制。

4.1.1 单道熔道成形基础

单道熔道成形时，熔池不再是固定在成形基板的特定位置凝固，而随着激光束的移动而移动，熔池内在激光束照射的位置始终是熔化状态的金属，而在激光束远离的位置迅速凝固。此时熔池的凝固不仅受到周围粉末的影响，而且受到前端熔化状态以及后端凝固的金属的影响。工艺参数中对单熔道影响最大的主要是激光功率和扫描速度。激光功率决定了粉末获取的瞬时能量，而扫描速度决定了粉末持续获得能量的时间。此外离焦量、铺粉层厚对单道熔道成形效果的影响也较大，当加工平面在焦点附近时，能量集中，有利于细而平直的单道扫描熔道的形成。针对某一种材料，在一定层厚内通过激光功率和扫描速度的合理配置都可以获得连续的单道熔道。不同颗粒形状和粉末粒径的粉末，熔道形貌会有所差别。

在单道熔道过程中，通过基体将熔池分为上、下两部分。在熔化的基体下方固体质点对液体质点的作用力大于液体质点之间的作用力，润湿角为锐角，熔池的形状呈扇形；而在基体上方，由于粉末固体质点对液体质点的作用力小于液体质点之间的作用力，润湿角倾向为钝角，熔池的形状倾向为球状。

熔池在上、下两种力的作用下，其形状发生了变化，成为椭圆形。图 4-1 所示为单道熔道成形截面示意图，熔池分为上、下两部分，而基体上部分熔池(粉末熔化区)又包括熔池形成区和无粉区两部分。基体下部分熔池属于激光重熔部分，在粉末床激光熔融成形过程中此部分保证了层与层之间的结合强度。从图 4-1 可看出，基体上方的椭圆形熔池属于粉末熔化、凝固成形区域，而在基体下方的熔池属于前一道熔池的重熔部分。虽然这两部分都是近似椭圆形，但其形成原因却截然不同。对于基体上部分的椭圆形熔池，主要形成原因是激光熔化粉末形成液态熔池的表面张力造成的，而基体下方部分的椭圆形熔池形成原因主要是激光能量呈高斯能量分布造成。激光能量在圆形光斑径向的能量分布可表示为

$$e=\frac{4P\sqrt{d^2-4y^2}}{\pi d^2} \tag{4-1}$$

式中 P——激光功率；

d——激光光斑直径；

e——激光能量；

y——光斑到中心点的距离，$y\leqslant\frac{1}{2}d$。

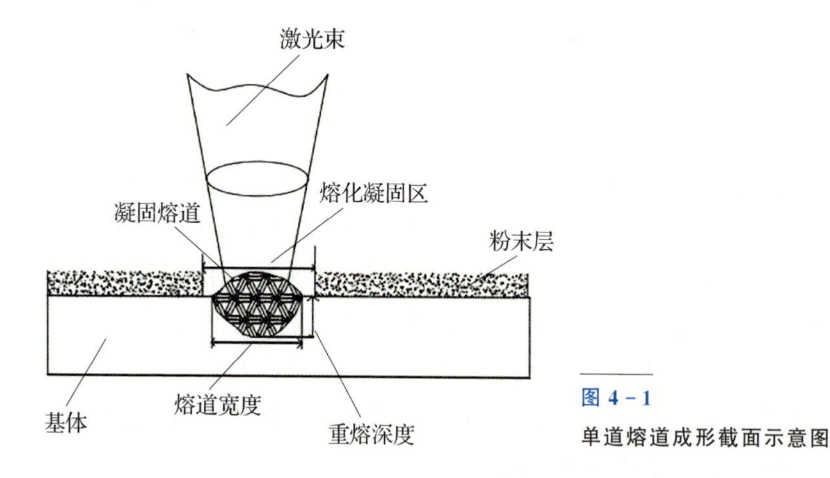

图 4-1
单道熔道成形截面示意图

4.1.2 单道熔道成形控制

1. 基板导热率的影响

在激光熔化粉末层时，粉末吸收的激光能量大部分通过基板的热传导作

用进行扩散，而只有小部分用于粉末自身的熔化。因此，基板材料作为主要的热导体直接影响着单道的成形质量。同时，不同的基板材料与成形材料有着不同的结合性能。好的结合性能有利于增强成形过程中的变形抗力，避免零件在成形过程中发生翘曲变形或应力集中导致的开裂等缺陷。根据相关的研究发现，基板材料造成单道成形质量差异的主要原因如下：

(1)基板材料导热率不同。导热率过高，热量扩散速率快，剩余热量不足以完全熔化原始粉末，形成断断续续的单道，加上液态金属表面张力的影响，形成球化颗粒。

(2)液态原始材料对基板材料润湿性的不同。润湿性越好，熔液在基板上的铺展性越好，润湿性越差，则球化现象越明显。

图 4 - 2 为在铝基板上打印 316L 不锈钢材料效果，由于铝的导热系数较大，散热速度快，成形过程中出现熔道不连续情况，同时 316L 材料与铝基板结合性能不好，导致出现翘曲。因此，在选择成形基板时，应考虑基板材料与成形材料的匹配性，避免打印失败。

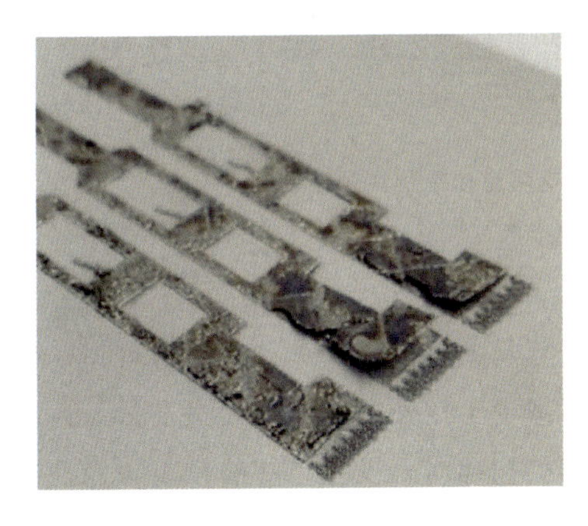

图 4 - 2
铝基板上打印 316L 不锈钢材料效果

2. 单道熔道形貌

除材料因素外，影响单道熔道成形质量的因素主要是激光功率与扫描速度，图 4 - 3 所示为不同能量输入情况下单道熔道形态及其对应截面，能量输入值从左到右逐渐减小。从图中可以看出在高能量密度输入的情况下(图 4 - 3 (a))，熔道形态规则而连续，熔道宽度最大，但是在熔道附近存在大范围的无粉末区，而且无粉区的范围大小与 P/v 比值密切相关。功率密度降低后可获得图 4 - 3(b)中的熔道形态，与第一种相比，熔道的宽度明显减小，最主要的是在熔道周围粉末仍在原来的位置；而能量密度不足时其熔道形貌如图 4-3(c)～图 4-3(d)所示，熔道形态变得不规则且不连续，并出现球化现象。

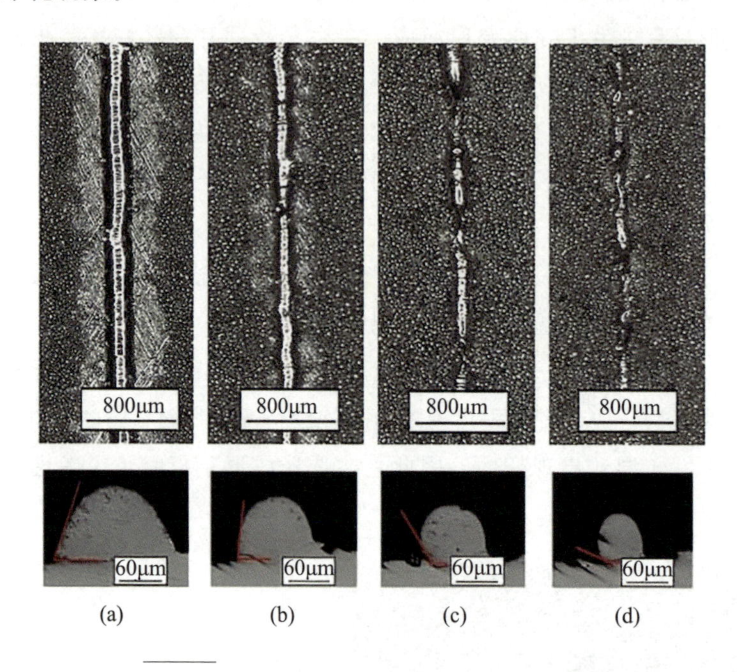

图 4-3　4 种典型单道熔道形貌及其对应截面

(a)连续而规则的熔道形态；(b)连续而规则同宽度较小的熔道形态；(c)不规则不连续的熔道形态；(d)不规则不连续且球化熔道形态。

单道熔道成形中激光能量输入高容易获得光滑、连续的单道熔道，但高激光功率密度使得材料汽化，一方面减少了熔池内的材料质量，另一方面吹走了熔池周围的粉末，当下一道熔池被扫描时，没有足够的粉末来保证熔池的丰满。能量输入大，熔池的宽度和深度都大，图 4-3(a)所示第一种熔道形态的熔池宽度达到光斑直径的 2～3 倍，熔池润湿角为锐角。当激光能量输入下降，使熔池不能够达到汽化点，熔池连续且周围的粉末并没有汽化被吹走，此种条件下成形的熔池宽度为光斑直径的 1～2 倍，熔池润湿角变大。随着能量输入继续下降，只有光斑中心及附近的能量足以熔化金属粉末，扫描速度高使得熔池冷却速度更快，熔池形状呈现偶尔的断续状，此时熔池宽度、熔池深度都小，润湿角超过 90°，熔池宽度为光斑直径的 1/2 到 4/5。当激光能量下降到不足以熔化更多粉末，即扫描速度太高时，熔道更加地不连续，断裂严重，与基体润湿性差，甚至发生球化现象。因此熔池的润湿角越小，越有利于成形高致密度的零件，即当单道熔道形态和截面如图 4－3(a)或图 4－3(b)时较适合于高致密度金属零件成形。

3. 熔道形貌控制

理论上，对于某一特定材料，可通过热量守恒原理判断在某一激光输入参数下是否能够获得足够的能量来完全熔化粉末，即

$$\frac{\alpha P}{v} = (c_p \times \Delta T + \Delta H) \times \rho \times V \tag{4-2}$$

式中　α——粉末对激光吸收率；

P——激光功率；

v——激光扫描速度；

c_p——材料热容；

ΔT——材料可达到完全熔化需要升高的温度；

ΔH——材料的结晶潜热；

ρ——粉末的松装密度；

V——材料的体积。

式(4－2)说明材料是否吸收了足够的热量用于粉末熔化。但是在实际计算过程中，需要考虑材料对激光的吸收率 α 值和熔池的材料质量 m。材料的吸收率与粉末的密度、粉末的形状、铺粉表面的平整度有密切关系，α 与激光的发射波长也有很大关系。对于单道熔池中凝固熔道的质量 m，因熔道的宽度和高度由加工参数决定，如加工层厚、激光功率、扫描速度，随着上述参数的变化，单位面积的熔道质量 m 是不同的，也就是说 m 不是一个定量，而为变量。因此，在实际加工中常采用式(4－3)进行能量输入值 ψ_0 计算，即

$$\psi_0 = \frac{4P}{\pi d^2 v} \tag{4-3}$$

式中　P——激光功率；

d——光斑直径；

v——激光扫描速度。

在采用不同种类激光器(激光模式一般选为基模)、不同的聚焦光斑直径

进行粉末床激光熔融成形时，通过计算ψ_0值是否达到上述熔道的能量输入大小，便可以判断是否能够进行粉末床激光熔融成形高致密金属零件。因粉末床激光熔融技术要求层厚尽量薄，所以式(4-3)中没有将层厚考虑进来，实际操作中需根据粉末粒度将层厚设定得尽量薄。

单道熔道中熔融的金属会对周围的粉末有吸附作用，将周围的粉末吸入熔池，但是有部分粉末无法熔化而保持颗粒状黏接在凝固的熔道上，如图4-4(a)所示。这些未完全熔化的粉末颗粒在经过多层成形后会大量聚集而黏附在一起，如图4-4(b)所示，较多未熔化的粉末黏附在壁上。粉末黏附会使壁厚尺寸偏大，不利于精密零件的成形。因此在实际加工过程中应在熔道连续的情况下，根据熔道表面粉末颗粒附着情况对能量输入进行优化，以获得光滑连续的熔道。

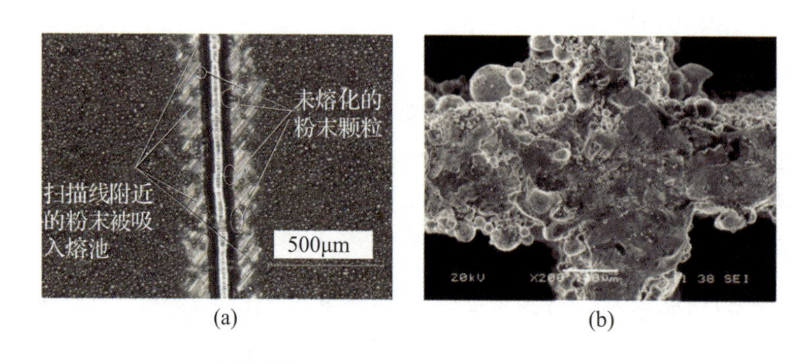

(a) (b)

图4-4 激光对周围粉末的吸附作用

(a)熔池吸附周围粉末及未熔粉末黏附；(b)未熔粉末聚集。

粉末床激光熔融成形过程中，一般选择单道扫描中形成连续熔道的参数作为面、体和零件成形的工艺参数。但是单道扫描线的状况并不能完全代表多层加工的状况，主要原因如下：

(1)粉末收缩导致加工中粉末厚度变化。

(2)粉厚不均或整体偏离(大于或小于)设定值，导致焦点在粉末中的位置是改变的(每层、每道)，这也是同样参数下的单道扫描熔道有的平滑连续、有的却扭折的原因。

(3)某次单道成形的最优参数不一定可以作为实体成形的最优参数，因为还有许多其他干扰因素，应该将各主要影响因素进行耦合分析以获得最优的工艺参数。

4.2 多道熔道搭接过程

4.2.1 熔道搭接

在单层成形过程中，除了上述研究的激光功率与扫描速度两个因素的影响外，单层成形时还依靠相邻两条熔道之间周期性搭接熔合。因此，两条熔道之间的搭接率对整个单层的成形具有重要的影响，在工艺参数上反映为扫描间距。扫描间距主要决定了两条熔道之间的结合质量。由于熔道的搭接，相邻的熔道之间存在一部分共有区域，该区域在相邻熔道形成时会被激光束重熔一遍，其微观组织会发生微小的变化。熔道搭接可以用式(4-4)表示。

$$\mu=\frac{D-s}{D}\times 100\% \tag{4-4}$$

式中　μ——搭接率；

s——扫描间距；

D——熔池的宽度。

由式(4-4)可知，扫描间距与搭接率的关系为负相关。当熔池宽度一定时，随着扫描间距的增加，搭接率会逐渐减小。图 4-5 所示为层内熔道搭接示意图。从图中还可以看出，单层的成形上表面精度与搭接率也有极大的关系，随着搭接率的增加，熔道顶部与两条弧形熔道之间谷底的距离逐渐减小，从而提高每层的表面成形质量。

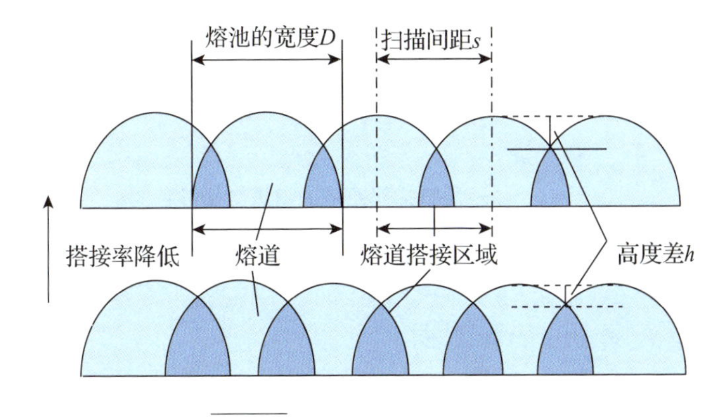

图 4-5　层内熔道搭接示意图

图 4－6 所示为不同扫描间距下的熔道搭接形貌，可以看出在低扫描间距时，表面因熔道相互搭接而表现得平整，几乎无法辨认熔道痕迹，但是发现一些飞溅颗粒附着在表面上(图 4－6(a))。随着扫描间距的增加，表面开始不平整，熔道痕迹也变得明显，特别是当扫描间距达到 0.12mm 时，可以明显看到独立的熔道，说明熔道之间完全没有搭接。在各图的右上角是熔道的端点形貌，可以明显看到相邻两熔道的搭接情况随着扫描间距的变化而变化。搭接率随着扫描间距的增加而明显减小，当搭接率为负值时，说明熔道无搭接。其中图 4－6(f)所示即为扫描间距过大，导致同一成形层内部的相邻熔道之间存在较大尺寸的空隙，因此两个相邻熔道完全没有实现结合。这种情况在成形实体时，会导致零件的内部空隙率极高，严重降低零件的致密度和力学性能。

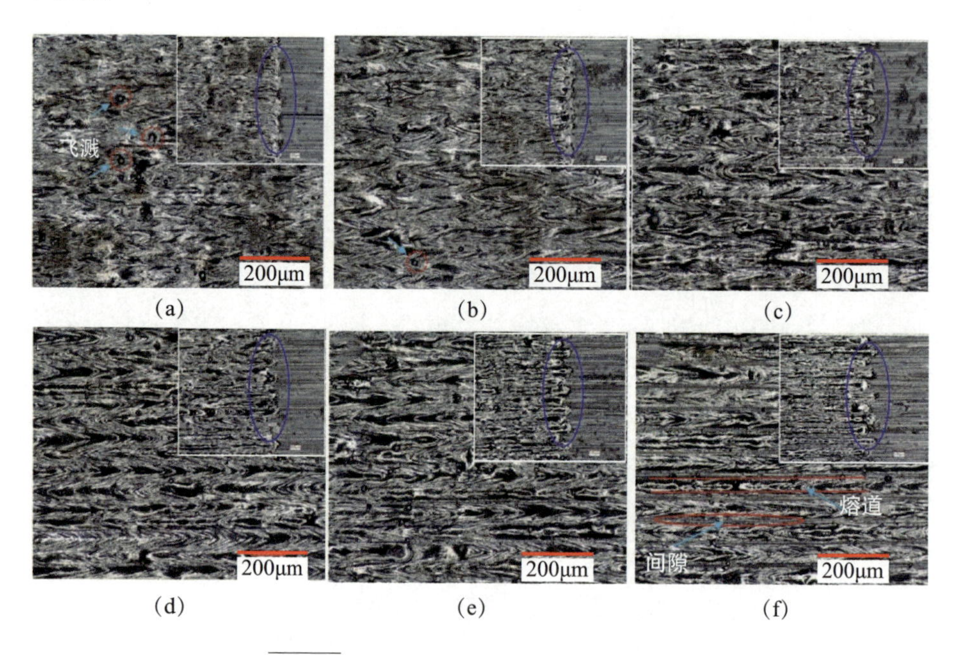

图 4－6　不同扫描间距下的熔道搭接形貌

(a)0.04mm；(b)0.06mm；(c)0.08mm；(d)0.09mm；(e)0.10mm；(f)0.12mm。

4.2.2　多道搭接中的热量累积

多道搭接扫描时由于搭接率的存在，前一道熔池对后一道熔池的热量影响不可避免，因此在单道熔道能量输入式(4－3)的基础上需要加入热影响因

子，并将式(4-3)改写为

$$\psi_1 = \frac{4P}{\pi d^2 v}(1+\beta) \tag{4-5}$$

式(4-5)中 β 为熔道搭接热量累积因子，其值大小与搭接率密切相关。而多道熔道搭接率的存在又使得前一道熔池为后一道熔池提供了润湿的基底，有利于熔池的光滑成形，从而可以采用较低的激光功率或较高的扫描速度条件来获得理想的熔池形态。熔道搭接热量累积因子 β 主要与搭接率 μ 有关系，因此可定义 $\beta=\chi\mu$，不同的搭接率，对应的 χ 值不一样，χ 定义为不同搭接率的热影响系数。

假设图 4-3(b)所示熔道形态为粉末床激光熔融成形的理想形态，而单道熔道成形中选用对应的成形参数为 P_a、v_a，其余参数设为定值。当采用多熔道成形时，由于上述热影响和预热作用使熔道达到与单熔道宽度相等时所需要的能量输入小于单道熔道成形能量输入，此时的成形参数为 P_b、v_b，则 β 可表示为

$$\beta = \frac{P_a v_b - P_b v_a}{P_b v_a} \tag{4-6}$$

在实际的成形过程中，一般激光功率 P 是不变的，通过调节扫描速度调节能量输入大小，所以式(4-6)可简化为

$$\beta = \frac{v_b - v_a}{v_a} \tag{4-7}$$

针对不同的搭接率 μ，可获得不同搭接率的热影响系数 χ，如式(4-8)所示。

$$\chi = \frac{v_b - v_a}{\mu v_a} \tag{4-8}$$

4.2.3　单层成形

粉末床激光熔融中层扫描面由多道熔道搭接获得，因此扫描熔道之间的搭接情况和相互作用对扫描成形面的质量有关键的影响，在不合适的参数下会导致成形面呈现出黄褐色或黑色，严重影响成形质量。为了获得致密与平整的多道熔道搭接，在单道熔池基础上，需要考虑熔道之间的搭接率。

根据单道熔道分析，熔道种类一(图 4-7)与熔道种类二(图 4-8)适合粉末床激光熔融成形。熔道种类一在进行多道搭接成形时，因熔道附近拥有较

大范围的无粉区，下一道熔池大部分物质来自前一道熔池的重熔，熔池体积逐渐变小。所以，针对种类一熔道的搭接成形，需采用大扫描间距扫描，使得后扫描的熔道尽量避开无粉区，保证熔池的粉末来源。图 4－7 所示为种类一熔道的搭接率分别为 30%、10%时的表面形貌，从图中可以看出，搭接率为 30%时，因熔道搭接热量累积因子 β 值比较大，成形面呈现过熔化状态，凹凸不平。此种情况下熔池顶部材料严重缺少，是激光重熔熔池的结果，也有部分原因是熔池汽化后产生的等离子体反冲力将液态下的熔池吹平而造成的。而 10%搭接率时能清晰地看到熔池凝固后的熔道，熔道之间产生较深的沟壑，每条熔道连续规则保证了熔池的饱满，有利于粉末床激光熔融成形，所以针对种类一熔道需采用低搭接率搭接成形。

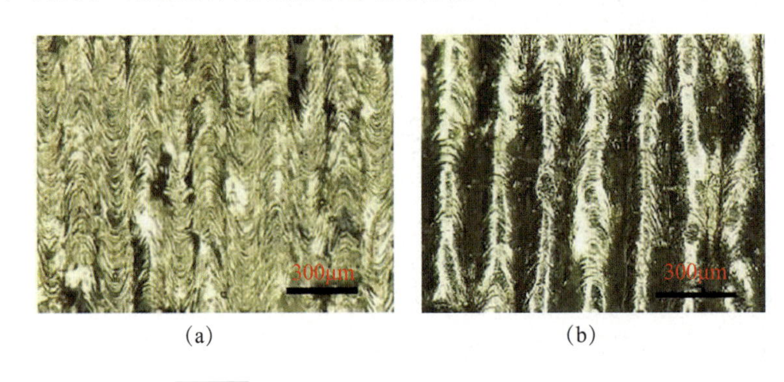

图 4－7　种类一熔道不同搭接率的表面形貌

(a)搭接率为 30%；(b)搭接率为 10%。

针对种类二熔道，熔池宽度已大大减小，且熔池周围的粉末并没有被吹走，需采用较高搭接率。图 4－8 所示为种类二熔道搭接率分别为 30%、10%时的表面形貌。从图中看出，10%搭接率时表面看起来不紧密，熔道搭接不牢固；而 30%搭接率时，不仅保证熔池间的牢固搭接，成形表面也非常平整。其主要原因是 30%搭接率时扫描间距值与激光光斑直径大小相似，此扫描间距范围能够保证成形面激光能量输入的均匀分布，而不会造成成形件出现翘曲、未足够熔化等缺陷。

从上述结果可知，激光扫描间距的大小影响激光传输给粉末的能量分布，当扫描间距约等于激光光斑直径时，熔道叠加后，能够保证激光能量叠加后也分布均匀，所以能够获得理想的搭接成形效果。在实际的粉末床激光熔融成形过程中，需要考虑：①加工效率；②热量输入过大导致的残余应力累积，

(a)

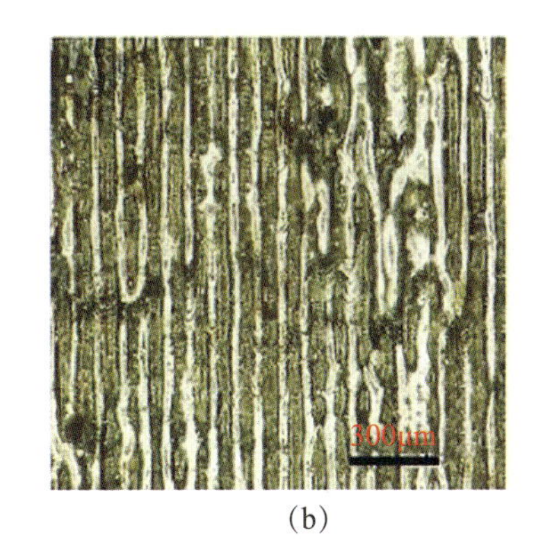

(b)

图 4-8　种类二熔道不同搭接率的表面形貌

(a)搭接率为 30%；(b)搭接率为 10%。

进而发生翘曲、裂纹等；③成形室内材料汽化产生的杂质对成形过程的影响。因此，本书认为粉末床激光熔融成形工艺参数设计应在种类二熔道形貌的基础上进行优化。

在较合适的工艺参数和扫描间距情况下，单层扫描中成形的表面有 4 种典型形貌，如图 4-9 所示。如图 4-9(a)所示为波纹型形貌，层扫描方块的表面形成明显密集的短波纹；如图 4-9(b)所示的形貌较为平滑，但是在局部区域有一些点突出高于其他区域，故称为“凸点型”；如图 4-9(c)所示表面成形很差，凸出熔体密集的散布在成形面表面，使得表面看上去像撒满了一粒粒的颗粒，故称为“散粒型”；如图 4-9(d)所示为成形效果较好的单层表面，表面光滑，没有明显的凸起、波纹和熔体颗粒。在 4 种表面中，如图 4-9(d)所示的粗糙度最低，而如图 4-9(b)、图 4-9(a)、图 4-9(c)所示的表面粗糙度依次增大。

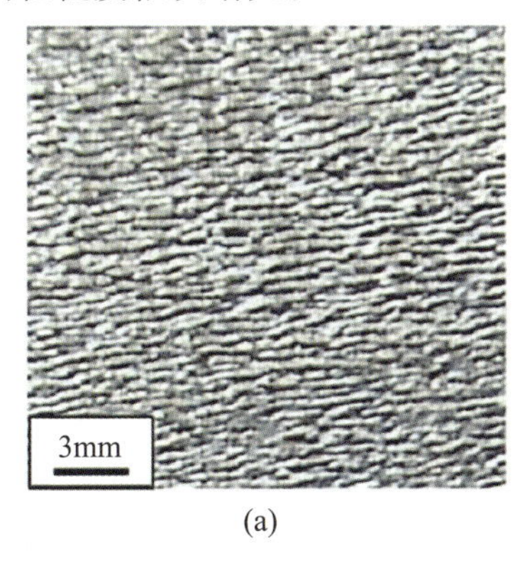

(a)

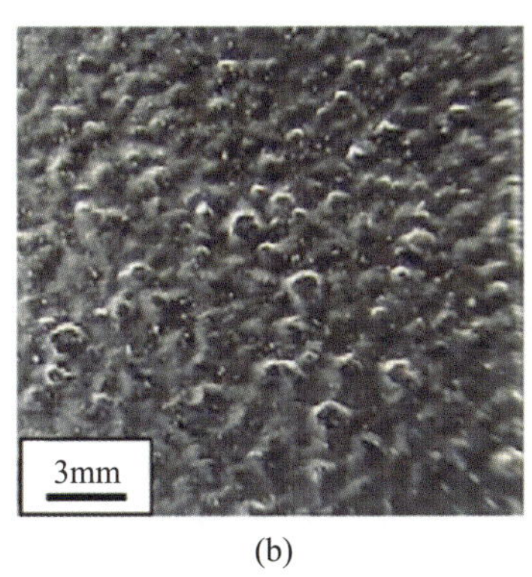

(b)

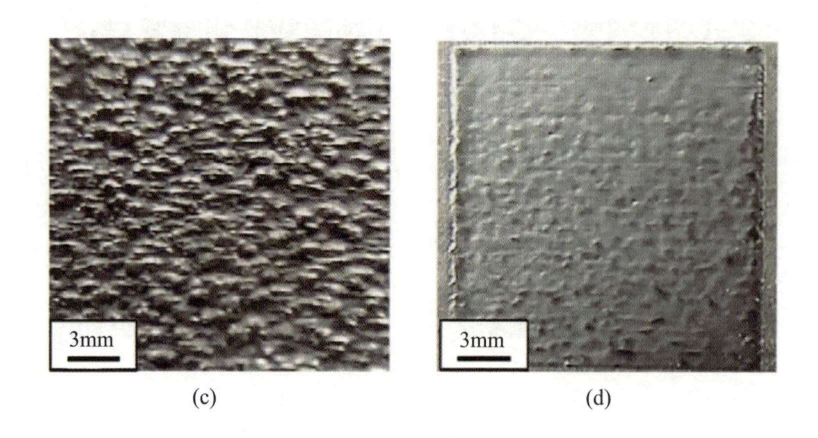

图 4-9 典型的单层扫描表面形貌

(a)波纹型；(b)凸点型；(c)散粒型；(d)光滑型。

4.3 多层叠加成形过程

4.3.1 多层叠加能量输入模型

粉末床激光熔融多层叠加的过程中，输入能量不断累积，对成形质量将产生影响，因此对能量输入模型应进行综合评价。当打印过程中使用“Z”字形的扫描策略，如图 4-10 所示，实线为激光扫描轨迹，虚线为激光跳转轨迹，成形面的长宽分别用 L、W 表示，v_s 代表扫描线方向速度，即前文提到的扫描速度，v_f 代表成形方向速度。

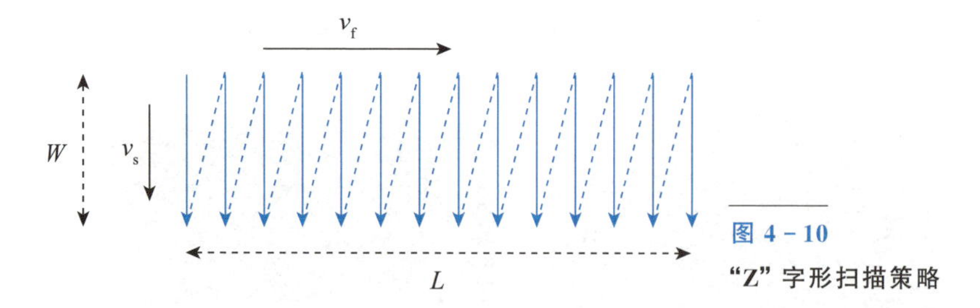

图 4-10 “Z”字形扫描策略

假定扫描策略的影响因子为 κ，可得输入激光能量为

$$\psi_s = \kappa \times (1+\phi) \times \frac{P}{dvh} \tag{4-9}$$

式中　ψ_s——激光能量输入大小(J/mm^3)；

ϕ——相邻熔道间搭接率；

d——聚焦光斑直径(mm)；

P——激光功率(W)；

v——激光扫描速度(mm/s)；

h——加工层厚(mm)。

激光光斑为近圆形，目前大都使用$\phi=\frac{d-s}{d}\times 100\%$计算熔道间搭接率，$s$ 为扫描线间距（mm），此公式并没有考虑实际成形的熔池宽度，算出的搭接率不能够准确表示实际的搭接率。所以，使用熔池宽度 d_m代替 d 计算搭接率更为准确，即$\phi=\frac{d_m-s}{d_m}\times 100\%$。式(4-9)中只有扫描策略影响因子 κ 未知。

单位时间内沿着扫描方向熔池成形体积近似表示为 $V_1 = v_s d_m h$，单位时间内沿着成形方向熔池体积为 $V_2 = v_f Wh$，另外，

$$v_f=\frac{s}{W+\frac{v}{v_{jump}}\times\sqrt{W^2+s^2}}\times v \tag{4-10}$$

因为单位时间、单位体积粉末吸收激光能量相等，即

$$c_p v d_m ht = c_p \kappa v_f Wht \tag{4-11}$$

联立可求得

$$\kappa=\frac{vd_m}{v_f W}=\frac{d_m\times\left(1+\frac{v}{v_{jump}}\times\sqrt{1+\frac{s^2}{W^2}}\right)}{s} \tag{4-12}$$

再将式(4-12)代入式(4-10)可得

$$\psi=\frac{d_m\times\left(1+\frac{v}{v_{jump}}\times\sqrt{1+\frac{s^2}{W^2}}\right)}{s}\times(1+\phi)\times\frac{P}{vdh} \tag{4-13}$$

在实际的成形过程中，v_{jump}一般比 v 大一个数量级单位，所以式(4-13)可近似写成

$$\psi=\frac{P(d_m-s)}{vdsh}=\frac{P}{vdh}\times\frac{2d_m-s}{s} \tag{4-14}$$

从能量输入式(4－14)可以看出，能量输入大小与激光功率、扫描间距、扫描速度、加工层厚、光斑直径、实际熔池宽度6个工艺参数有关系。能量输入式(4－14)与其他能量输入式相比，主要区别是考虑了实际熔池宽度和熔道间能量累积效果影响。通过实际熔池宽度与扫描间距的比值计算，可以得出一个粗略的能量累积因子$(2d_m/s)-1$。如果需要算出精确的能量累积大小，还需要添加一个系数因子ω，能量累积因子变为$\omega(2d_m/s)-1$。不同激光功率、扫描速度、加工层厚对应不同的系数因子ω，通常为了简化可取为1。

为了获得致密化的粉末床激光熔融成形件，除了满足足够的能量输入外，还需要考虑熔道之间的搭接条件，才能获得良好的成形效果。搭接率使已成形的熔道、已成形层对当前加工层具有预热作用，导致实际能量输入的增加。所以，式(4－14)可理解为针对特定的材料，开始成形时需要足够的能量输入才能完全熔化粉末，以获得光滑连续的熔道。但随着熔道搭接和多层层数叠加造成的能量累积效果，实际的能量输入增加，此时激光的等效能量输入大小为$(P/vdh)\times(2d_m/s-1)$。有效能量输入的增加导致成形过程中内应力增加，容易产生翘曲、裂纹等缺陷。所以，为了获得致密的零件成形，需在加工一定层后降低初始设定的激光能量输入，即P/vdh值，降低为$P/vdh\times(2d_m/s-1)$。

综上所述，粉末床激光熔融成形致密金属零件的条件总结如下：

$$\begin{cases} E_1=\dfrac{P}{vdh}\text{(开始成形时足够能量完全熔化粉末获得连续单道熔道)} \\ E_2=\dfrac{P}{vdh}\times\dfrac{2d_m-s}{s}\text{(成形多层后降低能量便可以获得致密的成形效果)} \\ \phi=\left(\dfrac{d_m-s}{d_m}\right)\times 100\%\text{(扫描线之间搭接率须满足一定值)} \end{cases}$$

4.3.2 多层叠加的热量累积

在多层成形面叠加成形时，热量累积效应更加不可忽略。来不及散掉的累积热量给后续成形层预热。针对多层叠加成形，可将多道成形能量代入式(4－5)，得

$$\psi_1=\frac{4P}{\pi d^2 v}(1+\beta)+E \tag{4-15}$$

式(4-15)中 E 为已成形层的热量累积值，E 值大小与 P/v 值、层扫描面积、散热速度有关。因热量累积值 E 的存在，使得在更低的激光功率、更高的扫描速度条件下，获得理想的光滑熔池。只有当每层的热量累积值与散掉的热量相等时，零件的温度才不再提高，E 值将保持恒定。

多层叠加时的热量累积值 E 的近似值，可通过如下方法计算得出：根据种类二单道熔道成形形态，选用对应的参数 P_a、v_a，记录此参数下对应的单道熔道宽度；接着通过多层叠加成形实验，获得成形件表面的单道熔道达到种类二熔道形态的效果，此时需要的能量输入将比单道熔道成形时小，测量多层叠加时的熔道宽度与单道熔道的成形宽度相同时，记录多层叠加时的加工参数 P_b、v_b，而熔道间搭接热量累积因子 β 在多道熔道搭接中可直接计算得到，因此 β 为定值，则 E 值可通过式(4-16)计算得到。

$$E = \frac{4P_a}{\pi d^2 v_a} - \frac{4P_b}{\pi d^2 v_b}(1+\beta) \tag{4-16}$$

当实际激光功率不变，通过扫描速度调节能量输入大小，式(4-16)可简化为

$$E = \frac{P_a}{\pi d^2}\left[\frac{4}{v_a} - \frac{4(1+\beta)}{v_b}\right] \tag{4-17}$$

因此，只需要确定搭接率以及相同熔道宽度下的 v_a、v_b 即可求得热量累积值 E 的近似值。

4.3.3　多层成形

通常多层成形面叠加成形比单道熔道或者多道熔道搭接成形困难许多，因堆积实体零件时成形条件要复杂许多。为保证成形状态的稳定，控制如粉末铺展的平整度、有效激光功率的稳定、成形室内氧含量等因素非常关键。即使上述条件严格控制好，成形过程中成形件的表面形貌还会逐渐恶化。图 4-11 所示为采用“S”形正交层错扫描策略成形的不同扫描层面的形貌。其中图 4-11(a)所示为第一层扫描形貌，各熔道轨迹为连续直线，表面呈鱼鳞状，熔道间搭接紧密，整个成形表面致密平整，表面两侧边界笔直。图 4-11(b)所示为第二层扫描形貌，成形表面依然致密平整，熔道间及成形面两侧开始黏附少量粉末颗粒。图 4-11(c)、图 4-11(d)所示分

别为第三层、第四层扫描形貌，可见表面熔道间及成形面两侧所黏附的粉末颗粒逐渐增多，使成形表面逐渐变粗糙，表面两侧逐渐呈现锯齿状边界。其主要原因是成形表面质量具有正反馈效应，成形表面质量逐渐变差后导致铺粉面渐渐不平整、熔池成形不规则，从而又使得成形表面越发粗糙。

从单道熔道成形特征可知，熔道形成过程中会吸附其周围的粉末，最后熔道上方形成半圆形截面。当多道熔道搭接成面时，搭接处存在小沟壑，形成存在微观高度差的搭接层面，使得下一层铺粉厚度略有不均，随着层数的增加，这种不均匀性逐渐增大，低处粉末厚度超过一定值后易引起粉末未完全熔化而黏附于成形表面，层面边缘吸附粉末也逐渐累积，最终导致成形面表面质量恶化。

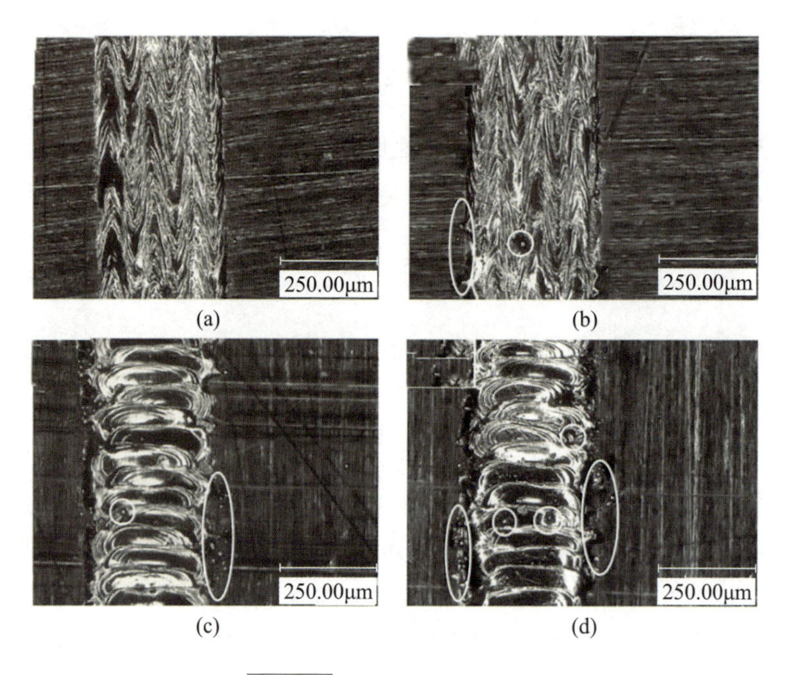

图 4-11　多道多层熔道形貌

(a)第一层；(b)第二层；(c)第三层；(d)第四层。

多层成形过程中不稳定因素发生的根本原因是成形过程中粉末熔化后凝固收缩。粉末床激光熔融通过高能量激光束扫描熔化金属粉末，逐层堆积成实体。所采用金属粉末一般为 400～500 目，相对密度约为相应实体材料的 45%，也就是说，粉末材料受热熔化凝固后，从松装状态变为致密状

态过程中必然在 X、Y、Z 轴方向产生体积收缩，从而影响零件的精度。收缩是金属材料固有物理属性，从熔化状态到室温经历 3 个互相联系的收缩阶段。

(1)液态收缩：从熔化温度开始到凝固(液相线温度)这一温度范围内的收缩。

(2)凝固收缩：从凝固开始到凝固终止(固相线温度)这一温度范围内的收缩。

(3)固态收缩：从凝固终止至冷却到室温这一温度范围内的收缩。

在凝固收缩不稳定因素的影响下，第 n 层的加工层厚可由式(4－18)推导得出：

$$h_n = h + h_{n-1}\left(1 - \frac{\rho_0}{\rho}\right) \tag{4-18}$$

式中　h_n——第 n 层层厚；

h_{n-1}——第 $n-1$ 层层厚；

h——铺粉层厚；

ρ_0——粉末松装密度；

ρ——实体密度。

当层数 $n \to +\infty$时，对 h_n 求极限为

$$\lim_{n \to +\infty} h_n = \lim_{n \to +\infty} h \frac{1 - \left(\frac{\rho_0}{\rho}\right)^n}{1 - \frac{\rho_0}{\rho}} = h \times \frac{1}{\frac{\rho_0}{\rho}} = h \times \frac{\rho}{\rho_0} \tag{4-19}$$

式(4－19)说明层厚 h_n 逐渐增加，但趋向一个固定极限值。如果设定 $h = 35\ \mu m$，$\rho_0 = 4.04 g/cm^3$，$\rho = 7.98 g/cm^3$，则实际的加工层厚趋向 70 μm 稳定。由此可知，实际加工层厚与成形件密度成正比，与粉末松装密度成反比。加工层厚变大，使成形过程的不稳定性加大，不利于熔池与基底的牢固结合，球化倾向加大，最终导致成形表面质量变差。

为了防止因层厚增加导致成形表面变差，常用的有效方法有如下几种：①在成形过程中对成形参数进行实时调整，如适当提高扫描速度，表面质量将慢慢提高，但伴随着致密度有所下降；②对成形表面进行重熔处理；③采用特殊的扫描策略。

采用特殊扫描策略消除上述层厚增加的同时还有利于提高多层成形件的致密度。从单道熔道成形和多道熔道成形过程中，可知道熔池凝固后为椭圆形状，熔池之间搭接时，将产生微观上的沟壑，而熔池搭接处的不稳定因素比熔池内部多，是气孔、夹杂等缺陷产生的活跃地带。许多研究结论表明，采用层间错开扫描策略，成形零件能够获得更加致密化的效果。主要是因为层间错开扫描策略能够修补上一层的成形缺陷，金属液易在前一层的沟壑处润湿基体。图 4-12(a)所示为层间错开扫描策略及其演变成的扫描策略，下层熔道在前一层两道熔道之间的凹谷处填充扫描，实线代表第 n 层熔道，虚线代表第 $n+1$ 层熔道，首先扫描实线，接着在此层铺上一定厚度的粉末，再扫描虚线，即第 $n+1$ 层，扫描间距与第 n 层一样，但熔道位于第 n 层熔道之间。图 4-12(b)所示为在图 4-12(a)所示基础上再进行正交扫描，正交扫描时第 n 层与第 $n+1$ 层与图 4-12(a)所示的扫描方法一样，只是第 $n+2$层和第 $n+3$ 层与第 n 层、第 $n+1$ 层扫描方向正交。图 4-12(c)所示为图 4-12(a)所示方法基础上添加边框扫描。图 4-12(d)所示为图 4-12(b)所示扫描方法基础上添加边框扫描。图 4-13 所示为层间错开扫描策略相邻层间的叠加示意图。

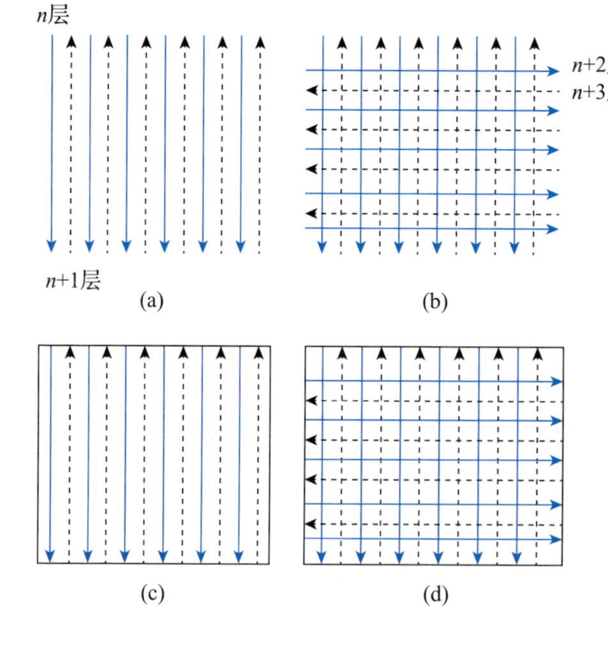

图 4-12

层间错开扫描策略及其演变方式

(a)层间错开扫描策略；

(b)层间错开正交扫描策略；

(c)层间错开边框扫描策略；

(d)层间错开正交边框扫描策略。

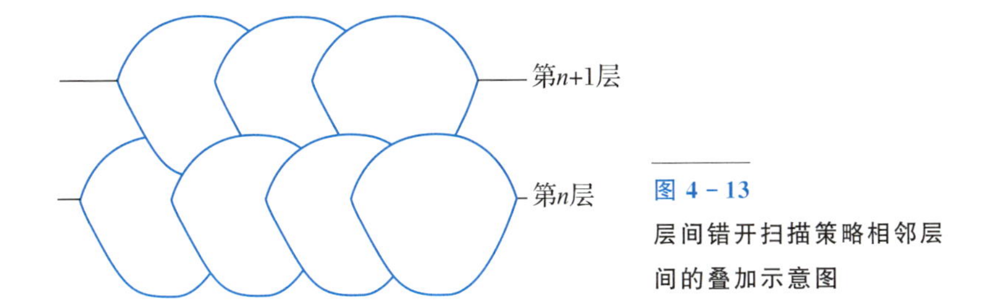

图 4-13
层间错开扫描策略相邻层间的叠加示意图

此外，扫描面积对多层成形的成形质量也会产生显著影响。扫描面积是指激光与粉末作用的区域，零件在基板上所占的空间为扫描范围，一般情况下扫描面积与扫描范围相等或较小。在成形过程中，扫描面积大小决定了单位面积的能量输入，对热累积作用有着相当大的影响。在大面积实体零件成形过程中，由于扫描线之间存在大量的搭接，在成形表面很容易产生熔体汇集现象以及球化现象。薄壁零件的各组薄壁往往只由一道或几道扫描线组成，即使整体零件的扫描面积也是很小的，那么在铺粉过程中，由于成形面积较小使得成形表面球化面积及球化程度也较小，铺粉刮刀受到的摩擦阻力及碰撞就比较弱。对于多组元混合粉末而言，大面积成形过程中球化倾向更大，在实体方块成形过程中表面凹凸不平，具有很多大颗粒聚集在表面，因此，球化带来的铺粉碰撞就更不容忽视。在一些大面积实体零件成形过程中，由于碰撞非常严重而不得不使用柔性铺粉刷，而具有同等成形范围的薄壁零件则可以使用刚性铺粉板，摩擦阻力及碰撞较弱使得在成形过程中能够采用刚性铺粉板，铺粉表面能够较为平整，成形精度较高。

4.3.4　铺粉层厚

单层扫描成形已经实现了零件的面成形过程，通过将多个单层实体进行熔合即可实现整个三维零件的最终成形。对多层实体的熔合过程除了受到激光功率、扫描速度以及扫描间距 3 个因素的影响之外，铺粉层厚将扮演重要角色。铺粉层厚的确定是由切片厚度决定的，但受到粉末粒径的限制，原则上铺粉层厚不低于粉末粒度的 D50。不同的铺粉层厚对成形效率及成形质量具有极其重要的影响，铺粉层厚大意味着成形每层的高度增加，因此成形整个零件的总层数减少，从而提高成形效率，但是受到激光器功率、成形件几何结构等限制，过大的层厚一方面会导致粉末熔化不充分而降低零件致密度，另一方面会增加成形的悬垂尺寸而降低成形精度。图 4-14 所示分别为铺粉层厚为 0.02mm 和 0.06mm 下的试样侧面形貌，可以看出两者的熔道尺寸明显不同，后者的侧面熔道高度约为前者的 1.6 倍。后者的空隙尺寸和数量也较大，这是因为层厚的增加使得熔道获取更多的粉末而增大了熔道，但是也导致了在成形方向上相邻熔道间的距离增加，而部分粉末会因为得不到足够的热量而无法熔化，在这些粉末区域就形成了空隙。

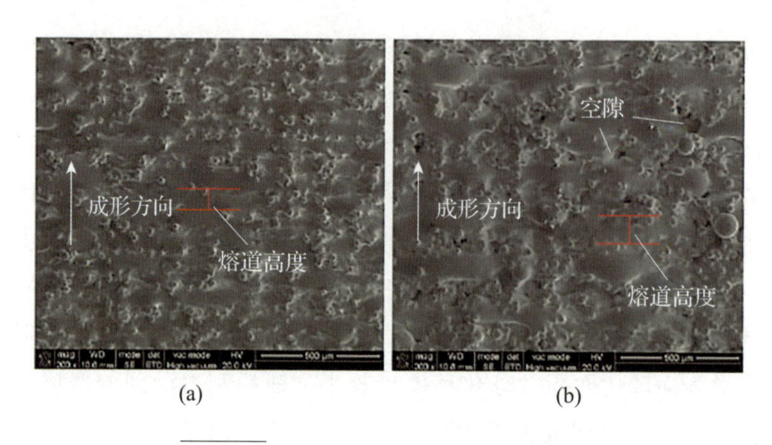

图 4-14　不同铺粉层厚下试样侧面形貌

(a)0.02mm；(b)0.06mm。

参考文献

[1] 白玉超. 马氏体时效钢激光选区熔化成形机理及其控性研究[D]. 广州：华南理工大学，2018.

[2] 麦淑珍. 个性化 CoCr 合金牙冠固定桥激光选区熔化制造工艺及性能研究[D]. 广州：华南理工大学，2016.

[3] 王赟达. CoCrMo 合金激光选区熔化成形工艺与组织性能研究[D]. 广州：华南理工大学，2015.

[4] 罗子艺. 薄壁零件选区激光熔化制造工艺及影响因素研究[D]. 广州：华南理工大学，2011.

第 5 章
粉末床激光熔融工艺过程不稳定因素与缺陷种类

5.1 不稳定影响因素分类

粉末床激光熔融成形是一个复杂的工艺过程。在加工前，首先利用专业数据处理软件将零件的CAD模型进行切片离散并添加必要的支撑结构，然后规划扫描路径，处理后的数据将包含能够控制激光束移动的轮廓信息。再把此数据导入成形设备，计算机将逐层调入轮廓信息，控制扫描振镜进行偏转，实现激光光斑选择性地熔化金属粉末，与前一层材料黏结为一体，而未被激光照射的区域内粉末仍呈松散状，可以循环使用。一层粉末扫描完后，供粉缸上升一定的高度，而成形缸则降低一定的厚度，铺粉刷将粉末从供粉缸中刮到成形平台上，激光再将新铺的金属粉末熔化。如此重复，直至完成整个成形过程。在成形加工之后，还需要进行线切割、拆除支撑、打磨抛光等后处理工序。整个加工过程受到诸多因素的影响，具体可将其分类如下：①前期数据。零件CAD图形、STL文件格式转换、支撑添加、切片分层等；②材料性能。材料收缩、颗粒直径、流动性、杂质等；③设备精度。成形缸升降、铺粉系统、光路及扫描系统、基板安装平面等；④加工原理。激光深穿透、光斑直径、粉末黏附、球化等；⑤工艺参数。激光功率、扫描速度、扫描间距、扫描策略、铺粉层厚等；⑥成形氛围。氧含量、湿度、气压、气流量等；⑦后处理。支撑去除、打磨、抛光和喷砂等。如图5-1所示。

在上述影响粉末床激光熔融成形不稳定的因素中，有些因素是不需要进行特别关注和深入研究的，比如前期数据处理所产生误差，只要严格按照要求进行处理操作，这种误差可以视为固有误差。后处理的误差也是众所周知的，尽管其受到操作人员的水平和主观影响，但是这种操作不稳定而产生的误差通常不在研究范围内。有些因素可以结合一起研究，因为一种因素的改变会直接影响到另外一种因素的作用效果，如工艺参数与加工原理、工艺参数与材料性能等。

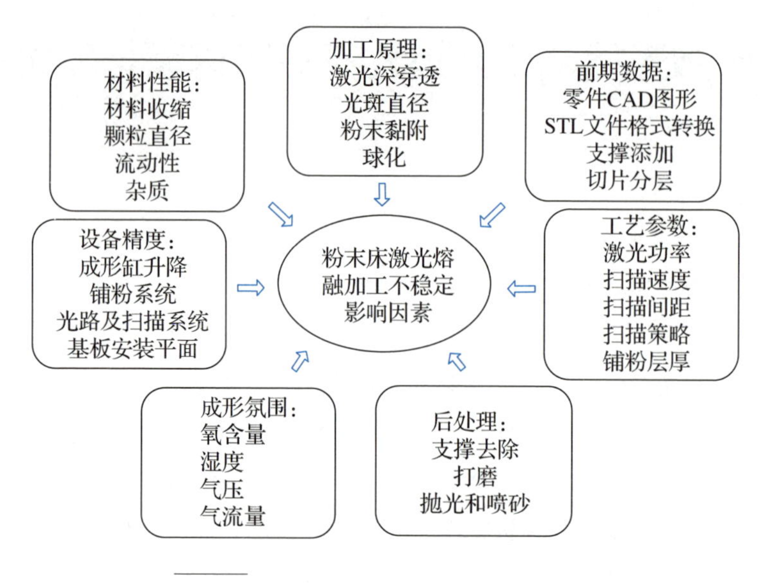

图 5-1　粉末床激光熔融成形的影响因素

5.2 应力变形导致的加工过程不稳定

5.2.1 应力变形

粉末床激光熔融技术采用能量密度极高的激光束熔化金属粉末，粉末材料在激光束的照射下，在极短的时间内经历一个极不均匀的快热和快冷物理过程，熔池及其周围材料以极高的速度加热、熔化、凝固并冷却，从而产生体积收缩变形，但是被周围较冷区域材料限制，在零件内部产生残余应力。由此可见，粉末床激光熔融成形过程中残余应力的产生不可避免，但是过大的残余应力引起的变形问题，不仅影响成形零件的尺寸精度、形状精度和机械强度，还会引起零件的层内开裂，从而威胁成形过程。同时残余应力问题不易被人们察觉，如图 5-2所示，如果零件内部残留了较多的应力，在成形零件与基板分割之前，由于成形零件与基板之间的结合紧密时是观察不到任何异常的，但将成形零件从基板上切割下来后就会观察到明显的变形现象。

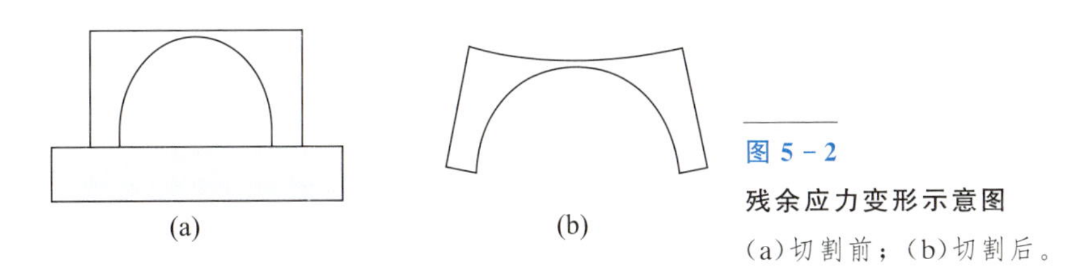

图 5－2
残余应力变形示意图
(a)切割前；(b)切割后。

研究人员测量残余应力的方法有钻孔法、中子衍射法和 X 射线衍射法等。钻孔法是用机械方法在试样上钻孔，并通过测量应变来计算残余应力，不仅产生较大的加工应力，还需要在钻孔附近贴应变片，因此对试样的表面质量和尺寸的要求较高；而中子衍射法和 X 射线衍射法无法测量零件内部应力。目前的测量方法总会有不足，使增材制造残余应力的研究工作无法达到完美。因此，部分学者通过建立数学模型来预测增材制造过程中的残余应力，另一部分学者通过建立有限元模型来模拟粉末床激光熔融成形过程的热力过程，用热力学耦合方法获得成形过程中的应力分布，并结合测量方法测量应力来验证模型的有效性，在一定程度上能够表征增材制造过程的残余应力。

5.2.2 微观组织与残余应力的关系

图 5－3(a)和图 5－3(b)显示了粉末床激光熔融成形 316L 零件的顶部和侧面 SEM 形貌图，顶部 SEM 图显示零件熔道之间搭接良好，呈现波纹起伏状，相邻熔道之间存在凹谷，而熔道处稍微凸起。没有明显的孔洞，零件致密度高。侧面 SEM 图显示零件侧面有一条长约 500 μm 的裂纹，1 号箭头所指为层内裂纹，2 号箭头所指为层间裂纹。图 5－3(c)所示为侧面经过打磨后的

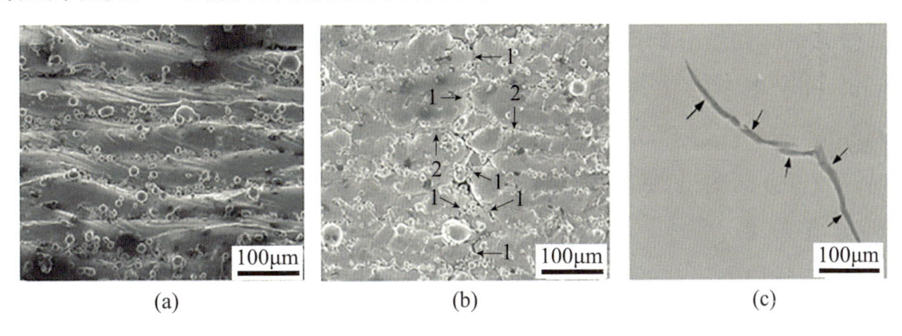

图 5－3　316L 不锈钢零件的 SEM 图
(a)顶部视图；(b)侧面视图；(c)显微裂纹。

SEM 图，裂纹长度约为 30 μm。这种裂纹产生的原因是高能量密度的激光束高速移动，导致材料在极短的时间内发生熔化和凝固，使零件内部产生极大的温度梯度，形成裂纹以释放热应力。

如图 5-4 所示，粉末床激光熔融成形过程的温度场、应力场和显微组织状态场三者是相互影响的，图中箭头的方向表示一种因素对另外一种因素的影响，其中虚线箭头表示较弱的影响，而实线箭头表示强烈影响。值得强调的是，分析粉末床激光熔融工艺残余应力时需要考虑显微组织转变的因素，这是因为显微组织的转变不仅决定材料的化学成分，也决定材料的受热过程。

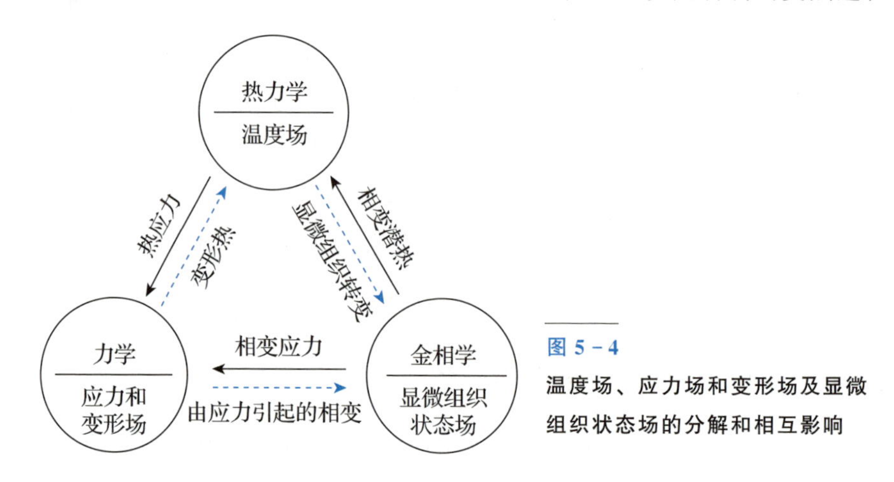

图 5-4
温度场、应力场和变形场及显微组织状态场的分解和相互影响

5.2.3 应力分布及演变

1. 高度方向应力分布

为了研究沿高度方向的残余应力的特点，设计并成形了图 5-5 所示的测试试样。试样高度分别为 12mm、16mm 和 20mm，厚度和宽度分别为 1mm、30mm。工艺参数：激光功率为 150W，扫描速度为 400mm/s，扫描间距为 0.08mm，铺粉层厚为 0.04mm，“Z”形 X 轴单向扫描策略。扫描方向为 X 轴方向，高度方向为 Y 轴方向，厚度方向为 Z 轴方向。采用材料为 316L 不锈钢气雾化球形粉末，其物理参数：拉伸强度为 485MPa，屈服强度为 170MPa，延伸率为 30%，弹性模量为 196GPa，泊松比为 0.294。为了防止切割引起的应力变化，在试样成形前先加工基台，然后将基板和基台一起进行热处理，在450℃的条件下保温 2h 并炉冷。在基台的基础上成形试件，并将试件和基台一起线切割。由于试样表面较粗糙，且成形过程中试样表面产生了氧化物，这些氧化物会吸收 X 射线，使测量结果不能准确地反应试样表面的真实应力状态。因此将试样进行电解抛光处理，所用溶液为饱和氯化钠溶液，抛光 1min，经过测量，试样表面粗糙度 *Ra* 为 8.5μm，满足 X 射线测量应力的国家标准 GB/T 7704—2017。

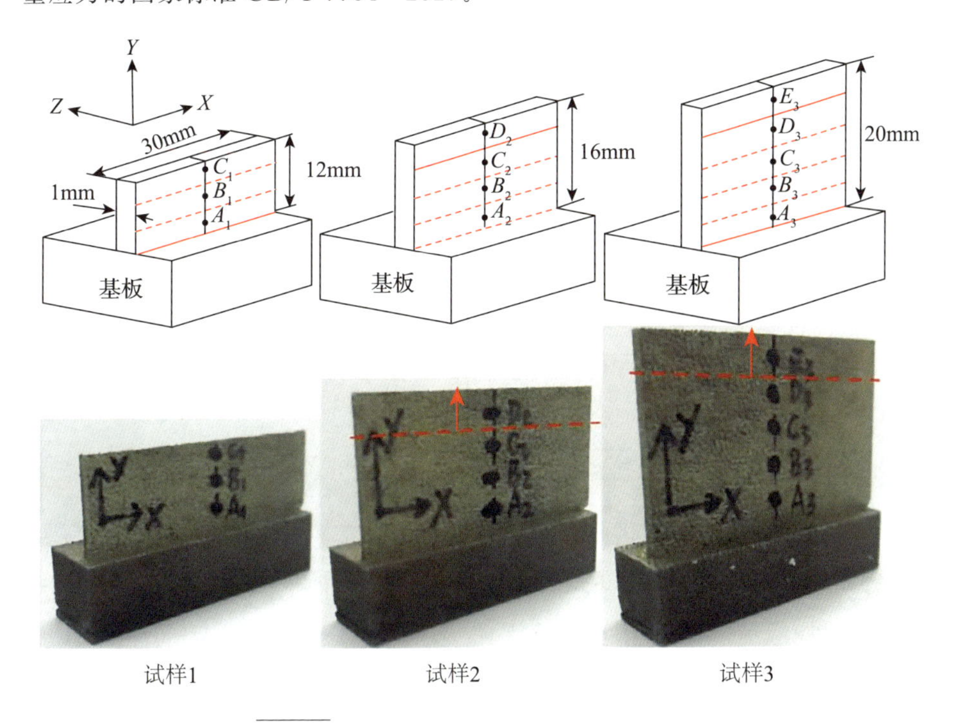

图 5-5　高度方向残余应力测量实验的试样

残余应力在 X 射线衍射设备 D8ADVANCE 上进行，实验条件：铜靶，入射线波长为 0.15418nm，Ni 滤波片，管压为 40kV，管流为 40mA，扫描步长为 0.02°，扫描速度为 0.001°/s；狭缝 DS = 1°；RS = 8mm（对应 LynxExe 阵列探测器）。沿着高度方向的残余应力如图 5-6 所示，零件的残余应力属于低水平应力，范围在 -90～110MPa。靠近基板处的材料为残余压应力，随着成形层数的增加，到试样中部时残余压应力达到最大，然后逐渐减小直至转变为残余拉应力。3 个试样的最大压应力：*X* 轴方向应力（σ_x）分别为 -41MPa、-54MPa、-64MPa，*Y* 轴方向应力（σ_y）分别为 -33MPa、-68MPa、-88MPa。最大拉伸应力出现在试样顶部，σ_x 分别为 44MPa、31MPa、54MPa，σ_y 分别为 73MPa、61MPa、114MPa。这种变化趋势是因为靠近基板处的材料先凝固冷却，后续扫描层的冷却收缩导致其下层承受压缩应力，这样靠近基板处的材料压缩应力较大。随着成形层数的增加，熔池远离基板，热量传递的路径变长，成形件内部不断累积，热量变得相对均匀，后续热循环对已成形层起到回火作用，让应力有所释放。

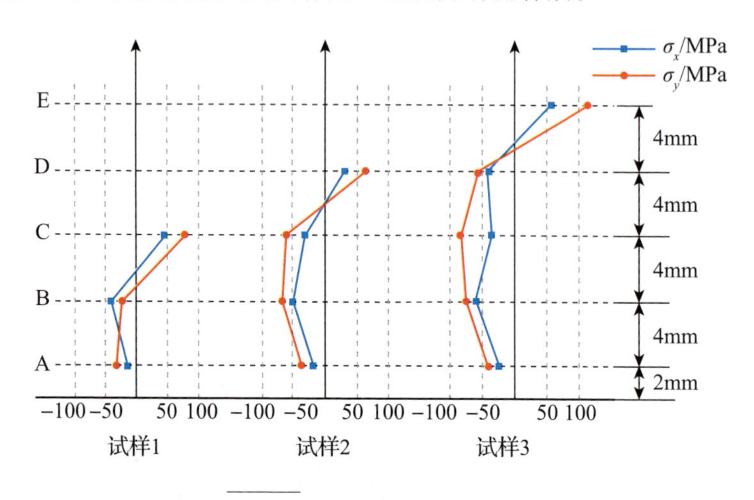

图 5-6 高度方向的残余应力

为了研究扫描层数对热应力的影响，对比研究 3 个试样的应力，图 5-7 所示为试样 1 和试样 2 之间的对比，相对于试样 1 和试样 2 的 A_2 点处的压缩应力(σ_x 和 σ_y)增加了 5MPa 和 8MPa，B_2 点处的增加了 13MPa 和 42MPa，C_2 点处由拉伸应力转变为压缩应力。当 D_2 点所在层被激光扫描时，A_2 和 B_2 点所在层被加热到一个较高的温度(但是没有超过塑化点)，而 C_2 点所在层被加热超过塑化点，导致 C_2 点所在层的应力被释放，而 A_2 和 B_2 点所在层热膨胀会被其下面的材料限制，故 A_2 和 B_2 点所在层会产生压缩应力。在冷却阶段，D_2 点所在层的收缩被其下面的材料(包括 A_2、B_2、C_2 点所在层)限制，因此 D_2 点所在层产生残余拉伸应力，C_2 点所在层产生残余压缩应力，A_2、B_2 点所在层的压缩应力增加。A 点与 D 点的距离为 12mm，B 点与 D 点的距离为 8mm，B 点处受到的后续热循环的影响更大，所以其应力值变化也更大。σ_x的变化比 σ_y小，这是因为 Y 方向(高度方向)受到的后续热循环的影响比水平方向更大。同理，当 E_3 点所在层被扫描时，零件内部经历了同样的应力变化趋势。这说明当新的材料被堆积在已成形层时，后续热循环(STC)将会增加零件下部的压缩应力，并且将零件上部的拉伸应力转变为压缩应力。

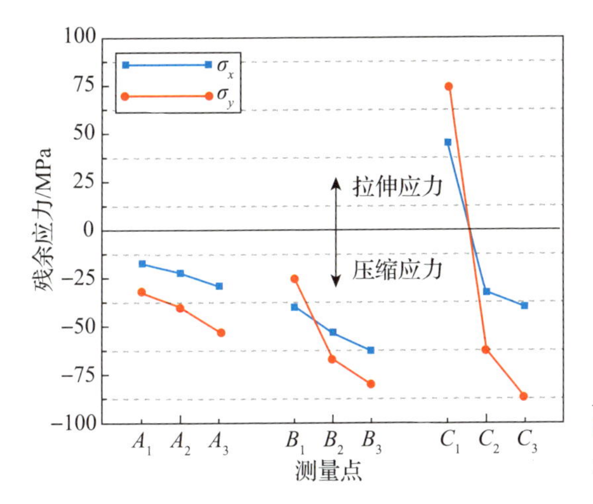

图 5－7

不同高度的试件残余应力的对比

2. 水平方向应力分布

为了研究粉末床激光熔融零件水平方向的应力分布，成形了图 5－8 所示的试样，测试点被标记为 m、n，其中 m 代表试样编号，m 取 1、2、3、4、5 和 6，n 表示测试点编号，n 取 A、B、C、D、E、F 和 G。所有试样的宽度均为 6mm，厚度均为 1mm，沿着扫描线长度方向的测试点之间的距离为 6mm。所用工艺参数：激光功率为 150W，扫描间距为 0.08mm，铺粉层厚为 0.04mm，“Z” 形 X 单向扫描策略。试样 1、2、3 长度分别为 42mm、30mm、18mm，扫描速度为 400mm/s，用于分析扫描线长度对应力分布的影响；试样 3、4、5 长度均为 18mm，但是扫描速度分别为 400mm/s、200mm/s、800mm/s，用于研究能量输入（$\psi = P/v$）对应力的影响；试样 6 长度为 42mm，但是被划分三小段，用于分析分段扫描对应力的影响。

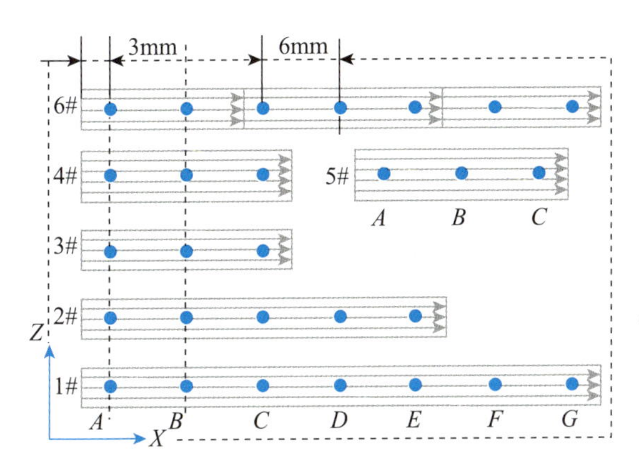

图 5－8

水平方向残余应力分布试样

1)能量输入对应力分布的影响

图 5-9 所示为残余应力与能量输入之间的关系。根据公式 $\psi = P/v$，试样 4 的能量输入是试样 3 的 2 倍，是试样 5 的 4 倍，则试样 4 中的残余应力最大，试样 3 的次之，试样 5 的最小。这说明能量输入越大，零件内残余应力越大。原因可归结为能量输入越大，熔池越大，熔池凝固后的体积收缩量也越大，从而形成较大的热应力。

对比图 5-9(a)和图 5-9(b)中的曲线可以发现，σ_x 远远大于σ_z，试样 4 的 σ_x 的范围为 137～212MPa，σ_z 的范围为 53～71MPa，试样 3 的 σ_x 的范围为 112～142MPa，σ_z 的范围为 35～80MPa，试样 5 的 σ_x 的范围为 70～125MPa，σ_z 的范围为 30～55MPa。这是因为在激光高速扫描的情况下，沿着扫描方向(X)的热影响区和熔道呈现瘦长形状，X 方向的温度梯度远远大于垂直扫描方向(Z)的热梯度，而垂直于扫描方向(Z 方向)主要依赖热量的传导，所以温度变化较小。在粉末床激光熔融工艺中，大的温度梯度将会导致大的残余应力。

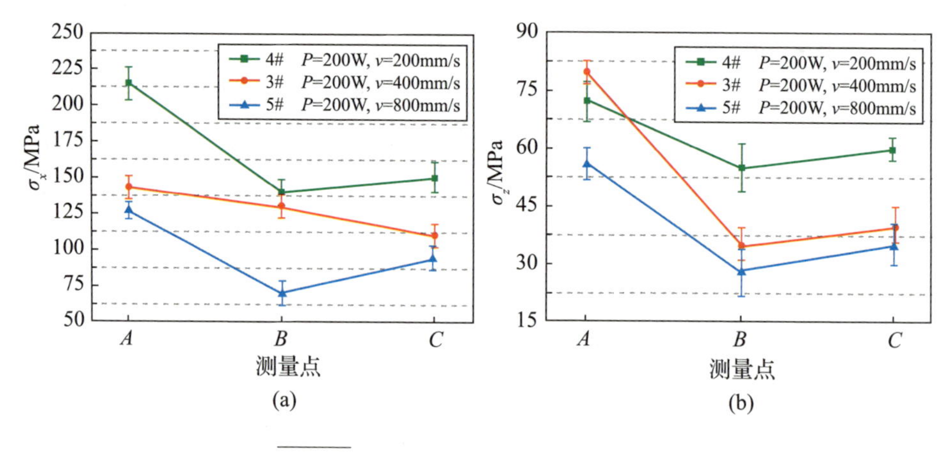

图 5-9 能量输入与残余应力关系曲线

(a)沿着扫描方向；(b)垂直扫描方向。

2)扫描线长度对应力分布的影响

图 5-10 所示为残余应力与扫描线长度之间的关系。与前面分析的结果一致，零件上表面均为拉伸应力，而且扫描线越长，残余应力越大。分析认为，当激光扫描熔道时，层内收缩主要为熔道的纵向收缩，但是扫描线过长时，熔道的收缩补偿不够充分，从而导致较大的残余应力。此外，3 个试样的

σ_x 的范围为 80～180MPa，σ_z 的范围为 30～80MPa(除了起始点 1 _ A)，3 个试样的 σ_x 分别大于相应的σ_z。

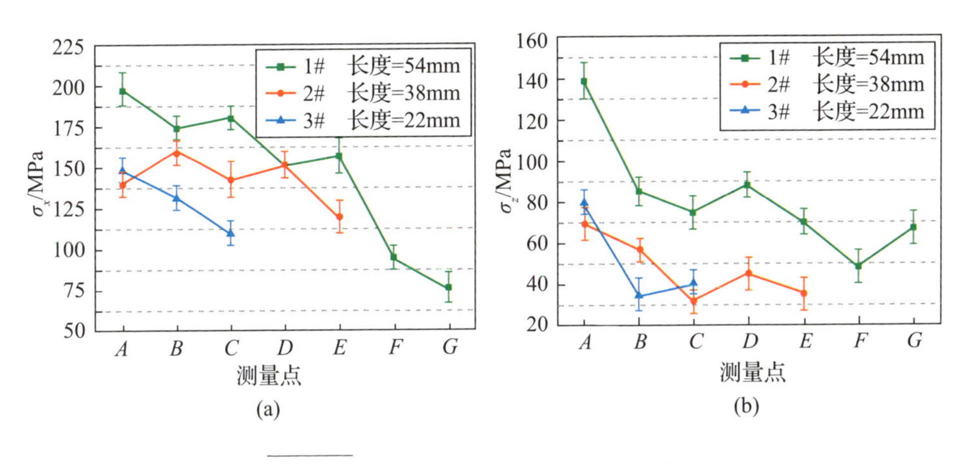

图 5 - 10　扫描线长度与残余应力关系曲线

(a)沿着扫描方向；(b)垂直扫描方向。

σ_x 和σ_z 的峰值均出现在熔道的开端处，然后沿着扫描方向逐渐减小，但是它们的变化趋势有所不同。σ_x 在起始位置下降幅度很小，在扫描线的后半段则急剧减小，而 σ_z 在扫描线起始位置急剧降低，在扫描线的后半段无较大变化。这是因为在扫描线起始位置，熔道被周围的粉末包围，由于粉末的导热系数远远低于相应的实体材料，熔道的热量难以传导开来，熔道内产生很大的温度梯度，从而引起了较大的热应力。随着激光继续向前移动，热量逐渐传导开来，熔道的温度梯度降低并逐渐趋于动态平衡，热应力也就逐渐降低。

3)分段扫描对应力分布的影响

图 5 - 11 所示为试样 6 和试样 1 的应力对比，试样 1 采用长线扫描，而试样 6 采用短线扫描，可以发现试样 6 的 σ_x 平均值比试样 1 的减小了约 22%，而 σ_z 大约减小了 17%。显而易见，扫描线对 σ_x 的影响要大于σ_z，在测试点 1 _ *A*、1 _ *B*、1 _ *C*、1 _ *D* 和 1 _ *E* 处，σ_x 普遍减小超过 50MPa，这是因为短的扫描线长度意味着相邻熔道之间的间隔时间短，导致 *X* 方向的温度梯度减小，从而降低了热应力。这说明短线扫描可以减小粉末床激光熔融成形零件的残余应力，降低零件翘曲变形和开裂的风险，提高成形质量。

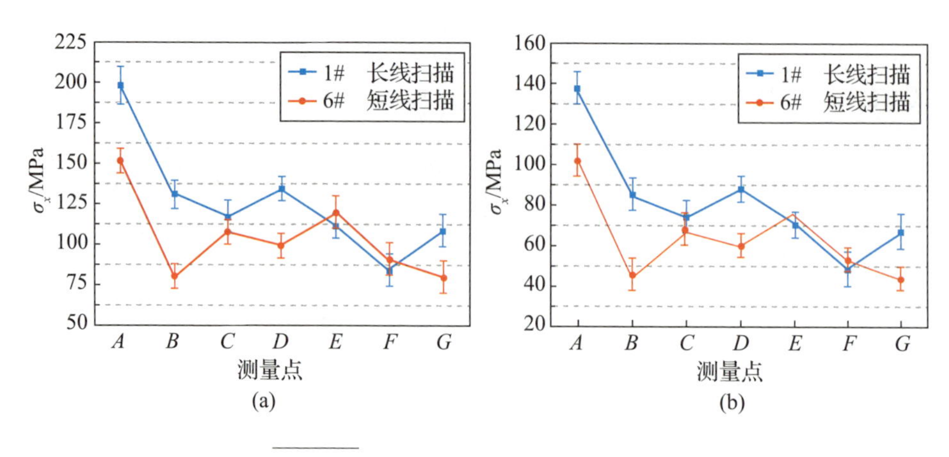

图 5-11 分段扫描与残余应力关系曲线

(a)沿着扫描方向；(b)垂直扫描方向。

5.3 CAD 图形设计导致的加工过程不稳定

5.3.1 悬垂结构

粉末床激光熔融技术理论上可以成形任意复杂形状的金属零件，但不能完美地成形所有的几何特征，特别是悬垂结构。如图 5-12 所示，悬垂结构使粉末床激光熔融成形零件的局部形状精度、尺寸精度不能达到要求，严重时

图 5-12 粉末床激光熔融成形悬垂结构过程中出现的各种缺陷

导致加工件报废，甚至使成形过程失败。针对悬垂面的加工，目前主要是先通过添加大量的支撑保证成形过程稳定，后续再去除支撑、表面打磨和喷砂喷丸保证悬垂面的成形质量，但相比于粉末床激光熔融垂直成形面、悬垂面或低角度倾斜面的成形质量总是不尽如人意。也有少数情况下在粉末床激光熔融成形结束后，通过机加工方式获得悬垂面。但是当加工件精细复杂或者悬垂面在零件的内部时，添加支撑或者后续机加工的手段都不再合适。所以，如果能够在不添加支撑情况下将悬垂面直接成形完整，或者在设计阶段避免或尽量减少悬垂面出现，对粉末床激光熔融工艺的提升和应用范围拓展具有重要的意义。

1. 实验方法

通过设计成形实验分析倾斜角度、能量输入(扫描速度与激光功率)、应力累积叠加和扫描线长度等对悬垂结构成形的影响，讨论关键工艺参数与粉末床激光熔融成形悬垂面的临界成形角度的关系，从而为成形悬垂结构提供设计依据以避免固有的几何限制，并优化成形悬垂面的质量，使得粉末床激光熔融技术可以低风险制造任意复杂形状的零件。

粉末床激光熔融成形悬垂结构示意图如图 5-13 所示，该图为任意曲面零件分层后的示意图。其中，ab 段与 cd 段在成形过程中将遇到悬垂面成形，在分层切片时会形成没有自我支撑的悬空部分，层与层之间悬空部分的长度 S 可由下式获得：

$$S = h \times \cot\theta \tag{5-1}$$

式中　h——切片厚度；

θ——切片层轮廓与水平面所成的夹角。

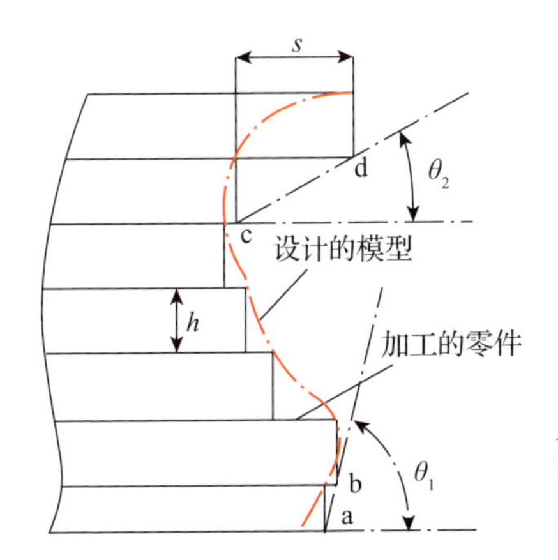

图 5-13

悬垂面的切片原理模型

根据式(5－1)可知，S 值大小与层厚 h 和倾斜角 θ 密切相关，h 值越大或者 θ 值越小，S 越大。目前粉末床激光熔融使用的层厚一般由材料的粉末粒径确定，优化的层厚范围为 20～50 μm。本实验中层厚 h 值设为 35 μm，所以 S 值大小主要与倾斜角 θ 相关。ab 段倾斜角 θ_1 明显大于 cd 段倾斜角 θ_2，所以 cd 段成形更容易发生缺陷。在粉末床激光熔融成形过程中，存在一个极限倾斜角度。所谓极限倾斜角度，即倾斜角小于某一值时，悬垂面产生塌陷，影响连续加工。粉末床激光熔融成形悬垂面经常发生的两种缺陷分别是产生悬垂物和发生翘曲变形。

如图 5－14 所示，设计了具有不同倾斜角 θ 的倾斜面，以 200mm/s、600mm/s 的扫描速度分别扫描，讨论 θ 大小和扫描速度对悬垂面成形质量的影响。激光功率固定为 150W，扫描间距为 0.08mm，切片层厚为 35 μm，加工层数为 100 层，每一加工层面尺寸为 10mm×5mm，采用 XY 方向层间错开扫描策略。

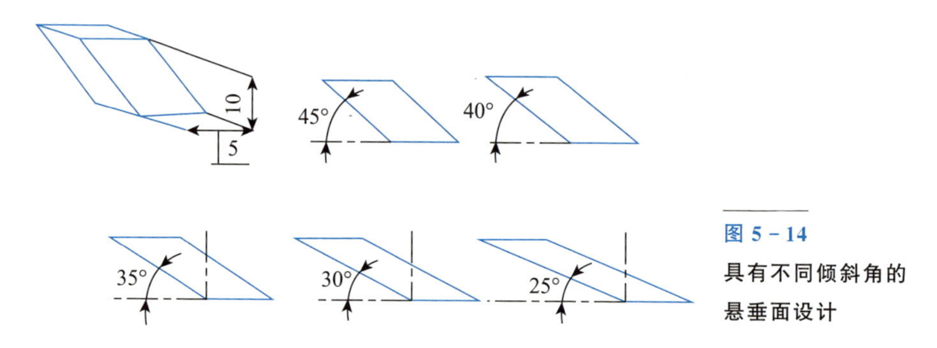

图 5－14 具有不同倾斜角的悬垂面设计

为了获得扫描速度、激光功率与临界倾斜角度之间的对应关系，在上述基础上，将倾斜角度 θ 从 50°减小到 25°，使用扫描速度 200～1200mm/s 进行扫描，并控制激光功率分别为 120W、150W 和 180W，讨论悬垂面在不同功率、不同扫描速度时对应的临界倾斜角度。考虑实验过程中倾斜角度太小，或者能量输入过大的悬垂面缺陷严重，阻碍实验的顺利进行，加工过程中根据悬垂面的缺陷程度实时的停掉缺陷严重的悬垂面，保证实验完成。通过实时拍摄成形过程，观察悬垂面的翘曲变形趋势，分析应力累积对成形悬垂面的影响。

粉末床激光熔融成形过程中产生内应力是导致悬垂面翘曲变形的外力，不同的扫描线长度产生的内应力大小也不一样。实验设计扫描线长度分别为

20mm 和 80mm 的悬垂面，其底面添加了相同密集程度的支撑，以验证不同扫描线长度对悬垂面成形的影响。

2. 倾斜角度对悬垂面成形影响

图 5-15 所示为扫描速度分别为 200mm/s 与 600mm/s 时，成形倾斜角度 θ 从 45°减小到 25°的悬垂面效果比较。从图 5-15(a)中可以看出，扫描速度为 600mm/s 时，只有 $\theta=25°$ 的悬垂面下沉稍微严重，但还能够继续成形，而 $\theta\geqslant30°$时都成形良好。而在图 5-15(b)中扫描速度为 200mm/s 时，θ 从 25°增加到 40°都变形严重，即使 θ 为 45°时，样品翘曲变形依然严重，成形的上表面面积也越来越小，悬垂面上的悬垂物越来越多。从图 5-15(c)中可以看出，扫描速度为 200mm/s 时的悬垂面比扫描速度为 600mm/s 的悬垂面翘曲变形严重。

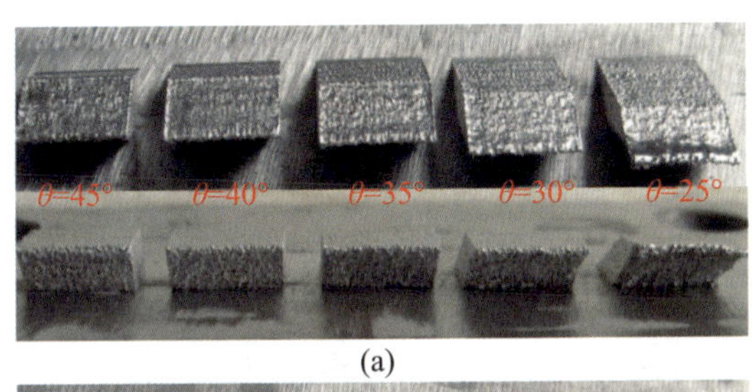

(a)

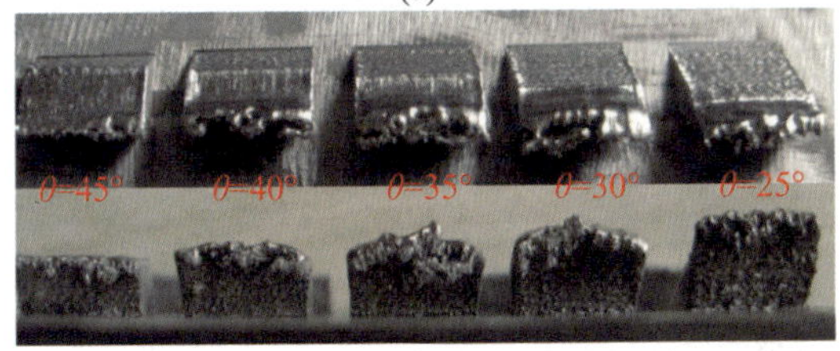

(b)

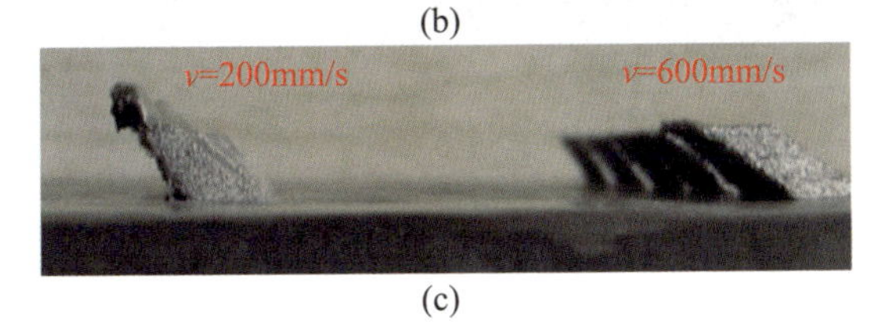

(c)

图 5-15
不同倾斜角度的悬垂面成形实验
(a) 扫描速度 $v=600\text{mm/s}$；
(b) 扫描速度 $v=200\text{mm/s}$；
(c) 两种速度的侧视图。

从上述结果看，倾斜角度 θ 和扫描速度对悬垂面成形影响很大。根据图 5-13可知，θ 越小意味着层与层间悬空部分 S 越大。当 S 大于光斑直径时，激光聚焦光斑完全落在粉末支撑区域上，导致熔池体积很大，并沉陷到粉末中。为了稳定成形悬垂面，S 须小于光斑直径，使激光光斑大部分在实体支撑区域进行扫描。所以当层厚 $h=35\mu\text{m}$ 时，根据式(5-1)，S 须小于光斑直径 70 μm，理论上得出 $\theta=27°$是粉末床激光熔融成形悬垂结构的最小倾斜角。而当 S 小于光斑直径时，得出 $\theta>45°$是粉末床激光熔融成形悬垂结构的可靠成形角度。一般而言，最小成形角度对应低能量输入(高速度扫描)，而可靠成形角度对应的是高能量输入(低速度扫描)。上述分析结果与图 5-15 中实验结果较为吻合，当 $v=600$mm/s，$\theta=25°$的悬垂面发生变形，$\theta=30°$悬垂结构成形良好，说明最小成形角度介于 25°和 30°之间，与理论推算的最小成形角度 $\theta=27°$吻合。而当 $v=200$mm/s 时，热输入量大概为 $v=600$mm/s 时的 3 倍，造成粉末床激光熔融成形过程中内应力迅速增大。所以，为获得理想的成形质量，要求 $v=200$mm/s 时增大悬垂面的倾斜角度高，即最小成形角度变大。图 5-15(b)中 $v=200$mm/s 时，$\theta\leqslant40°$时悬垂面成形都有严重翘曲变形与挂渣，即使 $\theta=45°$时悬垂面也有少量的挂渣，说明 $v=200$mm/s 时的最小成形角度稍微大于 45°，与上述理论分析 $\theta>45°$是粉末床激光熔融成形悬垂面的可靠成形角度结论吻合。图 5-16 为在上述条件下针对不同倾斜角度的悬垂结构成形实验对比，可以发现随着倾斜角度逐渐变小，悬垂面下面的挂渣量越来越多，结果验证了上述的分析结论。

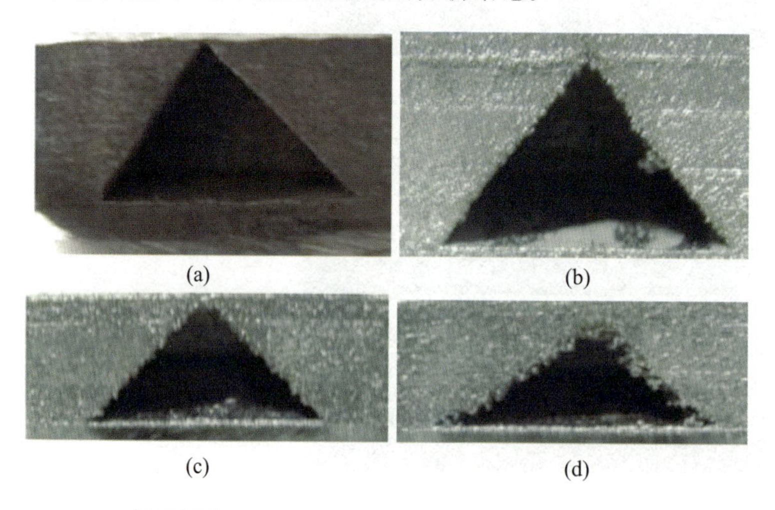

图 5-16 不同倾斜角度悬垂结构的成形实验对比

(a)60°；(b)50°；(c)40°；(d)30°。

3. 扫描速度对悬垂面成形质量影响

相比于激光烧结成形，粉末床激光熔融的成形速度一般要低得多，以获得足够的能量输入来完全熔化当前粉末、部分熔化前一道扫描线和成形层。但是，扫描速度越小，激光对粉末的加热时间越长，当前层与上一层，以及当前层上下部分的温差越大，导致制件变形越严重。在图 5－15 中分别对比 θ 为 25°、30°、35°、40°、45°，v 为 200mm/s、v = 600mm/s 时的情况，发现相同倾斜角度下，v = 200mm/s 时的试样变形比 v = 600mm/s 时的变形严重得多，说明低速扫描时将产生更大的内应力，相应的最小成形角度也要提高。结合倾斜角 θ 对悬垂结构的影响分析，可知相同的激光功率条件下，最小成形角度与扫描速度互为制约。当悬垂面倾斜角 θ 固定且较小时，必须提高扫描速度减小悬垂结构的翘曲倾向；当需要低速扫描获得更致密化的成形试样时，在无法添加支撑的情况下，必须从设计上提高倾斜角度 θ。虽然随着扫描速度的提高，翘曲量也随着减小，但是不能通过不断提高扫描速度对翘曲变形进行改善，因为过高的扫描速度导致能量密度的下降会减小扫描熔深，影响上下层的结合，容易造成层间开裂。

图 5－17 所示为在激光功率为 180W，扫描速度从 200mm/s 增加到 1200mm/s，成形倾斜角度 θ 从 25°增大到 50°时的悬垂面效果比较，以验证上述的分析结论。为了使得实验稳定加工，保证加工层数尽量多，实验过程中实时观察成形状态，将成形缺陷严重的加工文件停掉，保证其他文件顺利加工。扫描速度为 200mm/s 时在 15 层首先开始翘曲，而在第 55 层因翘曲严重导致断裂而停止加工，扫描速度为 400mm/s 时在 75 层停止加工，扫描速度为

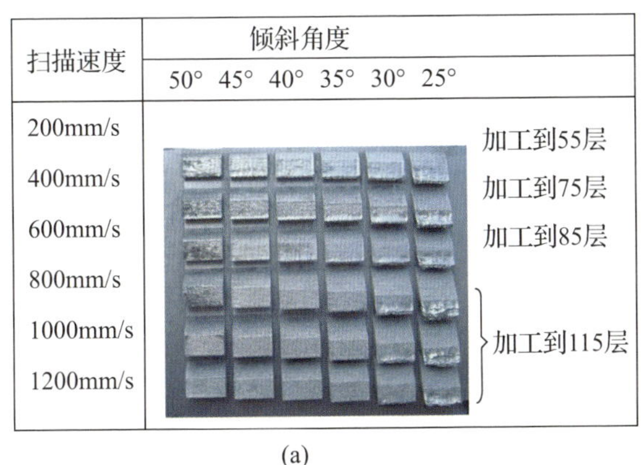

(a)

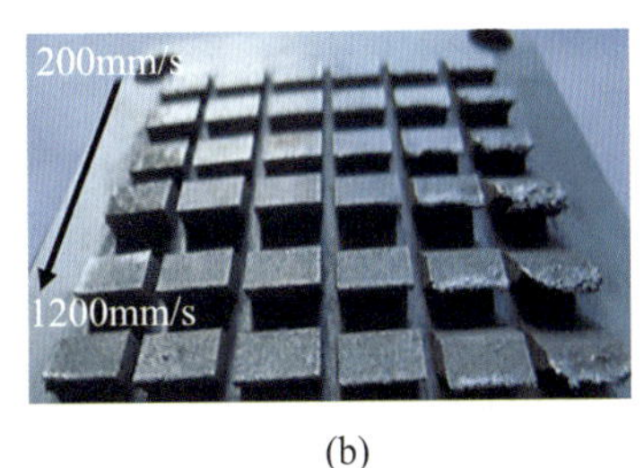

(b)

图 5－17　扫描速度从 200mm/s 提高到 1200mm/s 时不同 θ 成形的悬垂面实验

(a)正视图；(b)侧视图。

600mm/s时在85层停止加工，而扫描速度分别为800mm/s、1000mm/s和1200mm/s时到115层停止扫描，图5-17(b)所示为实验效果侧视图。从上述的结果可以看出，θ与扫描速度(能量输入)对悬垂面成形质量影响明显。而且，翘曲变形的顺序从图5-17中的右上方(θ倾斜角小，扫描速度小)开始发生，随着加工层数累积，慢慢向左下方(θ倾斜角变大，扫描速度变大)区域偏移。

4. 激光功率对悬垂面成形质量影响

比较图5-17与图5-15还发现，相同扫描速度和倾斜角度条件下，采用激光功率180W成形悬垂面时的变形倾向比150W大。在图5-15中，扫描速度为600mm/s、激光功率为150W时能够良好成形$\theta \geqslant 30°$的悬垂面，而在图5-17中扫描速度为600mm/s、激光功率为180W时的悬垂面在85层便停止加工，且$\theta = 30°$的悬垂面已经翘曲较为严重。上述结果说明激光功率对悬垂面的成形质量也有很大影响。

图5-18所示为激光功率为120W、150W和180W时针对不同扫描速度和不同倾斜角度θ的悬垂面成形结果。从图5-18中可以看出，扫描速度和激光功率制约了倾斜角度的选择，当激光功率提高，参数范围向右上方偏移，即最小成形角度与稳定成形角度都变大。每一个功率对应两条曲线，分别为最小成形角(细线)和稳定成形角(粗线)。

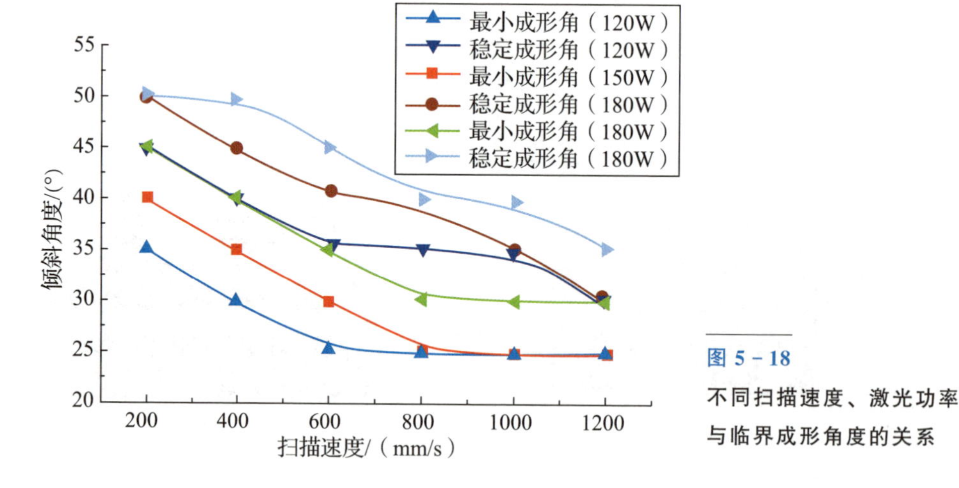

图5-18
不同扫描速度、激光功率与临界成形角度的关系

图5-19所示为$P = 150W$时的最小成形角和稳定成形角度曲线将参数范围分割为无法成形区、悬垂物覆盖区和稳定成形区3个区域。从图5-19中也

可以看出，激光功率与扫描速度对悬垂面的影响在某些情况下具有同等的效果，如 $P=120\mathrm{W}$ 时的稳定成形角度与 $P=180\mathrm{W}$ 时的最小成形角度在扫描速度为 200mm/s 与 400mm/s 时相同(实验的角度变化量为 5°)。所以，将激光功率与扫描速度综合为一个影响因子，即能量输入大小 P/v，考虑其对悬垂面成形质量的影响是可行的。

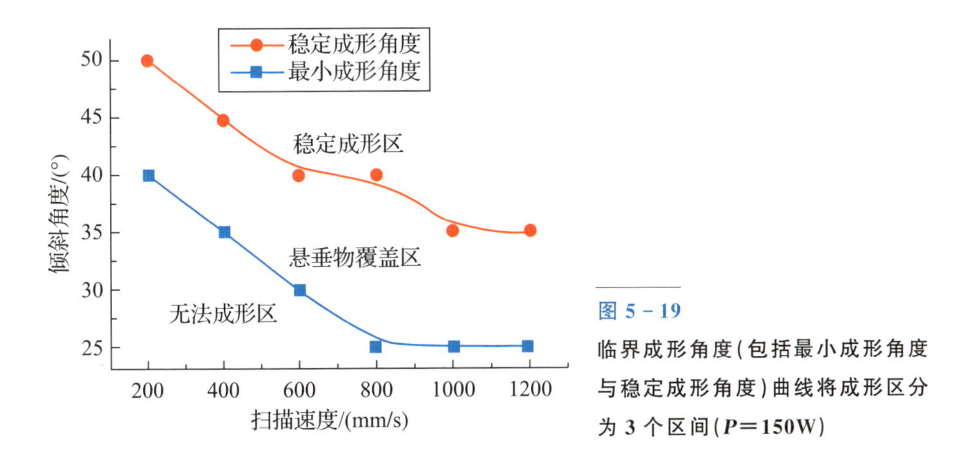

图 5-19
临界成形角度(包括最小成形角度与稳定成形角度)曲线将成形区分为 3 个区间($P=150\mathrm{W}$)

上述实验结果与分析表明，安全成形悬垂面的临界成形角度与能量输入大小(扫描速度、激光功率)密切相关。在特定的能量输入条件下，成形悬垂结构的倾斜角度小于临界倾斜角时，成形过程更危险，获得理想的悬垂面成形效果难度更大。

5. 应力累积对悬垂面质量的影响

图 5-20 所示为激光功率为 180W 时不同时间段的激光加工状态。开始加工的前 10 层，没有出现明显的翘曲，大概 15 层，开始出现翘曲，随着加工层数累积，翘曲的程度和范围越来越大。可以发现整个成形参数区域的翘曲变形从右上角开始发生(第 15 层和第 26 层)，慢慢向左下角迁移扩大(第 39 层—第 45 层—第 53 层)，即扫描速度小和倾斜角度小的悬垂面开始翘曲。还发现同一个悬垂面在确定的加工参数下，只有累积到一定层数时才发生翘曲，说明在相同的成形条件下，随着层数增加累积应力将越来越大，会使悬垂面发生翘曲。图 5-17 所示说明应力累积效应对翘曲的影响很大，当加工到 55 层时，扫描速度为 200mm/s 的悬垂面翘曲已经很严重，须停止加工。考虑成形件内应力无法测试，还不能通过量化的方法确定悬垂面发生变形的

时间，但通过观察不同时间的铺粉效果，将悬垂面热变形程度与热输入量、倾斜角度建立数据库，以方便工艺人员、设计人员的前期数据处理和工艺控制。

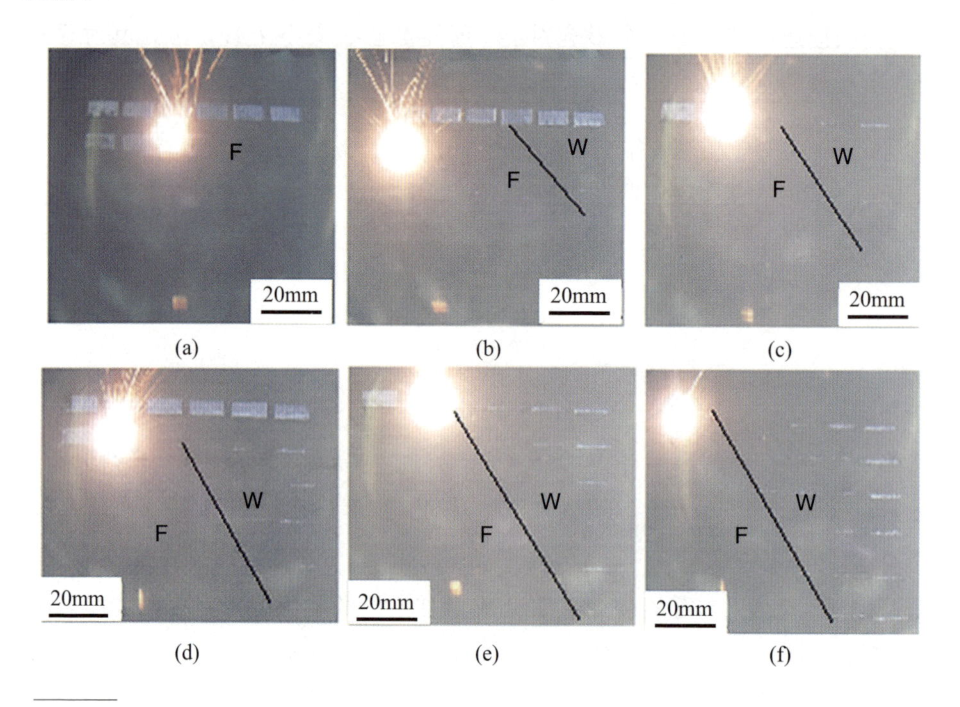

图 5-20 不同时刻粉末床激光熔融成形悬垂结构的表面状态(W 为翘曲变形，F 为平整)
(a)第 8 层；(b)第 15 层；(c)第 26 层；(d)第 39 层；(e)第 45 层；(f)第 53 层。

图 5-21 所示为不同时刻拍摄的铺粉效果，可以发现，随着层数的叠加累积，倾斜角度低、能量输入高的悬垂结构区域翘曲变形严重，翘曲后成形面高度大大超过铺粉后粉床表面的高度，不仅悬垂结构成形件报废，也严重影响铺粉装置的安全铺粉。

表 5-1 所列为悬垂结构铺粉过程中和最终成形件的成形缺陷形态，这些形态的缺陷程度根据倾斜角度、扫描速度和加工层数的不同而各不相同。可以发现，表 5-1 中悬垂结构成形的主要缺陷包括成形面下沉、翘曲和断裂 3 种，这些缺陷的存在对粉末床激光熔融成形过程的影响是很大的。其中翘曲与断裂的根本原因是热变形，保证悬垂结构在成形过程不变形非常重要，因为未熔化的粉末对将发生翘曲变形的悬垂结构没有固定作用。

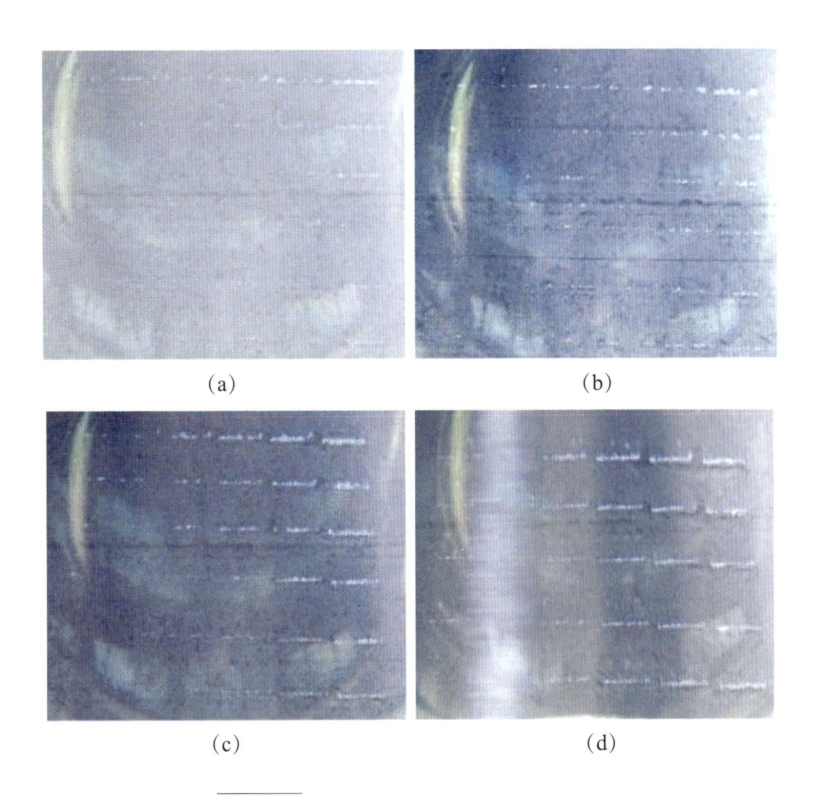

图 5－21　不同时间段拍摄的铺粉效果

(a)第 10 层；(b)第 25 层；(c)第 45 层；(d)第 70 层。

表 5－1　粉末床激光熔融成形悬垂结构铺粉过程和最终成形件的各种缺陷形态

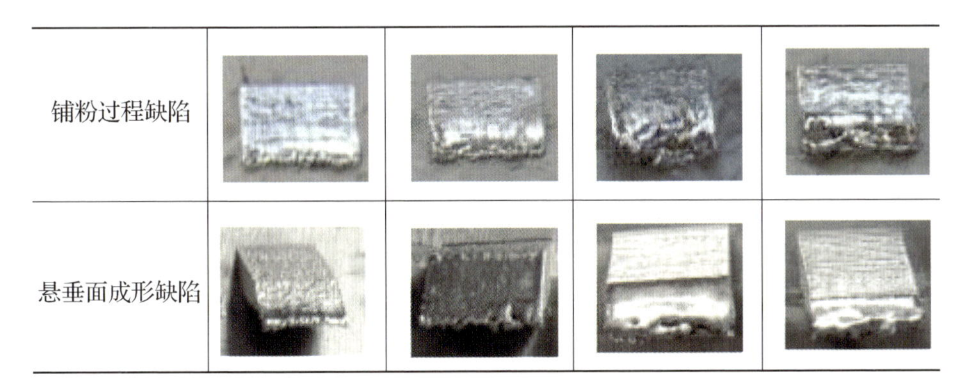

铺粉过程缺陷				
悬垂面成形缺陷				

6. 扫描线长度对悬垂面成形影响

从图 5－22 中看出，扫描线长度为 80mm 时悬垂结构两端已经完全脱离支撑(成形 100 层)，且两端翘曲变形严重；而扫描线长度为 20mm 时悬垂面成形状态良好(成形 250 层)，与支撑接触的悬垂结构看不出变形。

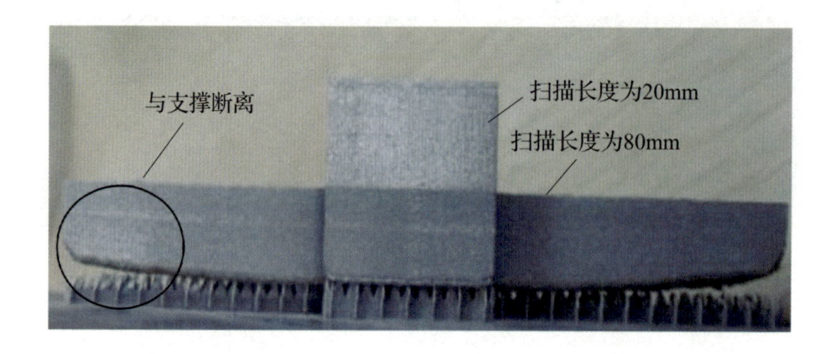

图 5-22　不同扫描线长度时悬垂结构成形(底面添加支撑)

图 5-22 所示的样件属于粉末床激光熔融成形悬垂结构倾斜角 $\theta = 0°$时的情况，扫描线长度为 80mm 时悬垂面两端翘曲变形严重，且已拉断下方的支撑。实验结果说明了长扫描线比短扫描线累积更大的内应力。分析认为，当扫描线方向与截面的长边平行时，层内收缩主要依靠扫描线的纵向收缩来完成，这就使得收缩补偿过程进行得很不充分，层内的应力较大。

5.3.2　曲面悬垂结构

粉末床激光熔融成形曲面悬垂结构时，通常会出现翘曲、悬垂物等缺陷，导致加工过程的不稳定。对于水平或接近水平的悬垂结构，只能通过添加支撑保证成形；对于曲面的倾斜悬垂表面，一般认为低于某个倾斜角度后，必须通过添加支撑保证成形。然而，支撑结构对零件表面造成的破坏，必须通过打磨等手段去除，增加了后处理的时间和难度。为了研究曲面悬垂结构的成形规律，使用 316L 不锈钢粉末，设计 Z 轴方向上为圆弧曲面的模型进行成形实验。

实验设计了在 Z 轴方向上半径 20mm 的 1/4 圆弧，如图 5-23 所示，零件宽度为 10mm，厚度为 3mm，每层扫描面积为 10mm×3mm。以往的悬垂面实验中，使用普通的斜平面悬垂面模型，一个模型只能验证一个角度，对多个参数进行实验时，实验数量繁多，实验数据处理也非常麻烦。本模型克服上述缺点，能保证当前成形层与前一层形成的倾斜角度由最底部的 90°变化到最顶部的接近水平 0°。所以该模型能够模拟 0°～90°的倾斜角度的悬垂结构，上、下层之间的搭接量由开始的 100%逐渐减少到最后的零搭接。如图 5-23(a)所示，将悬垂结构分成上、下两个面，分别为上表面和下表面，

选择曲面上倾斜角 θ 值分别为 80°、60°、45°、30°和 10°的点进行表面形貌分析及粗糙度值测量。为了更好地观察曲面悬垂结构的变形量，保证加工过程顺利进行，实验使用不锈钢梳子柔性刮板作为铺粉器。

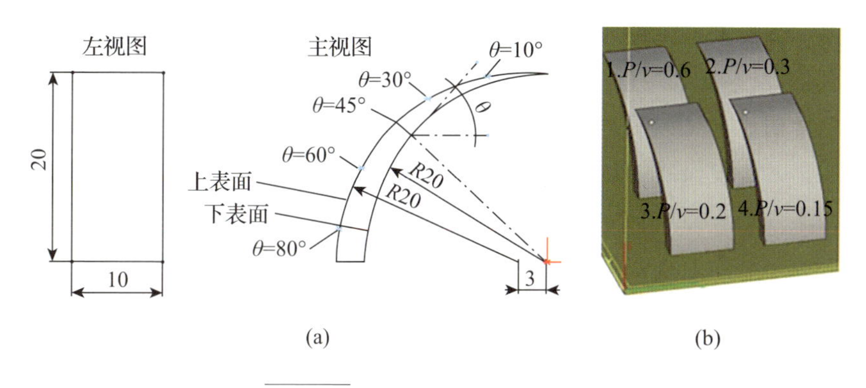

(a)　　(b)

图 5-23　曲面悬垂结构模型设计

(a)曲面尺寸模型；(b)模型在 Magics 软件中的定位。

图 5-24 所示为设计的曲面悬垂结构在激光能量输入 $\psi = 0.15 \sim 0.6\text{J/mm}$ 条件下成形效果，可以看出曲面结构远离基板后表面质量变差，到达曲面顶部时发生较严重的翘曲和塌陷现象。由于翘曲所有成形件高度都超过设计值 20mm，但因为采用了柔性铺粉装置，能够保证 4 个曲面零件完整加工完成。随着高度增加，曲面翘曲增加导致激光反复扫描翘曲位置，使得曲面顶部变形越发严重。实验后半程，上、下层之间悬空的面积越来越大，开始由于成形件内应力而向上翘，上翘程度随着激光能量输入增加而增加，说明能量输入越大内应力越大。另外，说明成形悬空层时，悬空部分并不会因无支撑而下坠，而是上翘。

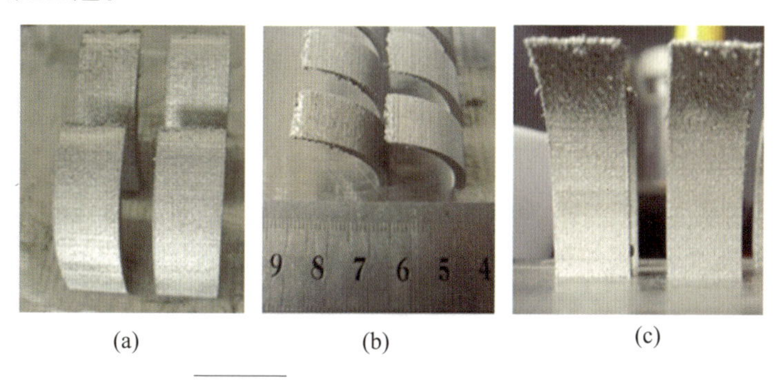

(a)　　(b)　　(c)

图 5-24　曲面悬垂结构的成形效果

(a)前视图；(b)侧视图；(c)后视图。

成形件的下表面由于激光束的穿透出现深熔层，表现为大小不一的球形渣粒挂在下表面上。不同能量输入的成形件上，出现挂渣的开始高度也不同。其中，能量输入为0.6J/mm的1号成形件开始出现挂渣的高度最低，挂渣量也最多，能量输入分别为0.2J/mm和0.15J/mm的3号、4号件的挂渣情况差不多，但比1、2号件少。曲面悬垂结构成形到顶部时，上表面呈现的阶梯效果非常明显，可以看到层间熔道的搭接效果，导致表面粗糙。从图5-24中还看出，上表面质量和下表面质量随曲面倾角的变化而变化，随着曲面斜率的减小，下表面质量比上表面质量差得多。

对成形的曲面悬垂结构进行测量分析，发现成形件同时存在翘曲变形与悬垂面悬垂物。通过与设计尺寸的对比，分别测出试件翘曲累积的高度，如图5-25所示。可以发现，越高的能量输入造成曲面顶部越大的翘曲变形，而随着能量输入的减少翘曲量也减小，其中能量输入ψ为0.2J/mm时成形高度误差最小为0.27mm。能量输入为0.2J/mm和0.15J/mm的试件成形效果相差无几。说明通过提高扫描速度降低扫描能量输入可以提高倾斜悬垂面的成形质量，但当能量输入降低到0.15～0.2J/mm时，降低能量输入对表面质量的提高已经很微弱，进一步降低能量输入已经不能有效地减少变形和避免悬垂物的出现，所以能够良好成形悬垂面的极限倾斜角度为30°，如图5-25(c)所示。上述结果表明激光能量输入的大小明显影响着零件悬垂结构成形的变形和成形极限角度，因为过高的激光能量输入增加了熔化的金属量，同时延长了熔池冷却凝固的时间，导致越高的能量输入造成越大的翘曲变形。另外，也不能通过不断减小能量输入以减少翘曲变形程度，因为越低的能量输入会导致越小的扫描熔道熔深，影响上下层的结合，造成致密度下降或上下层开裂。

经测量图5-25所示曲面悬垂结构发现，以能量输入0.6J/mm扫描的成形件在倾角为47°的位置开始出现悬垂物，表面开始变粗糙，如图5-25(a)所示。当能量输入减小到0.4J/mm，成形件出现悬垂物的角度下降到44°，如图5-25(b)所示。当能量输入减小到0.2J/mm后，成形到低于倾斜角30°时才出现悬垂物，如图5-25(c)、(d)所示。对于激光穿透造成的悬垂物，发现不同能量输入下的4个成形件均存在图5-26(a)所示的4个区域：无悬垂物区、悬垂物半覆盖区、悬垂物完全覆盖区和无法成形区。在不同激光能量参数下成形的悬垂结构件中各个区域所对应的角度也不同，将4个曲面悬垂结构不同的区域间交界角度进行标记，确定得到各区域的角度范围，进而研究不同能量输入参数下悬垂物出现的角度变化规律，图 5 - 26(b)所示为测量分析而得到的曲线。3 条曲线分别为能量输入参数下开始出现悬垂物、悬垂物全面覆盖和无法搭接成形的悬垂面倾斜角度。

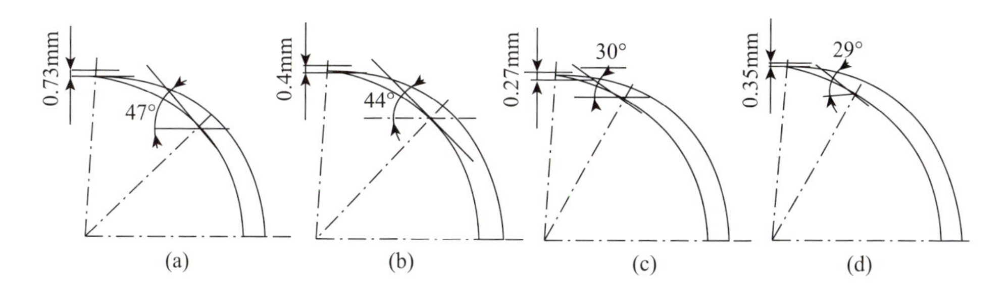

图 5 - 25　不同的激光能量输入下曲面悬垂结构的翘曲变形

(a) $\psi = 0.6$J/mm；(b) $\psi = 0.3$J/mm；(c) $\psi = 0.2$J/mm；(d) $\psi = 0.15$J/mm。

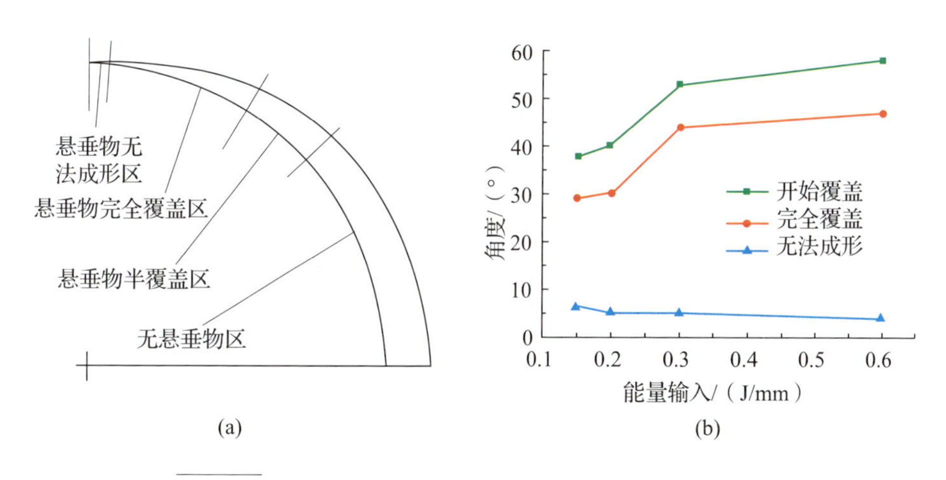

图 5 - 26　曲面悬垂结构表面质量分区及与能量输入的关系

(a)表面质量分区；(b)不同能量输入下表面质量分区曲线。

从图 5 - 27 中可以看出，能量输入为 0.15J/mm 和能量输入为 0.2J/mm 的成形件的上表面粗糙度值 *Ra* 在倾斜角度为 10°的点处有比较大的误差，但是随着倾斜角度的增大，能量输入为 0.2J/mm 和能量输入为 0.15J/mm 的成形件的上表面粗糙度值 *Ra* 在倾斜角度为 30°、45°、60°和 80°的点处表面粗糙度值差别不大。比较能量输入为 0.15J/mm 和能量输入为 0.2J/mm 两个零件下表面粗糙度值，在倾斜角度为 10°的点处，能量输入为 0.15J/mm 成形件的

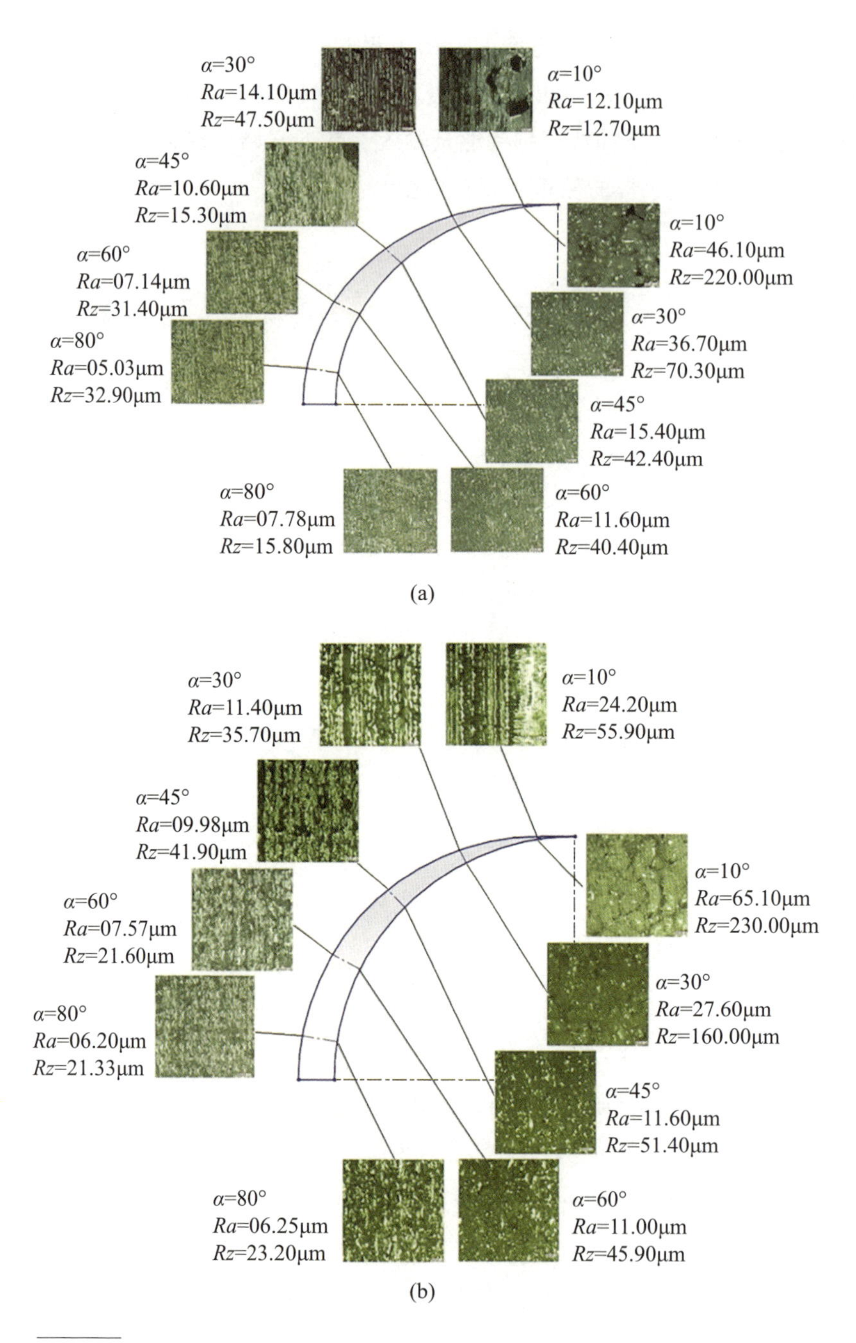

图 5-27 不同能量输入的曲面悬垂结构的不同位置表面形貌图和表面粗糙度

(a)0.2J/mm；(b)0.15J/mm。

表面质量明显要比能量输入为0.2J/mm成形件的差；但是在倾斜角度为30°、45°、60°和80°处，能量输入为0.15J/mm成形件的下表面质量要比能量输入为0.2J/mm成形件的稍好。在倾斜角度为10°到45°之间，两个成形件的下表面粗糙度 *Ra* 呈现急剧下降的现象；随着倾斜角度的增加，下表面粗糙度呈逐渐下降，当倾斜角度增加到80°甚至90°，两个曲面结构的上下表面粗糙度趋于相同。通过对图5-27的分析，在JB-8粗糙设计上测试了能量输入为0.15J/mm和能量输入为0.2J/mm成形件在不同倾斜角度时上表面和下表面粗糙度值 *Ra*、*Rz*，如图5-28所示。*Rz* 的变化趋势与 *Ra* 基本相同，但 *Rz* 的变化范围比 *Ra* 的大许多，上表面 *Ra* 的变化范围从6μm到20μm，而上表面 *Rz* 的变化范围从20μm到50μm；下表面 *Ra* 变化范围从6μm到65μm，而下表面 *Rz* 的变化范围从20μm到220μm。从图5-28中还可以看出，上、下表面粗糙度值 *Ra*、*Rz* 在倾斜角度低于40°以后，偏差越来越大。

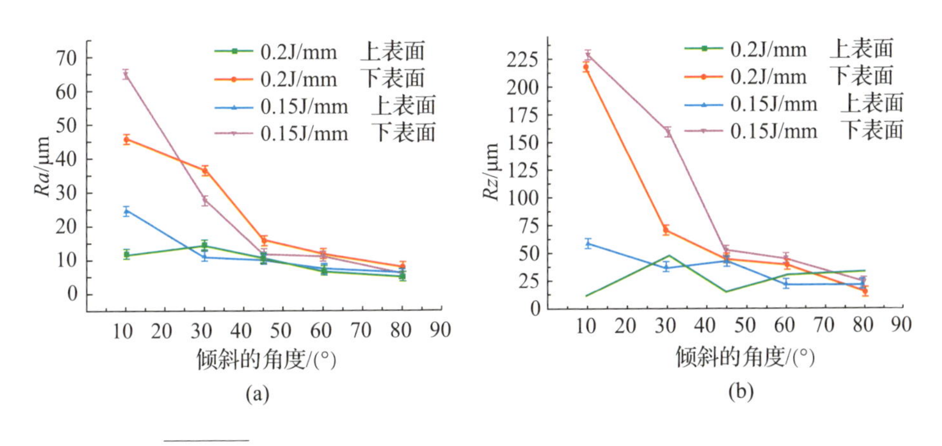

图5-28　不同能量输入对悬垂曲面上、下表面粗糙度的影响

(a)粗糙度值 *Ra*；(b)粗糙度值 *Rz*。

曲面悬垂结构的表面每个点的表面粗糙度值是随着倾斜角度的变化而变化的，曲面的下表面粗糙度值明显要比曲面上表面粗糙度值大这是因为倾斜面的熔道建立在不同的基础上，上表面熔道在实体上堆积凝固，而下表面熔道在粉末上堆积凝固；倾斜面冷却过程中容易吸附粉末，导致有较多的未熔化粉末粘贴在倾斜面上。粉末颗粒的黏附和"台阶"效应明显增加了曲面悬垂件的表面粗糙度。图5-29所示为能量输入为0.2J/mm时 $\theta<45°$ 时曲面悬垂结构上、下表面呈现的阶梯效果。由图5-29(a)中可以看到上表面层内、层

间熔道的搭接效果。由图 5-29(b)中可以看到下表面黏附的粉末也随着曲面模型堆积高度增加而逐渐增多。

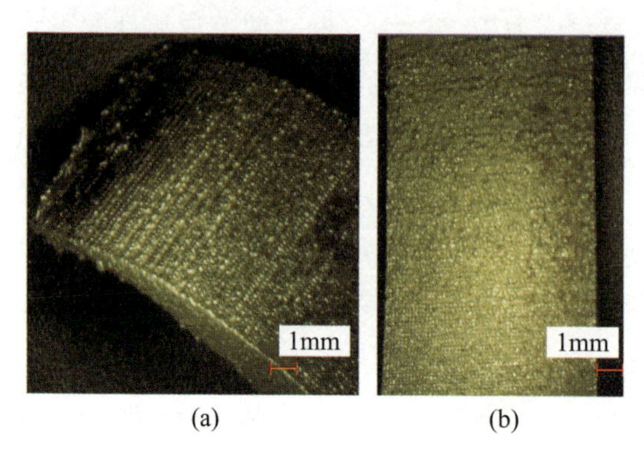

图 5-29
倾斜角度 $\theta<45^{\circ}$时曲面悬垂结构上、下表面呈现的阶梯效果(ψ=0.2J/mm)
(a)上表面；(b)下表面。

通过分析以上结果发现，曲面悬垂结构成形时，悬空部分除了因无支撑而上翘，还会出现挂渣，导致曲面悬空部分表面粗糙度值很大，悬空部分上翘程度与能量输入高低造成的内应力大小成正比。激光能量输入的大小明显影响着零件悬垂面成形的变形和成形极限角度。在相同的成形层厚和光斑直径的成形条件下，过高的激光能量输入增加了熔化的金属量，同时延长了熔池冷却凝固的时间，增加了内部应力作用导致悬垂部分变形的时间。而且，较高的能量密度的激光会熔化超过设计层厚的粉末，形成悬垂物，破坏悬垂面的成形。

通过零件摆放和零件修改后仍然存在的超过成形极限角度的悬垂结构(如非线性曲面和不可避免的水平面等)，必须添加支撑。优秀的支撑必须稳固、有效且便于从零件上去除。尽管 Magics 软件可以根据零件自动生成支撑，但自动生成的支撑无法满足一些精密零件复杂的曲面悬垂面成形要求，特殊情况的精密零件的支撑需要人工添加。当一个非线性的曲面需要添加支撑时，需要根据曲面的切片斜率设计支撑线。对图 5-30 所示的曲面添加支撑时，必须先找出 Z 轴方向的最低点 O。点 O 所在的层将是零件成形时最先扫描的区域，所以支撑线必须从点 O 开始且与其接触，才能保证点 O 成功造型及零件的稳定。等高线越密，说明切面倾斜角越大，不用加支撑；等高线越疏，说明切面倾斜角越小，需要加支撑。理论上，支撑线必须从点 O 开始，覆盖所有切面倾斜角小于工艺极限成形角度的曲面区域。

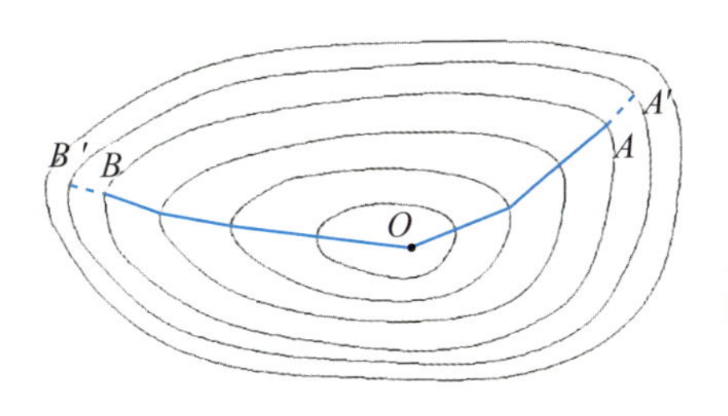

图 5 - 30
悬垂面切片图案及支撑线

图 5 - 31 所示为典型的圆形悬垂面，在($h_1 + h_2$)区域，通过典型的工艺参数即可良好成形，而在 h_3 区域需要减少能量输入(通常通过增加扫描速度)来减少翘曲和浮渣。粉末床激光熔融成形环形悬臂型表面的关键在于如何确定 h_2 和 h_3 区域之间的边界，通过角度实验基本可以确定大概的边界。在成形具有非常低的倾斜角的悬垂表面的金属零件时，在粉末床上生产第一层不变形是很重要的，因为底层粉末不会限制变形，而能量输入是控制变形的关键。图 5 - 32 所示为圆形悬垂面是否施加局部能量输入控制的制作结果对比，可以看出通过控制局部能量输入悬垂件的表面成形质量得到了明显改善。

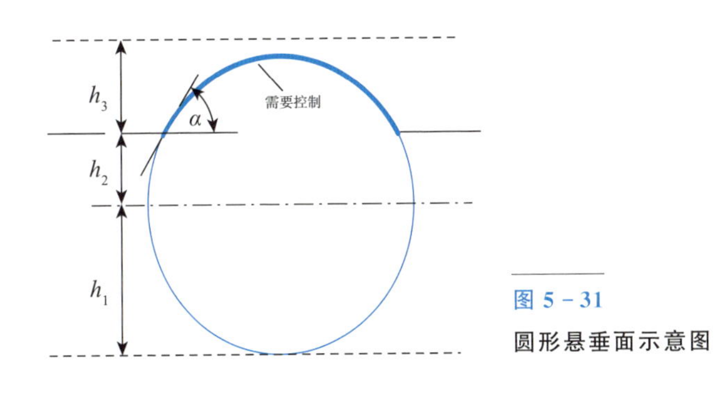

图 5 - 31
圆形悬垂面示意图

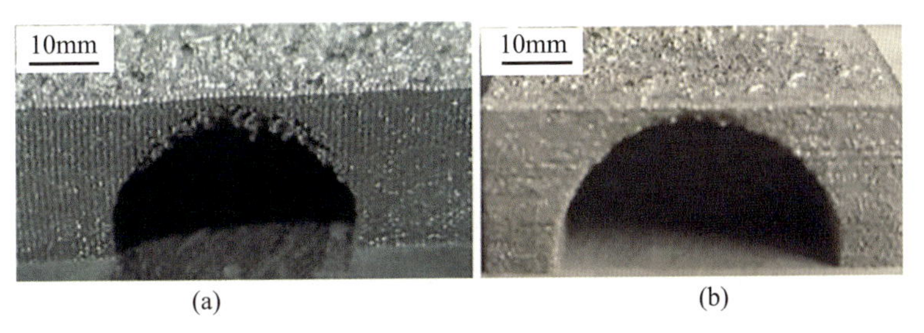

图 5 - 32　圆形悬垂面成形效果图
(a) h_3 区的扫描速度为 200mm/s；(b) h_3 区的扫描速度为 600mm/s。

5.4 粉末污染及对缺陷的影响

5.4.1 粉末污染及其影响

在粉末床激光熔融成形过程中，金属粉末受到激光照射熔化时经常会发生飞溅、氧化和球化等缺陷，这就造成了金属粉末的污染。图 5-33 所示为新的 316L 不锈钢粉末与经过长期使用的粉末过筛后的杂质。图 5-33(a)所示为 316L 不锈钢新粉。图 5-33(b)所示为经过长时间加工的粉末筛过后剩下的杂质，其主要由一些大粒径颗粒、粉末表面被氧化的金属球化产物、飞溅产物和成形悬垂结构时出现的掉渣等组成。

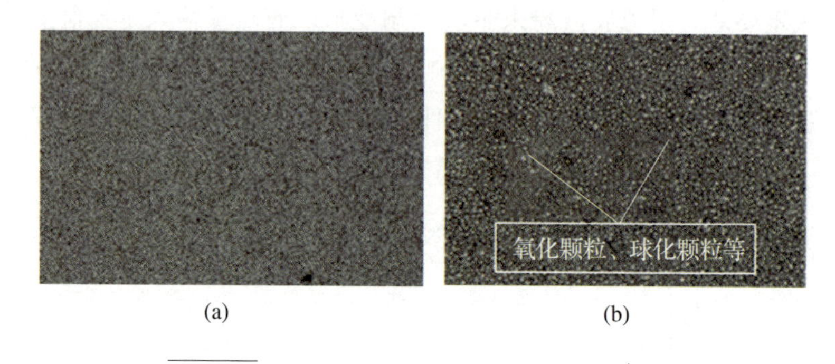

图 5-33 新粉与长期使用的粉末过筛后的杂质
(a)实验前 316L 新粉；(b)长时间加工的粉末筛过后剩下的杂质。

假如粉末长期反复使用而没有过筛，成形件的表面将嵌入很多夹杂物。这些夹杂物的成分与炼钢过程中产生的废渣成分一样。经过分析，夹杂物成分主要为 SiO_2、CaO、MnO 等，如图 5-34 所示。成形件内部组织中存在夹杂物会严重影响金属零件的力学性能，并可能威胁铺粉装置的稳定运行，因为球化颗粒、飞溅物的粒径一般比粉末颗粒直径大好几倍，而铺粉装置与成形件表面的高度一般只有几十微米(设定的加工层厚大小)。当铺粉装置遇到上述夹杂物时，铺粉装置很容易发生诸如卡死的机械故障。所以，消除嵌入物、减少粉末中的氧化物颗粒对成形高质量金属零件很重要。可通过下述的途径实现：①尽量使用单相成分粉末；②成形室含氧量要尽量稳定在低水平(最好 0.1%以下)；③对粉末材料进行周期性的过筛和烘干。

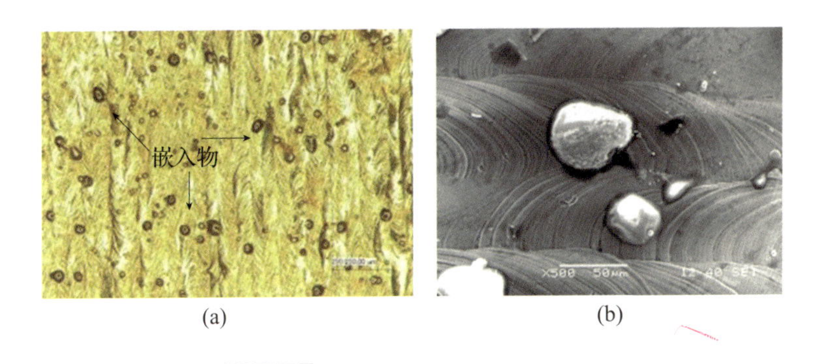

图 5-34　成形件表面嵌入的夹杂物
(a)表面嵌入物；(b)表面嵌入物的微观放大图。

5.4.2　飞溅导致的粉末污染

将使用过 5 次的 316L 粉末过筛，筛子孔径为 200 目(允许粒径小于75 μm 的颗粒通过，收集余下的物质)，采用超景深立体显微镜进行观察，如图 5-35(a)所示。图 5-35(b)所示为飞溅颗粒的 SEM 图，可以发现飞溅颗粒也呈现球形状态(图中颗粒尺寸大者)，这是由于熔化金属脱离熔池后，在表面张力的作用下，自由收缩成球状。飞溅颗粒的表面附着大量未熔化粉末颗粒，这是因为液滴飞溅下落到粉床表面时仍然呈现熔融态甚至熔化状态，黏附了周围的未熔化粉末颗粒。图 5-35(c)所示为飞溅颗粒的粒度分布(质量百分比)：D10＜46.2 μm(10%)，D50＜108.1 μm(50%)，D80＜174.48 μm。平均粒径为 119.7 μm，几乎是粉末颗粒的 3 倍，而且粒度分布集中度较低。

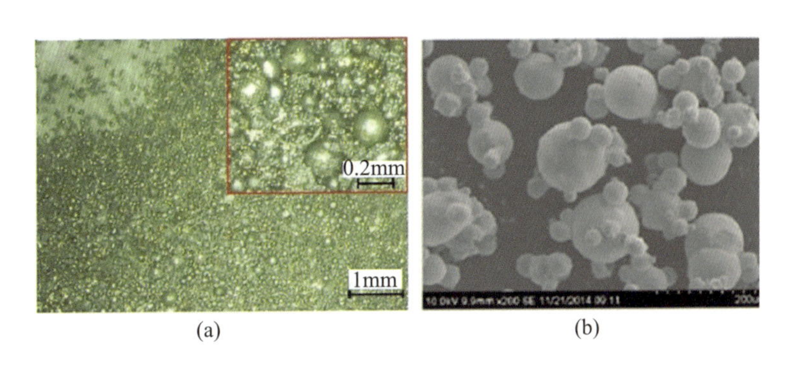

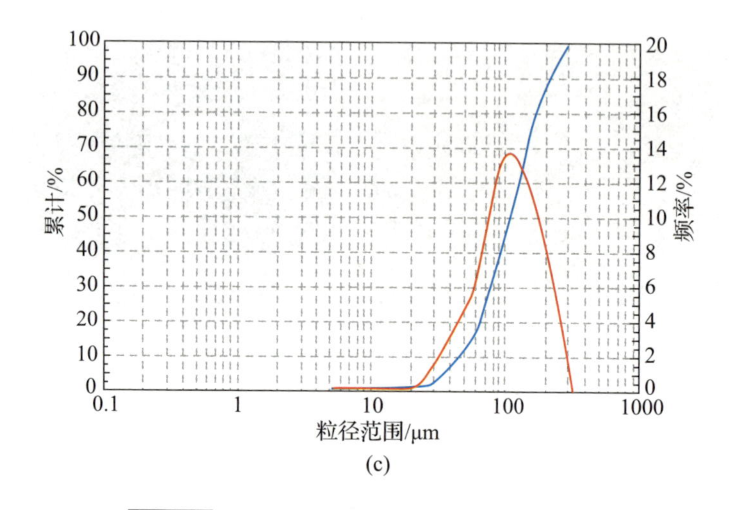

图 5-35 粉末床激光熔融成形产生的飞溅颗粒

(a)飞溅颗粒形貌；(b)飞溅颗粒 SEM 图；(c)飞溅颗粒粒径分布。

图 5-36(a)、(c)、(e)所示分别为干净 316L 粉末、飞溅颗粒和 LPBF 成形件的 SEM 图，图 5-36(a)中显示干净粉末颗粒表面光滑，球形度高，只有极少的小颗粒附着在表面。图 5-36(c)中显示飞溅颗粒的直径约为 400 μm，表面上被红色虚线标记的为凸起，这是由于飞溅颗粒在穿越激光照射区域时吸收了热量而发生急剧膨胀而产生。图 5-36(a)和(e)中显示粉末床激光熔融零件表面镶嵌了大量的颗粒，这是由于成形过程中飞溅颗粒散落在零件表面或者粉床上时仍然保持较高的温度，将与之接触的粉末黏结在表面。图 5-36(b)、(d)、(f)所示为干净 316L 粉末、飞溅颗粒和粉末床激光熔融成形件的 EDS 分析曲线。对比可知，飞溅颗粒和零件中的氧含量相对干净粉末增加了很多，而相对应的铁元素的含量有所下降。这是因为成形腔内的氧含量比较高，材料与氧气发生氧化反应而产生氧化物。

图 5-37 中显示了干净 316L 粉末和飞溅颗粒的 XRD 曲线。316L 粉末中存在奥氏体和铁素体，其中奥氏体为主相，在飞溅颗粒中，奥氏体和铁素体含量急剧降低。这是由于生成了氧化物 $Fe+2Fe_2+3O_4$、SiO_2、MnO_2 等，其反应过程如式(5-2)所示。由此可见，粉末床熔融成形对氧气非常敏感，应该尽可能降低成形腔内氧含量。

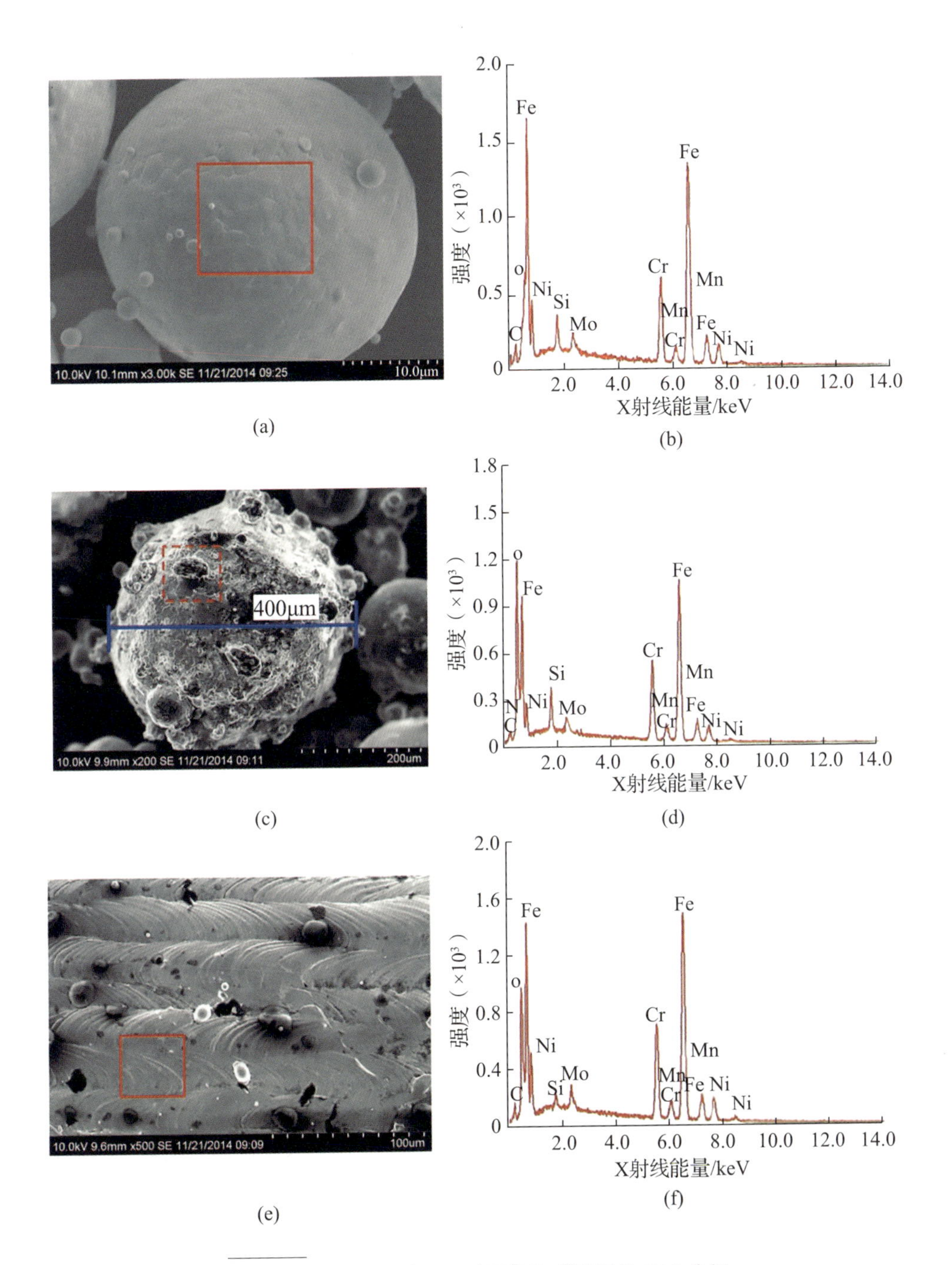

图 5-36　316L 粉末、飞溅颗粒和成形零件 EDS 分析

(a)干净 316L 粉末 SEM 图；(b)干净 316L 粉末 EDS 分析曲线；(c)飞溅颗粒 SEM 图；(d)飞溅颗粒 EDS 分析曲线；(e)粉末床激光熔融成形件 SEM 图；(f)粉末床激光熔融成形件 EDS 分析曲线。

$$3Fe + 2O_2 \longrightarrow Fe_3O_4 + 热量$$
$$Si + O_2 \longrightarrow SiO_2 + 热量 \quad (5-2)$$
$$Mn + O_2 \longrightarrow MnO_2 + 热量$$

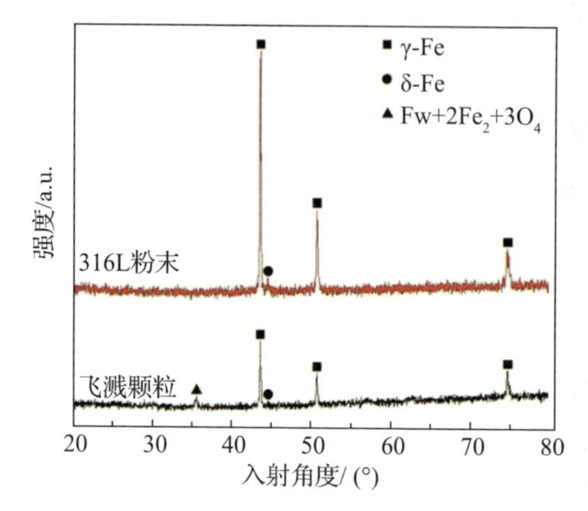

图 5-37

316L 粉末和飞溅颗粒 XRD 谱图对比

如图 5-38 所示，一些细小的飞溅颗粒镶嵌在成形件内，这些飞溅颗粒在生成时表面产生了一层氧化物，而氧化是一个能量降低的过程，氧化物的润湿性较差，当飞溅颗粒散落在零件表面时，与基板或者前成形层的润湿性大大降低，从而阻碍颗粒与零件主体牢固黏结，飞溅颗粒混在粉末中并被凝固在零件主体中，成为零件的断裂源，在承受外力作用时，飞溅颗粒与零件主体之间的结合面首先被破坏，从而形成初始断裂纹，在外力的进一步作用下，这些裂纹逐渐扩展，最终导致零件断裂失效。

关于飞溅颗粒形成机理的研究请参看第 6 章。

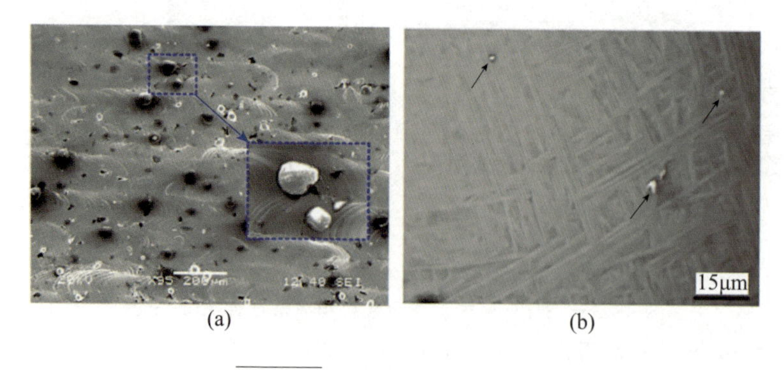

图 5-38 成形件上的飞溅颗粒

(a)镶嵌在成形件表面的飞溅颗粒；(b)镶嵌在成形件内部的飞溅颗粒。

5.4.3 气氛除氧与循环净化

通过对不锈钢粉末(新粉、旧粉)、纯钛粉末分别在氮气和氩气保护条件下进行成形实验，发现激光与粉末发生作用瞬间都会产生烟雾。观察发现使用新的不锈钢粉末产生烟雾明显减少，纯钛粉末产生黑烟比新不锈钢粉末产生黑烟少。烟雾的主要来源是金属粉末中的碳元素、低熔点合金元素以及杂质元素燃烧、气化。粉末的长期反复使用对烟雾问题的程度有累积作用，即新的不锈钢粉末虽然产生少量烟雾，但黑烟对粉末产生污染，长期累积造成激光与粉末作用时产生烟雾越来越严重。目前所有的厂商或者科研机构还无法从根本上解决烟雾问题。烟雾存在的主要负面作用包括：①污染透光镜片；②污染粉末；③污染铺粉导轨；④污染成形腔内壁。

烟雾存在的一个很严重后果是对透镜镜片产生污染，特别是低速扫描时，激光能量输入大，产生的烟雾量也大，烟雾很快在透光镜片上黏上一层黑烟粉末，导致激光透过镜片时的功率衰减严重，大部分激光能量以热能的方式作用在镜片上，镜片会很快发热、发烫，直到爆裂。烟雾对透光镜片污染严重时，导致激光入射到粉床表面的功率不足，粉末熔化不充分，成形过程必须反复停机手工清除透镜片上的烟雾，所以黑烟污染透光镜片后对粉末床激光熔融的成形效率和成形件质量等方面影响很大。其次，烟雾产生后小部分被保护气吹到粉床以外，大部分仍然飘落到没有使用的粉床表面，与粉末混合在一起，加重了粉末的污染程度。再次，目前粉末床激光熔融成形设备多采用半开放式铺粉导轨安装方式，即由于铺粉臂的存在，导致成形腔与铺粉导轨之间存在细长的开口，加工过程中扬起的粉尘和黑烟会进入导轨内部引起导轨润滑性降低，甚至导致导轨的磨损，从而使导轨精度降低直至无法使用。最后，加工过程产生的黑烟一部分被保护气吹走，其余部分会黏附在成形腔内壁，特别是观察窗口内壁。随着黑烟的累积，在下次加工时会有部分黑烟脱落，一部分飘落到粉末上污染粉末，一部分飘落到成形面上影响加工质量。而黏附在观察窗口侧的黑烟会严重影响对加工过程的监控。

针对烟雾问题，这里发明了一种应用于金属3D打印系统密封舱内烟尘检测与净化的方法及设备。如图5-39所示，密封舱内烟尘检测与净化设备主要由密封舱、气体循环净化系统、烟尘浓度检测装置、压力检测装置、氧含量检测装置、供气装置、排气装置、显示装置和控制装置组成。密封舱为加工过程提供密闭环境。气体循环净化系统置于密封舱下部，由气体循环管道第一压力传感器、气体循环管道第二压力传感器和烟尘净化器构成。控制装置与显示装置位于密封舱右侧，包括控制器与显示器。烟尘浓度检测装置位于密封舱右上方，用于实时检测密封舱内烟尘浓度的变化。供气装置通过进气口为加工过程提供保护气体。排气装置通过电磁阀与密封舱相连。氧含量检测装置与压力传感器装置位于密封舱右上部，用于检测密封舱内氧气含量和压力大小。该设备引入了气体循环净化系统，通过烟尘浓度检测装置实时检测密封舱内烟尘浓度，不断调节除尘机的电机转速来保持密封舱内气体纯净度，另外控制器检测烟尘浓度检测装置的信号并作出相应的控制指令，同时将烟尘浓度检测装置的信号、除尘装置的电机转速等级以及第一与第二压力传感器的压力差信号传送到显示器进行显示。因此，采用密封舱内烟尘检测与净化设备后可以大大提高粉末床激光熔融技术的成形效率和质量，减少粉末污染，还保证了加工过程的安全可靠。

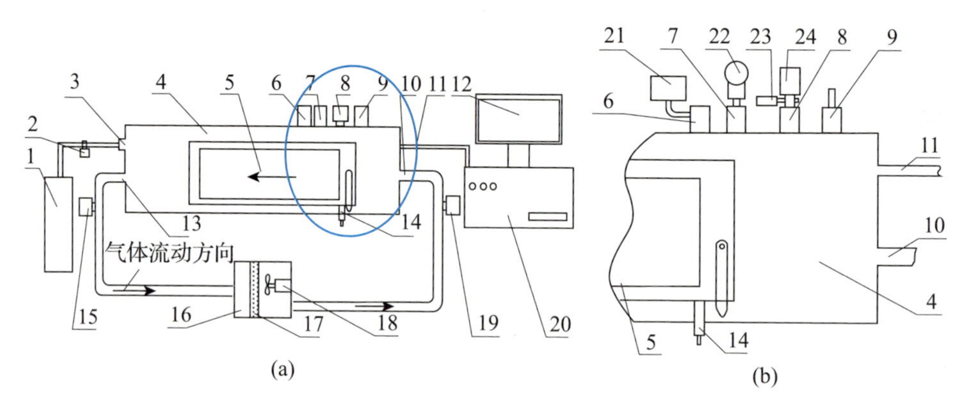

1—供气装置；2—进气管道调压阀；3—保护气进气口电磁阀；4—密封舱；5—密封门；6—压力传感器；7—测氧仪电磁阀；8—烟尘浓度检测装置电磁阀；9—排气阀；10—气体循环管道出气口；11—数据传输线；12—显示器；13—气体循环管道进气口；14—密封门传感器；15—第一压力传感器；16—烟尘净化器；17—滤芯；18—烟尘净化器电机；19—第二压力传感器；20—控制器；21—压力传感器显示器；22—测氧仪；23—吹扫风机；24—烟尘浓度检测仪主机。

图 5-39　密封舱内烟尘检测与净化系统示意图

(a)整体视图；(b)局部视图。

5.5 工艺过程不确定导致的不稳定

5.5.1 实际激光功率

从光纤激光器中发出的激光，需要经过光隔离器、扩束镜、扫描振镜 X/Y 轴反射镜片，再由 $f-\theta$ 透镜聚焦，经过多次的吸收或削弱，实际照射到粉床表面的激光功率，比理论设定值小。所以，通常在粉末床激光熔融成形设备组装好之后，需要对设备进行调试和实际输出参数的测量，测量校准之后方可使用，如雷佳 DiMetal-280 设备一般需在 2～3 月的周期内对入射的实际激光功率进行测量。表 5-2 所列为实际激光功率测量值与理论设定的激光功率的比较。当功率设定为 100W 时，测量值只有 86.2W，损耗大概为 14%。当功率损耗超过一定值后，必须对光路单元的密封性进行检查，对光路单元上各元器件的位置进行校正，直到校正后激光功率实际测量值达到理论值的 95%。

表 5-2　激光的设定值与测量值对比

理论功率/W	实际功率/W	功率损耗	损耗率
20	20.6	-0.6	-3.20%
40	35.8	4.2	10.50%
60	52.4	7.6	12.67%
80	69.0	11.0	13.75%
100	86.2	13.8	13.80%
120	101.9	18.1	15.08%
140	120.0	20.0	14.29%
160	137.0	23.0	14.38%
180	153.0	27.0	15.00%

5.5.2 激光光斑

粉末床激光熔融成形设备采用的光纤激光器的光斑直径一般在 30～100 μm之间(一般扫描熔道比光斑直径大)，如图 5-40 所示。因此，激光光斑对成形加工过程中 X/Y 轴方向误差的影响也不可忽视，尤其成形细小零件时，光斑尺寸对成形件 X/Y 轴方向尺寸精度的影响非常大。光斑尺寸对成形尺寸精度的影响主要体现在熔道宽度上。粉末床激光熔融技术的成形原理是通过激光束熔化金属粉末形成金属熔道，然后通过熔道与熔道之间的搭接形成成形面，再通过层层堆积形成实体零件。熔道作为成形件的基本组成单元，宽度是重要的参数指标，是影响成形件尺寸精度最基本的原因。在打印前需要根据实际工艺确定扫描道宽度，在实际数据处理的时候采取补偿方法进行消除。

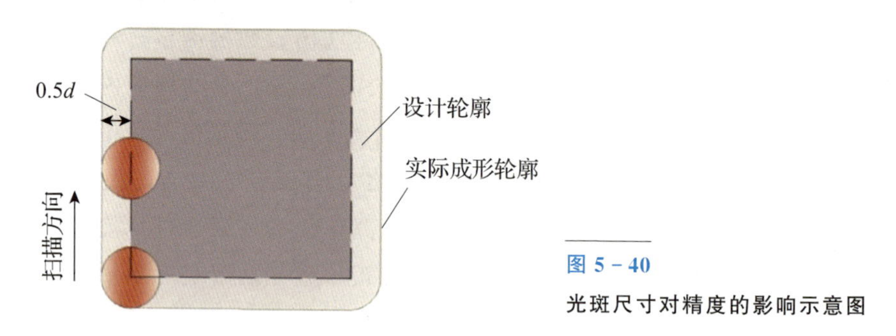

图 5-40
光斑尺寸对精度的影响示意图

5.5.3 扫描策略

在粉末床激光熔融成形时激光束移动方式的改变会影响成形过程中温度梯度和温度场分布情况，从而产生热应力。合适的激光扫描路径，有助于成形时热应力的释放，减少残余热应力的出现。图 5-41 所示为几种典型的扫描策略，其中单向扫描的优点是控制系统容易处理，但成形件的两端应力分布

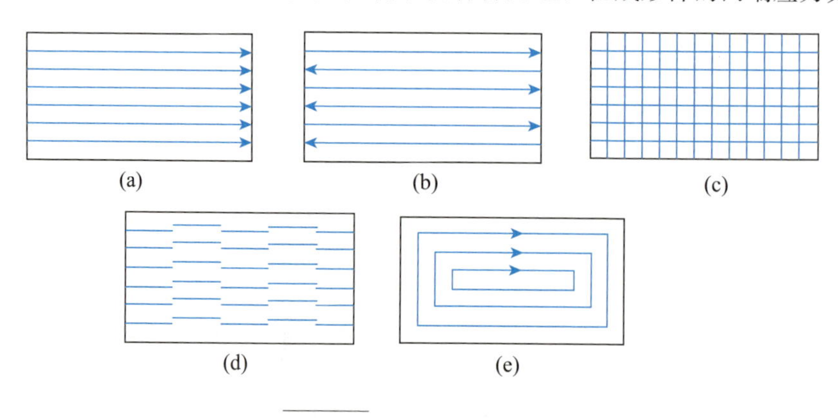

图 5-41 典型的扫描路径
(a)单向扫描；(b)“S”形扫描；(c)交叉扫描；(d)短直线扫描；(e)等距渐进扫描。

不均匀；“S”形扫描改善了单向扫描应力分布不均匀的缺点，但扫描线过长时容易产生翘曲变形；交叉扫描即每层重熔扫描，能够改善裂纹和气孔，还可以减少应力；短直线扫描可以释放部分应力，减少了翘曲变形的出现；等距渐进扫描由于扫描方向的不断更改，有助于减少收缩形变的产生。针对扫描策略的进一步讨论请参照本书第 12 章。

5.5.4　扫描间距

如图 5－42 所示，扫描间距是指前后两次激光束扫描之间的间隙距离。扫描间距的大小直接关系到激光能量的传输分布情况，对每一层材料的成形质量影响很大，是粉末床激光熔融成形的一个重要工艺参数。

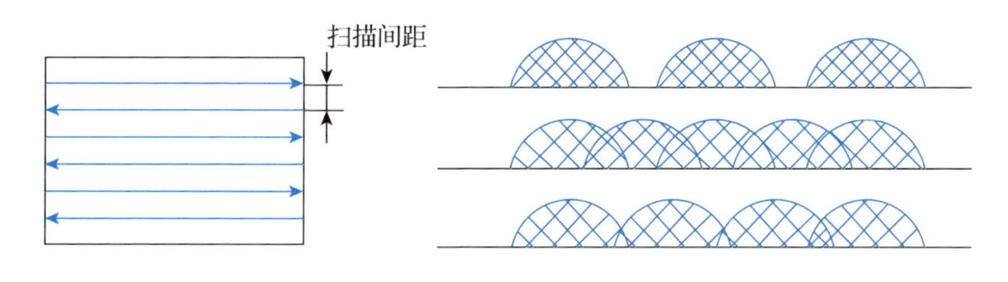

图 5－42　扫描间距示意图

如果扫描间距过大，扫描区域不相连，前后两次扫描之间的金属粉末吸收的能量少，导致金属粉末无法熔化，两个熔道之间搭接率低，成形的表层不平整，成形的零件质量差。如果扫描间距过小，扫描区域之间将相互重叠，区域间的大部分金属重熔，容易造成成形零件产生翘曲变形、收缩，甚至材料气化的问题，成形的效率也会降低。当扫描间距合适时，扫描区域只有部分重叠，两个熔道之间搭接合适，成形的表面平整均匀，成形零件质量好。

5.6　加工零件存在的缺陷种类

5.6.1　球化现象

粉末床激光熔融成形过程中易产生球化、金属粉末未完全熔化、热变形等现象。球化是由于熔化的金属材料在液体与周边介质的界面张力作用下，试图将金属液表面形状向具有最小表面积的球形表面转变，以使液体及周边介质所构成的系统具有最小自由能的一种现象。球化现象会使大量孔隙存在于成形组织中，显著降低致密度，并使成形材料表面粗糙度增大，尺寸精度降低。在成形过程中，成形材料表面的球化效应致使下一层粉末无法铺放或铺粉厚度不均，使成形过程失败。

球化过程：激光照射金属粉末时，受到高斯激光能量分布的影响，形成的熔池横截面呈碗状。如图 5-43(a)所示，当激光无法穿透粉末层且激光速度较快时，熔池底部松散的粉末没有约束力，熔池的形状变化主要由界面张力决定，在凝固过程中熔池迅速卷成球形，造成严重球化。当激光可以穿透熔化粉层且对固体基础有一定的熔化量时，熔池沿固体基础表面可分为上、下两部分，如图 5-43(b)所示，受重力作用的影响，上部熔池部分金属液会先与固体基础表面相接触，形成新的液固界面(可称为第二类液固界面)。对于剩余的气液界面，有可能使得固体质点对液体质点的作用力小于液体质点之间的作用力，结果气、液、固三相交点处质点总的合力指向液体内部，使

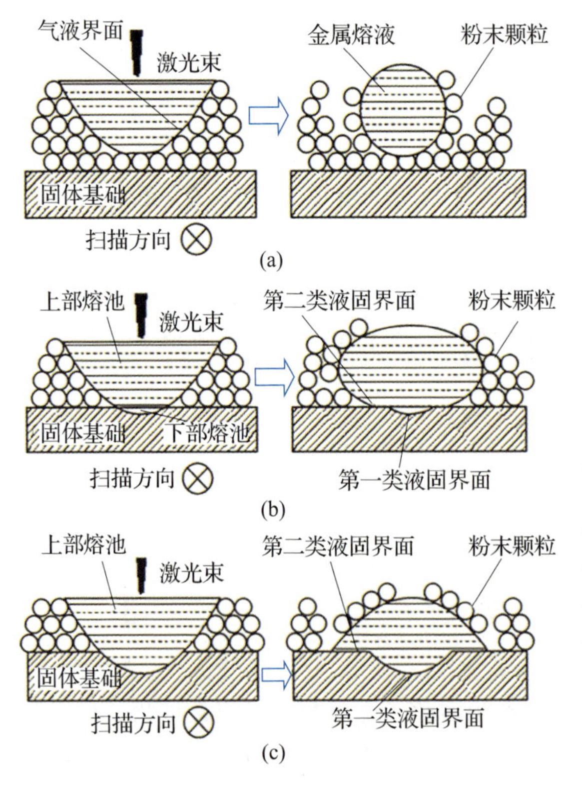

图 5-43

单熔道球化演变示意图

(a)激光无法穿透熔化粉末层；(b)激光穿透熔化粉末层且对固体基础有部分熔化量；(c)激光穿透熔化粉末层且对固体基础有较多的熔化量。

(注：⊗表示垂直纸面向内方向)

液面在界面张力作用下熔池向内收缩成球状。当激光可以穿透熔化粉层且对固体基础有较多的熔化量时，如图 5-43(c)所示，下部熔池熔液与固体基础是同种材料，下部熔池与固体基础间的液固界面(可称为第一类液固界面)两侧温度十分接近，液固界面模糊且比较宽，加之熔液的黏附牵引作用，使这一部分熔池不会发生球化现象。降低扫描速度、增加激光功率、采用薄粉层都有利于增加对固体基础的熔化量，因此，可以通过设置合理的激光成形参数弱化球化现象。

5.6.2 粉末黏附

图 5-44 所示为不同扫描速度下的单道熔道熔池粉末黏附现象。由图可看出，金属粉末在激光作用下熔化成为熔池，液态熔池在表面张力的作用下，其截面收卷呈半圆弧形，在收卷过程中将附近的近热影响区处的粉末黏附过来，从而形成粉末黏附。靠近熔池的粉末也会受到强烈的热影响作用，粉末颗粒间隙中气体急剧膨胀，将熔池周边的细小粉末颗粒驱离，从而使粉末颗粒不易被吸附。随材料吸收的激光能量增加，这种驱离力也增大。粉末黏附主要分为两类：一类是粉末部分镶嵌到熔池内的镶嵌型粉末黏附(图 5-44 中标号①)，这类黏附的粉末很难清除；另一类是黏附力不强的粉末，经擦拭即可去除的松散型粉末黏附(图 5-44 标号②)，这类黏附颗粒占总粉末黏附量的大部分。

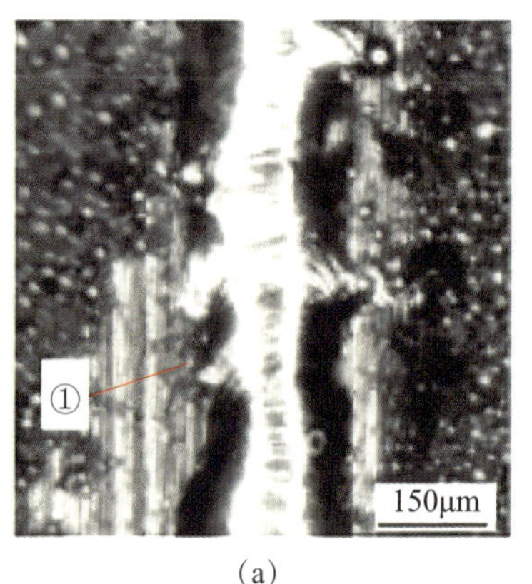

(a)

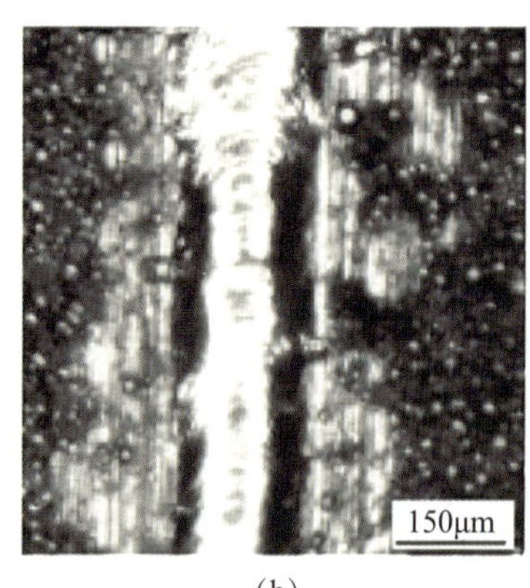

(b)

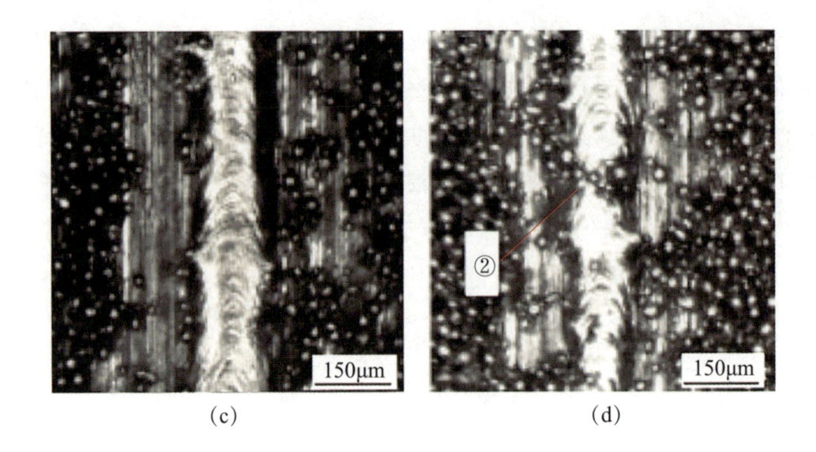

(c) (d)

图 5-44 不同扫描速度下的单道熔池粉末黏结现象(激光功率为 140W，层厚为 40μm)
(a)50mm/s；(b)100mm/s；(c)150mm/s；(d)200mm/s。
①镶嵌型黏附颗粒②松散型黏附颗粒。

从零件的形状来讲，粉末床激光熔融成形零件的面可以分为顶面、侧壁面和悬垂面(含底面)等类型。侧壁面根据其法向方向的不同又可以分为法向朝下侧壁面、法向朝上侧壁面和垂直侧壁面三类。这些侧壁面都是由一层图形轮廓外熔池形状相互堆积而形成，由于侧壁面与选区外粉末直接接触，所以粉末黏附现象十分严重。

对于垂直侧壁和法向朝上侧壁面，其出现的粉末黏附主要受水平方向接触的粉末影响。常用的 $X-Y$ 正交扫描策略，每一层扫描成形后由多道熔池始端或末端搭接形成的一个微观层面都是一个齿状面，而由单根熔池形成的面是一个直线面，齿状面的凹坑极易藏入粉末。由于层与层之间正交，因而每一层的齿状面都被前一层和后一层的直线面包夹。在包夹过程中，还伴随着包夹粉末部分重熔或者烧结，使粉末颗粒被牢牢地黏附在齿形面中，后期难以清除。

对于法向朝下的侧壁面，其出现的粉末黏附除了单熔池在基板上成形时的粉末黏附外，还有在底部的烧结式粉末黏附。成形时，成形面下方不是固体基体而是深度比层厚大得多的粉末，在激光作用下表层粉末熔化。随粉层深度增加，粉层表面下方附近的粉末区域为热影响区，形态由烧结形态向自由粉末形态过渡。已熔化的表面熔池会黏附烧结区的粉末形成粉末黏附，由于黏附的区域在下部，在重力作用下液态金属下渗与烧结区颗粒黏附，而且液态金属量越多，黏附越明显。

对于悬垂面(包括底面)，其粉末黏附机制为底部烧结式粉末黏附。在粉末床激光熔融成形中，针对悬垂面极易产生严重的粉末黏附现象，应尽可能地减少悬垂面，一般通过添加支撑来实现。顶面属于特殊的熔池搭接面，其底部基体是坚实的固体，在同一层内的熔池搭接面中，除在图形轮廓处外，填充区域内熔池两侧的粉末黏附都会被后续的搭接重熔清除掉，因而通常可忽略填充区域内粉末黏附现象。通过多重勾边和内缩填充扫描策略，结合较高的扫描速度，可有效减少粉末黏附对成形精度的影响。

5.6.3　外边凸起

在实验过程中发现，激光束与粉末作用的开始阶段球化最为严重，表现为熔化层最边缘的一条线凸起严重，可将其定义为“第一线扫描球化”(first line scan balling)。图 5 - 45 所示为不同激光扫描速度下成形的单道扫描线，可以发现 4 条扫描线都存在起点凸起(球化)现象。激光开始扫描时，由于扫描延迟，速度从零提高到设定速度，扫描线端部能量吸收过大，熔池大；同时，扫描线始点与终点比其他地方更多接触到金属粉末，熔池对金属粉末的吸入作用，进一步使得扫描线起始点处熔宽、熔高增大。因此，扫描线最开始扫描时，粉末从激光吸收的能量有一个突然的显著增加，与周围未被激光扫描到的粉末之间形成很大的温度梯度，在激光作用的这个区域，粉末吸收能量达到熔点迅速熔化，形成的液相来不及向周围铺展就快速冷却凝固。

图 5 - 45
单道扫描线起点球化

第一线扫描球化对粉末床激光熔融工艺过程是极为不利的，不仅会形成外边凸起边框，影响下一层的铺粉，还会造成翘曲变形。采用将起始边激光功率逐渐上升到设定值方法可解决第一线扫描球化问题。在保证材料完全熔化的前提下采用较高的扫描速度也能解决第一线扫描球化的问题。

外边框凸起的地方会在多层熔化成形过程中累积，使粉末床激光熔融成形零件的内部铺粉层厚加大，而粉末熔化收缩导致此缺陷越发严重。如图 5-46 所示，扫描线的起点与终点熔宽、熔高变大，像一个围栏将零件其他区域围起来，边框部分与粉末接触充分，零件内部区域被粉末填满后熔化严重收缩。其中图 5-46(a)所示为外边框凸起与层厚逐渐变厚的示意图，图 5-46(b)所示为正交试验样品中存在的外边框凸起实际效果图。在勾边的情况下，虽然能够提高样品表面的光洁度，但会加剧外边框凸起缺陷。

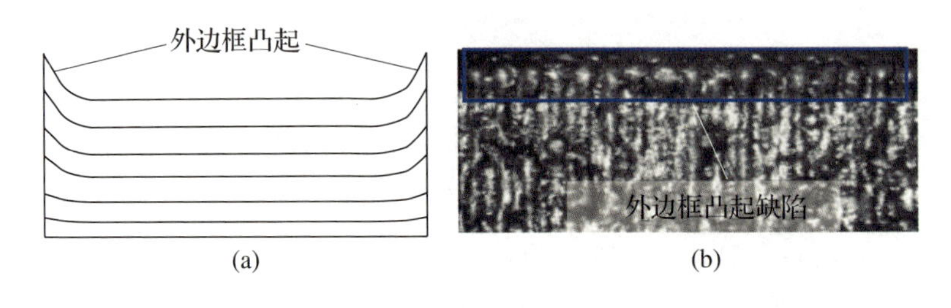

图 5-46　粉末床激光熔融成形中外边框凸起缺陷

(a)外边框凸起及层厚逐渐增加示意图；(b)外边框凸起实际效果图。

5.6.4　翘曲和开裂

在粉末床激光熔融成形过程中，一层又一层的金属粉末被激光束熔化并堆积在已成形层上，形成一个三维实体，当新的一层材料被添加到已成形层时，所带来的热量会迅速传递到下层材料中，这样就会改变已成形层的温度和应力分布，这个过程称为后续热循环(subsequent thermal cycling，STC)。后续添加的材料在冷却阶段会引起下面材料中拉伸应力的增加，使零件内残余应力逐渐增大。当最大残余应力超过材料的屈服强度时，零件发生层内开裂或者零件与基板之间开裂。随着应力的不断累积，开裂不断扩大，最终威胁成形过程的安全而被迫停止，如图 5-47 所示。

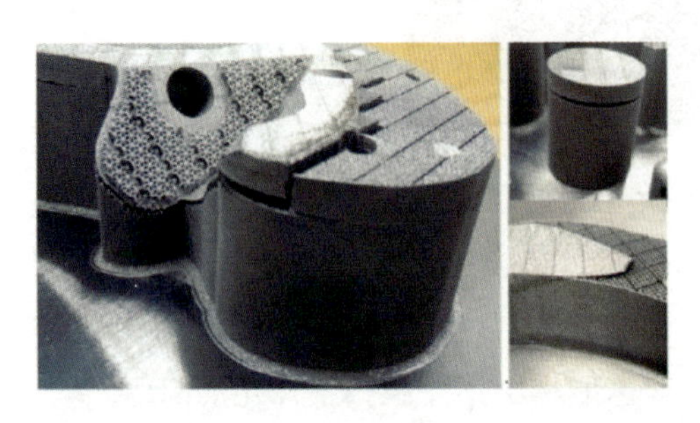

图 5-47
成形过程中出现的开裂和翘曲缺陷

粉末床激光熔融成形过程中零件两端的热应力最大，因此成形件两端开裂的可能性是最大的。当零件有向上翘曲的趋势时，由于支撑结构的齿顶与成形件下部直接连接，其对成形件产生向下的“拉扯”作用，所以可以防止成形件与支撑结构脱离，降低成形件翘曲变形的风险。但是若支撑强度不足以“拉扯”住成形件的翘曲趋势时，成形件就会在两端开裂。在沿着高度方向和扫描方向的应力的共同作用下，成形件将向中间弯曲，形成一个一定角度的翘曲，如图 5－48所示。

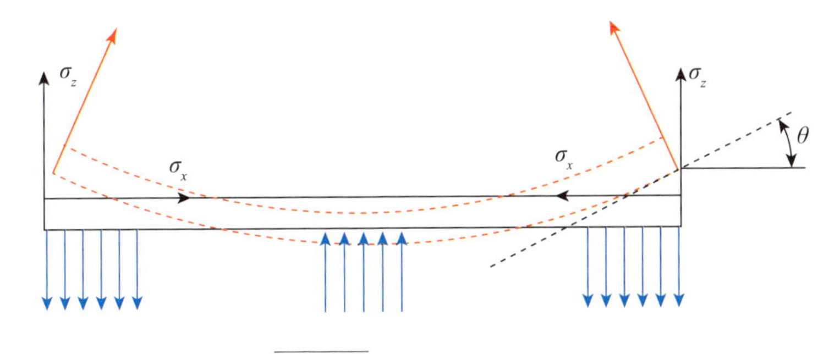

图 5－48　翘曲变形示意图

材料收缩越大，其翘曲变形越严重。收缩主要由物态、温度变化和激光能量所引起。首先是物态变化引起收缩，粉末颗粒在固态堆积未压实时，密度一般只有全密度的 50%左右，而粉末床激光熔融成形件的致密度一般达到95%以上，所以在成形过程中由于密度的变化必然引起制件的收缩。其次是温度变化引起收缩，由于工作温度大大高于室温，制件冷却到室温时，会出现整体的收缩，其收缩量主要由材料和制件几何形状决定，其收缩特征与物态收缩有根本区别，物态收缩是熔化线或面的局部收缩叠加而成，而温变收缩则是一个整体收缩过程，而且三个方向的收缩率接近相等。最后是激光光斑能量不均引起的收缩，假设激光光束为高斯光束，垂直入射的激光光斑中心的能量最高，由此点向外逐渐减弱，因此在光斑范围内不同位置的粉末接收的激光能量将不同，并且由于粉层中有很大的空隙率，将大大降低热传导，使粉层下部分获得的能量比上部分获得的能量少很多。这种上、下部分获取能量的不均将造成粉层上、下温升的不均匀，上部分粉层获得的能量高，温度升得快，散热快，体积收缩大，而下部分获得能量少，温度升得慢，散热慢，体积收缩小。由此，成形层中光斑能量不均匀也会导致翘曲。

翘曲变形对成形件精度影响很大，造成很大的尺寸、形状误差，甚至导致加工无法进行或金属零件报废，如图 5-49 所示。图 5-49(a)所示为悬垂结构成形过程中发生翘曲变形，图 5-49(b)所示为添加支撑的悬垂结构成形过程中，支撑因翘曲变形严重被拉断。

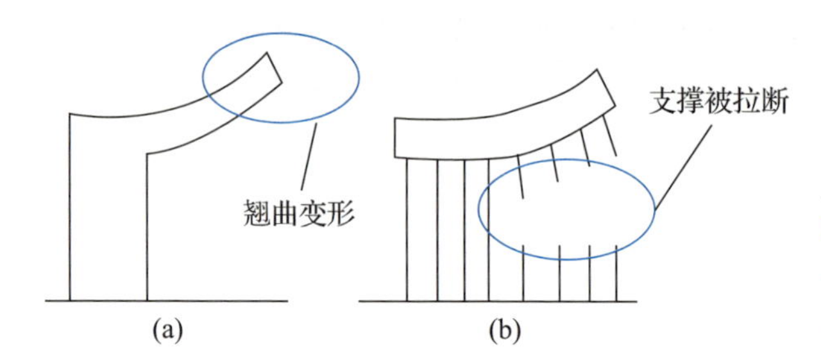

图 5-49
翘曲变形造成的形状、尺寸误差
(a)翘曲；(b)支撑被拉断。

5.6.5 孔洞

随着粉末床激光熔融技术的飞速发展，成形设备日趋成熟，工艺过程也逐步稳定，成形件的致密度可以近乎 100%，但是成形过程中依然不可避免产生从几微米到几十微米不等的气孔缺陷，如图 5-50 所示。成形件中出现孔洞会严重影响力学性能，特备是疲劳寿命，还会降低致密度。较大尺寸的孔洞对成形件的影响要大于微小的孔洞，不规则的孔洞产生的应力集中现象相对于球形的孔洞更加显著。

图 5-50　**气孔缺陷 SEM 图**

孔洞缺陷主要分为两种：一种是熔池搭接不好形成的不太规则冶金缺陷；另一种是球形的气孔缺陷。冶金缺陷大多数是由于工艺方案不合理或激光能量输入不充足，成形过程中熔池与基体之间搭接不充分以致冶金结合不好或金属粉末未能完全熔化而产生孔隙。其中气孔缺陷又分为两类：一类是跟激光深熔焊过程相似的“匙孔”；另一类是直径在几微米内的粉内气孔。通过雾化法制备的金属粉末在内部都带有不同尺寸的孔洞，其形成的原因主要是在粉末制备时惰性雾化气体进入到金属液体内部而形成气泡。匙孔是粉末床激光熔融成形时高能量激光加热熔化金属粉末并气化金属熔池，骤然产生的气体使局部压力迅速升高，并对自由的金属液面产生压力作用从而“冲”出小孔。孔里面的气体和等离子体在高温高压作用下剧烈膨胀，接着喷发出来，随着孔内的气体不断减少，孔内气体无法维持小孔的存在，小孔开始逐步闭合并卷入一些金属蒸气和保护气体而形成气孔缺陷，随着激光的移动，又开始出现下一个小孔的成形过程。

选择合适的成形工艺参数，使每层金属粉末都能够充分熔化；尽量选用球形度好、均匀、粒径小的金属粉末，减少保护气体在粉末之间的填充；降低铺粉的厚度，在成形前对基板和粉末进行预热，减小温度梯度，使气体有更多时间排出熔池。这些措施均可以有效地抑制孔洞缺陷的出现。

5.6.6　组织不均匀

图 5－51 所示为粉末床激光熔融成形 316L 不锈钢零件的内部组织。从图中可以看出成形件的内部组织中为不规则熔池的分布，而具有下列缺陷：①同一层中相邻两道扫描线熔道高低不同；②同一道扫描线呈现波浪起伏状，而非水平状；③相邻层间层厚不等现象。

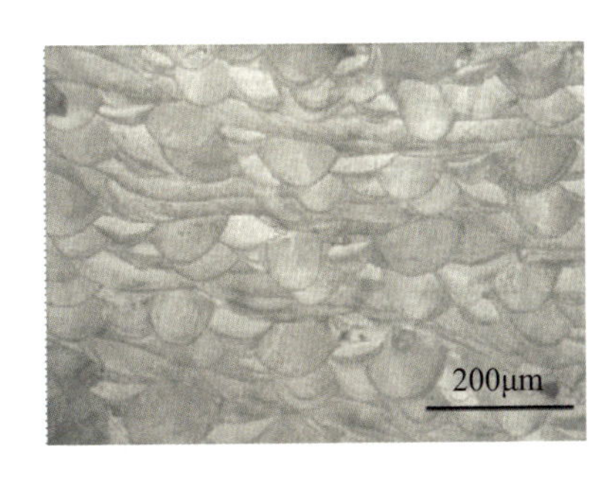

图 5－51
粉末床激光熔融成形样品的组织缺陷

缺陷①中描述的相邻扫描线熔道高低不同的原因是能量输入过高，材料汽化造成熔池周围的粉末被吹走，当粉末床激光熔融成形扫描间距较小时，就会导致下一道熔池在无粉区内扫描。另外，成形时采用层间错开再正交的扫描策略，即下一层的扫描线在上一层的两道扫描线之间成形，也是导致相邻扫描线熔道高低不同的重要原因。上述两个原因影响相邻熔道成形质量程度不同，但是由图 5－52可看出相邻熔道之间呈现规律性的高低顺序组合。

缺陷②中描述的同一道扫描线呈现波浪起伏状，原因一是粉末床激光熔融成形中加工层厚很薄，一般只有 20～50 μm，且成形过程中偶尔会有凸起存在，导致同一层的不同地方加工层厚不一样。原因二是激光的照射方向并非垂直于粉床表面，而是以光锥形式照射。原因三是铺粉刮板推动粉末前进过程中，因机械装配或者成形面不平等原因而产生抖动，柔性齿弹性铺粉装置推动粉末前进时也会产生漏粉、弹性变形等，造成铺粉平面一定程度的高低不平。

缺陷③中描述的相邻层间层厚不等现象，原因一是材料发生凝固收缩，导致实际的层厚与设定的层厚不等。原因二是成形缸上升、下降的量不稳定，图 5 - 52 所示为成形缸下降量测量值与理论值的比较(测量时层厚设定为 25 μm)。由图 5 - 52 中的测量结果发现，成形缸的实际下降量在理论值附件变动，多次测量算得其累计误差分别为 - 15 μm/39 次、23.4 μm/38 次。从测量结果看出，成形缸的上升与下降误差累积有正、有负，原因可能与成形缸内的橡皮垫有关系。从测量曲线还看出，成形缸单次误差值一般在 5 μm 以内。

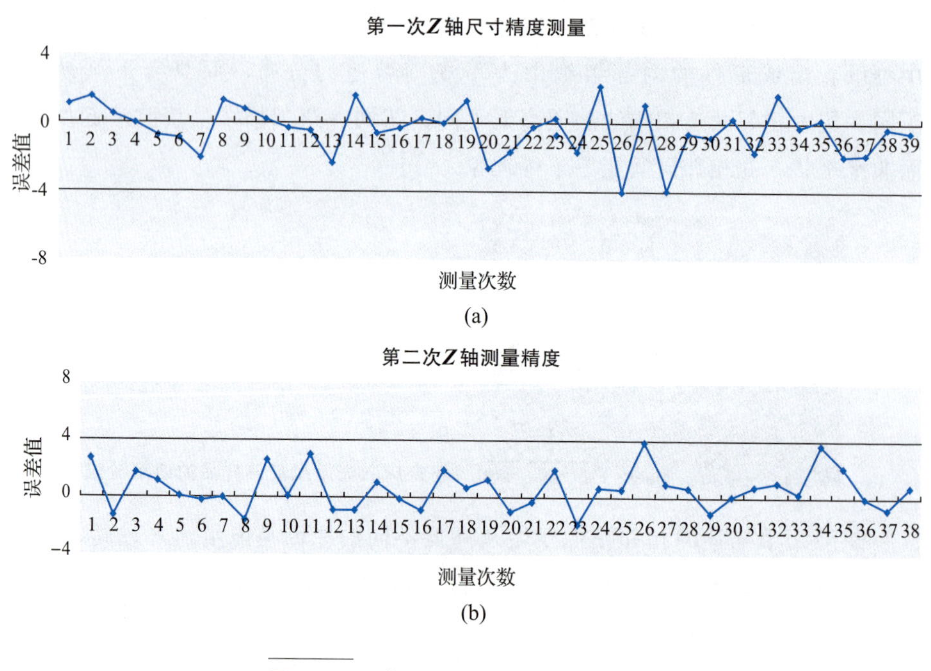

图 5 - 52　成形缸下降时 Z 轴精度测量

(a)成形缸下降时第一次精度测量；(b)成形缸下降时第二次精度测量。

5.7 加工过程元素蒸发

粉末床激光熔融技术采用的是精细的聚焦激光光斑逐层快速熔化预置粉末。在高能量密度的激光作用下，金属粉末瞬间熔化，熔池中的瞬时温度可达3000℃以上，材料中部分合金元素发生汽化，成为金属蒸气而逸出熔池，造成合金元素损失。有研究者发现增材制造钛铝合金过程中的 Al 元素损失达到 15%以上，较大的元素损失使成形后合金的成分和组织偏离设计值，造成合金成分偏析、元素贫化和组织异常等缺陷。当材料、工艺或者加工环境等因素扰动导致合金元素的损失达到一定程度时，元素蒸发成了粉末床激光熔融过程中一个不容忽视的问题。例如，对于粉末床激光熔融制造Ti-6Al-4V 合金，Al 元素的蒸发速率是 Ti 和 V 元素的几百倍甚至上万倍，在成形过程中发生选择性元素蒸发，因此成形后的试样中 Al 元素的含量相对降低，而 Ti 和 V 元素的含量相对增多。由于 Al 元素是 α 相稳定元素，故而导致成形合金中 α/α′相偏少，β 相相应增多，这给粉末床激光熔融技术应用在对材料成分和性能要求极高的航空航天领域带来巨大的挑战。

元素蒸发是金属增材制造的典型热物理现象，如图 5-53 所示，合金元素吸收激光能量后温度升高、动能增大，并迅速迁移到熔池表面，在熔池的液/气相界面发生汽化，当其具有足够大的速度后就会逸出液相表面，并通过

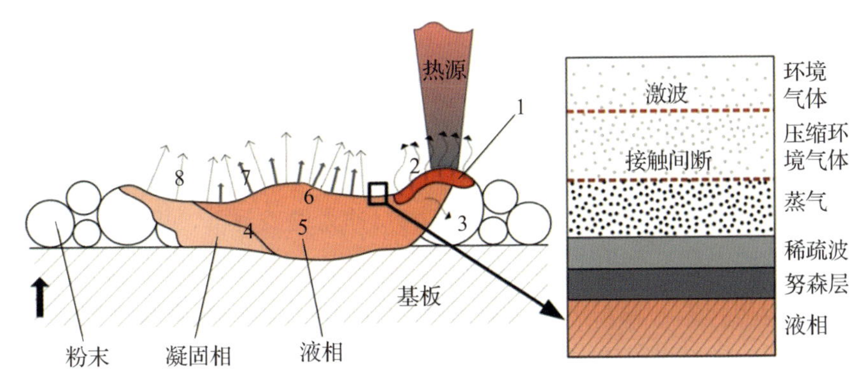

1—能量吸收；2—能量散射；3—热传导；4—固溶线；5—对流；
6—Marangoni 对流及 Laplace 压力；7—蒸气；8—辐射。

图 5-53　激光增材制造熔池内的金属蒸气产生示意图

气相边界层扩散到环境中。在此过程中，熔池的蒸气反冲力、表面张力和环境气压的合力作用决定了合金元素逸出液相表面的角度、速度以及难易程度，进而决定了元素蒸发的强度。

图 5－54 所示为粉末床激光熔融成形镁合金 AZ91D(Mg－Al－Zn)时产生烟尘的 XRD 谱。由图可以看出，所有衍射峰均对应于 α－Mg。由此可以推测，AZ91D 合金在粉末床激光熔融加工中主要发生了 Mg 的烧损。这主要是因为镁元素的活度系数远比 Al 和 Zn 元素的低，在成形过程中，虽然三者都会发生蒸发，但是 Mg 元素蒸发度高于另外两种元素，导致最终的成形试样 Mg 的含量相对降低，而 Al 和 Zn 元素的含量相对增大。

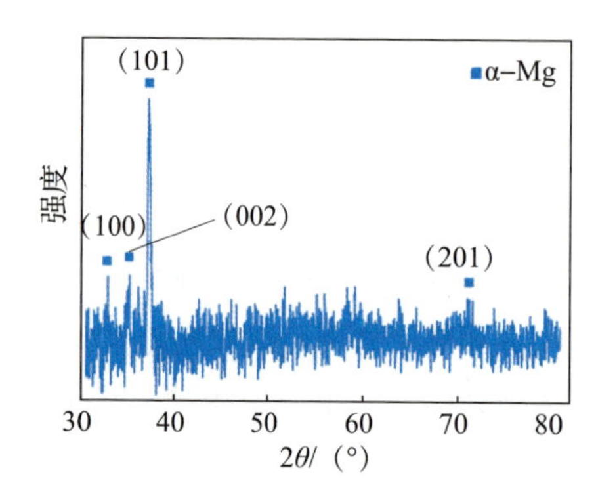

图 5－54
粉末床激光熔融成形镁合金 AZ91D 时产生烟尘的 XRD 谱

粉末床激光熔融成形过程中的元素蒸发过程遵循传统的蒸发热力学理论，即液态熔池中的金属蒸气的产生主要包含 4 个阶段，分别为合金元素从液相中迁移到熔体表面、熔体表面的液/气相变、液/气相界面的蒸发、蒸气在成形腔体内的扩散。这些过程与熔池内的温度密切相关，较高的熔池温度一方面会增大合金元素的饱和蒸气压和活度系数(判断合金元素蒸发趋势的主要依据)，降低元素蒸发的难度，另一方面会增大熔池内部的对流传质和液面的压力梯度、浓度梯度，驱使合金元素以对流扩散的方式向熔池表面迁移，从而使合金元素分子在熔池内表面张力和蒸气反冲力的驱动下，更易挣脱熔池液相表面的束缚而进入气相中。显而易见，元素的蒸发与粉末床激光熔融成形工艺参数密切相关，理论上讲，激光能量输入越大，粉末吸收的能量越多，则合金元素的烧损程度越大。但是被蒸发的合金元素的烟尘在上升过程中阻挡了激光束，合金粉末实际吸收的能量仍会减少(尽管有保护气流的存在)。当激光能量密度较高(激光功率高或者扫描速度低)时，合金元素的烧损量也不会有太大变化。当粉末吸收的激光能量偏少时，被蒸发的合金元素烟尘也会减少。激光束被遮蔽的减少，会有更多的激光能量照射在粉末床上，则合金粉末又会吸收更多的能量，随着激光能量输入的提高，合金元素的蒸发程度也随之加剧。

如上所述，合金元素的蒸发过程包含了液相中的迁移、界面处的挥发反应和气相中的扩散等。合金元素分子吸收能量后分子动能增大并在熔池的液/气相界面发生汽化，当其具有足够大的速度后就可以逸出熔体表面，并顺利通过气相边界层进入到真空室内。

在粉末床激光熔融成形过程中，成形室内一般都充满惰性气体，一方面可以作为保护气防止材料氧化，另一方面，当保护气压足够大时，从液/气界面逸出的合金元素分子与外界气体发生碰撞后被重新散射回熔体内，从而阻碍合金元素的蒸发。因此，熔池内金属蒸气反冲力与熔池表面外压的耦合作用是元素蒸发最主要的力学效应。可以相信，当熔池内的高温引起的表面张力和蒸气反冲力与氛围气压达到平衡时，合金元素的蒸发也就达到了动态平衡。对粉末床激光熔融工艺而言，合金元素蒸发是不可避免的，但是可以通过调整工艺参数和氛围气压合金元素的蒸发达到动态平衡，就可以使元素损失降低到最低，也就可以保证成形件的材料成分、组织和性能的均匀性。

参考文献

[1] 王迪. 选区激光熔化成形不锈钢零件特性与工艺研究[D]. 广州：华南理工大学，2011.

[2] 刘洋. 激光选区熔化成形机理和结构特征直接制造研究[D]. 广州：华南理工大学，2015.

[3] 吴伟辉，肖冬明，杨永强，等. 激光选区熔化成形过程的粉末粘附问题分析[J]. 热加工工艺，2016(24)：43－47.

[4] 吴伟辉，杨永强，王迪. 选区激光熔化成形过程的球化现象[J]. 华南理工大学学报(自然科学版)，2010，038(005)：110－115.

[5] WANG D，YANG Y，YI Z，et al. Research on the fabricating quality optimization of the overhanging surface in SLM process [J]. International Journal of Advanced Manufacturing Technology，2013，65(9－12)：1471－1484.

[6] WANG D, MAI S, XIAO D, et al. Surface quality of the curved overhanging structure manufactured from 316 - L stainless steel by SLM [J]. The International Journal of Advanced Manufacturing Technology, 2016, 86(1 - 4): 781 - 792.

[7] 王迪，白玉超，杨永强. 一种金属3D打印机密封舱气氛除氧及循环净化方法及设备：中国，CN104353832A[P]. 2015 - 02 - 18.

[8] 安超，张远明，张金松，等. 选区激光熔化成形钴铬合金致密度与孔隙缺陷实验研究[J]. 应用激光，2018，38(05)：30 - 37.

[9] MURR L E, GAYTAN S M, CEYLAN A, et al. Characterization of titanium aluminide alloy components fabricated by additive manufacturing using electron beam melting[J]. Acta Materialia, 2010, 58(5): 1887 - 1894.

[10] POWELL A, PAL U, VAN DEN AVYLE J, et al. Analysis of multicomponent evaporation in electron beam melting and refining of titanium alloys[J]. Metallurgical and Materials Transactions B, 1997, 28(6): 1227 - 1239.

[11] KLASSEN A, SCHAROWSKY T, KÖRNER C. Evaporation model for beam based additive manufacturing using free surface lattice Boltzmann methods[J]. Journal of Physics D: Applied Physics, 2014, 47(27): 1 - 10.

[12] 魏恺文，王泽敏，曾晓雁. AZ91D镁合金在激光选区熔化成形中的元素烧损[J]. 金属学报，2016，52：184 - 190.

[13] CORR C, ROB B, ROBEVT C. Gas phase optical emission spectroscopy during remote plasma chemical vapour deposition of GaN and relation to the growth dynamics[J]. Journal of Physics D: Applied Physics, 2011, 44(4): 1 - 8.

[14] 谢辙. 选区激光熔化成形AZ91D镁合金的工艺与机理研究[D]. 武汉：华中科技大学，2013.

第6章 粉末床激光熔融工艺过程飞溅形成机理及对力学性能的影响

由于粉末床激光熔融技术在高科技大型复杂零件如航空发动机叶轮片、航空航天轻量化零件、随型注塑模具中得到应用，其加工过程稳定性变得越来越重要。大尺寸复杂构件长时间加工的稳定性问题已经被公认为重点难点问题之一。主要原因如下：

(1)粉末床激光熔融堆积层厚为20～50 μm，大型构件一般需要几千上万次加工回合，或者达到几百小时。

(2)粉末床激光熔融每一层由多条熔道熔化交织而成。

(3)粉末床激光熔融成形过程影响因素复杂，随着加工过程进行，成形环境受到飞溅等金属汽化物影响、零件表面变化等因素产生不可确定的扰动。

因为与一些常规加工过程相比，粉末床激光熔融成形过程是多因素交互作用，所以导致多层堆积过程复杂、不稳定且更敏感，某个因素的微小扰动都有可能引发连锁效应，使不稳定因素在后续堆积层中累积发展，甚至使堆积层生长过程失稳。这种扰动对堆积层的微观组织、力学性能、几何性会产生严重影响，甚至影响堆积的继续进行。粉末床激光熔融成形过程中的不稳定性及所产生的缺陷在很大程度上阻碍了其更广泛的应用。

火光与飞溅行为是激光加工过程中出现的一个普遍现象。在激光焊接、切割、打孔、表面强化等工艺过程中，作用于加工材料的激光束功率密度高达10^6～10^7 W/cm^2，在激光束连续辐射作用下，材料表面不仅熔化，甚至会汽化形成等离子体以助材料吸收激光，汽化反冲压力挤压熔化材料，则使部分液态材料以一定速度脱离熔池形成飞溅物。激光功率密度越大，生成的金属蒸气越多，导致熔池内液体金属流动加剧，同时在反冲压力波下溅射出更多液滴，且飞溅速度及达到的高度也随之增加。因此飞溅本身作为激光加工的附属产物，其行为特征、形成机制直接由激光与粉末床工作决定，而在实际生产中也逐渐发现飞溅物颗粒对粉末床激光熔融成形件的消极影响。本章则将结合作者团队对粉末床激光熔融成形过程中的飞溅行为进行较为全面的介绍与讨论。

6.1 影响飞溅行为的因素

本书中刘洋博士以 316L 不锈钢金属粉末的粉末床激光熔融增材制造过程为例，就多种粉末床激光熔融工艺参数对飞溅行为的影响进行了详细的讨论与分析。

6.1.1 扫描线的影响

图 6-1(a)所示为扫描线不同位置处的飞溅行为：在扫描线起点处，激光刚刚辐射在粉末上，由于激光扫描速度很快，激光光斑作用在任一金属粉末颗粒上的时间只有 0.5～2ms，在这么短的时间内，热量还未来得及传导开来，熔池还未形成(此时的熔池尺寸极小)，熔池产生的光斑也较弱，飞溅还没有形成；在扫描线中点处，熔池已经维持动态稳定，飞溅也维持动态稳定，在较高的能量输入下，熔池产生耀眼的闪光，金属液柱能够达到 5cm 的高度，

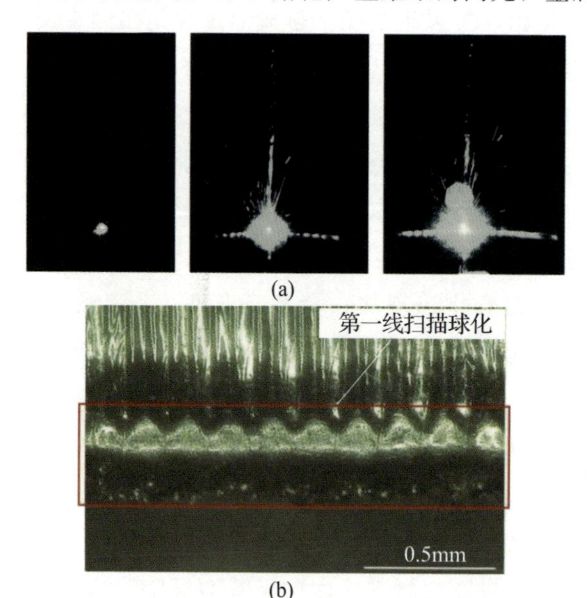

图 6-1
扫描线不同位置处的飞溅行为
(a) 扫描线各点处的飞溅形貌；
(b) 第一线扫描球化。

末熔化粉末颗粒被冲击，以一定的夹角被冲击而扬起，飞溅处于发散状态；在扫描线终点处，飞溅更加强烈。随着激光束移动速度降低，过多的激光能量集中在较小的区域内，导致材料吸收较多的能量而温度急剧升高，熔池尺寸变大，发出耀眼的闪光；同时熔池内发生剧烈的湍流，熔池周围的粉末因毛细作用被吸进熔池，使终点处的熔道变宽、变高，形成一个凸起，这就是"第一线扫描球化"效应，如图 6-1(b)所示。

6.1.2 扫描速度的影响

图 6-2 所示为激光功率为 200 W，扫描速度分别为 50mm/s、200mm/s 和 800mm/s 时的飞溅动态过程，可以发现扫描速度对飞溅的影响很大。图 6-2(a)中显示飞溅数量多，高度约为 5cm，飞溅聚集度低；图 6-2(b)中显示飞溅非常少，并且呈现滞后性；图 6-2(c)中显示飞溅的数量急剧增多，尺寸减小，喷射高度达到 11cm。上述现象发生的原因是在一定的功率下，扫描速度越大，能量输入越小，导致熔池内能量较小，生成金属蒸气较少，只能驱动少量的熔化金属脱离熔池而形成金属液柱，飞溅数量较少；而在较大的扫描速度下，熔池小孔前沿壁倾斜角度 θ 增大，激光光斑直接辐照在小孔前沿壁，在金属蒸气反冲力的作用下形成的金属液滴向小孔后沿壁喷射。此外，图 6-2(c)中显示飞溅强度呈现一定的周期起伏，这是因为在较小的扫描速度下，熔池发生剧烈的蒸发和汽化，正上方形成一团包含金属蒸气、粉末、液态金属的云团，屏蔽部分激光能量，熔池内获得的能量减少，云团的强度减小，则照射到粉末床的能量又增多，使金属蒸气增多，如图 6-2(c)中 t_0+6ms 和 t_0+8ms 时刻所示。

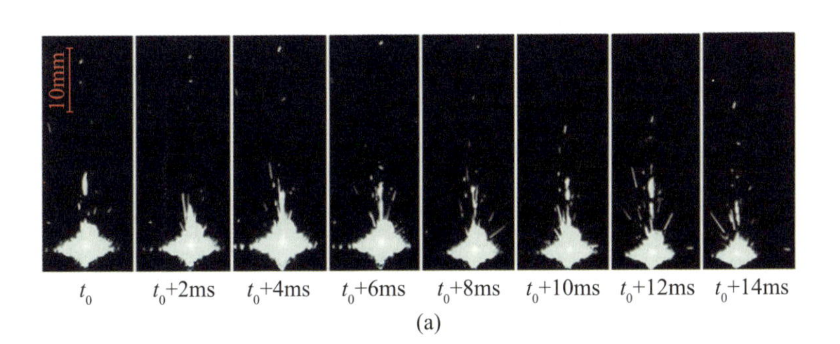

(a)

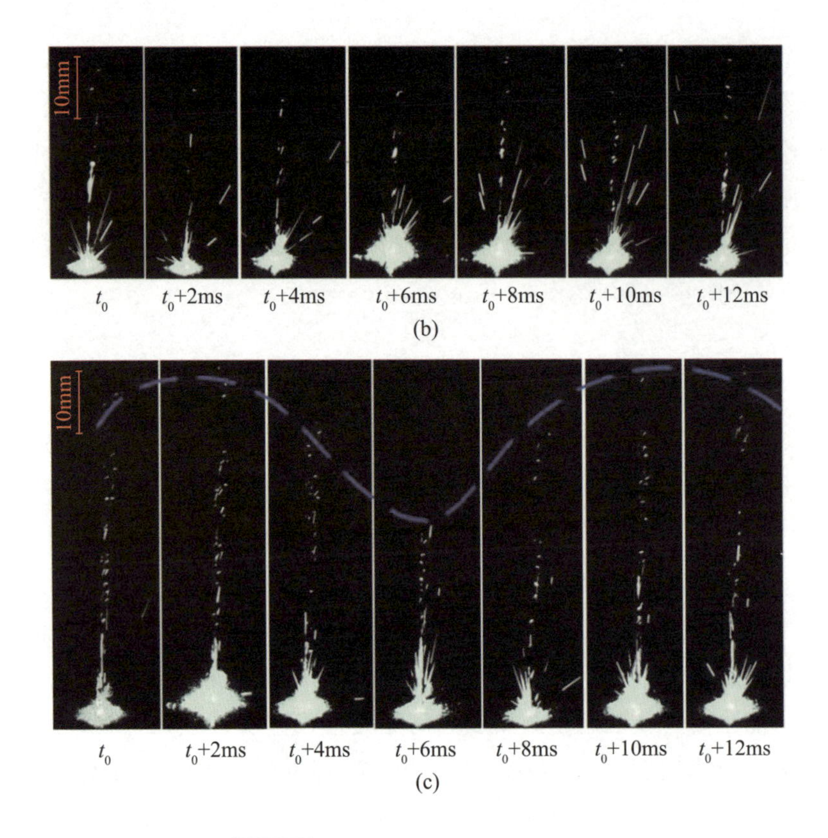

图 6-2 扫描速度对飞溅行为的影响

(a) 扫描速度为 800mm/s；(b) 扫描速度为 200mm/s；(c) 扫描速度为 50mm/s。

6.1.3 激光功率的影响

图 6-3 所示为速度为 50mm/s，激光功率分别为 100 W 和 150 W 时的飞溅动态过程。结合图 6-2(c)可以发现，不同的激光功率作用下，飞溅行为有较大区别。图 6-3(a)中显示飞溅数量少、尺寸大，喷射高度约为 5cm。图 6-3(b)中显示飞溅数量增加、方向杂乱，喷射高度约为 7cm。原因是能量输入越大，熔池内外的金属蒸气和等离子体的冲击作用也越强烈，液柱受到的冲击越大，液滴被粉碎得越小，获得的初始动量越大，喷射速度和达到的高度也就越大。此外还可以发现，能量输入越大，飞溅的聚集度越高，但是粉末飞溅反而变少，如图 6-2(c)所示。这是因为能量输入较大时，会形成较大尺寸的熔池，并且熔池内的金属蒸气强度较大，导致熔池内发生剧烈的湍流，熔池周围的粉末因毛细作用被吸进熔池。因此可以判定，能量输入较小

时，粉末飞溅较多；能量输入较大时，熔化金属飞溅较多。

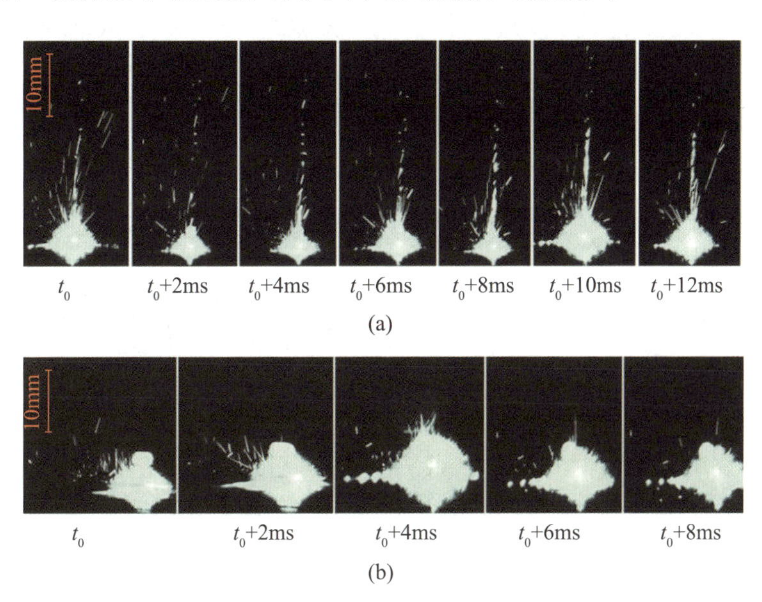

图 6－3　激光功率对飞溅行为的影响

(a) 激光功率为 150W；(b) 激光功率为 100W。

6.1.4　成形腔内氧含量的影响

粉末床激光熔融成形前需要将成形腔内氧气抽走，到成形腔内氧含量浓度低于 0.1%左右时才可以。当设备密封性较差时，成形腔内氧含量较高，金属材料将与氧气发生氧化，甚至燃烧(如纯钛粉末)，材料中含有的 Fe、C、Si、Mn、Ti、Ca 将会生成相应的氧化物，如 SiO_2、MnO、CaO 等。国外研究人员研究表明，保护气氛中的氧是金属发生球化的一个重要原因。液态金属表面形成一层氧化物，将会降低液态金属的润湿性，造成液态金属与基板或者前成形层的润湿性大大降低，容易引起层间开裂。

如图 6－4 所示，成形腔内采用高纯氮气($N_2 \geq 99.99\%$，保证氧含量在 0.2%以下)保护时，飞溅较弱，飞溅高度约为 7cm。而在无氮气保护氛围中，飞溅非常强劲，飞溅最高达到 11cm。这是因为成形腔内氧含量高，与熔池中材料发生剧烈的氧化反应，氧化反应过程中产生大量的热量，导致熔池尺寸变大，也加剧了熔池中的“沸腾”现象，产生更强烈的金属蒸气，导致更多的液态金属被冲击而溢出熔池，熔池周围未熔化金属粉末因受到更强烈的冲击而扬起。

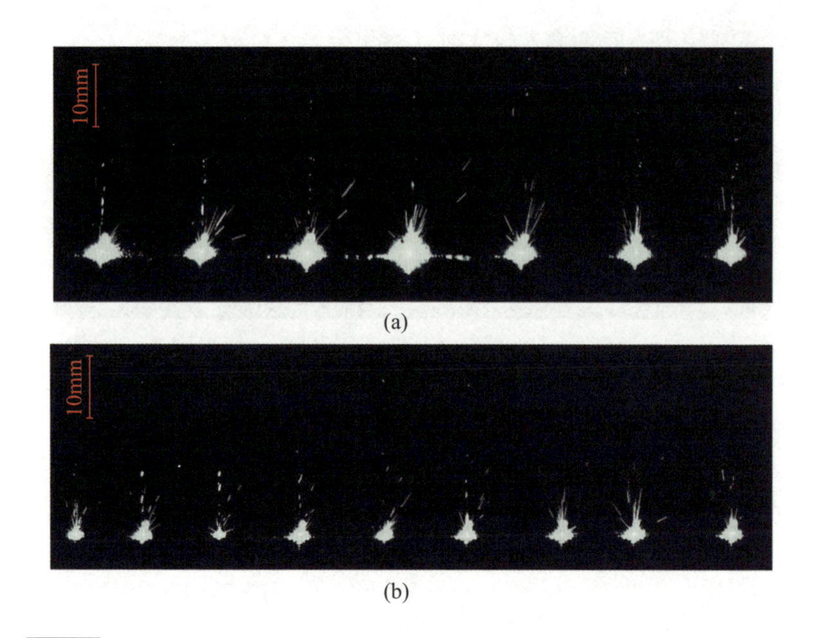

图 6-4　氧含量对飞溅行为的影响(激光功率为 150W，扫描速度为 50mm/s)
(a) 无保护气体时的飞溅；(b) 有保护气体时的飞溅。

如图 6-5(a)和图 6-5(b)所示的火花，有氮气保护时火花比较集中，飞溅集中在夹角约 75°以内，而在无氮气保护氛围中时，火花成发散状，角度约为 115°。激光扫描后的粉末床也有很大的区别，有气体保护时，由于成形腔内有气体流动，可以及时将产生的烟尘吹走，因此粉末床很干净，烟尘、飞溅颗粒很少；而无气体保护时，成形腔内没有气体流动，生成的气体散落在成形区域附近，导致粉末床上积累了一层明显的烟尘和飞溅颗粒，如图 6-5(c)和图 6-5(d)所示。这些烟尘和飞溅将会在下一个成形循环中混在粉末中，并被激光扫描而夹杂在零件内，严重影响粉末床激光熔融零件的力学和显微性能。成形过程中的烟尘沉积在透光镜片上，导致激光能量输入的衰减严重，材料吸收不到足够的能量而熔化不充分。透镜吸收了过多的激光能量而发热，进一步引起激光透过率降低。飞溅颗粒直径一般为 100～300 μm，最大颗粒甚至能达到 500 μm，比粉末颗粒尺寸大几倍至十几倍，而每一层粉末厚度只有 20～50 μm。如果是压紧式铺粉工具（recoating device），当铺粉工具碰到零件表面的大尺寸颗粒时，可能会导致铺粉装置卡死或者产生较大的冲击，从而影响装置的精度；如果是柔性铺粉装置，则可能破坏铺粉装置的齿条，导致后续铺粉质量变差。

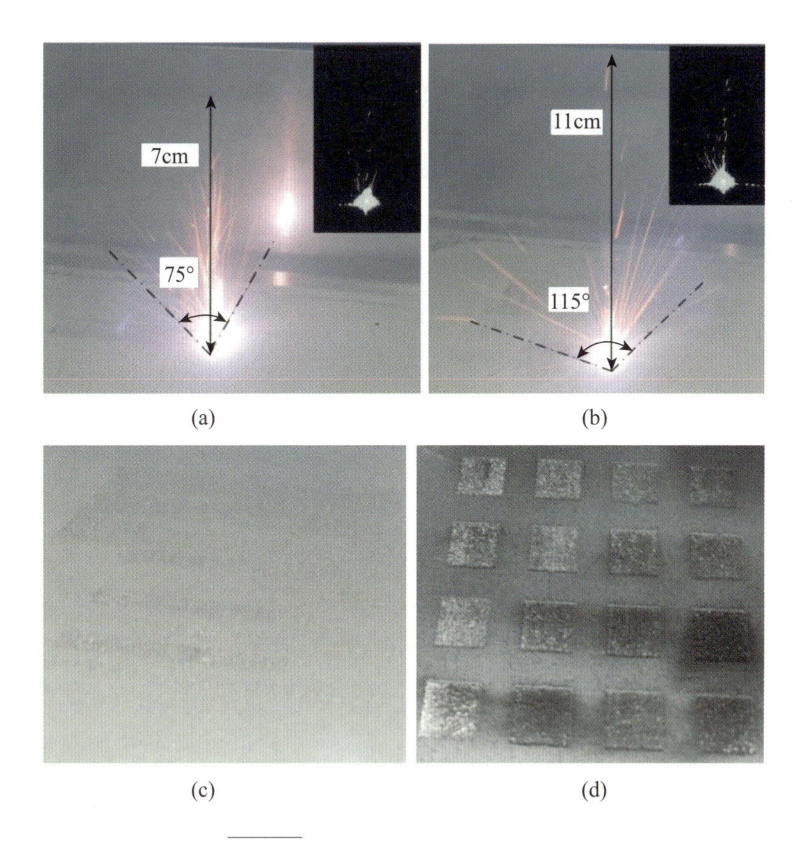

图 6-5　氧含量对飞溅行为的影响

(a) 有气体保护时的火花；(b) 无气体保护时的火花；
(c) 有气体保护时粉末床表面；(d) 无气体保护时粉末床表面。

6.2　飞溅的类型与形成机理

6.2.1　传统焊接过程飞溅

针对激光焊接(laser welding，LW)过程的熔池及飞溅机制已得到较为深入的研究，激光焊接过程中飞溅的产生，被认为是表面能量传递产生的反冲压力使熔池熔液逃逸的结果。在功率密度高达 $10^6 \sim 10^7$ W/cm^2 激光束连续辐射作用下，金属材料不仅发生熔化，甚至汽化产生金属蒸气与等离子体，囤积在熔池内部的金属蒸气和等离子体促成匙孔结构。而蒸气和等离子体的逃逸则形成羽流射流，熔池熔液在金属蒸气反冲压力作用下的逃逸行为构成激光焊接过程的飞溅物。

Vladimir Semak 与 Akira Matsunawa 在 1997 年发表的文章中基于先验的物理模型对激光焊接、切割过程中激光作用区域内的能量平衡、熔体表面温度、匙孔/切割前沿传播速度和熔体喷射速度进行计算与分析，认为在激光的焊接过程中，金属蒸气作用力是熔池运动与金属熔液损耗的主要原因，蒸发诱导的反冲作用力随熔池表面温度的升高而增大，从而导致熔体从相互作用区喷出。

基于特殊夹层试样下焊接过程的高速成像技术在深熔焊接熔池及飞溅研究中得到应用，使焊接过程所产生的匙孔、蒸气羽流及飞溅物的特征得以动态展现。如图 6－6 所示，M. J. Zhang 等对低速大功率光纤激光焊接过程进行拍摄，在低速不完全熔透焊接过程中，发现在小角度倾斜的匙孔前壁上由于表面张力而存在典型褶皱结构，褶皱在激光对材料的蒸发压力作用下不断快速增长并向匙孔移动，其尖端部分甚至可能从匙孔前壁脱离形成微滴并被加速到约 11m/s 而飞离匙孔成为飞溅。同时 M. J. Zhang 观察描述了凸起结构在匙孔后壁上的运动特征：凸起引起匙孔口收窄、熔液堆积成柱，加剧了金属蒸气的爆发，从而在匙孔口后部产生大量飞溅，当匙孔后部凸起发展为冠状并覆盖匙孔口时，将产生速度为 0.25～2.15m/s 的大量飞溅。此外羽流中飞溅液滴的加速过程被记录，以 0.17m/s 进入羽流的飞溅液滴被加速至 1.2m/s 飞离羽流。

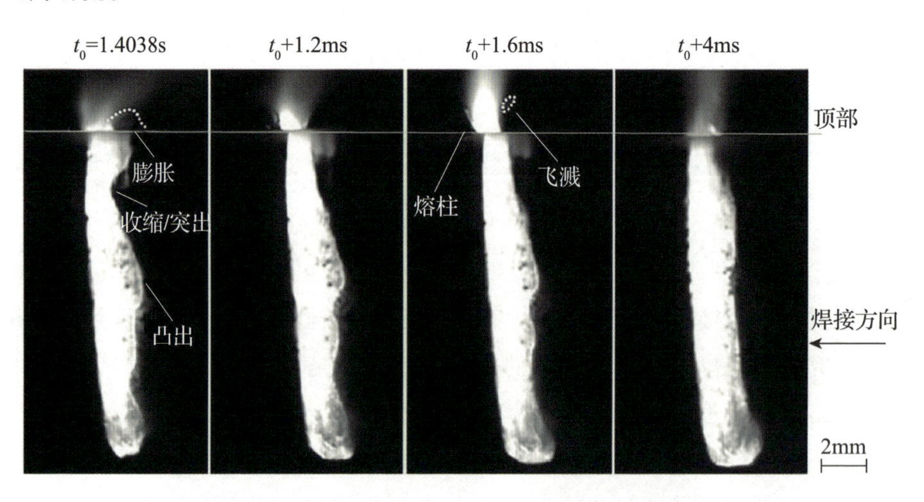

图 6－6　激光焊接过程下的匙孔结构与金属蒸气作用下的飞溅产生

为讨论激光焊接过程中飞溅产生的根本机制，李时春等通过改变激光的离焦量与激光入射角对板材进行大角度倾斜激光束加工来模拟激光束倾斜照射在匙孔前壁的状态。如图 6－7 所示，在激光倾斜照射下的熔池表面由于汽化不稳定而波动频繁形成液体涟漪，而涟漪的存在改变了激光吸收效率，加剧的局部汽化过程与增强的蒸气反冲作用使熔池表面产生撕裂飞溅。模拟过程同时证明了匙孔小倾角前壁的反射激光并非促使匙孔后壁形成凸起的主要原因。在此基础上，Y. Cheng 等研究者发现匙孔前壁的熔池波动以及不均匀激光能量吸收下匙孔壁蒸发而产生的不均匀的高压等离子体共同作用造成匙孔内部蒸气流场的不稳定与迅速波动，进而产生了匙孔后壁初始的波动，向上的熔液蒸气促使匙孔后壁凸起的生长，为其提供主要动能，而该过程的力学本质是蒸气与熔体间的摩擦力和蒸气流动的波动压力破坏了理想平衡状态。

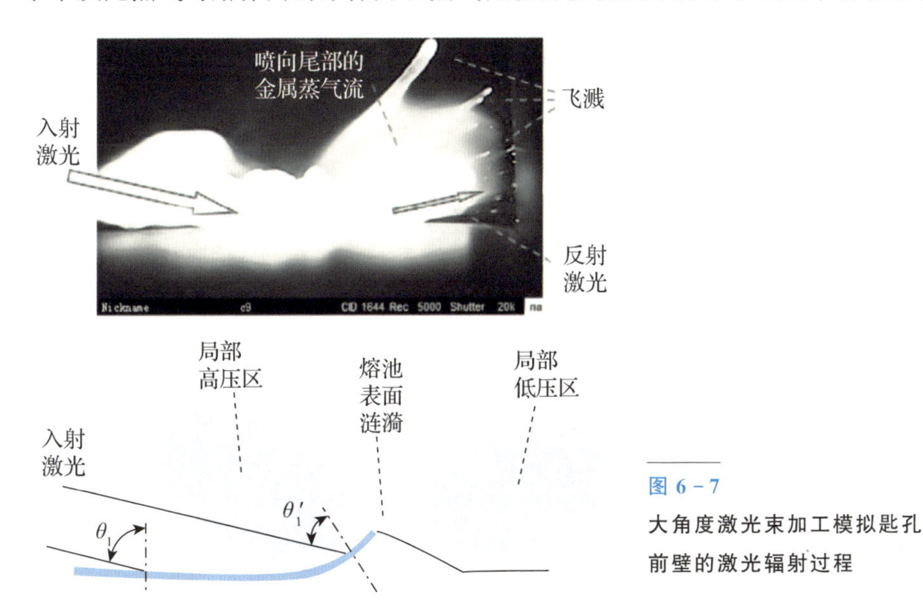

图 6－7
大角度激光束加工模拟匙孔前壁的激光辐射过程

粉末床激光熔融过程与激光深熔焊接过程具有一定相似之处：均利用激光的热效应来加工金属材料，加工过程中都通入保护气体，金属材料吸收能量后都产生金属蒸气、熔池与飞溅物，都存在熔池的快速凝固等现象。但是由于材料形式的不同，即激光深熔焊接的材料是金属板材，而粉末床激光熔融加工的材料形式是存在间隙的金属粉末颗粒，造成二者现象差异。相较于激光深熔焊接，粉末床激光熔融过程采用的激光作用光斑更小，激光扫描速度更高，熔池尺寸及深度过程更小，如图 6－8 所示。另外，粉末床激光熔融过程熔池周围的材料更容易被带走，会被带入熔池或者形成飞溅的来源。由于粉末床激光熔融成形材料为粉末，粉末内部的热传导以及熔池内部的传热传质比相应固体材料内的传热传质更为复杂，过程涉及粉末快速熔化与部分蒸发、金属熔液的流动、粉末颗粒或液体的飞溅与重新分布、快速凝固机制等瞬态、动态的物理现象。

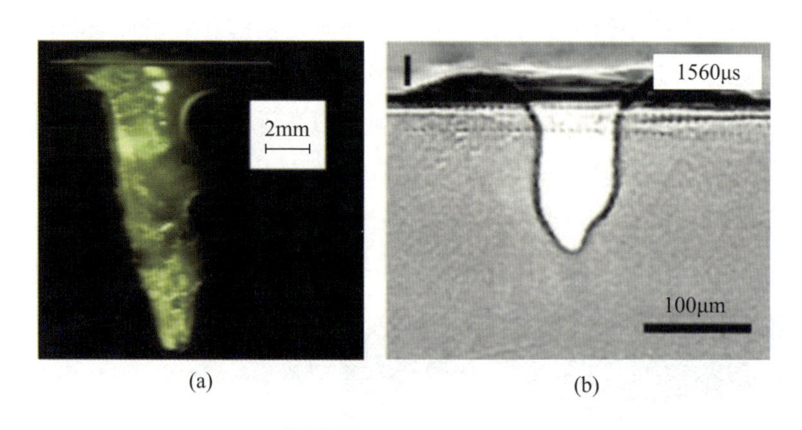

图 6-8　典型熔池图像

(a)焊接过程；(b)粉末床激光熔融过程。

6.2.2　粉末床激光熔融飞溅形成机制

粉末床激光熔融过程中的飞溅是激光与粉末材料作用的产物，在实验或其他场合中，许多研究人员观察了加工后的飞溅物的形态，发现溅射粒子主要为球形且尺寸比初始预合金粉末大。华南理工大学刘洋等根据粉末床激光成形 316L 不锈钢过程中的飞溅形成机理，把飞溅物分为液滴飞溅和粉末飞溅。在刘洋等的基础上，根据飞溅物的形态不同与来源，本书把飞溅分为 3 种类型：①当激光功率达到一定阈值，则产生足够的金属蒸气或因环境气体扰动，原始的金属粉末产生飞射现象；②在激光作用过程中由于熔池的收缩作用及其表面张力，熔池周围的金属粉末进入熔池并在金属蒸气作用下成为飞溅；③熔池熔液在经历凸起、颈缩过程后逃离熔池成为飞溅，如图 6-9 所示。

V. Gunenthiram 等以体能量密度(volume energy density，VED)与铺粉层厚作为变量研究工艺参数对两种材料飞溅的影响。通过定量分析发现，在

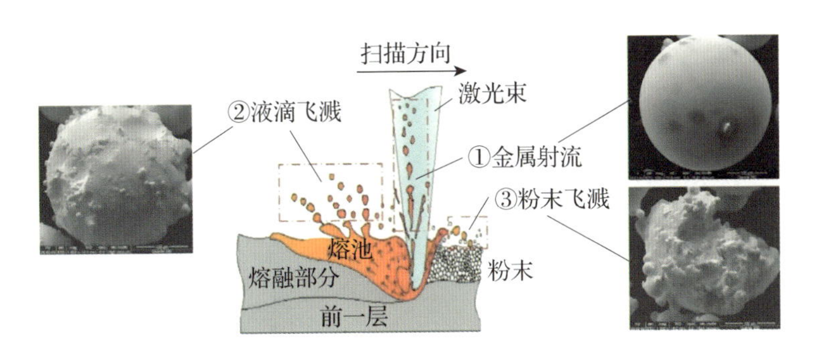

图 6-9　飞溅颗粒的 3 种类型

粉末床热传导作用下，熔池前部与侧部接触的金属粉末（316L）在热辐射和蒸发作用下熔化并易团聚形成较大的液滴，当体能量密度低于阈值（$10J/mm^3$）时，这些液滴会融入熔池；而当高于阈值时，这些液滴将在金属蒸气射流作用下喷射。流体向后的加速度与向上的金属蒸气会产生较为陡峭的熔池边界，这被认为是飞溅开始产生的标志。V. Gunenthiram 结合熔道横截面对能量密度的影响及飞溅机制，将整个粉末床激光熔融过程可能存在的加工状态分为 4 类：①在低能量密度输入与较高扫描速度下，易产生大量球化、大量飞溅不稳态加工；②在低能量密度输入与较为适宜的扫描速度下粉末床获得低穿透正常加工，此时飞溅的数量较前者会大幅的降低；③适宜能量输入与扫描速度下伴随匙孔结构的高穿透稳态加工，伴有小幅增多的飞溅（$65J/mm^3$）；④过能量输入的“驼峰”熔道的不稳态加工，如图 6-10 所示。输入能量对熔池状态的影响直接决定了飞溅、剥蚀、匙孔结构的状态，针对飞溅状态的波动性变化，本书认为是熔池的蒸发作用为飞溅提供了动力。

P. Bidare 等利用高速摄像与纹影成像技术对单道熔道与多层成形下的飞溅剥蚀与羽流现象进行拍摄。激光功率与扫描速度作为控制变量，根据飞溅溅射方向与扫描方向的夹角将飞溅类型分为垂直方向、锐角方向与钝角方向，且飞溅垂直扫描方向时剥蚀程度最轻，其在纹影成像下羽流（包含铁元素蒸气、等离子体气体与成形腔保护气（氩气）的成因得以解释，如图 6-11所示，并通过数值模型的形式从热力分布与环境气体流动角度对羽流的表现予以验证。P. Bidare 通过用飞溅颗粒、可视化羽流的运动特征与数值模型结合的论证方式，解释了飞溅与剥蚀机制的诱因，强调激光作用点附近保护气体与激光羽流在激光作用过程中的重要性。

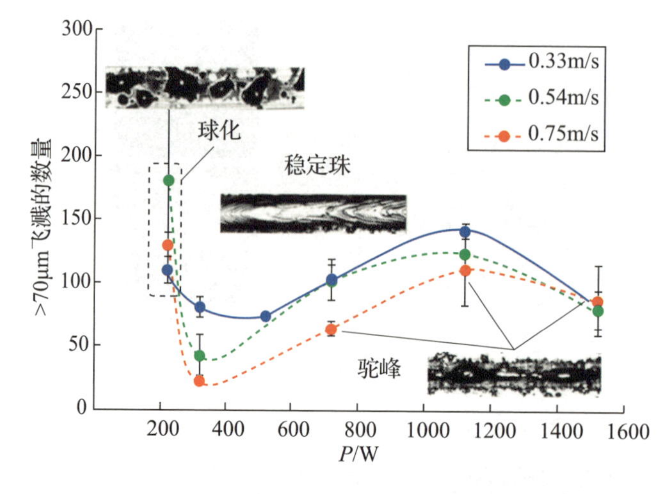

图 6-10
不同激光能量对大尺寸飞溅的影响

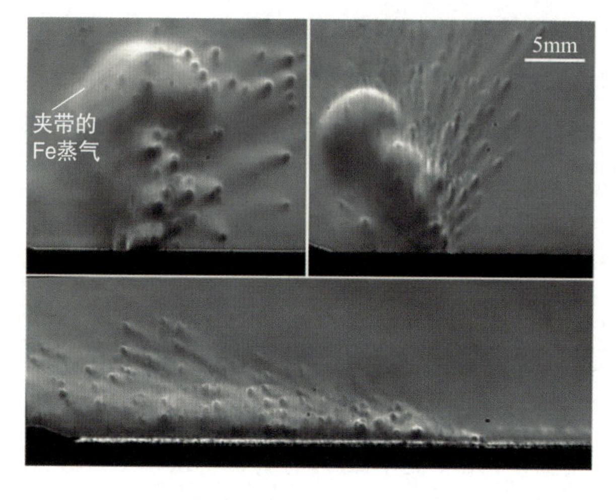

图 6-11
3 种溅射角度下的羽流过程纹影成像

L. Sonny 等通过高速摄影机与仿真分析对粉末床熔融增材制造过程中飞溅运动过程进行分析，认为激光作用过程产生的反冲作用并非飞溅形成的主要原因，而是源于激光作用点周围保护气剧烈流动产生的夹带作用，与 P. Bidare 研究相似。但与 P. Bidare 研究不同的是，L. Sonny 等以仿真的方式从金属蒸气压力对匙孔形状的影响对两种飞溅的产生进行了解释，当激光功率与扫描速度对金属的蒸发作用足以形成深且垂直粉末床的熔池时，会获得垂直方向的飞溅喷射，相反则获得钝角类飞溅喷射。L. Sonny 的研究基于高速摄像机展现了 3 类飞溅产生机制，如图 6-12 所示，金属熔液经在反冲作用力下凸起、拉长颈缩，最终逃离成为飞溅，此类飞溅占飞溅总数的 15%，速度为 3～8m/s；粉末床上的部分金属颗粒在剧烈流动的氛围气体夹带作用下被拉起，或经激光辐射作用成为热飞溅(占飞溅约为 60%，6～20m/s)，或未经加热成为冷飞溅(占飞溅约为 25%，2～4m/s)。

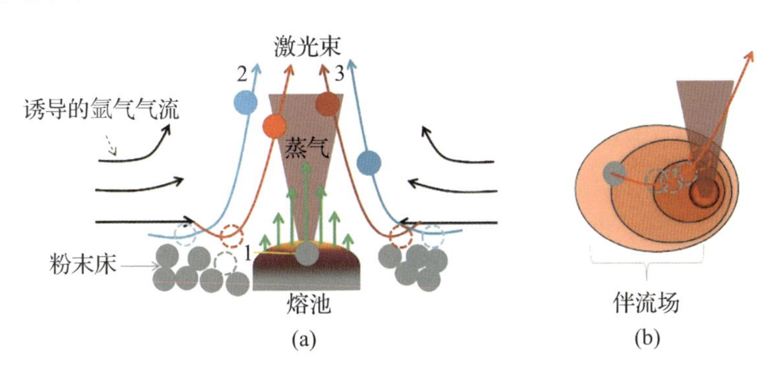

1—夹带颗粒；2—冷飞溅；3—热飞溅。

图 6-12　3 种飞溅的形成过程

(a)飞溅的形成过程；(b)粉末飞溅的激发过程。

针对熔池，高速摄像机的表征能力一般，熔池的内部轮廓、深度等信息无法明确。C. Zhao 等则利用 X 射线及衍射技术对粉末床激光熔融过程下熔池部分进行拍摄，对熔池动力学、粉末飞溅过程与快速凝固过程，尤其是微观组织的发展与转化过程进行了直观的计算与分析。在 520W 功率下的激光定点加工，持续 1ms 的过程，在马兰戈尼效应与蒸气反冲压力共同作用下，热与质量被快速吸收并向作用点周围粉末扩散，飞溅形成。C. Zhao 对于飞溅形成机制的叙述虽然较为简略，但在 X 射线技术下，飞溅颗粒运动轨迹与特征得到了更为直观清晰的表述。更加详细的飞溅运动包括：①在作用初始就被金属蒸气的反作用力射出熔池的飞溅；②在熔液表面张力与保护气流动作用下缓慢接近激光作用点后被迅速激发射出的飞溅；③两个飞溅颗粒在表面张力与复杂的气流夹带作用下向激光靠近并融为一体成为更大的飞溅颗粒。此外，通过不同功率的对比实验验证，由表面张力分布与反冲作用力的不均匀性造成熔池动态流动，最终导致飞溅角度的分布非对称。

H. Nakamura 等在高速摄像技术与 X 射线成像技术基础上，利用碳化钨示踪剂实现对熔池流动和飞溅机制更为简便的检测，如图 6-13 所示。文章关于飞溅部分 10kW 激光功率下基于不同扫描速度，对飞溅起源位置进行分析，扫描速度处于低速(17～50mm/s)时 80% 飞溅产生于匙孔结构的头部与侧部；50～100mm/s 过程中，飞溅的产生明显从匙孔结构头部向熔池后方转移；当扫描速度达到 100mm/s 时，匙孔结构侧部产生的飞溅占主体；当熔化速度到达 300mm/s 时，飞溅主要产生在匙孔结构后部。而示踪颗粒的加入，为熔池内部流动、流速与飞溅轨迹等信息的刻画提供了直观可靠的测量数据，为解释飞溅产生位置变化现象提供依据。

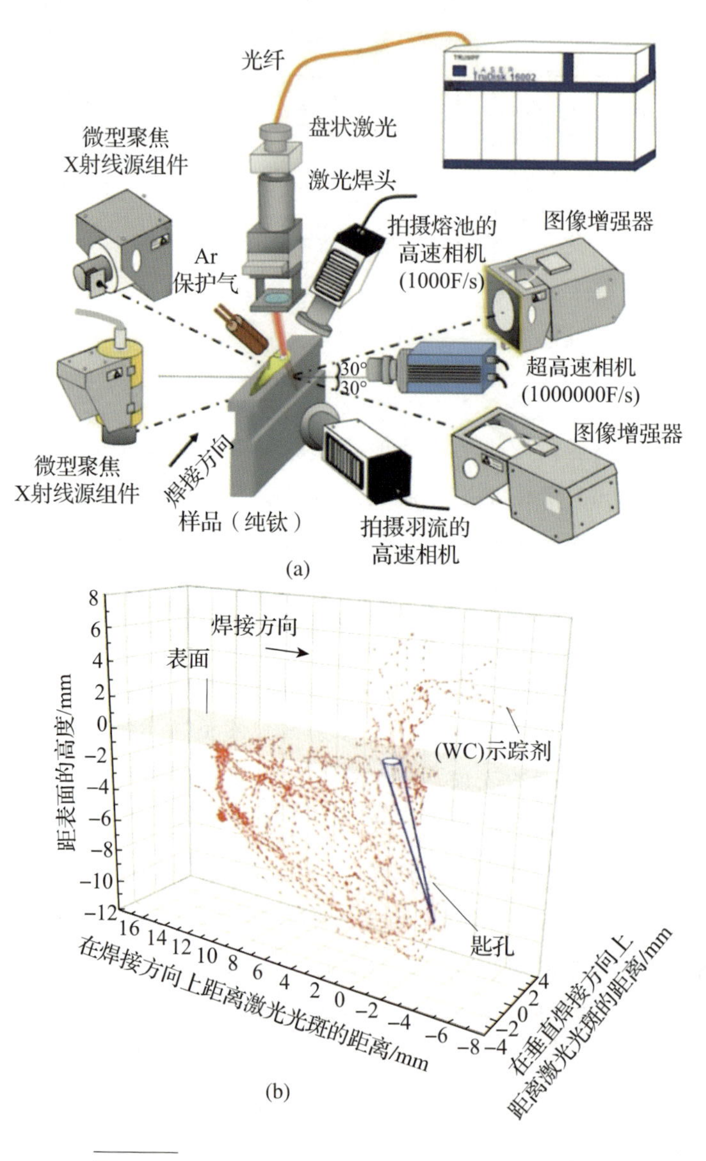

图 6-13　X 射线成像系统与示踪剂三维运动轨迹

(a)X 射线成像系统示意图；(b)失踪颗粒运动轨迹。

6.3 飞溅对力学性能的影响

根据上述内容，可以明确粉末床激光熔融成形过程中产生的飞溅物颗粒包括两类：粉末飞溅和液滴飞溅。故飞溅针对粉末床激光熔融成形复杂构件的影响可总结为两个方面。

(1)飞溅物影响粉末床激光熔融加工过程稳定性，影响新粉末层铺展平整度和激光辐照粉末床能量吸收率，将对液态熔池稳定性造成不利影响。

(2)飞溅物混夹于干净粉末中也将影响结构件的微观组织和力学性能，造成微观组织中形成微孔、夹杂缺陷，最终导致零件延伸率和疲劳强度严重下降。

作者研究团队曾开展金属粉末的使用次数对粉末床激光熔融成形致密性与力学性能影响的相关研究，包括不同污染程度下金属粉末、飞溅颗粒对粉末床激光熔融成形过程的影响，和对成形质量进行致密性和力学性能测试。

6.3.1 致密性

图 6-14 所示为不同粉末使用次数下得到的粉末床激光熔融成形测试块的致密化与孔隙缺陷光学显微图。实验结果表明，粉末床激光熔融过程的致密性对金属粉末的使用次数非常敏感，不同使用次数的粉末材料制备的零件，其致密性和残余孔隙大小不同。第 1、第 2 次使用的粉末，成形获得的零件致密度较高，并得到图 6-14(a)和(b)所示的极少的微型孔隙。第 3 次使用的粉末，因在微小的外观和光滑的毛孔中产生凝固(图 6-14(c))导致测试块的致密度明显降低。随着使用次数的进一步增加，到第 4 次使用时，测试块内部明显产生了一些伴随着尖角的不规则孔隙(图 6-14(d))。而当粉末的使用次数达到第 5 次时，不规则孔隙的平均大小达到 150 μm(图 6-14(e))。随着粉末的使用次数增加为 6 次，在平均大小为 300 μm 狭长孔隙中开始出现未熔粉末(图 6-14(f))。

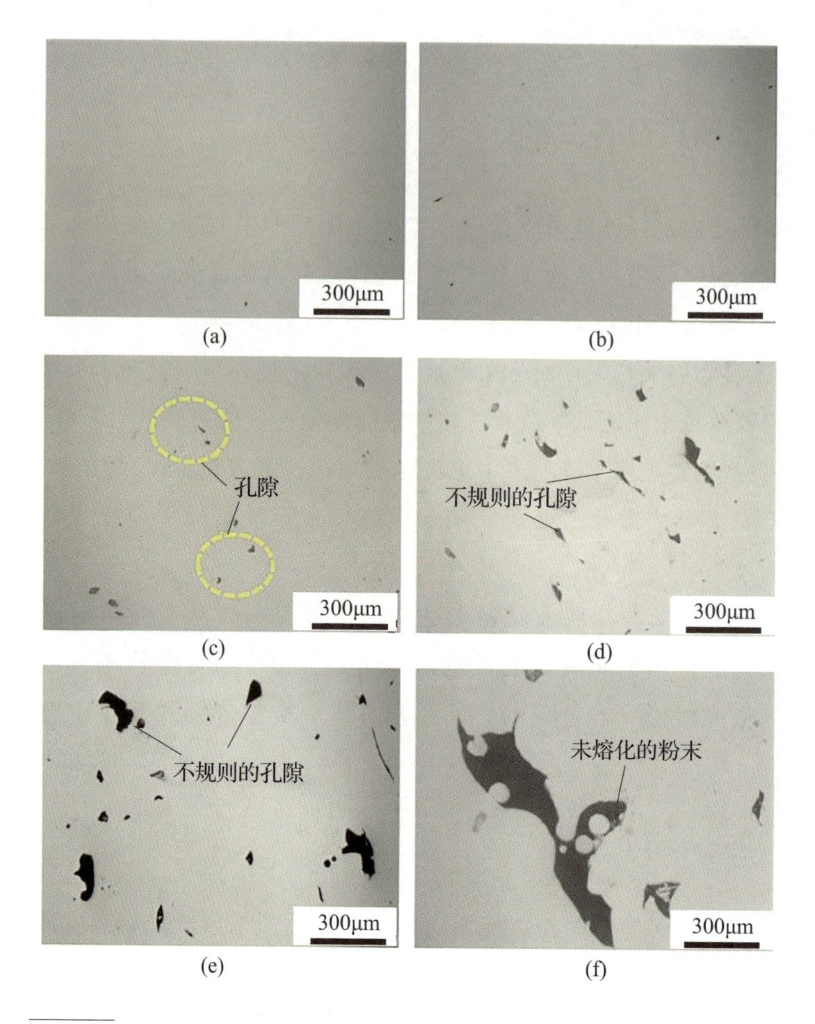

(a) (b) (c) (d) (e) (f)

图 6-14　不同粉末使用次数下粉末床激光熔融成形件截面的宏观缺陷结构

(a)第 1 次使用；(b)第 2 次使用；(c)第 3 次使用；(d)第 4 次使用；
(e)第 5 次使用；(f)第 6 次使用。

通过进一步的腐蚀与对显微组织观察，得到图 6-15 所示的宏观熔道缺陷结构图。粉末使用次数对熔池的搭接、形貌等方面的稳定性有直接影响。在图 6-15(a)和(b)所示次数下，熔道表现出正常形态与搭接效果，熔道间拥有良好的冶金结合效果，最终表现出良好的致密性。随着金属粉末的使用次数达到 3 次和 4 次，沿熔池的边界开始出现微型的孔隙。当重复使用次数达到 5 次以上时，孔隙的尺寸大幅度增大并伴随未熔粉末颗粒的夹杂，同时多个孔隙会沿熔池边界联结形成更大尺寸的孔洞。

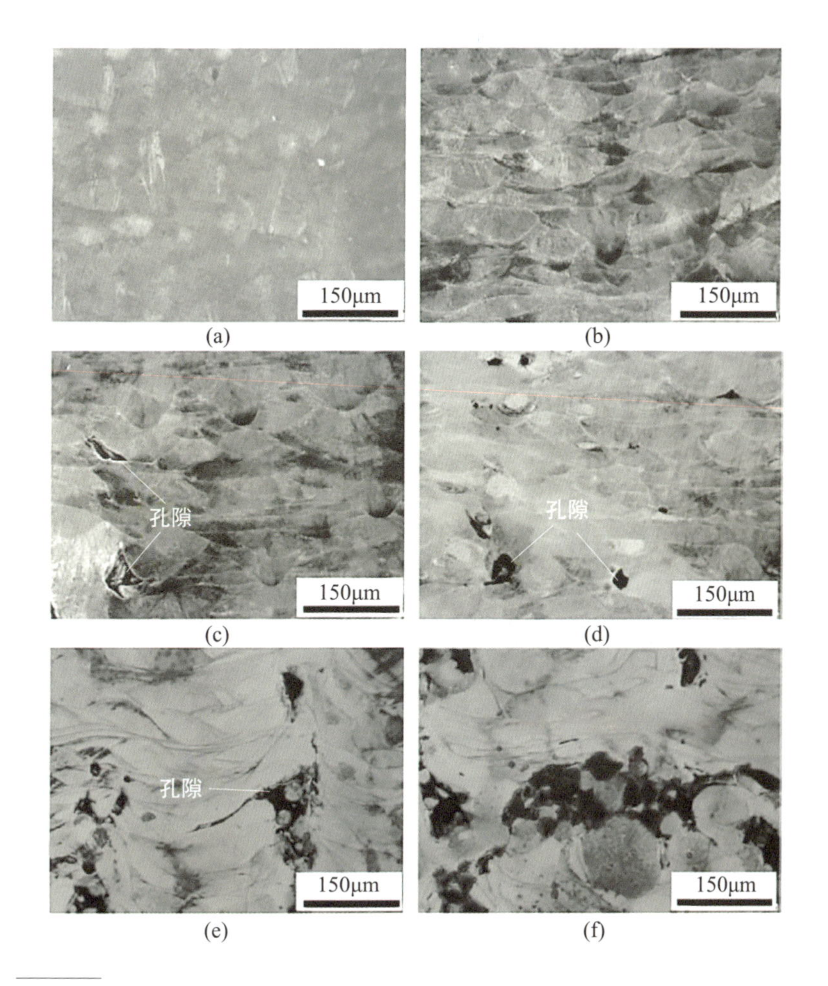

图 6-15　不同粉末使用次数下粉末床激光熔融成形件截面的宏观熔道缺陷结构

(a)第 1 次使用；(b)第 2 次使用；(c)第 3 次使用；(d)第 4 次使用；(e)第 5 次使用；(f)第 6 次使用。

针对不同使用次数下孔隙结构的形成机制，总结归纳出大小飞溅物颗粒在粉末床激光熔融成形过程中的作用机制。图 6-16 中显示了 A、B 两种尺寸的飞溅颗粒对粉末床激光熔融成形件的影响，飞溅颗粒 A 和 B 散落在粉末床激光熔融成形件表面，在下一层粉末铺展时，混在粉末中，由于 A 颗粒尺寸较小(与粉末层厚相近)，在后续激光扫描时，小颗粒溅射在激光下再次熔化，但也可能产生孔隙，也可能本身在轨迹中变成夹杂物(图 6-17(a))。熔池中的烧蚀损失和匙孔效应也会引起微观组织中的微孔。由于 B 颗粒尺寸远远大于粉末厚度而无法被激光束完全熔融(图(6-17(b))，同时阻碍了激光熔化

B 颗粒所遮蔽的金属粉末，造成图 6 - 16 中出现的未熔粉末现象。

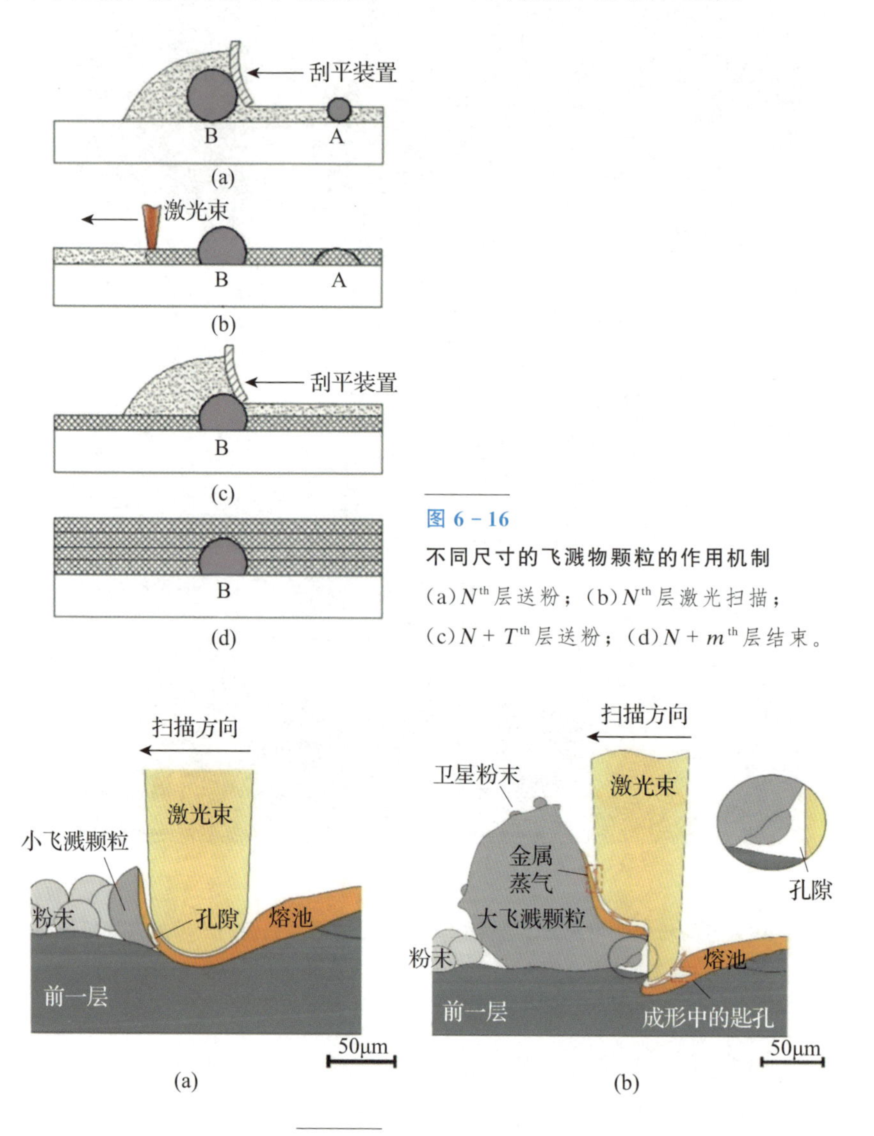

图 6 - 16

不同尺寸的飞溅物颗粒的作用机制

(a)N^{th}层送粉；(b)N^{th}层激光扫描；(c)$N+T^{th}$层送粉；(d)$N+m^{th}$层结束。

图 6 - 17　颗粒的熔覆机制

(a)A 颗粒的熔覆机制；(b)B 颗粒的熔覆机制。

6.3.2　力学性能

初期，作者团队为研究飞溅对粉末床激光熔融成形件力学性能的影响，设计了一组基于 316L 不锈钢粉末的对比实验。采用干净粉末和污染粉末（使用过5次而未过筛的粉末)分别成形两组板状拉伸试件，试样尺寸满足国家标准GB/T 228—2010，采用相同的工艺条件，具体工艺参数如表6-1所列。

表6-1 316L拉伸件成形工艺参数

项目	激光功率/W	扫描速度/(mm/s)	扫描间距/mm	分层厚度/mm	扫描策略
数值	150	600	0.08	0.04	层错扫描

由图6-18可以看出，干净粉末试样断口在中间，具有较小的颈缩，而污染粉末试样断口则没有颈缩现象。图6-19所示为应力-应变曲线，显示两组试样均为韧性断裂，断裂发生时，干净试样最大拉伸强度高达678MPa，屈服强度高达516MPa，应变最大达到31.3%；污染试样最大拉伸强度只有517MPa，最大屈服强度只有450MPa，最大应变只有15.7%，两组试样的平均值如表6-2所列。由此可见，污染粉末的拉伸性能远远低于干净粉末。

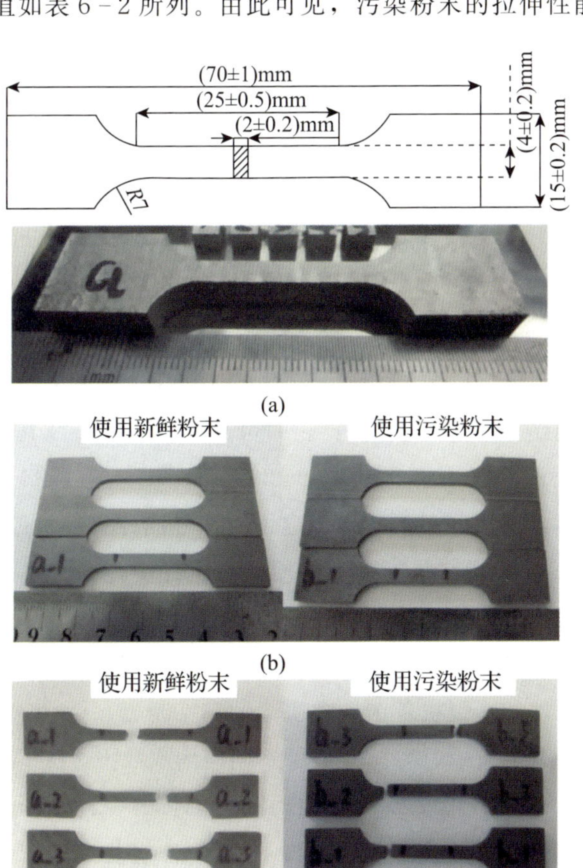

图6-18 拉伸试样

(a) 拉伸试样尺寸；
(b) 拉伸实验前的试样；
(c) 拉伸实验后的试样。

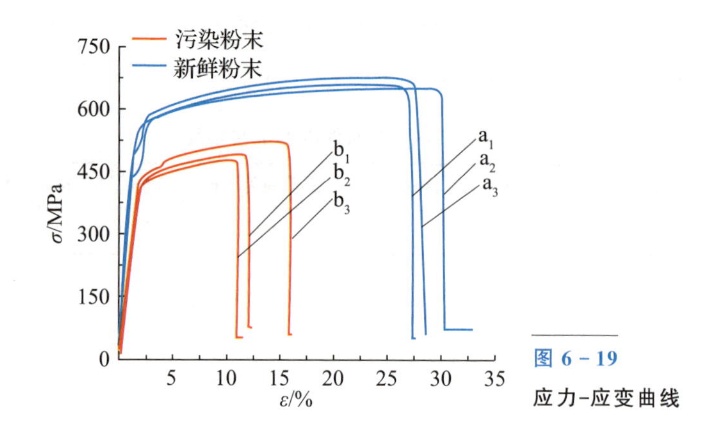

图 6-19
应力-应变曲线

表 6-2 拉伸实验结果

项目	UTS/MPa	$\sigma_{0.2}$/MPa	EL/%
新粉	664.7±17.5	488.9±16.7	29.3±2.1
污染粉末	499.8±19.9	436.3±13.8	13.7±2.8

为进一步分析两种试样的断裂机理，采用 SEM 观察断口形貌。图 6-20 显示了干净粉末试样的断裂形貌，图 6-20(a)所示为干净试样的低倍图(放大 500 倍)，从图中可以看出断口处有少量的孔洞，表面凹凸不平。图 6-20(b)所示为干净试样的高倍图(放大 10000 倍)，显示断口处分布大量不规则的小且浅的韧窝，韧窝分布不均匀，其中还存在一些较大尺寸的凹坑，这说明试样为韧性断裂。图 6-20(c)显示了污染粉末试样的断裂形貌，相较于图 6-20(a)所示，图 6-20(c)所示断面上存在大量的孔洞，表面粗糙不平。图 6-20(d)所示为污染试样的高倍图(放大 10000 倍)，与图 6-20(b)所示一样，断口分布大量不规则的小且浅的韧窝，韧窝分布不均匀，这说明试样同样为韧性断裂。结合图 6-20(c)考虑，污染试样拉伸强度降低的原因是试样中存在大量的飞溅杂质。在拉伸实验时，飞溅颗粒与零件主体之间的结合面首先被破坏，从而形成初始断裂纹，在外力的进一步作用下，这些裂纹逐渐扩展，最终导致零件断裂失效，因此污染试件的断裂机理为缺陷引起的韧性断裂。

基于上述研究，如图 6-21 所示，团队开展了不同使用次数下 CoCrW 粉末的粉末床激光熔融成形件力学性能测试。拉伸棒尺寸如图 6-21(a)所示，粉末床激光熔融制造的拉伸棒如图 6-21(b)所示，室温拉伸实验后的拉伸试样如图 6-21(c)所示，所有的断裂都发生在规范区域内。此外，随着粉末使用

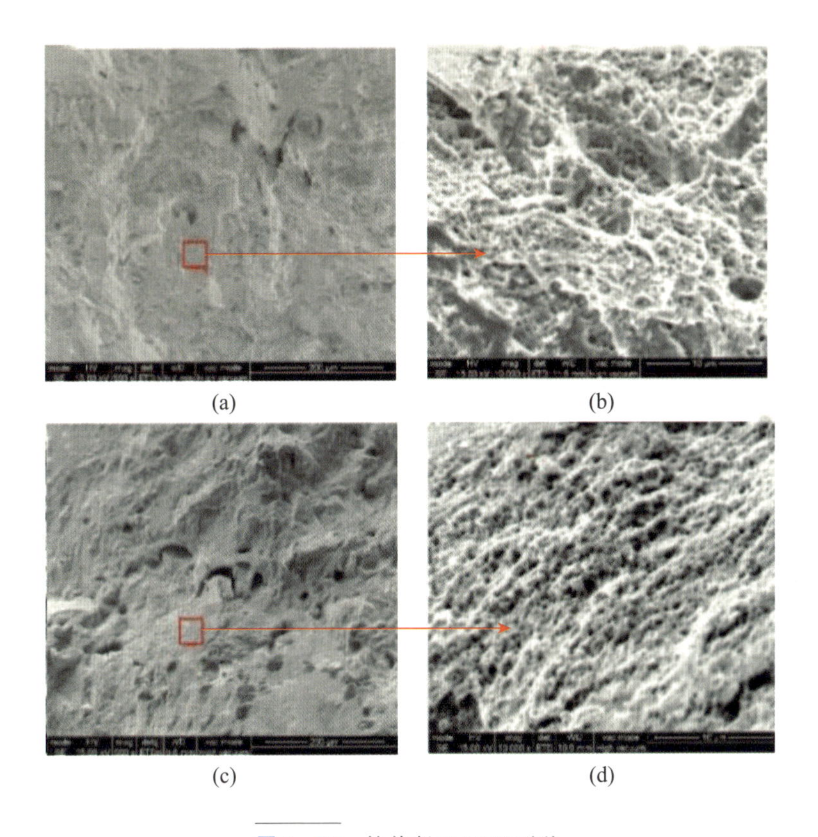

图 6-20　拉伸断口 SEM 形貌

(a)干净粉末拉伸断口低倍图；(b)干净粉末拉伸断口高倍图；
(c)污染粉末拉伸断口低倍图；(d)污染粉末拉伸断口高倍图。

次数的增加，拉伸件断裂的位置更靠近夹持末端。拉伸试样的应力-应变曲线如图 6-22 所示，拉伸强度、屈服强度和延伸率分别如图 6-22 所示。从断口形貌和断口曲线可以看出，试件的断裂模式为脆性断裂。随着粉末使用次数的增加，试样的拉伸性能下降，拉伸强度从 1284.12MPa 下降到 874.57MPa。同时，屈服强度从 875.85MPa 下降到 689.18MPa，也表现出相似的趋势。在拉伸实验中试样的延伸率性能方面，新粉成形件的延伸率由 11.15%略微下降到第 4 次使用时的 9.60%，到第 6 次使用时延伸率急剧下降到 3.82%。拉伸强度和延伸率的实验结果证实了粉末使用次数，尤其是重复使用 4 次后，飞溅产生的粉末污染对粉末床激光熔融零件拉伸性能的影响显著。

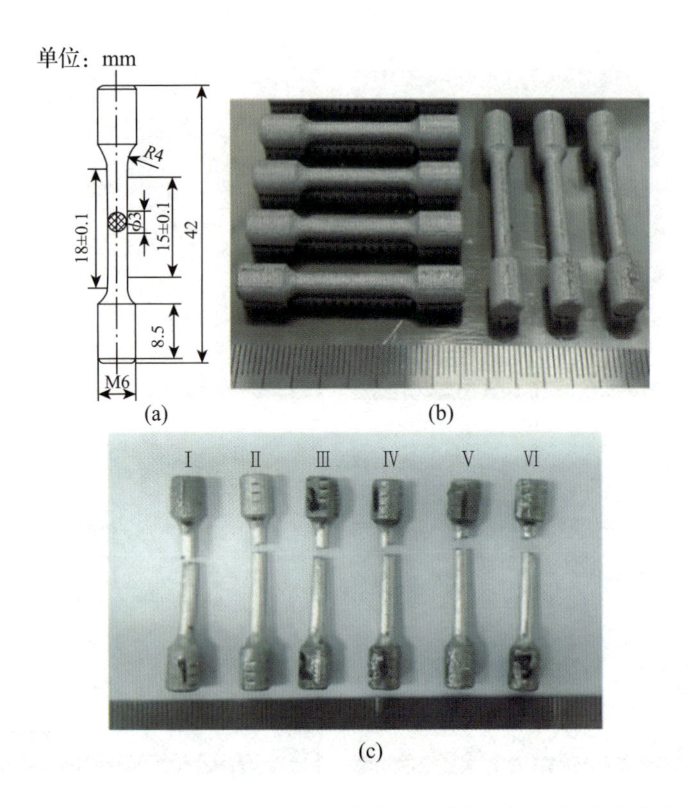

图 6-21　污染粉末得到的 CoCrW 合金粉末床激光熔融成形拉伸件(依据粉末的使用次数得到Ⅰ～Ⅵ共 6 组)

(a)标准拉伸件示意图；(b)拉伸件成形件；(c)各批次拉伸件拉断宏观形貌。

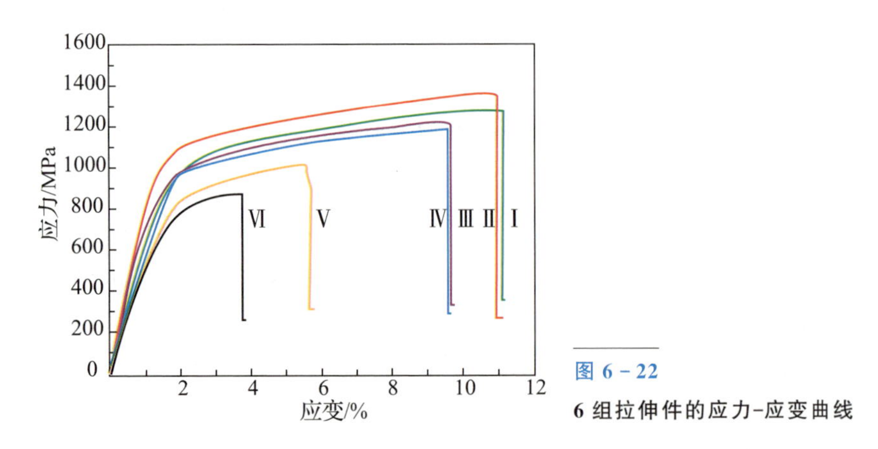

图 6-22　6 组拉伸件的应力-应变曲线

图 6-23 所示为不同粉末使用次数下拉伸件断口的电镜宏观形貌图。结果表明，所获得的断口形貌具有明显的解理面和楔形裂纹。结合图 6-23(c)

所示，宏观断裂角垂直于拉伸方向，没有明显的缩颈现象，可以确定 CoCrW 拉伸件发生了脆性解理断裂。当粉末使用次数为一次与两次时，拉伸试样的宏观断口为平面断口，断口处有少量平行的楔形裂纹（图 6 - 23(a)和(b)）；在第三次和第四次使用 CoCrW 粉末时，断口明显不均匀，楔形裂纹增大，大孔隙内嵌有少量未熔化的粉末颗粒(图 6 - 23(c)和(d))；第五次和第六次使用该粉末材料时，拉伸试样的宏观断裂更加不均匀，出现大量的楔形裂纹、孔洞和未熔透的粉末颗粒(图 6 - 23(c)、(e)、(f))。

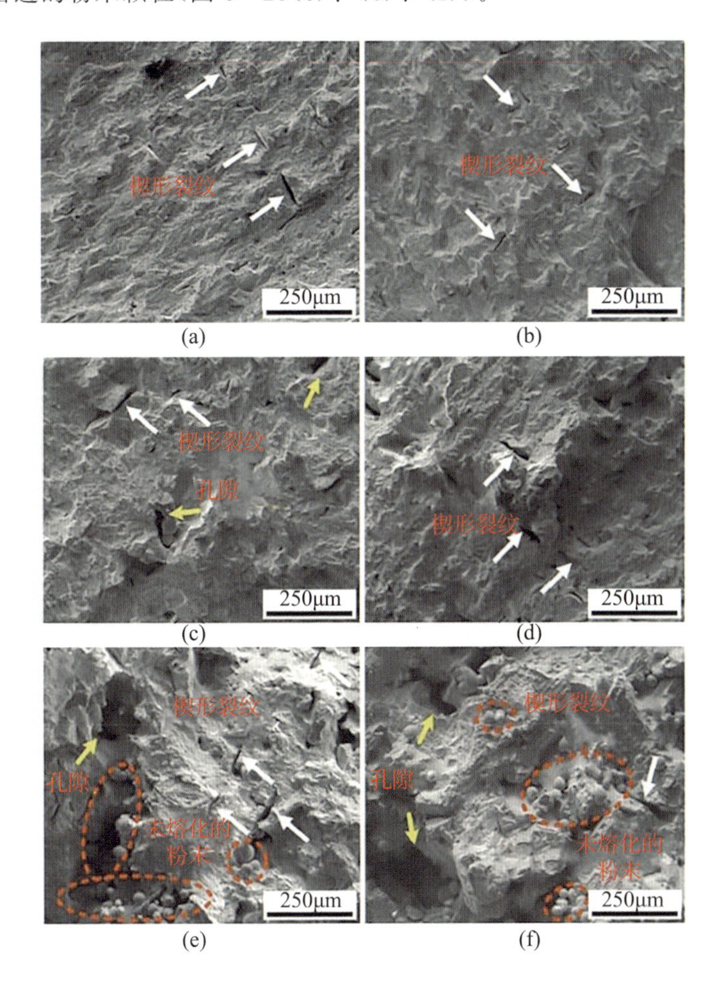

图 6 - 23　6 组拉伸件断口的扫描电镜宏观形貌

(a)第一次使用；(b)第二次使用；(c)第三次使用；(d)第四次使用；(e)第五次使用；(f)第六次使用。

通过研究团队对粉末使用次数的研究，从新粉至第六次使用的粉末，可以清楚地观察到成形件从微观组织层面开始出现缺陷，孔隙、夹杂物缺陷明显增强并直接导致了粉末床激光熔融成形件拉伸性能的急剧衰减。因此，建议对重复使用的粉末材料进行特殊处理，特别是使用4次以上的粉末材料。虽然在本次实验过程中，为了获得明显的对比，成形系统的气体循环功率仅设置为正常功率的50%，但在实际工业粉末床激光熔融成形设备中，飞溅物净化效率要明显优于本实验。除此之外，Ardila等研究了Inconel 718再生粉末重复使用对粉末床激光熔融成形零件性能的影响。他们使用了更为优化的循环条件，发现在重复使用粉末14次之后，粉末性能仅出现了细小的变化。其原因可能是高效率的循环装置安装在成形区域的一侧，并在每个打印任务后过滤粉末。

6.4 液滴飞溅行为与加工状态

相比粉末飞溅，液滴飞溅的形成过程和诱导宏观缺陷的过程对粉末床激光熔融成形质量的影响更为突出，液滴飞溅行为的研究对深入理解粉末床激光熔融成形过程具有非常重要的意义。为了更为深入地了解液滴飞溅行为所蕴含的加工原理，本书尝试通过处理与分析液滴飞溅行为的高速图像加深对激光与粉末作用机制和液滴飞溅产生机制的理解。

6.4.1 液滴飞溅及其图像

为讨论液滴飞溅行为的运动特征，采用表6－3中提出的加工参数进行3种典型加工状态下液滴飞溅行为的对比实验。在160W的激光功率下，激光扫描速度分别为500mm/s、750mm/s、1500mm/s时的单道熔道形貌如图6－24所示，单道熔道分别表现为过度熔化状态、顺利成形状态、欠熔化状态3种情况。由图6－24(a)可以看出在较高激光能量密度状态下的熔道宽度较大，熔道连续且富有光泽，但由于输入能量过高，金属熔液在完全凝固之前在表面张力作用下重新分布而形成凸起或球化。此外，激烈的飞溅过程也会造成熔池熔液的减少，最终导致单道熔道的宽度与高度不稳定。在正常能量密度作用下(图6－24(b))，熔道的形貌连续一致、表面光滑富有金属光泽，且无球化和凸起结构出现。在低能量密度作用下(图 6-24(c)),金属粉末与基体对激光能量的吸收不足,熔池深度较小,熔液与基板润湿时间缩短继而无法克服熔液表面张力形成更为严重的球化结构,熔道的成形连续性较差。

表 6-3 实验参数表

实验序号	铺粉层厚 h/mm	扫描间距 d/mm	激光实际功率 P/W	扫描速度 v/(mm/s)	激光能量密度 ψ/(J/mm)	成形状态
1	0.03	0.06	160	500	0.320	过熔成形
2				750	0.213	顺利成形
3				1500	0.106	欠熔成形

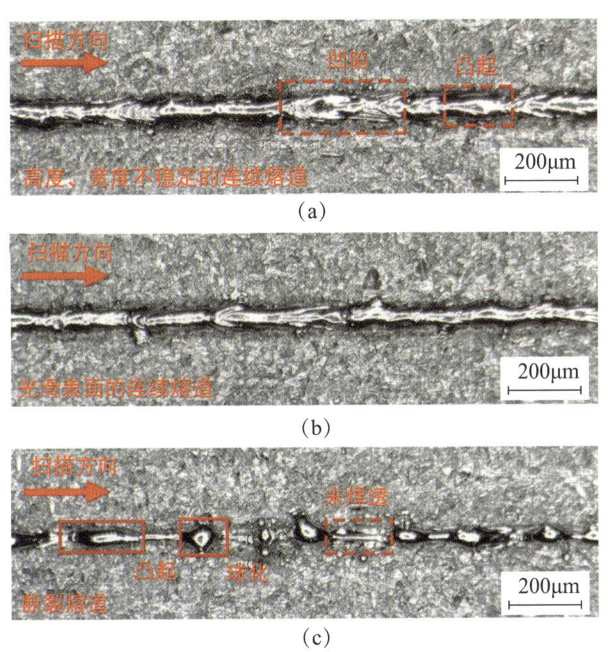

图 6-24 3种典型加工状态下的成形单道熔道形貌

(a)过熔成形单道熔道,线能量密度为 0.3J/mm;(b)顺利成形单道熔道,线能量密度为 0.2J/mm;(c)欠熔成形单道熔道,线能量密度为 0.1J/mm。

3种典型加工状态下的单道熔道过程对应的液滴飞溅行为表现如图 6-25 所示。在过熔的加工状态下,液滴飞溅过程主要呈现出与扫描方向垂直的剧烈液滴喷射过程,随着扫描速度的提高和线能量密度的降低,液滴、羽流的喷射方向与扫描方向的夹角均逐渐增大,而液滴颗粒的数量逐渐减少。在不同成形过程中(图 6-25(a)和(b)),液滴飞溅的分布均表现出显著的扇形发散特征,剧烈的激光加工过程赋予液滴飞溅过程独特的复杂性与随机性。此外,随着扫描速度的提高,相同的冷却速率下熔池尾部的拖曳距离逐渐增大。在图 6-25(c)所示的欠熔成形过程中,熔池长度的增加使熔液更容易在远离匙孔的熔池尾部处逃逸而形成液滴飞溅。羽流喷射方向与液滴飞溅的分布方向表现出高度的一致性,羽流喷射角度的突变也会导致匙孔附近液滴颗粒的形成与喷射角度的转变,这一点是由液滴飞溅形成机制所决定的。

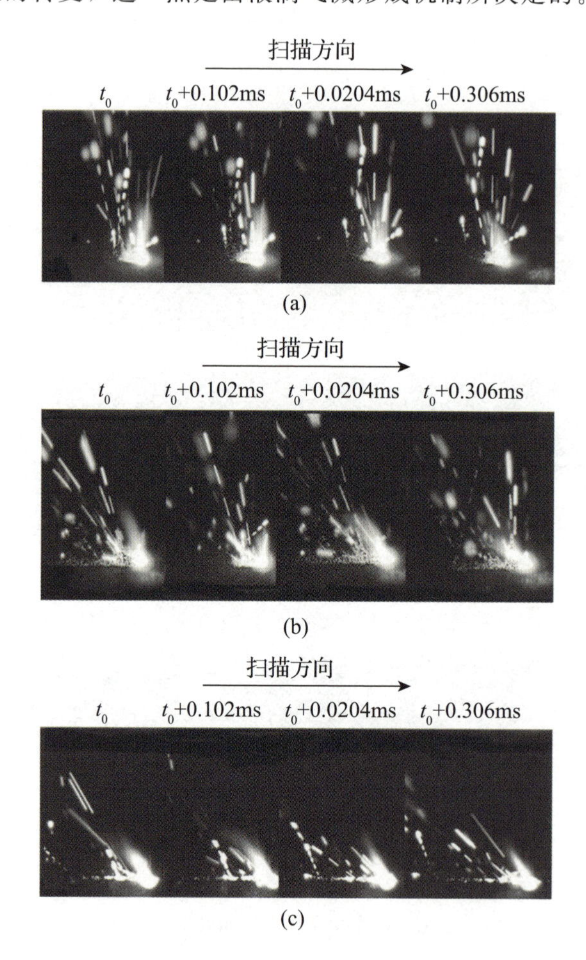

图 6-25　3 种典型加工状态下的成形液滴飞溅行为

(a)过熔成形液滴飞溅,线能量密度为 0.3J/mm;(b)顺利成形液滴飞溅,线能量密度为 0.2J/mm;(c)欠熔成形液滴飞溅,线能量密度为 0.1J/mm。

6.4.2　液滴飞溅图像处理

为提升飞溅图像信息反映激光和金属粉末作用过程的能力，本书以原始图像为例进行相关图像处理操作从而达到图像增强的目的。摄像机本身在硬件转换输出灰度图像时引入的检验噪声，通过中值滤波去除。此外，依据图像中熔池、羽流、飞溅颗粒与离焦信息的灰度值特性，采用 k 均值聚类算法对图像内容进行筛选和压缩以获取二维景深平面内的飞溅行为信息。依据聚类结果，可实现依据灰度值信息的图像分割结果并去除大部分的离焦信息或光晕光斑，从而将空间三维飞溅行为压缩为二维垂直平面内的飞溅特征，便于本章对激光-熔池系统机制与特性的讨论与分析。

图 6-26 所示为液滴飞溅行为图像截取帧，设定聚类质心 $k=4$ 并对原始图像进行 k 均值聚类操作。其中，k 值的确定由图像内所含内容决定，包括背景、熔池或液滴颗粒、羽流、光斑或光晕 4 类内容，其在成像过程中在灰度值方面具有显著的差异性。羽流作为一种等离子体和金属蒸气的混合物，具有半透明的特征，较光晕、漫反射光具有更大的亮度。因此，过大或过小的 k 值均会对图像内容造成过度的表达，最终获得如图 6-26(b)所示基于像素灰度值的聚类结果，其中高亮度保留部分为高温强光熔池或飞溅颗粒在景深平面的投影，而低亮度保留部分则主要包括喷发的等离子体(羽流结构)以及部分飞溅颗粒，模糊去除部分则提取出了原图像中大部分的离焦信息和光晕光斑。将高亮度与低亮度保留部分与原始图像进行点乘计算而获得目标图像，如图 6-26(c)所示。

根据高速相机的成像原理，感光芯片对液滴颗粒在相机曝光时间内的光辐射信息进行捕捉，高速成像系统每一帧的图像包含的是液滴颗粒在曝光时间内的移动信息，即便成像系统的曝光时间更短、采集帧率更高，所获的液滴颗粒图像均为曝光时间内液滴飞溅的移动信息而非颗粒的实际大小成像。凭借该成像特点，对每帧图像进行飞溅颗粒定位后，利用液滴颗粒图像的残影图像进行液滴飞溅的溅射角度计算，具体如图 6-27 所示。在完成目标图像中飞溅颗粒定位后，计算目标颗粒图像最小包络椭圆 O，椭圆长轴与水平基准线在扫描反方向的夹角倾角定义为该飞溅颗粒的溅射角度 α。同时对局部液滴飞溅图像的像素尺寸和数量信息进行计算，其中，液滴飞溅的像素面积以其所占的像素点数目进行表达。为减小异常飞溅颗粒的干扰，液滴飞溅行为的特征信息以帧内所有液滴颗粒信息的平均值形式进行统计。

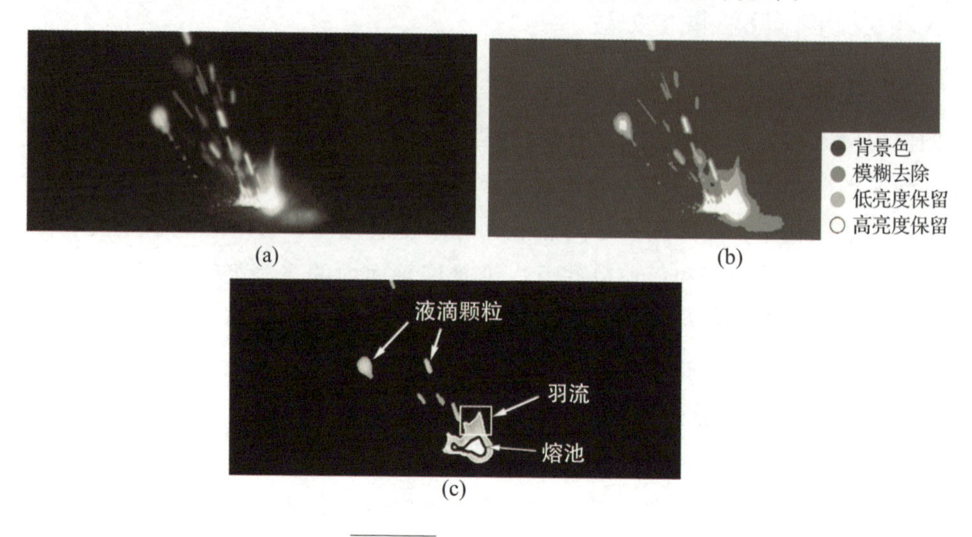

图 6-26 *k* 均值聚类分割

(a)原始图像；(b)*k* 均值聚类结果；(c)图像分割、增强效果。

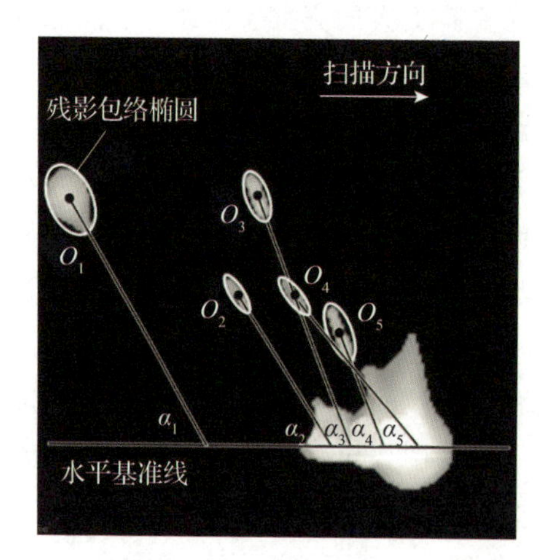

图 6-27 飞溅特征统计图及角度计算方式

6.4.3 液滴飞溅行为特征

如图 6-28 所示，通过统计 3 种线能量密度加工过程中各飞溅颗粒面积范围下的数量占比，进一步分析液滴飞溅的产生原因、演变机制和行为特征。在低能量密度输入的单熔道成形过程中，像素面积处于 20～40 像素的小型飞溅颗粒在颗粒面积分布中占据了绝对的主导地位。此现象表明，在欠熔加工状态下，原始粉末迁移与激发的过程占据了液滴飞溅行为的主体。此外，在较高的扫描速度下，因激光束与金属粉末的作用时间较短而无法产生大量的金属蒸气，较弱的蒸气压力无法持续地深入熔体或基体，从而导致匙孔结构对热量传递过程中的积极作用被削弱。低水平的温度梯度也无法使熔液依靠马兰戈尼对流过程获得强烈的流动性。同时，蒸气反冲作用力与马兰戈尼效应均无法促进熔液的溢出，使微熔池系统无法通过表面张力捕获周边粉末的形式补充金属熔液。熔液在反冲作用力下虽具有逃逸形成液滴飞溅的趋势，但由于受熔液供给的限制而无法形成大尺寸的液滴颗粒。随着激光扫描速度的降低和线能量密度的增大，像素面积大于 40 像素的液滴颗粒占比逐步升高，表明液滴飞溅在形成过程中得到充足的熔液补充；而更高的能量输入不仅增大了匙孔与熔池的深度，而且导致了更强烈的金属蒸发效应、更大的熔池温度梯度和更明显的表面张力梯度，在积极的马兰戈尼效应和金属蒸气膨胀挤压作用下熔液具有更复杂、剧烈的流动性，这促使了熔池熔液更频繁和剧烈的逃逸过程；更剧烈的金属蒸气喷发过程对夹带作用下的粉末飞溅形成过程更是直接的促进因素，同时伴随着更频繁的粉末迁移和激光激发过程，微型液滴飞溅在形成初期碰撞并融合成为更大的液滴飞溅的概率大大提高，尽管这一过程是随机的。值得注意的是，即使在高能量密度输入下，像素面积小于 40pixels 的小型飞溅颗粒在总量中仍占有一定比例，这一结果表明在过熔加工状态下，仍存在快速逃逸过程中无法获得充足的、具有较高加速度的熔液补充，但也不能排除粉末飞溅受热辐射作用转化为小型液滴飞溅这一过程的存在。而像素面积大于 60pixels 的液滴飞溅仅在高能量密度中出现，且随能量密度增大其占比提高，这种数据现象显示了熔液逃逸过程的液滴飞溅产生和加剧。

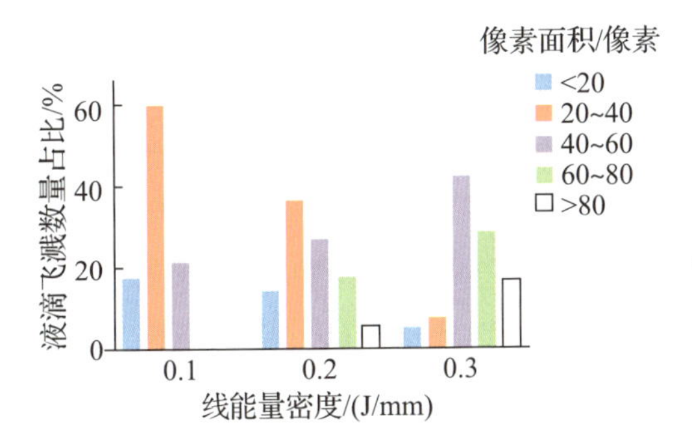

图 6-28

不同线能量密度下液滴飞溅颗粒面积的数量分布

液滴飞溅的溅射角度被研究者认为是一种能够直接反映熔池状态、匙孔形状和金属蒸气喷射状态的飞溅特征。从图 6-29 所示的不同能量密度加工过程中飞溅角度分布情况可以发现，随着线能量密度的变化，各加工过程中的飞溅角度均表现出显著的分布差异。在线能量密度为 0.1J/mm 的欠熔加工状态下，溅射角度小于 60°的液滴飞溅（占比 61.95%）成为该状态下溅射角度分布的主要组成部分。随着扫描速度降低，线能量密度增大，以 60°～70°角溅射的颗粒成为飞溅主体，同时溅射角度大于 70°的飞溅颗粒数量也明显提升。线能量密度的进一步提高直接导致溅射角度大于 80°的液滴颗粒占比大幅增长至 66.77%，而溅射角度小于 80°的液滴颗粒分布均有不同程度的减少。欠熔加工过程和过熔加工过程下的飞溅颗粒溅射角度表现出较为极端的分布特征，相比之下，顺利成形过程中的溅射角度分布比另两个过程表现出明显的过渡趋势，此时溅射角度大于 60°的飞溅颗粒占比已达到 87.05%，即便如此，此时的各溅射角度范围内的颗粒数量占比却表现出较为弱的差异性，最终表现出了异常波动。综上，从不同像素尺寸下的液滴颗粒数量与不同溅射角度下液滴数量分布结果看，线能量密度的改变使液滴颗粒的形成机制与溅射行为表现发生了显著转变。

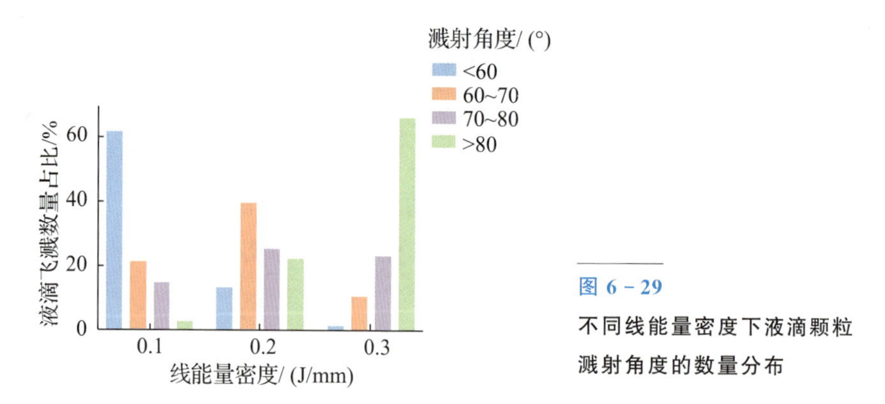

图 6-29 不同线能量密度下液滴颗粒溅射角度的数量分布

结合上述的液滴飞溅行为特征与液滴飞溅形成机制，根据不同液滴产生的位置，将液滴飞溅形成机制分为 4 类（包含类型①～④），如图 6-30 所示。4 类液滴飞溅的形成机制包括匙孔前、侧、后部的熔液在马兰戈尼效应和反冲作用力下获得较大动力并克服表面张力逃逸形成的①～③类液滴飞溅，其溅射角度由熔液流动性决定，以及由于流动性环境气体夹带原始粉末向熔池迁移，并促使其在激光辐射后以液滴形式随金属蒸气喷发而成的④类液滴飞溅，其溅射角度由羽流的喷射角度直接决定。在激光束与金属粉末的作用过程中，由于金属蒸气的反冲压力在熔池形成的凹陷即为匙孔结构，其形状、尺寸等特征由激光功率和扫描速率决定。在高斯分布的光斑作用下匙孔前壁熔液不断汽化产生大量金属蒸气并囤积在匙孔结构中，而匙孔前壁与后壁的夹角 α 约束了金属蒸气的逃逸路径，即决定了羽流的喷射角度。不同的羽流逃逸角度不仅直接影响图 6－30 中④类液滴飞溅的溅射角度，同时蒸气反冲压力方向的变化直接影响着熔池的形态及熔液的运动和加速方向，继而导致图 6－30 所示的①～③类液滴飞溅的溅射角度发生转变。

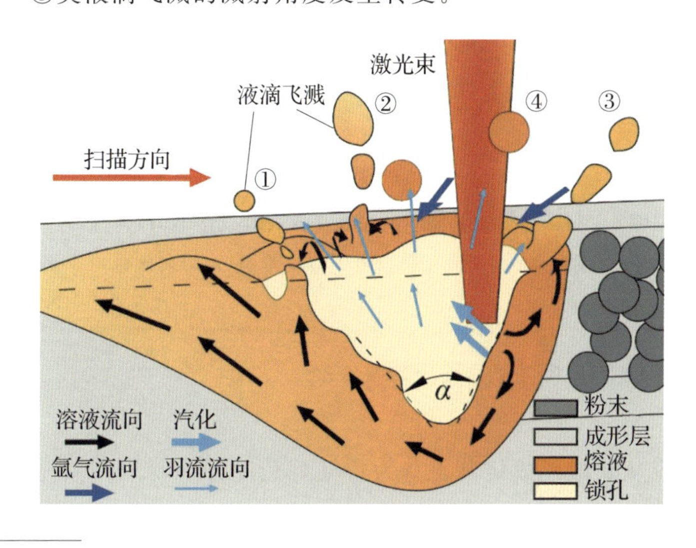

图 6－30　液滴飞溅形成机制以及不同线能量密度下熔池与匙孔示意图

在线能量密度为 0.3J/mm 的低速扫描加工状态下，激光参数决定了匙孔前壁的倾斜角度。在剧烈的蒸气反冲压力下，匙孔结构在垂直方向上获得较大深度，使熔池熔液在垂直方向上获得较大运动分量，最终得到图 6－31(a) 所示的熔池与匙孔形态以及单道熔道实验中较低水平的熔池像素长度。在液滴飞溅行为机制方面，由于金属蒸气的逃逸过程受匙孔前、后壁限制并以较大角度喷发，①～④类液滴形成过程分别在羽流和反冲压力作用下以近乎垂直的角度逃逸。随着扫描速度的提高，熔液汽化、金属蒸气反冲压力同时减弱，熔池与匙孔在深度方向的发展受到约束；高速扫描下匙孔前壁倾斜程度减弱，匙孔后壁也由于熔体的切向流动速度的增大而趋于平缓，导致匙孔壁 α 夹角的增大，呈现出图 6－31(b)和(c)所示的熔池与匙孔形态的演变过程。

匙孔的形态转变导致金属蒸气逃逸方向和反冲压力方向的转变，进而导致熔化状态的原始粉末和熔池熔液在溅射方向上发生显著改变。值得注意的是，由于金属熔液蒸发过程和反冲压力的减弱，熔池熔液的流动性减弱，这意味着图 6-30 中的①～③类液滴飞溅的发展过程将被抑制，④类过程所代表的原始粉末迁移、激发与溅射过程成为形成液滴飞溅的主导机制。

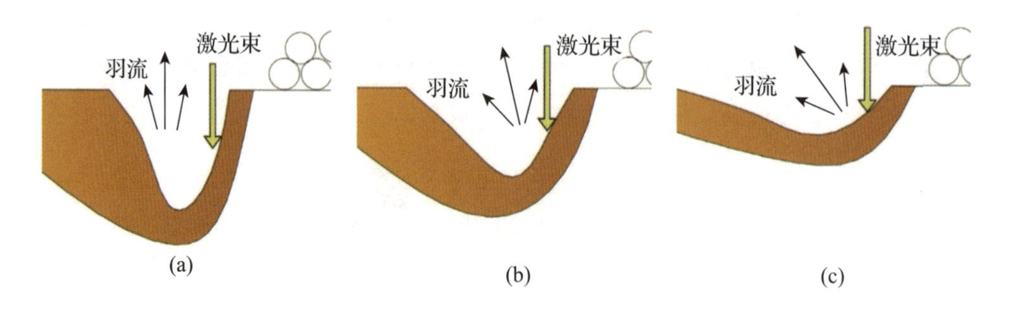

图 6-31　各加工状态下的熔池像素长度及熔池与匙孔形态

(a)过熔成形下熔池形态；(b)顺利成形下熔池形态；(c)欠熔成形下熔池形态。

6.5　成形腔体气体循环系统

以上内容从缺陷形成机制、行为特征等角度针对粉末床激光熔融成形过程中的飞溅现象与飞溅对粉末床激光熔融过程的影响进行了详细的介绍与讨论。而在实际生产状态下，粉末床激光熔融成形设备所配备的气体循环净化装置是滤除飞溅颗粒、有害气体等激光加工产物的最有效手段。本节将就实验中关于气体净化系统的相关研究内容进行介绍。

6.5.1　DiMetal-100 成形腔体气流分布

图 6-32 所示为 DiMetal-100 成形腔简化模型。模型根据成形设备密封腔进行简化，保留了腔体的基本结构尺寸与进/出风口结构的原有设计结构与尺寸。其中，腔体高度为 100mm，宽度为 290mm，长度为 300mm，进/出风口管道直径为 32mm；进/出风口的方形开口高度为 12mm，宽度为 76mm；出风口与进风口对称分布，两者间距为 200mm；成形区域为 100mm×100mm 方形区域，并认为粉末床与成形腔内表面在同一平面内。本书所涉及的成形

腔内的保护气流动仿真采用 Solidworks Flow Simulation 模块实现，流动介质为纯氩气，成形腔初始条件设定为温度 293.2K、一个标准大气压。仿真过程的模型求解精度为4级，模型网格的划分类型为自适应笛卡儿网格。根据实际生产加工参数，进风口处边界条件设定为 $10m^3/h$ 均匀输入的体积流量，出风口边界条件设定为一个标准大气压。

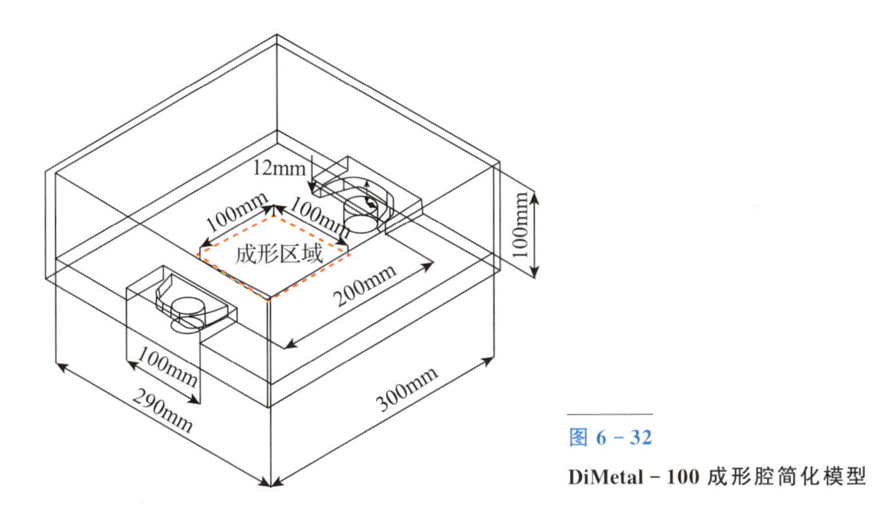

图 6-32
DiMetal-100 成形腔简化模型

图6-33所示为实际成形设备条件下得到的成形腔流场分布图。由图6-33(a)所示的成形腔流线分布可知，当氩气保护气被泵入进风口管道后经由风口装置导流后以水平角度进入成形腔体并形成Ⅰ区域所示的水平层流。在扇形扩束风口导向作用下，水平层流部分的保护气优先在水平面内以图6-33(c)所示扇形角度进行扩散流动；但由于扩散角度较大，直接导致大部分Ⅰ区域内的保护气无法直接进入出风口，而是直接撞击于出风口侧的成形腔壁体并沿壁体变向垂直向上流动，当气流达到腔体顶部后继续转向并形成图6-33(b)所示的气流涡旋(Ⅱ区域)。构成涡旋的保护气部分可直接经过出风口离开腔体；约1/3的涡旋保护气与Ⅰ区域的水平层流相遇并形成以图6-33(a)中B-C-D为界的接触面。以B-C-D为分割线可将垂直平面内的保护气流场分为由进风口指向出风口的水平层流部分Ⅰ与占据成形腔顶部的涡旋气流部分Ⅱ。由于水平层流部分具有更高的流速，在伯努利效应下，与B-C-D分割界相接的涡旋保护气流动方向发生急剧转变并流向出风口。而Ⅱ区域中的部分气流由于未能直接与水平层流汇流(Ⅲ区域，以D-E分界线区分得到)，则继续发展并向进风口一侧的成形腔壁体流动，并在靠近进风口一侧形成

图 6－33(d)所示的对称涡旋结构。由于Ⅲ区域在高度上具有显著的优势，下旋的氩气可从 C－D 分界线处持续参与水平层流的汇流过程。

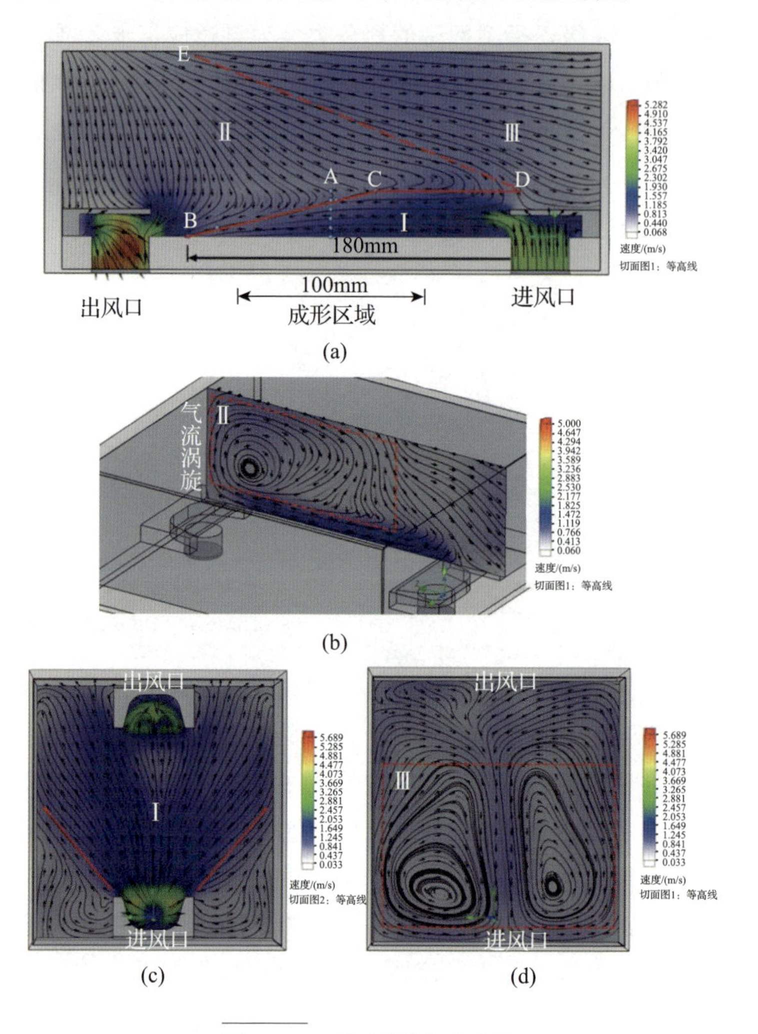

图 6－33 成形腔流场分布图

(a)成形腔流场侧视图；(b)气流的涡旋运动；

(c)0.01mm 高度下水平面内流场分布；(d)0.05mm 高度下水平面内流场分布。

涡旋气流与水平层流不同方式的作用过程直接导致成形区域范围内保护气流动性能减弱。其中由于Ⅰ、Ⅱ区域气流在出风口侧的对抗作用最终形成约 13°的流场变化倾角(B－C 段)；由于涡旋气流的进一步发展，在Ⅲ区域内水平涡旋气流压力的限制下，以Ⅰ区域为代表的水平层流高度上限被限制为距成形层约 25mm。最终，呈现出梯形结构的Ⅰ区域水平层流成为滤除飞溅、有害气体等激光加工产物的有效保护气氛围。

为进一步讨论有效保护气氛围在涡旋与水平层流部分的综合作用下的流动性能，对以 A 处为代表的成形范围中心区域多点流速进行测量并得到图 6－34 所示曲线。流速情况表明，Ⅰ区域内的保护气在下边界（成形表面侧）和上边界（B－C－D 分割边界侧）处的水平方向流速分量较中间层均表现为显著下降，前者为边界层在摩擦阻力下正常表现，而后者属于Ⅱ区域与Ⅰ区域汇流后流动性能被削弱的结果，最终使Ⅰ区域的水平层流发展为逐渐减弱的渐变流。值得注意的是，在基于循环保护气流的飞溅物等杂质滤除环节中，气流对铺粉床的夹带、剥蚀现象是制约保护气流动性能的重要因素，激进的循环策略虽然可以改善飞溅的净化效果，但会造成粉末床粉末的缺失。在图 6－34 中，在高度方向上自 0～25mm 的高度范围内，垂直方向上的流速分量表现出先增后减的趋势，而随着高度的增加，垂直方向上正向的运动分量则有利于改善气流通过夹带作用改善飞溅物颗粒的去除效果。在实际应用过程中，得到图 6－35(a)和(b)所示的成形腔体粉尘堆积实际效果，在出风口顶部与出风口旁侧的观察窗口根据图 6－33(a)和(c)的流场分布可以证实。成形腔窗口与出风口顶部粉尘堆积是水平层流夹带粉尘后经历Ⅱ区域涡旋后堆积于出风口侧的结果，出风口旁侧的粉尘堆积是水平面内扇形扩散气流夹带作用的结果。同时由于高度低时水平层流区域成形区域粉末的夹带作用，过高循环风机功率将导致图 6－35(c)所示的基板/成形层裸露。

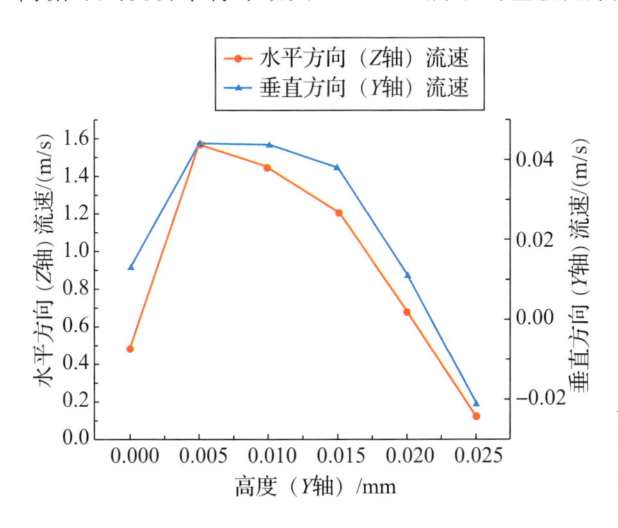

图 6－34
成形区域中心多点测量点流速

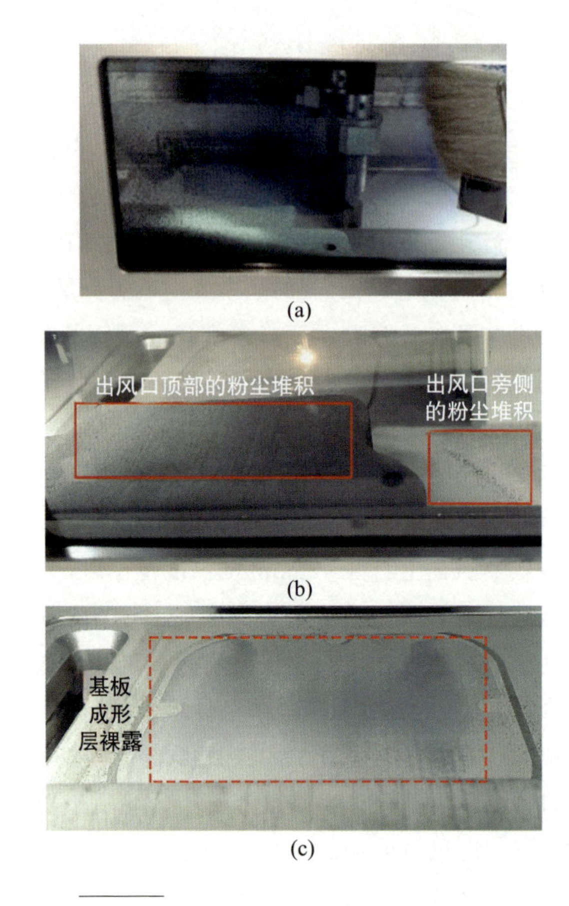

图 6-35　实际加工过程中的气体循环缺陷

(a)成形腔窗口的黑色粉尘堆积；(b)出风口顶部与旁侧的粉尘堆积；(c)基板/成形层裸露。

研究表明，虽然现有技术无法实现飞溅物颗粒的完全去除，但改善成形区域上方保护气流动的均匀性和平均流速是延长飞溅物运动轨迹并提高成形区域颗粒净化效果的基本方法。通过对 DeMatel-100 成形腔体的保护气流体仿真，分析得到成形腔腔内的气流分布与流动性能，本书对成形区域内有效保护气氛围的分布和发展情况进行了分析。

6.5.2　成形腔参数对气流影响

基于 DeMatel-100 成形腔内流场分布，通过讨论成形腔体尺寸参数对腔内流场分布特征的影响，获得可实现有效保护气氛围的尺寸参数，以及改善流动性能的方法。

1. 成形腔长度影响

根据图 6 - 32 所示的腔体模型，将进、出风口间距加倍至 400mm，其余模型参数、边界条件保持不变而得到图 6 - 36(a)所示的成形腔体流场分布图。由流场分布图可知，当成形腔体长度(进、出风口间距)增加后，流场分布情况并不会改变。相比图 6 - 33(a)的流场分布，腔体长度的延长使Ⅱ区域气流在出风口前出现更多的气体堆积，这对飞溅物、烟尘的排放过程造成了阻断效应。同时，气体堆积过程造成回旋气流与水平层流产生对抗，并在Ⅰ区域头部形成小型涡旋。腔体长度的增加虽改善了水平层流区域的长度，但由于水平层流表现出的渐变流特征，Ⅰ区域头部流动性能的下降与Ⅱ区域气流堆积过程的对抗成为阻碍腔体流动性能发展的重要因素。在尝试提高体积流量的仿真条件下，得到图 6 - 36(b)所示的流场分布，发现单纯通过提高风机频率以提高水平层流区域保护气的平均流速以对抗Ⅱ区域的气体堆积效应的方法并不可行，增强后的气体流动性能虽提高了Ⅰ区域头部气体的流动性但同时也增强了气体堆积的程度，最终导致了更为严重的对流和Ⅰ区域头部涡旋效应，这反而对水平层流区域的流动性造成了更为严重的遏制。

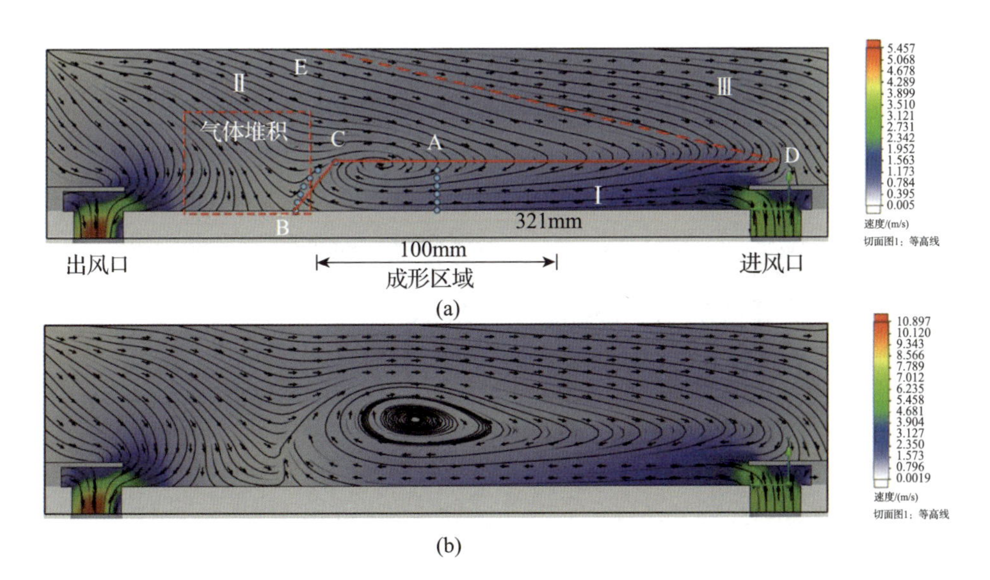

图 6 - 36　增加成形腔体长度后的流场分布图

(a)10m³/h 体积流量下的腔体流场分布；(b)20m³/h 体积流量下的腔体流场分布。

2. 成形腔高度影响

根据图 6－32 所示的腔体模型，将成形腔高度加倍至 200mm，其余模型参数、边界条件保持不变，得到图 6－37 所示的成形腔体流场分布图。如图 6－37(a)所示，当保护气泵入成形腔后，仍会在成形区域上方形成水平层流Ⅰ区域，也同样存在大量气体由于扩散角无法直接进入出风口而沿出风口一侧的成形腔壁体上升。但由于成形腔高度的增加，向上流动的保护气最终在成形腔顶部充分发展并形成图 6－37(a)和(b)所示的大规模涡旋(Ⅱ区域)。新的气流分布表明，原本的Ⅲ区域由于Ⅱ区域内的大规模涡旋流动侵占而消失，图 6－33(d)中的水平涡旋也由于Ⅱ区域的更替而发生位置的迁移并失去对Ⅰ区域垂直高度的制约能力。

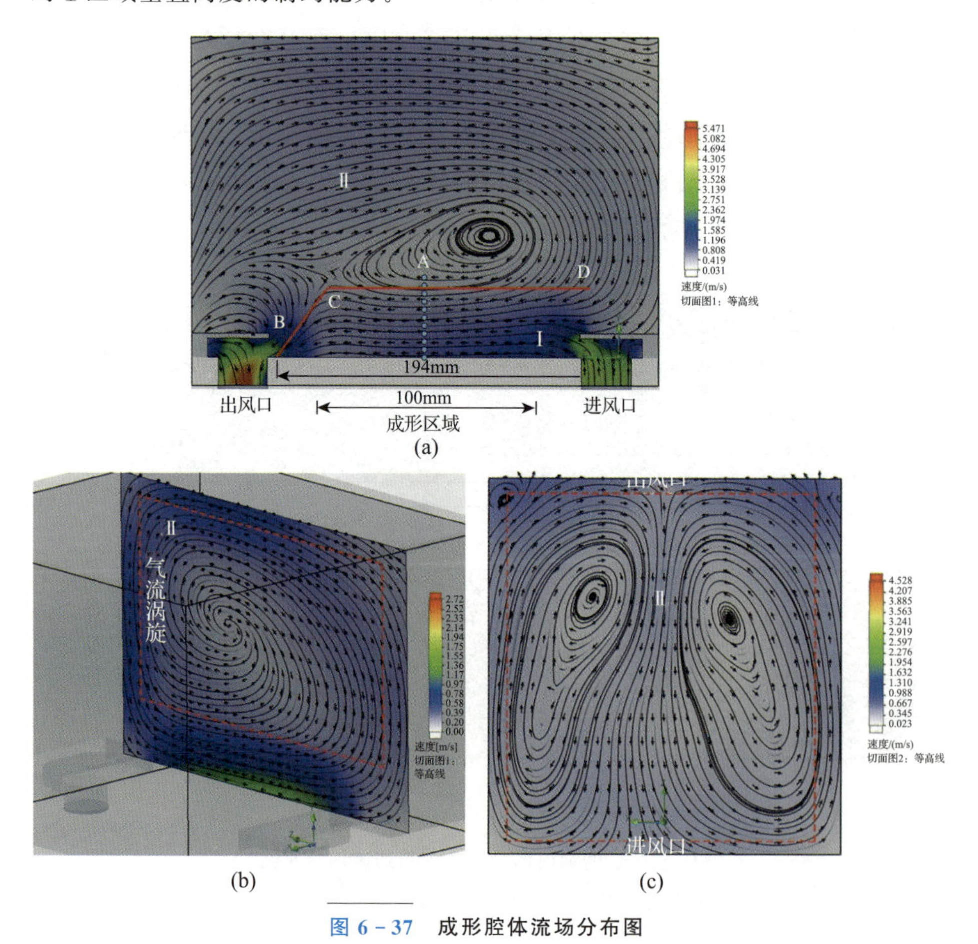

图 6－37 成形腔体流场分布图

(a)成形腔流场侧视图；(b)气流的涡旋运动；(c)0.1mm 高度下水平面内流场分布。

通过增加成形腔腔体高度，直接导致底部的扩散气流沿壁体上升后具有足够的空间进行自由涡旋流动。而充分发展的涡旋可完全在B-C-D边界处与Ⅰ区域的水平层流进行汇流，同时对Ⅲ区域的抑制作用改善了水平层流的高度上限。虽然气流与进风口侧壁体的碰撞使水平层流的上方形成了新的涡流图6-37(a)，但不仅没有对水平层流区域造成抑制反而部分涡旋气流参与到水平层流的运动中，最终Ⅰ区域的高度上限达到40mm。同样选取成形区域中心A处的多点进行流速测量，得到图6-38所示的流速分布。由流速情况可知，此次仿真过程中在保持体积流量边界不变的条件下，增大成形腔体积，适当增大风机功率来增大保护气的输入体积流量是提升水平层流区域平均流速的有效方法。从趋势上看，随着测试点高度的增大，测试点的水平流速同样在顶部涡旋的作用下被削弱；在垂直方向(*Y*轴)的流速分布方面，在同等高度水平下，流速分布与图6-34所示表现出一致的流速分布；直至测试点高度超过0.25mm时，层流气体在图6-37(a)中涡旋结构的向心力作用下在垂直流速方面表现出升高趋势，新的流场分布使涡旋对水平层流产生了积极的牵动作用，这有益于夹带飞溅并延长其溅射轨迹。

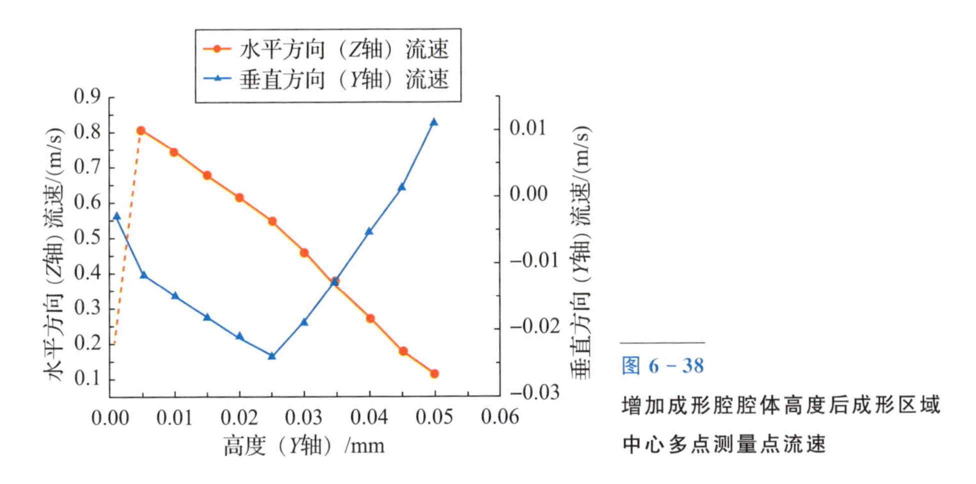

图6-38
增加成形腔腔体高度后成形区域中心多点测量点流速

本节对成形腔体内部各流场分布特征以及保护气流动性能进行了简要分析，但由于飞溅过程的复杂性，成形尺寸及成形设备气体循环系统的多样性，目前以滤除飞溅、烟尘等杂质为目的的成形腔体保护气氛围流动性研究与优化技术尚处于起步阶段。部分研究者针对粉末床激光熔融成形过程中副产物的沉积现象，从保护气流速、进/出风口设计等方面开展优化研究以增强水平层流区域的平均流速和流动性来实现激光加工副产物更长距离的运输和去除过程。但实际上，由于飞溅颗粒运动的随机性，单纯的增强水平层流区域的平均流速并不能完全去除颗粒物，而倾向于使其分布更为均匀。因此，在未来的气体净化效率的优化研究中，可能需要更为全面的气体净化策略。在成形腔高度对流场分布及流动性的研究中发现，顶部涡流结构使水平层流中的上层部分获得了远离粉末床方向上的流动趋势。向上的持续夹带作用若能对飞溅物颗粒造成向上的牵引作用并延长其滞空时间则可实现净化效率提升，这为未来成形腔体流场优化与副产物净化的研究提供了的优化思路。

参考文献

[1] CUNNINGHAM R，ZHAO C，PARAB N，et al. Keyhole threshold and morphology in laser melting revealed by ultrahigh-speed x-ray imaging [J]. Science，2019，363(6429)：849 - 852.

[2] FURUMOTO T，EGASHIRA K，MUNEKAGE K，et al. Experimental investigation of melt pool behaviour during selective laser melting by high speed imaging[J]. CIRP Annals，2018，67(1)：253 - 256.

[3] ANDANI M T，DEHGHANI R，KARAMOOZ - RAVARI M R，et al. A study on the effect of energy input on spatter particles creation during selective laser melting process[J]. Additive Manufacturing，2018，20：33 - 43.

[4] GUNENTHIRAM V，PEYRE P，SCHNEIDER M，et al. Experimental analysis of spatter generation and melt-pool behavior during the powder bed laser beam melting process[J]. Journal of Materials Processing Technology，2018，251：376 - 386.

[5] BIDARE P，BITHARAS I，WARD R M，et al. Fluid and particle dynamics in laser powder bed fusion[J]. Acta Materialia，2018，142：107 - 120.

[6] ANDANI M T，DEHGHANI R，KARAMOOZ - RAVARI M R，et al. Spatter formation in selective laser melting process using multi - laser technology[J]. Materials & Design，2017，131：460 - 469.

[7] LY S，RUBENCHIK A M，KHAIRALLAH S A，et al. Metal vapor

micro-jet controls material redistribution in laser powder bed fusion additive manufacturing[J]. Scientific Reports, 2017, 7(1): 1-12.

[8] ZHAO C, FEZZAA K, CUNNINGHAM R W, et al. Real-time monitoring of laser powder bed fusion process using high-speed X-ray imaging and diffraction[J]. Scientific Reports, 2017, 7(1): 1-11.

[9] WANG D, WU S, FU F, et al. Mechanisms and characteristics of spatter generation in SLM processing and its effect on the properties[J]. Materials & Design, 2017, 117: 121-130.

[10] 李时春，邓辉，张焱，等．高功率激光照射致材料气化与熔池行为[J]．电焊机，2016，46(10)：7-13.

[11] MATTHEWS M J, GUSS G, KHAIRALLAH S A, et al. Denudation of metal powder layers in laser powder bed fusion processes[J]. Acta Materialia, 2016, 114: 33-42.

[12] KHAIRALLAH S A, ANDERSON A T, RUBENCHIK A, et al. Laser powder-bed fusion additive manufacturing: Physics of complex melt flow and formation mechanisms of pores, spatter, and denudation zones[J]. Acta Materialia, 2016, 108: 36-45.

[13] 邓集权，史如坤，张屹．激光深熔焊接过程中的光致等离子体行为特征模拟[J]．应用激光，2015，35(01)：58-63.

[14] KING W E, BARTH H D, CASTILLO V M, et al. Observation of keyhole-mode laser melting in laser powder-bed fusion additive manufacturing[J]. Journal of Materials Processing Technology, 2014, 214(12): 2915-2925.

[15] ZHANG M J, CHEN G Y, ZHOU Y, et al. Observation of spatter formation mechanisms in high-power fiber laser welding of thick plate [J]. Applied Surface Science, 2013, 280: 868-875.

[16] CHENG Y, JIN X, LI S, et al. Fresnel absorption and inverse bremsstrahlung absorption in an actual 3D keyhole during deep penetration CO_2 laser welding of aluminum 6016[J]. Optics & Laser Technology, 2012, 44(5): 1426-1436.

[17] YADROITSEV I, GUSAROV A, YADROITSAVA I, et al. Single

track formation in selective laser melting of metal powders[J]. Journal of Materials Processing Technology, 2010, 210(12): 1624 - 1631.

[18] AGARWALA M, BOURELL D, BEAMNA J, et al. Direct selective laser sintering of metals [J]. Rapid Prototyping Journal, 1995, 1 (1): 26 - 36.

[19] GU D D, SHEN Y F. Balling phenoena during direct laser sintering of multi-component Cu-based metal powder[J]. Journal of Alloys and Compounds, 2006, 8(5): 34 - 38.

[20] SHCHEGLOV P Y, USPENSKIY S A, GUMENYUK A V, et al. Plume attenuation of laser radiation during high power fiber laser welding[J]. Laser Phys Lett, 2011, 8(6): 475 - 480.

[21] SHCHEGLOV P Y, GUMENYUK A V, GORNUSHKIN I B, et al. Vapor-plasma plume investigation during high-power fiber laser welding[J]. Laser Phys, 2013, 23: 16001.

[22] KRUTH J P, FROYEN L, VAERENBERGH J V, et al. Selective laser melting of iron-based powder[J]. Journal of Materials Processing Technology, 2004, 149: 616 - 622.

[23] SEMAK V, MATSUNAWA A. The role of recoil pressure in energy balance during laser materials processing[J]. Journal of Physics D: Applied Physics. 1997, 30(18): 2541 - 2552.

[24] GOLUBEV V S. Possible hydrodynamic phenomena in deep-penetration laser channels [C]. Osaka: High-Power Lasers in Manufacturing. International Society for Optics and Photonics, 2000.

[25] GOLUBEV V S. Laser welding and cutting: recent insights into fluid-dynamics mechanisms[C]. Moscow: Laser Processing of Advanced Materials and Laser Microtechnologies. International Society for Optics and Photonics, 2003.

第7章 粉末床激光熔融零件表面特征与粗糙度

7.1 表面粗糙度理论计算

粉末床激光熔融技术虽然在制造复杂零件上具备传统制造技术无法比拟的优势，但是其成形件却存在表面粗糙度较差的缺陷，这成了粉末床激光熔融技术推广应用的主要障碍。粉末床激光熔融成形件表面粗糙度较差的原因在于其表面存在球化、粉末黏附、粗大颗粒相连、熔道不连续等缺陷。鉴于成形件的每一个面都是由连续的熔道搭接形成的，因而熔道形状是影响粉末床激光熔融成形件表面粗糙度的重要因素。本节从激光熔化粉末形成熔道、熔道搭接形成面、面叠加形成体的微观成形角度，对粉末床激光熔融成形件的表面(分为上表面和侧表面)的粗糙度进行了理论研究。而表面粗糙度的评定参数有轮廓的算术平均偏差 *Ra* 和轮廓单元的评价宽度 *Rsm* 等。由于粉末床激光熔融成形表面会因为熔道的搭接而形成上下起伏的表面形态，所以采用算术平均偏差 *Ra* 和轮廓最大高度 *Rz* 能够较为全面地反应粉末床激光熔融成形件的表面质量。

7.1.1 单道熔道成形分析

为了研究粉末床激光熔融成形件表面粗糙度的理论数值，必须首先知道单条熔道的形态，这里需要做一系列的实验去研究单道熔道的形状参数，包括熔宽和熔道上表面形状。在粉末床激光熔融成形单道熔池过程中，通过基体将熔池分为上、下两部分。由于粉末床激光熔融成形件的表面粗糙度主要受基体上方熔道的形态影响，而基体下方的熔道主要起到黏结不同层的作用，所以研究的主要对象是基体上方熔道的形态。

在第4章中，对单道熔道成形进行了深入的研究。在单道熔道成形中，高激光能量输入可以获得光滑、连续的单道熔道，但是却会使材料汽化，而且会吹走熔池周围的粉末，不利于后续熔道的成形。因此，较理想的单道熔道成形形貌不仅形态光滑且连续，而且要尽可能保证熔道周围的粉末在原位置。观察较理想的单道熔道的横截面形态可以发现，基体上方熔道的形状近似为圆形曲线，原因是熔化后的液体熔道内液体分子相互吸引，液体表面的分子受到内部分子的吸引力大于外部气体分子的作用力，使液体表面的分子向内收缩。宏观表现为液体熔道在表面张力的作用下，收缩为圆曲线形状。

单道熔道的宽度在实际的成形过程中是很重要的指标参照值，对零件的表面粗糙度有较大影响，同时也是进行粉末床激光熔融成形件表面粗糙度理论研究的依据。单道熔道的宽度与激光功率和扫描速度有着密切联系，因此本章通过实验研究了激光功率与扫描速度和熔道宽度的关系，结果如图 7－1 所示，可知确定了激光功率和扫描速度之后，可以大致确定单条熔道的宽度。

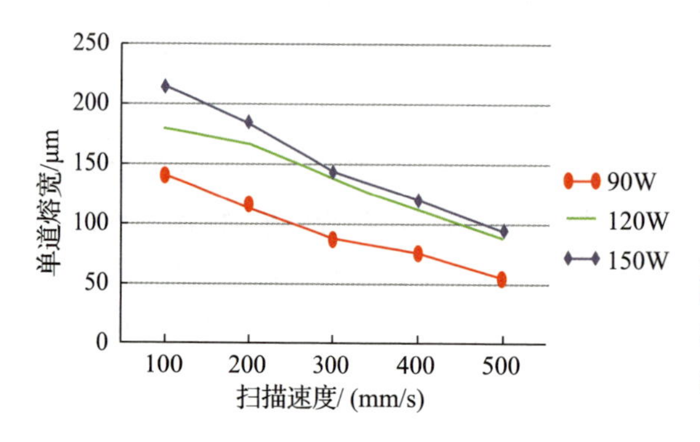

图 7－1
扫描速度、激光功率与熔道宽度关系曲线(层厚为 35μm)

7.1.2 零件上表面的表面粗糙度

为了计算上表面的表面粗糙度理论值，需要做以下的假设：

(1) 基体上方熔道横截面形状为圆形曲线；

(2) 每一条单道熔道的形状都相同；

(3) 熔道搭接时忽略重熔区的热膨胀。

进行了以上假设之后，可以对熔道曲线建立函数模型。

图 7－2 所示为单道熔道在基体上方的横截面熔道形态，其中熔道形状是半径为 r 的圆形曲线，熔道宽度为 a，基体上方的熔道高度为 h，推导出基体上方的熔道高度与铺粉层厚(切片层厚)相等。从图中可以算出 $r=\frac{a^2}{8h}+\frac{h}{2}$。

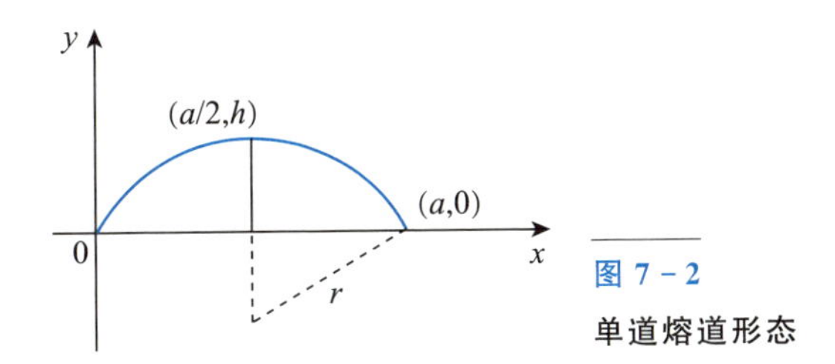

图 7－2
单道熔道形态

将该单道熔道的形状曲线放入平面直角坐标系中进行建模，建立熔道形状方程如下：

$$y=f(x)=\sqrt{r^2-\left(x-\frac{a}{2}\right)^2}+h-r \quad (0\leqslant x\leqslant a) \tag{7-1}$$

式中　y——高度(μm)；

x——宽度(μm)；

r——熔道半径(μm)；

a——熔道宽度(μm)；

h——熔道高度(μm)。

图 7－3 所示为不同熔道之间的搭接图，s 为扫描间距，则搭接率为

$$\delta=\frac{a-s}{a} \tag{7-2}$$

式中　δ——搭接率；

a——熔道宽度(μm)；

s——扫描间距(μm)。

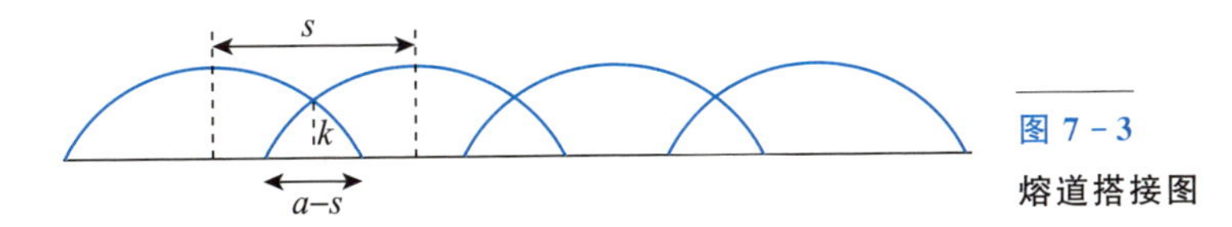

图 7－3
熔道搭接图

重熔区的深度为

$$k=f\left(\frac{a+s}{2}\right) \tag{7-3}$$

式中　k——重熔区的深度(μm)；

a——熔道宽度(μm)；

s——扫描间距(μm)。

图 7-4 所示为成形件上表面的粗糙度曲线，将前边两个图在平面坐标系中向下平移 k 个单位，向左平移$(a-s)/2$ 个单位，即可得到当前的粗糙度曲线。

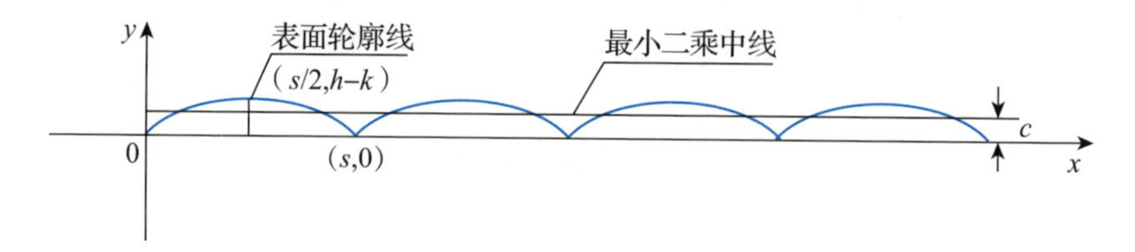

图 7-4　成形件上表面的粗糙度曲线

表面粗糙度曲线是周期为 s 的周期函数，即 $f'(x+s)=f'(x)$。

单个周期内的函数方程为

$$y'=f\left(x+\frac{a-s}{2}\right)-k=\sqrt{r^2-\left(x-\frac{a}{2}\right)^2}+h-k-r \quad (0\leqslant x\leqslant b) \tag{7-4}$$

式中　y'——高度(μm)；

x——宽度(μm)；

r——熔道半径(μm)；

s——扫描间距(μm)；

a——熔道宽度(μm)；

h——熔道高度(μm)；

k——重熔区的深度(μm)。

建模出来的表面粗糙度曲线是周期性曲线，故进行表面粗糙度理论计算时，不需要考虑取样长度和评定长度，只需要选取一个周期内的曲线进行计算即可。

(1) 轮廓的算术平均偏差 Ra。如图 7-4 所示，为了计算 Ra 必须先确定最小二乘中线的位置，令 $\int_0^s (y'-c)^2\mathrm{d}x$ 取最小值，则

$$c=\frac{\pi r^2\sin^{-1}\dfrac{s}{2r}}{180s}-r+k-\frac{h}{2} \tag{7-5}$$

式中 c——最小二乘中线所处高度(μm)；

π——圆周率；

r——熔道半径(μm)；

s——扫描间距(μm)；

h——熔道高度(μm)；

k——重熔区的深度(μm)。

最后推导出 Ra 的表达式为

$$Ra = \frac{\int_0^s |y' - c| \mathrm{d}x}{s} = \frac{\left(\frac{a^2}{8h} + \frac{h}{2}\right)^2}{180s}\left[90\cos^{-1}\left(\frac{4sh}{a^2 + 4h^2}\right) - \pi\sin^{-1}\left(\frac{4sh}{a^2 + 4h^2}\right)\right] - \frac{\sqrt{\left(\frac{a^2}{8h} + \frac{h}{2}\right)^2 - \frac{s^2}{4}}}{4} \tag{7-6}$$

式中 Ra——轮廓的算术平均偏差(μm)；

y'——高度(μm)；

x——宽度(μm)；

c——最小二乘中线所处高度(μm)；

s——扫描间距(μm)；

π——圆周率；

a——熔道宽度(μm)；

h——熔道高度(μm)。

(2) 轮廓的最大高度 Rz。由 Rz 定义推出 Rz 的表达式为

$$Rz = h - k = \frac{h}{2} - \sqrt{\left(\frac{a^2}{8h} + \frac{h}{2}\right)^2 - \frac{s^2}{4}} + \frac{a^2}{8h} \tag{7-7}$$

式中 Rz——轮廓的最大高度(μm)；

h——熔道高度(μm)；

k——重熔区的深度(μm)；

a——熔道宽度(μm)；

s——扫描间距(μm)。

从以上表面粗糙度参数的表达式可以看出，成形件的表面粗糙度理论上受到熔道宽度、扫描间距和铺粉层厚3个因素的共同影响。而熔道宽度主要

由激光功率和扫描速度控制，因此为了改善成形件的表面粗糙度应该综合考虑激光功率、扫描速度、扫描间距和铺粉层厚4个因素。

为了计算LPBF成形零件上表面的表面粗糙度，假设成形时使用的激光功率为150W，扫描速度为400mm/s，对照熔道宽度与激光功率、扫描速度的关系图，得到熔道宽度 $a = 120\,\mu m$，继续假设扫描间距 $s = 80\,\mu m$，铺粉层厚 $h = 35\,\mu m$。将计算公式和参数值输入到Matlab软件中进行计算，最终的表面粗糙度理论计算值为 $Ra = 3.21\,\mu m$，$Rz = 12.79\,\mu m$。

7.1.3 零件侧表面的表面粗糙度

下面对粉末床激光熔融成形件的侧表面进行建模，对侧表面的表面粗糙度进行理论分析。

如图7-5所示，点画线为倾斜表面的理论轮廓，切片层厚为 h，设倾斜角度为 α，将倾斜面的理论轮廓曲线放入平面坐标系中建模。

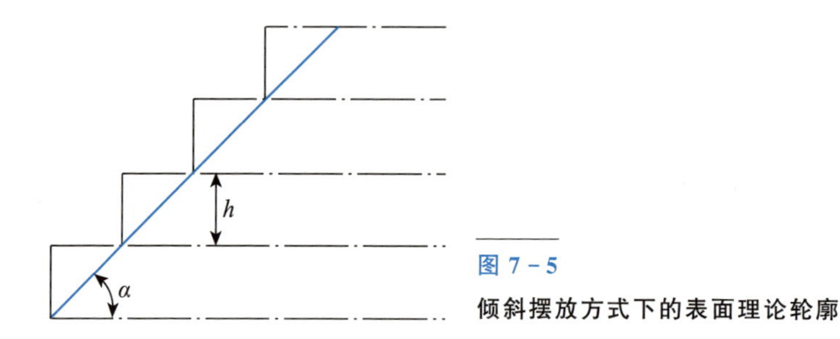

图7-5 倾斜摆放方式下的表面理论轮廓

从图7-6中可以看出，粗糙度曲线方程是一个周期函数，单个周期内的方程如下：

$$y = \begin{cases} x \cdot \cot\alpha & (0 \leqslant x \leqslant h \cdot \sin\alpha) \\ -x \cdot \tan\alpha + \dfrac{h}{\cos\alpha} & \left(h \cdot \sin\alpha \leqslant x \leqslant \dfrac{h}{\sin\alpha}\right) \end{cases} \tag{7-8}$$

式中 y——高度(μm)；

x——宽度(μm)；

α——倾斜角度(°)；

h——切片层厚(μm)。

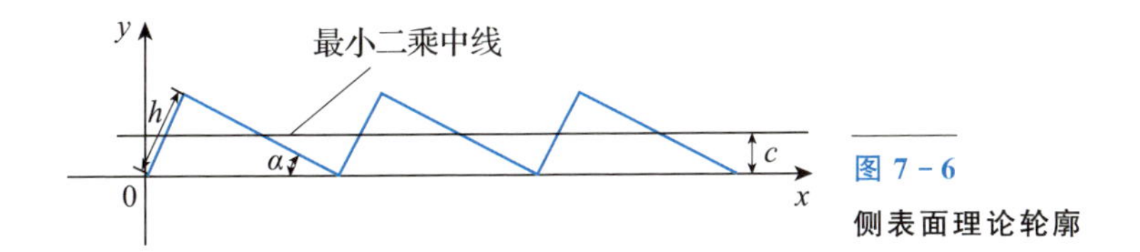

图 7-6　侧表面理论轮廓

建模出来表面粗糙度曲线是周期性的曲线，故进行理论计算时，不需要考虑取样长度和评定长度，只需要选取一个周期内的曲线进行计算即可。

（1）轮廓的算术平均偏差 Ra。如图 7-6 所示，为了计算 Ra 必须先确定最小二乘中线的位置，令 $\int_0^{\frac{h}{\sin\alpha}} (y-c)^2 \mathrm{d}x$ 取最小值，则 $c = h \cdot \cos\alpha/2$。

最后推导出 Ra 的表达式为

$$Ra = \frac{\int_0^{\frac{h}{\sin\alpha}} |y-c| \mathrm{d}x}{\frac{h}{\sin\alpha}} = \frac{h \cdot \cos\alpha}{4} \tag{7-9}$$

式中　Ra——轮廓的算术平均偏差(μm)；

y——高度(μm)；

x——宽度(μm)；

α——倾斜角度(°)；

h——切片层厚(μm)；

c——最小二乘中线所处高度(μm)。

（2）轮廓的最大高度 Rz。由 Rz 定义推出 Rz 的表达式为

$$Rz = h \cdot \cos\alpha \tag{7-10}$$

式中　Rz——轮廓的最大高度(μm)；

α——倾斜角度(°)；

h——切片层厚(μm)。

从式(7-9)和式(7-10)可以看出，倾斜面的表面粗糙度理论上由倾斜角和切面厚度两个因素决定。从表面粗糙度的理论分析中可以得出，倾斜角越大，切片厚度越小，倾斜面的表面粗糙度越小。因此，为了获得更好的表面质量，则需要更小的切片厚度，以减小“台阶”效应。同时也要调整成形机在加工时的倾斜角度，使倾斜角尽量大，减少成形缺陷对表面质量的影响。

为了计算倾斜侧表面粗糙度的理论值，假设铺粉层厚 $h = 35\,\mu\mathrm{m}$，侧面倾

斜角 $\alpha=45°$。将计算公式和参数值输入到 Matlab 中进行计算，得到表面粗糙度的理论计算值为 $Ra=6.19\mu m$，$Rz=24.75\mu m$。

7.1.4 零件表面粗糙度的理论值与实测值的对比

选用上表面粗糙度理论分析时对应的工艺参数：激光功率为 150W，扫描速度为 400mm/s，铺粉厚度为 35μm，扫描间距为 80μm，用粉末床激光熔融成形机加工出 10mm×10mm×10mm 的小方块。选用侧表面粗糙度理论分析时对应的工艺参数：铺粉厚度为 35μm，激光功率为 150W，扫描速度为 400mm/s，扫描间距为 80μm，用粉末床激光熔融成形机加工出侧面倾斜角为 45°的倾斜零件。加工得到的粉末床激光熔融成形小方块和倾斜件如图 7-7 所示。

(a)

(b)

图 7-7 成形件宏观表面形貌
(a)小方块；(b)倾斜件。

然后分别对方块的上表面和倾斜件的侧面进行表面粗糙度测量，将测量值和理论计算值进行对比，对比结果如表 7-1 所列。

表 7-1 表面粗糙度理论计算值和实测值的比较

表面粗糙度类型		Ra/μm	Rz/μm
上表面粗糙度	理论值	3.21	12.79
	测量值	7.36	40.01
侧表面粗糙度	理论值	6.19	24.75
	测量值	14.25	38.34

将表 7-1 中的表面粗糙度统计结果进行对比，可以发现实测值要比理论值大，实测值大概是理论值的两倍。

分析造成成形件表面粗糙度理论值和实测值有差异的原因：

(1)粉末床激光熔融成形是一个复杂多变的过程，进行粗糙度理论分析时，不可能完全模拟出成形过程中的单道熔道形态和熔道搭接，只能做出较为接近实际过程的理想化假设。理论计算时假设熔道形状为规则的圆形曲线，而实际加工过程中，熔池是不稳定的，熔道两侧会出现细微的小球；理论计算时忽略了重熔区的热影响，而实际加工过程中，重熔区会存在热膨胀，从而影响理论计算的精度。

（2）从成形件的表面微观放大图 7-8 可以看出，熔道的搭接区域表面质量较差，熔道两侧有小球和凸起，这是黏附在熔道表面未能完全融化的粉末颗粒。这些缺陷影响了后一熔道的质量，使得后续熔道出现不连续、球化，熔道表面呈现起伏状。对于倾斜侧表面，由于侧表面外侧都是粉末区，侧表面熔道在冷却过程中容易吸附粉末，导致有较多的未熔化粉末黏附在侧表面上，使侧表面粗糙度进一步恶化。

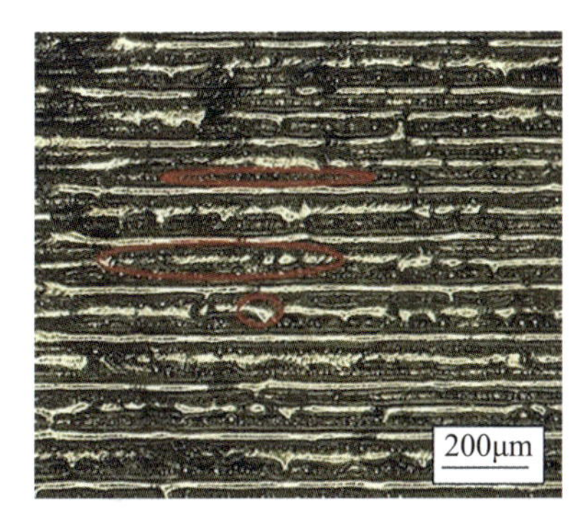

图 7-8
成形件表面放大图

（3）粉末床激光熔融实际加工过程中会存在球化和翘曲等缺陷，这些缺陷会随着加工层数的增加而累积，使得成形件的表面粗糙度随着加工层数的增加而不断恶化。

基于以上这些原因，成形件表面粗糙度实测值比理论计算值要大。

7.2 零件表面特征与表面粗糙度影响因素

通过对粉末床激光熔融技术成形金属零件的背景调查，以及调研国内外关于增材制造零件表面粗糙度的研究现状，可以发现影响粉末床激光熔融成形件表面粗糙度的因素多达几十种。这些影响因素可以归纳为设备性能影响、成形材料影响、数据处理影响、工艺参数影响和后处理影响 5 个部分，如图 7-9 所示。

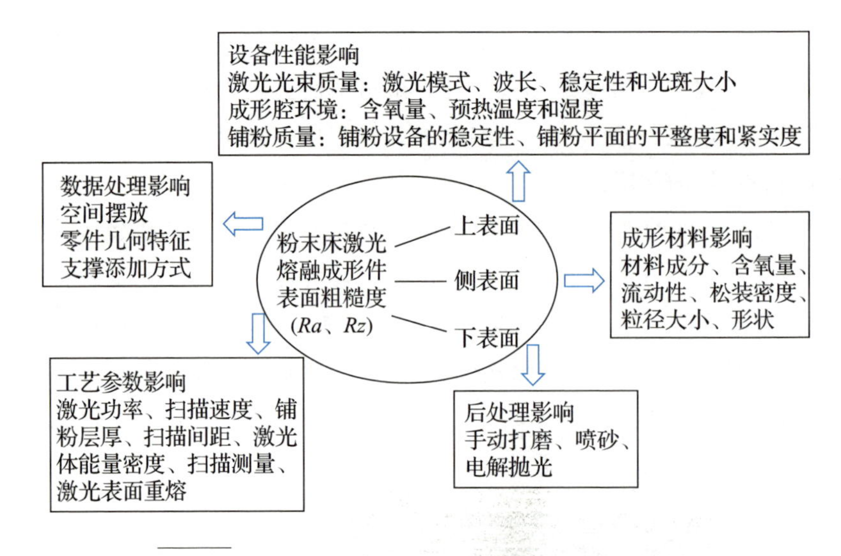

图 7－9　粉末床激光熔融成形件表面粗糙度影响因素

在上述影响因素中，工艺参数影响因素存在巨大的改善空间，具备重要实际意义，因此本节结合上一节的理论分析，着重研究工艺参数对粉末床激光熔融成形件表面粗糙度的影响。不过，在进行一系列工艺实验的同时，需要对除工艺参数影响之外的其余 4 项影响因素进行控制，以减弱其对粉末床激光熔融成形件表面粗糙度的影响，从而提高实验结果的可信度。为此，采取了以下措施：

（1）对于设备性能影响因素，实验采用的是实验室自主研发的粉末床激光熔融成形设备 DiMetal－100，使用了连续式的光纤激光器，激光光束质量和稳定性都较好。在成形腔环境方面，成形过程中采用高纯惰性气体保护，保证了成形腔内的含氧量满足成形要求。配置的粉尘净化仪能及时去除成形腔内漂浮的粉尘，保证了成形腔内气体的洁净。

（2）对于成形材料影响因素，研究人员为了找出更适合增材制造的金属粉末材料，做了较多的研究。研究发现水雾化粉末含氧量较高、粉末球形度较差，不适合作为金属增材制造的成形材料，而气雾化粉末含氧量低，粉末球形度好，很适合用于金属增材制造的成形材料。因此，实验选用较成熟的 316L 不锈钢气雾化粉末作为成形材料。

（3）对于数据处理影响因素，选用形状规则且简单的方块模型进行成形，因此不需要考虑空间摆放、支撑添加方式等数据处理影响因素。

（4）对于后处理影响因素，由于后处理是在零件成形之后进行的，对工艺实验过程没有影响，而且后处理是以进一步改善成形件表面粗糙度为目的，因此后处理影响因素不会对实验结果有所影响。

在采取以上措施的前提下，进行了工艺优化实验，分别研究了激光功率、扫描速度、激光体能量密度等工艺参数以及扫描策略对粉末床激光熔融成形件表面粗糙度的影响。根据粉末床激光熔融成形件表面粗糙度理论研究的结果，针对成形件上表面，主要研究激光功率、扫描速度、扫描间距和激光体能量对其粗糙度的影响；针对成形件侧表面，主要研究铺粉厚度和倾斜角度对其粗糙度的影响。为了进一步提升成形件的整体表面质量，还研究了不同的扫描策略对表面粗糙度的影响。

7.2.1　成形件上表面的特征与粗糙度影响因素分析

为了研究工艺参数对成形件上表面粗糙度的影响，加工了两板 10mm × 10mm × 5mm 的小方块。工艺参数如图 7－10 所示，其中扫描策略均采用“S”形正交层错扫描。

压力100W 扫描间距 s:80μm	1-1 250mm/s	1-2 400mm/s	1-3 550mm/s	1-4 700mm/s
压力120W 扫描间距 s:80μm	1-5 300mm/s	1-6 500mm/s	1-7 700mm/s	1-8 900mm/s
压力150W 扫描间距 s:80μm	1-9 400mm/s	1-10 700mm/s	1-11 1000mm/s	1-12 1300mm/s
压力150W 扫描速度 700mm/s	1-13 s:60μm	1-14 s:70μm	1-15 s:90μm	1-16 s:100μm

(a)

扫描间距 s:80μm	2-1 350mm/s	2-2 400mm/s	2-3 450mm/s	2-4 500mm/s
扫描间距 s:80μm	2-5 550mm/s	2-6 600mm/s	2-7 700mm/s	2-8 800mm/s
扫描速度 400mm/s	2-9 s:60μm	2-10 s:70μm	2-11 s:90μm	2-12 s:100μm
扫描速度 600mm/s	2-13 s:60μm	2-14 s:70μm	2-15 s:90μm	2-16 s:100μm

(b)

图 7－10　上表面工艺实验设计图

(a)实验一工艺参数(铺粉层厚均为 30 μm)；

(b)实验二工艺参数(激光功率均为 150W，铺粉层厚均为 30 μm)。

成形后的小方块表面宏观形貌图如图 7－11 所示。

由于达到满足要求的致密度是进行粉末床激光熔融加工的前提，在优化表面粗糙度的同时也需要考虑致密度，因此本研究同时测量了方块的致密度和表面粗糙度，以进行综合考虑，测量结果如表 7－2 和表 7－3 所列。

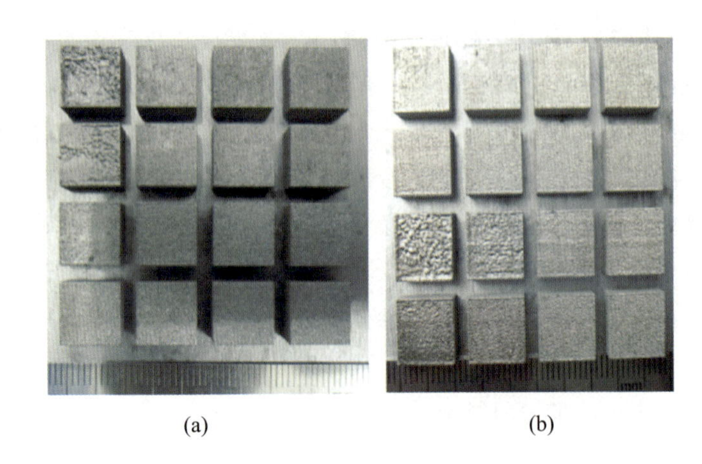

(a) (b)

图 7-11 实验样品宏观图

(a)实验一成形样品的宏观图；(b)实验二成形样品的宏观图。

表 7-2 实验一成形样品的测量结果

编号	工艺参数(P、v、s)	体能量密度/(J/mm³)	致密度/%	Ra/μm
1-1	100W，250mm/s，80μm	166.67	89.31	21.2435
1-2	100W，400mm/s，80μm	104.17	91.24	14.4619
1-3	100W，550mm/s，80μm	75.76	85.93	18.0475
1-4	100W，700mm/s，80μm	59.52	81.93	13.9109
1-5	120W，300mm/s，80μm	166.67	91.35	24.6544
1-6	120W，500mm/s，80μm	100.00	91.72	8.8209
1-7	120W，700mm/s，80μm	71.43	83.74	12.0262
1-8	120W，900mm/s，80μm	55.56	81.27	13.7635
1-9	150W，400mm/s，80μm	156.25	91.93	4.7635
1-10	150W，700mm/s，80μm	89.29	92.23	6.2869
1-11	150W，1000mm/s，80μm	62.50	81.78	13.8497
1-12	150W，1300mm/s，80μm	48.08	79.53	13.8864
1-13	150W，700mm/s，60μm	119.05	91.84	5.8069
1-14	150W，700mm/s，70μm	102.04	93.68	6.6108
1-15	150W，700mm/s，90μm	79.37	89.53	11.2448
1-16	150W，700mm/s，100μm	71.43	89.50	10.1152

表 7 - 3　实验二成形样品的测量结果

编号	工艺参数（P、v、s）	体能量密度/（J/mm³）	致密度/%	Ra/μm
2 - 1	150W，350mm/s，80μm	178.57	94.12	10.558
2 - 2	150W，400mm/s，80μm	156.25	99.35	6.0259
2 - 3	150W，450mm/s，80μm	138.89	98.23	6.3237
2 - 4	150W，500mm/s，80μm	125.00	97.87	7.6237
2 - 5	150W，550mm/s，80μm	113.64	96.61	8.434
2 - 6	150W，600mm/s，80μm	104.17	96.13	8.2149
2 - 7	150W，700mm/s，80μm	89.29	94.21	10.2749
2 - 8	150W，800mm/s，80μm	78.13	93.13	12.4864
2 - 9	150W，400mm/s，60μm	208.33	93.16	24.1587
2 - 10	150W，400mm/s，70μm	178.57	94.45	9.285
2 - 11	150W，400mm/s，90μm	138.89	98.76	9.7863
2 - 12	150W，400mm/s，100μm	125.00	97.87	8.7042
2 - 13	150W，600mm/s，60μm	138.89	98.77	9.3675
2 - 14	150W，600mm/s，70μm	119.05	96.64	6.5157
2 - 15	150W，600mm/s，90μm	92.59	95.56	11.7433
2 - 16	150W，600mm/s，100μm	83.33	93.26	13.2258

1. 扫描速度对上表面粗糙度的影响

根据实验结果和测量数据，绘制扫描速度对成形方块上表面粗糙度的影响关系图，如图 7 - 12 所示。

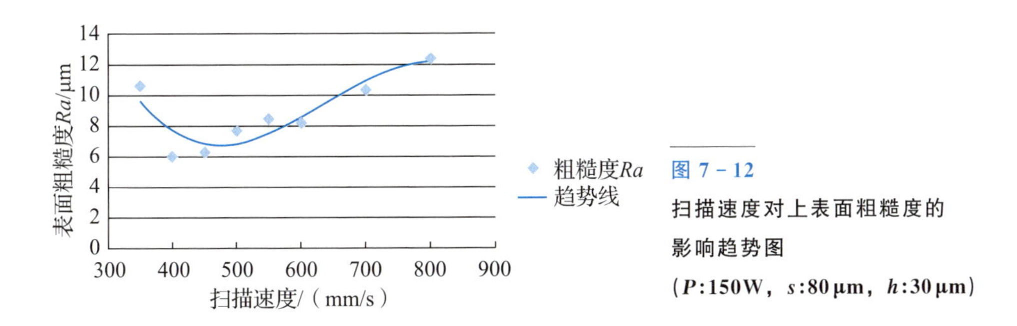

图 7 - 12
扫描速度对上表面粗糙度的影响趋势图
（P:150W，s:80μm，h:30μm）

从图 7-12 可以看出，在功率为 150W，扫描间距为 80μm，铺粉层厚为 30μm 的工艺参数下，400mm/s 的扫描速度对应的表面粗糙度最小。当扫描速度小于 400mm/s 时，上表面粗糙度随着扫描速度增加而减小；当扫描速度大于 400mm/s 时，上表面粗糙度随着扫描速度增加而增大。

用光学相机为成形后的小方块拍摄上表面的宏观形貌，如图 7-13 所示。

图 7-13　成形件在不同扫描速度下的上表面宏观形貌图

从图 7-13 可以看出，扫描速度为 400mm/s、450mm/s 和 500mm/s 的 3 个方块上表面比较平整，尤其是 400mm/s 速度下的方块上表面最平滑，表面没有任何缺陷，而且有金属光泽。其余速度下的方块上表面都比较粗糙，350mm/s 速度下的方块表面呈现出凹凸不平的形貌，表面还有一些细小的凸球，有轻微的过熔现象。扫描速度大于 500mm/s 的方块上表面都呈现散沙状形貌，无金属光泽，尤其是 800mm/s 速度下的方块，上表面散沙状的颗粒较大，呈现明显的未完全熔化烧结态。

为了进一步研究扫描速度对成形件上表面粗糙度的影响，对方块的上表面拍摄了体视显微镜图片，选取其中具有代表性图片进行展示说明，如图 7-14 所示。

从图 7-14(a)可以发现，该零件的上表面熔道连续、搭接紧密，但是熔道不够平滑，而且熔道两侧有明显的凸起小球。分析产生凸起小球的原因：在 150W、350mm/s 的工艺参数下，能量密度较高，熔化状况好，能够形成连续熔道。但是 350mm/s 的速度较低，致使加工中心温度显著提高，并导致粉末熔化量急剧增加，使得熔道较宽，熔道冷却凝固的时间较长，这个过程中熔道容易吸附两侧的粉末。虽然在起始层加工时，熔道两侧的黏附粉末不会产生明显的缺陷，但是黏附粉末会影响下一层的铺粉质量，加工质量也会随着层数增加而不断恶化，最后表面就会累积成一个凸起的小球。从图 7-14(b)可知，扫描速度为 400mm/s 时，成形方块的熔道连续平滑，搭接紧密，熔道两侧凸起小球较少。从图 7-14(c)可知，扫描速度为 800mm/s 时，成形方块的上表面无法形成连续熔道，表面呈现条虫形态，表面很粗糙，球化现象较严重。

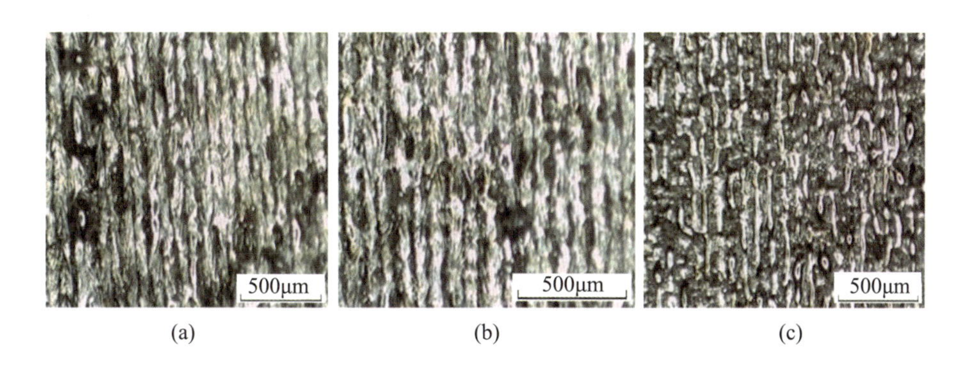

图 7-14　扫描速度对方块上表面微观形貌的影响

(a)扫描速度为 350mm/s；(b)扫描速度为 400mm/s；(c)扫描速度为 800mm/s。

综合以上研究可以得出，较低的扫描速度和较高的扫描速度都会增大成形件上表面的粗糙度。扫描速度过低会使激光能量密度过大，容易产生过熔现象，而且扫描速度过低会使熔道较宽，冷却凝固时间长，使粉末黏附现象严重。扫描速度过高时，熔化状态不好，不能形成连续熔道，熔道呈现条虫状，熔深、熔宽较小，也会增加球化的趋势。因此，选取扫描速度时，应该在考虑其余工艺参数的同时，选择中等的扫描速度，从而改善上表面粗糙度。

2. 激光功率对上表面粗糙度的影响

根据实验结果和测量数据，绘制激光功率对成形方块上表面粗糙度和致密度的影响关系图，如图 7-15 所示。

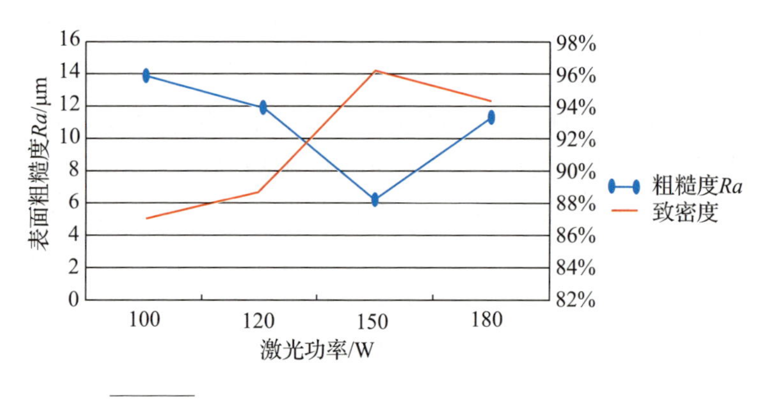

图 7-15　激光功率对致密度和表面粗糙度的影响趋势

（注：$v=700$mm/s，$s=80$ μm，$h=30$ μm。）

从图 7-15 可以看出，在扫描速度为 700mm/s、扫描间距为 80 μm、铺粉层厚为 30 μm 的工艺参数定量下，随着激光功率的增加，成形方块的上表面粗糙度先减小再增加，成形方块的致密度先增加再减小。为了进一步研究造成这一影响关系的原因，对成形后的方块上表面拍摄了体视显微图片，并选择其中具有代表性的图片进行展示说明，如图 7-16 所示。

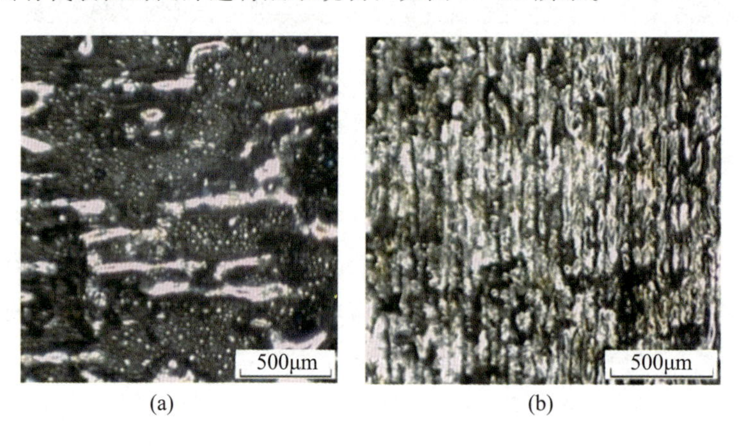

图 7-16　激光功率对方块上表面微观形貌的影响

(a)激光功率为 100W；(b)激光功率为 180W。

从图 7-16(a)可看出，当激光功率为 100W 时，激光能量较低，成形方块的上表面较多的粉末没有被完全熔化，表面出现凹凸不平的烧结态，没有连续的熔道，部分被熔化的粉末由于对固态基体的润湿性不好，因此球化现象也较严重。这种情况下零件的致密度和表面质量都较差。从图 7-16(b)可知，当激光功率为 180W 时，激光能量较大，上边虽然有连续的熔道，但是熔道不平滑，搭接过于紧密，有轻微的过熔现象。当激光功率过高时，一方面会使熔池表面积变大，冷却凝固时间变长，使粉末吸附现象更严重；另一方面，液态熔池还可能产生飞溅，并在冷却前四处流淌，凝固后形成很不规则的粗糙表面。

因此，过低和过高的激光功率都不利于改善粉末床激光熔融成形件上表面粗糙度的，在进行工艺调整时，激光功率要与扫描速度和扫描间距相互配合，使体能量密度在顺利成形的区域，才能达到改善表面粗糙度的效果。

3. 扫描间距对上表面粗糙度的影响

根据实验结果和测量数据，绘制扫描间距对成形方块上表面粗糙度的影响关系图，如图 7－17 所示。

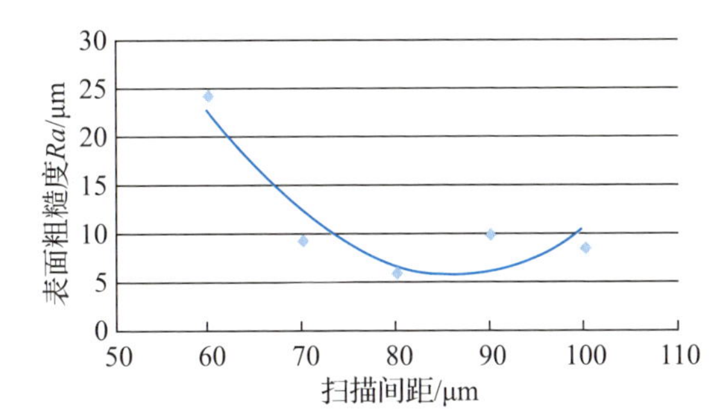

图 7－17

扫描间距对上表面粗糙的影响趋势

（注：$P=150$W，$v=700$mm/s，$h=30\mu$m。）

从图 7－17 可以看出，在功率为 150W、扫描速度为 400mm/s、铺粉层厚为 30 μm 的参数定量下，当扫描间距为 80 μm 时，上表面粗糙度最小；当扫描间距在小于 80 μm 的范围内增加时，上表面粗糙度随着扫描间距增加有明显的下降；当扫描间距大于 80 μm 时，上表面粗糙度随着扫描间距增加而缓慢增大。为成形后的方块上表面拍摄的宏观形貌图和体视显微图分别如图 7－18 和图 7－19 所示。

从图 7－18 可以看出，80 μm 扫描间距对应的方块上表面最平整，没有任何缺陷，有金属光泽。60 μm 扫描间距对应的方块上表面呈现严重的过熔形态，过熔现象使得上表面呈现凹凸不平的粗糙形态。70 μm 扫描间距对应的方块上表面相对平整，但也有较多的小凸点。100 μm 扫描间距对应的方块上表面都呈现散沙颗粒状，表面较粗糙。从图 7－19 可以看出，扫描间距为 60 μm 和 70 μm 时，熔道搭接较为紧密、重熔区域较宽、热量累积较多，造成了过熔、

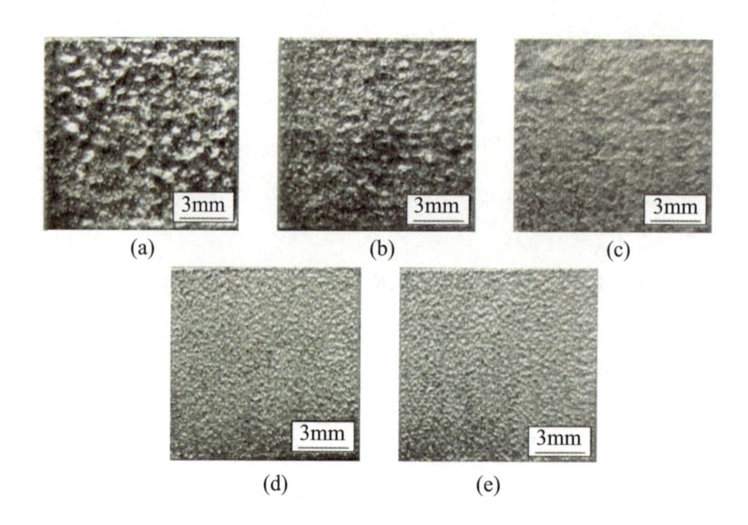

图 7-18 成形件在不同扫描间距下的上表面宏观形貌图

(a)60 μm；(b)70 μm；(c)80 μm；(d)90 μm；(e)100 μm。

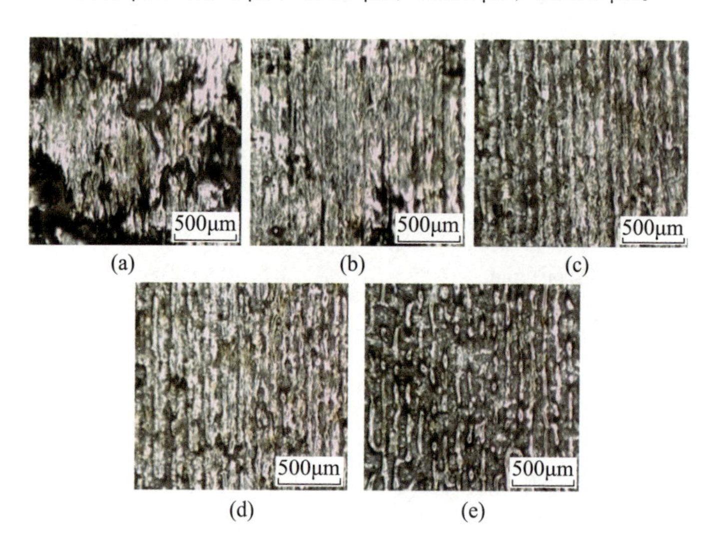

图 7-19 成形件在不同扫描间距下的上表面体视显微图

(a)60 μm；(b)70 μm；(c)80 μm；(d)90 μm；(e)100 μm。

表面凹凸不平、粉末黏附严重现象。尤其是 60 μm 扫描间距下的方块上表面，由于过熔严重，表面出现了扭曲、凹陷等缺陷。80 μm 和 90 μm 扫描间距下的方块熔道连续平滑、搭接良好、无任何缺陷。而当扫描间距增大到 100 μm 时，熔道搭接不够紧密、熔道之间间隔较远、热量累积不够多、熔道呈现断断续续的形态，而且由于波峰和波谷之间的距离大，表面波纹效应明显，表面较粗糙。

从以上分析可知，扫描间距对上表面粗糙度的影响主要是通过熔道之间的搭接率对上表面形态产生影响的，因此有必要进一步研究熔道搭接率对上表面粗糙度的影响。熔道搭接率计算方法如式 7-2 所示。

根据之前对单道熔道宽度的研究结果可知，当激光功率为 150W、扫描速度为 400mm/s 时，单道熔道宽度大约为 120μm，由此可以通过计算熔道之间的搭接率来研究搭接率对上表面粗糙度的影响，如图 7-20 所示。

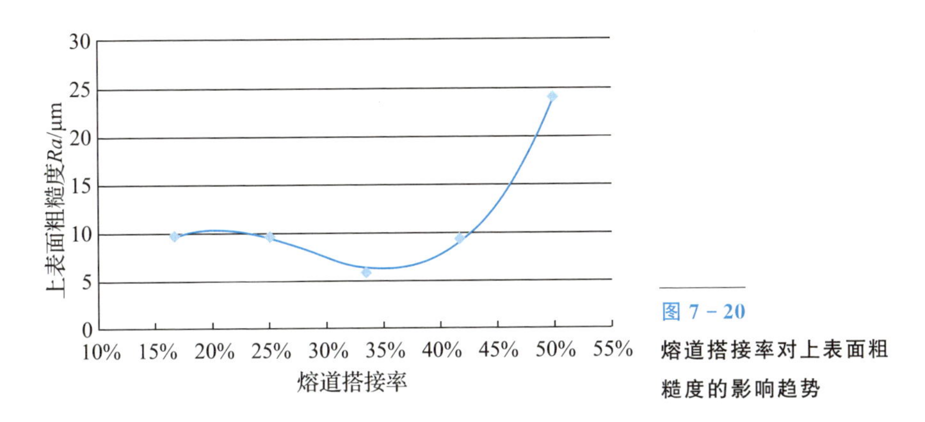

图 7-20　熔道搭接率对上表面粗糙度的影响趋势

从图 7-20 可以看出，搭接率太低或者太高都会对成形件上表面粗糙度带来不利的影响，当搭接率保持在 30%～40%时，上表面粗糙度最小。当搭接率为 33.3%时，上表面粗糙度 Ra 为 6.2μm。

当扫描间距大于单道熔道熔宽时，搭接率为零，两道熔池凝固后无法联结或者联结不牢固，会出现的“散架”现象。这种情况下成形的零件致密度较低，而且难于成形冶金结合的金属零件。因此，为了改善粉末床激光熔融成形件上表面粗糙度，选取扫描间距数值时，应该综合考虑激光功率和扫描速度等因素，因为不同的激光能量密度下，有不同的熔道宽度，所以不同的能量密度下，需要选用不同的扫描间距，使熔道之间的搭接率保持在 30%～40%的理想数值。

4. 体能量密度对上表面粗糙度的影响

根据之前的研究，不难发现粉末床激光熔融成形过程中激光功率、扫描速率、扫描间距等工艺参数是相互关联、相互影响的，因此进行工艺优化实验时，不能忽略其他工艺参数的影响去单独研究一个工艺参数，应该综合考虑这些相互影响的工艺参数。所以，将激光功率、扫描速率、扫描间距和铺粉厚度这 4 个工艺参数综合为“体能量密度”这一个参数，其物理意义为在单位时间内单位体积能量输入大小。通过对其进行优化，找到可以顺利成形金属零件的体能量密度范围，从而使整体调控激光熔化过程及成形质量成为可能。体能量密度 ω 的计算公式如下：

$$\omega=\frac{P}{vsh} \tag{7-11}$$

式中 P——激光功率(μm)；

v——扫描速度(μm)；

s——扫描间距(μm)；

h——铺粉层厚(μm)。

根据之前实验结果与测量数据，分别计算出每一个成形方块对应的体能量密度，绘制体能量密度对成形方块上表面粗糙度和致密度的影响关系图，如图 7－21 所示。

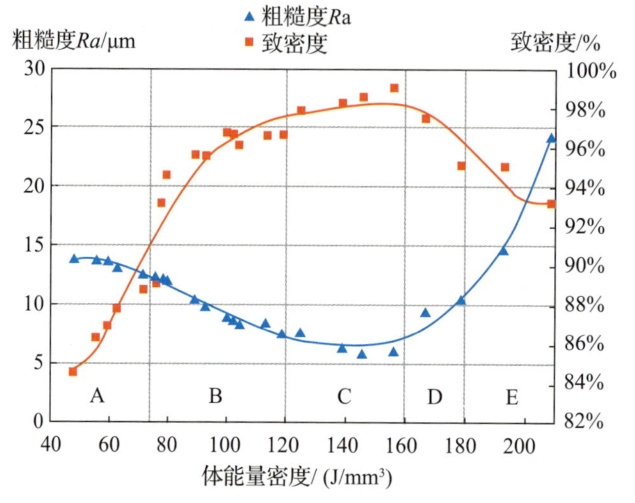

图 7－21 体能量密度对粉末床激光熔融成形件致密度和表面粗糙度的影响

从图 7－21 中可以看出，体能量密度与粉末床激光熔融成形件质量之间存在密切联系，在不同的体能量密度下，粉末床激光熔融成形件具有不同的成形特点。根据不同的体能量密度对应不同的成形特点，将图中的粉末床激光熔融成形划分为 A～E 5 种类型：A 为未完全熔化区，B 为低能量密度球化区，C 为顺利成形区，D 为高能量密度球化区，E 为过熔区。

(1)未完全熔化区。当体能量密度 $\omega<75\text{J/mm}^3$ 时，粉末床激光熔融成形处于未完全熔化区。在这个成形区域，体能量密度太小，不足以完全熔化扫描区的金属粉末，无法形成熔道形态，部分粉末处于烧结态。处于未完全熔化区的粉末床激光熔融样品，致密度较低，表面呈沙粒状，表面粗糙而无金属光泽。图 7-22 所示为处于未完全熔化区的典型样品，该样品的体能量密度为59.52J/mm^3，致密度为 86.93%，表面粗糙度 Ra 为 13.91 μm。从图中可以看出，该样品熔道不连续，表面有许多黑色小球，粉末未完全熔化。正是因为金属粉末未能完全熔化，所以该类情况下的粉末床激光熔融样品质量差，致密度低，表面粗糙。

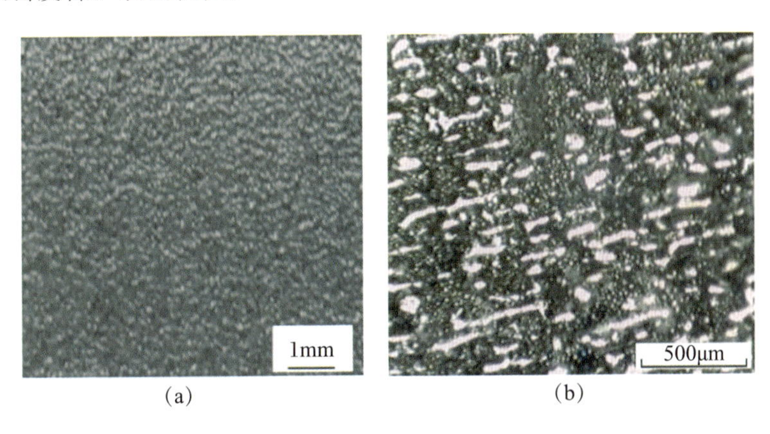

图 7-22　未完全熔化区的典型样品

(a)低倍显微图；(b)高倍显微图。

（注：$P=100\text{W}$，$v=700\text{mm/s}$，$s=80$ μm，$h=30$ μm。）

(2)低能量密度球化区。当体能量密度为 $75\text{J/mm}^3<\omega<120\text{J/mm}^3$ 时，粉末床激光熔融成形处于低能量密度球化区。扫描速度过快或激光功率过低造成体能量密度过低，使粉末熔化量减少，熔道的熔深不足，液体熔道对固体基体的润湿性不佳。如图 7-23 所示，F_1 为固态与气态之间的界面能，F_2 为固态与液态之间的界面能，F_3 为液态和气态之间的界面能。由于熔道对固体基体的润湿性不好，液体熔道位置处的固体质点对液体质点的作用力小于液体质点之间的作用力，导致 F_2 大于 F_1，结果气、液、固三相交点处的液体质点总合力方向指向液体内部，使熔道润湿角 θ 大于 90°，液面在界面张力作用下向熔池内部收缩而形成球状，成形结束后表面会出现金属圆球。这就是粉末床激光熔融加工过程中，激光体能量密度较低时产生的球化现象。

图 7-24所示即为处于低能量密度球化区的典型样品，该样品的体能量密度为 79.37J/mm^3，致密度为 95.53%，表面粗糙度 Ra 为 11.24μm。从图中可以看出，样品存在严重的球化现象，熔道不连续，熔化状况不佳，表面粗糙而无金属光泽。球化使得相邻熔道之间存在孔隙，影响了粉末床激光熔融成形件的致密度。球化还会影响下一层的铺粉平整性，使后续的成形进一步恶化，极大地增加粉末床激光熔融成形件的表面粗糙度。

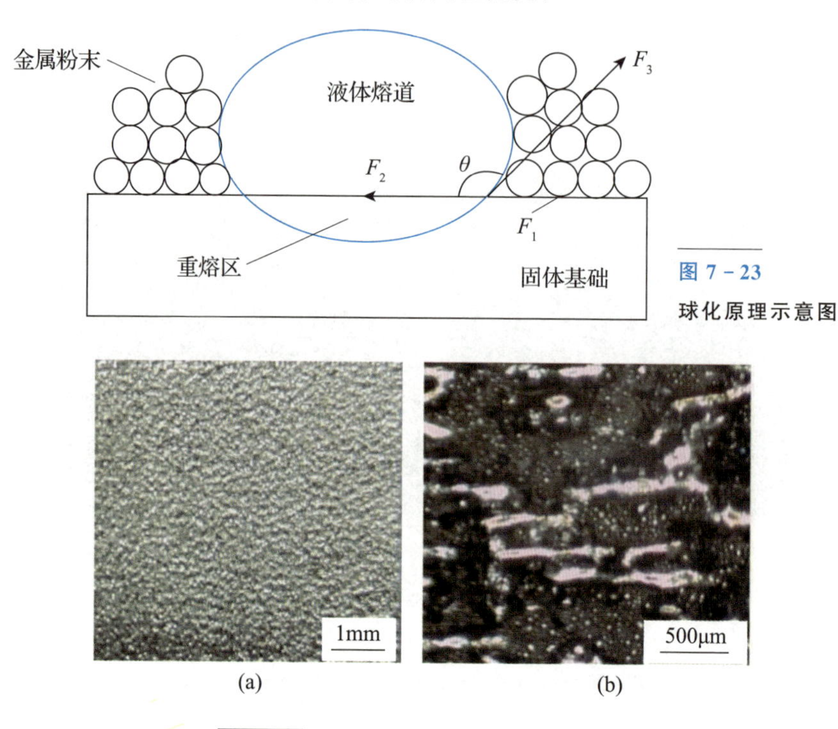

图 7-23 球化原理示意图

图 7-24 低能量密度球化区的典型样品

(a)低倍显微图；(b)高倍显微图。

（注：$P=150\text{W}$，$v=700\text{mm/s}$，$s=90\mu\text{m}$，$h=30\mu\text{m}$。）

(3)顺利成形区。当体能量密度为 $120\text{J/mm}^3<\omega<160\text{J/mm}^3$ 时，粉末床激光熔融成形处于顺利成形区。在这个区域激光能够熔化金属粉末形成连续光滑的熔道，而且熔道的深度适宜，对固体基体有较好的润湿性，润湿角较小，极大缓解球化的趋势。熔道宽度合理，熔道搭接理想，故而致密度较高，可以达到97%以上，且表面光滑。图 7-25 所示即为处于顺利成形区的典型样品，该样品的体能量密度为 156.25J/mm^3，致密度为 98.93%，表面粗糙度 Ra 为 6.03μm。从图中可以看出，该样品熔道连续平滑且搭接理想、黑色

凸点少，基本无球化现象。

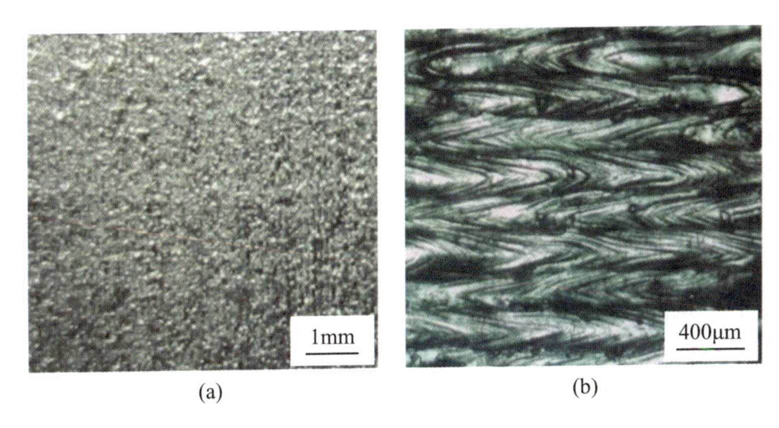

图 7－25 顺利成形区的典型样品
(a)低倍显微图；(b)高倍显微图。
（注：$P=150$W，$v=400$mm/s，$s=80$ μm，$h=30$ μm。）

(4)高能量密度球化区。当体能量密度为 $160J/mm^3<\omega<180J/mm^3$ 时，粉末床激光熔融成形处于高能量密度球化区。扫描速度过低、激光功率过高或者扫描间距过小(高搭接率)，会造成体能量密度过高，这种情况下也会出现球化现象。过高的体能量密度使烧结温度显著提高，并导致粉末熔化量急剧增加，熔池表面积增大。一方面，过量的液相使熔体黏度显著降低，较大熔池固液界面的界面张力相对较大，溶液易出现球化现象。另一方面，较低的扫描速率使液相存在时间延长，冷却凝固时间更长，熔体过热倾向明显，且马戈兰尼效应增强，有更加充足的时间出现球化现象，增加被氧化的可能性。在此条件下，随着液相表面能的降低，在液柱发生断裂的同时，熔体还将分裂成大量微小球体。图 7－26 所示即为处于高能量球化区的典型样品，该样品的体能量密度为 $178.57J/mm^3$，致密度为 95.12%，表面粗糙度 Ra 为 10.56 μm。从图中可以看出，该样品熔道虽然连续且搭接紧密，但是不够平滑，而且熔道两侧有凸起小球，部分区域有球化现象。

(5)过熔区。当体能量密度 $\omega>180J/mm^3$ 时，粉末床激光熔融成形处于过熔化区。这个成形区域下加工温度过高，粉末熔化量过多。液体熔道剧烈流动，使液体熔体飞溅严重。该区域有严重的过熔现象，出现扭曲、裂纹和凹陷等缺陷。图 7－27 所示即为处于过熔区的典型样品，该样品的体能量密度为 $208.33J/mm^3$，致密度为 93.16%，表面粗糙度 Ra 为 24.16 μm。从图中可以看出，该样品表面凹陷，有大块的黑色物。

图 7-26　高能量球化区的典型样品

(a)低倍显微图；(b)高倍显微图。

（注：$P = 150\mathrm{W}$，$v = 350\mathrm{mm/s}$，$s = 80\ \mu\mathrm{m}$，$h = 30\ \mu\mathrm{m}$。）

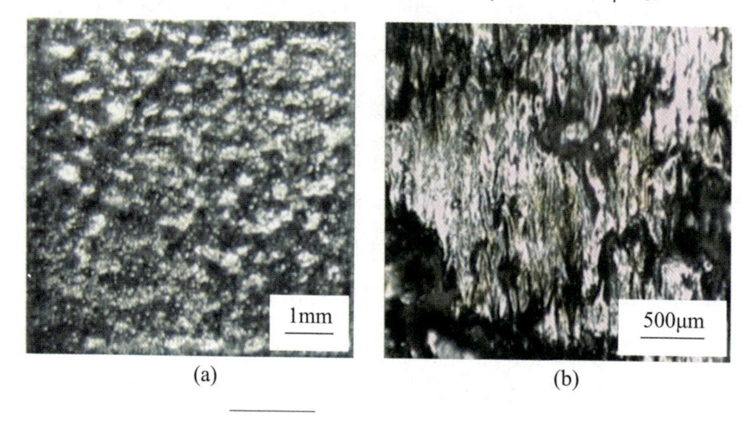

图 7-27　过熔区的典型样品

(a)低倍显微图；(b)高倍显微图。

（注：$P = 150\mathrm{W}$，$v = 400\mathrm{mm/s}$，$s = 60\ \mu\mathrm{m}$，$h = 30\ \mu\mathrm{m}$。）

总而言之，体能量密度过高或过低，都会造成球化效应，对粉末床激光熔融成形件的致密度和表面粗糙度有不利的影响。因此，为了尽可能消除球化现象，保证粉末床激光熔融成形件质量，应该将体能量密度控制在顺利成形区，同时各个工艺参数也应当在合理的范围内。

7.2.2　成形件侧表面的特征与粗糙度影响因素分析

从粉末床激光熔融成形件侧表面粗糙度理论研究成果可以看出，侧表面粗糙度在理论上受到铺粉层厚和倾斜角度影响。但是，从工艺实验研究中，发现扫描速度和激光体能量密度也是影响侧表面粗糙度的重要因素。因此，为了减少干扰因素，通过控制激光功率和扫描速度等工艺参数，将激光体能量密度控制在顺利成形区的范围内，重点研究铺粉层厚和倾斜角度对侧表面粗糙度的影响。

在对侧表面粗糙度的研究中，需要成形悬垂机构。但是，成形悬垂结构时存在一个极限成形角，当倾斜角小于该极限成形角时，无法顺利成形，悬垂面会产生严重刮渣或翘曲缺陷，甚至产生塌陷，无法继续加工。这种情况下必须对悬垂面添加支撑，防止成形缺陷；当倾斜角大于极限成形角时，不添加支撑，悬垂面也可以顺利成形。在不同的工艺参数下，成形悬垂结构时有不同的极限成形角。通过加快扫描速度的方式降低激光能量密度，成形悬垂机构的极限成形角也会随之减小。因此，将激光功率设为 150W，扫描速度为 600mm/s，扫描间距为 80 μm，进行铺粉层厚和倾斜角度对侧表面粗糙度的影响实验。在此工艺参数下，成形悬垂结构的极限成形角为 27°。

因为本章研究未添加支撑的侧倾斜表面粗糙度的影响因素，针对倾斜角对侧倾斜表面粗糙度的影响，在倾斜角度分别为 30°、35°、40°、45°、50°、60°、70°、80°和 90°的条件下，加工出倾斜块，测量其侧表面粗糙度，分析倾斜角度对侧表面粗糙度的影响。为了研究铺粉层厚对侧表面粗糙度的影响，分别在 25 μm、30 μm 和 35 μm 的铺粉层厚下加工出对应的倾斜块，测量侧表面粗糙度，分析铺粉层厚对其的影响，部分倾斜块加工成果如图 7 - 28 所示。

图 7 - 28
部分倾斜块加工成果
（注：铺粉层厚 = 25 μm）

将成形后的规则倾斜块从基板上切下来，拍摄侧表面的宏观表面形貌和微观放大图，分别测量上侧面和下侧面的表面粗糙度，其中倾斜角和铺粉层厚对侧表面粗糙度的影响分别如图 7 - 29 和图 7 - 30 所示。

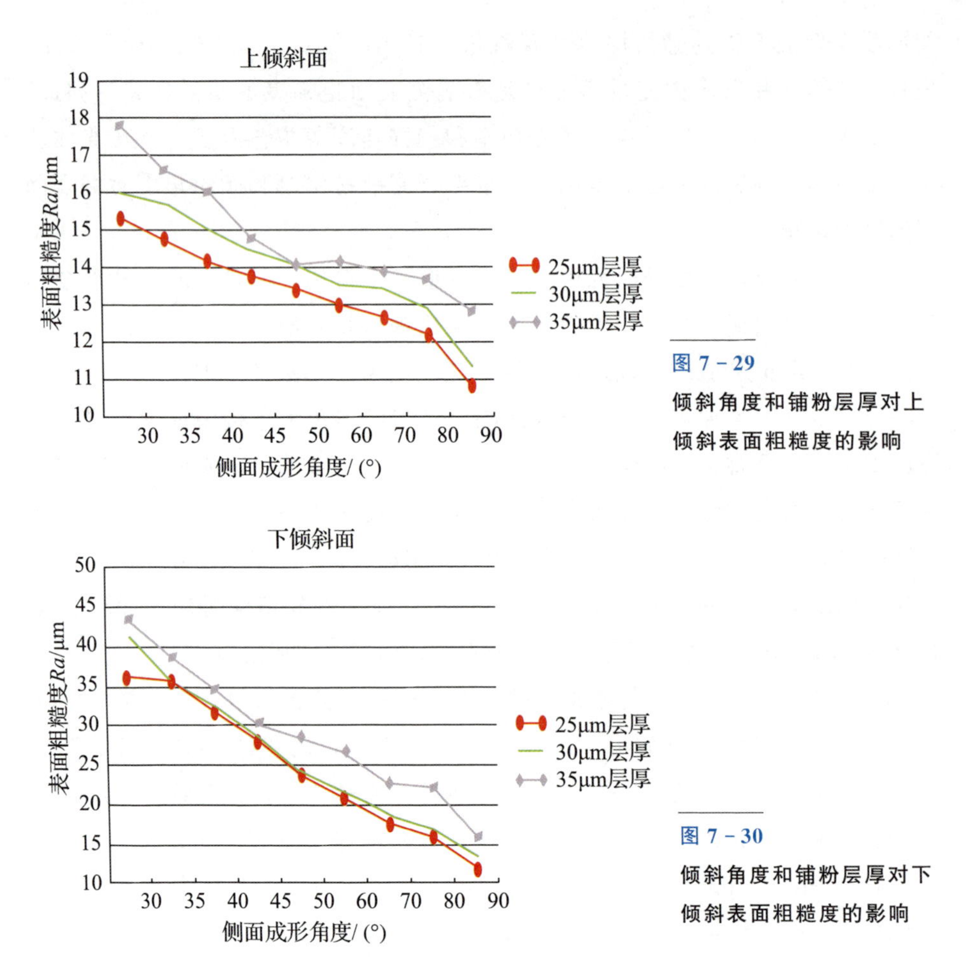

图 7-29
倾斜角度和铺粉层厚对上倾斜表面粗糙度的影响

图 7-30
倾斜角度和铺粉层厚对下倾斜表面粗糙度的影响

从图 7-29 和图 7-30 中可以看出，在高于极限成形角的范围内，随着倾斜角增加，上倾斜侧面和下倾斜侧面的表面粗糙度都有逐渐减少的趋势。这也与之前的侧表面粗糙度理论分析的结果相吻合，证明了理论分析的过程是正确的。而且，在铺粉层厚为 25 μm 的加工参数下，选择倾斜角为 35°、45°和 70°的 3 个倾斜块，拍摄其上倾斜面的表面形貌，如图 7-31 所示。从图 7-31 中可以看出，在倾斜角为 35°时，倾斜件的侧表面很粗糙，呈现细小间隔的凹凸起伏状，有较明显的阶梯状。当倾斜角为 45°时，倾斜件的侧表面依旧粗糙，呈现凹凸起伏状，但阶梯状的表面形态与 35°倾斜块相比有了明显的改善。当倾斜角增加到 70°时，侧表面较平滑，虽然也有凹凸起伏状，但表面没有了阶梯形态。由此也可以得出，为了改善粉末床激光熔融成形件侧表面的粗糙度，在成形过程中应该调整零件的摆放位置，尽量提高成形件的倾斜角度。

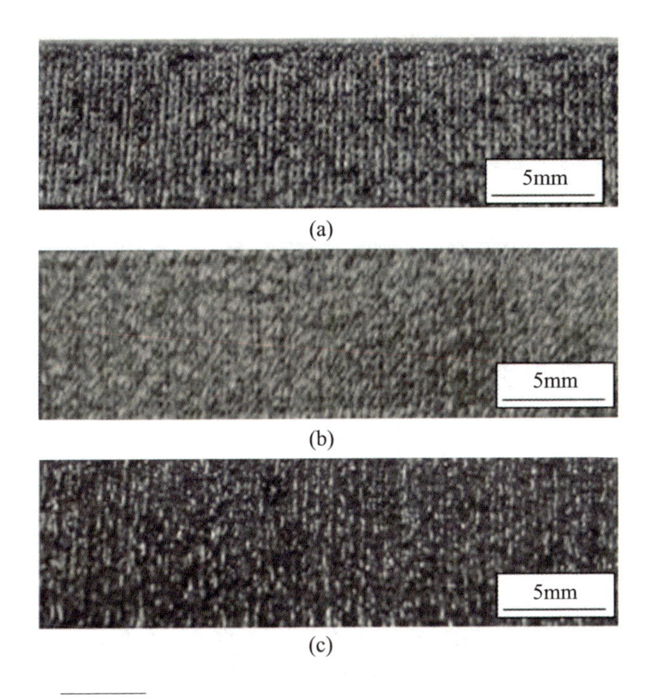

图 7－31　对应不同倾斜角的倾斜块上侧面宏观形貌

(a)倾斜角为 35°；(b)倾斜角为 45°；(c)倾斜角为 70°。

(注：铺粉层厚＝25 μm)

从前一部分的侧表面粗糙度理论分析可知，当铺粉层厚增加时，侧表面粗糙度也随之增加。通过铺粉层厚对侧表面粗糙度的影响实验，也证明了这个结论的正确性。这里分别在 25 μm 和 35 μm 的铺粉层厚下，拍摄 30°倾斜件的上侧面表面形貌，如图 7－32 所示。从图 7－32 中可知，两个倾斜块表面都有明显的阶梯状形态，但层厚为 35 μm 的倾斜块侧表面明显要比层厚为 25 μm 的倾斜块粗糙。熔道边缘暴露在侧表面的边缘，在侧表面上形成了一条条明显的凸起线。层厚为 25 μm 的倾斜块的侧表面的凸起线较细，而且是连续的，凸起线之间连接紧密；而层厚为 35 μm 的倾斜块的侧表面的凸起线不连续，而且凸起线之间间隔较宽。因此，为了改善粉末床激光熔融成形件侧表面的粗糙度，应该在保证成形效率的同时，使铺粉层厚尽可能小。

此外，从图 7－29 与图 7－30 可以发现，对于同一个倾斜块，下侧面的表面粗糙度值要远大于上侧面。图 7－33 所示为 25 μm 铺粉层厚、45°倾斜块的上侧面和下侧面表面宏观形貌图。从图 7－33 中可以看出，上侧表面较平滑，凸起线连续且搭接紧密，表面没有挂渣现象。但下侧表面较粗糙，表面呈现颗粒状，没有连续凸起线，有明显的粉末黏附现象。

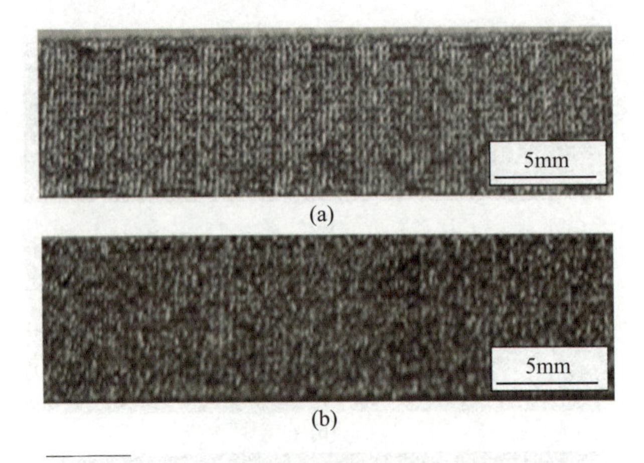

图 7-32　对应不同铺粉层厚的倾斜块上侧面宏观形貌

(a)25 μm 层厚；(b)35 μm 层厚。

（注：倾斜角 = 30°）

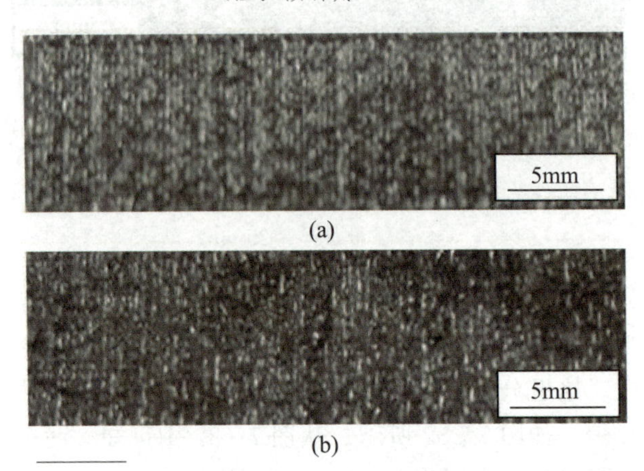

图 7-33　同一倾斜块的上侧面和下侧面宏观形貌对比

(a)上侧面；(b)下侧面。

（注：铺粉层厚 = 25 μm，倾斜角 = 45°。）

分析倾斜块下侧面比上侧面粗糙的原因。如图 7-34 所示，当激光束扫描实体支撑区时（点 a），热传导率高，而当激光束扫描到倾斜块下侧面边缘时，激光会入射到粉末支撑区（点 b），此时热传导率只有相应实体材料的 1/100，所以在相同的激光加工参数条件下，粉末支撑区比实体支撑区的能量输入大得多，导致在粉末支撑区的熔池过大，熔池因重力和表面应力的作用沉陷到粉末中，这种情况下就会产生激光深穿透效应，熔池黏附较多的粉末。这些原因导致成形倾斜块的下侧面时出现悬垂物，使下侧面表面质量变差，尺寸精度也变差，而且倾斜角越小，激光深穿透效应越明显。倾斜块的上侧面则不会受到激光深穿透的影响。因此，相同的工艺条件下，倾斜块的下侧面通常要比上侧面粗糙。为了改善成形件倾斜块的下侧面的表面粗糙度，要尽量减少激光深穿透对下侧面的影响，可以通过增加激光扫描速度的方式来缓解激光深穿透效应。

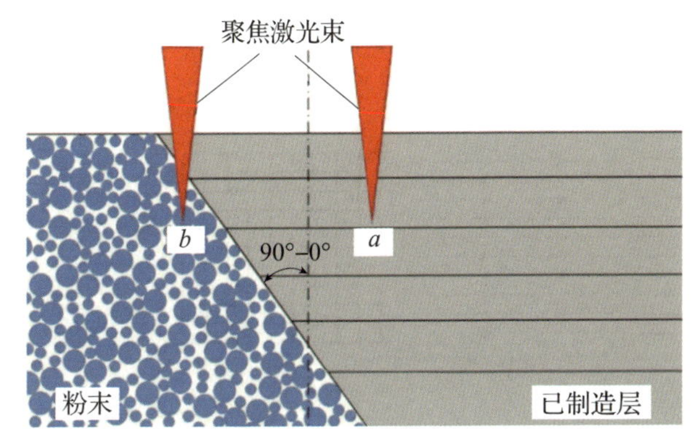

图 7 - 34
激光扫描悬垂结构示意图

7.2.3　扫描策略对成形件表面特征与粗糙度的影响

在粉末床激光熔融成形过程中，激光束扫描每一层的成形区，将该层粉末熔化，并与前成形层融为一个整体。因此加工过程中激光束的扫描策略对成形质量影响很大，不同的扫描策略对粉末床激光熔融零件的尺寸精度和表面粗糙度有直接的影响。在成形上表面时，不同的扫描策略影响着扫描层的致密度和表面粗糙度；在成形侧表面时，扫描策略与零件表面粗糙度和尺寸精度息息相关。因此扫描策略对成形件的上表面粗糙度和侧表面粗糙度都有影响。

为了研究不同扫描策略对成形件表面粗糙度的影响，用不同的扫描策略加工了 16 个 10mm×10mm×5mm 的小方块，通过成形方块的表面质量来分析扫描策略的影响。其中方块的编号和各自的扫描策略如表 7 - 4 所列。

表 7 - 4　每个方块的编号和扫描策略

1 号方块 “Z”形 *X* 方向扫描	2 号方块 “S”形 *X* 方向扫描	3 号方块 “Z”形正交扫描	4 号方块 “S”形正交扫描
5 号方块 “Z”形 *X* 方向层错扫描	6 号方块 “S”形 *X* 方向层错扫描	7 号方块 “Z”形正交层错扫描	8 号方块 “S”形正交层错扫描

（续）

9 号方块 “S” 形正交层错扫描 （前勾边）	10 号方块 “S” 形正交层错扫描 （后勾边）	11 号方块 “S” 形正交层错扫描 （较快速度前勾边）	12 号方块 “S” 形正交层错扫描 （较快速度后勾边）
13 号方块 轮廓偏移扫描	14 号方块 层错轮廓偏移扫描	15 号方块 分区扫描	16 号方块 分区扫描（后勾边）

各种扫描策略的示意图如图 7－35 所示。

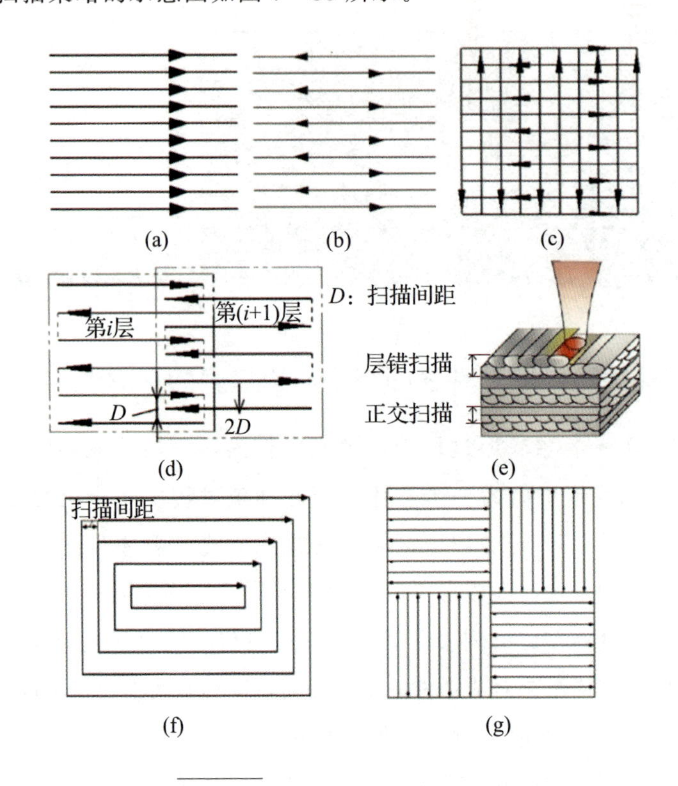

图 7－35　不同扫描策略的示意图

(a)“Z” 形单方向扫描；(b)“S” 形往返扫描；(c)正交扫描；(d)层间交错扫描；(e)正交层错扫描；(f)轮廓偏移扫描；(g)分区扫描。

采用激光功率为 150W、铺粉层厚为 30 μm、扫描间距为 80 μm、扫描速度为 400mm/s 的工艺参数成形表 7－4 中的 16 个方块。其中，11 号和 12 号方块的勾边速度为 600mm/s，13 号和 14 号方块的勾边速度为 450mm/s。方块的成形结果如图 7－36 所示。

图 7-36
不同扫描策略下成形的方块的宏观形貌

1. “Z” 形单向扫描和 “S” 形往返扫描

如图 7-37 所示，对比两个方块表面宏观形貌可以发现，“Z” 形单方向扫描零件左边缘的扫描线起点处有一条较明显的凸起线，这是因为 “Z” 形单方向扫描时，扫描线起点处能量密度较高，会使扫描起始处的粉末迅速熔化，从而使这个区域的液体熔道之间形成较大的温差，液体熔道的黏度增大。这些液态熔道还来不及铺展开来，就因表面张力的作用而收缩成小球。由于每一条扫描线都从左侧开始扫描，一系列的边缘小球就累积成了图中所示的凸起线。而采用 “S” 形往返扫描的扫描轨迹较为连续，扫完一条扫描线后，偏移一个扫描间距，返回扫描，这种情况下下一道扫描线能够利用上一熔道的熔池和热量，故方块表面没有明显的边缘凸起线。与 “Z” 形扫描相比，“S” 形往返扫描成形的零件表面质量更好，“S” 形扫描可以使熔道起始处更加连续，降低起点凸点效应，缓解成形件边沿的凸起。

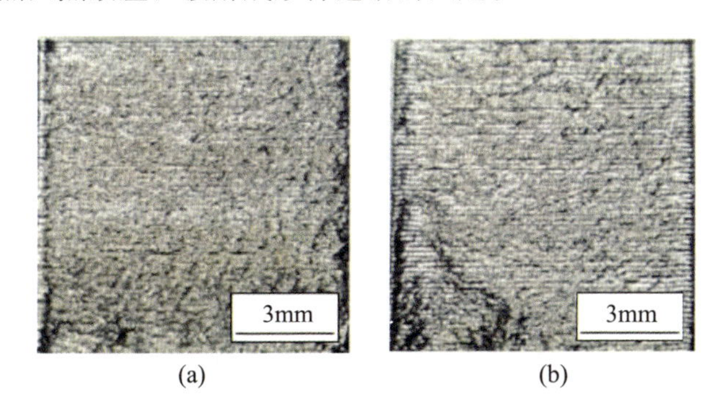

图 7-37　“Z”形单向扫描和 “S” 形往返扫描的成形表面对比
(a)1 号—“Z” 形单向扫描；(b)2 号—“S” 形往返扫描。

2. 正交扫描和层间交错扫描

如扫描策略示意图(图 7-35)所示，正交扫描就是当上一层沿 X 方向扫描时，下一层就沿 Y 方向扫描，相邻层之间的扫描方向成 90°正交。层间交错扫描就是在扫描完一层之后，错开一些间距进行扫描，使下层的扫描线落在上层的两道扫描线之间。而正交层错就是将层错扫描和正交扫描结合起来，先进行两层层错扫描，再在正交方向进行另外两层层错扫描，如此循环累积。

为了研究层间交错扫描和正交扫描的优势，将 4 种不同扫描策略对应的零件表面形貌进行了对比，对比结果如图 7-38 所示。

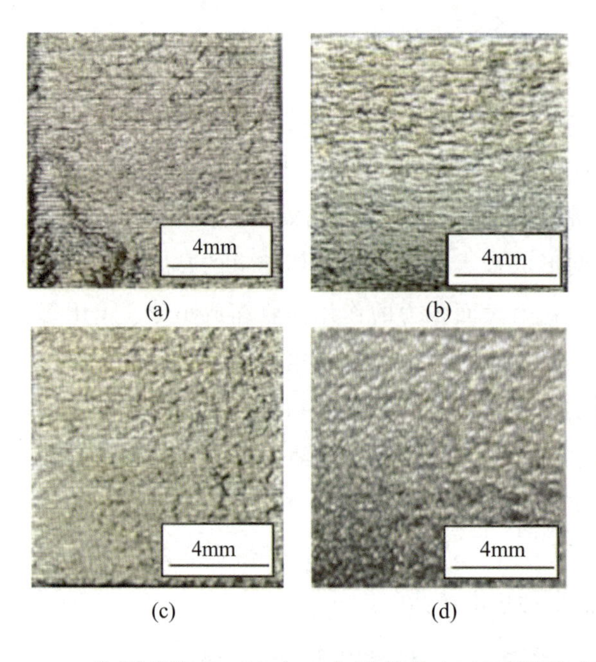

图 7-38　4 种不同扫描策略对应的零件表面形貌

(a)"S"形 X 方向扫描、不加层错；
(b)"S"形正交扫描、不加层错；
(c)"S"形 X 方向扫描、加入层错；
(d)"S"形正交扫描、加入层错。

分别对图 7-38 中 4 个零件的上表面测量表面粗糙度，绘制柱形对比图如图 7-39 所示。

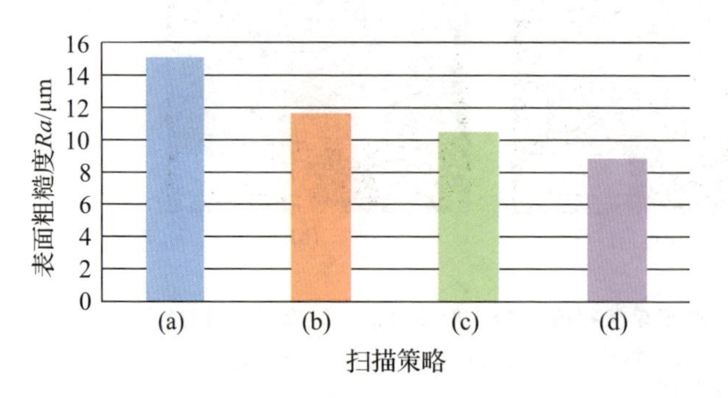

图 7-39　不同扫描策略的表面粗糙度对比图

对比图7-38(a)和图7-38(b)可以发现，与单方向扫描零件的表面形貌相比，正交扫描的零件表面较为平整，而且边沿线基本没有凸起。这是因为“S”形正交扫描不仅能够消除边沿线的凸点效应，而且在正交扫描时还能够减轻表面熔道的波纹效应，修复上一层的表面缺陷。对比图7-38(c)和图7-38(d)可以发现，采用层错扫描后，表面质量有明显改善，表面粗糙度有大幅度降低，表面更加致密、光亮。因为层间错开扫描策略能够修补上一层的成形缺陷，金属液易在前一层的沟壑处润湿基体，从而使层间搭接更紧密，缓解了上下起伏的涟漪形貌。因此，层间错开扫描可以使零件更致密，提高表面质量。图7-38(d)所示的零件采用了“S”形正交层错扫描策略，其表面是4个零件中最平整光滑的。由此可见，将正交扫描和层错扫描结合起来可以同时利用两种扫描策略的优势，进一步改善其表面粗糙度。

3. 勾边操作

将不同勾边操作下成形零件的表面宏观形貌进行了对比(图7-40)，以研究勾边操作对成形件表面粗糙度的影响。从图7-40中可以看出，9号零件采用相同的扫描速度，进行前勾边，发现边沿线凸起缺陷很严重，而且靠近边沿线的区域有凹陷。这是由于在铺了一层粉之后，进行前勾边操作，会使边沿熔道吸收很多的粉末，吸走了边沿线周围的粉末。随着层数的累积，边沿线凸起严重，边沿线附近的区域凹陷。10号零件采用相同的扫描速度，进行后勾边，发现表面质量要比9号零件好，边沿有轻微的凸起，但不严重。11号零件采用较快的扫描速度前勾边，表面质量比9号零件好，但边沿依然有凸起现象。12号零件采用较快的扫描速度后勾边，表面质量很好，而且基本

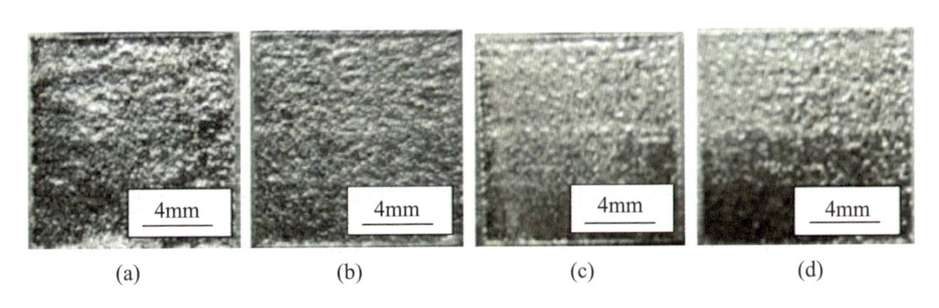

图7-40 不同勾边操作成形零件的表面宏观形貌

(a)9号“S”形正交层错扫描(前勾边)；(b)10号“S”形正交层错扫描(后勾边)；(c)11号“S”形正交层错扫描(较快速度前勾边)；(d)12号“S”形正交层错扫描(较快速度后勾边)。

上没有边沿凸起现象。从中可以看出，不合理的勾边操作，不仅不能改善零件边沿的表面质量，还会使零件表面质量变差。前勾边会加重零件边沿的凸起现象，后勾边相当于对零件的轮廓进行重熔操作，可以改善零件的边沿质量。因此合理的勾边操作是采用较快的扫描速度后勾边。

4. 轮廓偏移扫描

图 7-41 所示为采用轮廓偏移扫描得到的零件表面宏观形貌。从图中可以看出，轮廓偏移扫描成形的零件表面有过熔现象，边沿线的凸起较严重。形貌不佳的原因在于轮廓偏移扫描的扫描线很长，热量累积很多，容易造成过熔现象。使用轮廓偏移扫描可以得到接近理想的零件轮廓和相对平整的表面。但是扫描线长、热量累积较多，容易造成边沿翘曲和过熔，需要选用适合的能量密度和扫描间距。因此在进行轮廓偏移扫描时，应该适当提高扫描速度，加大扫描间距。

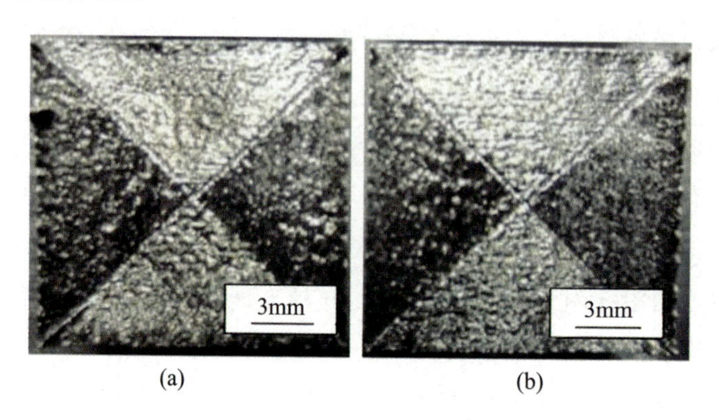

图 7-41　轮廓偏移扫描零件表面宏观形貌

(a)13 号轮廓偏移扫描；(b)14 号层错轮廓偏移扫描。

5. 分区扫描

分区扫描是减小热变形量最有效的方法，扫描线长度越大，热应力越大，越容易造成翘曲。采用分区扫描，能够减少扫描线的长度，有效地减少粉末床激光熔融成形件的翘曲。但是分区扫描时，不同区域之间的搭接是一个难点，容易产生不同区域之间连接不牢的现象。图 7-42 所示为采用分区扫描得到的零件表面宏观形貌，从图中可以看出，零件的小区域内的表面质量很好，但 15 号零件区域之间的连接部分较粗糙，有一条较明显的向内凹陷的分界线；16 号零件采用了后勾边操作，区域连接部分粗糙度有所改善。因此，进行分区扫描时，应该合理设置光斑补偿量，并分别对每一个区域的轮廓线进行后勾边。

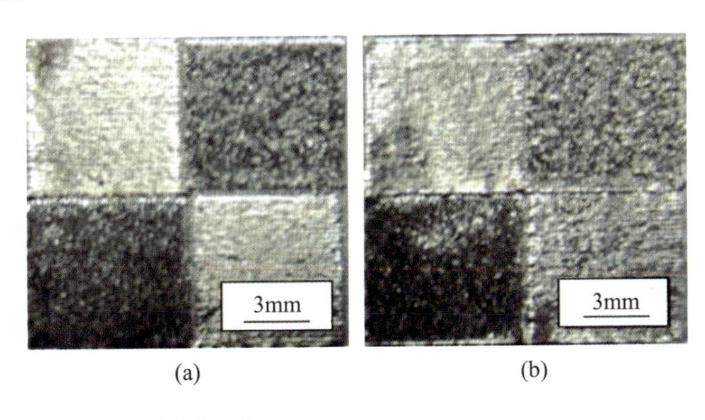

图 7－42　分区扫描零件表面宏观形貌

(a)15 号分区扫描；(b)16 号分区扫描(后勾边)。

7.3　改善零件表面粗糙度的措施

许多应用场合对零件的表面粗糙度都有着严格要求，因为每个单独零件的表面粗糙度对装配件整体都有着不可忽视的影响。表面粗糙度会影响零件之间的配合性质，从而影响装配体的密封性、耐磨性等性能，影响装配体性能表现与使用寿命。因此，本节从工艺、数据处理、后处理、工艺参数优化的角度提出了改善零件表面粗糙度的措施。

7.3.1　激光表面重熔

激光表面重熔是粉末床激光熔融工艺中提高表面粗糙度的重要方法，其原理如图 7－43所示。激光扫描一层后，在放置一层新的粉末之前，用激光偏移一定距离再次扫描同一层表面，使其重新熔化而变得光滑，并可以去除一些缺陷。然而，粉末床激光熔融成形过程中若每一层都进行重熔处理，则必然会增加成形时间。但是在致密度 98%～99%仍然不能满足要求的情况下，可以采用该种方法。采用每一层都重熔的工艺，可以极大地减少成形件内部的微孔，并提升成形件的力学性能。如果仅仅想提升成形件的表面质量，激光表面重熔也可以只应用在最后一层或者成形件的外表面。

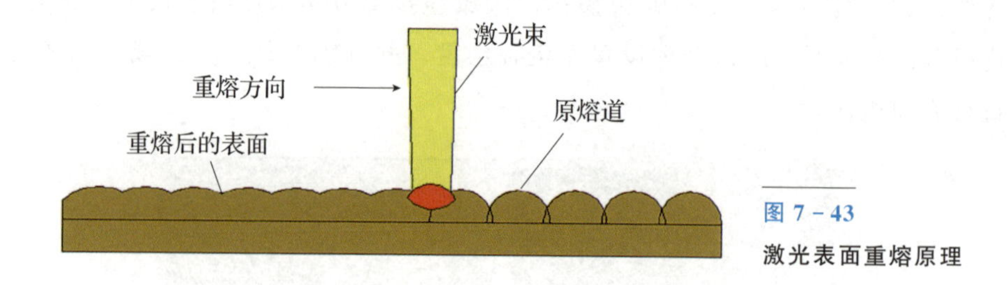

图 7-43
激光表面重熔原理

为了研究激光表面重熔对粉末床激光熔融零件表面质量的改善效果，制备了3个10mm×10mm×5mm的小方块。加工实体时采用的工艺是激光功率为150W，层厚为80μm，扫描速度为600mm/s，扫描策略采用普通光栅扫描法。重熔方式和制备的样品如图7-44所示，图7-44(a)所示的样品没有重熔，图7-44(b)和(c)所示的样品采取了不同的重熔策略。

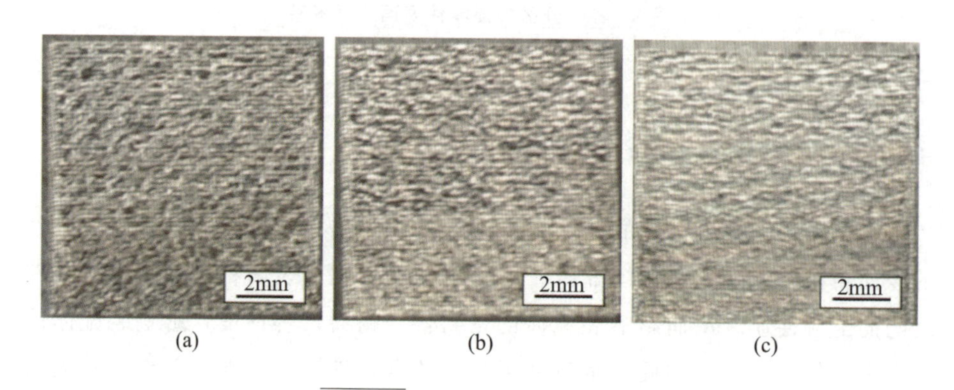

图 7-44　3个方块的表面形貌
(a)不重熔；(b)表面正交重熔2次；(c)表面正交重熔5次。

用粗糙度测量仪测量其表面粗糙度以及表面轮廓，得到图7-45所示的对比图。从图7-45可以看出，不重熔的方块表面凹凸不平，上下起伏较严重，波峰和波谷之间的距离很大，表面微观轮廓线极不规则；激光表面重熔2次的方块的表面轮廓开始变得平滑，轮廓单元里的波峰和波谷之间距离减小，轮廓也更规则；激光表面重熔5次的方块的表面轮廓变得更加平滑，没有了陡峭的波峰、波谷形态，轮廓线很规则。其中，不重熔的方块的表面粗糙度 Ra 为14.33μm，激光表面重熔5次的方块的表面粗糙度 Ra 为3.34μm，表面粗糙度有了大幅度的下降。

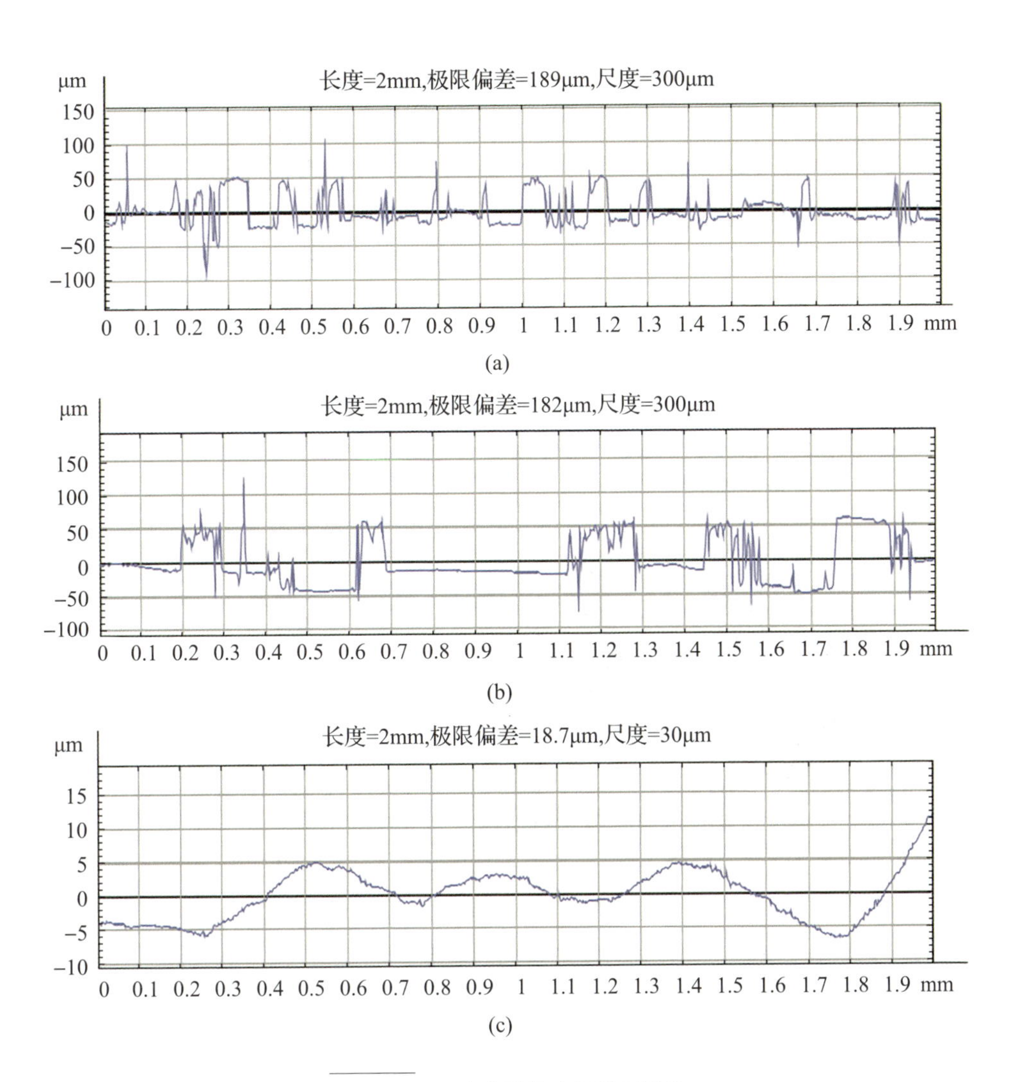

图 7-45　3 个方块的表面微观形貌

(a)不重熔；(b)表面正交重熔 2 次；(c)表面正交重熔 5 次。

通过对以上 3 个方块表面的比较，发现激光表面重熔确实可以明显改善粉末床激光熔融零件的表面粗糙度，而且随着重熔次数的增加，表面粗糙度降低。需要注意的是，重熔次数的增加，也意味着成形时间的增加，因此应当根据实际需求采取合适的重熔策略来改善零件表面粗糙度。

7.3.2　数据处理

零件在三维软件中设计好之后保存为 STL 文件，需要对此文件进行加工前的数据处理。数据处理对于零件的顺利加工非常重要，尤其是对结构复杂的零件而言。良好的数据处理有利于零件顺利成形，可以提高零件的成形质量，也可以改善零件的表面粗糙度。数据处理的流程包括确定零件的摆放位置、为悬垂面添加支撑等。

零件的摆放位置会对形状复杂的零件的表面粗糙度产生显著影响。以如图 7－46(a)所示的横柱面体成形实验为例，该实验中成形了 2 组横柱面体(A 组和 B 组)，两组横柱面体的摆放角度有所不同，A 组横柱面体的曲面母线与 X 轴的夹角为 90°，B 组横柱面体的曲面母线与 X 轴的夹角为 45°。测量这两组横柱面体的内外曲面不同测试角的表面粗糙度，测试角示意图如图 7－46(b)所示，测量结果如图 7－47 所示。

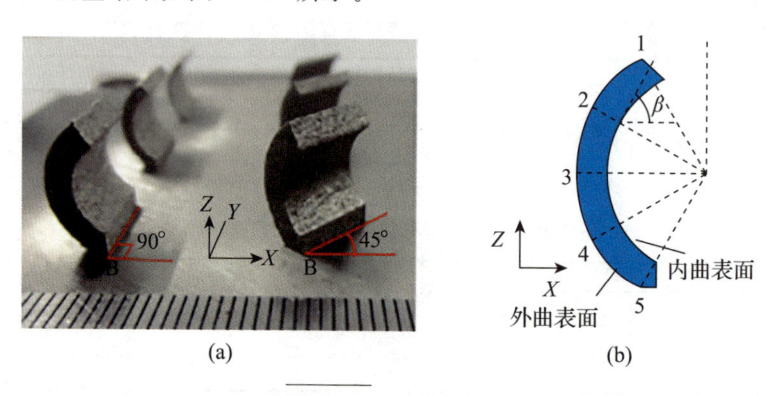

图 7－46　横柱面体

(a)成形结果；(b)测试角示意图。

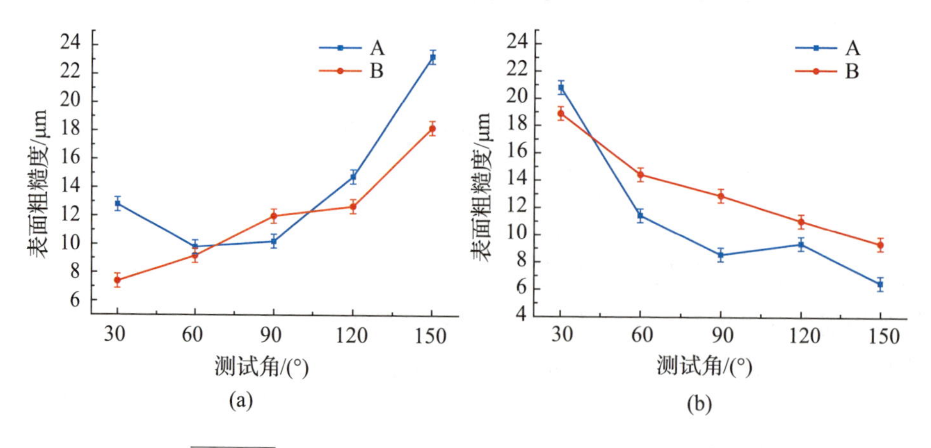

图 7－47　摆放角度对横柱面体表面粗糙度的影响关系

(a)外曲表面；(b)内曲表面。

从图 7-47 中可以看出，不管是外曲表面还是内曲表面，A 组和 B 组的表面粗糙度曲线都存在明显差异，这说明改变零件的摆放角度会对零件的表面粗糙度造成显著的影响。而且，同一曲线不同测试角的表面粗糙度也有显著差异。这说明零件面的倾斜角对其表面粗糙度有着重要影响，与之前的理论分析相印证。

因此，合理调整零件的空间摆放位置，可以改善零件表面粗糙度。此外，为零件的悬垂面设置合适的支撑，可以防止加工过程中产生翘曲、球化、悬垂面黏粉、挂渣等问题，从而防止零件表面因缺陷而呈现出不良的表面质量，明显改善零件的表面粗糙度。

7.3.3　后处理

如若对粉末床激光熔融成形件的表面质量有较高要求的话，还可以通过后处理以进一步改善其表面粗糙度。常见的后处理技术包括手工打磨、喷砂、电解抛光和热等静压处理等。

1. 喷砂

喷砂是一种很常见的零件加工后处理技术，它采用高压空气形成高速喷射束将喷料喷射到处理零件表面，通过磨料对零件表面的冲击和切削作用，改善零件表面的清洁度和粗糙度。喷砂处理是一种通用、迅速、效率较高的清理方法，而且可以在不同粗糙度之间任意选择。

图 7-48 所示为粉末床激光熔融成形件喷砂前后的对比，从中可以看出，经过喷砂处理后，铜钱算盘表面质量有很明显的改善。喷砂后零件表面更光亮，呈现出金属光泽，表面更平整，没有了散沙状的形态。由此可见，喷砂处理对于粉末床激光熔融成形件的表面质量有很好的改善效果，可以去除零件表面的氧化层，并去除黏附的粉末。

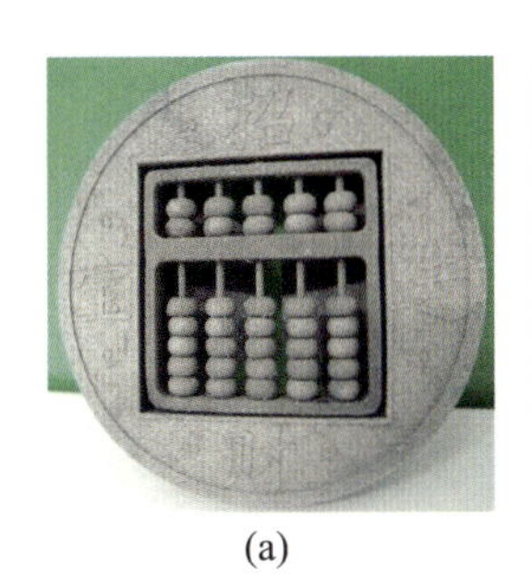
(a)

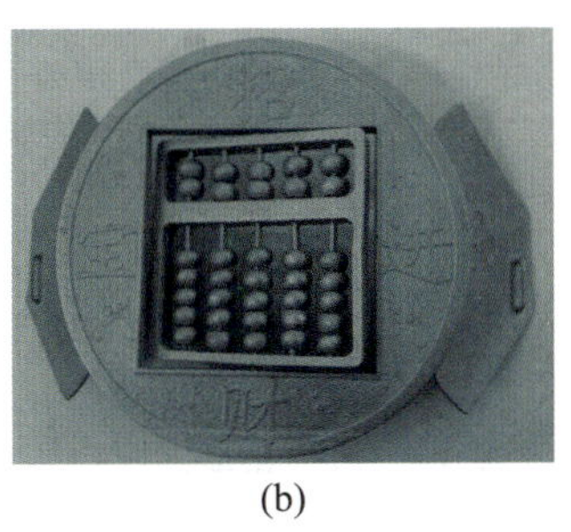
(b)

图 7-48
喷砂前后的粉末床激光熔融成形件对比
(a)喷砂前；(b)喷砂后。

2. 电解抛光

在电解抛光过程中，零件通常位于阳极，阴极通常采用铅板。通电之后，电解溶液会溶解掉阳极零件中的凸起，零件表面会出现一层黏液层，填补零件表面的凹陷部分，从而使零件变得平整光亮。电解抛光具有生产效率高、设备投资低、电解液可以连续使用等优点，而且加工成本低于机械抛光。

图7-49所示为成形件电解抛光前后的表面宏观形貌。电解抛光实验过程中采用的是YQ系列高频开关电解抛光设备，采用的电解抛光液是316L不锈钢专用电解液。在电解抛光过程中，采用定电压、变电流的抛光模式，其中电压设置为8V，抛光时间为7min，阴极和阳极的距离为50mm。

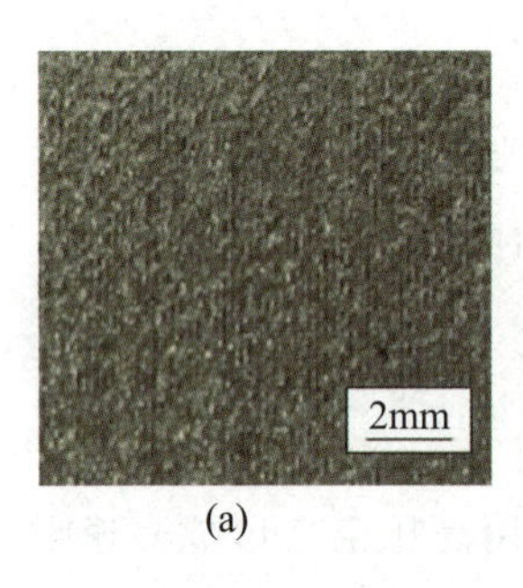

(a)

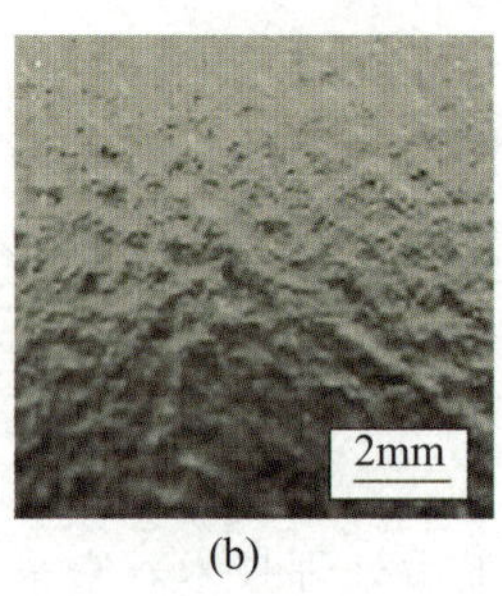

(b)

图7-49 电解抛光前后的粉末床激光熔融成形件对比
(a)电解抛光前；(b)电解抛光后。

从图7-49中可以看出，未抛光前的成形件表面较粗糙，呈现细线状。对该粉末床激光熔融成形件进行电解抛光处理后，表面质量有明显的提升。处理后的成形件表面变得很光滑，呈现出光亮的金属光泽，原来的细线状形貌消失了。

粉末床激光熔融成形件电解抛光前后的表面粗糙度测量结果如表7-5所列。成形件经过电解抛光处理之后，粗糙度极大地降低，*Ra*、*Rz*分别减小了311.97%、233.60%。电解抛光处理后的成形件*Ra*为2.34μm，表面质量可以达到普通机加工的水平。

表7-5 成形件电解抛光前后的表面粗糙度测量结果

成形件处理	*Ra*/μm	*Rz*/μm
电解抛光前	9.64	24.72
电解抛光后	2.34	7.41
粗糙度降低效果	311.97%	233.60%

参考文献

[1] YASA, E, KRUTH J P. Application of Laser Re - melting on SLM parts[J]. Advances in Production Engineering & Management, 2011, 6 (4): 259 - 270.

[2] YASA E, KRUTH J P, DECKERS J. Manufacturing by combining Selective Laser Melting and Selective Laser Erosion/laser re - melting [J]. Manufacturing Technology, 2011(60) : 263 - 266.

[3] YASA E, KRUTH J P, Microstructural investigation of Selective Laser Melting 316L stainless steel parts exposed to laser re - melting[J]. Procedia Engineering, 2011 (19): 389 - 395.

[4] 卢建斌. 个性化金属零件直接成形设计优化及工艺研究[D]. 广州：华南理工大学，2011.

[5] 吴伟辉，杨永强，王迪. 选区激光熔化成形过程的球化现象[J]. 华南理工大学学报(自然科学版)，2010(05)：110 - 115.

[6] 刘睿诚. 激光选区熔化成形零件表面粗糙度研究及在免组装机构中的应用[D]. 广州：华南理工大学，2014.

[7] 麦淑珍. 个性化 CoCr 合金牙冠固定桥激光选区熔化制造工艺及性能研究[D]. 广州：华南理工大学，2016.

第 8 章 激光熔融成形零件过程晶粒生长和组织表征

8.1 晶粒生长和组织表征

在激光熔融成形过程中，高能量密度的激光束照射在粉末床上，将粉末瞬时熔化而形成熔池。熔池的热物理属性如熔池尺寸、维持周期、加热/冷却速率、温度及温度梯度都非常复杂。在熔池的形成初期，熔池内的初始凝固主要发生在沿熔池边界外延分布的未熔晶粒上。熔池内的晶体最快生长方向(如立方晶系的[001])往往沿着熔池内最大温度梯度方向。

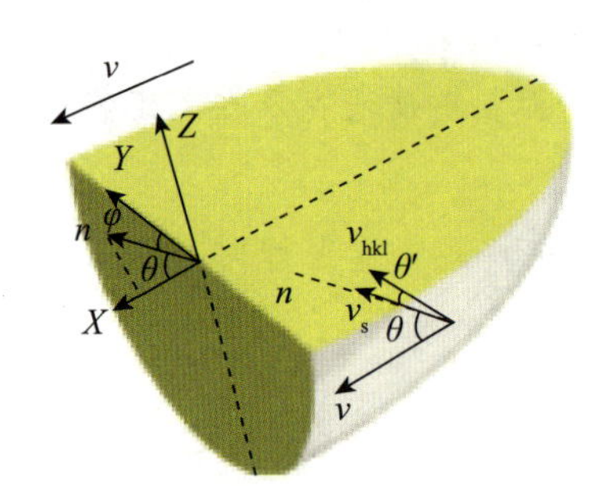

图 8-1

熔池内晶粒生长方向示意图

熔池凝固过程中，晶体生长方向与晶体主轴生长速度以及激光扫描速度之间有较为密切的关系，如图 8-1 所示，[hkl]为晶体最优生长方向，晶体生长方向与激光扫描方向的夹角为 θ，v 为激光扫描速度，v_{hkl} 为晶体生长的线速度，它们之间满足如下关系：

$$v_{hkl} = \frac{v_s}{\cos \theta'} \tag{8-1}$$

$$v_s = v \cdot \cos\theta \tag{8-2}$$

式中　v_{hkl}——晶体生长的线速度(mm/s)；

v_s——凝固前沿生长速度(mm/s)；

θ——晶体生长方向与激光扫描方向的夹角(°)；

v——激光扫描速度(mm/s)。

由式(8-1)和式(8-2)可以看出，晶体生长线速度 v_{hkl} 与 v 及 θ 密切相关。在一定的扫描速度下，晶体生长的线速度取决于金属材料的热物理属性(这些属性决定 θ)。当 $\theta = 90°$时，晶体具有最大的生长速度。此外，根据式(8-1)和式(8-2)，我们还可以进一步推算出晶体[hkl]方向的生长速度 v_{hkl} 与扫描速度 v 之间的关系。

$$\begin{aligned}\cos\theta' = \frac{v\cos\theta}{v_{hkl}} &= h\cos\alpha_{hkl} + k\cos\alpha_{hkl} + l\cos\alpha_{hkl} \\ &+ \tan\theta[\cos\varphi(h\cos\beta_{hkl} + k\cos\beta_{hkl} + l\cos\beta_{hkl}) \\ &+ \sin\varphi(h\cos\gamma_{hkl} + k\cos\gamma_{hkl} + l\cos\gamma_{hkl})]\end{aligned} \tag{8-3}$$

式中　θ'——v_s 与胞状晶优化生长方向的夹角(°)；

v——扫描速度(mm/s)；

v_{hkl}——晶体[hkl]方向的生长速度(mm/s)；

θ——晶体生长方向与激光扫描方向的夹角(°)；

α_{hkl}——[hkl]方向与 X 轴的夹角(°)；

β_{hkl}——[hkl]方向与 Y 轴的夹角(°)；

γ_{hkl}——[hkl]方向与 Z 轴的夹角(°)；

φ——熔池方向与 Y 轴的夹角(°)。

在熔池不同部位，θ 和 φ 各不相同，因此导致熔池不同部位的晶枝的生长方向各异，如图 8-2 所示。需要注意的是，熔池内的马兰戈尼对流有可能会改变熔池内熔体的流动方向，从而影响晶枝的生长方向，如图 8-2(b)所示。

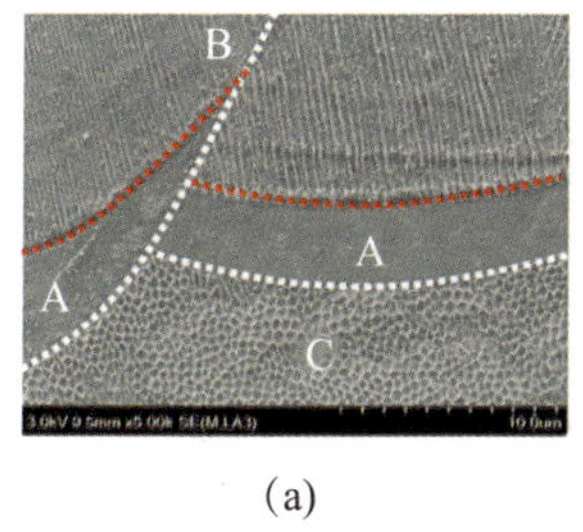

(a)

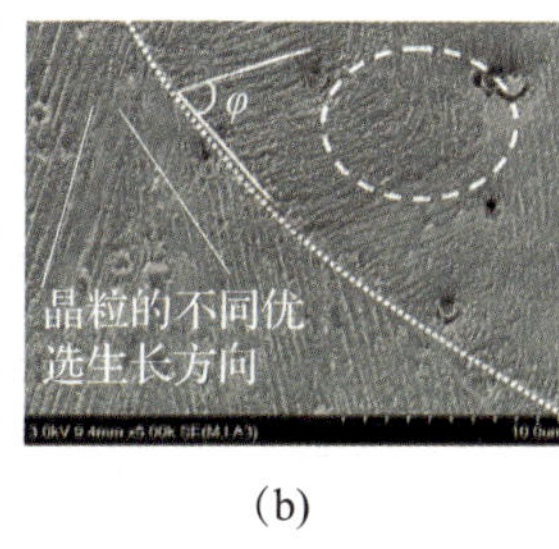

(b)

A：平面晶粒生长区
B：枝晶生长区
C：胞状晶生长区

图 8-2　粉末床激光熔融成形 316L 的熔道组织

金属材料的粉末床激光熔融增材制造过程，实质上是激光束逐点扫描—逐层堆积金属粉末的长期循环往复过程，在扫描当前层时，热量会从当前熔池传输到前一条熔化道，故晶粒生长与热传递的方向相反。同时，搭接边界为晶体生长提供了异质形核的基底，促进晶体的形核与生长，并最终发展成柱状晶，熔道搭接区能够反映熔池内凝固与结晶的特征。为了研究层间传热对晶粒生长的影响，采用粉末床激光熔融成形了单道单层、单道三层、单道五层的单道试样，如图 8-3 所示。为了便于研究，选取熔道中心的 5 个点 P_1、P_2、P_3、P_4 和 P_5 进行对比研究。

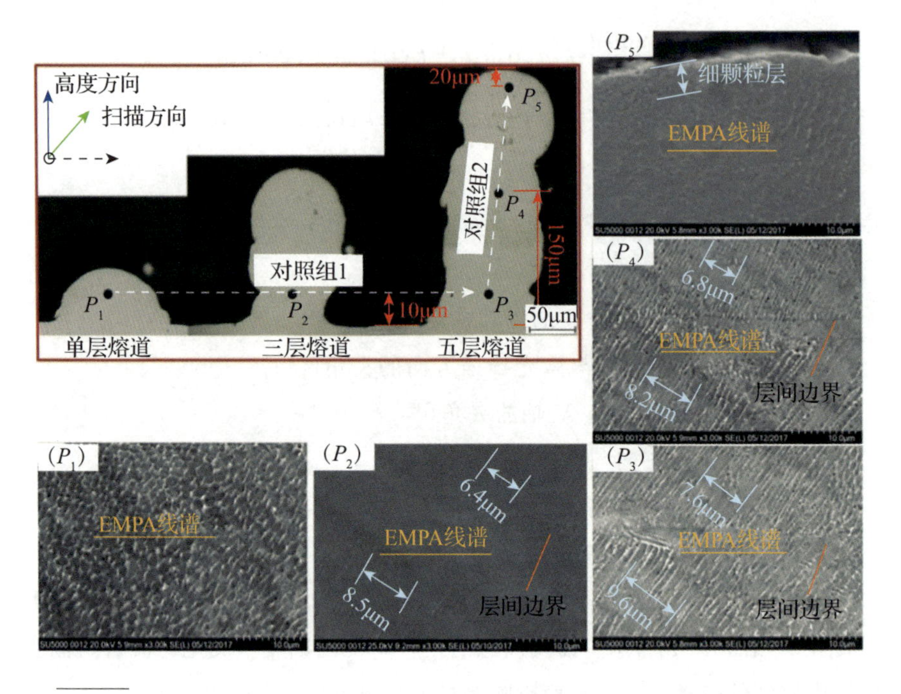

图 8-3　基于单道扫描-多层堆积的粉末床激光熔融成形 316L 熔道及晶粒形貌

图 8-3 所示为各点处的晶粒 SEM 形貌，P_1 处主要为胞状晶，平均粒径为 1.2 μm。由于层间熔合的原因，在等高地方（离基板 30 μm 处）的 P_2 处于层间搭接区，可见其晶粒形貌已经转化为柱状晶，晶粒生长方向大致与成形高度反向相同，其层间的晶粒间距分别是 0.88 μm 和 0.64 μm。其原因可解释如下：如果没有后续层的扫描，在相同的工艺条件下，点 P_2 处的晶粒与 P_1 处的相似，然而，当激光照射后续层时，熔池中的热量通过下面已成形层向基板上传导，对已成形层形成等效的固溶处理效果，因此能够为晶粒的继续生

长提供足够的热量。与点 P_2 处一样，点 P_3 和 P_4 处为柱状晶，晶粒间距分别为 0.82 μm 和 0.68 μm，而点 P_5 处为胞状晶，平均尺寸为 1.0 μm。这是因为在五层扫描过程中，第三和第五层的热量向下传导至第一层，从而导致第三层(P_4)和第一层(P_1)晶粒继续生长。点 P_3 经历了 4 次热循环，而点 P_4 经历了 2 次，所以前者的晶粒间距大于后者。点 P_5 没有经历过热循环，因此为胞状晶。这些组织上的差异反映了后续热循环对粉末床激光熔融成形 316L 的组织生长的影响。

点 P_2、P_3 和 P_4 处的柱状晶的形成与成形过程中的最大温度梯度方向有关。在凝固过程中，凝固前沿的一部分细晶粒会以枝晶状单向延伸生长。由于各枝晶的一次分枝不同，当枝晶的一次分枝的方向与最大温度梯度方向一致时，该枝晶长大较为迅速，逐渐超过其他枝晶而优先生长。而且，其析出的潜热又使其他枝晶前沿的液体温度升高，从而抑制其他晶粒的生长，更使得其优先生长而形成具有一定择优取向的柱状晶。此外，由于高能量激光形成的熔池具有非常高的温度，导致过热，这将进一步使熔池中晶体难以均匀成核，从而促进了熔池中柱状晶的生长。除了柱状晶之外，在粉末床激光熔融成形的零件中通常还会发现等轴晶的存在。在凝固过程中，如果晶核的周围都是过冷区，散热可以沿四面八方各个方向进行，则晶体沿各个方向长大的速率都差不多，由此形成在各方向上尺寸相差较小的等轴晶。

图 8-4(a)所示为粉末床激光熔融单道三层成形时熔道中心处的温度分布，在整个过程中，第一层材料经历了 3 次加热和冷却过程，第二层经历了 2 次，而第三层则只经历了 1 次，这符合多层堆积的热循环过程。当激光照射第一层材料时，最高温度为2667℃，当激光移开后，迅速降低到较低水平。当激光照射第二层时，最高温度为2705℃，第一层也由46℃升高至1783℃。当激光照射第三层时，最高温度为2732℃，第二层由57℃升高至1820℃，第一层也升至1426℃。图 8-4(b)所示为沿着高度方向的温度分布曲线，其中高度 -0.3～0mm 范围表示基板，0～0.04mm、0.04～0.08mm 和 0.08～0.12mm 分别表示第一层、第二层和第三层粉末。基板、第一层、第二层和第三层的温度范围分别为 108～766℃、766～1415℃和 1415～2150℃，意味着激光照射第三层粉末时，第二层的材料也会部分熔化，说明层间能够充分熔合，从而获得良好的力学性能。此外，最高温度点是在熔池表面偏下一点，这是因为熔池表面强烈的热对流和热辐射导致熔池表面的温度稍有降低。

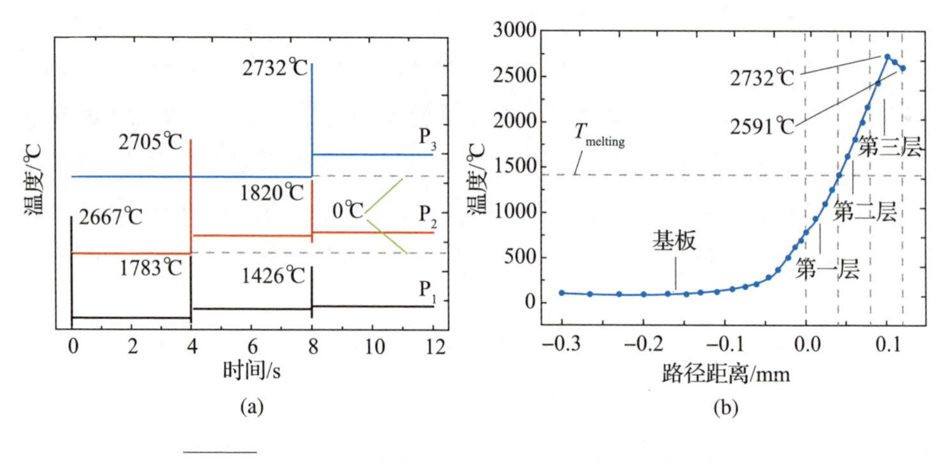

图 8-4 粉末床激光熔融单道三层成形时熔道的温度分布

8.2 影响组织特征的因素

微观组织对零件的力学性能有重要影响，不同特征的微观组织使零件具有不同的力学性能。因此，了解影响组织特征的因素及其影响机制，对提升零件的力学性能具有重要意义。在粉末床激光熔融成形过程中，影响组织特征的因素较多，激光工艺参数正是其中的一个因素，而本节则是研究激光工艺参数对组织特征的影响，并分析其影响机制。

根据不同的激光工艺参数，成形 316L 不锈钢试样。将试样按照标准程序切割、研磨和抛光，并用硝酸(10mL)和盐酸(30mL)的混合溶液蚀刻 15s，以制备金相检验用样品。通过场发射扫描电镜对样品的微观结构进行表征，获得了显示不同激光工艺参数下粉末床激光熔融成形零件典型胞状枝晶的高倍 FE-SEM 显微照片，如图 8-5 所示。

从图 8-5 中可以发现，随着激光工艺参数的变化，晶粒尺寸发生明显变化。为进一步研究晶粒尺寸的变化，测量了不同激光工艺参数下亚微米级的晶粒尺寸，结果如表 8-1 所列。表中的初生枝晶间距根据以下公式计算得到：

$$\delta = \frac{1}{M} \cdot \left(\frac{A}{N}\right)^{\frac{1}{2}} \tag{8-4}$$

式中 δ——初生枝晶间距(μm)；

M——SEM 图的放大倍数；

N——由图 8-5(a)所示的白色矩形框所指示的目标区域上的枝晶数量；

A——矩形的面积（μm^2）。

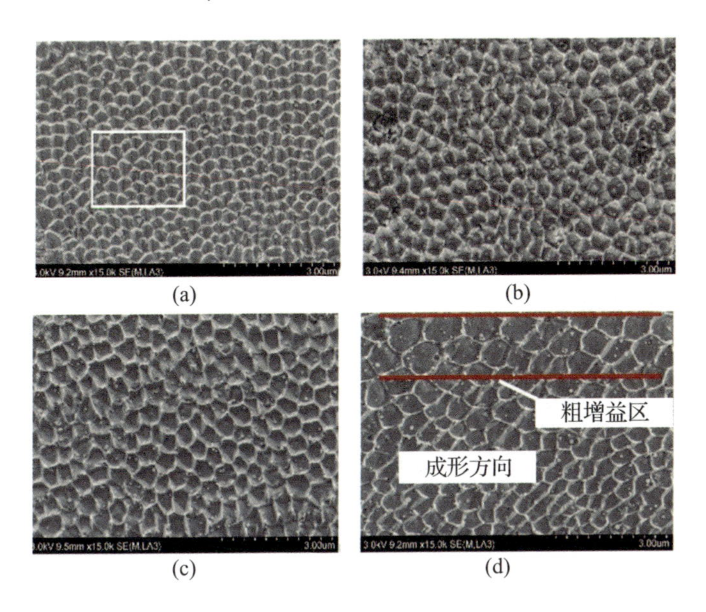

图 8-5　不同激光工艺参数下粉末床激光熔融成形零件的微观组织 FE-SEM 图
(a)104.17J/mm³，1200mm/s；(b)125.00J/mm³，1000mm/s；(c)156.25J/mm³，800mm/s；(d)178.57J/mm³，700mm/s。

表 8-1　不同激光工艺参数下的平均初生枝晶间距

激光工艺参数	平均初生枝晶间距
178.57J/mm³，700mm/s	0.74 μm
156.25J/mm³，800mm/s	0.52 μm
125.00J/mm³，1000mm/s	0.35 μm
104.17J/mm³，1200mm/s	0.31 μm

从表 8-1 结果来看，胞状枝晶随着激光体能量密度 ω 的增加而明显粗化，当激光体能量密度 ω 从 104.17J/mm³ 增加到 178.57J/mm³ 时，平均初生枝晶间距从 0.31 μm 增加到 0.74 μm。此外，在激光体能量密度 ω 为 178.57J/mm³ 的情况下，发现了宽约 1.5 μm 的粗晶区。

为解释上述结果，根据熔池凝固过程分析激光工艺参数对组织特征的影响机制。在粉末床激光熔融成形过程中，熔池内的动力学过冷度可由以下公式确定：

$$\Delta T_{k}=\frac{v_{s}}{\lambda} \tag{8-5}$$

$$\lambda=\frac{\Delta H_{f}\ v_{0}}{k_{B}T_{L}^{2}} \tag{8-6}$$

式中　ΔT_{k}——熔池内的动力学过冷度(K)；

v_{s}——凝固前沿的生长速度(mm/s)；

λ——界面动力系数(m/(K·s))；

ΔH_{f}——熔化热(J)；

v_{0}——声速(m/s)；

k_{B}——玻耳兹曼常数(J/K)；

T_{L}——液相线温度(K)。

根据相关凝固理论，较大的动态过冷度 ΔT_{k} 有助于提高形核速率。通常情况下，较高的扫描速度 v 会导致较大的熔池凝固速率。故从式(8-5)可以看出，随着扫描速度的增加，ΔT_{k} 可以得到显著增加，从而细化粉末床激光熔融加工零件的显微组织，减小初生枝晶间距。根据完全熔化/凝固的方式，在先前处理的层上沉积了一层薄粉末之后，移动的激光束在粉末床表面上扫描，形成一个连续的液体圆柱体，并将热量传递到热影响区，因而胞状枝晶的生长与温度有关。其中，因激光能量输入而形成的熔池中熔体的最大温升可通过以下公式计算：

$$\Delta T_{max}=\frac{2A\omega}{k}\sqrt{\frac{k_{th}\tau_{p}}{\pi}} \tag{8-7}$$

式中　A——激光吸收率；

κ——热导率(W/(m·K))；

k_{th}——热扩散率(m^{2}/s)；

τ_{p}——激光照射时间(s)；

ω——激光体能量密度(J/m^{2})。

较低的扫描速度 v 通常会导致较高的激光体能量密度 ω，从而导致能量的热化，产生较高的工作温度。大量的热量往往聚集于柱状枝晶周围，并伴随着从熔池到热影响区的热传递增加，为胞状枝晶的充分生长提供大内能。

此外，在 178.57J/mm^3 的高激光体能量密度下，熔池的传热和凝固过程释放的热量充足，促进了“层-层”熔池边界附近前一层凝固金属的再结晶和生长。

通过以上研究与分析可以得出结论：高速激光扫描引起的快速凝固促使最终凝固组织中产生亚微米级晶粒，而且激光体能量密度的增加会导致初生枝晶间距增大。

8.3 微观组织结构表征手段

对微观组织的表征工具主要有光学显微镜(OM)、扫描电子显微镜(SME)及配套的能谱仪(EDS)、电子背散射衍射技术(EBSD)、透射电子显微镜(TEM)。

8.3.1 缺陷的常见表征手段

宏观和表面缺陷(如翘曲、宏观裂纹和球化等)可以通过肉眼直接观察到，但是微观缺陷和内部缺陷则需要借助显微镜和三维 X 射线层断扫描技术(工业 CT)进行表征和分析。通常通过统计孔隙率分析试样微观缺陷，具体方法：对粉末床激光熔融成形试样沿垂直面取样，将需观察的界面研磨抛光后，采用光学显微镜在放大 25 倍下拍摄 10 张不同区域的照片；将拍摄的照片导入 ImageJ® 软件计算孔隙率，如图 8-6 所示，结果取平均值。

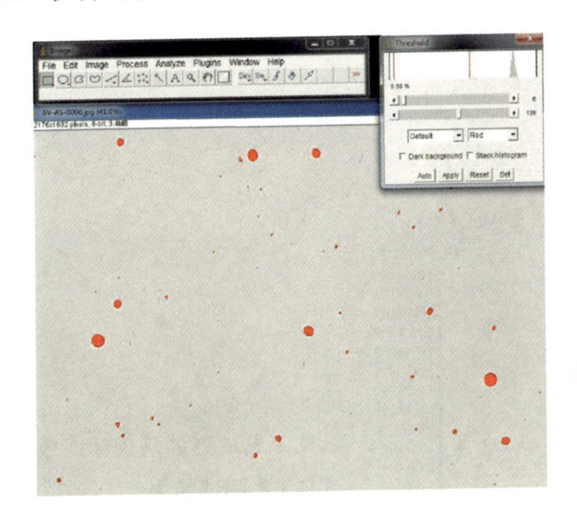

图 8-6
基于图形法采用 ImageJ® 软件计算孔隙率

如果想获取试样中缺陷三维分布情况，则可借助三维 X 射线层断扫描技术对试样进行重构。如图 8－7 所示，在对样品进行 X 射线重构时，因试样在样品台上不断旋转，故试样通常设计成圆柱形。考虑到 X 射线在金属材料中的穿透深度有限，通常圆柱试样的直径设计为 2～5mm。

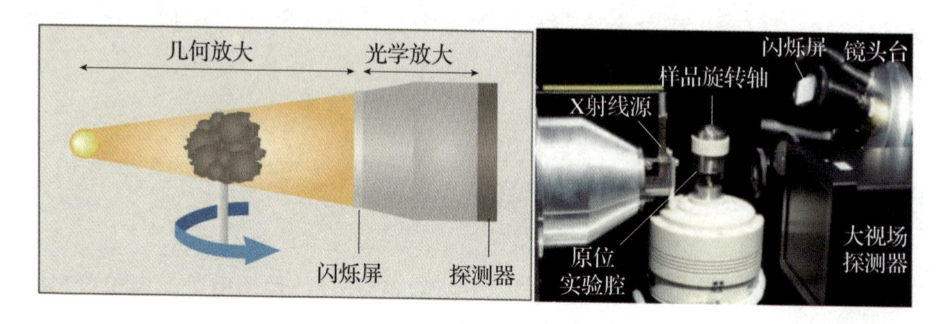

图 8－7　X 射线显微镜两级放大结构(左)和实验样品腔和光学系统(右)

图 8－8 所示为采用 Diondo d2 高分辨 CT 检测系统对粉末床激光熔融成形的马氏体时效钢试样进行测试的结果。测试电压为 110kV，电流为 100 μA，空间分辨率为 3 μm。扫描方式为标准锥束 CT 扫描，采用三维可视化分析软件 VGStudio MAX 3. 0 对 CT 扫描数据进行重构和空隙率分析。可以清晰看到整个试样中孔隙缺陷的三维分区情况，并且可以在软件中对图中某个具体的孔隙的尺寸进行特定分析。整个试样孔隙率为 0. 014%，即相对密度为 99. 986%。CT 分析的优势是可以对试样内部的孔隙、裂纹等缺陷进行整体化分析，避免了图像法中缺陷不均匀分布导致的统计偏差。但是，CT 结果的精

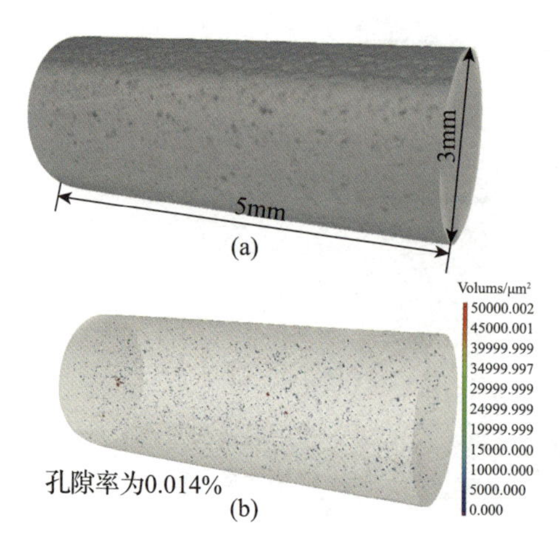

图 8－8　最佳工艺成形的马氏体时效钢试样 CT 测试结果

确度受设备分辨率的影响。例如，该设备空间分辨率为 3 μm，则表明部分 3 μm以下的微孔无法探测到，从而导致测试结果存在微小误差。

8.3.2 粉末材料的微观组织表征

粉末材料质量对于粉末床激光熔融成形是极其重要的，具有良好质量的粉末材料有利于零件的顺利成形，保证零件的成形质量。由于成本的限制，用于粉末床激光熔融的粉末材料通常需要循环使用。由于每次成形过程，会带入新的杂质，使得粉末材料的质量有所下降，因此需要监控粉末材料的质量，当其不满足特定要求时应更换新的粉末。粉末材料的微观组织可以通过扫描电子显微镜（SEM）进行观测，粒径分布可以通过激光粒度分析仪进行测试。

图 8－9(a)所示为 CoCr 合金粉末的 SEM 形貌图，图 8－9(b)所示为其粒径分布情况。该粉末采用气雾化方法制备，具有良好的流动性、较低的表面氧化水平等特点。如图 8－9(a)所示，CoCr 合金粉末球形度较高，但有部分大颗粒粉末黏附少量小颗粒粉末。如图 8－9(b)所示，$d(0.1)<17.305$ μm，$d(0.5)<31.870$ μm，$d(0.9)<55.569$ μm，平均粒径为 34.526 μm。

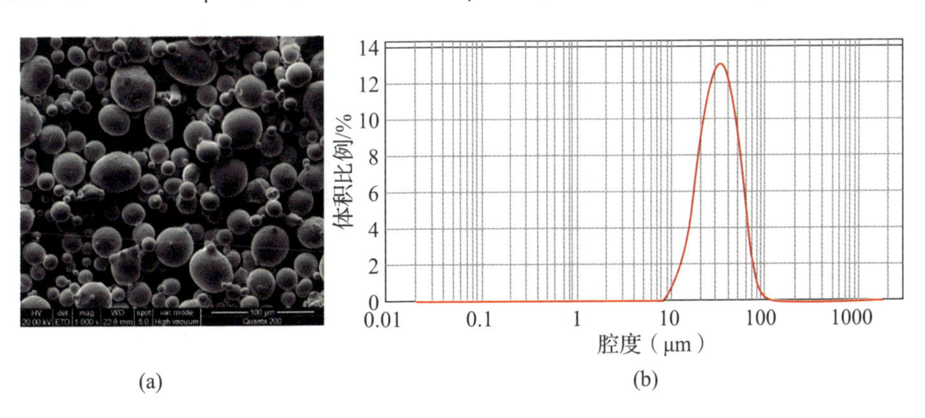

图 8－9　CoCr 合金粉末

(a)SEM 形貌图；(b)粉末粒径分布情况。

图 8－10 所示为 CM247 合金粉末的背散射电子图像，比较了原始粉末颗粒和成形过程中产生的飞溅颗粒之间的区别。图 8－10(a)显示了使用过少许次数的粉末颗粒，一些不规则颗粒或者细小颗粒围绕着原始粉末颗粒，其中不规则颗粒的数量远多于细小颗粒。形成这些不规则颗粒的主要原因可能是

高能量密度激光与粉末床作用，使原始粉末部分熔化并形成飞溅颗粒，而这些飞溅颗粒会落回粉末床中并形成不规则颗粒。图 8－10(b)和(c)显示了原始粉末颗粒的微观组织，其中晶胞形态和尺寸可以清楚地区分，晶胞尺寸为2～4 μm。此外，合金元素在晶胞边界聚集，这使晶胞可以更容易地被单独识别出来。图 8－10(d)、(e)、(f)显示了从使用过的粉末中筛选出来的大飞溅颗粒，从中可以发现大飞溅颗粒尺寸约为 100 μm，其内部微观结构具有相对较强的柱状枝晶生长特征，如方向和枝晶间距可以被清楚地辨别出来，这是因为 CM247 合金是从定向凝固的 Mar247 合金发展而来的。图 8－10(g)、(h)、(f)显示了从使用过的粉末中筛选出来的小飞溅颗粒，从中可以发现这些颗粒的尺寸不大于 50 μm，其内部结构也表现出较强的枝晶生长特征。

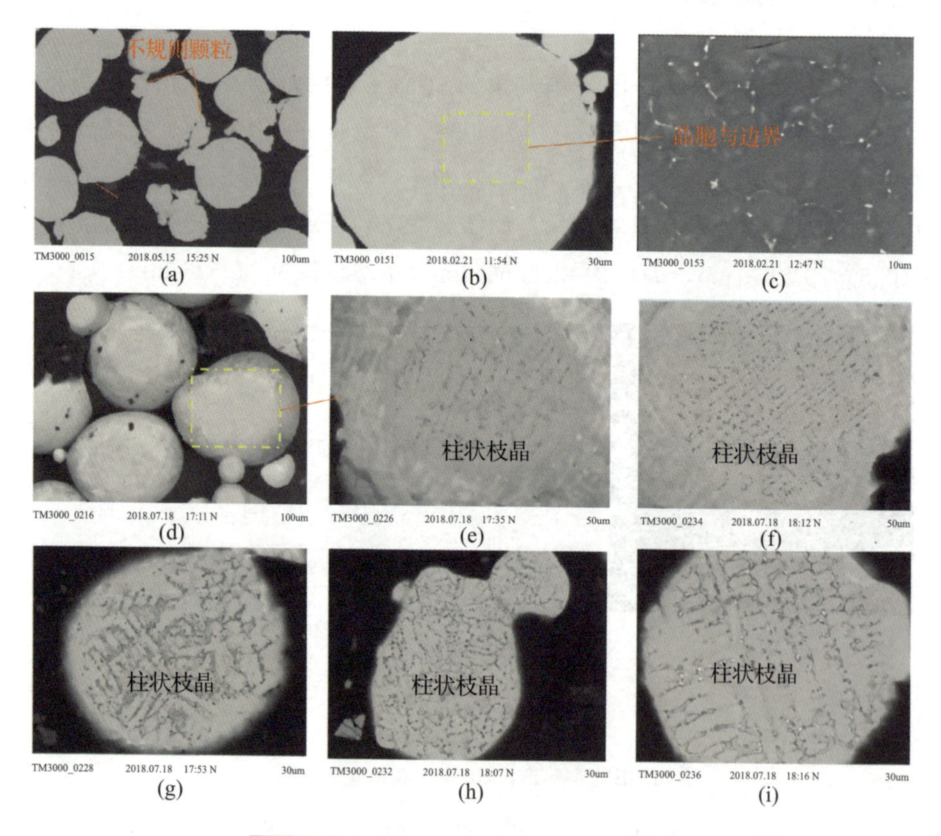

图 8－10 CM247 合金粉末背散射电子图像

(a)使用过的粉末颗粒；(b)、(c)原始粉末颗粒；(d)～(f)大飞溅颗粒；(g)～(i)小飞溅颗粒。

8.3.3　相结构和相转变分析

对粉末床激光熔融成形试样进行组织分析时，可以采用 X 射线衍射仪法获取粉末床激光熔融成形试样的相结构、择优取向、晶格畸变和相体积分数等信息。如图 8-11(a)所示，采用 XRD 分析粉末床激光熔融成形的原始态和热处理态试样的相结构，并可根据峰面积或者强度计算马氏体(α)和奥氏体(γ)的体积分数。

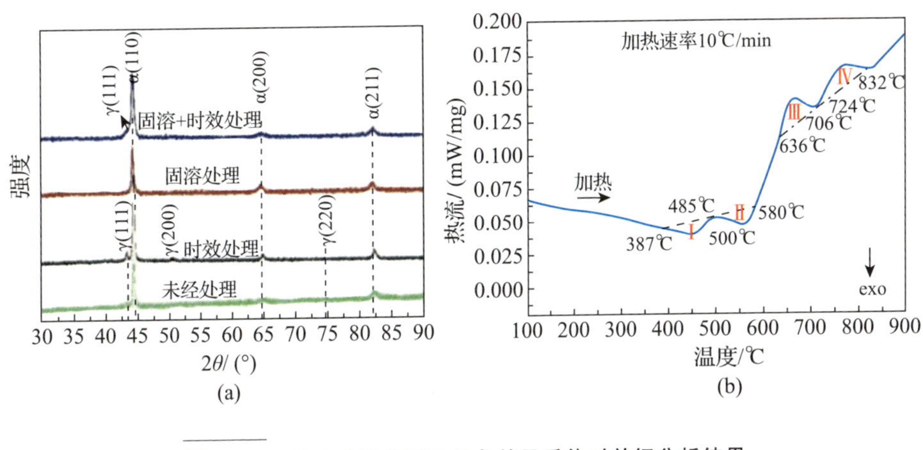

图 8-11　粉末床激光熔融制备的马氏体时效钢分析结果

(a)XRD 分析；(b)DSC 分析。

许多金属材料在通过粉末床激光熔融工艺成形后需要利用后续热处理提高材料的力学性能。与传统的冶金工艺相比，激光成形过程中的非平衡冷却会导致微观组织结构的差异，因此不能完全参照传统冶金工艺中所采用的方法热处理。最有效的方法是采用差示扫描量热仪(differential scanning calorimetry，DSC)确定粉末床激光熔融成形材料的相转变温度，并根据相转变温度制定热处理工艺。如图 8-11(b)所示，对粉末床激光熔融成形的马氏体时效钢进行 DSC 分析，以获取其第二相析出和元素固溶时的相转变温度，为制定热处理工艺提供理论依据。DSC 曲线中有两个特征放热峰(Ⅰ和Ⅱ)和两个吸热峰(Ⅲ和Ⅳ)。在 387～485℃之间的放热峰Ⅰ主要为马氏体回复和金属间化合物的析出产生的放热。在 500～580℃之间的放热峰Ⅱ可能为晶粒长大或者马氏体向奥氏体的逆转变导致的，在这个区间进行热处理容易导致过时效。在 636～706℃之间的吸热峰Ⅲ则对应马氏体向奥氏体转变和残余奥氏体的生成。此外，在 724～832℃之间的吸热峰Ⅳ则可能是析出相的溶解和再结晶吸热导致的。因此，根据上述相转变的特征，将时效处理工艺设定为 490℃+6h，略微高于析出完成的温度（485°C），将固溶处理工艺设定为 840℃+1h（略高于 IV 的结束温度 832℃）；固溶时效处理则设定为 840℃+1h 并且 490℃+6h。可见，参照 DSC 相转变行为，有利于缩短热处理工艺探索时间，获得理想的热处理工艺制度。

8.3.4 TEM 微纳组织结构分析

通常采用透射电子显微镜（transmission electron microscopy，TEM）分析粉末床激光熔融成形试样的析出相、位错、微区相结构等信息。样品制备可采用两种方式，其中均匀的块体制样方式采用电解双喷减薄。需要对特征组织或结构进行微区分析的试样则采用聚焦离子束（focused ion beam，FIB）进行特定区域取样，并减薄至厚度 60 nm 以下。TEM 具体分析包括 TEM 明场像（bright-field TEM，Bf-TEM）和 TEM 高分辨（high-resolution TEM，HRTEM）形貌、选区电子衍射（selected area electron diffraction，SAED）图谱、扫描透射电子显微（scanning transmission electron microscopy，STEM）形貌和 X 射线能量色散谱（energy-dispersive X-ray spectroscopy，EDX）分析等。

如图 8-12 所示，采用 FIB 对粉末床激光熔融制备的钢-铜（MS-Cu）梯度材料的界面取样，并利用 TEM 分析微区组织，进而揭示界面结合机理。图 8-12(a)中明显可见由马兰戈尼效应导致的环流形貌，这可能是由于底部高热导率铜块增强了该效应。图 8-12(b)和(c)所示为采用 FIB 在界面特定区域取样并进行 TEM 观察分析，Cu-MS 界面通过 EDX 确定为图 8-12(c)中的 d 区域。图 8-12(d)所示界面 EDX 微区元素面分布清晰展现了界面冶金扩散形貌，其形成机理可以通过图 8-12(e)中界面熔池的马兰戈尼对流效应来解释。如图 8-12(e)中力矩图所示，熔池中液态金属被表面张力拖向熔池边缘，而熔池边缘的液态金属受重力作用向熔池底部回流，从而在熔池中产生环流，形成图 8-12(d)所示元素互混合形貌。高热导率铜基底增加了熔池温度梯度，马兰戈尼对流在界面变得更为剧烈，使铜和钢在界面充分对流，促进元素相互混合。图 8-12(f)中展现了界面 TEM 形貌，界面左侧 300～500nm 的胞状 MS 组织清晰可见，并且在靠近界面位置出现了大量的位错，其形成可能是源于界面晶格失配和残余应力。图 8-12(g)中的 HRTEM 揭示了界面 Fe-Cu 元素互扩散现象，可见铜嵌入在铁基体中，从原子尺度揭示了界面结合机理。

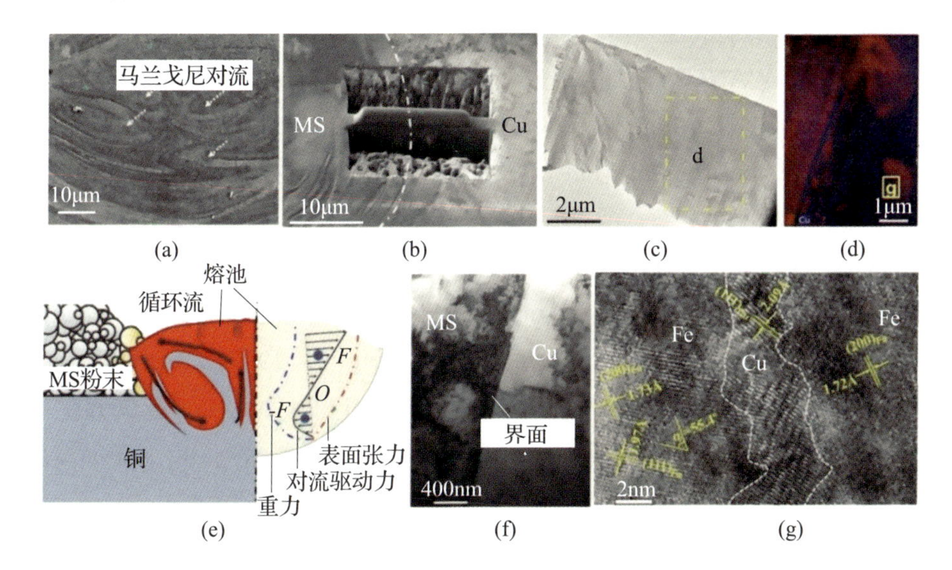

图 8-12　粉末床激光熔融成形钢-铜(MS-Cu)试样界面结合机理分析

(a)界面熔池 SEM 形貌；(b)FIB 取样图；(c)TEM 试样整体形貌；(d)界面 EDX 元素分布图；(e)界面熔池中马兰戈尼对流形成机理示意图；(f)界面 TEM 形貌；(g)为(d)图中 g 区域的 HRTEM 形貌。

参考文献

[1] YUAN P, GU D, DAI D. Particulate migration behavior and its mechanism during selective laser melting of TiC reinforced Al matrix nanocomposites[J]. Materials & Design, 2015, 82: 46-55.

[2] YUAN P, GU D. Molten pool behaviour and its physical mechanism during selective laser melting of TiC/AlSi10Mg nanocomposites: simulation and experiments[J]. Journal of Physics D: Applied Physics, 2015, 48(3): 1-9.

[3] RAPPAZ M, DAVID S A, VITEK J M, et al. Analysis of solidification microstructures in Fe-Ni-Cr single-crystal welds[J]. Metallurgical and Materials Transactions A, 1990, 21(6): 1767-1782.

[4] RAPPAZ M, DAVID S A, VITEK J M, et al. Development of microstructures in Fe - 15Ni - 15Cr single crystal electron beam welds [J]. Metallurgical and Materials Transactions A, 1989, 20(6): 1125 - 1138.

[5] MA M, WANG Z, GAO M, et al. Layer thickness dependence of performance in high - power selective laser melting of 1Cr18Ni9Ti stainless steel[J]. Journal of Materials Processing Technology, 2015, 215: 142 - 150.

[6] SCHWARZ M, ARNOLD C B, AZIZ M J, et al. Dendritic growth velocity and diffusive speed in solidification of undercooled dilute Ni-Zr melts[J]. Materials Science and Engineering: A, 1997, 226: 420 - 424.

[7] FISCHER P, ROMANO V, WEBER H P, et al. Sintering of commercially pure titanium powder with a Nd: YAG laser source[J]. Acta Materialia, 2003, 51(6): 1651 - 1662.

[8] SPIERINGS A B, SCHNEIDER M, EGGENBERGER R. Comparison of density measurement techniques for additive manufactured metallic parts[J]. Rapid Prototyping Journal, 2011, 17(5): 380 - 386.

[9] RAHMATI S, VAHABLI E. Evaluation of analytical modeling for improvement of surface roughness of FDM test part using measurement results[J]. The International Journal of Advanced Manufacturing Technology, 2015, 79(5 - 8): 823 - 829.

[10] ZHANG L C, ATTAR H. Selective laser melting of titanium alloys and titanium matrix composites for biomedical applications: a review[J]. Advanced Engineering Materials, 2016, 18(4): 463 - 475.

[11] KIMURA T, NAKAMOTO T. Microstructures and mechanical properties of A356 (AlSi7Mg0.3) aluminum alloy fabricated by selective laser melting[J]. Materials & Design, 2016, 89: 1294 - 1301.

[12] TAN C, ZHOU K, KUANG M, et al. Microstructural characterization and properties of selective laser melted maraging steel with different build directions[J]. Science and Technology of Advanced Materials, 2018, 19(1): 746 - 758.

[13] KOU S. Welding metallurgy[M]. New Jersey: Willey, 2003.

[14] CARTER L N, MARTIN C, WITHERS P J, et al. The influence of the laser scan strategy on grain structure and cracking behaviour in SLM powder-bed fabricated nickel superalloy[J]. Journal of Alloys and Compounds, 2014, 615: 338 - 347.

[15] TAN C, ZHOU K, MA W, et al. Interfacial characteristic and mechanical performance of maraging steel - copper functional bimetal produced by selective laser melting based hybrid manufacture [J]. Materials & Design, 2018, 155: 77 - 85.

[16] LIU Y J, LIU Z, JIANG Y, et al. Gradient in microstructure and mechanical property of selective laser melted AlSi10Mg[J]. Journal of Alloys and Compounds, 2018, 735: 1414 - 1421.

[17] TAN C, ZHOU K, MA W, et al. Microstructural evolution, nanoprecipitation behavior and mechanical properties of selective laser melted high-performance grade 300 maraging steel [J]. Materials & Design, 2017, 134: 23 - 34.

[18] BUI N, DABOSI F. Contribution to the study of the effect of molybdenum on the ageing kinetics of maraging steels[J]. Cobalt, 1972: 192 - 201.

[19] GOLDBERG A, O'CONNOR D G. Influence of heating rate on transformations in an 18 percent nickel maraging steel [J]. Nature, 1967, 213(5072): 170 - 171.

[20] MENAPACE C, LONARDELLI I, MOLINARI A. Phase transformation in a nanostructured M300 maraging steel obtained by SPS of mechanically alloyed powders[J]. Journal of Thermal Analysis and Calorimetry, 2010, 101(3): 815 - 821.

第9章 激光熔融过程质量反馈检测技术

由于粉末床激光熔融技术的加工过程涉及130多种加工参数，特别是金属粉末作为原材料对激光加工过程中热辐射与传热过程的影响，使实际的加工过程与成形质量具有较强的不稳定性和相对较差的可重复性。开展面向粉末床激光熔融增材制造过程的质量反馈检测技术研究是探索成形机理与缺陷机制的关键内容，也是实现粉末床激光熔融过程质量控制、质量回溯，提高粉末床激光熔融增材制造质量与水平提升的必然阶段。

目前，世界主流的粉末床激光熔融成形设备基本仍采用开环控制的方式，尚无法实现高水平的成形过程质量反馈检测及质量回溯。而国内粉末床激光熔融技术的发展集中于设备开发、工艺研究与提高力学性能分析方面，并已获得较高水平的发展，但关于提高成形件精度与质量等方面的加工状态检测研究与应用尚处于起步阶段，且通用技术水平尚停留在依靠离线检测的工艺参数测试与优化阶段。

依据反馈检测技术的不同，面向粉末床激光熔融过程的检测技术可分为在线检测和离线检测两类。其中，在线检测具有高实时性，可向控制系统及时反馈信息，主要的检测对象为加工过程中伴随的光、热、声、电及振动等信号。离线检测通常精度较高，便于进行全面的质量检测，是在线检测无法替代的基准或补充，主要的检测对象为成形件表面或内部的缺陷信息，如表面粗糙度、孔隙率、拉伸性等性能指标信息。

9.1 质量反馈检测技术分类

9.1.1 在线检测

根据激光加工过程特征以及粉末床激光熔融技术成形特征，可将当前主流的分为面向光学信号、温度信号、声信号与电子信号等的在线检测技术。

1. 光学信号

1）熔池检测

伴随着激光束与粉末作用中剧烈的热传递过程，光热辐射信号作为一种直观、常见的信号形式已被广泛应用于激光加工过程的在线检测。在粉末床激光熔融成形过程中，金属粉末在激光束作用下经历升温、熔化及汽化而形成微熔池结构，高温熔池熔液与金属蒸气辐射出高亮度光信号，研究者通过测量熔池局部光强实现对熔池热行为的研究以及加工工艺的探索。

基于光电二极管的光强检测系统可以将采集到的光照强度转化为电信号，通过适配光路、电路处理系统建立光信号与加工工艺的映射机制，得到不同工艺参数对熔池热辐射行为的影响规律，进而实现对粉末床激光熔融工艺的研发与优化，图 9－1 所示为一种基于光电二极管的熔池光强检测解决方案。

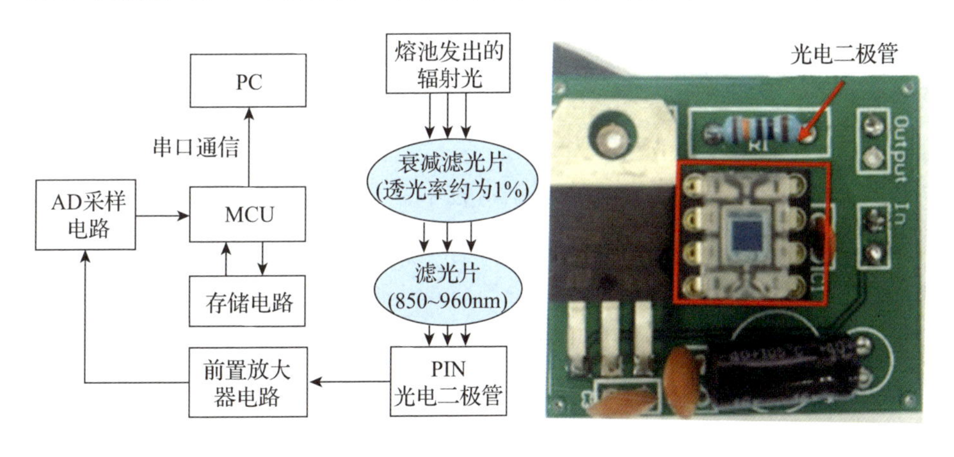

图 9－1　光电二极管采集系统原理及实物图

除针对熔池光强信号的检测手段外，凭借对近红外及可见光波段的感光能力，高速成像技术可用于捕捉熔池、飞溅颗粒与等离子体羽流等信息。面向熔池、飞溅或羽流的光学检测，通过设计光学系统与数字图像处理方案可实现熔池形态与尺寸、飞溅尺寸与溅射行为等加工信息的获取。相比熔池光强信息的检测，同轴或非同轴式熔池状态视觉检测系统不仅在加工信息的完整性方面具有显著优势，且具备较强的抗干扰能力。图 9－2 所示为同轴式粉末床激光熔融可见光及红外综合在线监测系统结构。

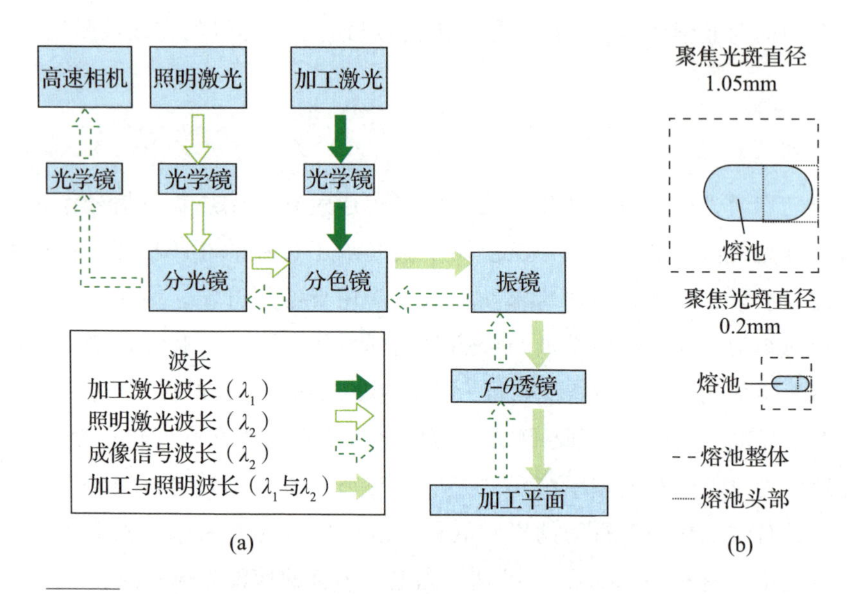

图 9-2　同轴式粉末床激光熔融可见光及红外综合在线监测系统结构示意图

(a)在线检测系统结构图；(b)熔池图像检测示意图。

2)成形层形貌检测

由于粉末床激光熔融属于叠层制造技术，在多因素交互影响下，每一次的铺粉质量与粉末床激光熔融成形质量以生长与累积的形式直接决定了最终加工件的成形质量。不合适的加工参数将产生熔道及熔道搭接的缺陷，包括球化、凸起、孔隙等，并最终表现在成形层形貌。此外，成形层表面凸起等缺陷将损坏铺粉装置并使铺粉质量下降，导致包括供粉不足、粉床条纹状及熔覆层突出等铺粉缺陷。

基于光学信号，采用机器视觉(machine vision)对铺粉缺陷与熔道形貌或搭接等成形表面缺陷进行图像采集、识别与定位，可对成形层形貌与铺粉质量进行准确、快速地检测，相比光电信号的采集过程具有较优的鲁棒性。此外，对成形层(铺粉层)的光学检测过程属于间隙性的加工质量检测，通过后续缺陷修复工艺对铺粉或成形层缺陷进行修复，虽较熔池状态检测在时效性上有一定的滞后性，但在技术实现难度上具有明显优势。图 9-3 所示为成形层(铺粉层)光学检测实物图。

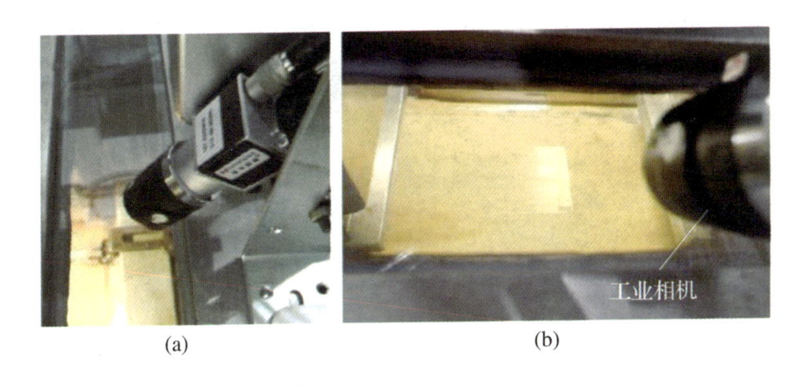

图 9-3　成形层(铺粉层)光学检测

(a) 成形层光学检测；(b) 铺粉层光学检测。

2. 温度信号

在粉末床激光熔融工艺中，复杂的热力学过程使成形件内部存在严重的热累积与残余应力堆积，直接影响成形件组织结构与力学性能。依靠红外热像测温设备对熔池与成形层温度进行测量与评价，有助于理解与研究熔池的凝固过程和工件残余应力分布等信息，并在此基础上可依据成形层温度分布特征对激光工艺与扫描线填充进行优化改进。图 9-4 所示为粉末床激光熔融热成像检测原理，图 9-5 所示为非同轴红外热像测温设备与热影响区温度。

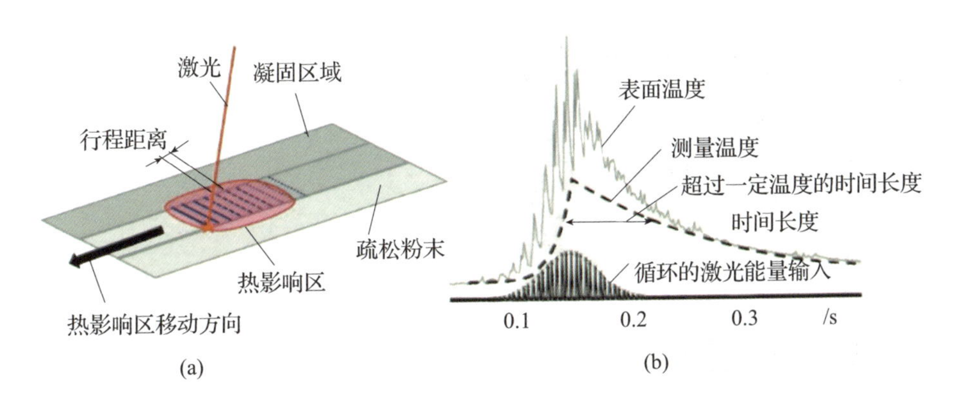

图 9-4　粉末床激光熔融热成像检测原理

(a)粉末床激光熔融热成像示意图；(b)粉末床激光熔融热成像温度波形图。

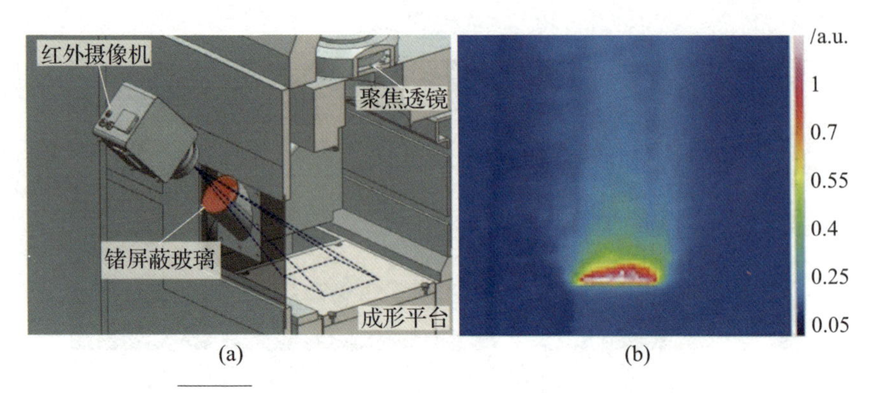

图 9－5　非同轴红外热像测温设备与热影响区温度

(a)测温设备；(b)热影响区。

3. 声信号

1)被动式声信号检测

声信号传感器的构造简单且成本低，同时具有数据采集量较小的优点，很适用于检测信号实时采集和处理。基于声音信号的在线检测，是实现焊接过程中焊缝质量在线检测的有效手段，尽管声信号对光、热、等离子体等信号的敏感度不足以实现粉末床激光熔融成形过程的状态检测，但由于在粉末床激光熔融成形过程中，激光束与金属粉末作用过程同样伴随着声信号的发生，因而可以通过捕捉加工过程的声信号试图建立声音信息与激光功率、扫描速度、表面质量等参数之间的潜在联系。图 9－6 所示为一种声信号在线检测装置。

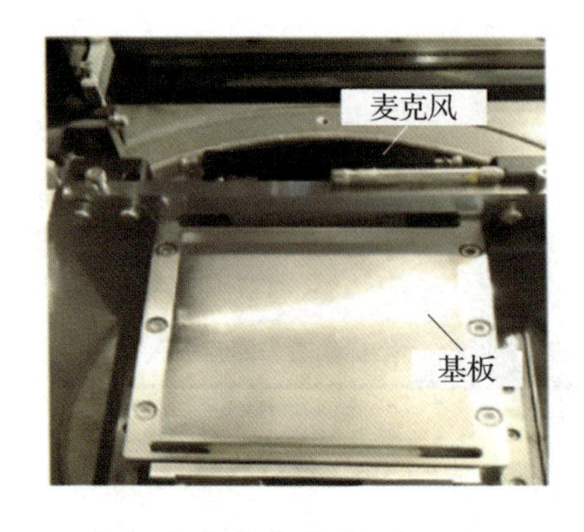

图 9－6

声信号在线检测装置(麦克风置于铺粉臂上)

2)主动式声信号检测

在粉末床激光熔融成形过程中，通过超声波对成形件进行主动式超声信号检测并对回波进行捕捉，利用成形件的表面质量、内部缺陷和残余应力对超声回波的幅频特性进行检测与识别，属于一种可应用于粉末床激光熔融成形过程的非接触式无损检测手段。

4. 电子信号

目前，可以对金属粉末在高能激光束的持续辐射作用下经历熔化与汽化产生等离子体(plasma)的过程进行光信号检测。在电中性等离子体中存在大量向上移动的自由电子和正离子，由于自由电子更轻且具有较快的运动速度，所以，会使等离子体结构在垂直方向存在电势差。已有研究发现在传统焊接加工过程中自由电子的变化可用于判断熔化深度的变化，有助于实现对孔洞或瘤状凸起的识别与定位。图 9-7 所示为传统焊接过程等离子体电子信号检测系统示意图。

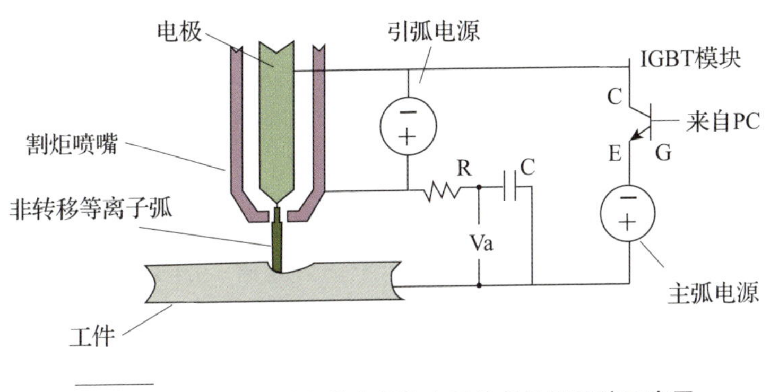

图 9-7　传统焊接过程等离子体电子信号检测系统示意图

9.1.2　离线检测

1. 显微 CT 离线检测技术

显微 CT 技术诞生于 20 世纪 80 年代，商业化显微 CT 于 1999 年出现，其具有微米级的分辨率，能够无损检测物体内部 1 μm 的结构。由于粉末床激光熔融成形件内部存在类似于焊接接头区域以及传统的塑性加工如铸造等工件的内部缺陷，所以对粉末床激光熔融成形件的内部缺陷及结构进行质量检测及表征的需求为显微 CT 技术提供了很大的应用空间。目前，国内外已实现运用先进显微 CT 技术对粉末床激光熔融成形件内部缺陷进行细致的分析，对内部裂纹、孔隙等缺陷结构的三维形态表征更为精细。比二维分析方法(光学显微镜、扫描电子显微镜、X 射线探伤、超声波)给出的缺陷形态信息更为充分，利于对粉末床激光熔融成形过程与缺陷形成机制进行准确分析。图 9-8 所示为成形件 CT 检测界面效果。

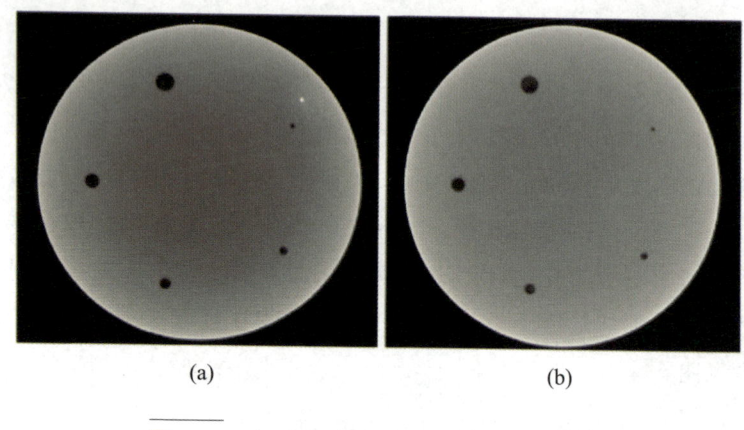

(a) (b)

图 9-8 成形件 CT 检测界面效果(孔洞缺陷)

(a)截面一；(b)截面二。

2. 激光诱导击穿光谱学

激光诱导击穿光谱(laser-induced breakdown spectroscopy，LIBS)是一种用于化学多元素定性和定量分析的原子发射光谱。LIBS 通过激光聚焦烧蚀样品材料使其雾化并激发得到等离子体，高能量的等离子体使雾化的样品纳米粒子熔化，将其中的原子激发并且发出光，这种光可以被检测器捕获并记录为光谱。通过对光谱进行分析，可获得样品中存在的元素种类信息，通过软件算法可以对光谱进行进一步的定性分析和定量分析。LIBS 技术原则上可以检测所有元素，且检测范围不被样品的物理状态限制，而仅受激光功率以及光谱仪和检测器的灵敏度和波长范围的限制，其本质上是一种材料分析手段。LIBS 技术可以在粉末床激光熔融成形复杂的单种金属、陶瓷材料，甚至是多种及梯度金属、陶瓷等复合材料时，表征材料属性以衡量其工艺的优劣。

3. 其他经典离线检测方式

传统的针对粉末床激光熔融成形件的材料测试分析方法有扫描电子显微镜(scanning electron microscope，SEM)、微区成分分析(EDS，energy dispersive spectrometer，EDS)、电子背散射衍射分析(EBSD，electron backscattered diffraction)、力学性能表征方法、电化学测试分析方法及激光超声检测技术。上述的几种检测技术，均可归于面向粉末床激光熔融成形件组织结构或内部缺陷的离线检测的范畴，能够对粉末床激光熔融成形完成的零件进行表面形貌、微观组织、晶体结构、宏微观力学性能、电化学性能及内部表层缺陷进行系统全面的检测。此类检测手段已经相当成熟，且发展为一门专门的测试技术，但具有一定的操作难度，需要专人操作相关仪器。

9.2 国内外质量反馈技术

9.2.1 在线检测

2017 年，南京理工大学的张凯等为了优化粉末床激光熔融直接成形 Al_2O_3 复杂陶瓷零件的工艺，从优化熔池出发，采用阵列的光电二极管以提高粉末床激光熔融过程中光电二极管收集熔池信息数据的精度。他们基于该系统，研究了激光功率对单轨熔池行为的影响，分析了熔池数据与几种缺陷分类的对应关系。在 Al_2O_3 单道成形实验中，他们验证了光强信号波动性与熔池稳定性在激光功率下的对应关系，如图 9 - 9 所示。基于熔池光强数据的对比，其就扫描延迟、边缘效应与不稳定性温度场进行了讨论。

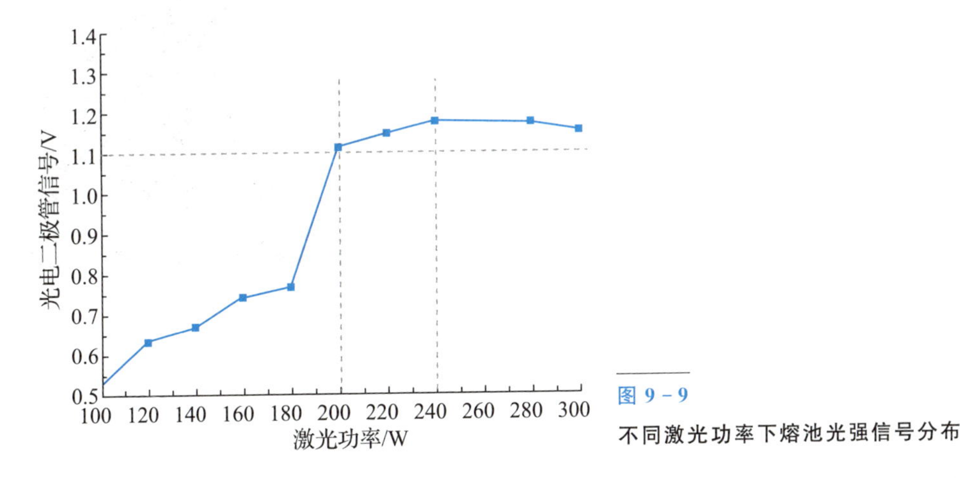

图 9 - 9　不同激光功率下熔池光强信号分布

2010 年，白俄罗斯应用物理研究所的 Yu. Chivel 等基于同轴检测架构采用高温计和光电二极管采集光学信息实现了对粉末床激光熔融和选择性激光烧结工艺的熔池温度分布在线监测，并基于此研究了粉末床激光熔融中液体界面的瑞利泰勒(Rayleigh Taylor)不稳定性现象。2011 年，德国弗劳恩霍夫激光技术研究所的 Philipp Lott 等介绍了一种能够监测高扫描速度和熔池流动动力学的光学系统的设计。他们采用了同轴光路，采用二向色镜以及分光镜巧妙地实现了同轴架构下粉末床激光熔融工艺熔池区域的可见光及红外光信息的原位综合采集。

Ali Gökhan Demir 等通过搭建多波段的光学同轴检测系统实现对 18Ni300 马氏体时效钢粉末床激光熔融成形过程的在线监测，如图 9－10 所示。对熔池辐射出的光强信号与近红外波段光信号对成形过程的表征能力进行讨论，通过测试结果与统计数据证明熔池光信号在反映实际成形状态的准确性随成形层数的增加而提升。此外他们从熔池稳定性角度出发，讨论分析了光信号平均强度在预测测试件孔隙率的能力，并发现在成形过程中平均光强值越高，成形件可获得更低的孔隙率。

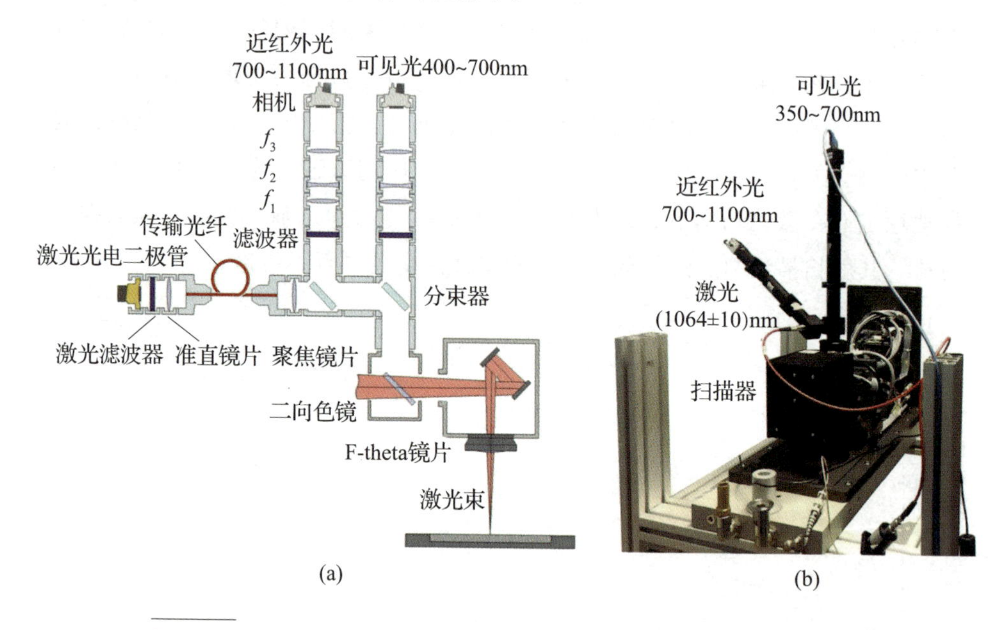

图 9－10　同轴式粉末床激光熔融可见光及红外综合在线监测系统结构

(a)示意图；(b)实物图。

如图 9－11 所示，旁轴架构相对于同轴架构具有光路及机械结构设计简单等诸多优点，无需对已有的粉末床激光熔融成形装备进行较大工程量的改装即可进行在线检测研究。因此，目前有很多研究者采用此架构开展相应的研究。相对同轴架构，旁轴架构的光学检测系统增强了后续图像处理及检测算法的复杂性，同时检测内容由俯视信息转换为侧视信息，在检测对象与检测角度具有灵活性。

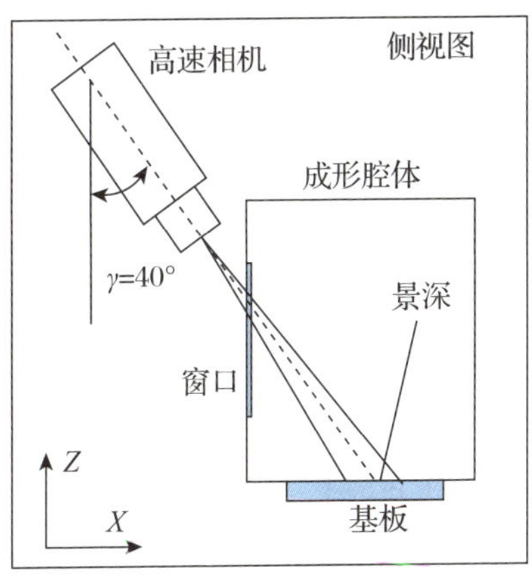

图 9-11　旁轴式粉末床激光熔融可见光及红外综合在线监测平台

叶冬森等通过建立旁轴光学检测系统对粉末床激光熔融过程中的飞溅行为进行了在线检测，针对近红外图像提取了羽流与飞溅图像的特征信息，如图 9-12所示，并对特征信息在不同激光功率与扫描速度下表现出的变化趋势进行了讨论分析。基于羽流和飞溅的 17 种提取特征，他们结合神经网络与支持向量机技术实现了粉末床激光熔融过程下 5 种熔化状态的分类检测，准确率达到 71.02%，以此建立起羽流、飞溅行为与熔化成形质量间的映射关系，其研究成果验证了基于旁轴熔池信息的粉末床激光熔融加工状态在线检测机制的可行性。

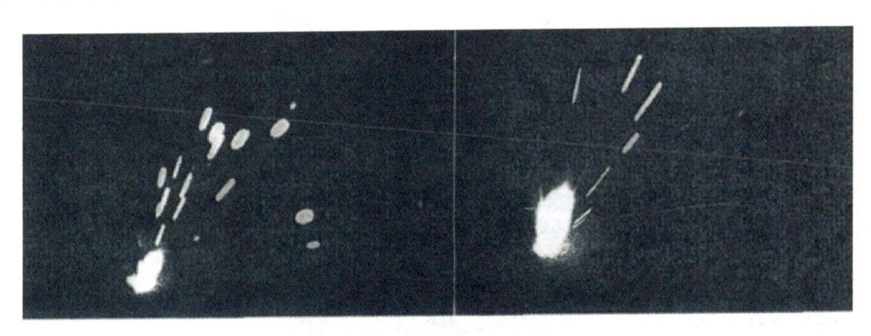

图 9-12　旁轴羽流与飞溅近红外成像效果

2014 年，H. Krauss 等通过采集粉末床激光熔融过程中的分层的温度分布数据，进行了针对粉末床激光熔融过程稳定性和零件质量的评估研究。他们中指出，热分布随扫描矢量长度、激光功率、层厚、工件间距等参数的变化而变化。他们通过旁轴式非制冷感温探测器的集成，对凝固过程和熔化过程进行了监测和评价。这有助于在凝固过程的早期识别热点，并有助于成形过程的持续性。潜在质量指标来源于空间解析的测量数据，并与生成的零件特性相关。通过对不同热输入下材料响应的测量，他们提出了一种热耗散模型，其研究结果表明，利用热成像技术对成形平台的有限截面进行过程监测是可行的。

2018 年，叶冬森等根据粉末床激光熔融过程下的声信号产生原理及动态特征验证了基于声信号的成形过程检测系统可行性，通过变化激光频率、激光功率及扫描速度对声信号的功率谱密度变化规律与产生原因进行了分析。他们通过小包分析与特征统计分析方法对声信号进行频段分解与特征参数提取，在 Fisher 线性分类降维与线性支持向量机分类模型下实现 5 种熔化状态的分类，准确率达到 73.02%。

9.2.2 离线检测

2017 年，意大利米兰大学的 M. Grasso 等针对粉末床激光熔融成形过程存在上一层的缺陷累积会导致另一层成形失败的现象(图 9 - 13)，为了克服传统的显微 CT 以及超声波无损检测只能离线处理无法实时修正加工过程缺陷的问题，采用了旁轴的架构，研究了用于粉末床激光熔融快速检测和定位缺陷的原位监测方法。本书针对具体的统计检测技术，开展了比较深入的研究。

图 9 - 13
粉末床激光熔融过程中前层缺陷导致后层加工失败现象

2011 年，S. Van Bael 等针对粉末床激光熔融技术能够成形具有受控结构的复杂多孔部件，但是在设计和生产的形态特性之间可能出现差异的情况。

因此，其通过优化粉末床激光熔融工艺参数提高多孔 Ti－6Al－4V 结构生产的稳健性和可控性，通过检测和补偿减少设计和生产之间形态和力学性能的不匹配。在第一轮中，他们设计了由粉末床激光熔融制造的具有不同孔径的多孔 Ti－6Al－4V 结构，通过显微 CT 离线检测技术分析成形件形态学参数：孔径、支柱厚度、孔隙率、表面积和体积。并将其与原始设计进行比较，基于设计和测量属性之间差异，补偿整合到第二次粉末床激光熔融成形过程中，显著提高了粉末床激光熔融成形多孔结构的质量。我国空军工程大学周鑫等也开展了有关显微 CT 在粉末床激光熔融检测表征中的基础研究。2019 年，美国的 A. Bobel 等还研究了一种应用于粉末床激光熔融的原位同步辐射 X 摄像成像技术，能够实现对单熔道成形状态机内部结构的检测，并通过 SEM 和 EBSD 进行了验证。图 9－14 所示为利用显微 CT 离线检测表征粉末床激光熔融成形件内部空隙结构。

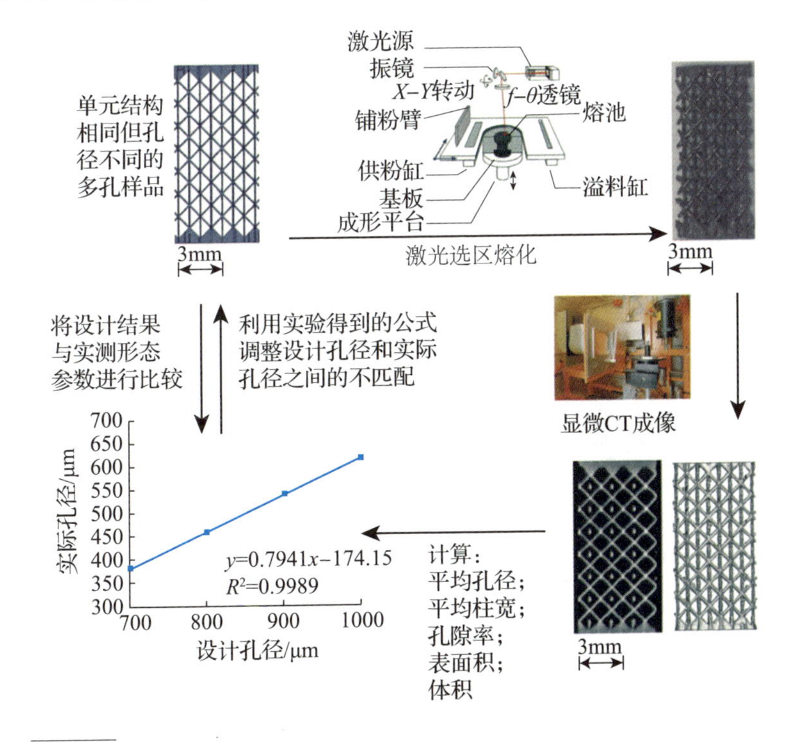

图 9－14　利用显微 CT 离线检测表征粉末床激光熔融成形件内部孔隙结构

2018 年捷克布尔诺科技大学的 J. Vrábel 等人首次开展了利用 LIBS 技术在增材制造领域的尝试，介绍了利用 LIBS 技术对粉末床激光熔融工艺进行改进的可能性，利用桌面级 LIBS 系统对基板、粉末及成形件样品进行测量，并在低辐照度的情况下，模拟了 LIBS 所产生等离子体对粉末床激光熔融成形过程的干扰及影响。通过多元数据对测量数据进行分析，为粉末床激光熔融成形技术下的材料分析提供了依据。

9.3 基于高清摄像机实时拍摄的金属 3D 打印过程监控系统

作者团队为实现每一层熔化区域形貌及成形层的成形质量等信息的获取，设计并提出了一种基于高清摄像机实时拍摄的金属 3D 打印过程监控装置与实现方法。通过高清摄像机将工件的整个加工过程场景信息发送至终端设备。加工人员可以从每个零件的加工图像中直接获得该零件每一层成形质量，及时对加工过程进行分析及调整，优化工艺参数。目前该方案已获得中国实用新型专利授权，一种基于高清摄像机实时拍摄的金属 3D 打印过程监控装置(专利号 CN201821180360.4)。

在粉末床激光熔融成形过程控制方面，有些国外团队针对成形过程熔池的物理信号进行实时监测，可反馈给控制系统并快速调整激光功率、扫描速度等加工参数，但该方法技术门槛很高，且对金属 3D 打印系统的实时处理效果提出很高要求，金属 3D 打印如粉末床激光熔融技术下的熔池尺寸一般只有一百微米左右，这提高了针对熔池进行实时监测的难度。为克服现有技术的缺点和不足，提供一种基于高清摄像机实时拍摄的金属 3D 打印过程监控装置，操作人员能从加工过程中发现成形件缺陷部位，改善加工工艺，从而提高成形件性能。

9.3.1 实时拍摄监控系统硬件方案

1. 基本组成

如图 9-15 所示，一种基于高清摄像机实时拍摄的金属 3D 打印过程监控装置，包括密封成形室；用于对平铺在成形平面上的金属粉末层进行粉末床激光熔融的扫描振镜；在成形室右侧顶壁上设置有一高清摄像机，该高清摄像机前端有可调聚焦头，穿过设置在成形室顶壁内侧的图像采集筒伸入成形室内部，用于实时拍摄金属 3D 打印粉末熔化过程中熔化层的成形形貌；高清摄像机电信号连接外部有终端设备，将拍摄到的成形形貌数据传输给终端设备；高清摄像机安装在高度微调组件上，高度微调组件固定在成形室右侧顶壁上。

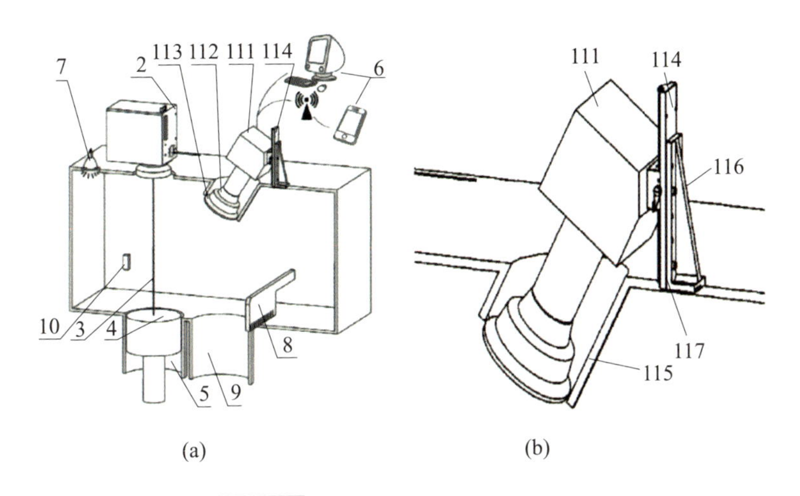

图 9-15　实时拍摄监控系统示意图

(a)过程监控装置；(b)高清摄像机组件。

1—高清摄像机组件；2—扫描振镜；3—激光；4—成形平面；5—成形缸；6—终端设备；7—卤素灯；8—刮板；9—粉缸；10—左限位开关；111— 高清摄像机；112—可调聚焦头；113—滤光片；114—滑条；115—图像采集筒；116—加强杆；117—L 形支撑背板。

2. 实施方式

(1) 高清摄像机与工件的加工区域存在一定的角度，该角度可根据工件的实际加工情况进行调整。利用高度微调组件来调节高清摄像机的高度，保证焦点位置准确聚焦于成形面上，以确保所拍摄的照片清晰、完整。

(2) 图像采集筒的倾斜角度大约 40°～45°，若整个图像采集筒采用硅胶材质制备，则调整角度更大，也更加灵活，密封性能可能更加优良。

(3) 高清摄像机可选用 CCD 高速摄像机，所记录图像区域覆盖整个成形面。CCD 高速摄像机选用不低于(1024×1024)像素分辨率，帧数可达到 300 帧/秒；整体快门最短曝光时间为 1 μs；120dB 的大动态范围；光谱范围为 400～950nm，8 位采样分辨率。

(4) 可调聚焦头的前方安装有滤光片，仅透过 440～950nm 波长的光，避免高强度的光对相机内部敏感部件的损伤。

(5) 成形室左侧安装有卤素灯，高清摄像机曝光过程中卤素灯长亮，或者在工件的整个加工过程常亮，可手动调节，也可根据成形面下降时触发开关点亮或者熄灭。

(6) 卤素灯聚焦位置集中于成形面上，在成形面下降时同步触发卤素灯的开关，使其点亮，在高清摄像机完成曝光后，又再次触发卤素灯的开关，使其熄灭，即卤素灯发光时间大于高清摄像机的曝光时间，以确保高清摄像机拍照时有足够的光线。

(7) 成形过程中，激光通过扫描振镜聚焦在成形表面上，将铺好的金属粉末熔化，待成形面上已熔化粉末冷凝且成形基台下降一个层厚后，高清摄像机对成形区域进行照相，相机曝光的同时卤素灯光源脉冲点亮(补光)，曝光结束后卤素灯熄灭，记录下该层的成形情况。高清摄像机实时将图像信息传输至计算机并储存，供加工人员逐层查看成形情况。接着，金属 3D 打印系统加工下一层数据，逐层加工并通过高清摄像机拍摄成形层的图像。

9.3.2 实时拍摄监控系统的实现

基于上述方案，作者团队已基于自主研发的 DiMetal - 100E 系列金属增材制造设备进行设备适配，实现了基于高速、高清摄像机实时拍摄的金属 3D 打印过程监控系统，如图 9 - 16 所示。基于该系统，增材制造技术工程师可以获得更好的观察视角与更及时的观测手段，可从加工过程中发现成形件缺陷部位，根据产生缺陷的类型与位置对成形层进行重熔，同时改善加工工艺，从而避免成形失败并提高成形件性能。

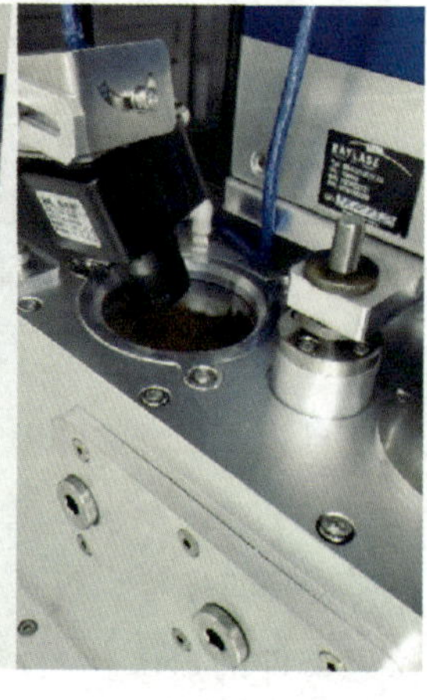

图 9 - 16
实时拍摄监控系统

9.4 同轴监控质量反馈技术

本书为实现粉末床激光熔融加工中熔池的跟踪监测，设计并提出一种针对熔池信息的同轴监测质量反馈解决方案及装置，并基于自主研发的 DiMetal 系列增材制造设备进行升级改进以实现选择性熔化过程的全程、实时监测与闭环控制。目前该解决方案已获得中国发明专利授权，一种激光选区熔化加工过程同轴监测方法及装置(专利号 CN201710244822.8)。

同轴监控质量反馈技术提出一种粉末床激光熔融加工过程同轴监测方法，即在粉末床激光熔融成形过程中利用高速摄像机成像技术与光电二极管检测技术进行熔池形态及光强信号的同轴监测，最终实现一种逐点、逐层的在线监控技术并用于加工过程的质量控制。该技术由于实现了光学检测光路和激光加工光路的共用而具备较高的熔池局部分辨率和较快速的熔池信息采集速率。

同轴监测系统方案

1. 硬件组成

1)基本组成

如图 9-17 所示，本方案采用同一平面上分布的高速摄像机和光电二极管两个探测器，二者与激光器共用同一套光学系统，同轴监测系统基于模块化设计与搭建，实现过程如图 9-17 所示，包括光路模块、激光头、COMS 高速摄像机、摄像机控制器、光电二极管模块、二极管控制器、计算机。其中，光路模块包括扫描振镜、半透半反镜、第一滤光片、第二滤光片、分束镜；光电二极管模块包括光电二极管和聚焦透镜。

2)模块组成

(1)摄像机控制器模块由图像采集模块、图像转换模块、图像滤波模块、阈值分割模块、数据传输模块等组成。

①图像采集模块：用于控制 COMS 高速摄像机采集熔池的实时图像数据，并保存于内存中。

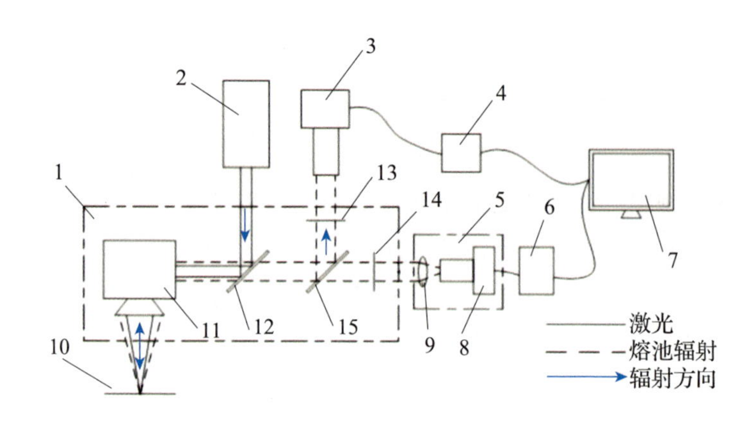

图 9-17 同轴监测系统硬件方案示意图

1—光路模块；2—激光头；3—COMS 高速摄像机；4—摄像机控制器；5—光电二极管模块；6—二极管控制器；7—计算机；8—光电二极管；9—聚焦透镜；10—成形平面；11—扫描振镜；12—半透半反镜；13—第一滤光片；14—第二滤光片；15—分束镜。

②图像转换模块：将反馈至 COMS 高速摄像机的彩色图像显示成灰度图像，并进行视角坐标系和加工平面坐标系的转化。

③图像滤波模块：利用中值滤波器对灰度图像进行滤波以平滑图像、去除噪声。

④阈值分割模块：利用灰度直方图，选取直方图的阈值作为最小值，根据阈值对图像进行二值化处理，分割为熔池区域和非熔池像素点。

⑤数据传输模块：将处理得到的图像输出至计算机并保存。

(2)二极管控制器模块包含光信号采集电路、程控放大器、低通滤波器、AD 采集卡、数据传输模块等。

①光信号采集电路：用于控制光电二极管采集熔池的可见光信号。

②程控放大器：根据输入信号的大小，自动改变其增益，使其输出电压始终保持在满量程值的范围之内。

③低通滤波器：由于输出信号中含有高频噪声，利用低通滤波器(63)抑制高频噪声。

④AD 采集卡：用来采集传感器输出的模拟信号并转换成计算机能够识别的数字信号，然后送入计算机，根据不同的需要进行相应的计算和处理，得出所需的数据。

⑤数据传输模块：将处理得到的数据输出至计算机并保存。

3)电气特征指标

(1)COMS 高速摄像机像素分辨率不低于(1024×1024)像素，在全分辨率的条件下可达到 75 帧/秒、整体快门最短曝光时间为 1μs、120dB 的大动态范围、光谱范围 400～950nm，8 位采样分辨率。

(2)光电二极管为硅光电二极管，其具有 9mm×9mm 有效面积，单个硅光电二极管感光面积为 3mm×3mm，具有 190～1100nm 的光谱范围，聚焦透镜将整个熔池发射的辐射聚焦在硅光电二极管平面上。

(3)第一滤光片和第二滤光片用于获取所需波段的熔池信息。其中，第一滤光片位于 COMS 高速摄像机和分束镜之间，采用了中心波长处于 600～650nm 范围内的窄带滤光片，以保证 COMS 高速摄像机较高的光谱灵敏度；第二滤光片位于光电二极管和分束镜之间，采用具有截止波长为 950nm 的低通滤光片和具有截止波长为 780nm 的高通滤光片的组合，以避免传感器暴露于可能的反射激光辐射，并且排除周围光线的影响。

4)讯号连接

(1)光电二极管通过二极管控制器电讯连接计算机。

(2)COMS 高速摄像机通过摄像机控制器与计算机电讯连接。

(3)光电二极管、聚焦透镜、扫描振镜、半透半反镜、第二滤光片、分束镜依次以光路连接。

(4)COMS 高速摄像机通过第一滤光片与分束镜光路连接。

(5)激光头与半透半反镜光路连接。

2. 实施方式

基于上述同轴检测装置，根据以下步骤实施检测。

步骤 1：开始进行粉末床激光熔融零件成形；激光从激光头射出，经半透半反镜反射进入扫描振镜，再投射到工作台基板表面金属粉末上，实现金属粉末的粉末床激光熔融作业。

步骤 2：在粉末床激光熔融作业过程中，高温熔池辐射出的光信号经过扫描振镜投射到半透半反镜，半透半反镜将 100%反射 1064nm 激光波长，而让可见光和近红外光 100%透射至分束镜；分束镜将 30%的发射辐射偏转到光电二极管模块，70%偏转到 COMS 高速摄像机。

步骤 3：将第一滤光片安放在 COMS 高速摄像机和分束镜之间的光传输

路径上，以提高 COMS 高速摄像机的光谱灵敏度；将第二滤光片安装在光电二极管和分束镜之间的光传输路径上，避免光电二极管暴露于可能的反射激光辐射，以排除周围光线的影响。

步骤 4：COMS 高速摄像机将熔池辐射信息转化为图像信息并传输至摄像机控制器；光电二极管模块将熔池亮度反馈至二极管控制器；摄像机控制器根据图像信息得到熔池轮廓，并传输至计算机保存；二极管控制器向计算机实时传输光强的数字信号。

步骤 5：通过计算机对激光参数进行修改，进而提升粉末床激光熔融设备成形的稳定性和加工件质量，实现粉末床激光熔融过程的闭环控制。

9.5 逐层反求质量反馈控制

基于熔池信息的在线同轴监测技术，为实现每一熔化层的实际尺寸的精确测量，3D 打印过程中内部缺陷的位置、立体形状等信息的精确获取，本书基于同轴监测改进并设计一种 3D 打印逐层检测反求零件模型及定位缺陷装置与方法。目前该解决方案已获得中国发明专利授权(专利号 CN201710245808. X)。

对粉末床激光熔融成形过程的粉末熔化进行监控，并反馈至计算机软件界面，实时反映不同位置的熔池特征，并精确测量每一熔化层的轮廓，通过反求计算获得零件模型。将该模型与原始三维模型进行比较分析，获得金属 3D 打印零件与原始模型数据在精度尺寸方面的误差。同时可精确获取 3D 打印过程中内部缺陷的位置、立体形状，避免了打印零件后期针对零件的破坏性试验，逐层反求与缺陷定位装置方案如下文所示。

1. 硬件组成

1)基本组成

图 9 - 18 所示为一种 3D 打印逐层检测反求零件模型及定位缺陷装置，包括激光头、扫描振镜和计算机、半透半反镜、高速摄像机，控制器激光头的激光光路，经半透半反镜反射入扫描振镜，由扫描振镜控制激光束选择性熔化平铺在工作平台上的金属粉末；同时，扫描振镜采集熔池辐射，并将其透过半透半反镜传至高速摄像机，高速摄像机对该熔池辐射数据进行处理，并转化为图像信息传至控制器，控制器用于处理图像数据，以确定熔池位置和

生成每一熔化层的轮廓。高速摄像机与半透半反镜之间的光路上增设有滤光片，用于滤出熔池采集波段。

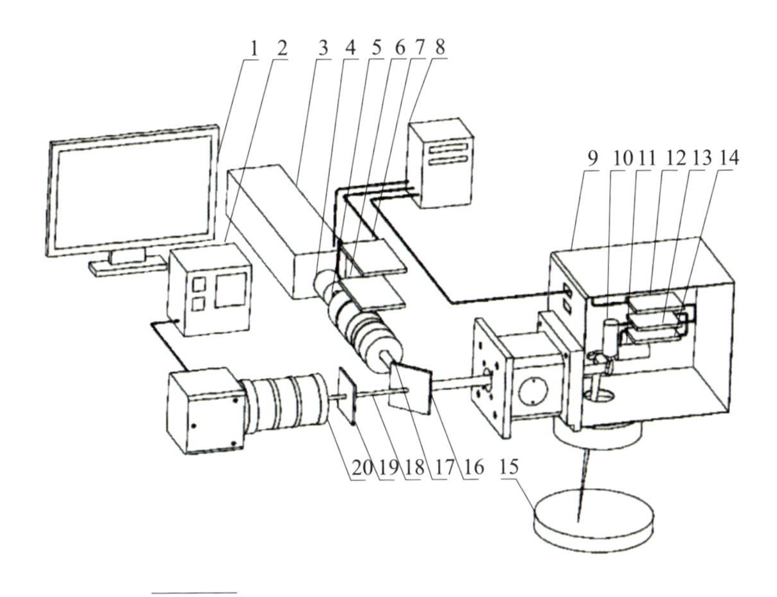

图 9－18　逐层反求与缺陷定位装置结构示意图

1—计算机；2—控制器；3—激光头；4—辅助结构扩束器；5—三维动态聚焦系统；6、7—控制板；8—振镜控制卡；9—扫描振镜；10—扫描电机及其镜片；11—X扫描电机及其镜片；12、13、14—控制板；15—工作平台；16—半透半反镜；17—激光光路；18—熔池辐射光路；19—滤光片；20—高速摄像机

2)模块组成

控制器包括图像采集模块、图像轮廓提取模块、图像三角形化模块。工作周期开始时，由图像采集模块采集图像信息，传输至图像轮廓提取模块提取熔池轮廓信息，并根据该信息建立过程文件，在计算机界面上反馈加工状态，待到该层加工完毕，根据过程文件提取该层轮廓；图像三角形化模块根据工件的多层轮廓，得到工件的完整的三维模型，输出 STL 文件。

(1)图像采集模块：用于控制高速摄像机采集工件每一层成形过程中的熔池实时图像数据，并保存在其内存中。

(2)图像轮廓提取模块：将反馈至高速摄像机的彩色图像显示成灰度图像，并建立其坐标系；利用中值滤波器模板对灰度图像进行滤波以平滑图像、去除噪声；利用灰度直方图，选取直方图的阈值作为最小值，根据阈值对图像进行二值化处理，分割为熔池像素点和非熔池像素点，提取熔池轮廓。

(3)图像三角形化模块：将图像处理得到的断层轮廓用多边形逼近，之后在相邻的断层多边形顶点之间连接成三角形，再将物体的上下端面三角化，输出 STL 文件。

3)电气特征指标

(1)半透半反镜用于 100%反射 1064nm 激光波长，而让可见光和和近红外光 100%透射至高速摄像机。

(2)滤光片采用中心波长处于 600～650nm 范围内的窄带滤光片，以保证高速摄像机的光谱灵敏度。

(3)高速摄像机为 COMS 高速摄像机，像素分辨率不低于(1024×1024)像素，帧数可达到 7000 帧/秒；整体快门最短曝光时间为 1 μs；动态范围为 120dB；光谱范围为 400～950nm，8 位采样分辨率。

(4)由于数字图像处理算法的性能约束及机械结构系统误差，最终熔池尺寸偏离标准值的偏差范围约为 5%～15%。

4)讯号连接

高速摄像机通过控制器与计算机电讯连接。

2. 实施方式

步骤 1：扫描振镜、半透半反镜、滤光片组成同轴光路，熔池辐射光通过该同轴光路反射、过滤至高速摄像机上。

步骤 2：以工件的成形平面中心为原点建立坐标系，高速摄像机根据平面成形轨迹，捕捉成形平面上的熔池位置，同时记录此位置的熔池形态。

步骤 3：经过控制器的图像处理得到熔池尺寸，当熔池尺寸偏离标准值的偏差范围时记录为异常位置，否则为正常位置；控制器将该位置信息实时反馈至计算机的实时监控界面上，在监控界面相应位置反映熔池信息，若为正常位置则显示绿色，若为异常位置则显示红色。

步骤 4：在该层数据加工完成后，高速摄像机收集该层成形平面数据，控制器提取工件的该层轮廓数据并保存；在零件整体加工完成后，根据工件的每层轮廓数据生成三维模型，将当前生成的三维模型与预先内置在计算机中的原始三维模型进行比较分析，获得金属 3D 打印零件与原始模型数据在精度尺寸上的误差；同时，在模型内的异常位置高亮显示，并提示所在层数可供查看，如图 9-19 所示。

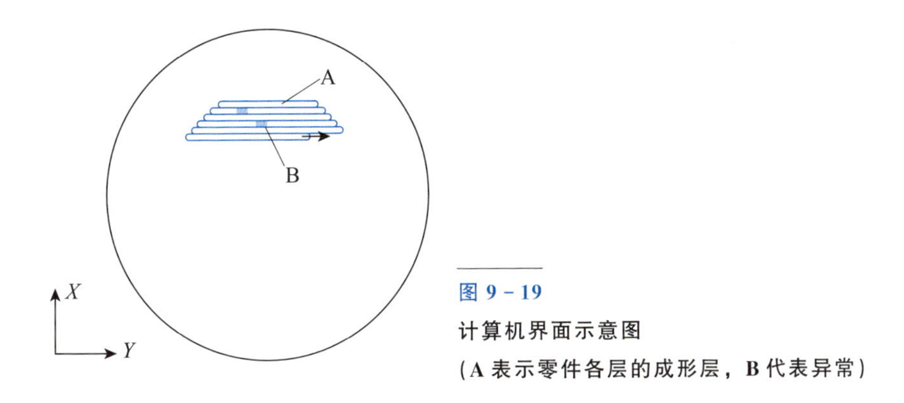

图 9-19
计算机界面示意图
(A 表示零件各层的成形层，B 代表异常)

9.6 其他质量监控措施

统计过程控制(statistical process control，SPC)是一种传统的质量控制方法体系，应用统计技术对过程中的各个阶段进行评估和监控，建立并保持过程处于可接受的并且稳定的水平，从而保证产品与服务符合规定的要求的一种质量管理技术。统计过程控制作为粉末床激光熔融在线监控研究的基础分析工具，基于机器学习模型的粉末床激光熔融在线监控算法同样离不开统计过程分析，如特征量间的散布图分析、直方图分析、描述统计量分析、相关分析、回归分析等。此外，统计过程控制的控制图对于粉末床激光熔融成形过程的稳定性和质量控制也有重要的意义。

2017 年，意大利米兰大学的 G. Repossini 等利用高速图像采集技术，结合图像分割和特征提取技术，对激光扫描路径上飞溅行为的不同统计描述子进行了估计，如图 9-20 所示，建立了逻辑回归模型，确定了飞溅相关描述子对不同质量状态对应的不同能量密度条件的分类能力。结果表明，将飞溅物作为过程特征驱动因素，可以显著提高熔透和过熔条件下的检测能力。以上都说明飞溅特征分析和建模是提高粉末床激光熔融工艺稳定性的有效现场监测手段。

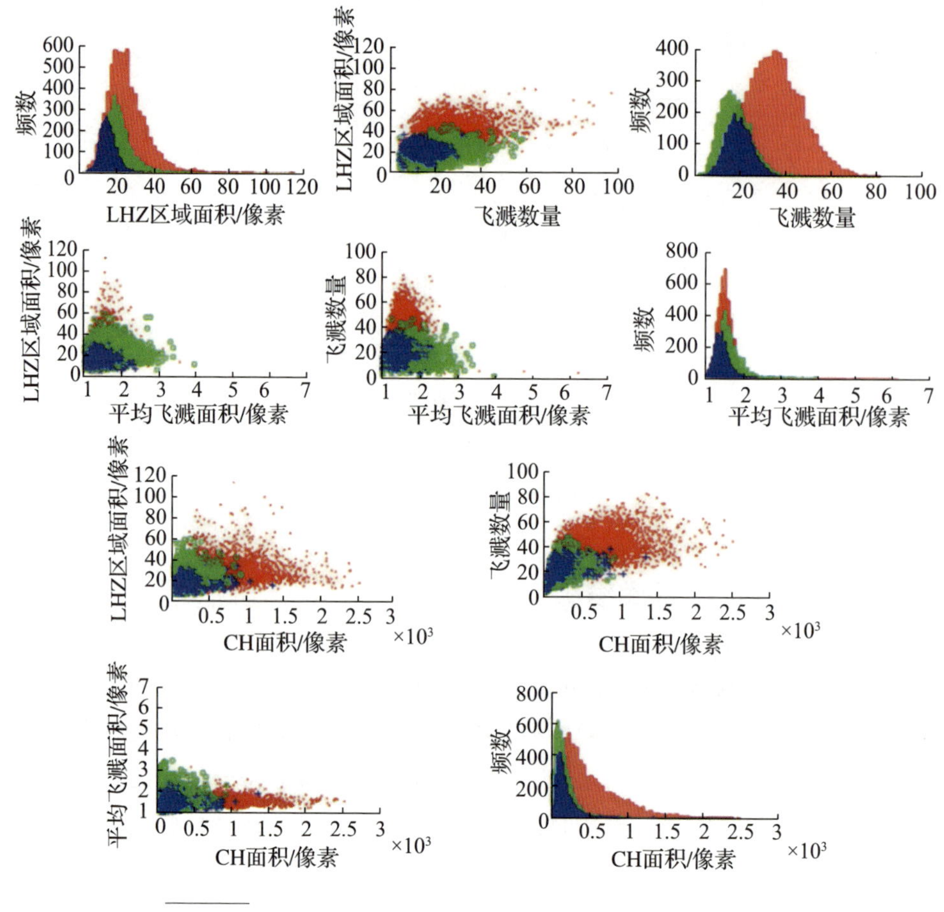

图 9-20　粉末床激光熔融飞溅和激光热影响区描述子散点图

（蓝色：欠熔化；绿色：正常熔化；红色：过度熔化）

意大利米兰大学的 M. Grasso 在粉末床激光熔融的熔池、飞溅、羽流特征监测方面进行了许多研究，其结合统计过程控制的相关方法与机器学习相关模型提出了一种粉末床激光熔融过程监测评价算法，并在实际应用中验证了该算法的有效性及可靠性。具体的如图 9-21 所示，使用支持向量机(support vector machines，SVM)分类算法，对高速熔池的红外视频成像的羽流进行特征提取，结合采用 K 控制图方法构建了粉末床激光熔融在线监控系统，形成一种判别加工质量优劣的评价体系。同时，通过对锌粉的粉末床激光熔融成形实例，他们验证了该评价体系相对比其他方式的优异性。

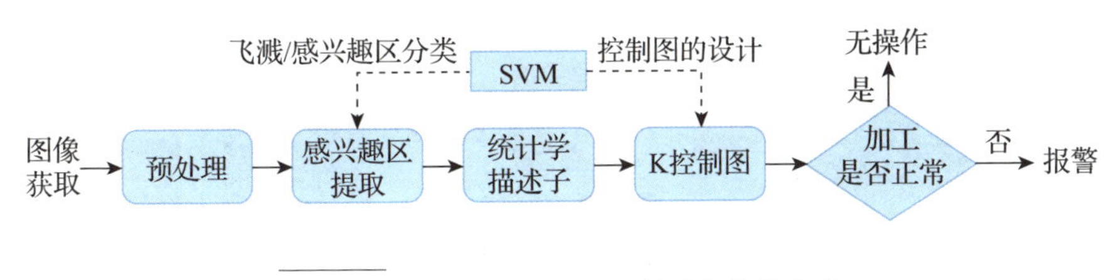

图 9-21　基于 SVM 和 SPC 的过程控制方案

张英杰等通过离轴视觉和图像处理方法对已有数据进行特征化，借助高速摄像机实时监测羽流和熔池的特征，同时采用统计过程控制的散点图等工具对训练集数据进行了统计学分析，进一步结合深度置信网络(deep belief network，DBN)模型，对熔道情况作出评价。图 9-22 所示为对熔池、飞溅、羽流光谱的分析结果。

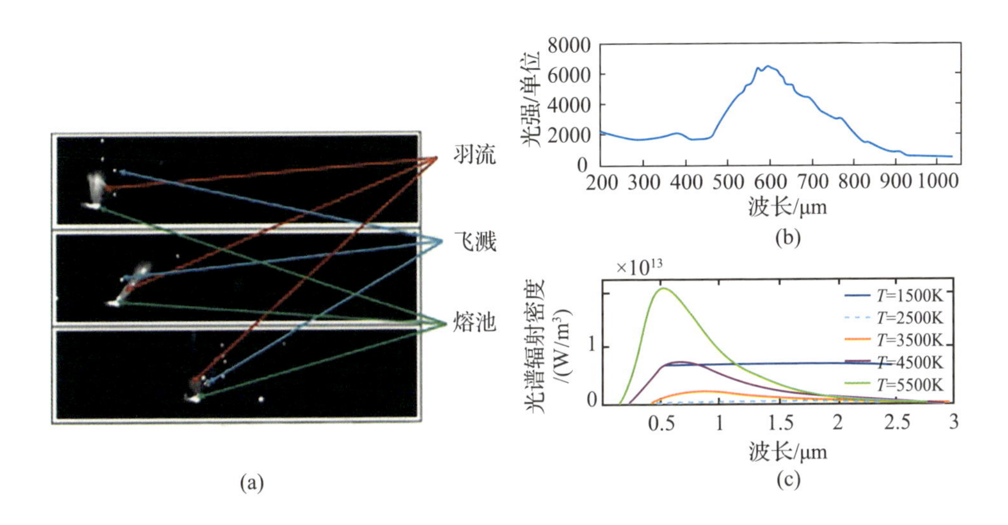

图 9-22　量化评估指标的选取与确立

(a)飞溅图像；(b)、(c)光学采集信息。

I. Garmendiaa 等针对激光近净成形(laser near net shaping，LNNS)技术提出了一种基于结构光扫描仪数据来在线控制成形件精度的方法，根据测量误差采取相应的校正措施，在实际的粉末床激光熔融成形过程中具有实践性和稳定性。过程控制策略如图 9-23 所示，同样对于粉末床激光熔融过程的成形精度控制具有很好的借鉴意义。

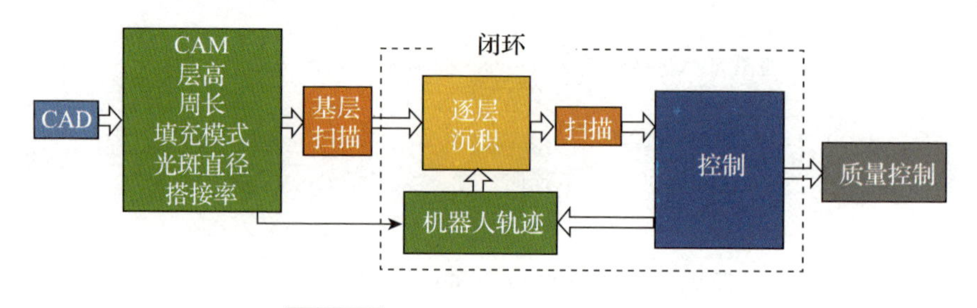

图 9-23 采用控制策略的流程方案

1. 在线和离线检测手段融合

多传感器融合是传感器学科的一个重要研究方向，也是面向粉末床激光熔融检测水平提高的必然要求。未来的粉末床激光熔融的在线检测必然需要在全面的离线检测方式的基础上，融合对可见光、红外光、声信号、LIBS 甚至是光谱信号的过程检测，最终实现对粉末床激光熔融技术的闭环控制以及质量回溯，实现我国在该领域的弯道超车。

2. 融合仿真分析手段

目前的许多模拟仿真技术，如有限元方法（finite element method，FEM）、有限体积方法（finite volume method，FVM）、多物理场耦合分析方法，对于理解粉末床激光熔融的成形机理，具有在线检测所无法实现的强大的作用，这可以在数学物理层面做出科学的解释。未来，面向粉末床激光熔融过程的在线检测必须与仿真分析技术做深度结合分析。目前国内的武汉大学、南京航空航天大学等单位已经进行了不错的探索。

3. 实时性方面

面向粉末床激光熔融的在线检测过程，可能涉及搭建激光熔融缺陷在线检测模拟平台，实时检测激光熔融过程中的缺陷。缺陷在线检测模拟平台主要由高速相机模块、红外相机模块、高分辨率相机模块、大功率激光器、供粉平台、高速高精度 *XYZ* 轴位移平台、真空与惰性气体环境、高速信号处理控制系统、信号数据处理软件等模块组成。检测过程中涉及海量的数据传输，对硬件以及通信技术提出了比较高的要求，还有待硬件水平的持续优化。

4. 智能算法的应用

统计质量控制是基础，机器学习相关算法是有效手段，二者相结合将会诞生很多有趣又有效的东西。总之，基于机器学习的算法框架在粉末床激光熔融的在线缺陷监测方面相当实用，在判别的准确性和可靠性方面都显示出巨大的优势。深度学习(deep learning)和人工智能(artificial intelligence，AI)是当今全球的研究热点，其于声音、图像特征及模式识别、控制决策制定具有非常高的天然适应性，是传感检测领域的发展方向。面向粉末床激光熔融的在线检测过程中，算法是灵魂，因此，深度学习等算法的应用是面向粉末床激光熔融技术检测的必然趋势。机器学习模型对于粉末床激光熔融成形过程中多种信息源的特征分析、缺陷识别以及过程稳定性判断具有很好的应用前景。目前，国内外的一些团队已将机器学习应用于面向粉末床激光熔融的在线监测系统的研究中。

参考文献

[1] VRÁBEL J，POŘÍZKA P，KLUS J，et al. Classification of materials for selective laser melting by laser-induced breakdown spectroscopy[J]. Chemical Papers，2019，73(12)：2897 - 2905.

[2] GRASSO M，COLOSIMO B M. A statistical learning method for image-based monitoring of the plume signature in laser powder bed fusion[J]. Robotics and Computer-Integrated Manufacturing，2019，57：103 - 115.

[3] BOBEL A，HECTOR JR L G，CHELLADURAI I，et al. In situ synchrotron X-ray imaging of 4140 steel laser powder bed fusion[J]. Materialia，2019，6：100306.

[4] OKARO I A，JAYASINGHE S，SUTCLIFFE C，et al. Automatic fault detection for laser powder-bed fusion using semi-supervised machine learning[J]. Additive Manufacturing，2019，27：42 - 53.

[5] 张祥春，张祥林，刘钊，等. 工业 CT 技术在激光选区熔化增材制造中的应用[J]. 无损检测，2019，41(3)：52.

[6] ZHANG Y，FUH J Y H，YE D，et al. In-situ monitoring of laser - based PBF via off-axis vision and image processing approaches[J]. Additive Manufacturing，2019，25：263 - 274.

[7] SCIME L，BEUTH J. Using machine learning to identify in-situ melt pool signatures indicative of flaw formation in a laser powder bed fusion

additive manufacturing process[J]. Additive Manufacturing, 2019, 25: 151 - 165.

[8] SCIME L, BEUTH J. A multi-scale convolutional neural network for autonomous anomaly detection and classification in a laser powder bed fusion additive manufacturing process [J]. Additive Manufacturing, 2018, 24: 273 - 286.

[9] 叶冬森. 选择性激光熔化过程的状态监测方法研究[D]. 合肥：中国科学技术大学，2018.

[10] YE D S, FUH Y H J, ZHANG Y J, et al. Defects Recognition in Selective Laser Melting with Acoustic Signals by SVM Based on Feature Reduction[J]. MS&E, 2018, 436(1): 012020.

[11] YE D, FUH J Y H, ZHANG Y, et al. In situ monitoring of selective laser melting using plume and spatter signatures by deep belief networks[J]. ISA Sransactions, 2018, 81: 96 - 104.

[12] GARMENDIA I, LEUNDA J, PUJANA J, et al. In-process height control during laser metal deposition based on structured light 3D scanning[J]. Procedia Cirp, 2018, 68: 375 - 380.

[13] YE D, HONG G S, ZHANG Y, et al. Defect detection in selective laser melting technology by acoustic signals with deep belief networks[J]. The International Journal of Advanced Manufacturing Technology, 2018, 96(5 - 8): 2791 - 2801.

[14] ZHANG K, LIU T, LIAO W, et al. Photodiode data collection and processing of molten pool of alumina parts produced through selective laser melting[J]. Optik, 2018, 156: 487 - 497.

[15] REPOSSINI G, LAGUZZA V, GRASSO M, et al. On the use of spatter signature for in-situ monitoring of Laser Powder Bed Fusion [J]. Additive Manufacturing, 2017, 16: 35 - 48.

[16] 张鹏. 基于视觉的激光选区熔化成形铺粉质量在线监控系统研究[D]. 武汉：华中科技大学，2017.

[17] MERTENS R, VRANCKEN B, HOLMSTOCK N, et al. Influence of powder bed preheating on microstructure and mechanical properties of H13 tool steel SLM parts[J]. Physics Procedia, 2016, 83: 882 - 890.

[18] POPOVICH A A, MASAYLO D V, SUFIIAROV V S, et al. A laser ultrasonic technique for studying the properties of products manufactured by additive technologies [J]. Russian Journal of Nondestructive Testing, 2016, 52(6): 303 - 309.
[19] 魏恺文，王泽敏，曾晓雁. AZ91D镁合金在激光选区熔化成形中的元素烧损[J]. 金属学报，2016，52(02)：184 - 190.
[20] KRAUSS H, ZEUGNER T, ZAEH M F. Layerwise monitoring of the selective laser melting process by thermography[J]. Physics Procedia, 2014, 56: 64 - 71.
[21] CHIVEL Y. Optical in-process temperature monitoring of selective laser melting[J]. Physics Procedia, 2013, 41: 904 - 910.
[22] KEMPEN K, THIJS L, HUMBEECK VAN J, et al. Mechanical properties of AlSi10Mg produced by selective laser melting[J]. Physics Procedia, 2012, 39: 439 - 446.
[23] BAEL VAN S, KERCKHOFS G, MOESEN M, et al. Micro-CT-based improvement of geometrical and mechanical controllability of selective laser melted Ti - 6Al - 4V porous structures [J]. Materials Science and Engineering: A, 2011, 528(24): 7423 - 7431.
[24] LOTT P, SCHLEIFENBAUM H, MEINERS W, et al. Design of an optical system for the in situ process monitoring of selective laser melting (SLM)[J]. Physics Procedia, 2011, 12: 683 - 690.
[25] CHIVEL Y, SMUROV I. On-line temperature monitoring in selective laser sintering/melting[J]. Physics Procedia, 2010, 5: 515 - 521.
[26] GUSAROV A V, KRUTH J P. Modelling of radiation transfer in metallic powders at laser treatment[J]. International Journal of Heat and Mass Transfer, 2005, 48(16): 3423 - 3434.
[27] 王春明，胡伦骥，胡席远，等. 钛合金激光焊接过程中等离子体光信号的检测与分析[J]. 焊接学报，2004，25(1)：83 - 86.
[28] KRUTH J P, FROYEN L, VAERENBERGH VAN J, et al. Selective laser melting of iron-based powder[J]. Journal of Materials Processing Technology, 2004, 149(1 - 3): 616 - 622.
[29] 曾浩，周祖德，陈幼平，等. 激光焊接质量实时检测和控制的进展[J].

激光杂志，2000(01)：2－5.

[30] LU W，ZHANG Y M，EMMERSON J. Sensing of weld pool surface using non-transferred plasma charge sensor[J]. Measurement Science and Technology，2004，15(5)：991－999.

[31] EVERTON S，DICKENS P，TUCK C，et al. Evaluation of laser ultrasonic testing for inspection of metal additive manufacturing[C] [s. l.]：SPIE LASE. Laser 3D Manufacturing II，2015.

[32] KRAUSS H，ESCHEY C，ZAEH M. Thermography for monitoring the selective laser melting process[C]. [s. l]：Proceedings of the solid freeform fabrication symposium，2012.

[33] KLOCKE F，WAGNER C，ADER C. Development of an integrated model for selective laser sintering[C]. Saarbrücken：Proceedings of the CIRP International Seminar on Manufacturing Systems，2003.

[34] GRASSO M，LAGUZZA V，SEMERARO Q，et al. In-process monitoring of selective laser melting：spatial detection of defects via image data analysis [J]. Journal of Manufacturing Science and Engineering，2017，139(5) 051001.

[35] DEMIR A G，GIORGI DE C，Previtali B. Design and implementation of a multisensor coaxial monitoring system with correction strategies for selective laser melting of a maraging steel[J]. Journal of Manufacturing Science and Engineering，2018，140(4)：041003.

[36] GRASSO M，DEMIR A G，PREVITALI B，et al. In situ monitoring of selective laser melting of zinc powder via infrared imaging of the process plume[J]. Robotics and Computer－Integrated Manufacturing，2018，49：229－239.

[37] ZHOU X，WANG D，LIU X，et al. 3D-imaging of selective laser melting defects in a Co-Cr-Mo alloy by synchrotron radiation micro-CT [J]. Acta Materialia，2015，98：1－16.

[38] YUAN B，GIERA B，GUSS G，et al. Semi-Supervised Convolutional Neural Networks for In-Situ Video Monitoring of Selective Laser Melting C. [s. l]：2019 IEEE Winter Conference on Applocations of Computer Vision(WACV)，2019.

第 10 章 典型的几何形状特征加工

10.1 几何特征形状的分类

尽管机械零件的种类众多、形状各异，但从图 10－1 中可以看出，机械零件的基本组成特征就是面、柱、孔、角度、球体、间隙等，这些特征构成了零件的基本元素。粉末床激光熔融技术能否成形机械零件的关键因素就是能否成形这些典型结构特征、在什么样的工艺条件下可以成形。通过成形图 10－2所示的薄板、尖角、圆柱体、圆孔、方孔、球体和间隙等各种典型几何特征，观察这些几何特征的成形情况来考察粉末床激光熔融技术的加工能力。

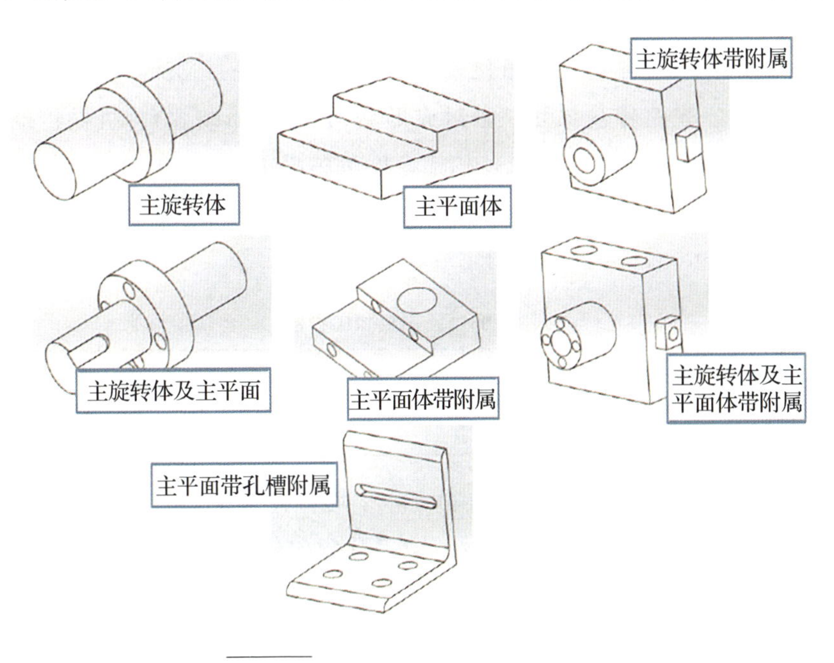

图 10－1　机械零件的 7 个基本分类

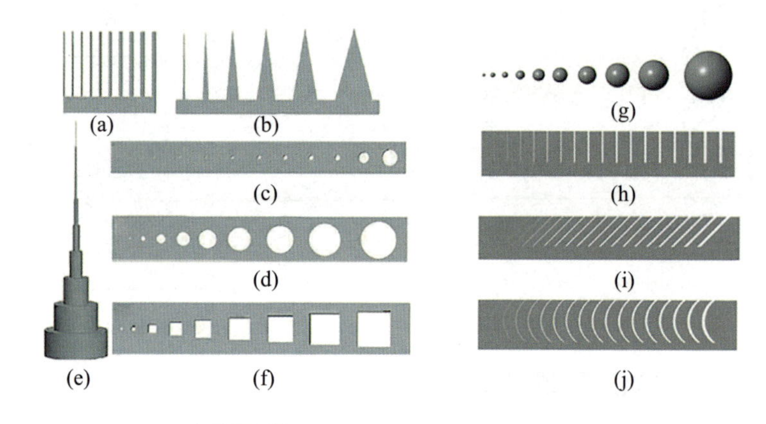

图 10-2 各典型几何特征三维模型图

(a)薄板；(b)尖角；(c)平行于 Z 轴圆孔；(d)垂直于 Z 轴圆孔；(e)圆柱体；(f)垂直于 Z 轴方孔；(g)球体；(h)竖直间隙；(i)倾斜间隙；(j)曲面间隙。

10.2 不同特征形状成形缺陷与产生机理

10.2.1 实验条件

实验设备采用自主研发的粉末床激光熔融设备 DiMetal-100，主要由光纤激光器、光路传输单元、密封成形室(包括铺粉装置)、机械传动及控制系统、工艺软件等部分组成，扫描速度范围为 10～5000mm/s，加工层厚为20～100 μm，激光聚焦光斑直径为 70 μm，成形最大体积为 100mm×100mm×120mm。实验采用优化后的加工参数，如表 10-1 所列。

表 10-1 主要加工参数

激光功率/W	扫描速度/(mm/s)	加工层厚/μm	扫描间距/mm	扫描策略
170	600	30	0.08	*XY* 正交层间错开

实验材料为 316L 不锈钢球形粉末，平均粒径为 17.11 μm，最大粒径为 35 μm，粉末的松装密度为 4.42g/cm²，其化学成分如表 10-2 所列。

表 10-2 316L 不锈钢粉末化学组成成分(质量分数,%)

C	Cr	Ni	Mo	Si	Mn	O	Fe
0.03	17.5	12.06	2.06	0.86	0.3	0.09	余量

10.2.2　薄板

实验中将厚度为 0.05～0.5mm（步进值为 0.05mm）的 10 块薄板沿 X 轴、Y 轴和与 X 轴成 45°共 3 个方向摆放（图 10－3），并利用粉末床激光熔融技术成形。从图 10－4 中可以看出，无论 10 块薄板沿 X 轴、Y 轴或是沿与 X 轴成 45°摆放，厚度大于等于 0.15mm 的薄板均能顺利成形，厚度为 0.1mm 的薄板只能成形一半，而厚度为 0.05mm 的薄板成形失败。从图 10－5 可以看出，薄板厚度的绝对误差随薄板厚度增大而增大，但相对误差随薄板厚度增大而减小，故薄板越厚，成形精度越高。当薄板沿 X 轴摆放加工时，绝对误差在 0.048～0.065mm，相对误差在 13%～48%，整体误差最小。所以沿 X 轴摆放加工出的薄板精度最高、效果最好。

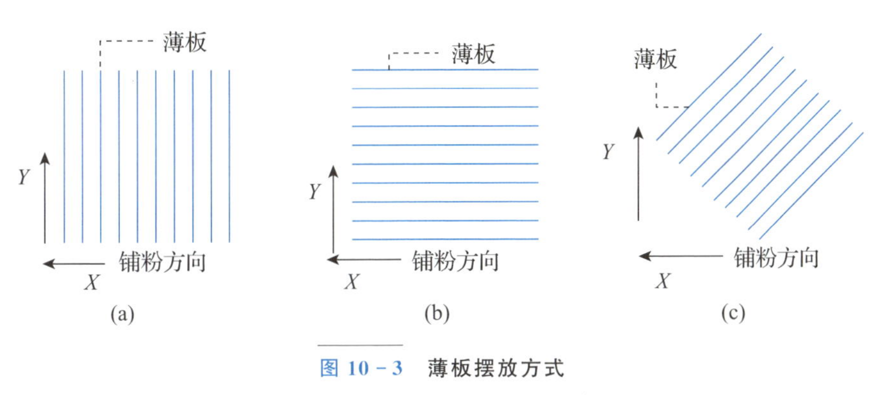

图 10－3　薄板摆放方式

(a)沿 X 轴；(b)沿 Y 轴；(c)与 X 轴成 45°。

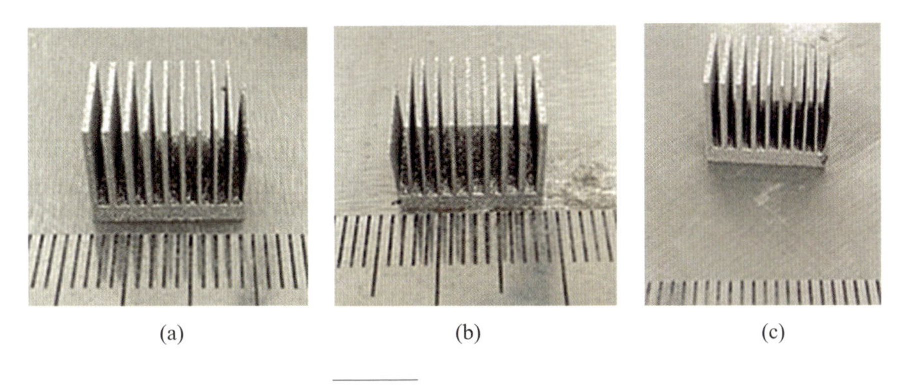

图 10－4　薄板成形效果

(a)沿 X 轴；(b)沿 Y 轴；(c)与 X 轴成 45°。

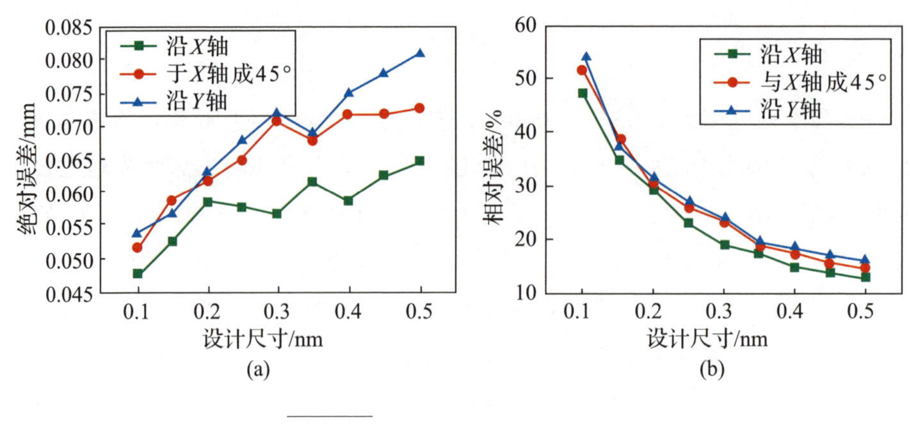

图 10－5　薄板厚度误差变化曲线

(a)绝对误差曲线；(b)相对误差曲线。

从以上分析可知，采用粉末床激光熔融技术能够成形出厚度小至0.15mm的薄板，但当薄板厚度小到一定程度时，就必须考虑激光光斑约束对成形件的影响。当设计尺寸小于激光光斑直径时，实际成形尺寸会受激光光斑直径的约束而保持为一个稳定值，这意味着光斑直径的大小决定了成形的尺寸精度。如图10－6所示，薄壁零件的壁厚小于光斑直径，在成形过程中，实际熔化区域面积大于零件的截面面积，最终成形的零件尺寸也大于设计的尺寸。

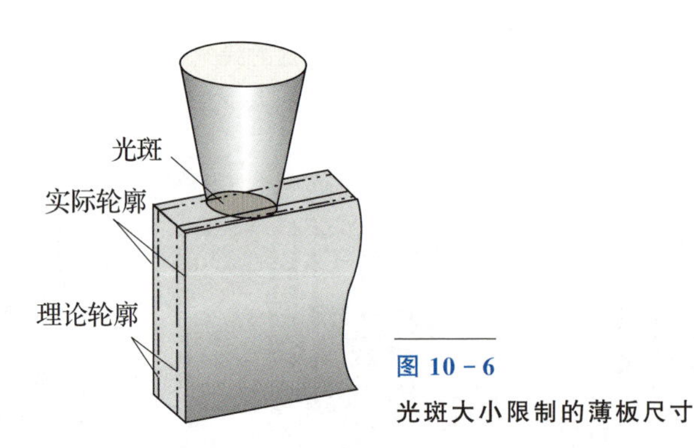

图 10－6

光斑大小限制的薄板尺寸

10.2.3　尖角

实验中将角度为2°、5°、10°、15°、20°、30°且高度为20mm的尖角按水平和竖直两种方式摆放，然后利用粉末床激光熔融技术成形。如图10－7所示，能够顺利成形出所有尖角。由图 10－8 中可以看出，水平摆放时的绝对误差在－0.15°～0.2°之间，相对误差在－2.2%～3.8%之间。竖直摆放时的绝对误差在 0.3°～2.6°，且随尖角角度增大而增大；相对误差在 8.64%～14.3%，随尖角角度增大而减小。可以明显地看出，水平摆放的误差曲线偏离零水平线的幅度要小于竖直摆放的。因此，尖角水平摆放加工要比竖直摆放加工尺寸精度高。

图 10－7
尖角粉末床激光熔融成形效果

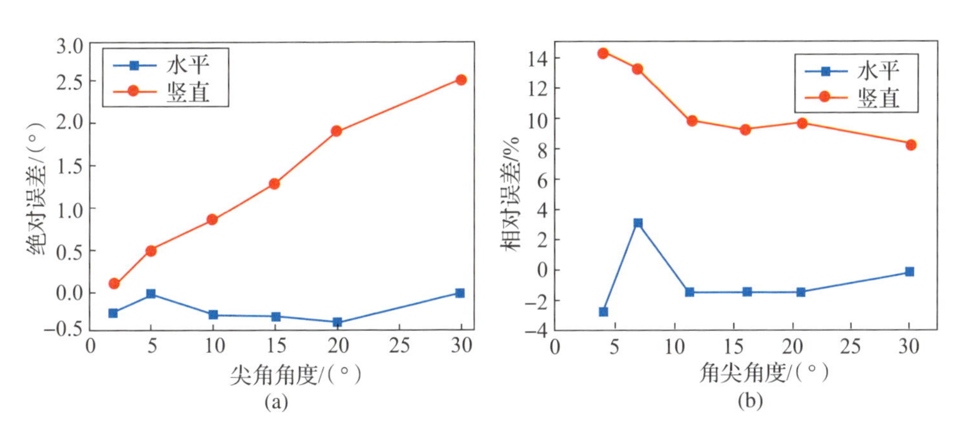

图 10－8　尖角角度误差变化曲线
(a)绝对误差曲线；(b)相对误差曲线。

产生这种现象的原因：粉末床激光熔融技术基于离散/堆叠原理，采用逐层叠加的方式对零件进行成形，这一过程中，需要先沿着叠加方向将零件的模型进行分层。分层后，零件模型被分割成有限个厚度一定的切片层。切片层包含的信息仅是每一个层的轮廓以及对应的实体，而切片层之间的外轮廓信息并没有计算在内。因此，在实际成形中，零件模型的外表面由若干个切片层的轮廓包络面构成，即台阶效应。如图 10－9 所示，虚线为竖直尖角的原始外形轮廓，而实际分层后得到的外轮廓是锯齿状的，如图 10－9 中实线所示，而水平尖角不存在此种现象。一般情况下，可以通过减小层片厚度的方式来降低误差，但是这种原理性误差无法根本性消除。

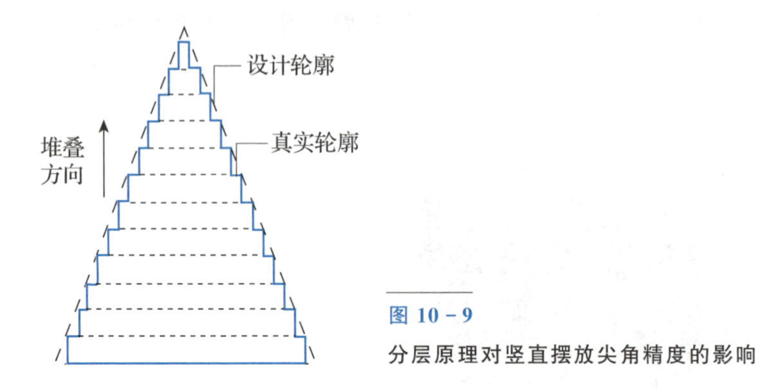

图 10－9
分层原理对竖直摆放尖角精度的影响

10.2.4 圆柱体

实验中将直径为 5mm、3.5mm、2mm、1mm、0.5mm、0.3mm、0.15mm、0.1mm 和 0.05mm 的圆柱体竖直摆放并利用粉末床激光熔融技术成形。由图 10－10 中可以看出，能顺利成形出直径大于等于 0.1mm 的圆柱体，但不能成形出直径为 0.05mm 的圆柱体。这是因为其特征太小，在进行数据处理时，已经不能生成扫描路径，所以成形失败。从图 10－11 中可以看出，圆柱直径的绝对误差在 0.043～0.182mm，相对误差在 3.6%～43%，且绝对误差随直径增大而增大，相对误差随直径增大而减小并趋于平缓，故直径越大，圆柱成形精度越高。

图 10－10　圆柱体成形效果图

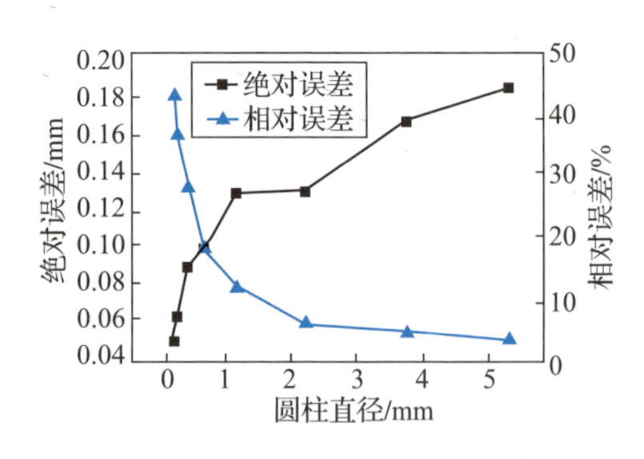

图 10－11　圆柱体直径误差变化曲线

圆柱体的尺寸误差主要由轮廓误差引起，图 10-12(a)所示为圆柱体截面扫描线填充示意图，设计轮廓为圆形，用点画线表示，受扫描熔道宽度和光斑直径的影响，实际成形的轮廓会超出设计轮廓范围，如黑色实线所示。可以通过加入轮廓扫描减小此类误差，如图 10-12(b)所示，轮廓扫描使轮廓表面得到重熔，熔化后的材料进行重新填充，从而使轮廓表面变得圆滑。

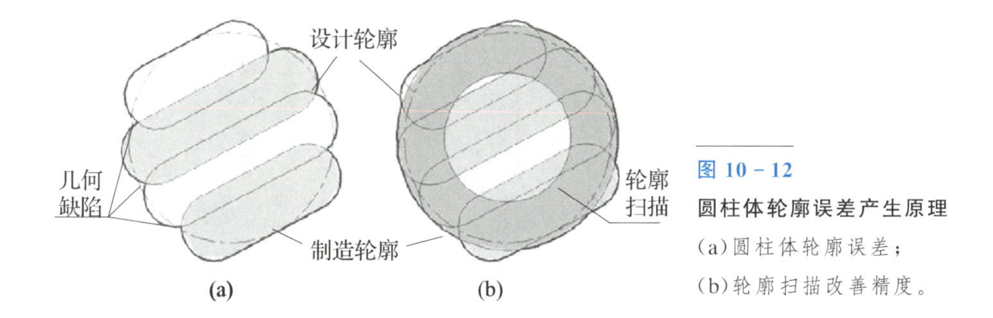

图 10-12
圆柱体轮廓误差产生原理
(a)圆柱体轮廓误差；
(b)轮廓扫描改善精度。

10.2.5　平行于 Z 轴的圆孔

实验中将直径为 0.2mm、0.3mm、0.4mm、0.5mm、0.6mm、0.7mm、0.8mm、0.9mm、1mm、2mm 和 3mm 平行于 Z 轴的圆孔依次排列，并利用粉末床激光熔融技术成形。从图 10-13 中可以看出，粉末床激光熔融技术能成形出直径为 0.4mm 及以上的圆孔，但直径小于等于 0.3mm 的圆孔成形失败。原因是粉末床激光熔融技术成形过程中的热传导作用使熔池周围的粉末被部分熔化后黏附在小孔内部，同时，粉末熔化过程中熔池对扫描线附近的粉末具有吸附作用，当圆孔直径太小时，半熔粉末将圆孔堵塞。从图 10-14 中可以看出，圆孔直径的绝对误差在 -0.085～0.06mm，相对误差在 -21.3%～2%。随着圆孔直径的增大，绝对误差从负值变为正值，并呈增大趋势；相对误差从负值变为正值后逐渐趋于平缓。

图 10-13
平行于 Z 轴的圆孔成形效果

同竖直摆放的圆柱体一样，平行于 Z 轴圆孔的尺寸误差主要由轮廓误差引起。图 10-15 所示为圆孔截面扫描线填充示意图，设计轮廓为圆形(图 10-15

中虚线），受扫描熔道宽度及光斑直径的影响，实际成形轮廓如图 10－15 中加粗的黑实线所示。粉末黏附也会对圆孔的尺寸精度造成影响，使用的粉末最大粒径为 35μm，粉末黏附在圆孔内壁会造成孔径变小，尤其在成形小尺寸圆孔时，粉末黏附造成的绝对误差不可忽视。

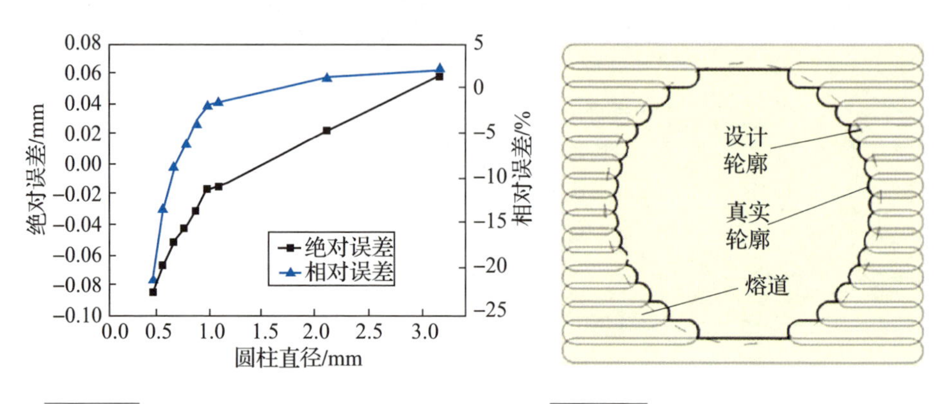

图 10－14　平行于 Z 轴的圆孔直径误差变化曲线

图 10－15　平行于 Z 轴的圆孔轮廓误差

10.2.6　垂直于 Z 轴的圆孔

实验中将直径为 0.2mm、0.5mm、1mm、2mm、3mm、4mm、5mm、6mm、7mm 和 8mm，垂直于 Z 轴的圆孔依次摆放，并利用粉末床激光熔融技术成形。从图 10－16 可以看出，粉末床激光熔融技术能顺利成形出直径大于等于 0.5mm 的圆孔，而直径为 0.2mm 的圆孔成形失败。圆孔顶部存在“挂渣”，且孔径越大，“挂渣”越严重。从图 10－17(a)中可以看出，圆孔直径的绝对误差在－0.08～0.22mm，相对误差在－16%～3%。随着圆孔直径增大，绝对误差从－0.08mm 变为正误差并逐渐增大；相对误差从－16%变为正误差并趋于平缓。从图 10－17(b)中可以看出圆度在 0.157～0.39mm，且随直径增大而增大。因此，圆孔直径越大，形状精度越差。

图 10－16
垂直于 Z 轴圆孔成形效果图

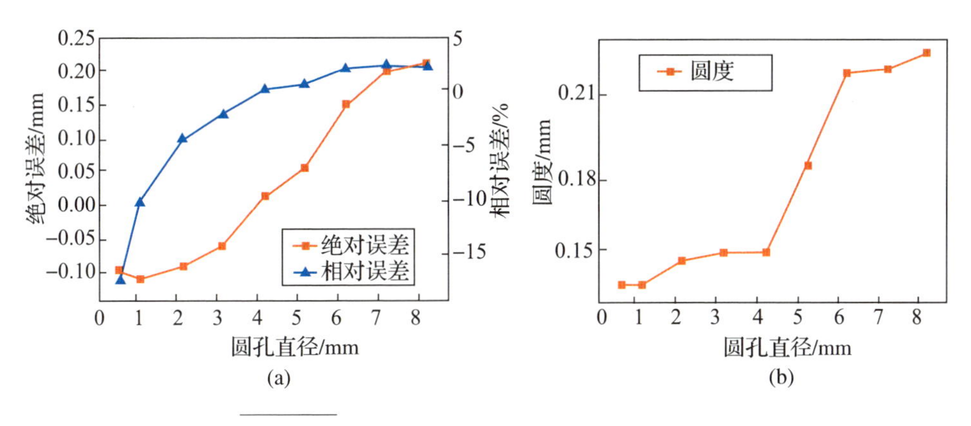

图 10-17 垂直于 Z 轴的圆孔直径误差变化曲线

(a)直径误差变化曲线；(b)圆度变化曲线。

从原理上来讲，圆孔顶部存在“挂渣”是由激光深穿透引起的。在粉末床激光熔融技术直接制造过程中，零件层与层之间依靠激光穿透当前成形层，熔化上一已成形层的部分体积，从而使两层之间产生冶金结合耐搭接的。若当前成形层刚好是零件的下表面时，上一已成形层并不存在，替代的是粉末层，这意味着部分粉末被熔化。这种会出现激光深穿透而熔化粉末层的零件结构就是悬垂结构，如图 10-18 所示。以粉末作为零件悬垂结构的支撑，熔池因重力和毛细管力的作用沉陷到粉末中，导致悬垂结构出现“挂渣”现象。圆孔越大，悬垂结构越大，故“挂渣”现象越严重。“挂渣”会影响圆孔的尺寸精度和形状精度。此外，台阶效应也是造成悬垂圆孔直径误差的主要原因。

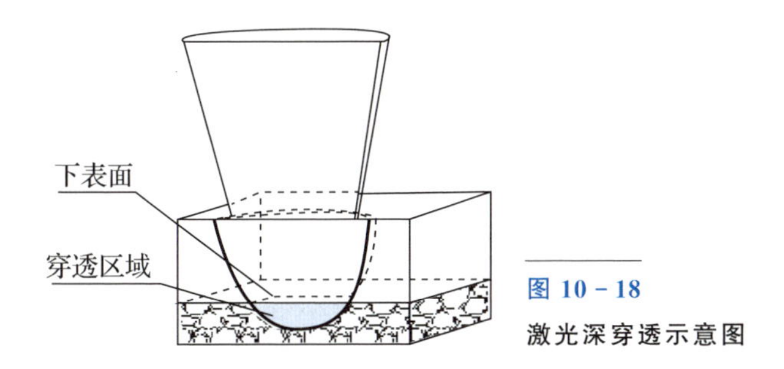

图 10-18
激光深穿透示意图

10.2.7 垂直于 Z 轴的方孔

实验中将边长为 0.5mm、1mm、2mm、3mm、4mm、5mm、6mm、7mm 和 8mm，垂直于 Z 轴的正方形孔依次排列，并采用粉末床激光熔融技术成形。从图 10-19 中可以看出，粉末床激光熔融能顺利成形出边长为 1mm、2mm 和

3mm 的方孔，且无明显缺陷。边长大于等于 4mm 的方孔，虽然能成形出来，但由于激光深穿透的原因，孔的顶部“挂渣”较多，且翘曲现象比较严重。边长为 0.5mm 的方孔，由于粉末黏附以及“挂渣”的存在，其结构特征只能勉强成形。因为方孔顶部“挂渣”严重，无法准确测量方孔的上下高度，故只对方孔跨度进行测量，图 10－20 所示为方孔跨度误差曲线。从图 10－20 中可以看出，方孔跨度的绝对误差在－0.03～0.17mm，相对误差在－6%～2.33%。随着方孔跨度的增大，绝对误差从－0.03mm 向零靠拢并变为正误差，然后逐渐增大至 0.17mm；相对误差从－6%向零靠拢并变为正误差，然后逐渐增大并趋于平稳。

图 10－19　垂直于 Z 轴的方孔成形效果

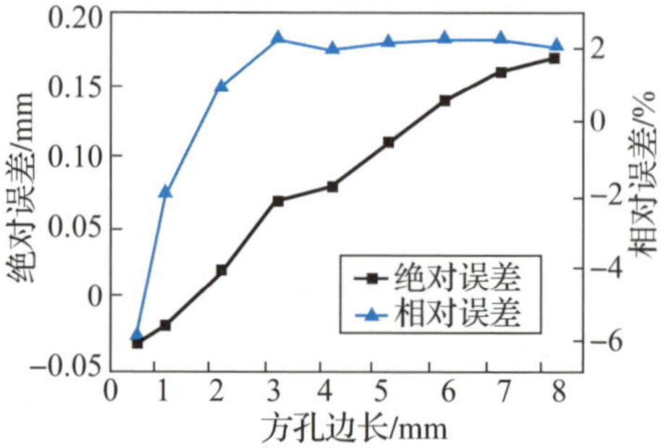

图 10－20　垂直于 Z 轴的方孔跨度误差变化曲线

10.2.8　球体

实验中设计了直径分别为 0.5mm、0.8mm、1mm、1.5mm、2mm、2.5mm、3mm、4mm、5mm 和 8mm 的球体，并利用粉末床激光熔融技术成形。从图 10－21 中可以看出，球径小于 1mm 时，球体形状不明显，呈现团聚状态。球径在 1～1.5mm 时，球体上半部分形状明显但是球体下表面与基板连成一体，球体下半部分形状不明显。在球径等于 2mm 时，球体表面凹凸不平，黏附的粉末对球体的尺寸、形状影响不可忽视。

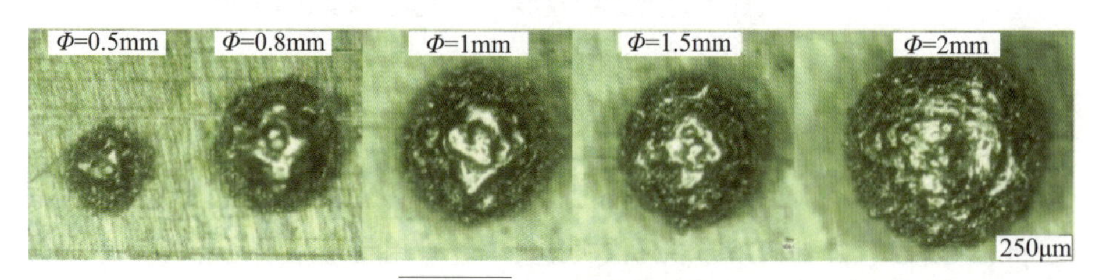

图 10－21　球体成形效果

10.2.9　间隙

实验中设计了间隙尺寸分别为0.02mm、0.04mm、0.06mm、0.08mm、0.1mm、0.12mm、0.14mm、0.16mm，0.18mm、0.2mm、0.22mm、0.24mm、0.26mm、0.28mm、0.3mm、0.35mm和0.4mm的竖直间隙、倾斜间隙和曲面间隙，并利用粉末床激光熔融技术成形。图10-22中间隙尺寸按上述顺序从左到右排列，可以看出尺寸小于0.1mm的竖直间隙、尺寸小于0.12mm的倾斜间隙与尺寸小于0.12mm的曲面间隙，间隙特征被完全堵塞，肉眼几乎难以分辨；尺寸在0.1～0.18mm的竖直间隙、尺寸在0.08～0.2mm的倾斜间隙和尺寸在0.12～0.16mm的曲面间隙，间隙特征模糊，间隙内部夹杂很多粉末；尺寸大于0.2mm的竖直间隙、尺寸大于0.2mm的倾斜间隙和尺寸大于0.18mm的曲面间隙，间隙特征明显，间隙清晰可见。

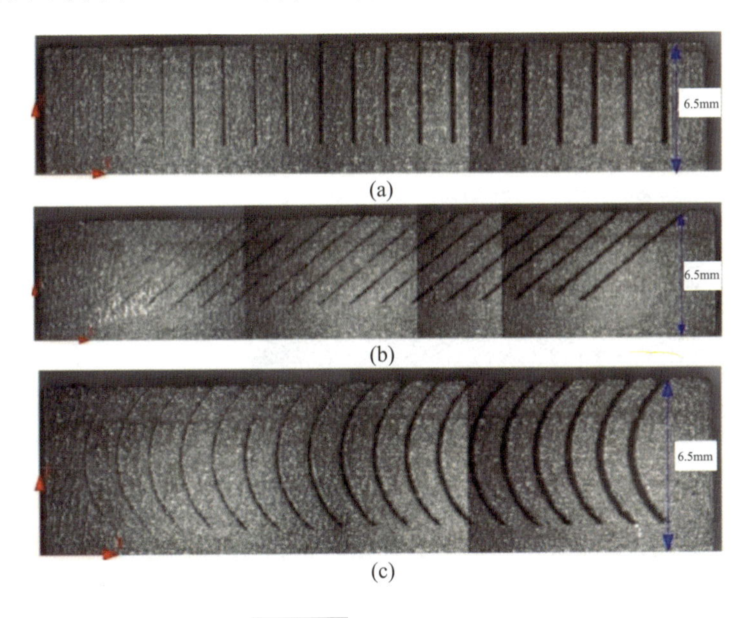

图10-22　间隙成形效果

(a)竖直间隙；(b)倾斜间隙；(c)曲面间隙。

间隙成形受多种因素的影响，间隙特征中的粉末在成形过程中虽然不会被熔化，但是由于光斑扫描时的热影响，它们被加热并形成较大的团块，难以被清除出间隙特征，导致间隙特征被堵塞。分层离散使斜面和曲面成形时产生尺寸误差，且激光深穿透效应造成悬垂面的“挂渣”现象加剧了倾斜间隙和曲面间隙的堵塞问题。

10.3 临界成形角度

粉末床激光熔融技术通过层与层之间的重叠搭接堆积成形，在成形具有倾斜特征的几何体时，加工层厚和倾斜角度决定了重叠搭接面的相对面积。当加工层厚一定时，悬垂面的倾斜角度越小，重叠搭接面的面积越小，悬空部分越多，悬垂面产生的悬垂物越多，从而造成成形面质量差和翘曲缺陷等问题。因此，在粉末床激光熔融技术成形具有倾斜特征的几何体时存在一个临界成形角度。

在优化工艺的基础上，设计并制作了不同倾斜角度的悬垂结构。倾斜角度从45°减小到25°的悬垂结构的成形效果如图10－23所示。从图10－23中可以看出，倾斜角度大于等于40°的悬垂结构成形良好，倾斜角度小于等于35°的悬垂结构出现翘曲缺陷。此外，倾斜角度越小，悬垂结构的下表面黏附粉末越多，使下表面质量比上表面的差。

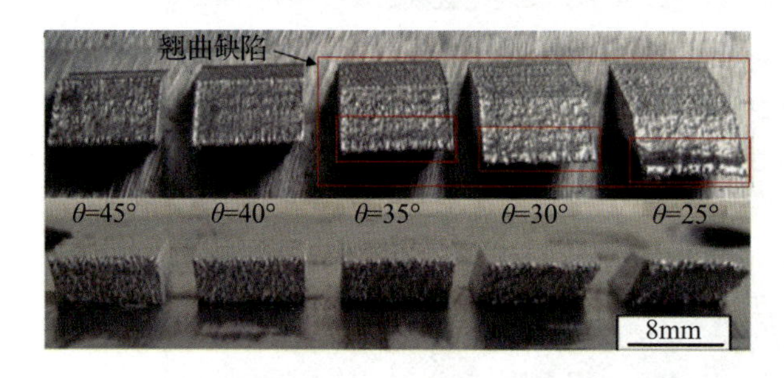

图 10－23
不同倾角悬垂结构成形效果

翘曲缺陷是粉末床激光熔融技术过程中熔池快速凝固所产生的热应力引起的。许多研究人员探究了热应力对激光选区烧结和粉末床熔融过程的影响，并指出温度机制可以解释翘曲现象。当热应力超过材料的强度时，就会发生塑性变形。悬垂表面的翘曲缺陷也是由于缺少支撑使得成形结构与前一层之间未成形牢固结合而导致的。残余应力的累积是导致悬垂面形成缺陷的主要原因。图10－24(a)所示为粉末床激光熔融技术成形悬垂曲面时的翘曲原理，成形时带有悬垂部分的单层在扫描完成后，熔化的粉末在液—固变化过程中的体积收缩导致悬垂部分向上翘曲。因为扫描层顶部与底部温度差及不均匀分布的导热能力，所以成形层上部收缩速度快于底部，造成悬垂层的上翘。

在这种状态下，悬垂部分与前一个成形层形成的零件悬垂面倾斜角度 θ' 大于设计角度 θ。如图 10－24(b)所示，当悬垂部分的一层开始翘曲时，会影响下一层的实际制造层厚度，并导致更大的翘曲，从而使零件悬垂面的倾斜角度 θ' 不断地大于设计角度 θ。当累积的翘曲高度高于下一层的预设高度时，会使部分制造区域中没有粉末涂覆，整个工件将变得越来越脆弱。悬垂表面可能会受到反复的激光扫描，甚至悬垂部分也可能因为与刮粉器的反复碰撞而脱离整个部件，导致成形失败。当翘曲缺陷严重时，整个成形过程必须停止，需要重新设计零件或优化工艺来解决问题。

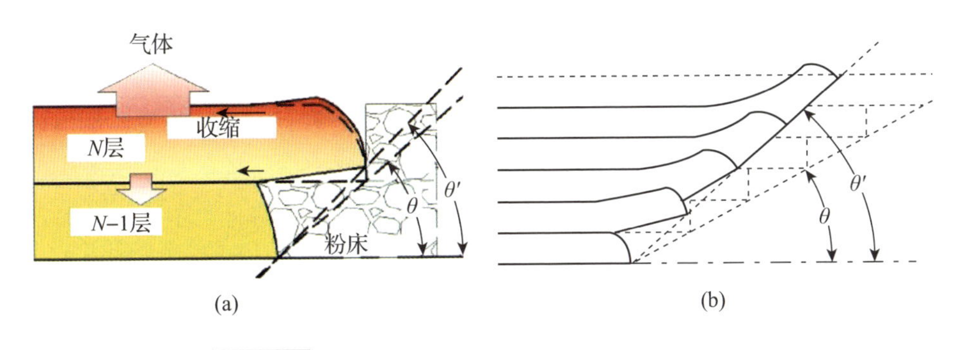

图 10－24　粉末床激光熔融成形悬垂面时的翘曲原理

(a)翘曲原理；(b)翘曲累积。

悬垂表面在成形时会导致粉末出现悬垂状态。激光扫描金属粉期间，熔池周围有一个热影响区，使熔池周围的金属粉末完全熔化或处于较脆的状态。如图 10－25 所示，许多金属粉末颗粒黏附在轨道的两侧。如图 10－26 所示，在成形悬垂结构时，当激光照射固体支撑区(点 a)时，热传导率较高，容易发生严重的粉末黏附；当激光辐照粉体支撑区(点 b)时，热传导率仅为固体支撑

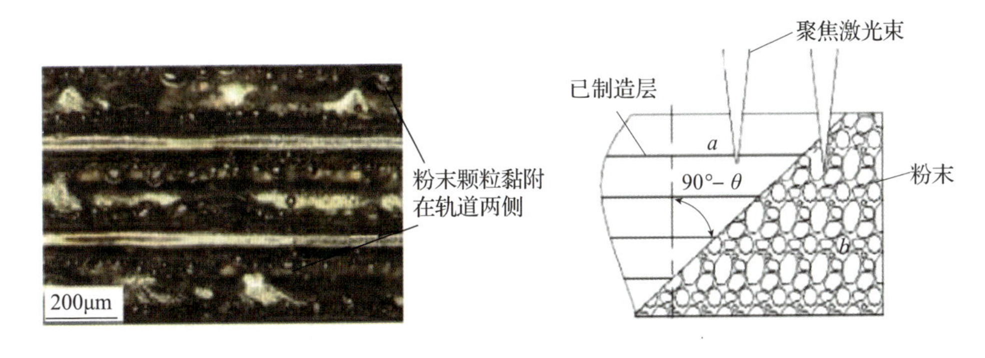

图 10－25　轨道两侧粘有粉末颗粒　　**图 10－26　LPBF 成形悬垂面的原理**

区热传导率的1/100，这种情况经常发生在粉末床激光熔融技术成形悬空表面过程中。因此，在工艺参数相似的情况下，激光照射在粉体支撑区吸收的能量输入要比激光照射在固体支撑区大得多，导致熔体池变大，在重力和毛细管力的作用而下沉到粉体中。由于上述原因，在粉末床激光熔融技术成形悬垂结构时，会产生挂渣，尺寸精度变得很低。

10.4 面向粉末床激光熔融成形的设计规则

10.4.1 成形设计约束

粉末床激光熔融技术消除了传统制造的大部分限制，可以更加容易地将传统制作技术难以成形的复杂设计直接转换成最终产品。虽然粉末床激光熔融技术的成形自由度极高，但并不意味着可以成形任意零件，不恰当的设计也会造成加工的失败。如果在设计阶段就考虑制造条件的约束，便可以在一定程度上保证成形质量，避免成形失败。设计师应该在产品的设计阶段就考虑到工艺的限制，并从产品设计的角度去规避工艺的局限性，从而使设计自由度与成形自由度更加契合。粉末床激光熔融技术成形零件的造型可能会非常复杂，但也是由基本几何元素所组成的。通过对成形几何结构的研究，其几何成形约束大概可以归纳为以下几类：

(1)薄壁特征。由于粉末床激光熔融技术所用激光光斑的聚焦尺寸存在极限，因此无法成形壁厚小于光斑直径的薄壁零件。而且壁厚过小的薄壁件的力学性能难以保证，易折损、不具有实用价值。薄壁的理论最小极限尺寸为单熔道宽度。

(2)尖角特征。由于激光光斑的形状可认为是圆形，虽然光斑的尺寸只有几十至一百多微米，但对于精细结构如尖角特征而言，会导致尖角形状、尺寸产生较大误差，在产品设计时应尽量避免过于精细的尖角特征。精细结构的尖角存在最小极限。

(3)孔特征。由于激光光斑尺寸存在极限值，而且受到激光加工过程中热影响区扩散的影响，熔道宽度大于光斑尺寸。若孔径过小则熔道会堵塞孔洞，与成形方向垂直的孔特征的尺寸存在最小极限。成形效果除了受激光光斑影响外，对于平行于成形方向的孔特征而言，还存在激光深穿透的影响，孔径越大，悬垂面积越大，“挂渣”量越多，形状精度及尺寸精度越差。因此，孔特征不仅存在最小极限尺寸，同样存在最大极限尺寸。

(4)高纵横比特征。高纵横比零件热量聚集效应更为明显，累积的热应力容易引起翘曲、开裂等缺陷，零件难以成形，因此几何特征的纵横比不能过大。

(5)间隙特征。激光加工过程带来的热扩散可能会使得间隙中黏附上未完全熔融的粉末颗粒，影响间隙的尺寸。为保证间隙的尺寸不受过大影响，间隙尺寸不能过小。合理的间隙特征可用于免组装机构的一体化设计及成形，保证其成形后的活动自由度。

10.4.2　成形设计原理

1. 零件成形摆放位置

零件在使用过程中，存在某些对表面质量要求较高的“工作区域”，在加工过程中，应优先保证“工作区域”的成形质量，避免在“工作区域”出现加工悬垂面或是支撑结构。因此需要一个合理的摆放位置，既保证“工作区域”的成形质量，又保证一定的成形效率。

在粉末床激光熔融工艺中，零件通过粉末床逐层堆叠起来，因此受激光作用的粉末熔融变成熔池后，除了通过空气散发热量，底层也是重要的散热途径。当熔融粉末的下层为已凝固的金属固体时，热量传播较快，熔池很快凝固并与下层固体精密结合。当熔融粉末的下层同样为粉末时，由于粉末的热传导系数远低于金属固体，熔池的热量散发不够迅速，会使熔池下表面的粉末受热烧结并黏附在悬垂结构下表面，导致悬垂结构的表面质量变得粗糙，故后期需要做进一步的处理以提高表面质量。

悬垂角度低于 30°的表面需要添加支撑以避免成形失败，但支撑结构也会影响表面质量。在结构优化设计中，应考虑零件加工摆放位置，避免去除过多的材料而产生过多的加工悬垂面，或是添加过多支撑结构影响“工作区域”成形质量。在零件设计前期考虑摆放因素影响时应优先保证“工作区域”的成形质量，具有复杂几何形状的零件在摆放中可能难以保证所有关键表面的成形效果，通常需要在表面质量、结构细节、加工成本和支撑数量之间进行权衡取舍。可以在零件设计的早期便使用加工处理软件 Magics 评估各个摆放方向，以确定最有效的方式，并在此基础上继续进一步的设计。

2. 自支撑结构

传统的减材制造零件在加工初始阶段处于最稳定、刚度最大的状态，随着材料的去除，刚度逐渐减弱。但增材制造技术恰恰相反，零件是处于一种初始不稳定状态到最终稳定状态的变化过程。每一次加工循环都得保证零件刚度可以抵抗施加在上面的力而不发生变形，包括零件自身重力、加工设备施加的外力、热应力等。为了保证顺利成形，零件在加工中一直处于一种刚度更强的状态，设计师通常会选择加入支撑结构。但考虑到支撑结构的拆除对最终零件质量的影响，如何尽可能地减少支撑也是在产品设计阶段应该注意的。产品设计阶段应考虑粉末床激光熔融成形时的零件摆放位置，调整成形危险区的结构实现自支撑功能以减少支撑结构，或是在不影响零件性能的前提下加入自支撑结构。例如，由于圆孔的形状精度难以保证，尤其是平行于成形平面的圆孔，可通过优化孔的形状，如设计成水滴状或菱形状，水滴孔与菱形孔都是孔洞的边越往上越聚拢收缩，不存在倾斜角过低的悬垂面，孔洞的下部为孔洞的上部提供了支撑；使用自支撑结构(零件结构自身作为零件的支撑载体)来提高零件在成形过程中的稳定性，自支撑结构一方面可以加强原零件的刚度，避免成形过程发生翘曲、折断等，一方面可以充当热传导的路径，有效减小热应力。

某些必须添加支撑的情况，如悬垂角度低于30°的悬垂面、面积过大的悬垂面等，需要增加支撑以固定零件或更好地散热，应考虑支撑添加位置及拆除支撑等后处理手段的便捷性等，避免损伤零件，尤其是拆除薄壁件的支撑容易使薄壁件本体发生变形。零件内部的支撑由于工具难以触及，也会影响支撑拆除的效率。不合理的支撑设计会增大样件被毁的风险，不论采用怎样的手段拆除支撑，都会增加成本，延长制造周期，因此设计时应考虑通过改变设计、改变零件摆放的方式等来尽量避免为零件添加支撑结构。

3. 加工余量

在某些对表面质量要求较高的场合，粉末床激光熔融技术直接成形的金属零件不一定能达到要求的成形质量，表面可能存在波纹、粉末黏附、拆除支撑后的残渣等，需要进行后续处理以提高表面质量。因此设计时应保留一定的余量，使后续处理后零件能达到要求的表面粗糙度。

4. 工艺、材料、设备的合理选择

粉末床激光熔融技术的工艺类型、材料种类、成形设备等均会对零件的成形产生不同程度的约束，影响零件的成形质量。这些因素的共同作用影响了零件的收缩率、表面精度、尺寸精度和形状精度等。考虑到这些限制，设计人员必须选择合适的 LPBF 技术工艺以满足特定零件特定材料应具有的功能，或是在产品设计过程中考虑到 LPBF 技术的约束，通过修改设计方案进行补偿。

5. 后处理及检测技术

与传统制造方式所得到的形状较为规整的零件不同，LPBF 技术可成形具有复杂曲面构型或是内腔结构的零件，这也为后处理及质量检测带来了新的挑战。设计人员应在早期产品设计时便考虑到后处理及质量检测控制的便捷性，尤其需要确保“工作区域”的表面质量优化处理及检测。

10.5 多孔结构设计规则与工艺特征

10.5.1 尺寸精度

粉末床激光熔融技术所能制造的最小几何特征主要由聚焦激光的光斑尺寸决定。当零件轮廓厚度小于激光聚焦光斑尺寸时，即使不考虑热传导影响，实际制造出的轮廓也要大于设计值，使尺寸精度造成很大的误差。激光光源呈高斯分布，聚焦激光光斑的尺寸随着离焦量的变化而改变。而且当激光功率和扫描速度恒定时，小光斑的光束中心附近的能量密度高于大光斑光束中心的能量密度。因此即使当离焦量在较小的范围内变化时，激光能量的热量传递也会对制造精度产生影响，实际成形的最小轮廓尺寸也会大于聚焦激光光斑直径。

图 10 - 27 所示为尺寸精度测试，从图中可以看出，薄壁和方孔都能够制作成几乎完全相同的尺寸。从图 10 - 27(b)可以看出，有一些未完全熔化的粉末黏附在薄壁表面，需要通过其他方法去除，如电化学的方法等。粉末黏附对尺寸精度产生了影响。薄壁顶部厚度和底部厚度的测量值分别是 101.3 μm 和 142 μm，绝对误差分别为 21.3 μm 和 22 μm。由于热量传递引起的粉末黏附使实际零件和模型之间产生了一定的尺寸偏差。

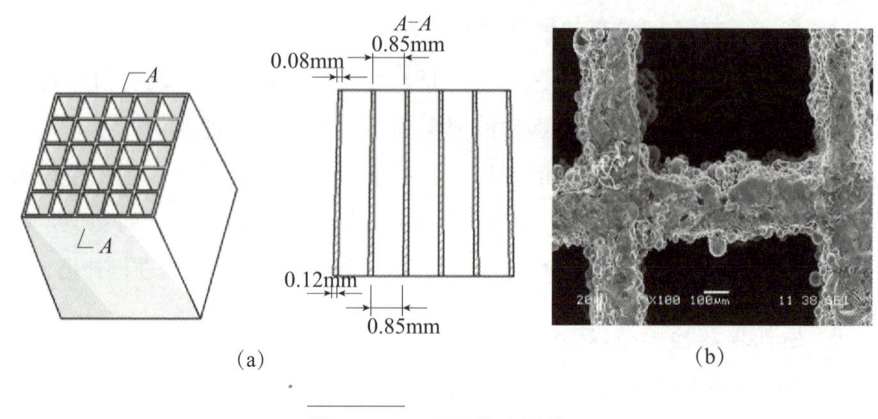

(a)　　　　　　　　　　　　　　　　(b)

图 10－27　尺寸精度测试

(a)设计模型；(b)成形后的 SEM 图。

10.5.2　几何特征分辨率

几何特征分辨率的引入可以为多孔结构设计支柱直径、空隙大小提供依据。粉末床激光熔融技术成形几何特征的分辨率对多孔结构设计和加工具有重要影响，是多孔结构成形的重要参数依据，即多孔结构设计时支柱直径不能小于最小薄板厚度和圆柱直径。根据 10.2.2 节的薄板实验，厚度大于等于 150 μm 的薄板均能顺利成形。10.2.4 节的圆柱体实验，直径大于等于 100 μm 的圆柱体可以顺利成形。可见几何特征大于 150 μm 的薄板和圆柱体都可以成形。考虑到更小的几何特征将导致多孔结构力学性能低，且受到聚焦光斑尺寸等限制，设计多孔结构的支柱时最小尺寸应该大于等于实验结果值 150 μm。

根据 10.2.9 节中间隙成形实验可知尺寸大于 200 μm 的竖直间隙、尺寸大于 200 μm 的倾斜间隙和尺寸大于 180 μm 的曲面间隙，成形效果好，间隙特征明显、清晰可见。因此，当设计间隙为 200 μm 时基本可以成形。考虑到熔道有一定的宽度，成形后的间隙一定会小于设计间隙，所以多孔结构的设计孔径不能小于 200 μm。

10.5.3　倾斜角度

当单元格支架的倾斜角较小时，很难更好地控制多孔结构的制作质量。为了避免小倾角的悬垂面，最好对多孔单元体进行优化，以满足粉末床激光熔融工艺的要求。本书在讨论临界倾斜角的基础上，提出了图 10－28 所示的多孔单元体，也可以称为八面体单元体。通过调整孔隙支柱的倾斜角度，八面体结构理论上可以避免小倾角的悬垂面，从而避免悬垂浮渣和堵塞孔隙的缺陷。

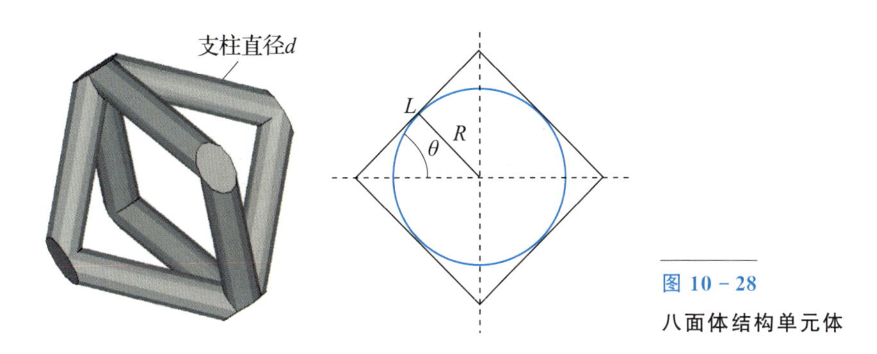

图 10-28
八面体结构单元体

如图 10-28 所示，通过分析单元体半径 R、支柱长度 L、支柱直径 d 和支柱倾斜角度 θ 之间的内在关系，得到如下方程：

$$R = \frac{1}{2} \times L \times \sin 2\theta - d \tag{10-1}$$

式中　R——单元体半径；

L——支柱长度；

d——支柱直径；

θ——支柱倾斜角度。

式(10-1)中支柱直径 d 主要取决于激光加工参数和粉末粒径。由于制造过程中熔池周围的热效应，支柱直径 d 通常比聚焦点直径大。当 $\theta = 45°$时，多孔单元体的半径最大，即 $R = \frac{1}{2}L - d$。同时可以推导出当 $R>0$ 时，要求 $\frac{1}{2} \times L \times \sin 2\theta > d$。将其与 10.5.2 节的实验结果结合起来，得出粉末床激光熔融成形八面体单元体的设计原则为

$$\begin{cases} 30° < \theta < 90° \\ d \geqslant 0.15\text{mm} \\ \frac{1}{2} \times L \times \sin 2\theta > d \end{cases} \tag{10-2}$$

根据上述总结的设计原则，多孔结构单元体的设计应考虑临界倾斜角、加工分辨率和单元几何参数之间的相互约束。虽然本书采用八面体多孔结构

作为单元体，但它并不是唯一适合粉末床激光熔融成形多孔结构的单元体，这里只要考虑临界倾斜角的约束和几何分辨率的限制，就可以设计出令人满意的单元体。图 10－29 所示为另外 3 种同样适用于粉末床激光熔融工艺的多孔结构单元体。

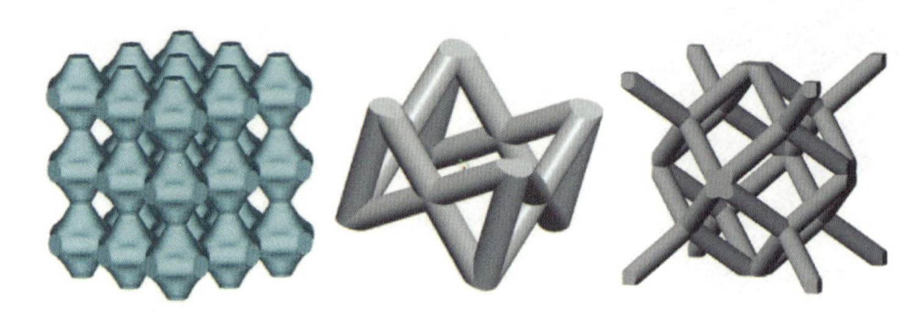

图 10－29　适用于粉末床激光熔融工艺的多孔结构单元体

10.5.4　轮廓精度

根据八面体单元体的设计原则，设计了支柱直径 $d=0.3\text{mm}$、支柱长度 $L=1\text{mm}$、支柱倾斜角度 $\theta=45^{\circ}$的八面体多孔结构。利用优化后的工艺参数对八面体多孔结构进行加工成形，成形后的多孔结构如图 10－30 所示。由图 10－30(a)中可以看出多孔结构的整体制作效果良好，但是从图 10－30(b)、(c)放大图中可以看出，孔的表面黏着一些细小的粉末颗粒，支柱表面不像传

图 10－30　成形后的八面体多孔结构

(a)整体效果图；(b)侧表面放大图；(c)上表面放大图。

统方法生产的金属部件那样光滑，原因主要有 3 个方面：①由于粉末的熔化和凝固，在熔道的两侧始终存在一个热影响区，容易使粉末附着在熔道的表面。②每一层的横截面分割扫描面积小，因此微区激光扫描时间很短，有时粉末没有完全熔化，部分粉末以半熔化形式黏在外围；③当激光扫描预设孔外的粉末时，液态金属不可避免地会穿透内部的孔，使粉末容易黏附在熔道上，导致尺寸精度低，导致最终制作的多孔结构表面质量差。最难处理的是在成形后如何去除孔洞内的粉末。为了保证多孔结构的表面质量和力学强度，孔的直径不宜设计得过小。

表 10-3 所示为图 10-30(c)中孔隙尺寸的测量结果。从表 10-3 中可以看出空隙的实际尺寸略小于设计值，这可能是粉末黏附造成的。优化的工艺参数是保证多孔结构强度的基础，只有获得致密的结构，才能保证多孔结构的强度。单位体的支柱倾斜角度不能小于临界角，否则里面的多孔结构将被粉末堵塞，同时孔隙的直径必须足够大。

表 10-3　孔隙尺寸的测量结果

X 方向		*Y* 方向	
测量点	宽度/μm	测量点	宽度/μm
1	965	7	976
2	999	8	979
3	961	9	984
4	930	10	976
5	946	11	965
6	987	12	972
平均值	965	平均值	975
设计值	1000	设计值	1000
误差	35	误差	25

图 10-31 所示为带有垂直和 45°倾斜支柱的多孔结构，由图 10-31(c)中可以看出，垂直支柱的横截面的形状为近似椭圆形。这是由于在生成扫描路径时，圆形轮廓被扫描线填充，在加工过程中，扫描数据中的一条扫描线即单道熔道，通过移动聚焦激光光斑得到的，熔道结束处的端剖面可能不完全符合设计的样品轮廓。实际加工产生的轮廓是不规则的，采用层间搭接扫描方式可提高其致密度，但外轮廓还是会存在一定的几何缺陷。可以采用扫描

界面轮廓来改善轮廓精度，加入轮廓扫描之后，从原理上能保证加工出的轮廓为圆形，提高轮廓精度。

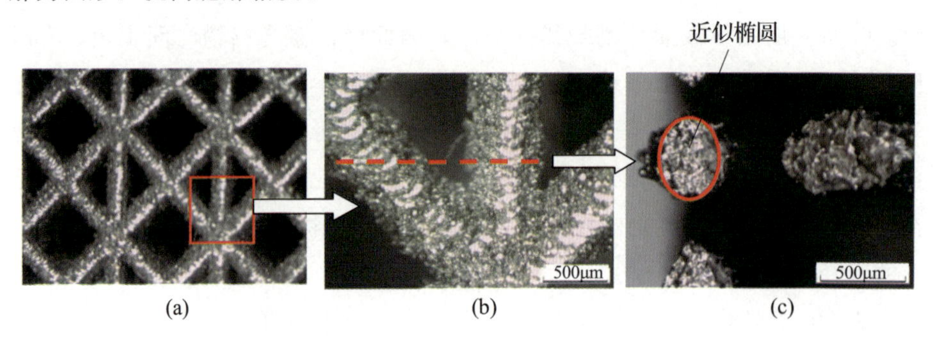

图 10-31　轮廓缺陷测试

(a)低倍；(b)高倍；(c)高倍截面。

在对轮廓进行扫描的过程中，实际轮廓扫描轨迹使支柱表面得到了重熔，熔化的材料进行重新填充，重熔的支柱表面变得平滑。实际上，粉末床激光熔融技术的一个优势就是它能加工出最终零件，该零件经过简单的后处理即可直接使用。每一层扫描产生的轮廓缺陷也会导致侧表面的粗糙度变大，表面粗糙度是影响粉末床熔融技术应用的一个重要因素。虽然通过抛光或喷丸等后处理，表面质量可以得到改善，但对于具有精细结构特征的多孔结构零件，抛光或者喷丸处理后可能会破坏多孔结构的精细特征，如支柱断裂等。因此选择合适的工艺参数、扫描策略以及金属粉末粒径对多孔结构的成形至关重要。

10.5.5　挂渣黏粉

挂渣黏粉是粉末床激光熔融成形多孔结构过程中常见的现象，如图 10-32 所示。挂渣黏粉导致多孔结构的孔形状精度、尺寸精度降低，而且通过后处理工艺很难完全清除黏附在支柱上的金属粉末。挂渣黏粉的一个主要原因是激光与粉末作用形成熔化区和热影响区，熔化区凝固后形成熔道，热影响区粉末因吸收能量不足导致熔化不充分，黏附在熔道周围。悬垂结构也是导致黏粉的一个重要原因，因为悬垂结构的存在会使激光直接入射到粉末上，导致该区的熔池过大，熔池因重力的原因沉陷到粉末中，从而在悬垂面处产生“挂渣”现象，即粉末黏附。虽然挂渣黏粉是粉末床熔融技术成形多孔结构过程中一个难以避免的现象，但是可以通过控制多孔结构的结构参数和加工工艺参数等方法来尽量减少粉末黏附。

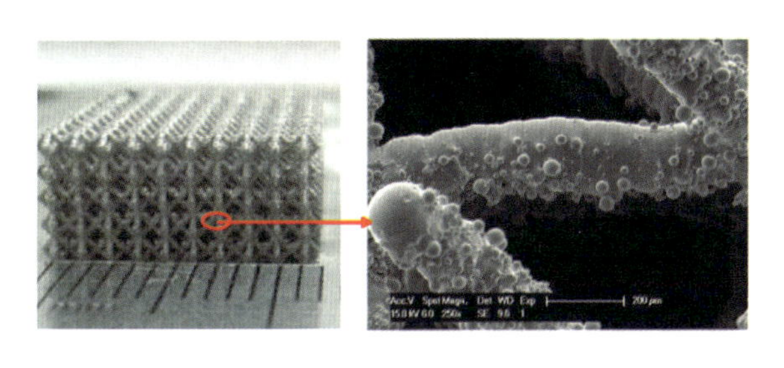

图 10 - 32
粉末黏附

10.5.6　多孔结构表面粗糙度

粉末床熔融技术成形的零件表面粗糙度通常较高，成形支柱的表面粗糙度受倾斜角度和工艺等因素的影响，一般在 10～60 μm 间。虽然对粉末床熔融技术成形的零件经过后期的喷砂、喷丸或者简单手工打磨的方法能够降低表面粗糙度，但是如果零件结构复杂且具有精细特征时，上述处理方法将不再适用。由于多孔结构的复杂性，不能使用喷砂(丸)抛光的机械抛光方法，可以通过化学抛光、电化学(电解)抛光的方法对多孔结构进行处理。

图 10 - 33 所示为粉末床熔融技术成形多孔结构通过化学处理和电解处理的 SEM 图，可以看出多孔结构支柱表面因为黏附细小粉末颗粒或是加工导致的毛刺使得其表面比较粗糙。通过化学抛光处理后可以除去支柱表面黏附的未熔粉末颗粒，但是化学抛光的表面质量一般略低于电解抛光。电解抛光可以除去未熔粉末颗粒和毛刺，降低支柱表面粗糙度。

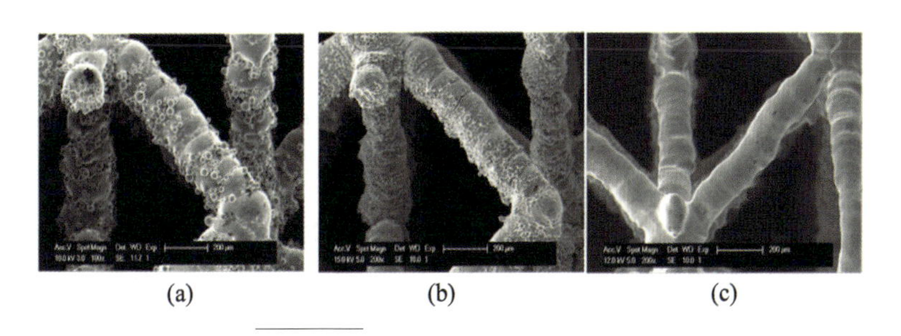

图 10 - 33　多孔结构表面修饰方法
(a)未处理前；(b)化学抛光；(c)电解抛光。

图 10 - 34 所示为用粗糙度仪测量的电解抛光前后成形零件的表面(平面)粗糙度的对比。电解抛光后零件表面粗糙度 Ra 可以下降至 5～15 μm，但是

相较传统机加工的零件，其表面质量还有一定的差距，这主要由粉末床激光熔融工艺自身的限制所决定的。目前，对于生物医用植入体使用化学抛光或电解抛光的方法还存在一定的争议，因为这种表面处理方法可能对生物相容性产生不利影响。通过合理的结构设计和加工过程控制，从设计、工艺、材料等方面考虑降低表面粗糙度具有一定的意义。

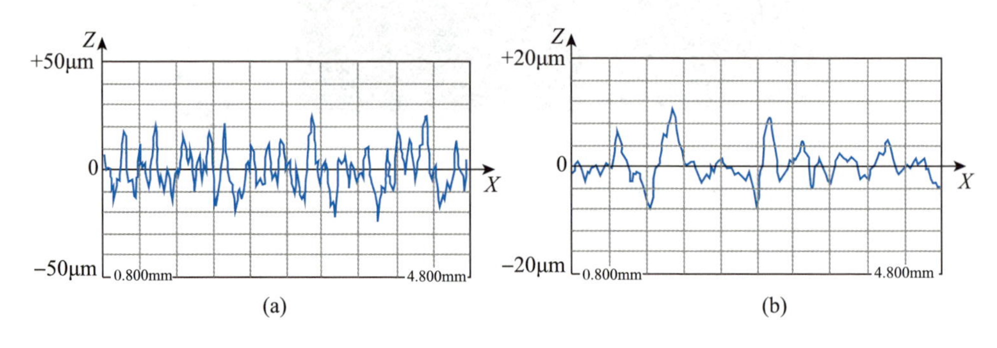

图 10－34　电解抛光前后粗糙度对比

(a)电解抛光前；(b)电解抛光后。

参考文献

[1] 肖泽锋. 激光选区熔化成形轻量化复杂构件的增材制造设计研究[D]. 广州：华南理工大学，2018.

[2] 肖冬明. 面向植入体的多孔结构建模及激光选区熔化直接制造研究[D]. 广州：华南理工大学，2013.

[3] 刘洋. 激光选区熔化成形机理和结构特征直接制造研究[D]. 广州：华南理工大学，2015.

[4] 杨雄文，杨永强，刘洋，等. 激光选区熔化成形典型几何特征尺寸精度研究[J]. 中国激光，2015，42(3)：70－79.

[5] WANG D，YANY Y，LIU R，et al. Study on the designing rules and processability of porous structure based on selective laser melting (SLM) [J]. Journal of Materials Processing Technology，2013，213(10)：1734－1742.

[6] 苏旭彬. 基于选区激光熔化的功能件数字化设计与直接制造研究[D]. 广州：华南理工大学，2011.

第11章 激光与振镜延时对打印质量的影响

11.1 激光延时

11.1.1 激光延时分类

在粉末床激光熔融工艺中，控制系统通过相应的路径规划代码控制振镜的偏转，进而控制激光的扫描路径。按照不同的振镜运动方式，可将激光扫描方式分为逐行扫描和矢量扫描两种。

在逐行扫描方式中，振镜的运动方式是基本固定的，即振镜始终从扫描加工范围的左上角开始沿着 X 方向移动，待激光扫描完一行后，振镜沿着 Y 方向偏转一定角度，使激光聚焦点移动到扫描范围内的下一行。每当振镜经过待加工区域时，激光器会按照控制系统提供的指令发出激光，将成形区的粉末熔化形成目标图案。

在矢量扫描方式中，振镜的运动方式是不固定的，随着目标加工图案的变化而变化。振镜的运动轨迹是通过路径规划软件预先生成的，将扫描图形转化成矢量线段进行表示。扫描范围内的孤点表示为起始位置与终止位置重合的矢量线段；弧线则分割细化为多段首尾相连的短线段(用弦线段表示弧线)，当矢量弦线段越短，弦数量越多时，就越逼近原弧线。但过多的弦线段会给路径规划带来更大的计算压力，并且受到激光光斑尺寸及振镜精度等多方面的约束，过短的矢量线段也难以成形。因此不需要过多追求路径规划的精度，应综合考虑控制系统的运算能力以及加工系统的系统误差进行取舍。按照预先生成的扫描路径，控制系统会根据矢量线段的端点坐标，转换获得激光束沿矢量线段运动所需的振镜偏转角度数据，从而控制振镜中的 X、Y 方向两组镜片配合运动。控制系统执行完一段矢量线段的扫描后，就进行下一段矢量线段的扫描。当两段矢量线段首尾相连时，可以实现扫描路径的连续输出。在本书的粉末床激光熔化工艺中，采用的激光扫描方式为矢量扫描。

激光延时主要有开光延时(laser on delay)、闭光延时(laser off delay)两种。扫描振镜和激光控制信号的时序必须与扫描系统的动态行为(振镜和激光器的响应)以及零件与激光辐射之间的特定相互作用相兼容，不然无法加工。激光延迟会影响在执行矢量线段扫描前后开启或关闭激光器的时间，但不会影响整个扫描加工时间，除非激光延时参数为负值。

开光延时是指产生激光的电脉冲与控制系统发布的激光开启信号之间的时间差。在粉末床激光熔融工艺中，为了获得均匀稳定的成形效果，需要激光束的运动速度保持恒定。而在矢量线段的起始位置，振镜需要从静止加速到目标扫描速度。由于在加速到目标扫描速度前运动较慢，激光束聚焦处可能产生过度烧蚀的“火柴头”效应，如图 11-1 所示。

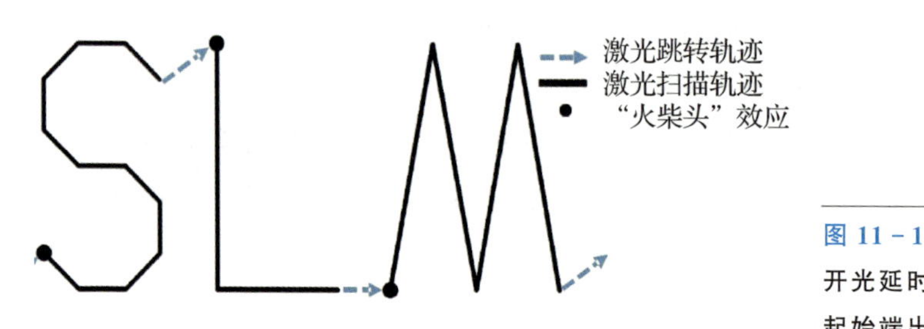

图 11-1
开光延时过短时矢量线段起始端出现“火柴头”现象

但当开光延时过长时，激光出光过慢，振镜摆动一定角度后激光才开始出光，则造成矢量线段起始位置处的缺失，如图 11-2 所示。

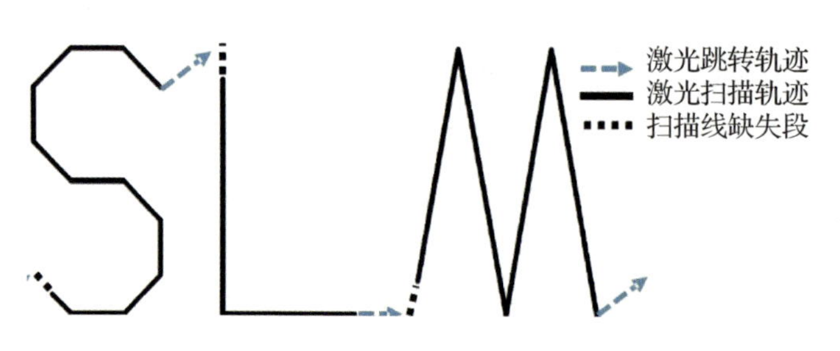

图 11-2
开光延时过长时矢量线段起始端出现缺失现象

为避免出现“火柴头”效应以及线段的缺失，需要给开光延时设置合适的参数，使激光开启时，振镜已达到一定的角速度而又不过快。有些材料需要一段时间的预热才会与激光辐射发生反应。在这种情况下，可以使用负开光延时起到预热的效果，但会增加整个加工时长。

闭光延时：由于存在初始加速阶段，振镜的预设位置与真实位置存在迟滞，通常是振镜的真实位置滞后于预设位置。因此在执行完加工指令后，振镜尚未运动到最终预设位置前，不应该立即关闭激光器，应在关闭激光之前设定一段闭光延时参数。若闭光延时参数设置过小，则可能在振镜偏转到矢量线段结束位置前，激光已经关闭，造成扫描线段的末端缺失，如图 11－3 所示。

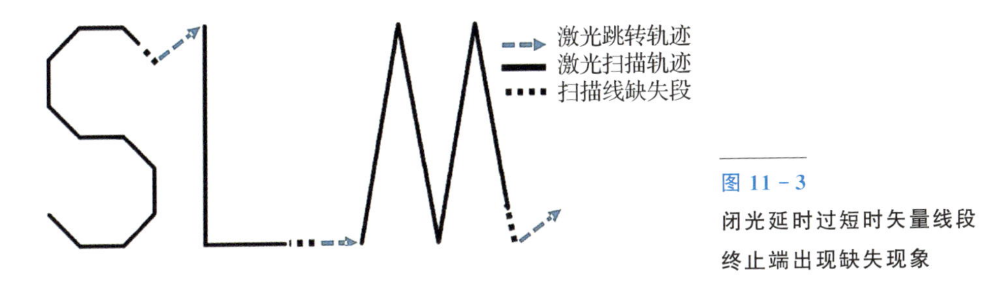

图 11－3
闭光延时过短时矢量线段终止端出现缺失现象

但如果闭光延时设置过大，当振镜运动到最终预设位置后，激光仍未关闭，会导致激光束在结束位置停留时间过长，激光束聚焦处可能产生过度烧蚀的“火柴头”效应，如图 11－4 所示。

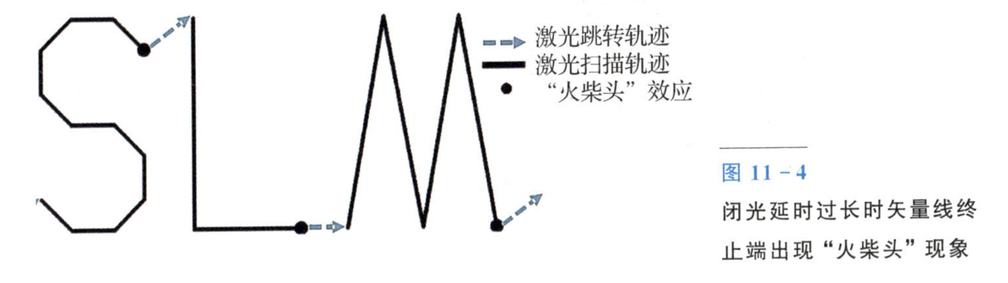

图 11－4
闭光延时过长时矢量线终止端出现“火柴头”现象

为了保证激光器的顺利运行，闭光延时参数必须比开光延时参数大。如果扫描加工时间和闭光延迟之和小于开光延迟时间，则闭光延迟将在激光开光延迟结束之前结束。因此，控制系统将首先尝试关闭激光器，然后打开激光器，此时便错过了目标矢量线段的加工，并且由于激光器先关闭再开启，开启后没有新的关闭指令来停止激光器的工作，激光器会一直运行，可能造成加工事故。为了避免这种现象，必须将闭光延迟设置为比开光延迟更长。

11.1.2 激光延时与搭接率

内部填充扫描线与外部轮廓线之间的搭接情况很大程度上决定了零件的致密度和硬度等性能指标，而内部填充扫描线与外部轮廓线之间的搭接情况又取决于激光延时参数。为了探究不同激光延时参数下，内部填充扫描线与外部轮廓线之间的搭接程度，这里设计了多组激光延时参数。

在本实验中，采用的跳转速度为600mm/s，扫描速度为500mm/s，激光功率为100W，扫描间距为0.08mm。设置的开光延时参数为150μs递增到590μs，梯度为10μs；闭光延时参数为160μs递增到600μs，梯度为10μs。同一试样中，闭光延时比开光延时大10μs。为了便于观察与测量，采用的样件为尺寸1mm×1mm的正方形，且只打印一层，减少测量时的误差。加工效果如表11-1所列，依图11-5中示意图所示，测量不同开光延时下扫描线起始位置光斑中心到轮廓线中线距离，以及不同闭光延时下扫描线终止位置光斑中心到轮廓线中线距离。

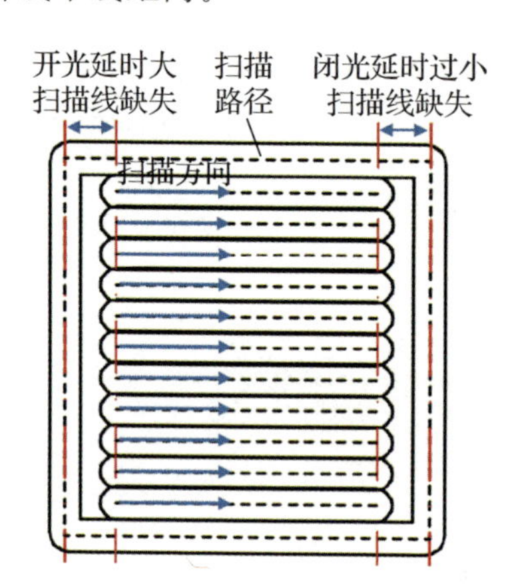

图11-5
激光延时缺失距离示意图

表11-1 不同激光延时下内部填充线与外围轮廓线搭接情况

开光延时/μs	搭接情况	开光延时/μs	搭接情况	开光延时/μs	搭接情况
150		160		170	

（续）

开光延时/μs	搭接情况	开光延时/μs	搭接情况	开光延时/μs	搭接情况
180		190		200	
210		220		230	
240		250		260	
270		280		290	
300		310		320	
330		340		350	

（续）

开光延时/μs	搭接情况	开光延时/μs	搭接情况	开光延时/μs	搭接情况
360		370		380	
390		400		410	
420		430		440	
450		460		470	
480		490		500	
510		520		530	

（续）

开光延时/μs	搭接情况	开光延时/μs	搭接情况	开光延时/μs	搭接情况
540		550		560	
570		580		590	

测量不同激光延时下的扫描线起始端缺失距离以及终止端的缺失距离，获得图 11－6 所示散点分布。通过对不同开光延时下的扫描线起始端缺失距离进行线性拟合，建立开光延时与缺失距离间的数学关系，如式(11－1)所列。通过对不同闭光延时下的扫描线终止端缺失距离进行线性拟合，建立闭光延时与缺失距离间的数学关系，如式(11－2)所列。由表 11－1 以及图 11－6可知，在低开光延时时，扫描线起始端与外围轮廓线间的缺失距离相对稳定，此时是处于过度烧蚀的“火柴头”状态。随着开光延时的增大，扫描线起始端与外围轮廓线间的缺失距离逐步增大。在低闭光延时时，扫描线终止

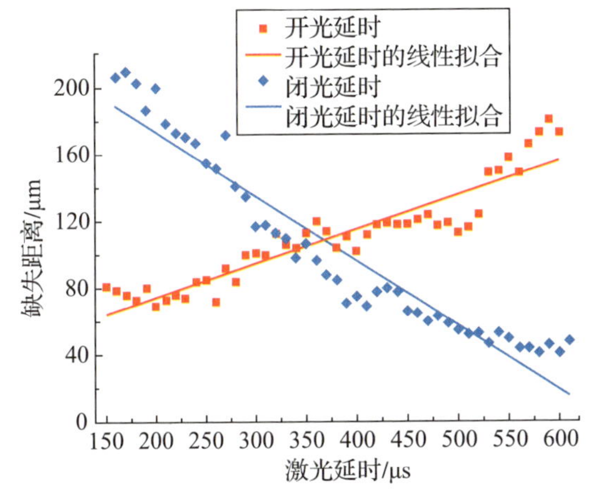

图 11－6

不同激光延时造成的缺失距离

端与外围轮廓线间的缺失距离较大，随着闭光延时的增大，缺失距离逐步缩小，而后在高闭光延时时相对稳定，此时该区域出现了过度烧蚀的“火柴头”状态。

$$l_{\text{laseron}} = 33.717 + 0.203\ t_{\text{laseron}} \tag{11-1}$$

$$l_{\text{laseroff}} = 259.230 - 0.386\ t_{\text{laseroff}} \tag{11-2}$$

式中　l_{laseron}——不同开光延时下的扫描线起始端缺失距离(μm)；

t_{laseron}——开光延时(μm)；

l_{laseroff}——不同闭光延时下的扫描线终止端缺失距离(μm)；

t_{laseroff}——闭光延时(μs)。

图 11－7 所示为内部填充熔道与外部轮廓熔道搭接情况的示意图。当开光延时较小或闭光延时较大时，内部填充线的起始端或终止端会与轮廓线的熔道相互搭接。当激光延时参数合适时，合理的熔道搭接会减少间隙，提升零件致密度。合理地对内部填充熔道与外部轮廓熔道的搭接情况进行量化，可以建立起激光延时与熔道搭接情况的数学模型。

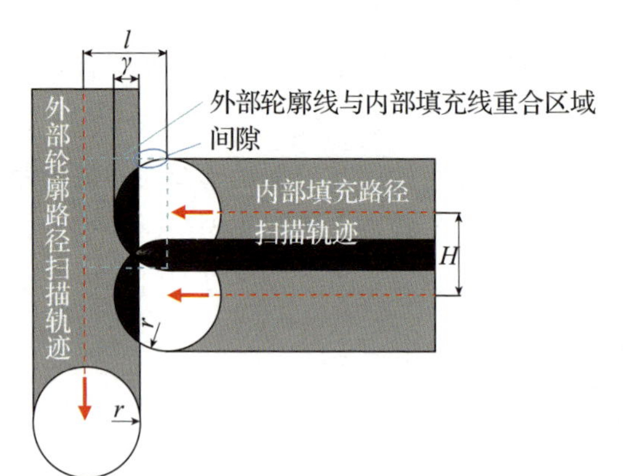

图 11－7
内部填充熔道与外部轮廓熔道搭接情况的示意图

图 11－7 中蓝色虚线方框所围区域为单道熔道与外部轮廓熔道间的搭接区域，激光光斑的形状可以认为是近似圆形的，在熔道起始端或终止端，会形成圆弧状，因此在与外部轮廓熔道搭接时，可能存在间隙。定义覆盖率 φ 为搭接区域内除间隙外实体部分所占比重。l 为内部扫描线起始点或终点与外部轮廓扫描线之间的间距。当 $2r<l$ 时，内部填充熔道尚未接触到外部轮廓熔道；当 $r<l<2r$ 时，内部填充熔道与外部轮廓熔道相互搭接，此时可能存在间隙；当 $l<r$ 时，内部填充熔道与外部轮廓熔道完全搭接，且可能会产生

“火柴头”效应。推导出覆盖率 φ 与激光光斑半径 r 以及扫描线间距 l 之间的数学关系如式(11－3)所列。图 11－8 所示为覆盖率 φ 随扫描线间距 l 变化的曲线(采用的激光光斑半径 r 为 50 μm)。当扫描线间距 l 增大时，随着间隙的出现，覆盖率 φ 会随着下降，当扫描线间距 l 增大到 $2r$ 以上时，覆盖率 φ 会下降得更快。

$$\varphi=\begin{cases}1, & l<r\\ \dfrac{2r^2+\dfrac{\pi}{2}\cdot r^2-r^2\cdot\arccos^{-1}\dfrac{l-r}{r}+(l-r)\cdot\sqrt{2rl-l^2}}{2rl}, & r<l<2r\\ \dfrac{4r+\pi r}{4l}, & 2r<l\end{cases}\tag{11-3}$$

式中　r——激光光斑半径(μm)；

l——扫描线间距(μm)；

φ——覆盖率。

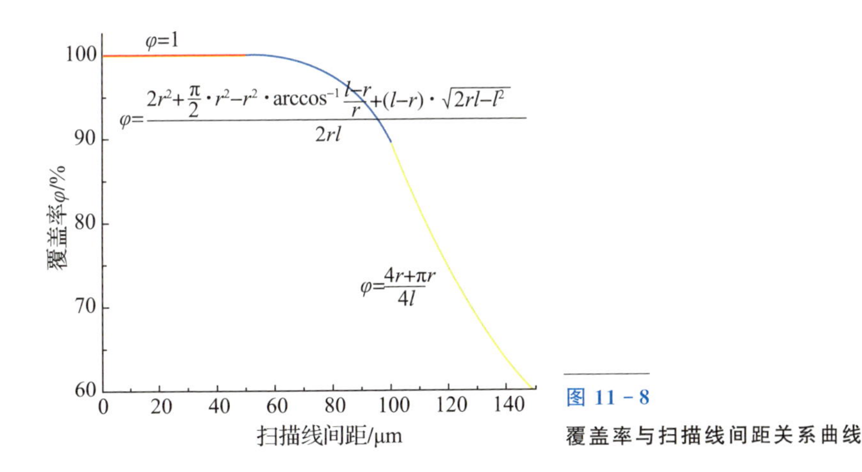

图 11－8

覆盖率与扫描线间距关系曲线

由于多道熔道之间会相互搭接，因此可以有效弥补熔道起始端与终止端的间隙。当相邻熔道间距 H 较小时，熔道起始端与终止端的间隙会被相邻熔道所覆盖，但熔道之间因搭接区域较大，会造成表面起伏不平，影响表面成形质量以及下一层的铺粉质量。当熔道间距 H 较大时，就无法起到覆盖间隙的作用。因此合理的熔道间距也是提高零件密度乃至成形质量的重要因素。当间隙恰好被相邻熔道覆盖时，存在如下关系：

$$r^2 = \left(\frac{H}{2}\right)^2 + (l - r)^2 \tag{11-4}$$

则可求得熔道间距 H 与激光光斑半径 r、扫描线间距 l 的数学模型为

$$H = 2 \times \sqrt{2lr - l^2} \tag{11-5}$$

式中　r——激光光斑半径(μm)；

l——扫描线间距(μm)；

H——熔道间距。

当熔道间距 H 小于 r 时，可能出现 3 条熔道相互搭接的情况，会导致熔道过度重熔影响成形质量，且加剧表面起伏波动。因此合理的熔道间距 H 应满足式(11-6)，即合理的熔道间距 H 应处于图 11-9 中两曲面之间，此时搭接效果较佳。

$$r < H < 2 \times \sqrt{2lr - l^2} \tag{11-6}$$

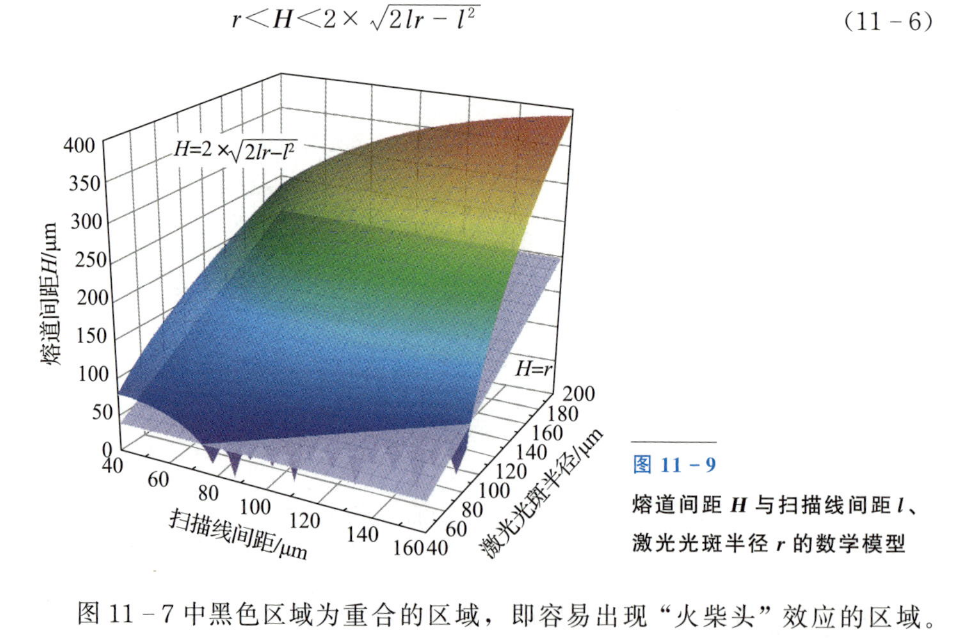

图 11-9
熔道间距 H 与扫描线间距 l、激光光斑半径 r 的数学模型

图 11-7 中黑色区域为重合的区域，即容易出现“火柴头”效应的区域。定义搭接率 γ 为重合区域的长度与扫描线间距 l 之比。结合式(11-1)与式(11-2)，可以获得搭接率 γ 与开光延时之间的数学模型式(11-7)，与闭光延时之间的数学模型式(11-8)。所采用的激光光斑半径 r 为 50 μm。

$$\gamma_{\text{laseron}} = \frac{2r - l_{\text{laseron}}}{l_{\text{laseron}}} = \frac{66.283 - 0.203\ t_{\text{laseron}}}{33.717 + 0.203\ t_{\text{laseron}}} \tag{11-7}$$

$$\gamma_{laseroff} = \frac{2r - l_{laseroff}}{l_{laseroff}} = \frac{-150.229 + 0.386\ t_{laseroff}}{250.229 - 0.386\ t_{laseroff}} \tag{11-8}$$

式中　$\gamma_{laseron}$——不同开光延时下的搭接率(μm)；

$l_{laseron}$——不同开光延时下的扫描线起始端缺失距离(μm)；

$t_{laseron}$——开光延时(μm)；

$\gamma_{laseroff}$——不同闭光延时下的搭接率(μm)；

$l_{laseroff}$——不同闭光延时下的扫描线终止端缺失距离(μm)；

$t_{laseroff}$——闭光延时(μs)。

图 11 - 10 所示为搭接率 γ 与激光延时的关系曲线，要实现内部熔道与外部轮廓熔道的搭接，则开光延时必须小于 326.5 μs，闭光延时必须大于 389.2 μs。而由于激光熔化粉末时存在热影响区，实际熔道宽度可能比这次采用的激光光斑直径更大。激光延时的实际搭接率曲线会往上偏移。因此开光延时的实际上限大于 326.5 μs，闭光延时的实际下限小于 389.2 μs。

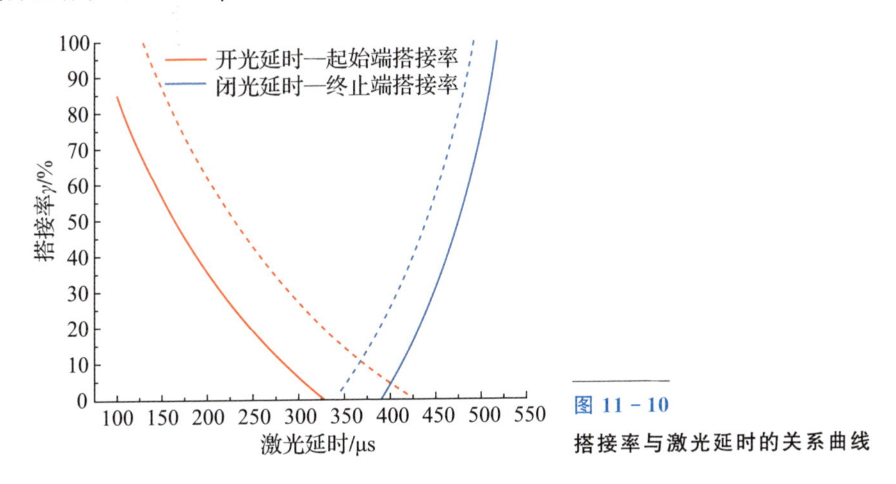

图 11 - 10
搭接率与激光延时的关系曲线

11.1.3　开光延时实验

为了测试出比较合适的开光延时参数，在 DiMetal - 100 设备上，在比较中等的打标速度(1000mm/s)及其他参数按已知较优数据设置的条件下，将跳笔速度设置为 400mm/s，打标结束延时设置为 20 μs，跳笔结束延时设置为 20 μs，转弯延时设置为 100 μs，参数具体的优化方法在 11.2 节中重点介绍。轮廓的激光功率设置为 30%(150W)，将填充线的激光功率设置为 38%(190W)。不开光斑补偿，分别将开光延时设置为 200 μs、250 μs、300 μs、350 μs、400 μs、450 μs、

500 μs、550 μs 和 600 μs，在 100mm × 100mm 的基板上按设计图案选定 34 层打印 9 个。实验设计参数如表 11 - 2 所列。

表 11 - 2　开光延时实验的激光及振镜参数

	激光功率	打标速度/(mm/s)	跳笔速度/(mm/s)	打标结束延时/μs
参数值	190	1000	400	20
	跳笔结束延时/μs	转弯延时/μs	开光延时/μs	闭光延时/μs
参数值	20	100	200～600	(200～600) + 1

根据实验方案将基板上的图案按图 11 - 11(a)所示排列，打印后的基板如图 11 - 11(b)所示。

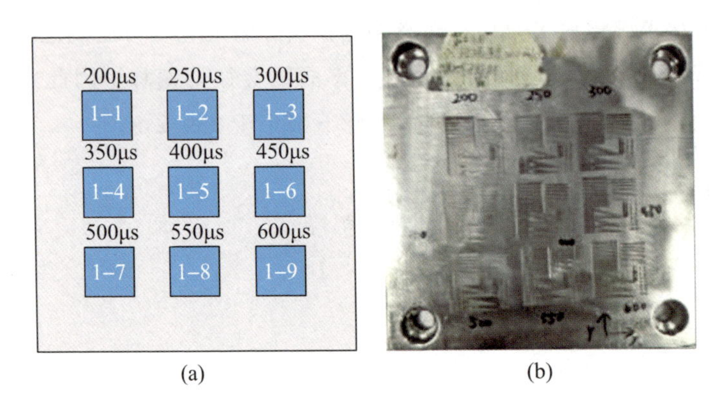

图 11 - 11　典型几何特征成形试样的开光延时实验
(a)图案排列；(b)实际效果。

将打印后的基板放到超景深立体显微镜下观察，根据上述开光延时的理论分析，最适合观察开光延时的部位是打标开始的部位，按 150 倍的放大倍数拍取试件照片。如图 11 - 12 所示，由于激光开的过早“火柴头”现象十分明显，导致出现填充线超出轮廓线的现象。随着开光延时的增加，两种缺陷都有所改善，并且在开光延时为 400 μs 时没有超出也没有分离轮廓线，搭接刚刚合适。从450 μs开始，开始出现填充线与轮廓线略微分离的现象，说明此时开光延时已经设置的过长，并随着开光延时的继续增加，这种现象越来越明显。

当开光延时为 350 μs 和 450 μs 时，都有过长或过短的缺陷特征出现。为了取得更好的参数优化效果，在 350～450 μs 之间以 10 μs 为间隔，再设置一组实验，即在其他参数保持不变的情况下，开光延时按 360 μs、370 μs、380 μs、

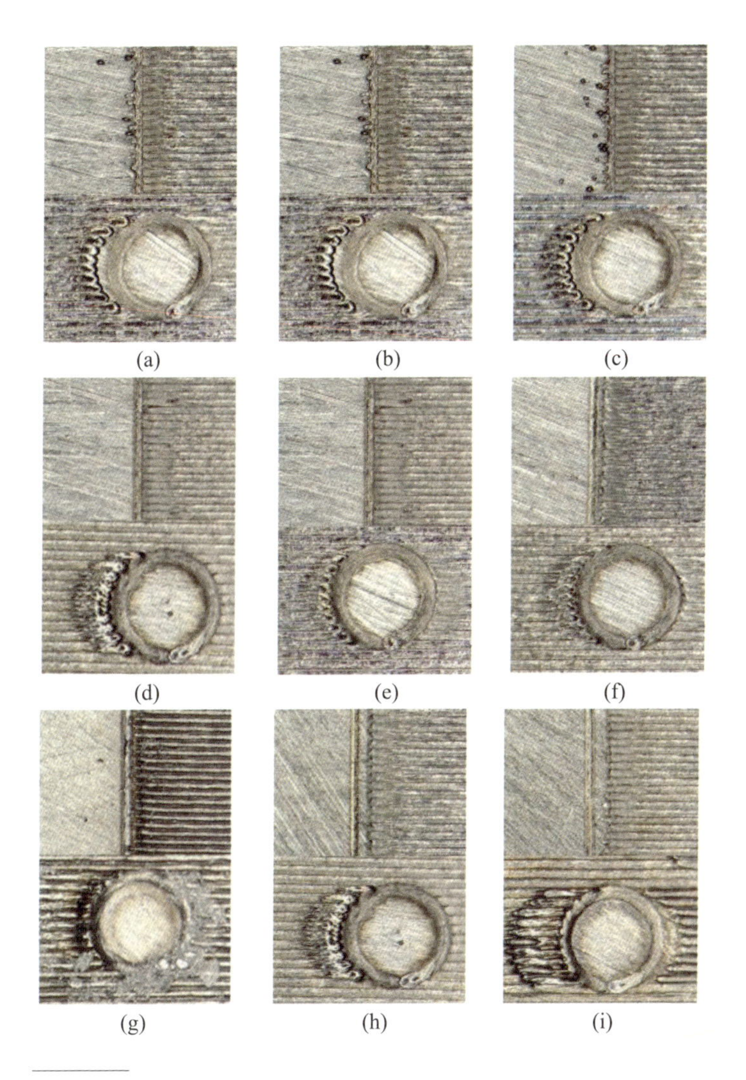

图 11-12　200～600μs 不同开光延时下填充线起始位置的成形效果（轮廓搭接情况及其“火柴头”现象）

(a)200 μs；(b)250 μs；(c)300 μs；(d)350 μs；(e)400 μs；(f)450 μs；(g)500 μs；(h)550 μs；(i)600 μs。

390 μs、400 μs、410 μs、420 μs、430 μs 和 440 μs 设置再成形一组。实验结果如图 11-13 所示，当开光延时设为 370 μs、380 μs、390 μs 和 400 μs 时均符合打印质量的基本要求，其中 390 μs 的质量看起来最好，既没有形成较明显的“火柴头”和超出加工轮廓，也没有明显的填充线与轮廓线脱节。

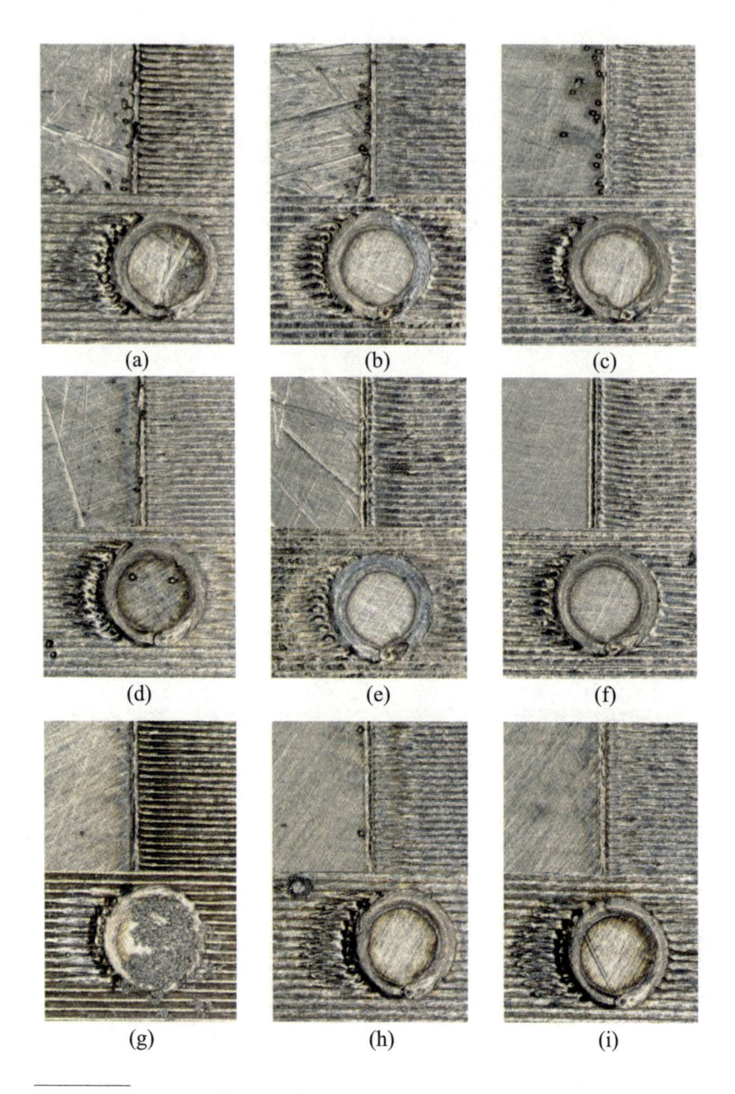

图 11-13　350～450μs 不同开光延时下填充线起始位置的成形效果（轮廓搭接情况及其“火柴头”现象）

(a)360 μs；(b)370 μs；(c)380 μs；(d)390 μs；(e)400 μs；(f)410 μs；(g)420 μs；(h)430 μs；(i)440 μs。

为了进一步验证以及细化结果，在 370～400 μs 之间，以 5 μs 为梯度再设置一组实验。即在同种类型的基板上，其他参数不变的情况下，将开光延时设为 375 μs、380 μs、385 μs、390 μs、395 μs 和 400 μs，再成形一组试件，实验结果如图 11-14所示。对比分析可知，开光延时设置为 390 μs 时打印质量最好。

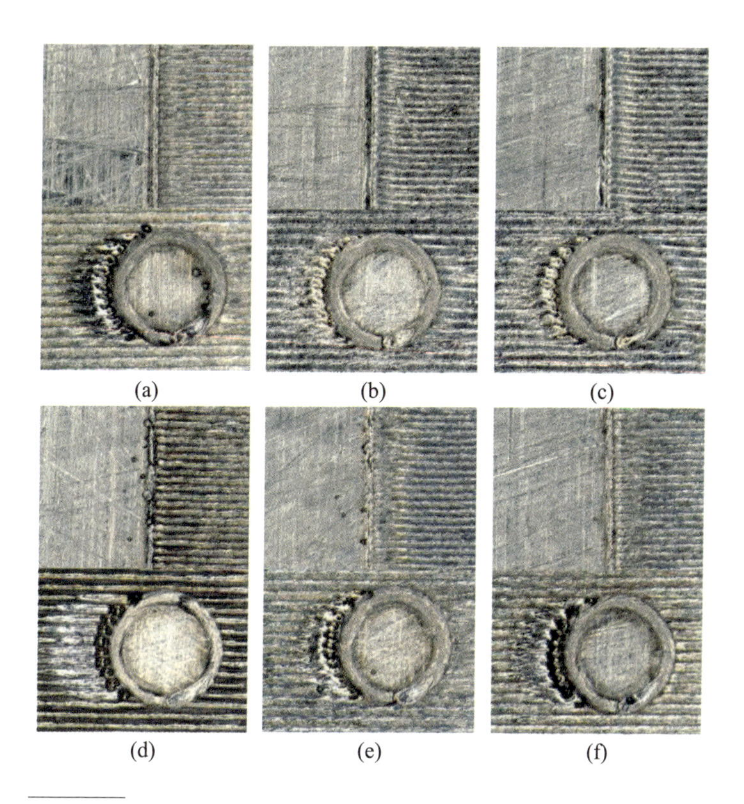

图 11-14　370～400μs 不同开光延时下填充线起始位置的成形效果（轮廓搭接情况及其“火柴头”现象）

(a)375 μs；(b)380 μs；(c)385 μs；(d)390 μs；(e)395 μs；(f)400 μs。

11.1.4　闭光延时实验

为了测试出比较合适的闭光延时参数，在比较中等的打标速度(1000mm/s)及其他参数按已知较优数据设置的条件下，将跳笔速度设置为 400mm/s，打标结束延时设置为 20 μs，跳笔结束延时设置为 20 μs，转弯延时设置为 100 μs，轮廓的激光功率设置为 30%(150W)，将填充线的激光功率设置为 38%(190W)。不开光斑补偿，分别将开光延时设置为 200 μs、250 μs、300 μs、350 μs、400 μs、450 μs、500 μs、550 μs 和 600 μs。根据振镜设置的内部 3 个条件制约，闭光延时必须大于开光延时，且二者之差既要小于打标结束延时，又要小于跳笔结束延时，这就使闭光延时必须和开光延时同步变化，为了方便实验的进行，统一将闭光延时设置为开光延时加 1，即激光闭光延时的参数设置为 201 μs、251 μs、301 μs、351 μs、401 μs、451 μs、501 μs、551 μs 和 601 μs。

在 100mm×100mm 的基板上按设计图案选定 34 层打印 9 个。

将打印的基板放到超景深立体显微镜下观察，根据闭光延时的理论分析，最适合观察闭光延时的部位是打标结束的部位，按 150 倍的放大倍数拍取试件照片，如图 11－15 所示。从图 11－15 中可以看出，激光闭光延时过短时，扫描路径尚未结束而激光已经关闭，就会在打标结束时看到明显的缺失。当

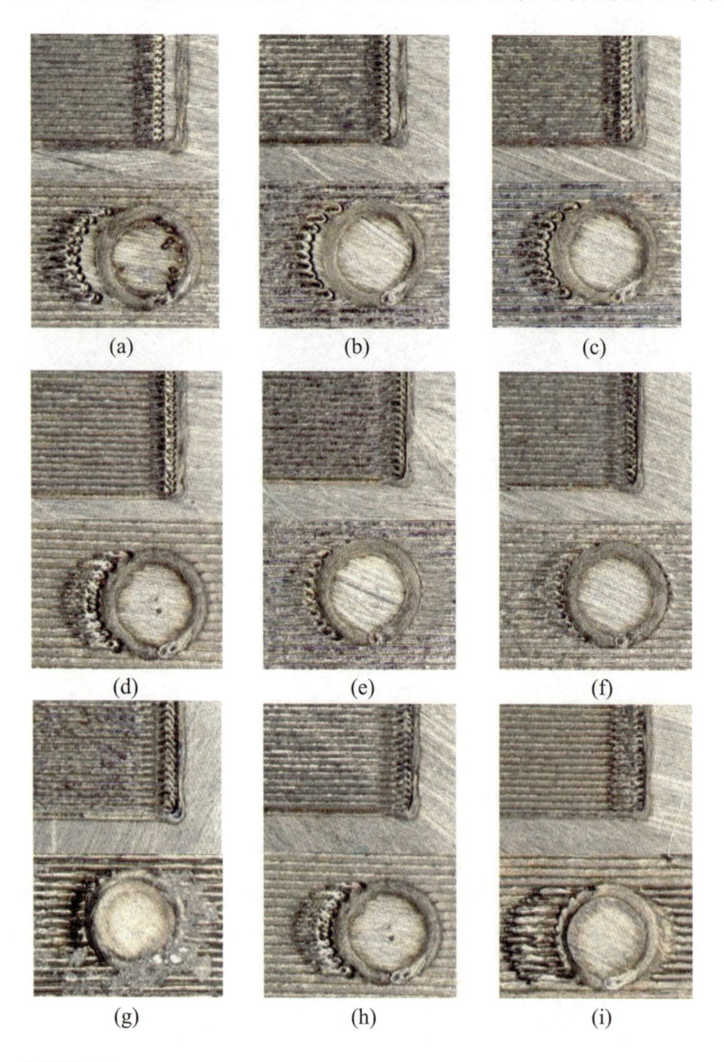

图 11－15　201～601μs 不同闭光延时下填充线结束位置的成形效果（轮廓搭接情况及其“火柴头”现象）

(a)201μs；(b)251μs；(c)301μs；(d)351μs；(e)401μs；(f)451μs；(g)501μs；(h)551μs；(i)601μs。

激光闭光延时设置为 201 μs 时可以看到十分明显的填充线缺失，填充部分离轮廓线还有很大一段空白。而这段缺失随着激光闭光延时设置的增加而逐渐缩短。当激光闭光延时设置为 401 μs 时，已经看不出有缺失现象。当激光闭光延时超过 401 μs 时，开始出现激光闭光延时设置过长时的缺陷，出现过烧现象和较大的黑点，并且随着激光闭光延时的增长而变得更加明显。当激光闭光延时设置为 601 μs 时，已经出现了很长的“火柴头”现象。

当闭光延时为 351 μs 和 451 μs 时，都有过长过短的缺陷特征出现，为了取得更好的参数优化效果，在 351～451 μs 之间以 361 μs、371 μs、381 μs、391 μs、401 μs、411 μs、421 μs、431 μs 和 441 μs 设置再成形一组。实验结果如图 11－16 所示，当激光闭光延时设为 371 μs、381 μs、391 μs 和 401 μs 时成形效果良好，既没有形成较明显的“火柴头”，也没有明显的填充线与轮廓线脱节现象，其中 391 μs 的质量看起来最好。

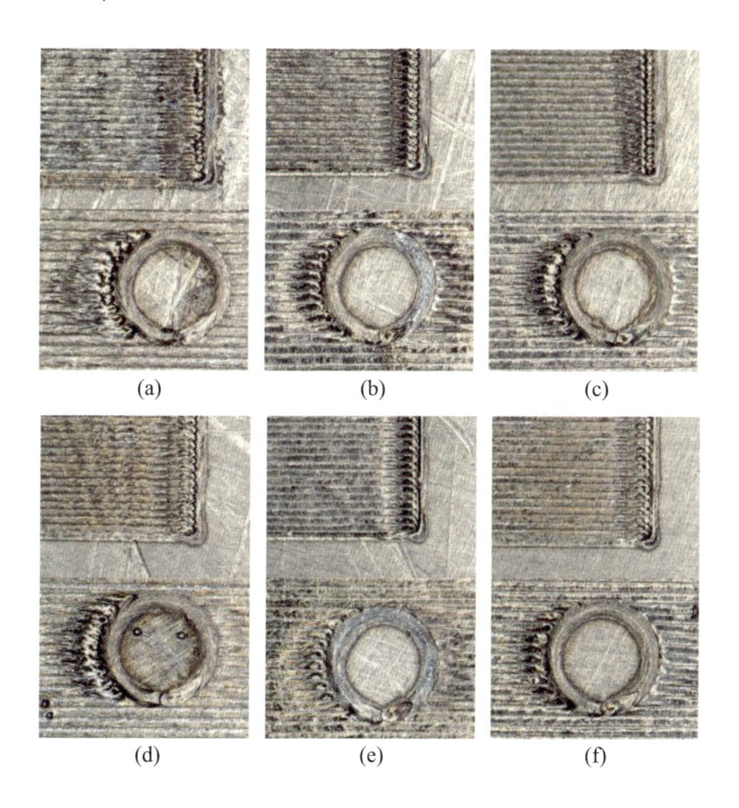

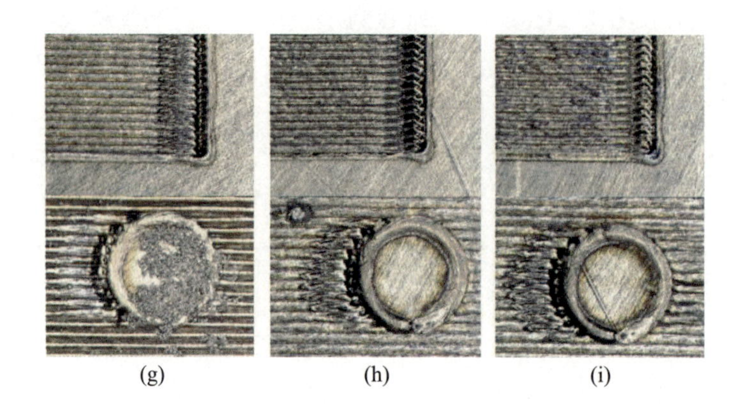
(g) (h) (i)

图 11-16 351～451μs 不同闭光延时下填充线结束位置的成形效果（轮廓搭接情况及其“火柴头”现象）

(a)361 μs；(b)371 μs；(c)381 μs；(d)391 μs；(e)401 μs；(f)411 μs；(g)421 μs；(h)431 μs；(i)441 μs。

为了进一步验证以及细化结果，在 371～401 μs 之间，以 5 μs 为梯度再设置一组实验，即在同种类型的基板上，其他参数不变的情况下，将激光闭光延时设为 376 μs、381 μs、386 μs、391 μs、396 μs 和 401 μs，再成形一组试件，结果图 11-17 所示。从实验结果来看，闭光延时设置为 386 μs 时打印效果最好，但是由于闭光延时必须大于开光延时的内部条件制约，而闭光延时设置为 391 μs 时效果也不错，综合考虑二者，闭光延时定为 391 μs 更为合适。

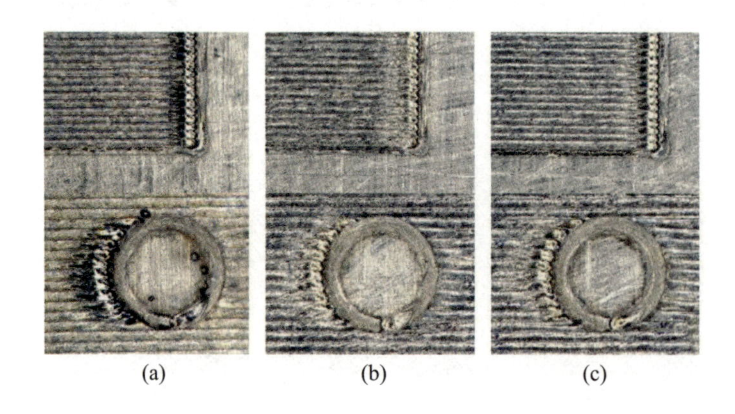
(a) (b) (c)

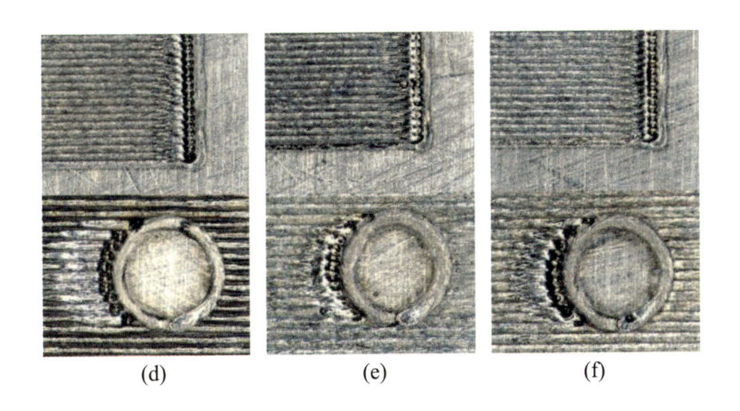

图 11-17　371～401μs 不同闭光延时下填充线结束位置的成形效果（轮廓搭接情况及其“火柴头”现象）

(a)376 μs；(b)381 μs；(c)386 μs；(d)391 μs；(e)396 μs；(f)401 μs。

11.2 振镜延时

11.2.1 振镜延时分类

从激光器发出的激光束需要经过成形设备的光路单元才能传输、聚焦到粉床表面。光路单元中负责控制激光移动的扫描振镜由两个相互垂直的反射镜和控制其旋转的电机所组成，如图 11-18 所示，激光束先入射到 x 扫描镜，接着反射到 y 扫描镜，再通过计算机控制 x、y 扫描镜的偏转角度，使激光束精确定位到扫描范围中的任一位置。

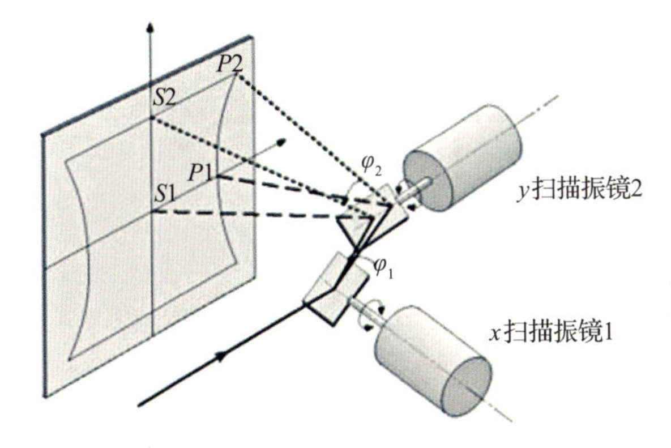

图 11-18　扫描振镜工作原理（来源：SCANLAB）

在扫描过程中，主要包含跳笔(jump)和打标(mark)两种运动方式。振镜延时则主要包括跳笔结束延时、打标结束延时和转弯延时 3 种。跳笔结束延时是指扫描振镜执行跳跃指令完成后的延时。之所以需要设置这一延时，是振镜刚执行完跳跃指令后，由于物体运动的惯性，并不会立即停止，而会有轻微的摆动，并且跳笔的速度越快，摆动就越明显，所以需要设置一定延时，使振镜达到一个较为稳定的状态后，再开启激光。如图 11-19 所示，当跳笔结束延时设置的过短时，在跳笔和打标开头的地方会出现多余的抖动曲线。跳笔结束延时设置得过长，会增加整个成形时间，降低成形效率。因此在不产生缺陷影响的条件下，应该选择尽量短的跳笔结束延时。

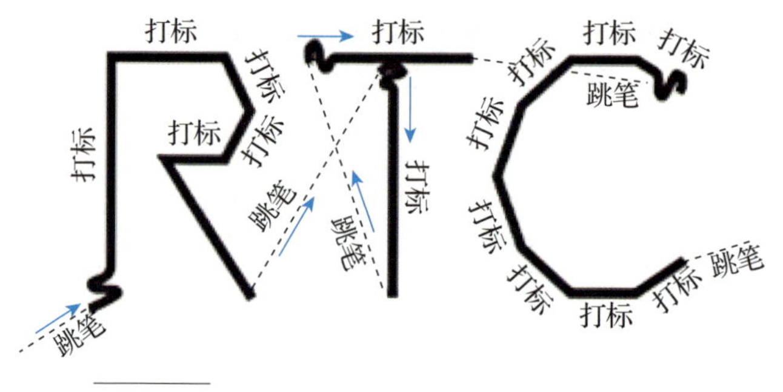

图 11-19　跳笔结束延时设置过短时的理论缺陷

（来源：SCANLAB）

打标结束延时是指打标指令完成后执行跳笔指令的延时。如果打标结束延时设置得过短，就会导致打标过程还没有结束，但跳笔指令已经开始执行，而形成图 11-20 所示的现象，在打标尾部和开始阶段出现拖尾。而如果打标结束延时设置的过长，则不会有明显的影响，但是会增加整个工作时间。所以为了提高成形效率，应当在不影响打标质量的前提下，选择尽量短的打标结束延时。

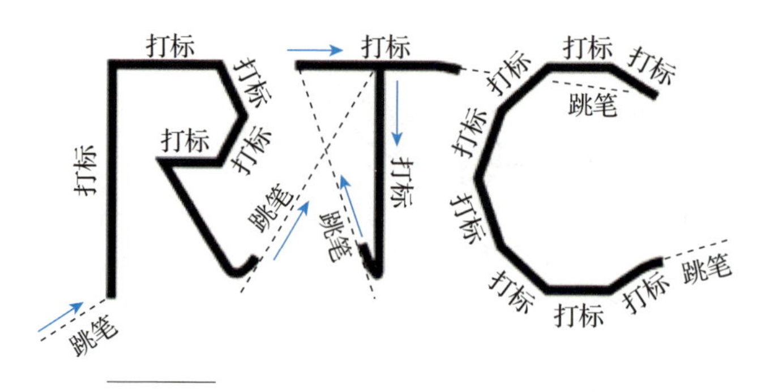

图 11-20　打标结束延时设置过短时的理论缺陷

（来源：SCANLAB）

转弯延时是指扫描振镜在转弯处的延时。如果转弯延时设置过短，会导致本应当达到固定位置的镜片尚未固定好，而另一块镜片已经开始移动，使得折角转弯处达不到想要的角度，出现以较大圆弧过渡的现象，如图 11－21 所示。

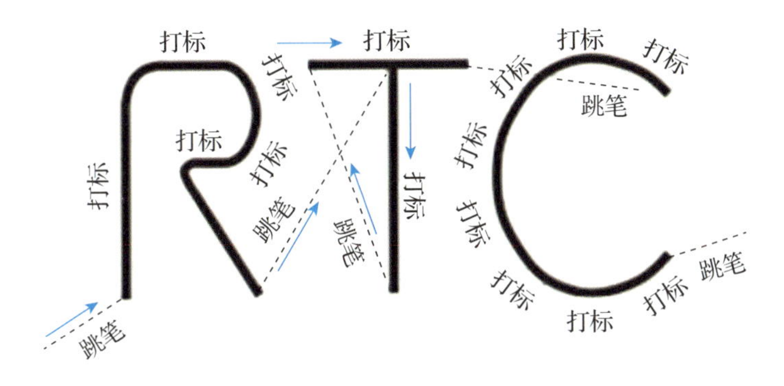

图 11－21　**转弯延时设置过短时的理论缺陷**

（来源：SCANLAB）

如图 11－22 所示，如果转弯延时设置的过长，在多边形折角的地方，就容易产生过度烧蚀的“火柴头”效应，有明显的黑点。

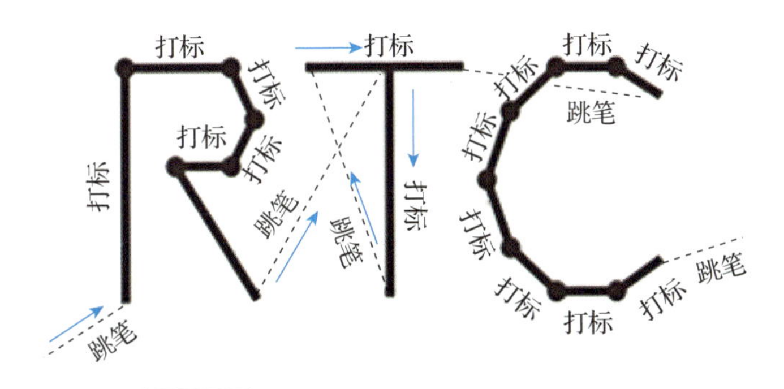

图 11－22　**转弯延时设置过长时的理论缺陷**

（来源：SCANLAB）

11.2.2　跳笔速度实验

粉末床激光熔融成形金属零件过程中的振镜跳笔速度会影响到零件的成形速率，在保证成形质量的前提之下，希望采用尽可能大的跳笔速度。同时，在粉末床激光熔融成形设备调试过程中，振镜的跳笔结束延时的取值与跳笔速度的大小密切相关，这两个参数共同对成形零件的质量产生影响。因此，在优化跳笔结束延时之前应该确定最优的跳笔速度。

采用单因素对照实验来确定跳笔速度的优化值，实验中的无关因素采用之前实验确定的优化值。跳笔结束延时过短会导致打标的起始阶段出现振荡现象，而过长则不会对打标的效果产生明显的影响，只会增加跳笔时间进而增长打印时间。因此将与跳笔速度密切相关的跳笔结束延时先设置为较大值20000μs。取跳笔速度的优化区间为1500～4000mm/s，梯度为500mm/s，一共6组进行跳笔速度实验。跳笔速度实验设置的激光及振镜参数如表11－3所列。

表11－3 跳笔速度实验的激光及振镜参数

	激光功率/%	打标速度/(mm/s)	跳笔速度/(mm/s)	打标结束延时/μs
参数值	38	1000	1500～4000	20
	跳笔结束延时/μs	转弯延时/μs	激光开光延时/μs	激光闭光延时/μs
参数值	20000	100	390	391

将成形的试件采用100倍放大的立体显微镜观察对应的线段特征，观察结果如图11－23所示。从图11－23中可看出，在跳笔速度为2000mm/s时，薄壁勾边处已经出现了翘起的缺陷情况，并且随着跳笔速度的增大，这种缺陷现象越发明显。而当跳笔速度设置为1500mm/s时，勾边整体比较平整，效果较好。根据理论分析，为提高打印效率，跳笔速度应在不产生缺陷的情况下尽可能选择较大的，因此1500mm/s的跳笔速度比较适合加工。

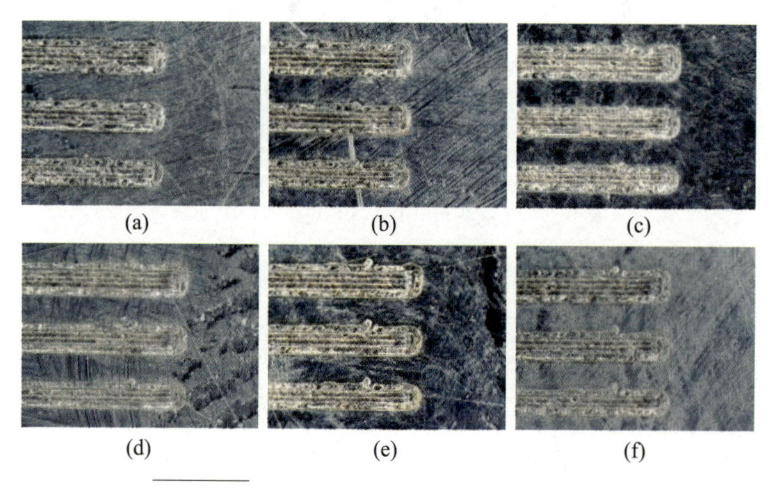

图11－23 不同跳笔速度下线段特征成形效果

(a)1500mm/s；(b)2000mm/s；(c)2500mm/s；(d)3000mm/s；(e)3500mm/s；(f)4000mm/s。

11.2.3　跳笔结束延时实验

在打标速度为 1000mm/s 和最佳跳笔速度为 1500mm/s 的条件下，测试得到比较合适的跳笔结束延时。在优化最佳跳笔速度时，为了消除跳笔结束延时的影响，将跳笔结束延时设置的很大。现在需要缩小优化范围，将跳笔结束延时设定为 5000 μs，根据打印出来的试样的观察，如图 11 - 24(d)所示，并未出现缺陷现象，所以可以往 5000 μs 以下的范围缩小。继而将跳笔结束延时设定为 2000 μs，从图 11 - 24(c)中可以看出，并没有明显的拖尾缺陷现象。再之后将跳笔结束延时设置为 1000 μs，从图 11 - 24(a)中可以看出，打标末尾已经出现了明显的拖尾现象，说明参数不可取。在二者之间，将跳笔结束延时设置为 1500 μs，从图 11 - 24(b)中可以看出，无明显缺陷。所以最终得到比较合适的跳笔结束延时参数为 1500 μs。

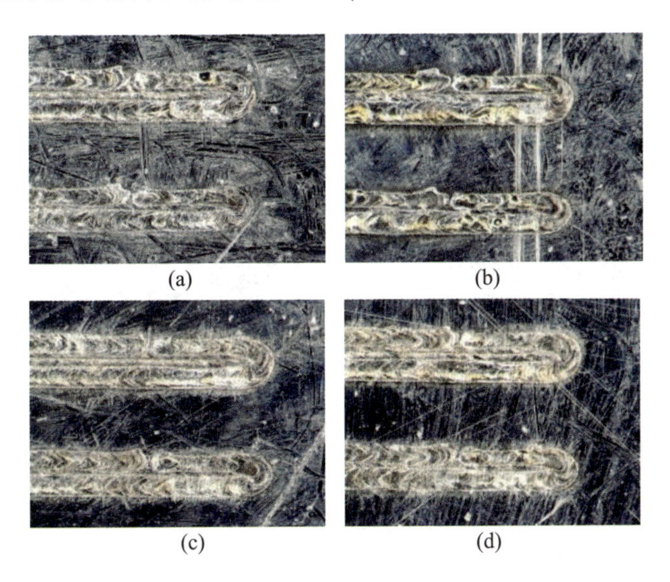

图 11 - 24　不同跳笔结束延时下线段特征成形效果(放大 200 倍)

(a)1000 μs；(b)1500 μs；(c)2000 μs；(d)5000 μs。

11.2.4　打标结束延时实验

为了测试出比较合适的打标结束延时参数，在其他参数按已知较优数据设置的条件下，开展打标结束延时实验，结果如图 11 - 25 所示。根据本实验所用的SCANLAB公司生产的RTC4型号的振镜的内部分布要求，振镜部分的最低分辨率是10μs。由于打标结束延时设置过短时会出现缺陷现象，而设置过长时不会出现缺陷现象，所以实验时先将打标结束延时设置为10μs，以观察其出现缺陷的情况。从图11-25(a)所示来看，并未出现明显的结束部位翘起的缺陷现象。为了排除勾边覆盖了打标结束部位可能出现的缺陷情况，于是设置另一组对照实验，其他参数均与第一组相同，而将后勾边改为无勾边。实验结果如图11-25(b)所示，未发现缺陷。同样，为了排除由于填充线排列的太过密集，导致相互覆盖而模糊了可能的缺陷情况，于是设置了第三组实验，将填充线中心线排列间距差由0.08mm改为0.25mm，结果如图11-25(c)所示，仍未出现缺陷现象。再设置一组转弯延时较长的实验来进行对照，将转弯延时设置为250μs，结果如图11-25(d)所示，与图11-25(c)所示进行比对，无明显差别，说明将转弯延时设置为10μs是可取的。为了验证打标速度对其的影响，设置一组打标速度为3000mm/s的实验进行比对，结果如图11-25(e)所示，也无明显缺陷现象。综上所示，打标结束延时对金属成形质量的影响比较小，取其可以设置的最小值，也不会出现影响成形精度和质量

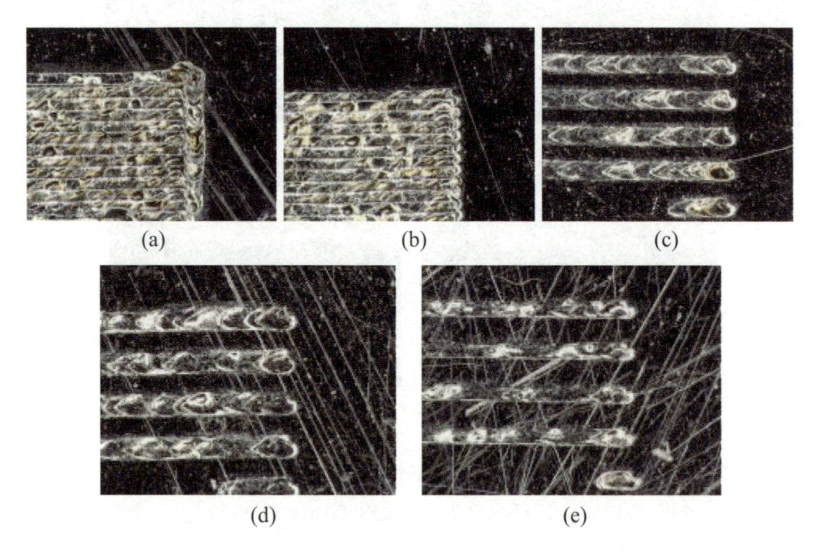

图11-25 打标结束延时试样图片(放大200倍)

(a)打标速度为1000mm/s，后勾边，间距为0.08mm，转弯延时为10μs；(b)打标速度为1000mm/s，无勾边，间距为0.08mm，转弯延时为10μs；(c)打标速度为1000mm/s，无勾边，间距为0.25mm，转弯延时为10μs；(d)打标速度为1000mm/s，无勾边，间距为0.25mm，转弯延时为250μs；(e)打标速度为3000mm/s，无勾边，间距为0.25mm，转弯延时为10μs。

的缺陷，而打标结束延时设置过长会降低成形效率。所以比较合适的打标结束延时参数为 10 μs。

11.2.5　转弯延时实验

为了测试出比较合适的转弯延时参数，按 SCANLAB - RTC4 型振镜说明书所给的粗略转弯延时参数 100 μs，在其附近以 10 μs 为梯度，设置一组实验，其他参数按照之前的优化结果设置，具体参数如表 11 - 4 所列。

表 11 - 4　转弯延时实验的激光及振镜参数

项目	激光功率/%	打标速度/(mm/s)	跳笔速度/(mm/s)	打标结束延时/μs
参数值	38	1000	1500	10
项目	跳笔结束延时/μs	转弯延时/μs	激光开光延时/μs	激光闭光延时/μs
参数值	1500	40～120	390	391

将打印后的试件采用 200 倍放大的立体显微镜观察对应的直角、锐角和勾边特征，观察结果如图 11 - 26 所示。并用超景深立体显微镜内置的微米级测量工具，测量出来的不同转弯延时所转直角弧度拟合的圆的半径如表 11 - 5 所列。理论上该半径值越小，说明转弯处尺寸越精确。从图 11 - 26 和表 11 - 5 中可以看出，当转弯延时设置较短时，直角转弯弧度较大，成形精度不高，且随着转弯延时设置的增长，直角转弯弧度越来越小，直角成形精度提高。但当转弯延时设置的大于 100 μs 时，开始出现较明显的黑点，这是激光过烧的结果，将会降低成形精度。综合考虑，100 μs 是较合适的转弯延时参数，既能保持较好的成形精度，又能保持较好的成形质量。

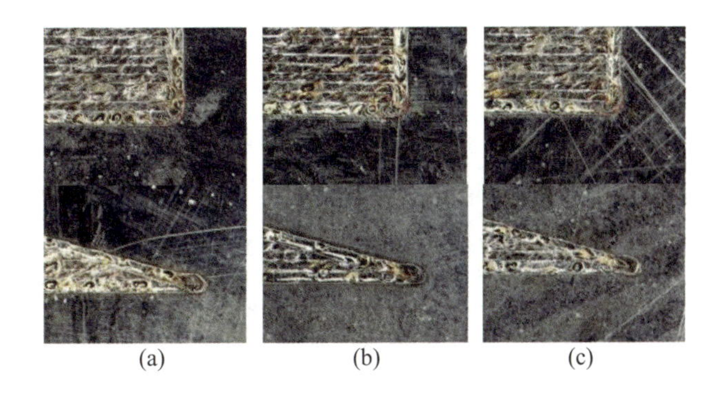

(a)　(b)　(c)

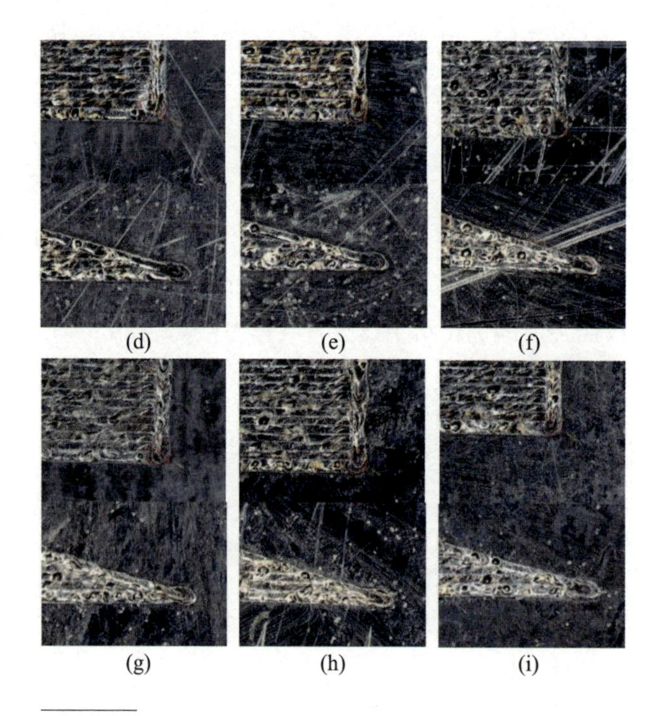

图 11-26　不同转弯延时下特征的成形效果(放大 200 倍)

(a)40 μs；(b)50 μs；(c)60 μs；(d)70 μs；(e)80 μs；(f)90 μs；(g)100 μs；(h)110 μs；(i)120 μs。

表 11-5　不同转弯延时对应直角圆弧拟合半径

转弯延时/μs	40	50	60	70	80	90	100	110	120
直角圆弧半径/μm	181	158	142	131	123	119	118	110	106

11.3　激光延时与振镜延时协同控制

如图 11-27 所示，当执行跳笔指令时，由于反射镜的惯性在设置的位置和真实的位置之间发生滞后，反射镜需要一定的固定时间才能在一定的精度内到达设定的位置。为了调整时间和保证精度，需在跳笔指令后添加跳笔延迟。按照 SCANLAB-RTC4 型振镜的控制设置，在打标指令开始时会自动打开激光，在跳笔指令期间是默认关闭的。因此，跳笔延迟的时间与激光延迟无关，而是取决于所选择的跳笔速度。较高的跳笔速度通常需要较长的跳转延迟时间。整个跳转命令所需的总时间是实际跳笔时间和跳笔延迟时间的总和。通过优化跳笔速度和跳笔延迟时间，可以使其达到最小化、最优化。

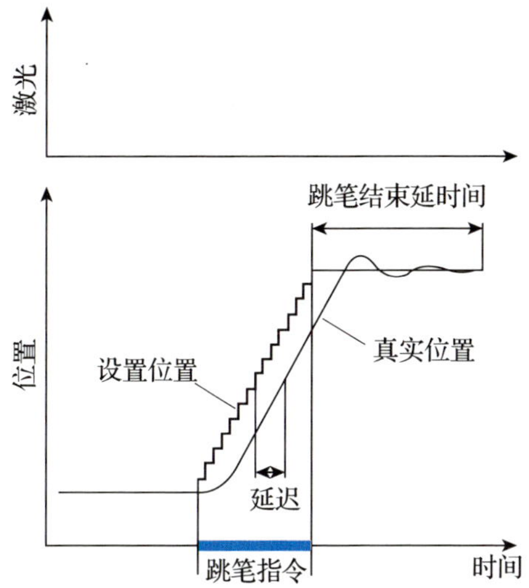

图 11 - 27
跳转指令时序示意图
（来源：SCANLAB）

打标速度通常是低于跳跃速度的，而且设置位置和实际位置之间的滞后不仅发生在跳跃期间，而且在打标指令期间也存在，如图 11 - 28 所示。为了保证激光能够准确地到达最终设置的位置，须在单个打标指令之后或折线的最后一个打标指令之后插入打标延迟。如果打标指令之后跟着也是打标指令，则不需要打标延时。

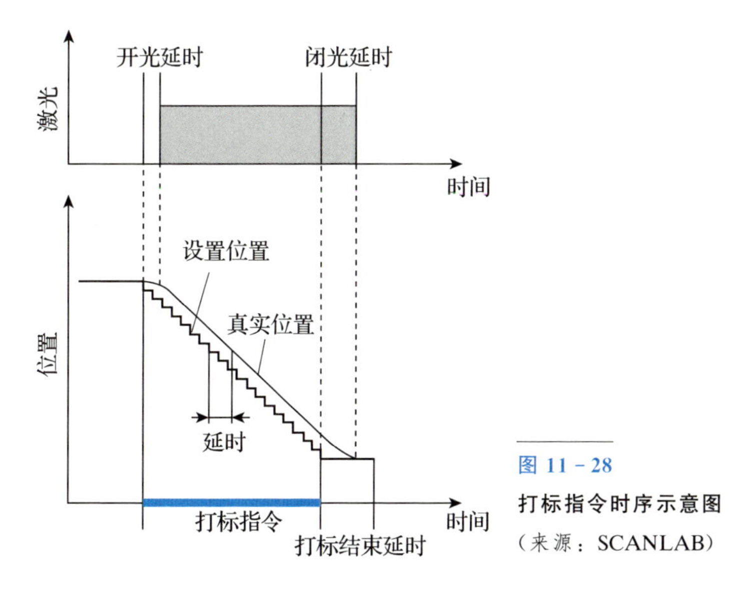

图 11 - 28
打标指令时序示意图
（来源：SCANLAB）

如图 11-29 所示，两个连续的打标指令之间，通过将打标结束延迟替换为转弯延迟，使振镜可以持续工作，同时激光也不需要关闭。而转弯延迟的时间主要取决于两个打标线段之间的角度或弧度的半径。

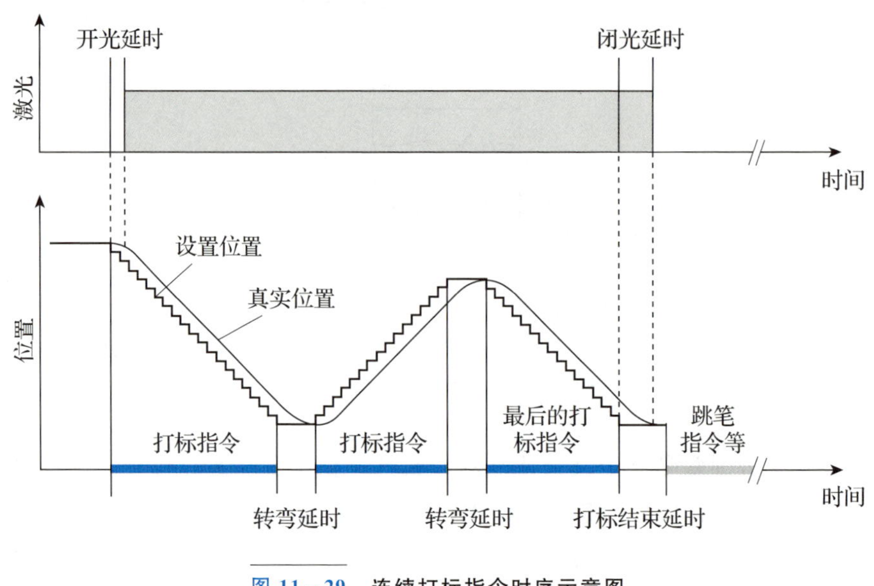

图 11-29 连续打标指令时序示意图

（来源：SCANLAB）

由图 11-28 和图 11-29 可知，由于设置位置和实际位置之间的滞后，在打标指令的开始时需要设置一个开光延迟，在打标指令的结束后需要设置一个闭光延迟，不然激光打标的位置将出现偏差。太短时间的开光延迟会导致激光照射过早造成“火柴头”效应，开光延迟太长又会导致起始打标线段的缺失。而太短时间的闭光延迟会导致打标结束线段的缺失，太长的闭光延迟会导致激光照射太久造成“火柴头”效应。

因此，激光延迟与振镜延迟必须协同控制，激光延迟与振镜延迟的设置也必须适合于定义好的跳笔速度和打标速度。如果延迟不优化，打标结果的质量会降低，打印时间也会延长。开光延迟和闭光延迟的时间长度对总扫描时间没有影响，故首先优化开光延迟和闭光延迟，其次优化振镜延迟，即跳笔结束延迟、打标结束延迟和转弯延迟。在优化激光延迟时，将跳笔结束延迟、打标结束延迟设置为较大值是很有用的。

为了避免激光延迟与振镜延迟协同控制时出现错误，延迟要设置在一定的限制范围内才行。延迟的限制如下：

(1)闭光延迟必须长于开光延迟，否则激光控制器将出现错误。

(2)打标结束延迟必须大于闭光延迟与开光延迟之差。

(3)转弯延迟必须大于闭光延迟与开光延迟之差。

参考文献

[1] 肖泽锋. 激光选区熔化成形轻量化复杂构件的增材制造设计研究[D]. 广州：华南理工大学，2018：79－99.

[2] SCANLAB A G. The installation and operation of the RTC4 PC Interface Board[I/OL]. [2019－6－30]. https：//www. scanlab. de.

第 12 章 激光熔融扫描策略及其对应力的影响

12.1 扫描策略种类及其扫描方式

粉末床激光熔融打印成形过程就是激光沿着扫描线填充的过程，成形温度场和材料的状态是随着扫描路径动态变化的。这种变化会使零件产生变形和出现残余应力，从而对成形件的精度、表面质量和性能等造成影响。扫描路径的不同也会造成成形时间的不同，从而对成形效率产生影响。扫描填充路径在减小加工件翘曲变形，提高精度、强度和综合力学性能等方面有着非常重要的影响。具体的扫描方式称为扫描策略，综合国内外学者提出的各种扫描路径，主要分为两大类：平行线扫描和折线扫描。

12.1.1 平行线扫描

1. 平行于 X 轴、Y 轴的平行线扫描

最起初的平行线扫描即是指“Z”形扫描，如图 12-1(a)所示，其基本思想与计算机图形学的区域填充类似，算法简单，但成形件有明显的各向异性。随着进一步研究，其陆续得到优化，本书作者为了改善层间扫描线的润湿效果，提出了层间错开扫描策略，发现采用层间错开扫描策略不仅能获得良好的冶金结合，还能大大减少成形件的孔隙率，获得高致密化零件。中国科学院孔源利用有限元的“单元生死技术”，模拟长边扫描、短边扫描以及正交扫描方式对成形过程中热力耦合场和残余应力分布的影响，发现采用正交扫描相比短边扫描和长线扫描可以有效降低残余应力。因此目前的平行线扫描已经演化成“S”形正交层错扫描。

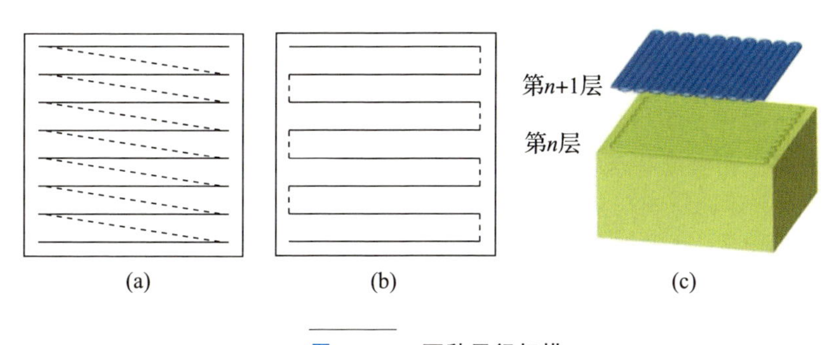

图 12-1　两种平行扫描
(a)"Z"形扫描；(b)S 形扫描；(c)正交扫描立体图。

2. 分区域扫描

分区域扫描有两种方式，第一种分区域变向扫描如图 12-2(a)所示，是利用轮廓极点将多连通区域分成若干个可以进行连续扫描的小区域，可以有效减少空跳次数，降低激光开关的频率，区域内采用"S"形扫描。但此种扫描方式仍保持平行线扫描固有的缺点，无法改善成形件内残余应力大的现象。

第二种分区扫描方式是比利时 J. P. Krutha 等提出的采用长、宽相等的矩形块分区的分块扫描方式，他们发现分区的大小在引起变形方面的影响基本相同，但是面积小的分区可以减少能量输入，这是由于扫描前一区域可以对相邻区域进行很好的预热，减小温度梯度。华中农业大学黄小毛等提出采用边长相等的多边形对轮廓截面进行分区扫描，如图 12-2(b)所示。

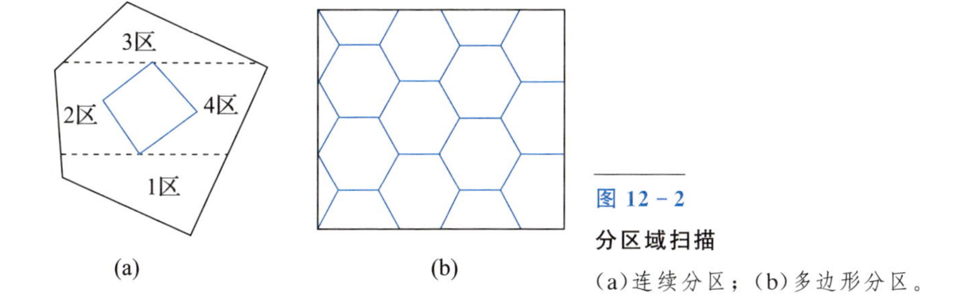

图 12-2
分区域扫描
(a)连续分区；(b)多边形分区。

12.1.2　折线扫描

1. 轮廓偏移扫描

轮廓偏移扫描，顾名思义，即是外轮廓等距向内偏移和内轮廓等距向外偏移形成的一系列扫描线。该算法实现方案有两种：①采用转置矢量法进行轮廓偏移(图 12-3)，算法思路和实现较简单，但由于此种方法不能很好地处理轮廓尖角位置，尤其是偏移量较大的情况下，偏移后可能存在轮廓自相交或轮廓之间互相交的状况，后续需进行大量的干涉处理；②基于 Voronoi 图的轮廓偏移(图 12-4)能有效处理单连通区域，继承波前传播算法后也能适用平面多连通区域，这种扫描算法不但具有扫描线短、各向同性等特点，还能有效减少残余应力和翘曲变形，但算法实现过程复杂。

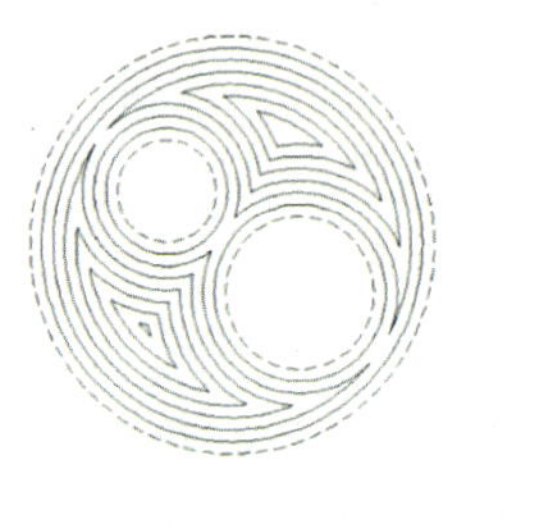

图 12-3　轮廓偏移扫描

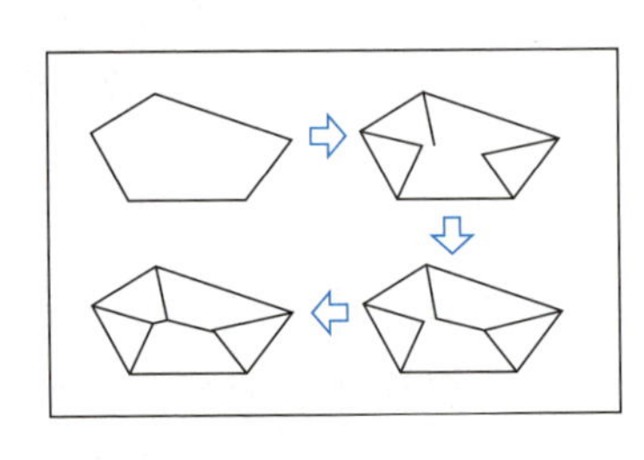

图 12-4　Voronoi 图计算实例

2. 螺旋线扫描

螺旋线扫描(图 12-5)仿照传统铣削加工模式，以轮廓层截面几何中心点为中心展开螺旋线对区域进行扫描。此种扫描方式适用于简单轮廓，可以克服“Z”形扫描的缺点，但仍需要频繁跨越空腔。

3. 分形扫描

分形扫描方式是采用皮亚诺(Peano)曲线族中的希尔伯特(Hilbert)曲线进行轮廓填充，再对轮廓进行分形剪裁。希尔伯特(Hilbert)曲线如图 12-6 所示。华中科技大学马良模拟了分形扫描过程中的温度场和应力场，发现与“S”形扫描相比，分形扫描能减小成形过程中的温度梯度，减少残余应力。

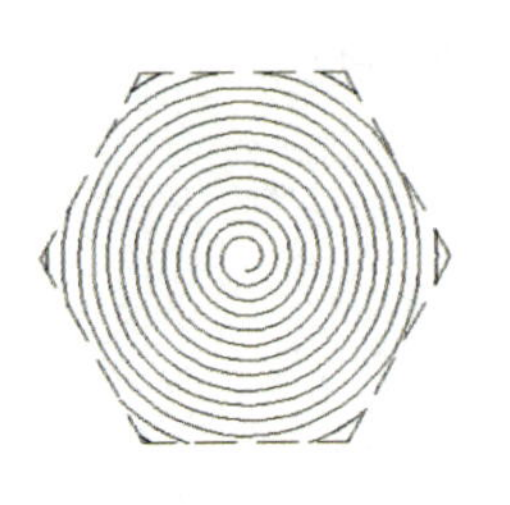

图 12-5　螺旋线扫描

图 12-6　希尔伯特(Hilbert)曲线

4. 复合扫描

复合扫描方式是将轮廓偏移扫描与分区变向扫描相结合的一种扫描方式（图 12 - 7），此种扫描方式的过程是将轮廓边缘向外或内偏移，内部区域采用分区方式分成若干子区域，子区域内部采用“S”形正交方式扫描。该算法吸收了轮廓偏移算法与分区算法的优点，又克服了轮廓偏移算法复杂难以实现等缺陷，是一种理想的扫描方式。华中科技大学程艳阶对比了分区变向扫描和复合扫描，发现采用复合扫描方式可以提高成形件的抗拉强度。

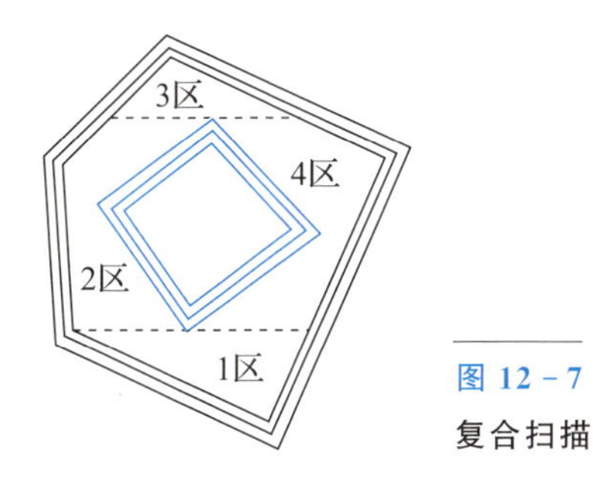

图 12 - 7
复合扫描

12.1.3　应用于商品化设备上的扫描

1. 德国 EOS 公司 EOSINTM 系列设备

该系列设备充分引用了光斑补偿机制，考虑到光斑半径对零件理论轮廓的影响，将轮廓向内或向外偏移半个光斑直径，另外也引入了分区机制、区域搭接机制和隔层加工机制，充分利用扫描方式保证成形件的成形质量，如图 12 - 8 所示。操作人员可以根据加工需求自动设置光斑补偿量，选择多种扫描方式，例如区域内仅 X 向扫描、仅 Y 向扫描、相邻区域正交扫描、上下一层正交扫描和分区方向旋转 67°扫描，区域搭接机制也采用两种模式，如图 12 - 9所示。

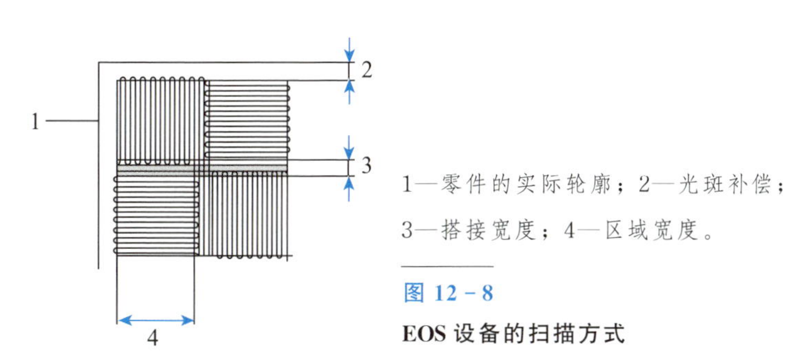

1—零件的实际轮廓；2—光斑补偿；3—搭接宽度；4—区域宽度。

图 12 - 8
EOS 设备的扫描方式

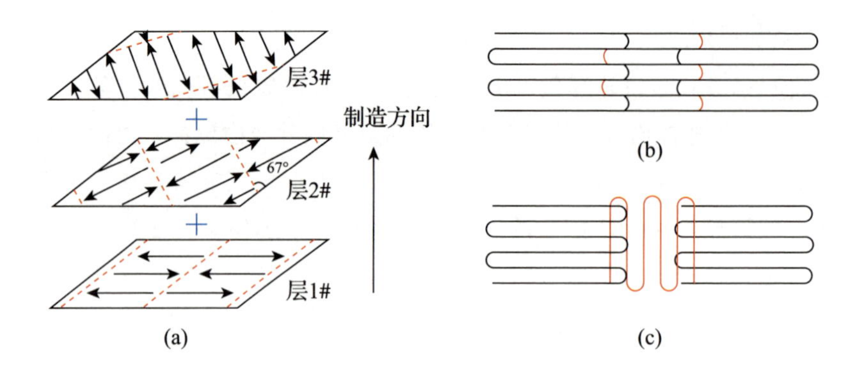

图 12-9 EOS 扫描方式及区域搭接机制

(a)67°螺旋扫描；(b)横向搭接；(c)纵向搭接。

2. 德国 Concept Laser 公司 M Cusing 系列设备

该系列设备的轮廓填充扫描分为两部分：轮廓扫描和内部区域扫描。轮廓扫描选择一次轮廓偏移扫描或多次轮廓扫描，当然也可以不选择轮廓偏移，仅仅只考虑光斑补偿。内部区域扫描可选择固定的 X 向、45°方向、旋转 45°方向、旋转 90°方向和分区正交扫描方式（岛屿扫描），如图 12-10 和图 12-11 所示。

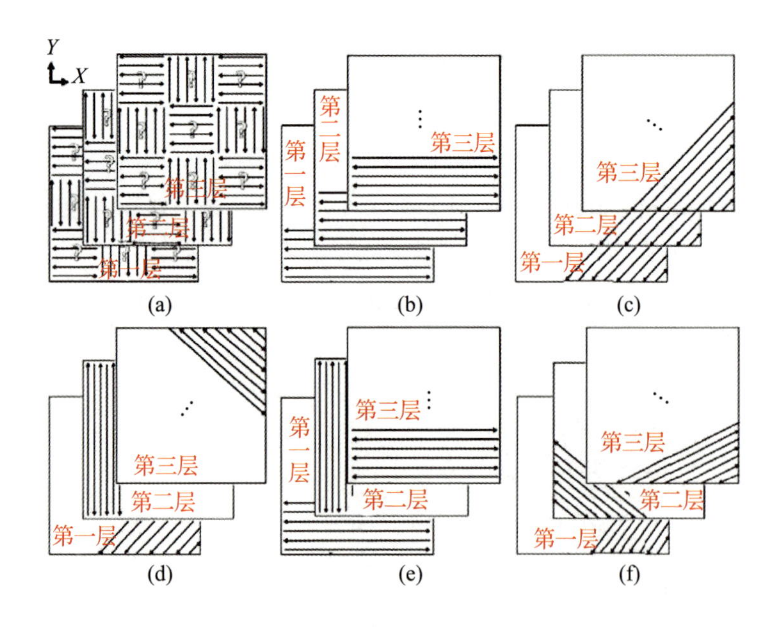

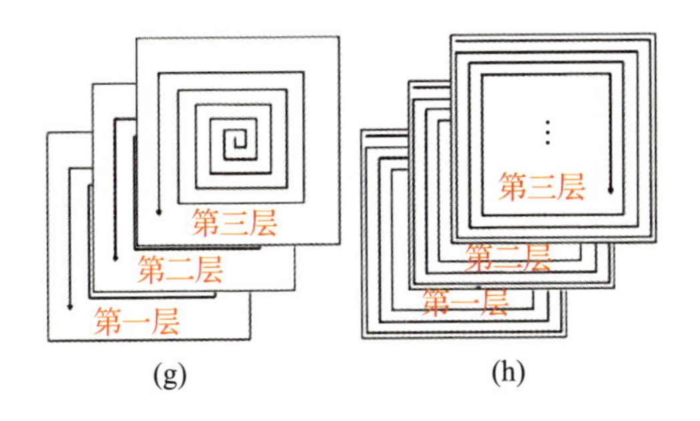

图 12－10　Concept Laser 设备的内部区域扫描方式

(a)岛屿扫描(分区正交扫描)；(b)X 向扫描；(c)45°方向扫描；(d)45°方向旋转扫描；(e)90°方向旋转扫描；(f)67°方向旋转扫描；(g)从内向外扫描；(h)从外向内扫描。

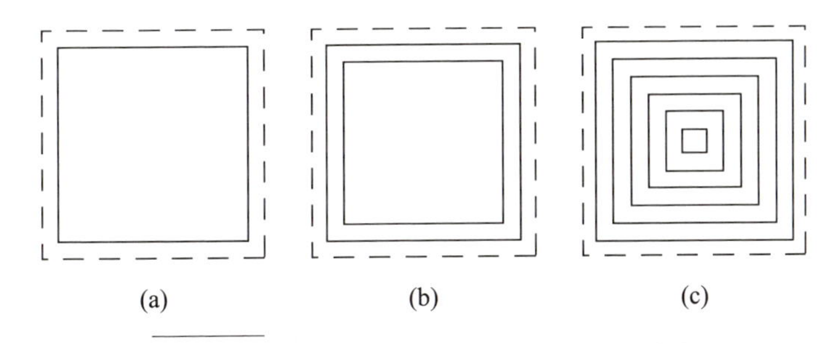

图 12－11　Concept Laser 设备的轮廓扫描方式

(a)光斑补偿偏移；(b)仅一次轮廓偏移；(c)多次轮廓偏移。

3. 华南理工大学广州雷佳增材科技有限公司 DiMetal 系列设备

华南理工大学自主研发了 DiMetal 系列设备，该系列设备主要采用 S 形正交层错扫描方式，如图 12－12 所示。也可选择其他多种扫描方式，例如轮廓偏移扫描、X 向 S 形扫描、X 向 Z 形扫描、Y 向 S 形扫描、Y 向 Z 形扫描，并且可以自由选择前勾边或后勾边操作，适当引入轮廓边界重熔机制，可减小边界“凸点效应”。

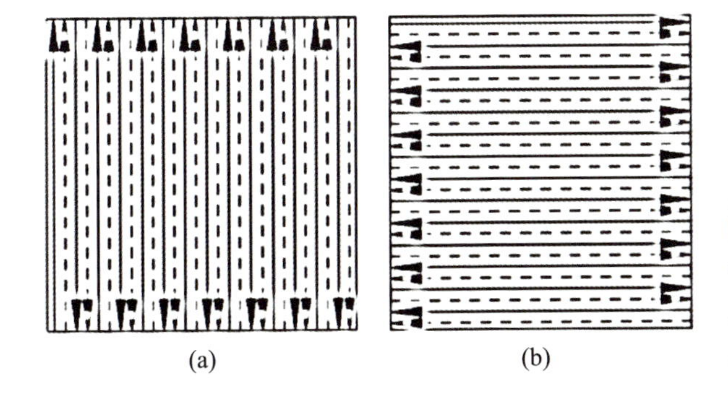

图 12－12
“S”形正交层错扫描

(a)$4n$ 层和 $4n+1$ 层扫描；(b)$4n+2$ 层和 $4n+3$ 层扫描。

最常见的分区方式是矩形分区策略。为了提高成形零件的抗拉强度，在矩形分区的基础上采用搭接策略，但成形时不稳定，易于在搭接处产生凸点。为了有效提高成形稳定性，避免中间凸点的产生，提出了斜线层错分区策略和螺旋分区策略。

1)矩形搭接分区扫描

矩形搭接分区扫描是一种以轮廓环组最小矩形包围盒为边界，将轮廓环组截面分成等大的正方形小区域，并使小区域之间有一定搭接量的分区扫描方式，如图 12-13 所示。搭接量一般设置为一个光斑直径，其扫描线遵循相邻区域扫描线正交，上下层同一区域正交。矩形搭接分区扫描根据算法安排简化分为 4 步：划分区域—截断扫描线—按区域归属扫描线段—输出区域扫描线。

(1)划分区域，确定区域边界。如图所示，划分区域以轮廓环组的最小矩形包围盒为边界，轮廓环组的最小矩形包围盒即为该轮廓环组外轮廓的最小矩形包围盒。

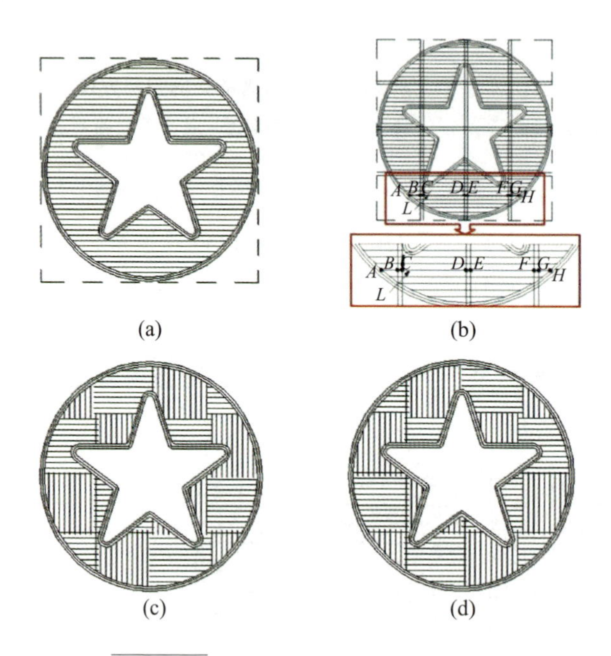

图 12-13　矩形搭接分区扫描生成过程

(a)截断扫描线；(b)划分区域；(c)奇数层扫描线；(d)偶数层扫描线。

(2)根据区域边界截断轮廓截面扫描线。确定区域边界之后，利用区域边界方程截断扫描线，如图 12－13(b)所示，轮廓截面扫描线 L 被区域边界线截断成扫描线段 *AC*、*BE*、*DG*、*FH* 共四段，并且扫描线段之间有一定量的搭接量，搭接量值为 *t*，遍历 *X*、*Y* 方向的所有轮廓截面扫描线，得到被截断了的扫描线段。

(3)按区域边界归属扫描线段，得到区域扫描线。当所有 *X*、*Y* 方向的轮廓截面扫描线被区域边界截断后，得到一系列扫描线段，并且这一系列扫描线段都确定的属于某一区域。判断比较任意一条扫描线段的端点坐标值，当两个端点都包含于区域或属于区域边界上的点时，则可判断该条扫描线段属于这一区域。遍历所有 *X*、*Y* 方向扫描线段，将所有线段归属于某一区域，即可得到 *X* 向和 *Y* 向的区域扫描线。

(4)输出区域扫描线。扫描线的输出首先输出所有轮廓环组的外内偏移轮廓，以轮廓环组为单位，依次输出外轮廓偏移扫描线和内轮廓偏移扫描线，可以保证成形件的轮廓精度。内部填充考虑按区域输出，区域的输出呈现“S”形，如图 12－14(a)所示，可以起到很好的相邻区域预热的效果。区域内扫描线的输出同样遵循“S”形规则，如图 12－14(b)所示，避免过多的空扫行程，同一区域上层与下层的扫描线方向正交。最终输出的扫描线如图 12－13(c)、(d)所示。

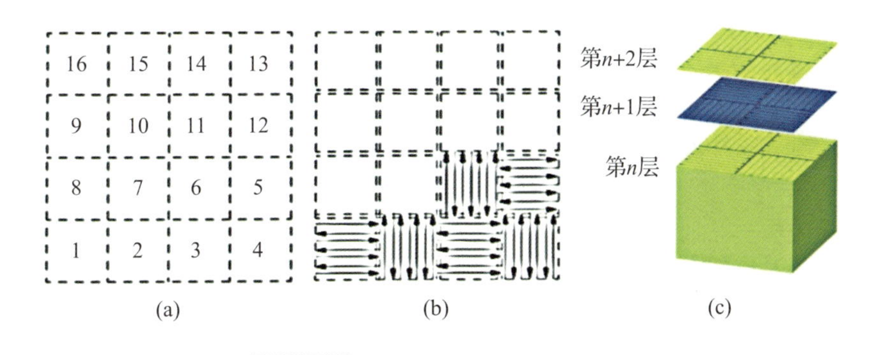

图 12－14　矩形分区扫描路径示意图

(a)区域扫描顺序；(b)区域扫描线；(c)扫描线立体图。

为了加强分区扫描的每个小矩形分区之间的搭接效果，可以沿着矩形分区的边界线增加一次扫描，称为分区填充线，如图 12－15 所示。

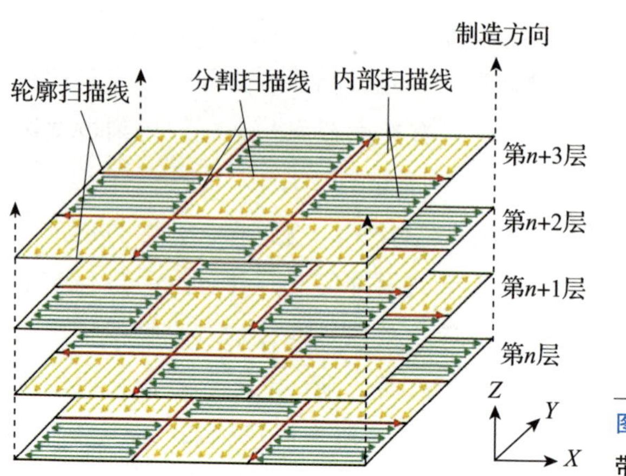

图 12-15
带分区填充线的矩形分区扫描示意图

如果上下相邻两层之间扫描线的角度不是相差 90°，就是旋转特定角度的旋转分区扫描。但是每层的矩形分区位置没有变化。如图 12-16 所示的分区扫描，层间扫描方向旋转 30°。

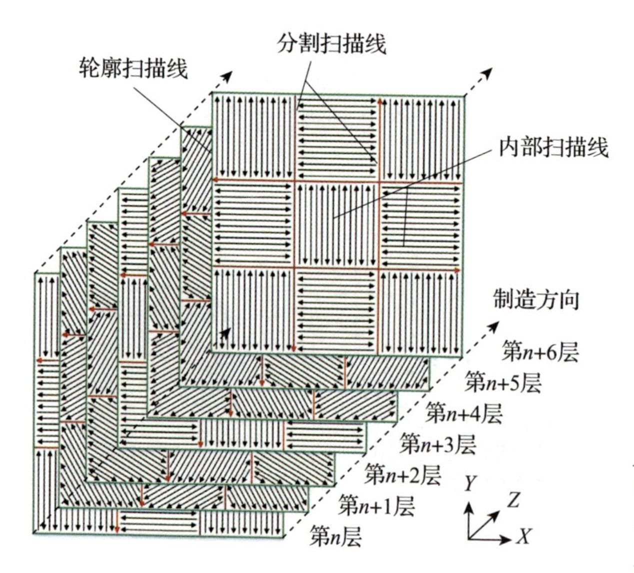

图 12-16
带分区填充线的矩形 30°旋转分区扫描示意图

如果上下相邻两层之间的矩形分区位置需要偏移变化（减轻分区搭接区域累积成形的压力），可以每层增加固定方向的分区划分偏移量。如图 12-17 所示的分区扫描，层间分区偏移 2mm。

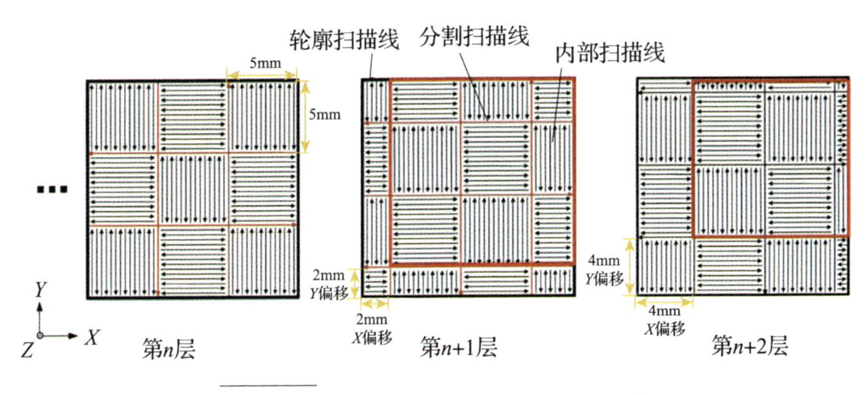

图 12-17　层间偏移 2mm 的分区正交扫描

2)斜线层错分区扫描

斜线层错分区扫描是一种分区嵌套，上一层分区边界线与下一层分区边界线层错，X 、Y 方向分区与斜 45°和 135°扫描线相结合的扫描方式，如图 12-18和图 12-19 所示。这种扫描方式可以保证分区边界线不在同一个竖直平面上，并且采用 X、Y 向分区与斜 45°和 135°扫描线相结合的方式，不仅可以减少区域数量，还可以达到每个区域内部的扫描线长度不受轮廓截面形状和分区大小影响的目的。斜线层错分区扫描根据算法安排也简化分为 4 步：区域和子区域的划分—截断扫描线—归属扫描线—输出扫描线。

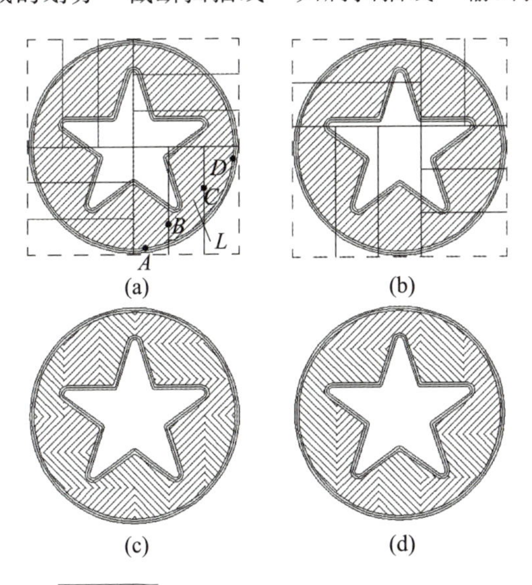

图 12-18　斜线层错分区扫描生成过程

(a)3n 层分区；(b)3n+1 层分区；(c)3n 层扫描线；(d)3n+1 扫描线。

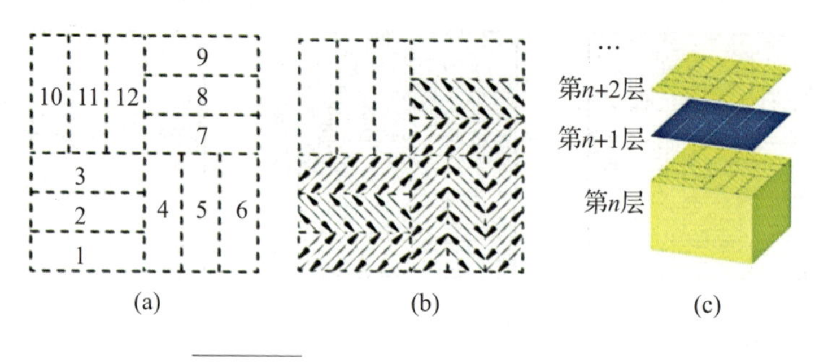

图 12-19 斜线层错分区扫描路径示意图

(a)区域扫描顺序；(b)区域扫描线；(c)扫描线立体图。

3)螺旋分区扫描

螺旋分区扫描是一种分区方向旋转，且上两层与下两层分区方向相差60°，扫描线与分区方向保持平行的分区扫描方式。

如图 12-20 所示，区域划分以轮廓环组矩形包围盒为间接判断边界，所谓间接判断边界就是经过包围盒的原始边界经过某种换算得到新的判断边界。与前面两种分区方式不同的是，螺旋分区扫描不是单纯的沿 X、Y 方向分区，而是与坐标轴有一定的夹角，上两层与下两层分区方向旋转角度 60°，层与层之间有一定的角度偏置。例如，图 12-20(a)、(b)所示，首层与第一层分区方向与 X 坐标轴夹角成 60°，下面两层分区方向与 X 坐标轴夹角成 120°，利用区域边界截断扫断线，得到长度为 L 的扫描线的 AB、BC，再下面两层成 180°，逐层递增。图 12-21 所示为螺旋分区扫描路径示意图。

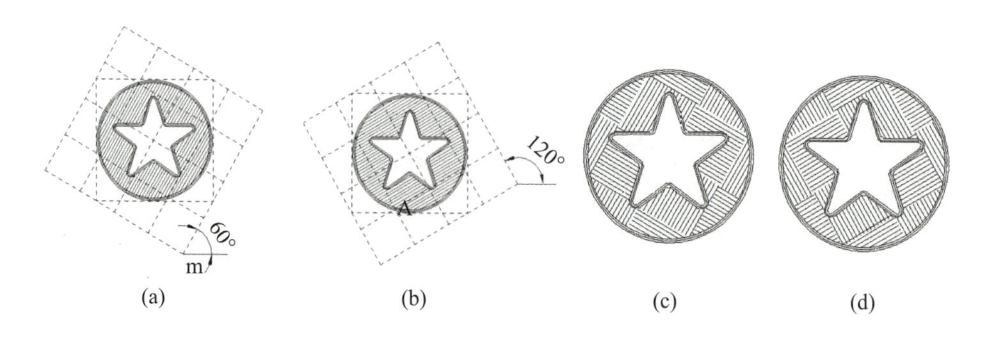

图 12-20 螺旋分区扫描生成过程

(a)6n 层分区；(b)6n+2 层分区；(c)6n 层扫描线；(d)6n+2 扫描线。

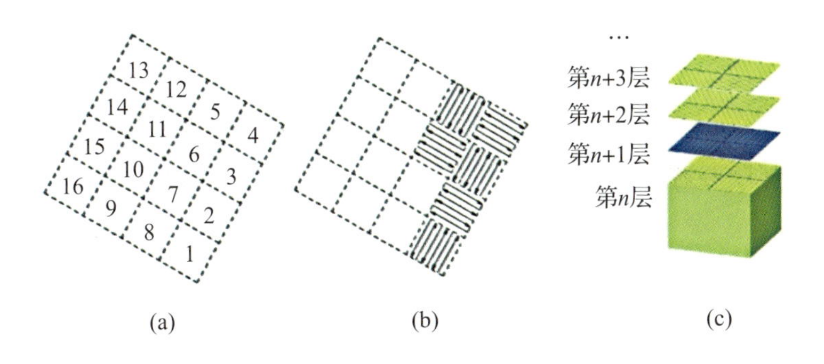

图 12-21　螺旋分区扫描路径示意图

(a)区域扫描顺序；(b)区域扫描线；(c)扫描线立体图。

图 12-22 所示为算法测试示意图。选取复杂多轮廓截面，分别对 3 种分区扫描算法进行测试，为了方便图形观察，将区域宽度设置为 5mm，扫描间距设置为 0.3mm。

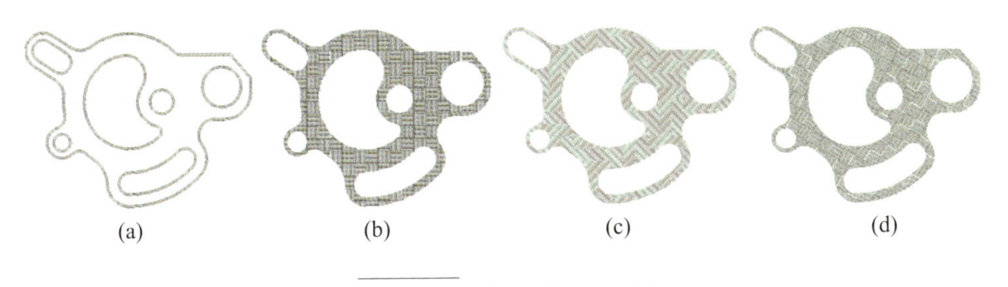

图 12-22　算法测试示意图

(a)轮廓偏移算法；(b)矩形搭接分区算法；(c)斜线层错分区算法；(d)螺旋分区算法。

12.2　应力产生原因

粉末床激光熔融成形过程中，细小的高能量密度激光束快速照射在粉末床上，金属粉末被熔化并快速凝固，局部热输入造成的不均匀温度场必然引起局部热效应。在激光快速扫描的条件下，一方面，材料及基材产生极大的温度梯度，熔池及其附近材料被快速加热、熔化、凝固和冷却，这部分材料在加热过程中产生的体积膨胀和冷却过程中产生的体积收缩均受到周围较冷区域的限制，形成塑性热压缩，材料冷却后就比周围区域窄小，从而在成形层中形成残余应力；另一方面，温度的升高会导致金属材料的屈服极限降低，使部分区域的热应力能大于材料的屈服极限，材料会发生翘曲变形，零件与基板、零件与支撑、层与层之间发生开裂，导致成形失败，如图 12－23 所示。

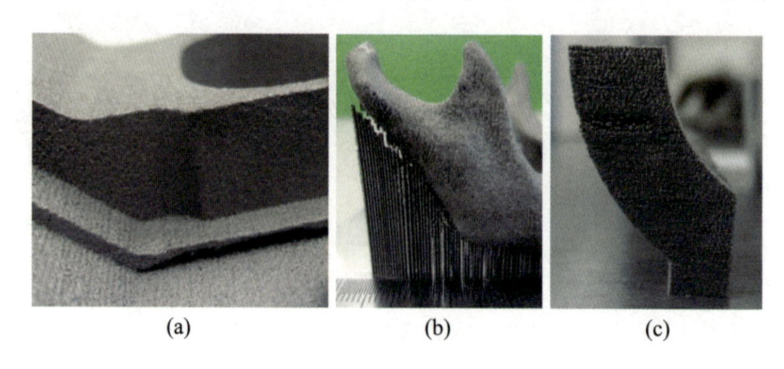

(a) (b) (c)

图 12－23 粉末床激光熔融工艺中常见的开裂形式

(a) 零件与基板之间开裂；(b) 零件与支撑之间开裂；(c) 层间开裂。

与焊接技术不同，粉末床激光熔融是基于逐层制造的技术，激光束反复扫描成形区域，这个过程中的周期性、非稳态的后续热循环对前面已经成形材料的热应力有显著影响。激光快速地作用在金属粉末上，将粉末快速熔化和凝固，由于扫描区域被未熔化金属粉末包围，导致热量难以散开，使扫描区域的温度和温度梯度过大。过高的温度降低了材料的屈服强度，而温度梯度则使热应力的产生和演变过程极为复杂。图 12－24 所示为基于温度梯度机制(temperature gradient mechanism，TGM)分析粉末床激光熔融成形件的残余应力过程。粉末床激光熔融过程可分为受热膨胀过程和冷却收缩过程，如图 12－24(a)所示，激光照射到材料表面的某一点时，热量会通过热传导的方式向材料的四周传递，形成极大的温度梯度。图 12－24(b)所示为对应该点处高度方向上的温度分布示意图，t_p 点相当于材料具有高塑性温度(plastic point)，温度高于 t_p 的表层金属不会有残余应力产生。t_n 为标准室温，t_m 为材料的熔化温度，温度高于 t_m 时材料处于熔化状态。由图所示温度分布图可知，金属表层Ⅰ的温度超过 t_p，金属表层Ⅰ处于没有残余应力作用的完全塑性状态，其不会对周围材料的体积变化产生阻碍作用。金属层Ⅱ的温度处在 t_n 和 t_p 之间，该层材料受热之后体积膨胀，但是其膨胀要被处于室温状态的金属层Ⅲ的阻止，由于膨胀受到阻碍，在金属层Ⅱ内产生残余压缩应力。相对应地，金属层Ⅲ则产生残余拉伸应力，如图 12－24(c)所示的阶段 1。

激光从该点移开后，成形面的温度开始下降，当金属层Ⅰ的温度低于 t_p 时，金属层Ⅰ将从完全塑性变形状态转变为不完全塑性变形状态，在冷却阶段，金属层Ⅰ体积收缩，但受到金属层Ⅱ的阻碍，故在金属层Ⅰ中就会产生残余拉伸应力。相应地，金属层Ⅱ内的残余压缩应力增大，金属层Ⅲ内的残余拉伸应力减小，如图 12 - 24(c)所示的阶段 2。在铺下一层粉末的时间内，零件内部的温度进一步降低，金属层Ⅰ的体积继续收缩，仍将受到内层材料的阻碍，从而进一步增大了金属层Ⅰ内的拉伸应力，而金属层Ⅱ的残余压缩应力则逐渐扩展到金属层Ⅱ和金属层Ⅲ内，如图 12 - 24(c)所示的阶段 3，直到零件内部温度趋于均匀。

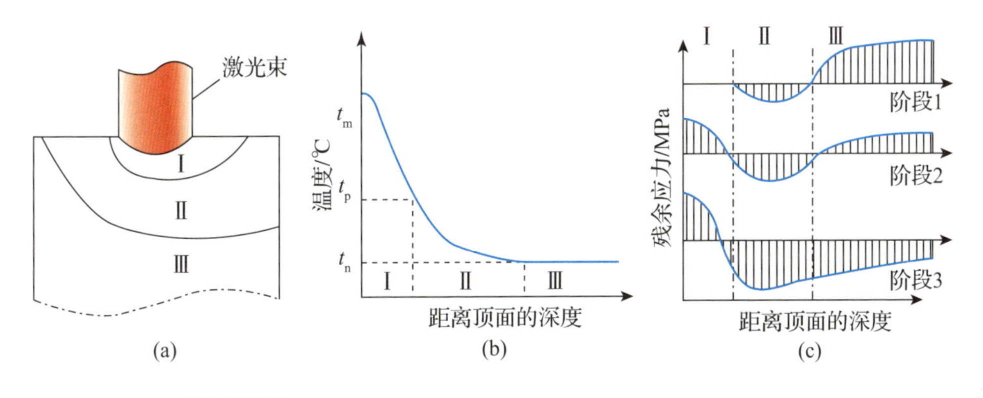

图 12 - 24　粉末床激光熔融成形过程温度和应力变化示意图

(a)激光照射在材料上温度分布示意图；(b)高度方向温度分布；(c)高度方向应力演变。

除了由高温度梯度和凝固收缩造成的不均匀变形而引起的热应力外，各区域在不同温度下发生不同程度的固态相变也会产生应力，这种由不均匀相变所引起的应力为相变应力。对残余应力影响最大的固态相变是马氏体转变，从奥氏体转变为马氏体会发生体积膨胀，可以降低残余拉应力。马氏体相变温度越低，相变程度就越大，残余拉应力越低。例如，粉末床激光熔融成形奥氏体单相合金的过程中，固态相变包括(1145 ± 5)℃时从 γ 基体析出 δ 相、(1000 ± 20)℃时从 γ 基体析出 γ′与 γ″，以及需要时效处理或者长时间服役状态下出现的 γ 相转变为 δ 相等。由于奥氏体合金中最主要的固态相变是 γ′与 γ″的析出，这个相变过程发生的温度相对较低，产生的相变应力也不能忽视。

12.3　扫描策略对成形质量与应力累积的影响

在粉末床激光熔融成形过程中，高能量密度的激光束沿着一定的路径逐点扫描粉末，并逐层堆积而形成实体。由以上分析可知，激光束扫描路径对成形材料的热物理属性有非常重要的影响，进而影响成形件的热应力的产生及演变。目前常用的扫描路径有线扫描、分区扫描、轮廓扫描、“S”形扫描等。以下就扫描策略对粉末床激光熔融成形质量与热应力的影响展开讨论。

1. 扫描线长度对热应力的影响

如图 12-25 所示，设计并采用相同工艺参数制备 3 组 316L 不锈钢试样，长度分别为 42mm、30mm、18mm，沿着扫描线长度方向的测试点之间的距离为 6mm。

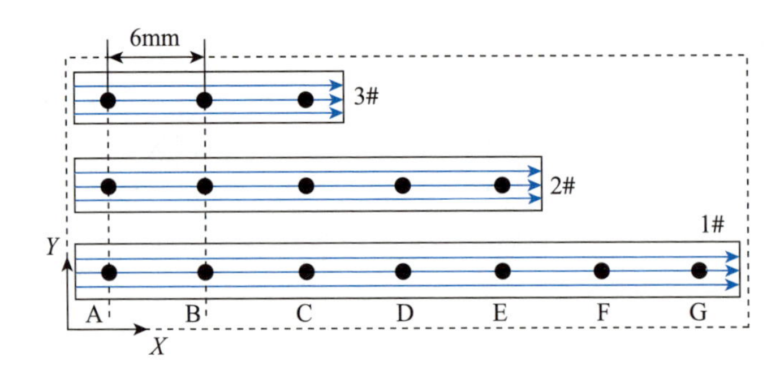

12-25 粉末床激光熔融成形 316L 试样的应力测点分布示意图

图 12-26 所示为残余应力与扫描线长度之间的关系，零件上表面均为拉伸应力。而且扫描线越长，残余应力越大。分析认为，当激光扫描熔道时，层内收缩主要为熔道的纵向收缩，扫描线过长时，一方面熔道的收缩补偿不够充分，从而导致较大的残余应力。另一方面，长线扫描时熔道的加热间隔较大，前一道的热影响区不能对下一道的粉末材料进行有效预热，因此温度梯度较大，所产生的热应力也较高。采用短线扫描时行程较短，在激光束扫描某一点时，前一道的热量仍然可以对该点进行有效预热，相当于对该点的粉末材料进行了预热处理，增加了该点的温度，从而降低成型试样热应力。

此外，沿着扫描线方向的热应力 σ_X 要大于垂直于扫描线方向的热应力 σ_Y，3 组试样的 σ_X 的范围为 80～180MPa，σ_Y 的范围为 30～80MPa。这是因为在激光高速扫描的情况下，沿着扫描方向（X）的热影响区和熔道呈现瘦长形状，X 方向的温度梯度远远大于垂直于扫描方向（Y）的热梯度，而 Y 方向主要依赖热量的传导，所以温度变化较小。粉末床激光熔融工艺中，大的温度梯度将会导致大的残余应力。

σ_X和σ_Y的峰值均出现在熔道的开端处，然后沿着扫描方向逐渐减小，但是它们的变化趋势有所不同。σ_X在起始位置下降幅度很小，在扫描线的后半段则急剧减小，而σ_Y在扫描线起始位置急剧降低，在扫描线的后半段无较大变化。这是因为在扫描线起始位置，熔道被周围的粉末包围，由于粉末的导热系数远远低于相应的实体材料，熔道的热量难以传导开来，熔道内产生很大的温度梯度，从而引起了较大的热应力。随着激光继续向前移动，热量逐渐传导开来，熔道的温度梯度降低并逐渐趋于动态平衡，热应力也就逐渐降低。

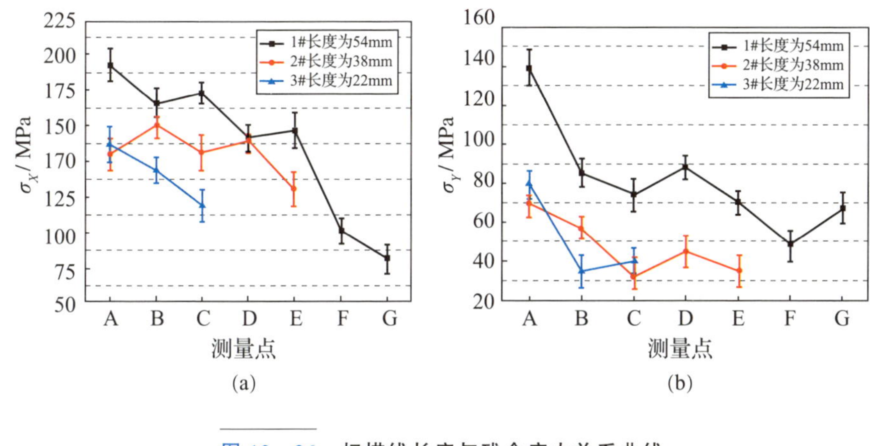

图 12-26 扫描线长度与残余应力关系曲线

(a) X 方向；(b) Y 方向。

2. 分区扫描对热应力的影响

分析认为，粉末床激光熔融成形件的热应力与扫描线长度成正比，同时翘曲程度也与扫描线长度成正比。如果能缩短扫描线长度，则可以减少应力，从而降低零件翘曲变形的风险。如图 12-27 所示，设计 4 组试样研究分区扫

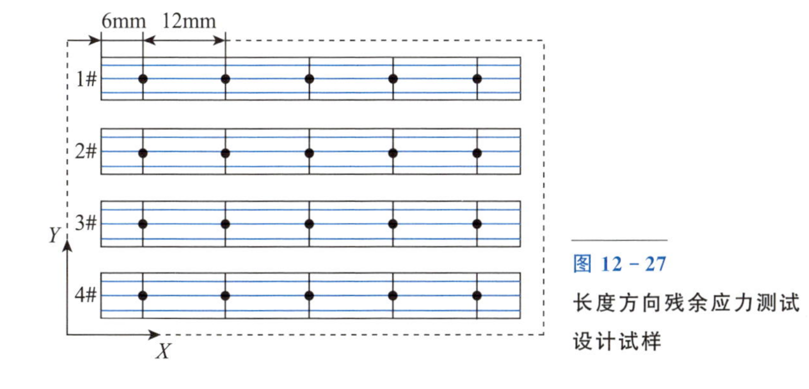

图 12-27 长度方向残余应力测试设计试样

描对粉末床激光熔融成形 316L 不锈钢试样热应力的影响，即 1#试样采用矩形搭接分区扫描、2#试样采用斜线层错分区扫描、3#试样采用螺旋分区扫描、4#试样采用“S”形正交扫描。

图 12－28 所示为残余应力沿着成形件长度方向的分布趋势。从图 12－28(a) 中可以看出，4 组试样的残余应力都处于较低水平，但 4 组试样的 σ_X 都于扫描起始位置偏大，沿着扫描方向呈现下降趋势，且 1#、2#、3#试样的下降趋势比 4#试样的明显。这是由于在扫描起始位置时，熔道被粉末包围，影响了热量的传导，从而产生较大热应力，随着继续向前扫描，熔道温度梯度趋于动态平衡状态，热应力也逐渐减小。但对于 4#试样，采用“S”形正交扫描方式规划路径，扫描线较长，每一层的扫描方向大体一致，导致热应力沿着扫描方向累积，使 4#试样的残余应力值较大。而对于 1#、2#、3#试样，采取分区扫描方式，扫描线控制在 8mm 范围内，与每一层相邻区域扫描线方向正交，减少了热应力沿单一方向累积的效应，应力沿着扫描方向呈递减趋势。

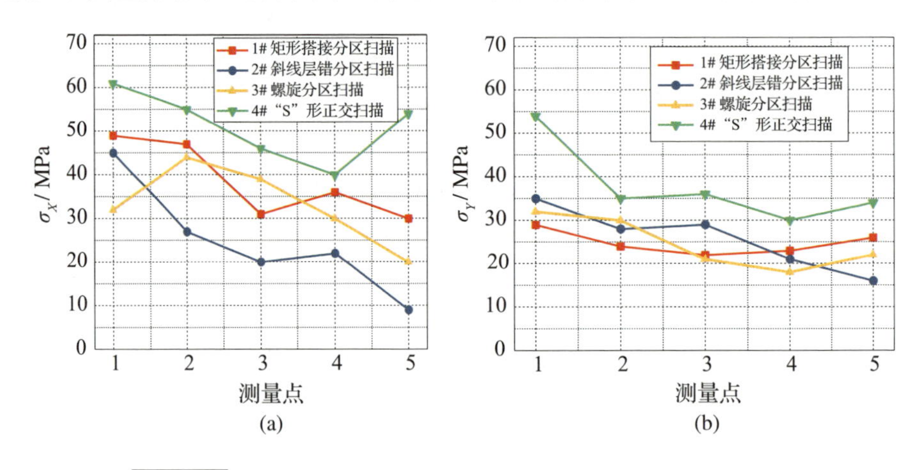

图 12－28　粉末床激光熔融成形 316L 不锈钢的残余应力分布曲线

(a) X 方向；(b) Y 方向。

对比 σ_X 和 σ_Y 的曲线可以发现，1#、2#、3#试样的 σ_Y 沿长度方向的分布比 σ_X 的平稳，而 4#试样的 σ_Y 沿长度方向的分布与 σ_X 的相似。这是由于采用分区扫描策略规划路径形成的每一层子区域扫描都是沿着 X 方向，导致 X 方向的温度梯度大于 Y 方向的，而对于“S”形正交扫描路径规划方式，上两层与下两层扫描线 X、Y 方向正交，使温度梯度沿 X 方向分布和 Y 方向分布几乎相似。

12.4 降低应力累积的方法

粉末床激光熔融成形件内部的热应力会随着成形层数的增加而逐渐累积，当残余应力达到材料的屈服强度时发生塑性变形，在应力最大的地方发生开裂，故必须采取一定措施降低热应力累积，以降低成形件开裂翘曲的风险。

1. 基板特性

在粉末床激光熔融成形过程中，试样在基板上层层叠加生长，基板的选择与处理是粉末床激光熔融成形的第一步，因此基板上的预应力状态和预热都会对粉末床激光熔融成形过程中残余应力产生影响。成形前，基板通过车床、磨床或铣床等机械加工方式去除切割后的残留试样，这些加工过程会在基板中引入一定的压应力。在成形过程中，此压应力可以抵消最初若干层材料的拉应力，从而降低成形件的残余应力。因此，可以通过在基板上引入预置压应力来降低成形件的热应力。由 12.2 可知，材料的温度梯度越高，热应力越大。因此为了降低热应力，可以给成形基板预热，降低材料的温度梯度。

2. 激光能量密度

激光能量密度越高，试样残余应力越大。这主要是因为提高激光输入能量密度，试样的温度以及温度梯度都会增大。根据温度梯度机制，残余应力会随着温度梯度的升高而增大。同时，较高的激光输入能量会导致生成更大的熔池，熔池凝固时的体积收缩量增大，应力升高。研究表明，对单因素而言，激光功率越大，成形件的热应力也越大，热应力随扫描速度的升高，先减小后增大，但是整体变化幅度并不大。总体而言，需要在保证试样致密的前提下，尽量减小激光能量密度以降低热应力。

3. 扫描策略

长线扫描由于扫描路径之间间隔较长，容易出现冷凝收缩的现象，从而导致热应力增大。因此，应尽可能缩短扫描线长度，以减小熔道的收缩量、缩短熔道之间的扫描间隔，降低熔道的温度梯度，进而降低热应力。由于沿着扫描方向的热应力比垂直于扫描方向的应力大，为了避免成形件沿扫描方向的热应力过大，需要对大面积的成形件进行分区扫描，在较小区域内改变激光扫描方向，避免热应力在扫描方向过度累积。

4. 支撑结构

由于金属粉末的导热系数极低(只有相应实体材料的百分之一左右)，因此在粉末床激光熔融成形过程中，熔池内的热量主要通过热传导的方式向下层材料传导，特别是随着成形层数的增加，下层材料和支撑结构成为熔池内热量散失的主要途径。但是由于支撑结构主要以点线形式与成形件接触，限制了热流通过支撑向基板的传导，因此，有必要加强支撑结构与成形件的连接强度，使得热量能够迅速传导至基板，降低成形件内部的温度梯度。

参考文献

[1] 程艳阶. 选择性激光烧结激光扫描路径的研究与开发[D]. 武汉：华中科技大学，2004.

[2] 王军杰，李占利. 激光快速成形加工中扫描路径的研究[J]. 机械科学与技术，1997，16(2)：303－305.

[3] 王迪，杨永强，黄延录，等. 层间扫描策略对SLM直接成形金属零件质量的影响[J]. 激光技术，2010，34(4)：447－451.

[4] 蔡道生，史玉升. SLS快速成形系统扫描路径优化方法的研究[J]. 锻压机械，2002，37(2)：18－20.

[5] KRUTH J P，FROYEN L，VAERENBERGH J V，et al. Selective laser melting of iron-based powder[J]. Journal of Materials Processing Technology，2004，149(1－3)：616－622.

[6] 张曼. RP中扫描路径的生成与优化研究[D]. 西安：西安科技大学，2006.

[7] 陈剑虹，马鹏举，田杰谟，等. 基于Voronoi图的快速成形扫描路径生成算法研究[J]. 机械科学与技术，2003，22(5)：728－731.

[8] 张人佶，单忠德，隋光华，等. 粉末材料的SLS工艺激光扫描过程研究[J]. 应用激光，1999(5)：299－302.

[9] MA L，BIN H. Temperature and stress analysis and simulation in fractal scanning-based laser sintering[J]. The International Journal of Advanced Manufacturing Technology，2007，34(9)：898－903.

[10] THIJS L，VERHAEGHE F，Craeghs T，et al. A study of the

microstructural evolution during selective laser melting of Ti - 6Al - 4V [J]. Acta Materialia, 2010, 58(9): 3303 - 3312.

[11] KRUTH J P, DECKERS J, YASA E, et al. Assessing and comparing influencing factors of residual stresses in selective laser melting using a novel analysis method[J]. Proceedings of the Institution of Mechanical Engineers Part B Journal of Engineering Manufacture, 2012, 226(6): 980 - 991.

[12] PARRY L, ASHCROFT I A, WILDMAN R D. Understanding the effect of laser scan strategy on residual stress in selective laser melting through thermo-mechanical simulation[J]. Additive Manufacturing, 2016, 12: 1 - 15.

[13] LU Y, WU S, GAN Y, et al. Study on the microstructure, mechanical property and residual stress of SLM Inconel718 alloy manufactured by differing island scanning strategy[J]. Optics & Laser Technology, 2015, 75: 197 - 206.

[14] 胡全栋，孙帆，李怀学. 扫描方式对激光选区熔化成形316不锈钢性能的影响[J]. 航空制造技术，2016，496(Z1)：124 - 127.

[15] 陈德宁，刘婷婷，廖文和，等. 扫描策略对金属粉末选区激光熔化温度场的影响[J]. 中国激光，2016(4)：68 - 74.

[16] WANG D, WU S, YANG Y, et al. The Effect of a Scanning Strategy on the Residual Stress of 316L Steel Parts Fabricated by Selective Laser Melting (SLM)[J]. Materials, 2018, 11(10): 1821.

[17] MATSUMOTO M, SHIOMI M, OSAKADA K, et al. Finite element analysis of single layer forming on metallic powder bed in rapid prototyping by selective laser processing[J]. International Journal of Machine Tools and Manufacture, 2002, 42(1): 61 - 67.

[18] 张宇祺. 激光增材制造金属零件过程中的热力学分析及热变形研究[D]. 沈阳：沈阳工业大学，2019.

[19] 程勇. 激光选区熔化成形GH4169残余应力和变形研究[D]. 武汉：华中科技大学，2019.

[20] LIU Y, YANG Y, WANG D. A study on the residual stress during selective laser melting (SLM) of metallic powder[J]. The International Journal of Advanced Manufacturing Technology, 2016, 87(1 - 4): 647 - 656.

第13章 典型材料激光熔融成形

13.1 高温镍基合金成形

作为航空航天零部件中的重要组成材料之一，高温镍基合金能够在600℃以上的条件下长时间稳定工作，并具有优异的高温抗氧化和抗腐蚀能力，以及较高的抗拉强度和蠕变强度。因此，高温镍基合金被广泛地应用于航空航天发动机的涡轮盘、燃气轮机等重要零部件的制造，是航空航天领域中不可替代的基础性材料。

镍基高温合金零件的传统制造技术以锻造、铸造和粉末冶金为主，这些技术的优点包括成形尺寸大、产量高，成形的零件拥有较高疲劳强度与致密度，但是其成形的周期长、工序烦琐，且直接制造具有复杂外形或内腔的金属零部件如涡轮叶片、发动机燃油喷头等仍存在问题。利用粉末床激光熔融技术直接制造镍基高温合金复杂零件，成形精度更高、周期更短，极大程度上解决了传统工艺中由于多种因素造成的零件成形效率低的问题，是航天发动机精密零部件快速成形与优化设计发展的关键方向之一。

13.1.1 适用于粉末床激光熔融技术的镍基高温合金种类

随着金属增材制造技术的日渐成熟，应用于粉末床激光熔融制造的高温镍基合金种类也逐渐增多，且日趋成为航空航天领域的重要增材制造类材料。其中采用粉末床激光熔融技术成形的成熟材料种类有以下5种(各材料的元素组成见表13-1)。

表 13-1　主要的镍基高温合金材料的化学组成(质量分数/%)

合金	Ni	Ti	Mo	Cr	Fe	C	Nb	W	Al	Co	其他
K4202	余量	2.80	5.0	20	4.0	0.08	—	5.0	1.5	—	1.13
Hastelloy X	余量	—	9.0	21.5	18.8	0.06	—	0.82	—	1.16	1.87
Inconel 738LC	余量	3.46	1.82	16	0.07	0.11	0.99	2.58	3.4	8.64	1.59
Inconel 625	余量	0.03	8.80	21.50	0.96	21.50	3.71	—	0.02	—	1.06
Inconel 718	余量	0.99	3.12	19.12	17.61	0.03	5.22	—	0.60	0.029	0.002

(1) K4202 合金是一种以 W、Ti、Mo、Al 等元素作为强化元素的镍基铸造高温合金。通过向合金添加 Cr 和 Mo 等元素，显著提高 K4202 合金零件的抗氧化能力和抗富氧燃气侵蚀能力，成功应用于新一代液氧煤油火箭发动机涡轮导向器等重要零部件的制造生产。经铸造形成的合金拉伸试样在500℃下的疲劳强度达 835MPa，持久蠕变性能为 625MPa，大于 1000h；而其在室温下的拉伸强度可达 1025MPa，合金零件表现出良好的韧性断裂特征。

(2) Hastelloy X 合金是一种兼具出色的抗氧化性、成形能力和高温持久蠕变性能的固溶强化型合金。因长期应用于高温发动机的关键部件，Hastelloy X 合金的高温应变性能及可加工性被高度关注。

(3) Inconel 738 LC 是一种含 W、Mo、Nb、Ta 等难溶元素的沉淀强化型镍基铸造高温合金。在铸造过程中 Inconel 738 LC 成形件的 γ' 相沉淀物，金属碳化物(TiC，TaC，NbC)和金属间化合物(Ni_3Al、Ni_3Ti)等沉淀物富集析出，从而使合金的力学性能和耐腐蚀性得到强化以适应高温高压的恶劣环境，因此被长期应用于制造船舶及工业燃气轮机的涡轮耐热腐蚀性零部件。

(4) Inconel 625 是一种以 Nb、Mo 元素为主要强化元素的固溶强化型高温镍基合金，因其在复杂腐蚀氧化的环境下具有优异的抗腐蚀性和抗氧化性，在高温环境下具有良好的力学性能，故和 Inconel 718 材料一同被广泛地应用于航天航空、海洋应用等领域重要零部件产品的生产制造。Inconel 625 合金在600℃下浸润于熔融 $NaCl-CaCl_2-MgCl_2$ 盐中 21 天，其中含量较多的 Cr 和 Mo 元素与腐蚀物会形成紧凑的保护层，表现出比 Hastelloy X 合金更加优秀的抗腐蚀性能，在实验中始终保持着高稳定性。

(5) Inconel 718 是一种富含 Cr 和 Fe 元素的沉淀强化型镍基高温合金。Inconel 718 组织以奥氏体(γ 相)为基体相，强化相包括在620℃左右析出的主

要的强化相 γ'相和在700℃左右析出另一基本强化相 γ''相，组织中还包括少量经高温处理后产生的 δ 相、碳氧化物以及对零件有害的 Laves 相。经过等温锻造后的 Inconel 718 拉伸样件在650℃的高温条件下进行拉伸试验，其抗拉强度可达 1180MPa，屈服强度达 1040MPa，拉伸率为 30%，被应用于喷气式发动机涡轮盘的制造生产。

适用于粉末床激光熔融技术的高温镍基合金材料具有高熔点、强度高、耐腐蚀、抗氧化性强的显著特点，通过粉末床激光熔融技术有效提高了镍基合金成形的经济性与效率性。上述材料所制成的粉末均能满足粉末床激光熔融技术的制造要求，基本近球状，同时结合其中多种合金元素后，粉末材料具有良好的润湿性和自溶性，易于直接成形制造，降低了其他高温镍基合金成形过程中存在的翘曲、空隙问题。此外，粉末大小适中，降低了能量输入要求，减少球化现象的出现。材料成形件在不同的合金元素的固溶/沉淀强化作用下均具有优异的力学性能及使用寿命，其中强化相 γ'相沉淀析出使合金在高温状态下的力学性能与耐腐蚀、耐氧化性能得到大幅度提高。因此广泛应用于高温腐蚀性强的恶劣场所如涡轮发动机、强腐蚀性化学反应容器等。

13.1.2 粉末床激光熔融成形高温镍基合金微观组织特征、组织缺陷

粉末床激光熔融成形镍基高温合金零件的金属微观组织样貌及其内部组织缺陷较传统锻造、铸造有较明显的差别。通过观察合金微观组织组成、检测合金缺陷的变化，进而选用合适的后处理改善和稳定合金的微观结构，这对提高镍基高温合金零件的高温性能和使用寿命具有重要的意义。

左蔚等对 K4202 合金的粉末床激光熔融成形件进行显微组织观察后发现，与其他合金相同的是成形的 K4202 合金微观组织为外延生长的柱状枝晶，呈[001]方向生长，但在层与层之间的组织中发现了层带结构[图 13－1(a)]，枝晶和等轴晶粒分布在沉积组织的最顶部[图 13－1(b)]。此外，合金中的 γ'相由于高凝固速率和冷却速率的作用具有更高的形成率。

张宏琦等通过对激光功率和扫描速度的调整，以最佳参数进行 Hastelloy X 合金的快速成形后发现，在柱状枝晶周围可以观察到明显的熔池边界，但随着柱状晶转变为等轴晶后，熔池边界和其树突形态逐步消失(图 13－2)，其中明显的熔池边界和亚稳态的枝晶树突对合金的稳定性有较大的影响。在对其样品的微观组织进行观察时还发现了其中存在的缺陷如孔洞和未熔金属粉

末，其主要原因可归结为在高速凝固的过程中气体和部分未熔粉末无法从熔融物质逸出，凝固后便形成明显缺陷。

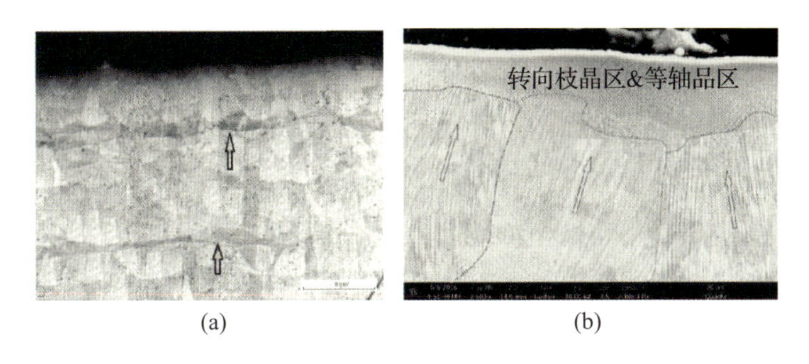

图 13-1 K4202 合金沉积态显微照片

(a)层带组织；(b)沉积态顶部组织。

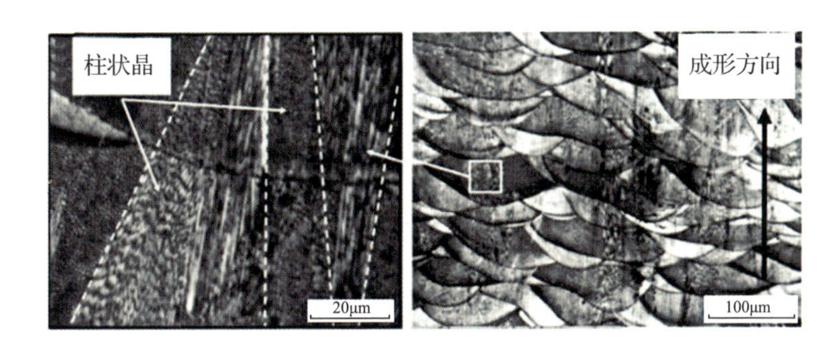

图 13-2 经粉末床激光熔融成形后 Hastelloy X 微观组织

D. Tomus 等在对不同 Si 和 C 含量的 Hastelloy X 合金进行成形制造时发现，在成形合金内部产生的热裂纹和冷脆裂纹(图 13-3)与合金冷却时收缩产

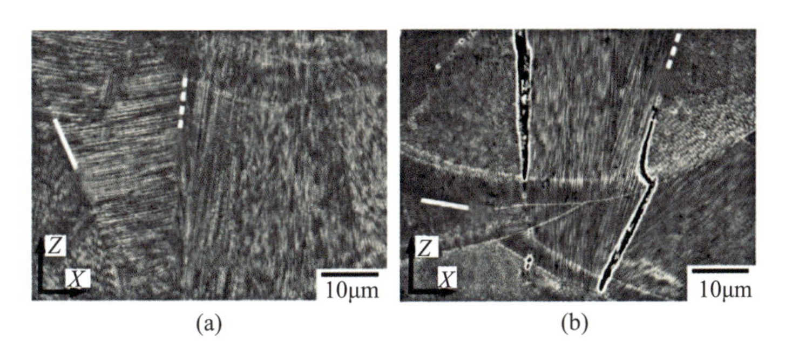

图 13-3 Z 方向上合金凝固熔池边界及其微裂纹 SEM 图

(a)样品 1；(b)样品 2。

生的内应力有关，同时与 Si、C 含量有较大的关系。在热循环影响的单独作用下合金表现出微小的微裂纹形成率，最主要的原因是它的热撕裂敏感性，而在低含量的 Si 和 C 作用下合金的热撕裂敏感性明显下降，所以合金的微裂痕形成率明显降低。

L. Rickenbacher 等对 Inconel 738LC 成形件进行初步研究后发现，晶粒主要沿轴向生长为明显的柱状结构，其尺寸（<100 μm）小于传统铸造的成形样件。M. Cloots 等人在优化 Inconel 738LC 的成形质量过程中，通过显微分析后发现成形样件中的树枝晶由主干枝晶和分支组成，其生长方向靠近[100]或[001]方向排列；样件中存在的微裂纹横向于扫描方向形成（图 13-4），均为凝固过程中因高温度梯度变化而产生，而其根本原因可归结为元素镐在晶界处的富集偏析所致；其裂纹密度和孔隙率之间存在明显的反比关系，即在降低裂纹密度的过程中会使孔隙率提高。

图 13-4　Inconel 738LC 微裂痕形成演变图

（a）裂纹沿着建造方向大角度晶界传播；（b）裂纹附近的晶体学分析；（c）位于熔池表面的裂纹的 SEM 照片；（d）开裂处的树枝状结。

张洁等调整粉末床激光熔融成形 Inconel 625 合金的系统参数至最佳后，分析发现成形后在垂直方向和水平方向上的截面组织分别为柱状组织和胞状组织，由 γ 基体和脆性 Laves 相构成。在对 Inconel 625 合金的成形横截面上微裂痕的研究中发现，在微裂痕周边聚集了大量白色 Laves 相(图 13-5)，并且微裂痕主要发生在晶界的位置，易形成应力集中。而其外因可归结为高温度梯度引起的热残余应力。

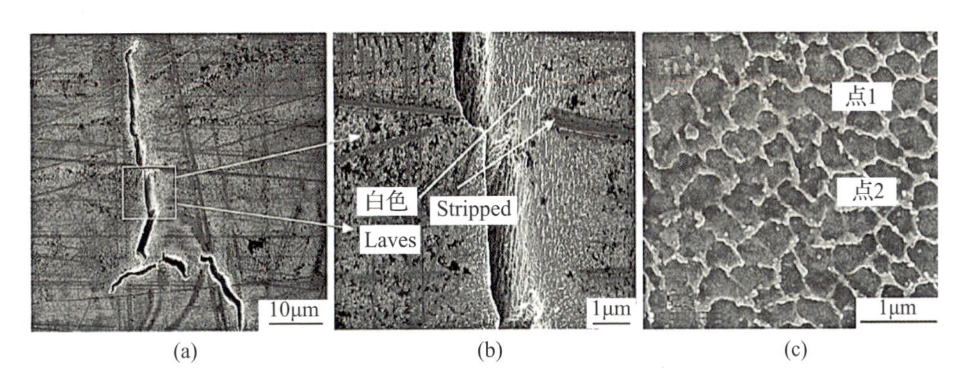

图 13-5　Inconel 625 裂纹表面形貌图

(a)低倍形貌；(b)高倍形貌；(c)点能谱位置。

J. P. Choi 等人以 800mm/s 的激光扫描速率成形粉末床激光熔融的 Inconel 718 合金试样，通过 EBSD 观察粉末床激光熔融零件的三向腐蚀截面，发现其微观结构由所有平面的等轴晶粒和柱状晶粒的混合物组成(图 13-6)。在熔池组织的中间部位为直径 10～30 μm 的柱状晶粒，其中长柱状晶粒的生长方向与熔池冷却的方向基本相同，这与熔池凝固过程中的热流方向和凝固

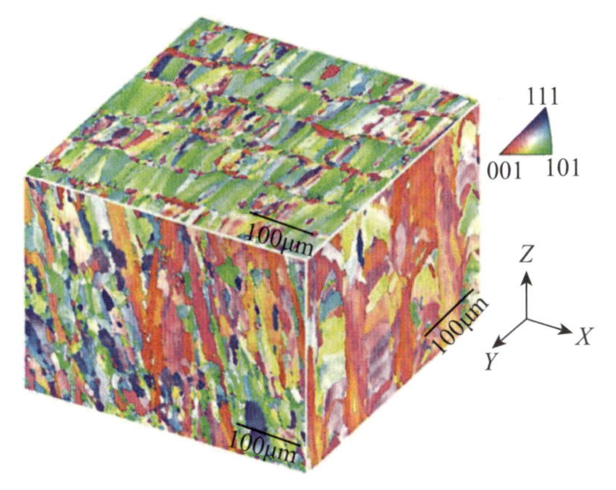

图 13-6
三个互相垂直平面(*XY*、*YZ* 和 *XZ*)的粉末床激光熔融样件 EBSD 图(激光扫描速率为 800mm/s)

冷却温度梯度有关。在熔池边界位置上存在有平均尺寸为 10 μm 的等轴晶粒，具有多种晶体取向(图 13－7)，造成这种情况的原因可能有：①扫描过程中熔池边界区域出现重熔现象，使晶粒生长方向随复合热流方向变化而发生改变；②粉末中的杂质集中到熔池边界，使晶粒生长为异向的等轴晶小颗粒。

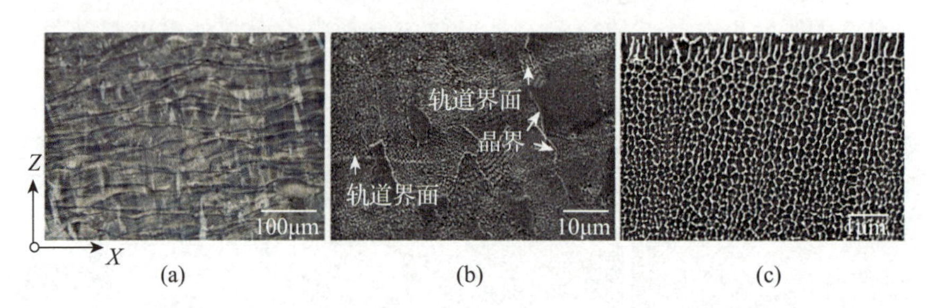

图 13－7　*XZ* 平面下的 Inconel 718 样件微观组织 SEM 图(激光扫描速率为 800mm/s)

(a)OM 图；(b)、(c)SEM 图。

V. A. Popovich 等人用 950W 激光源处理 Inconel 718 粉末后发现，大柱状晶粒的晶轴长度接近其 100 μm 的最大层厚度。这表明晶粒的生长具有明显的外延性，并且其生长方向沿“*Z*”轴方向，符合热流方向变化。在实际应用过程中，金属零件的晶粒取向影响着机械零件的疲劳强度和显微硬度等重要性能。T. Brynk等向 Inconel 718 合金中添加不同质量分数的金属元素 Re，并观察分析了经粉末床激光熔融成形后“梳妆”结构零件的微观组织，进行了疲劳性能的实验研究后发现，适量添加 Re 能使 Inconel 718 零件经热处理后的树枝状晶粒更细，但是过量的 Re 会导致有害相 Laves 相和碳化物的增加(图 13－8)，难溶部分的 Re 附近形成了许多位错，经疲劳裂纹扩展(fatigue crack growth FCG)实验

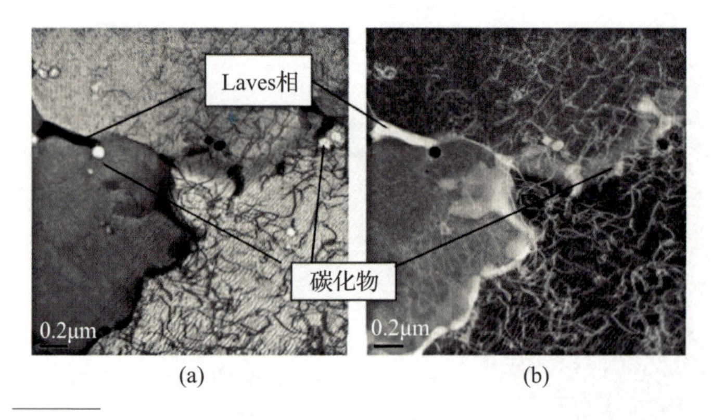

图 13－8　含 6%Re 的 Inconel 718 微观组织在 Z 方向上的 TEM 图

(a)明亮区域；(b)黑暗区域。

后发现通过处理后零件内部组织易在 Rc 附近形成微观裂纹并会逐渐发展成裂纹网络，不利于零件的疲劳强度。E. Chlebus 等在分析 Inconel 718 零件经粉末床激光熔融制造后的微观相分布时发现，在熔池固化的过程中金属元素 Nb 和 Mo 会发生微观偏聚，一部分形成脆性金属间化合物 $\delta-Ni_3Nb$ 相和 Laves 相，另一部分离散在枝晶结构间。这种微观偏析已发生在多熔道的重熔区域或凝固层的层间重叠区域，在一定程度上造成金属零件的残余内应力，影响金属零件的使用。

传统铸造工艺成形的高温镍基合金组织由 γ 和 γ' 组成，形貌以粗大的枝状晶状结构为主，平均尺寸约为 40 μm。在晶间弥散形成不规则的 γ/γ' 共晶组织和少量 MC 碳化物结构，具有较大的合金成分偏析现象，缺乏碳化物的钉扎作用和 γ' 强化相的有效阻碍，位错滑移现象极易发生，合金的热稳定性较差。由于铸造过程中常有的膨胀现象，成形样件内部不可避免会有较大裂纹和气孔形成。铸造成形后需要通过锻压消除颗粒晶界和压碎枝晶使晶粒得以细化为等轴晶结构，此时晶粒尺寸约为 10 μm，同粉末床激光熔融成形合金晶粒大小相近。经粉末床激光熔融成形的样件组织以等轴晶和枝状晶为主，晶粒方向基本为[001]（Z 轴方向），常具有明显的外延性特征，通过向成形粉末添加 Re、Si、Nb、Mo 等合金元素可有效消除内部微裂纹与其附近存在的脆性 Laves 相和 $\delta-Ni_3Nb$ 相，提高成形件的致密度与组织形态。

13.1.3 高温合金热处理及性能

1. 热处理方式及原理

为了消除或改善粉末床激光熔融成形的零件微观方面产生的非平衡相、Laves 相以及合金内部存在的微裂痕等缺陷和宏观方面零件的残余内应力，选用合适的热处理工艺在一定程度上决定了零件最终的组织和性能。

固溶强化和时效强化是绝大部分镍基高温合金采用的强化方式。固溶强化的基本原理是通过控制加热温度在一个不致使合金熔化的合适的范围内，促进含合金元素的溶质原子充分地溶解在固溶体中，从而促使固溶体内产生晶格畸变，增大位错运动阻力，提高合金固溶体的强度。时效强化的本质是通过时效处理使过饱和固溶体中的合金元素以细小的沉淀物颗粒弥散析出在合金基体中，形成部分体积较小的溶质原子富集区，该富集区形成的沉淀相能有效阻止位错和晶界的运动，提高合金强度。常见镍基高温合金的热处理方式有1010～1070℃固溶＋时效处理、950～980℃固溶＋时效处理、720℃直接时效处理、均匀化处理等。

2. 组织及性能变化

由粉末床激光熔融成形的镍基高温合金零件晶粒主要包括柱状晶粒和部分等轴晶粒，其基本相组成包括有γ强化相、γ'相、Laves相和部分MC碳化物，而枝晶间脆性相(Laves相)的大量存在，以及强化相γ'和γ''的缺失导致了粉末床激光熔融直接成形件在力学性能和蠕变性能上远低于航天锻件的标准，而经过热处理后的高温镍基合金的力学性能得到极大改善(经热处理后的各种高温镍基合金的材料力学性能见表13－2)。

表13－2　经热处理后的各种高温镍基合金的材料力学性能

材料	LPBF成形			HIP			固溶处理			固溶＋时效处理		
	屈服强度/MPa	抗拉强度/MPa	延伸率/%	屈服强度/MPa	抗拉强度/MPa	延伸率/%	屈服强度/MPa	抗拉强度/MPa	延伸率/%	屈服强度/MPa	抗拉强度/MPa	延伸率/%
K4202	722	948	19	—	—	—	901	1224	27.3	878	1264	18.3
Hastelloy X	630±10	700±10	8±1	440±10	800±10	40±1	400±10	660±10	21±1	—	—	—
Inconel 738LC	786±4	1162±35	11±2	932±4	1350±22	14±1	—	—	—	981±12	1450±16	14±1
Inconel 625	700±40	1011±30	36±5	420	940	59	386	910	54.4	480	950	53
Inconel 718	668±16	1011±27	22±2	645±6	1025±14	38±1	875±11	1153±4	17±2	723±55	1117±45	16±3

经均匀化热处理后，粉末床激光熔融成形件的组织逐步均匀化，外延生长的枝状晶结构转变为细小的等轴晶粒，由于温度梯度以及热流分布不均所产生的熔池边界破碎消失，组织中内富含Ni和Nb的针状和短棒状析出相δ相逐步析出，有效地实现了晶界的钉扎作用，进一步限制了晶粒的长大。经固溶和时效处理后，γ'相和γ''相的沉淀析出强化，脆性Laves相完全溶解，MC碳化物增加，样件的性能因此得到充分改善。不同的研究表明，经热处理后的成形件各项力学性能包括屈服强度、抗拉强度、硬度等均能达到或超过锻件标准，屈服强度相较于净成形件提高了5%到20%不等，抗拉强度最高可达28%，整体性能要求基本满足航空航天样件标准。

13.1.4　高温镍基合金粉末床激光熔融研究热点及关键科学问题

1. 复合材料增强性能

在众多影响高温镍基合金成形质量的因素中，材料自身的可成形性与各种性能极限很大程度上限制了成形件的性能提高。因此，通过在镍基高温合金中添加不同的化学物质如碳化物、硼化物等形成复合材料以获得更加优异的材料硬度、抗氧化性、力学性能等，从而使成形零件能够适应更为复杂的工况环境。

姚锡玲等对纳米复合物 Inconel 718/TiC 成形零件进行性能及微观组织测试后发现，纳米复合材料 Inconel 718/TiC 成形件的抗拉强度较纯 Inconel 718 零件高出 130MPa 左右，较 TiC 高出 90MPa 左右，其原因同未熔融的纳米 TiC 颗粒的晶粒细化和位错钉扎作用有关。张白城等发现向 Inconel 625 中添加 TiB_2 后，样件中原先的柱状晶粒转变为细小的树枝状，微裂痕密度下降，颗粒表现形成细小的机体结构，促使成形件的硬度和弹性模量均高于净 Inconel 625 成形件的，实现了 Inconel 625 成形件的强化作用。而选用新的硼化物、碳化物等增强高温镍基合金材料的力学性能，改善其微观组织仍需研究人员进一步深入探索。

2. 高端分析测试方法

高温镍基合金的净成形机理和相组成析出状态分析是深入探讨成形性能和质量的基础。在成形过程中运用新的分析测试方法测定低熔点合金元素的分布、新相的形成及分布、裂纹形成与扩展机理等，实现测试实验的便捷性和准确性。

G. H. Cao 等利用 HRTEM 等技术对 γ 奥氏体相基体的显微结构进行分析时发现，在 γ 奥氏体相基体中形成了圆盘状和立方形 γ''、圆形 γ' 沉淀，平均尺寸为 10～50nm。而在暗场成形观察下 γ 奥氏体相基体存在的亚结构为 γ' 和 γ'' 相的 3 个变体，包括有较粗针状 γ'' 相的[100] [010]变体，板状和球状的 δ 相析出物(图 13－9)。N. Perevoshchikova 等首次将 Doehlert 设计方法应用于粉末床激光熔融参数优化实验中，仅用 14 次设计实验后所得的最佳参数与阿基米德方法和图像分析法所得的最佳参数基本一致，证实了 Doehlert 设计方法在粉末床激光熔融参数优化中的可行性。B. Cheng 等人利用近红外热像仪对不同粉末床激光熔融设备中的镍基高温合金粉末熔池尺寸和变化进行测定和分析后发现，熔池平均长度为(360 ± 11)μm，平均宽度为(210 ± 13)μm，说明了熔池测量的可行性。

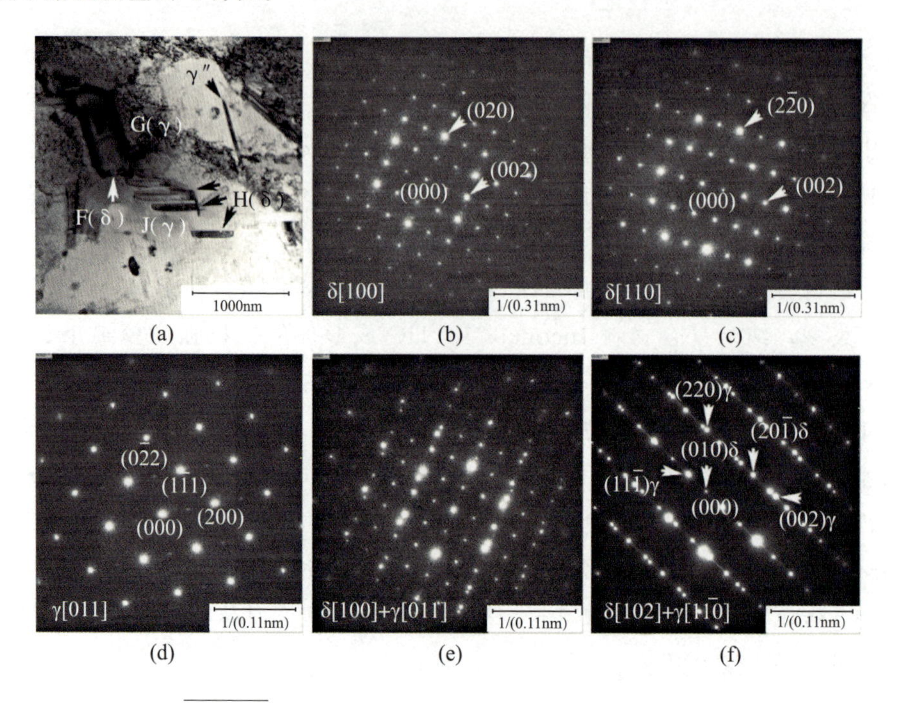

图 13-9　γ 沉淀和 δ 沉淀的 TEM 图与 SAED 分析图

(a)球形和板状 δ-Ni_3Nb 的沉淀的 TEM BF 图；(b)沿[100]晶带轴的 δ 沉淀；(c)沿[110]带轴的 δ 沉淀(区域标记为 F)；(d)γ 基体(区域标记为 G)沿着[011]晶带轴；(e)球状δ(F)和 γ(G)；(f)板状 δ(H)和 γ(J)。

通过新监测手段进行测定 Laves 相和 MC 碳化物的分布区域和分布面积，选择最佳的热处理方式和时间改善粉末床激光熔融成形镍基高温合金零件中的组织结构，消除有害相，提高高温力学性能和表面粗糙度，以使零件更适合于高温高压强腐蚀工作环境。

3. 高温蠕变疲劳行为分析

高温蠕变行为分析以及高周疲劳行为测试是航天航空零件测试的关键内容。作为航天发动机重要零部件的制造来源之一(图 13-10)，高温镍基合金成形零件在高温下的蠕变行为和长周期疲劳强度测试的结果以及其最终的断裂失效原因分析决定了其是否能在复杂工况下稳定地运行工作。

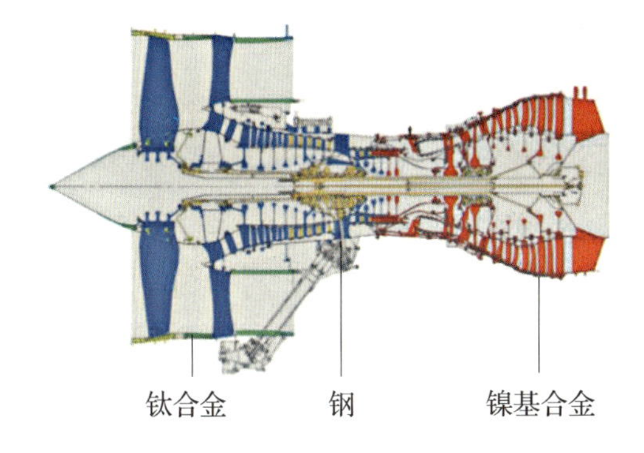

图 13-10
高温镍基合金在涡轮发动机中的应用情况

P. Kanagarajah 等对 Inconel 939 粉末床激光熔融成形件进行室温下的高周疲劳测试，其疲劳寿命显著高于铸造状态下的，但是经过时效处理后，成形样件表现出较低的疲劳寿命，这同加工过程中的孔隙率有直接的关系，对 Inconel 939 的性能测试仍需研究人员进一步深入探索。I. Koutiri 等通过不断调整激光功率密度等常规参数和零件倾斜角、轮廓扫描方式等特殊参数使零件在达到最佳致密度的基础上最大程度减少扫描过程中飞溅污染物的形成和影响，其中在加工参数比（VED 值）处于最佳位置（轮廓参数为 93J/mm³，阴影参数为 87 J/mm³），恒定形成角为 10° 时，零件的平均表面粗糙度和孔隙率都能达到较为理想的状态，可以适用疲劳试验的测试。在对疲劳测试的断裂表面分析中发现样件失效的原因是加工过程中直径约为 150 μm 的飞溅物散落于粉末中（图 13-11），后嵌入零件内部，形成孔洞缺陷。通过新技术手段对样件加工过程中飞溅物的形成与消除进行深入研究，对提高高温镍基合金样件的疲劳强度及蠕变特性具有重要意义。

4. 微观结构形成与演化规律

在合适的加工参数下，减少组织中存在的微孔隙和微裂缝是提高致密度、改善组织性能的重要解决手段，同时微裂缝的存在也会在高温工作状态下形成应力集中，而残余应力的作用又促使裂纹增大，降低零件使用效率。因此，从理论和实验过程中探索微孔隙和微裂缝的演化规律，在实际加工过程中消除微孔隙和微裂缝的消极影响，可以提高其显微硬度等性能。

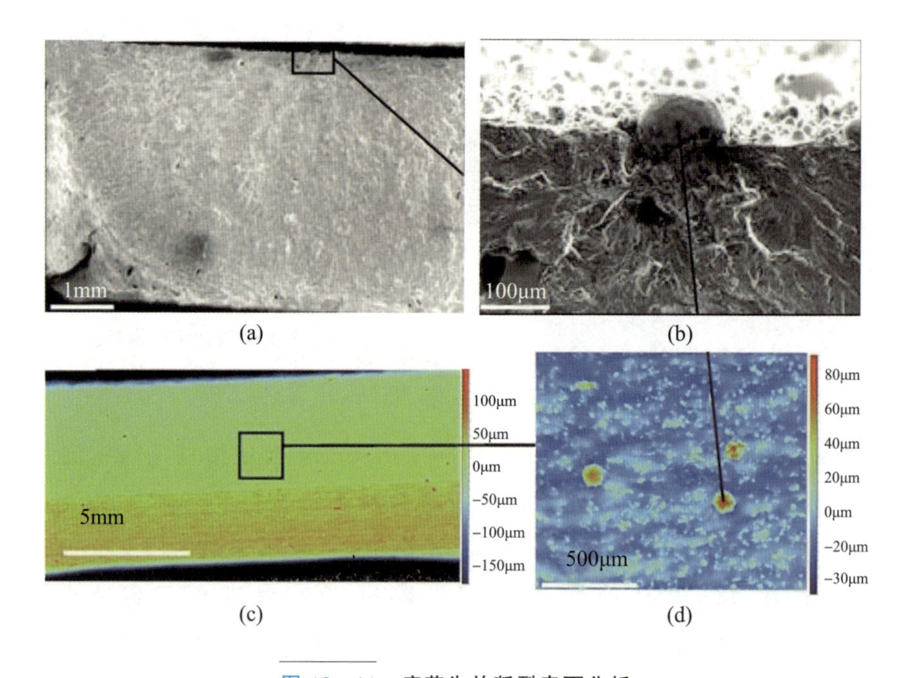

图 13-11 疲劳失效断裂表面分析

(a)、(b)断裂表面裂纹 SEM 图；(c)、(d)表面扫描粒子分析图。

13.2 钛合金成形

Ti-6Al-4V(TC4)是典型的α+β两相高温钛合金，也是目前最典型、研究最为深入的一种钛合金。与不锈钢、CoCr 合金等材料相比，Ti-6Al-4V 具有比强度高、耐腐蚀性好、生物相容性好等优点，因而在国防军事工业、航空航天、生物医学等高端制造领域得到广泛的应用。但是钛合金的加工性较差，传统铸造、锻造等工艺的生产周期长、材料利用率低、生产成本高，阻碍了钛合金在各领域的灵活应用，更难以满足生物医疗领域内日益增长的个性化定制需求。因此采用增材制造工艺来加工钛合金零件成为近几年来的研究热点。

13.2.1 工艺区间探索方案

采用全因子实验方法寻找最优工艺参数组合，从激光功率、扫描速度、层厚、扫描间距、激光光斑等因素出发，综合考虑设备加工过程中工艺参数可修改性及分析各因素对粉末床激光熔融成形质量的影响。最终选取激光功率 P 与扫描速度 v 来研究工艺参数对粉末床激光熔融成形钛合金表面质量的影响。加工工艺实验包括初期的大范围工艺探索(Ⅰ)以及后期的工艺细化(Ⅱ)。其中初期的大范围工艺探索(Ⅰ)，激光功率范围为 150～400W，扫描速度为 600～2500mm/s，如图 13－12(a)所示，该工艺参数规划选取的参数范围大。后期的工艺参数(Ⅱ)如图 13－12 (b)所示，该工艺参数是在初期工艺参数的基础上，对参数进行细化后的工艺参数。实验方块尺寸为 10mm×10mm×10mm，层厚为 25μm，扫描方式为 S 形正交扫描，其原理如图 13－12(c)所示。

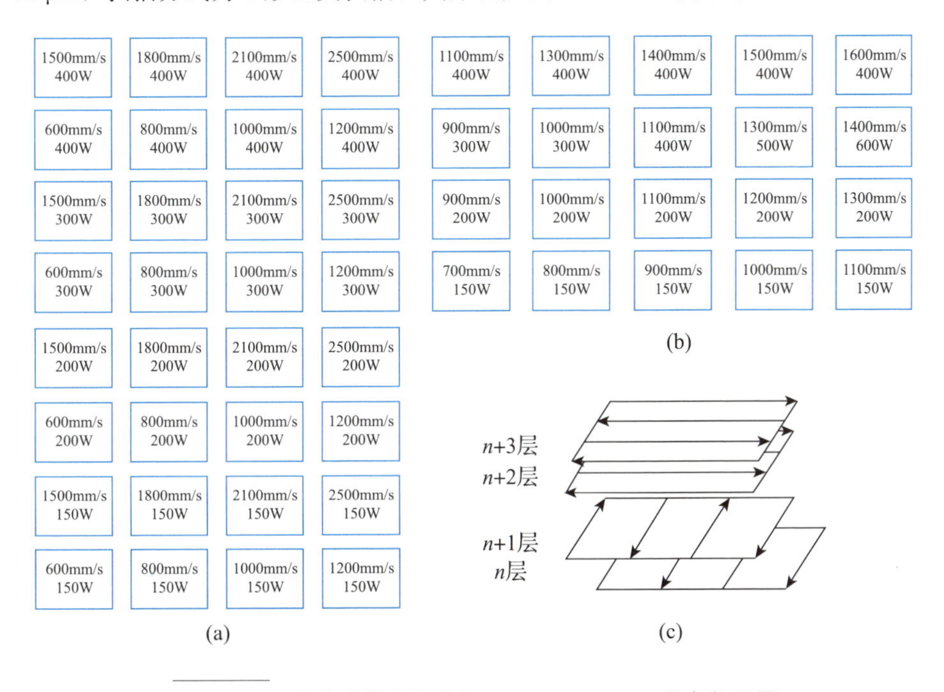

图 13－12　粉末床激光熔融加工 Ti－6Al－4V 工艺参数设置

(a)Ⅰ工艺规划；(b)Ⅱ工艺参数；(c)S 形正交扫描原理。

为研究热处理对粉末床激光熔融成形 TC4 合金塑性性能的影响，根据 TC4 的合金相图确定热处理工艺，采用德国纳博热的 N41/H 马弗炉对其进行真空热处理。热处理工艺为 3h 升温至840℃，保温 2h，炉冷至450℃后空冷。

13.2.2　测试方法

本研究需要对不同参数下粉末床激光熔融成形钛合金零件的表面形貌进

行观察，对熔道搭接、熔道成形质量等特征进行分析。因此选用 VHX－5000 三维超景深显微镜对成形件的表面形貌进行观察，以此来评价成形件的质量好坏。对粉末床激光熔融成形 TC4 合金的拉伸性能进行检测，根据 ISO 6892－1：2016《金属材料室温拉伸试验方法标准》规定尺寸进行设计并依据此标准进行相关性能的测试分析。采用直径为 5mm 和标距长度为 40mm 的拉伸试样，如图 13－13 所示。采用 CMT5105 电子万能试验机对未经热处理和热处理的两组粉末床激光熔融成形 Ti－6Al－4V 合金拉伸件进行拉伸试验，拉伸速度为 0.2mm/min。根据试验所得力与变形数据，通过软件计算获得应力-应变曲线，计算抗拉强度、屈服强度与延伸率等测试结果，并使用 Nova NanoSEM 430 超高分辨率场发射扫描电子显微镜(SEM)对拉伸断口进行观察。

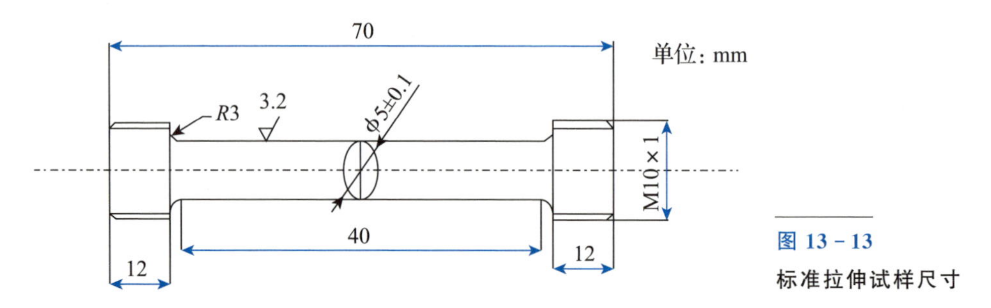

图 13－13
标准拉伸试样尺寸

为研究热处理在显微组织方面对粉末床激光熔融成形 Ti－6Al－4V 合金塑性性能的影响，根据标准 ISO 4499－1：2011 制备粉末床激光熔融成形 Ti－6Al－4V 合金试样(采用顺利成形的粉末床激光熔融工艺参数，10mm×10mm×10mm 方块)。根据上述热处理方法对部分试样进行热处理，对未经热处理和热处理的样件使用 600、800、1000、1500 目的砂纸与抛光布对试样进行精磨、机械抛光，采用王水对试样件的上表面进行腐蚀，腐蚀时长约 60s，采用 Leica DML 5000 显微镜对试样表面的金相显微组织进行观察，所需放大倍数为 50～500 倍。

13.2.3 结果与讨论

1. 表面形貌分类

对成形后的小方块零件宏观拍摄，如图 13－14 所示，其中加工过程中有部分样品因为能量太高而导致加工无法继续，在控制软件中人工干预将其停止加工。

(a)

(b)

图 13-14　粉末床激光熔融成形 Ti-6Al-4V 合金试样

(a) Ⅰ 工艺实验试样；(b) Ⅱ 工艺实验试样。

从实验加工中可以看出，同一激光功率下，随着扫描速度的增加，零件成形质量有明显的变化。同时，需要寻找一个统一的影响参数作为指标，对不同的成形区域进行划分。粉末床激光熔融成形零件表面质量与成形零件致密度和性能有密切关系，这些主要以表面质量为指标，观察熔道质量与搭接效果。根据已有的研究成果，选用线能量输入模型，来研究能量输入对表面形貌及熔化状态的影响。

$$\psi = \frac{P}{v} \tag{13-1}$$

式中　ψ——线能量密度(J/mm)；

P——激光功率(W)；

v——激光扫描速度(mm/s)。

通过 VHX-5000 三维超景深显微镜对不同成形区域成形件的表面形貌进行观察，可以将其分为 5 种典型的表面形貌，包括严重过熔形貌、高能量密度球化形貌、顺利成形形貌、低能量密度球化形貌、烧结形貌，如图 13-15 所示。从图中可以看出，不同成形区域成形件的表面形貌具有明显的特征。其中严重过熔区的成形件表面变形严重、凹凸不平或局部球化，如图 13-15(a)所示，其典型的工艺参数为激光功率 $P = 150\text{W}$，扫描速度 $v = 600\text{mm/s}$。高能量密度球化区的成形件表面逐渐平整，仍有不规则形状的凸起与凹陷，但球化现象已经很少，如图 13-15(b)所示，典型的工艺参数为激光功率 $P = 150\text{W}$，扫描速度 $v = 700\text{mm/s}$。顺利成形区的成形件表面光滑平整，熔道连续、搭接理想，基本无球化，如图 13 - 15(c)所示，典型的工艺参数为激光功率 $P=150\mathrm{W}$，扫描速度 $v=800\mathrm{mm/s}$。低能量密度球化区的成形件表面的熔道不连续，熔化状态较差，致使熔道之间出现孔洞且表面有一些未熔化的粉末，此外还有部分球化的凸起，零件的上表面粗糙、无金属光泽，如图 13 - 15(d)所示，典型的工艺参数为激光功率 $P=150\mathrm{W}$，扫描速度 $v=1000\mathrm{mm/s}$。烧结区的成形件表面无金属光泽，熔道不连续，粉末大部分处于烧结状态，如图 13 - 15(e)所示，表面呈现沙粒状，熔道之间具有较弱的结合强度，其典型

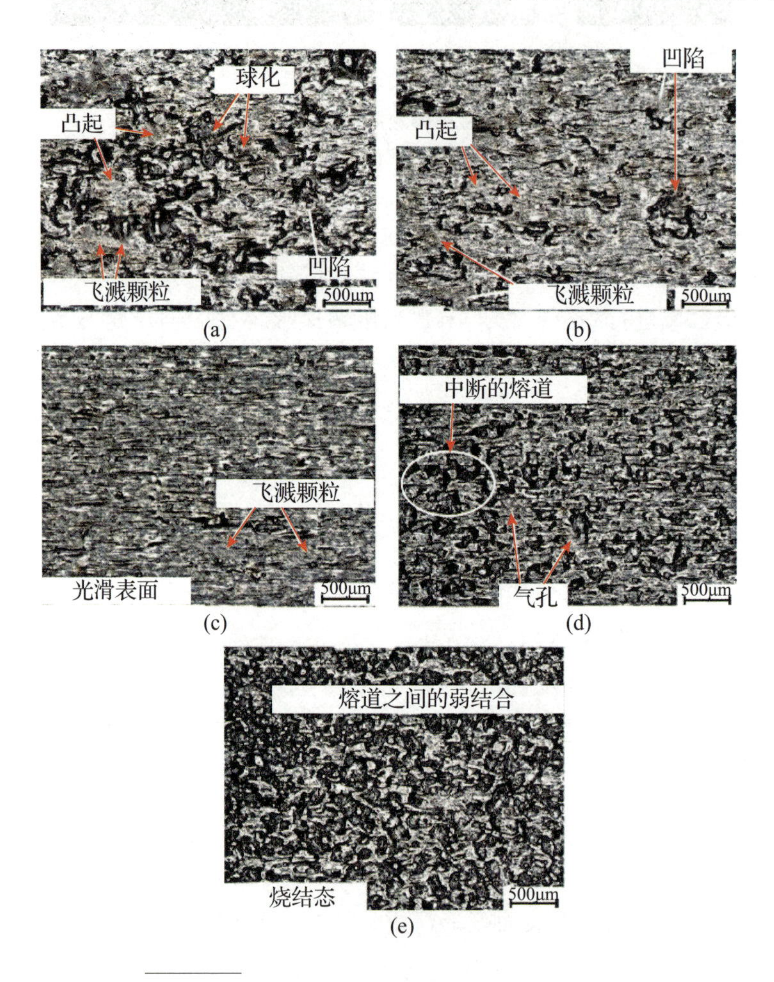

图 13 - 15　不同工艺成形区域成形件的表面形貌

(a)严重过熔形貌；(b)高能量密度球化形貌；(c)顺利成形形貌；(d)低能量密度球化形貌；(e)烧结形貌。

参数为激光功率 $P = 150\text{W}$，扫描速度 $v = 1100\text{mm/s}$。通过对上述表面形貌的观察发现有两个球化表面形貌，包括高能量密度球化形貌和低能量密度球化形貌，这个结果很好地验证了其他研究人员的结论。另外，仔细观察发现所有的样件熔道搭接表面都或多或少嵌入了飞溅颗粒。对飞溅的机理研究，本书前期已经阐述过，这些飞溅颗粒主要来源于激光与粉末瞬间熔化甚至汽化产生的反冲压力，也有由粉末中气体受热瞬间体积膨胀将粉末推到已凝固层导致的。

2. 优化工艺窗口

通过对全因子实验内全部实验方块表面形貌特征的观察与总结，将粉末床激光熔融成形钛合金分为严重过熔区、高能量密度球化区、顺利成形区、低能量密度球化区、烧结区共 5 个成形区域。根据式(13－1)将实验的工艺参数表转化为线能量密度，并且根据各自的表面形貌特征，将各个加工参数(部分参数)划分到所述的成形区内，如表 13－3 所列(在此以层厚为 25 μm 的工艺参数作为讨论对象)。

表 13－3　不同粉末床激光熔融工艺参数下成形的 Ti－6Al－4V 的表面形貌

序号	激光功率/W	扫描速度/(mm/s)	层厚/μm	成形区
1	150	600	25	严重过熔区
2	150	700	25	高能量密度球化区
3	150	800	25	顺利成形区
4	150	900	25	顺利成形区
5	150	1000	25	低能量密度球化区
6	150	1100	25	烧结区
7	200	800	25	严重过熔区
8	200	900	25	高能量密度球化区
9	200	1000	25	顺利成形区
10	200	1100	25	顺利成形区
11	200	1200	25	低能量球化密度区
12	200	1300	25	烧结区
13	300	900	25	严重过熔区
14	300	1000	25	高能量密度球化区

（续）

序号	激光功率/W	扫描速度/(mm/s)	层厚/μm	成形区
15	300	1100	25	顺利成形区
16	300	1200	25	顺利成形区
17	300	1300	25	低能量密度球化区
18	300	1400	25	烧结区
19	400	1100	25	严重过熔区
20	400	1200	25	高能量密度球化区
21	400	1300	25	顺利成形区
22	400	1400	25	顺利成形区
23	400	1500	25	低能量密度球化区
24	400	1600	25	烧结区

根据实验数据统计，算出各成形区线能量密度，以激光功率 P 作为横坐标，线能量密度 ψ 作为纵坐标，获得图 13-16 所示不同能量输入与成形区间的对应关系。从图 13-16 中可以看出，粉末床激光熔融成形钛合金的各种成形区的线能量输入密度区间不是恒定不变的，其范围也是随着激光功率（扫描速度）的变化而变化的。以顺利成形区为例：

(1)当激光功率较低(150～200W)时，顺利成形区的线能量密度范围为 0.17～0.22J/mm。

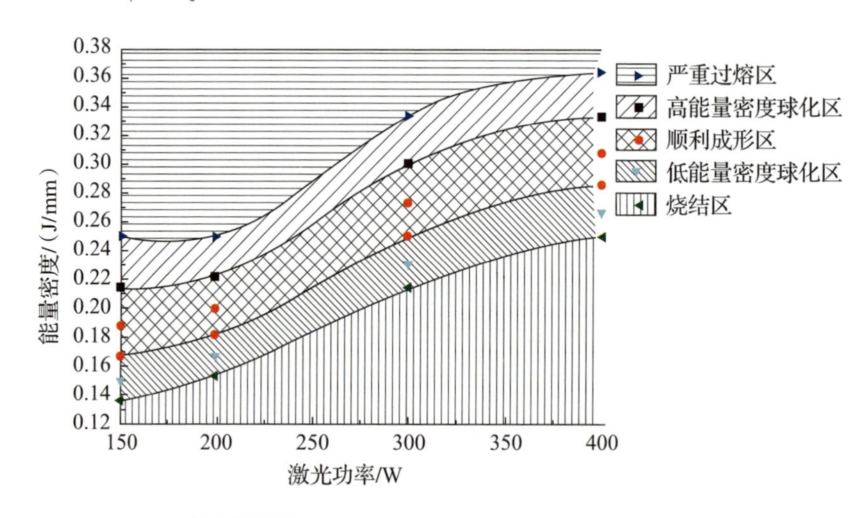

图 13-16 不同能量输入与成形区间的对应关系

(2)当 $P=300\text{W}$ 时，顺利成形区的线能量密度范围为 0.23～0.26J/mm。

(3)当 $P=400\text{W}$ 时，顺利成形区的线能量密度范围为 0.27～0.29J/mm。

所以线能量输入密度与成形质量并非简单的线性关系，传统意义上确定线能量密度即可保证成形质量良好的结论是不准确的，也证明一些研究工作者将能量输入与零件的成形质量直接关联是不准确的。图 13－16 所示可以作为依据，在加工参数控制在顺利成形区范围内的前提下，通过提高激光功率或者扫描速度，来提高激光成形的效率。

此外，根据以上的分析方法，对层厚 30 μm、35 μm、40 μm 和 45 μm 的成形试样进行分析，同样以激光功率 P 作为横坐标，线能量输入密度 ψ 作为纵坐标，建立不同层厚条件下激光能量输入与工艺区间的对应关系，并将层厚 25 μm、30 μm、35 μm、40 μm 以及 45 μm 的顺利成形区工艺窗口图放置于同一图内，如图 13－17 所示。从图中可以看出，每个层厚下，随着激光功率 P 的增加，顺利成形区的线能量密度都呈现一个相同的变化规律，即顺利成形区的线能量密度上限值和下限值都有较大幅度的提高。此外，随着层厚的增加，顺利成形区的线能量输入上限值和下限值也有着较大幅度的提高。这是由于单层粉末量的增加，需要更大的能量输入密度来熔化这些粉末，以获得良好的熔道与成形质量。因此，为了保证钛合金的成形质量，应该控制加工参数处在顺利成形区的范围内，即根据图 13－17 所示的工艺窗口来进行工艺参数的选择。

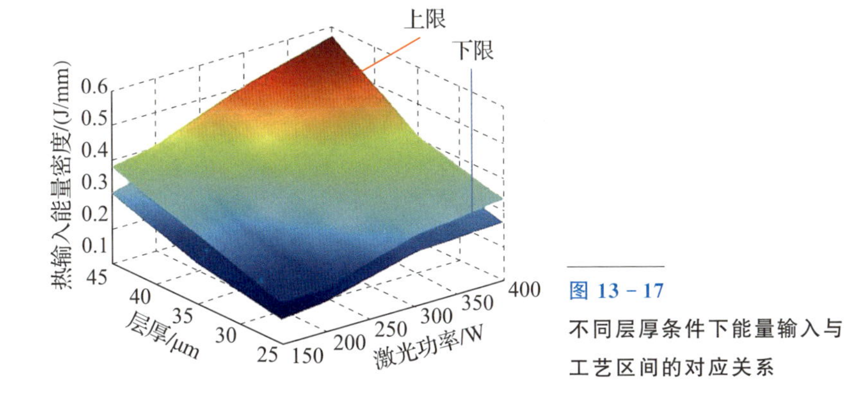

图 13－17
不同层厚条件下能量输入与工艺区间的对应关系

3. 力学性能和微观组织分析

图 13－18 所示为热处理前后粉末床激光熔融成形 Ti－6Al－4V 合金的应力

-应变曲线，表 13-4 所列为热处理前后粉末床激光熔融成形 Ti-6Al-4V 合金的力学性能，每组数据都是由 3 个试样测试得到，取其平均值。从图中可以看出，随着拉伸变量的增加，应力急剧增长。在不同条件下，Ti-6Al-4V 合金的应力-应变曲线都分为 3 个阶段：弹性变形阶段、屈服阶段、应力急剧下降阶段。热处理前，Ti-6Al-4V 合金在拉伸过程中，应力-应变曲线出现了急剧上升和下降现象，无明显缩颈现象，表 13-4 中显示零件延伸率为 5.79% ± 0.29%，推断其断裂方式为脆性断裂。从表 13-4 中还可以看出，经过热处理，粉末床激光熔融成形 Ti-6Al-4V 合金的抗拉强度有一定的下降，但是仍能满足医用钛合金标准 ASTM F136 的使用要求，而经过热处理后，其延伸率提升到 10.28% ± 0.20%。

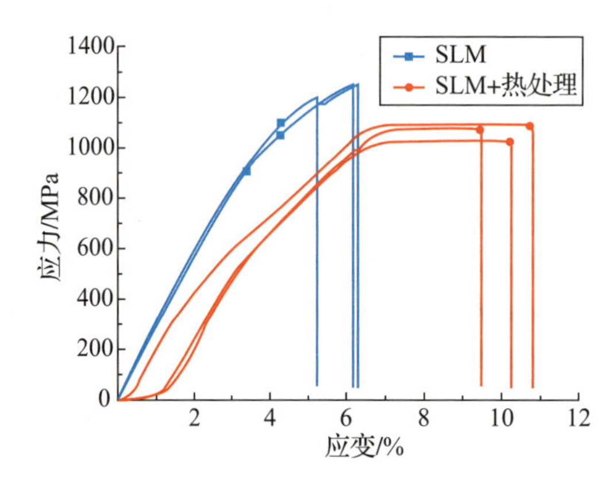

图 13-18

热处理前后粉末床激光熔融成形 Ti-6Al-4V 合金的应力-应变曲线

表 13-4 热处理前后粉末床激光熔融(LPBF)成形 Ti-6Al-4V 合金的力学性能

处理方式	抗拉强度/MPa	延伸率/%	备注
LPBF	1240.5 ± 7.7	5.79 ± 0.29	—
LPBF(参考)	1267.0 ± 5	7.28 ± 1.12	—
LPBF + 热处理	1068.3 ± 26.7	10.28 ± 0.20	840°/2h + 炉冷至450℃ + AC
LPBF + 热处理(参考 1)	1082.0 ± 34	9.04 ± 2.03	705°/3h + AC
LPBF + 热处理(参考 2)	948.0 ± 27	13.59 ± 0.32	940°/1h + 650°/2h + AC
Ti-6Al-4V 合金锻件	⩾895.0	⩾10.00	ASTM B381-05
Ti-6Al-4V 外科植入用合金	⩾860.0	⩾10.00	ASTM F136-12

注：AC 代表空冷。

图 13-19(a)所示为热处理前，$X-Y$ 平面内平行于激光扫描方向的钛合金显微组织形貌。从图中可以看出，热处理前粉末床激光熔融成形 Ti-6Al-4V

合金的显微组织主要由针状马氏体 α′相以及 β 相组成。这是由于 Ti-6Al-4V 合金在快速冷却的过程中，初生的 β 柱状晶在冷却的过程中合金元素来不及扩散，只能转化为成分与母相一致，但晶体结构不同的过饱和固溶体，即 α′相马氏体。在图 13-19(a)中可以看到大量的 α′相针状马氏体，而马氏体力学性能最显著的特点就是具有高强度与高硬度，塑性与韧性取决于马氏体的亚结构(板条马氏体的韧性优于针状马氏体)。因此热处理前粉末床激光熔融成形 Ti-6Al-4V 合金具有高强度、延伸率低的特点。从图 13-19(b)中可以看出，粉末床激光熔融成形的 Ti-6Al-4V 合金经过再结晶退火处理后，α 相明显长大，呈现弥散状分布在 β 相中。因为随着热处理温度接近 β 相变温度时，β 相会沿着 α′相的边缘成核，温度越接近相转变温度，β 相的含量越多。而且，随着针状马氏体 α′相转变为层状的 α+β 双相结构，材料的延伸率也随之增加。

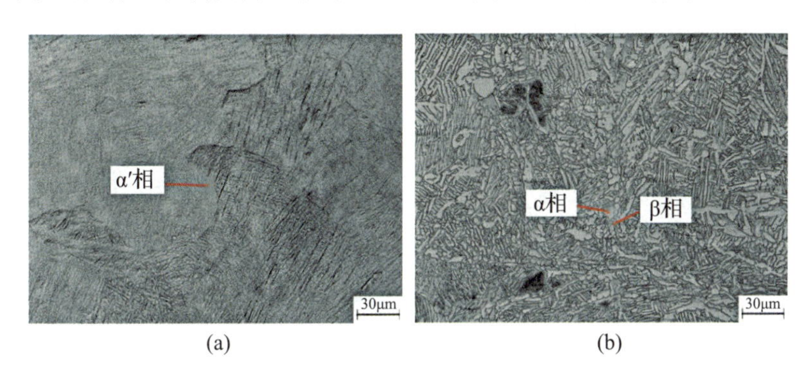

图 13-19　粉末床激光熔融成形的 Ti-6Al-4V 合金的微观组织形貌

(a)未经热处理；(b)热处理后。

为进一步分析热处理前后粉末床激光熔融成形 Ti-6Al-4V 合金拉伸性能变化的原因，对热处理前后 3 组试样的拉伸断口形貌进行观察。图 13-20 所示为粉末床激光熔融成形 Ti-6Al-4V 合金的拉伸断口图，其中图 13-20(a)与图 13-20(b)所示为热处理后成形件的断口图。从图 13-20(a)中可以看出，经过热处理零件的拉伸断口形貌呈现蜂窝状，断裂面由一些细小的韧窝构成，它是识别脆、韧断裂最基本的依据。此外韧窝的尺寸和深度与材料的韧性有关，从图 13-20(b)中可以看出热处理后成形件拉伸断口内的韧窝大且深，说明其断裂机理为韧性断裂。图 13-20(c)与图 13-20(d)所示为未经过热处理的成形件断口图，可以看出断口形貌内存在许多的解理面与局部塑性变形的撕裂棱，此外具有一定量的韧窝，但韧窝的占比小。从图 13-20(d)中可以看出，拉伸断口微观表面形貌具有明显的解理带，在边缘部分也有部分韧窝存在，但这些韧窝形状细小且浅，说明成形件虽然具有一定的韧性，但是韧性不强，证明未经热处理 Ti－6Al－4V 试样的断裂机理为准解理断裂。

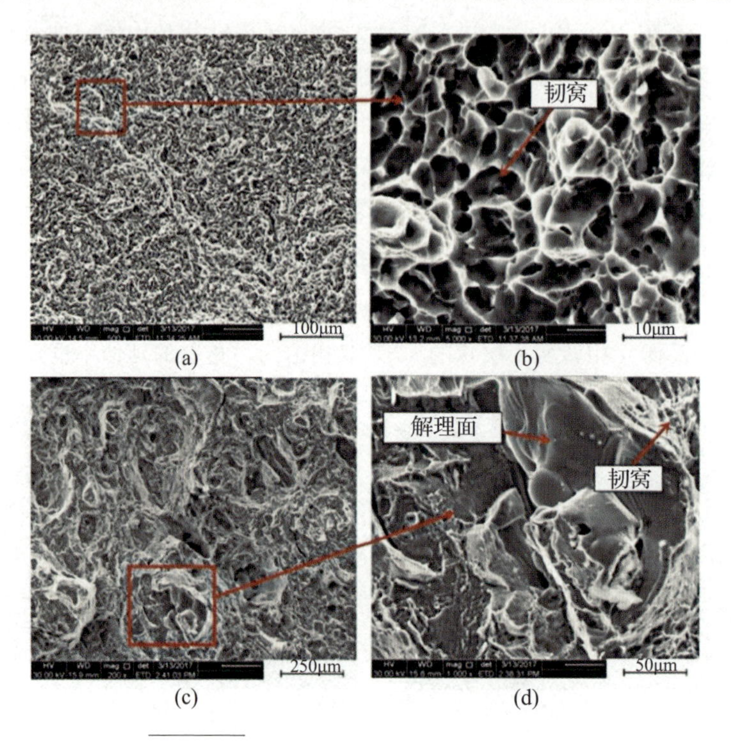

图 13－20　拉伸实验断口形貌的 SEM 图像

(a)热处理试样(放大 500 倍)；(b)热处理试样(放大 500 倍)；
(c)未热处理试样(放大 500 倍)；(d)未热处理(放大 500 倍)。

依据图 13－19 和图 13－20 所示实验结果分析，获得热处理后粉末床激光熔融成形 Ti－6Al－4V 合金韧性变强的原因：热处理过程中针状马氏体 α' 相重结晶形核与长大进而分解为 α 相，在加热状态下 α 相明显长大，并呈弥散状分布在 β 相中；由于保温过程中的 β 相生长促使 β 相的体积分数增大，最终针状马氏体 α' 相转变为层状的 $\alpha+\beta$ 双相结构，致使钛合金材料的塑性得以提升。E. Sallica-Leva 也研究了不同热处理条件下粉末床激光熔融成形钛合金的延展性，得出粉末床激光熔融成形钛合金延展性提升的关键是 α' 相的分解，与本书的研究有较相似的结果。通过对粉末床激光熔融成形 Ti－6Al－4V 合金断口形貌分析发现，热处理工艺使拉伸断口形貌表现为深度更深、分布均匀的较大面积韧窝，验证促使钛合金成形件的断裂机理从准解理断裂转化为韧性断裂。

13.3 纯钛成形

13.3.1 纯钛材料属性

纯钛在常温下是一种银白色的金属，原子序数 22，相对原子质量为 47.90，具有较高的熔点(1668℃)。钛的化学性质较为活泼，但易在表面生成致密的氧化层，因此耐腐蚀性能较好。在室温条件下，纯钛不与氯气等气体以及稀硫酸、硝酸等酸溶液剧烈反应，在碱溶液和海水中的耐腐蚀性也很高。此外，钛还具有良好的生物相容性。

钛基材料中最常见的两种同素异构体为密排六方(hcp)结构的 α－Ti 和体心立方(bcc)结构的 β－Ti。对于纯钛而言，β－Ti 为高温相，在882℃以上至熔点区间稳定存在；α－Ti 为低温相，在882℃以下的温度区间稳定存在。此外，当钛的 α 相转变为 β 相以快速连续冷却方式发生(如粉末床激光熔融成形)时，β－Ti 可能以共格切变的方式转化为 hcp 结构的 α′－Ti，即钛马氏体。

13.3.2 纯钛粉末床激光熔融成形组织

通过前文可知在不同能量密度下，材料成形件的组织具有较大的差异性，图 13－21 所示为纯钛在不同能量密度输入下的晶体结构。从图中可以观察到，在较小的扫描速度和较高的能量密度下，存在相对较粗的板条状晶粒[图 13－21(a)]。当扫描速度增加到 200mm/s 时，发生了马氏体相变，并且所形成的 α 相变成了相对较细的针状[图 13－21(b)]。当扫描速度升高到 300mm/s 时，马氏体 α 相的晶体结构被进一步细化，变成尺寸小于 10 μm 的锯齿形组织[图 13－21(c)、(d)]。因此，在提高激光扫描速度以及随之而来的过冷度和凝固速率方面的变化，粉末床激光熔融成形的纯钛构件微观结构特征经历了如下变化：从相对粗化的板条形 α 组织转变为较细的针状 α′马氏体组织，随后进一步转化为细状 α′组织。

如图 13－22 所示，可以看到在 *XY* 和 *XZ* 截面上都含有长达上百微米的柱状晶组织，并且排列成规则的形状，当局部区域温度达到882℃以上时常出现此类组织结构。在这些区域发生了 α 相组织转变为 β 相组织。Al－Bermani 等通过试验证明这种拉长的原生 β 相界与 α′马氏体组织促使晶间破坏。根据

Li 和 Gu 的研究，在纯钛 3D 打印过程中，激光聚焦的温度可以达到2248℃，而熔池的深度和宽度甚至可以达到 94 μm 和 137 μm。

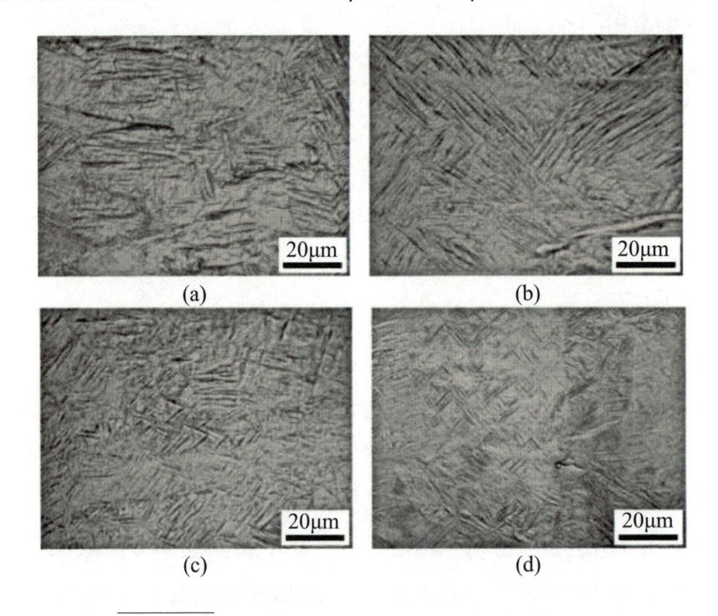

图 13－21　不同工艺参数下纯钛试样的微观结构

(a)900J/m，100mm/s；(b)450J/m，200mm/s；(c)300J/m，300mm/s；(d)225J/m，400mm/s。

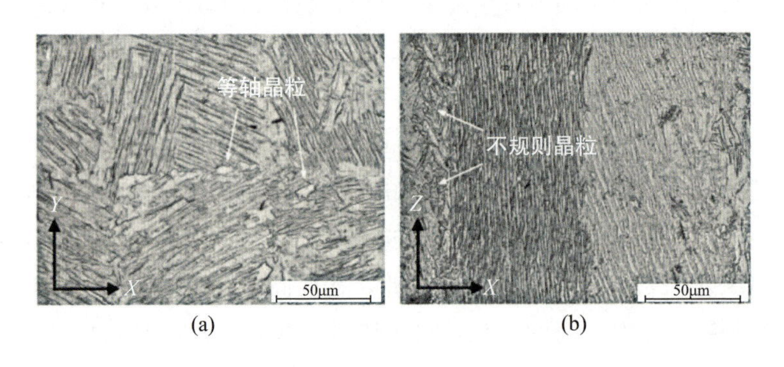

图 13－22　组织结构

(a)*XY* 截面；(b)*XZ* 截面。

比利时鲁汶大学的研究者 Li 等利用背散射电子衍射(EBSD)技术详细研究了粉末床激光熔融成形纯钛在不同方向上的晶粒取向信息以及激光工艺参数对微观组织的影响。该研究指出，在激光总热输入量一定时，采用高激光功率或快速扫描的策略易获得相对粗大的 α′-Ti，即马氏体组织；而低激光功率或慢速扫描的策略则可以获得细小以及更多的等轴 α 相晶粒。此外，高功率或快扫描策略成形的纯钛在水平（粉床铺粉方向）和垂直（打印层加方向）方向的压缩强度更加接近、均匀，织构也更弱；而低功率或慢扫描策略打印的纯钛则恰恰相反，如图 13-23 所示。

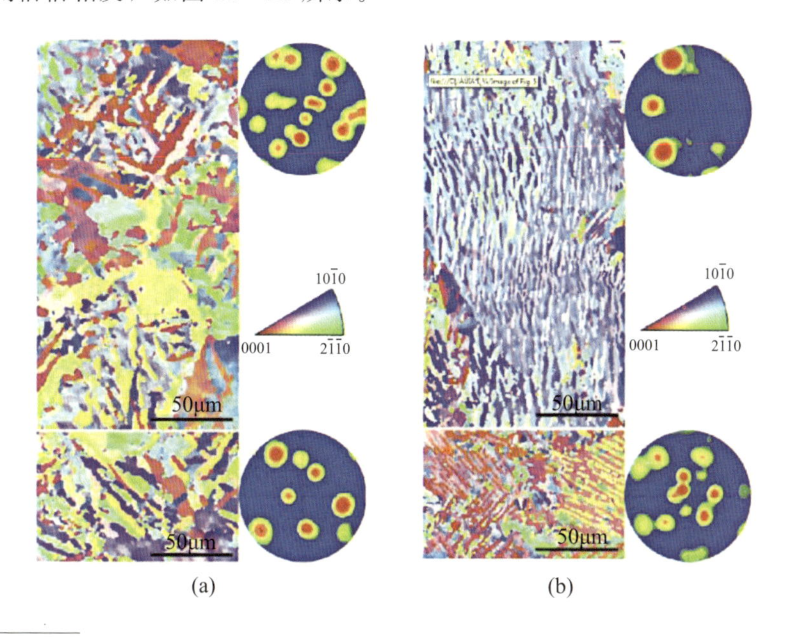

图 13-23　不同激光工艺参数下粉末床激光熔融纯钛晶粒取向 EBSD 成像图和投影图
(a)高功率或快扫描；(b)低功率或慢扫描。

13.3.3　纯钛粉末床激光熔融成形性能

图 13-24(a)所示为纯钛粉末床激光熔融试样的纳米压痕载荷-深度曲线。从图中可以看出在扫描速度为 100mm/s 和 400mm/s 时零件的压痕深度大于其他两个扫描速度下的压痕深度。相应的动态纳米硬度 H_d 值变化趋势和压痕深度的变化趋势一致，如图 13-24(b)所示。与传统的粉末冶金相比，粉末床激光熔融成形表现出更为优异的硬度性能。一般而言，粉末床激光熔融成形零件中的残余应力非常大，但残余应力并不总是不利的。在高致密度且无裂纹或孔隙的情况下，粉末床激光熔融成形的零件中保持合理的残余应力有利于提高硬度。此外，由于熔池的快速凝固，显著的晶粒细化有利于进一步提高成形件的硬度。

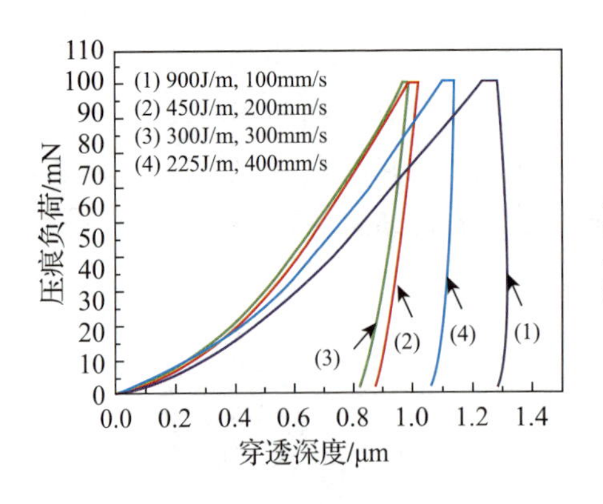

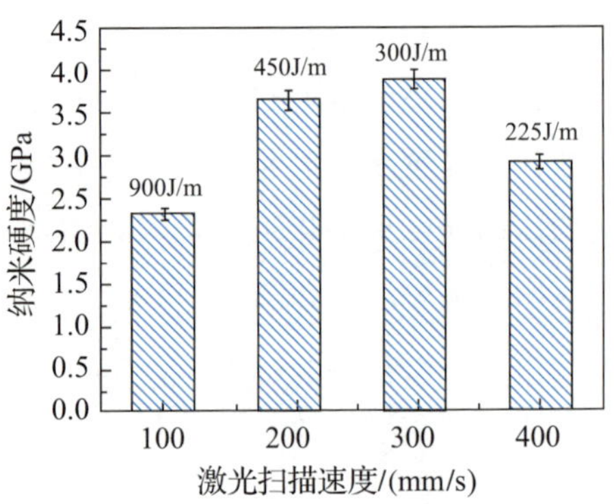

图 13-24　粉末床激光熔融成形纯钛硬度分析

(a)压痕-深度曲线；(b)纳米硬度。

澳大利亚和德国的研究者 Attar 等通过控制激光对单位体积纯钛的能量输入密度，以多组不同的激光参数打印了多个试样并测试了其力学性能。该研究指出，通过合理控制激光体能量密度(最佳范围为 120～200J/mm^3)，可以获得硬度、强度显著强化的纯钛。相比维氏硬度为 210HV 的铸态纯钛，粉末床激光熔融纯钛的硬度最高提升到了 261HV；同时强度的提升幅度更大，屈服强度($\sigma_{0.2}$)和抗拉强度(σ_{UTS})最佳可达 555MPa 和 757MPa，比轧制钛板的强度(屈服强度为 280MPa，抗拉强度为 345MPa)高出近一倍并保持了 19.5%的拉伸延伸率。代表性试样的拉伸应力-应变曲线如图 13-25 所示。Attar 将此强化现象归功于打印过程中惰性保护气氛(Ar)中所残留的氧气造成的钛中氧含量增加以及高速凝固过程带来的晶粒细化作用；同时指出如果块体中残留有未熔化的原料钛粉，将容易成为材料失效的裂纹源并显著降低材料的强度和塑性。因此，激光工艺参数尤其是能量密度参数对于获得高质量、高性能的增材制造纯钛零件至关重要。

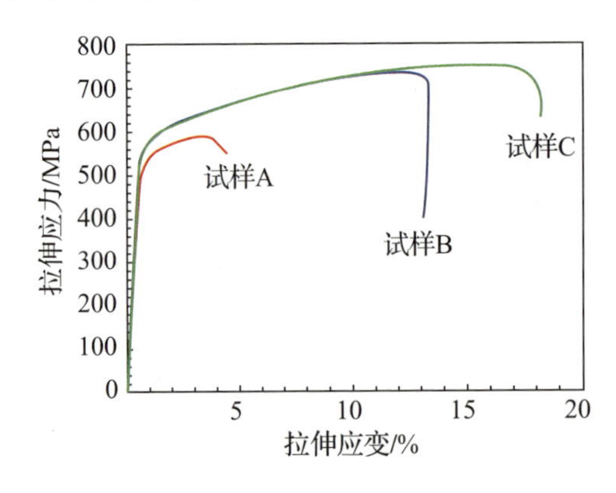

图 13-25

粉末床激光熔融纯钛试样的拉伸应力-应变曲线

13.3.4 纯钛粉末床激光熔融成形性能强化

增材制造技术尤其是粉末床激光熔融技术在强化纯钛方面具有显著的优势：由于粉末床激光熔融通常使用光斑极小、扫描速度极快的激光，在“打印”金属的过程中具有熔池体积小、温度梯度大、急速凝固(冷却速率可达10^6 K/s以上)的特点，因此极易获得晶粒细小的组织；而细化的晶粒会显著增强晶界对于位错迁移的阻碍作用，从而提高材料的强度。法国勃艮第大学与我国上海大学合作发表了在粉末床激光熔融设备基础之上，向激光熔化区域添加静态强磁场从而影响熔池金属流动，进一步细化粉末床激光熔融成形纯钛晶粒的论文。如图13-26所示，静态磁场的引入细化了粉末床激光熔融纯钛的晶粒，减少了材料中的缺陷，并将其断裂延伸率由26%提升到35%，抗拉强度也增加至近800MPa。

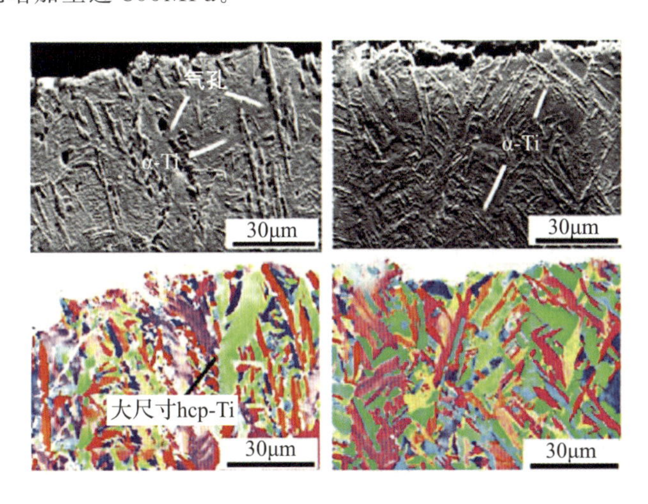

图13-26 粉末床激光熔融打印时未加磁场(左)与增加了静态磁场的纯钛微观组织对比

使用纯氮气(N_2)或含氮复合气氛，在激光加热条件下对Ti或Ti合金进行氮化以获得耐磨、强硬的氮化层已经是一项十分成熟的技术。激光氮化过程中Ti或Ti合金表面生成一层以Ti-N固溶体为基体、含有大量TiN、Ti_2N等化合物颗粒的金属基陶瓷复合材料，使合金具有优异的硬度和耐磨性能。近年来，有研究者开始将强化钛材料的思路扩展至在增材制造技术中使用含氮的活性气氛，从而实现在打印的同时进行整体的、均一的强化。

13.4 CoCr 合金成形

因 CoCr 合金具有良好的力学性能、生物相容性以及耐腐蚀性，在口腔医疗领域得以广泛应用。CoCr 合金作为医用牙科材料，可以修复牙体、牙列的缺损等。但是，由于口腔医疗的复杂性和患者个体差异，修复治疗过程及制造过程对医生的技术水平和经验要求很高。传统口腔金属修复体的主要加工方式为熔模失蜡铸造，其加工过程繁琐、耗时长，且修复体精确性和质量难以保证，铸造不完全、表面黏砂等问题时有发生，使义齿的加工周期长、人力成本高、质量良莠不齐，难以满足当前高性能、自动快速的修复体制作要求。

粉末床激光熔融技术作为一种新型的精密制造手段，结合计算机三维建模与计算机辅助设计，具有替代传统义齿铸造工艺的潜能。粉末床激光熔融技术具有个性化程度高、工序简单、制作周期短、材料利用率高等优点，恰好可以满足口腔修复个性化、复杂化、高难度的技术要求，同时弥补现有技术的不足，且其具有可与传统制造件相比拟的成形精度与力学性能。为了推广粉末床激光熔融技术在口腔医疗领域的应用，研究人员需要对 CoCr 合金激光熔融成形件的组织与性能进行深入研究，以使其性能指标达到医用标准要求。

13.4.1 显微组织性能

1. 显微组织

CoCr 合金粉末床激光熔融成形件的上表面和侧表面的金相显微组织如图 13-27所示。从图 13-27 (a)中可见熔道边界近似平行，相邻熔道搭接致密均匀，无明显孔隙、裂纹等缺陷，熔道内组织呈现明显方向性，熔道边界为由边界指向熔道中心的柱状晶，熔道中心为细小均匀的等轴晶。从图 13-27 (b)中可看到长条状熔道与半弧形熔道交替堆叠，这是因为采用“S”形正交层错扫描策略填充零件实体，侧面包括了 X 轴方向和 Y 轴方向的熔池截面，反映了熔道的横截面及纵截面形貌；进一步观察可发现相邻半弧形熔道形状大小不一，且层间分界线不平直，这是因为成形过程中因飞溅夹杂、铺粉误差等使同一成形层内不同区域的粉床厚度不同，导致成形熔道间的形态差异。图 13-28 所示为采用扫描电镜对侧表面组织进行进一步观察，可见熔道内柱状晶组织沿圆弧径向生长，熔道中心为细长柱状晶，且部分柱状晶可以贯穿相邻两层成形层，熔道边界富集黑色凹坑，形成白色边界。由于在粉末床激光熔融成形过程中，CoCr 合金经历快速熔化、快速凝固的冶金过程，促使 Co 的固溶体显著细化，晶粒细达几个微米，且因成形气氛和材料中含有氧、碳、氮等元素，易形成少量碳化物和金属间化合物富集于熔道边界，经腐蚀后形成凹坑。

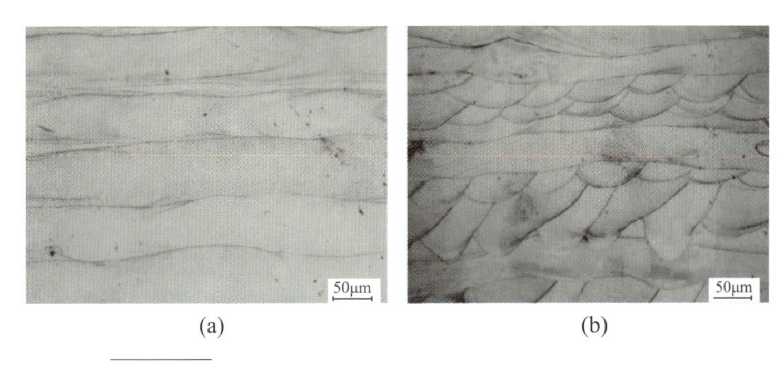

(a)　　(b)

图 13-27　CoCr 合金粉末床激光熔融成形件显微组织

(a)上表面；(b)侧表面。

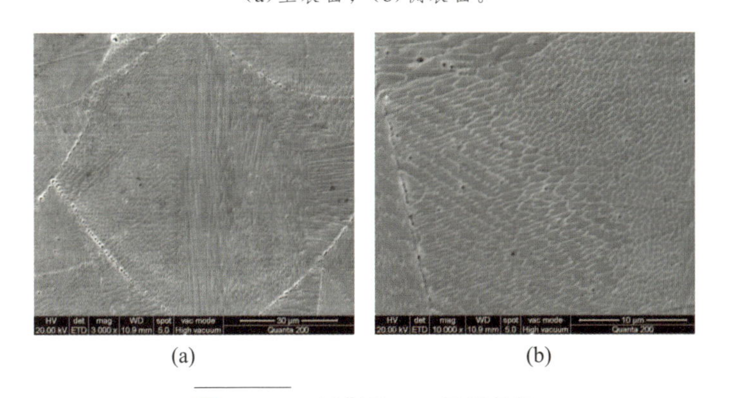

(a)　　(b)

图 13-28　侧表面 SEM 显微组织

(a)放大 3000 倍；(b)放大 10000 倍。

此外，口腔医疗领域的修复体通常需要经历烤瓷工艺程序，而烤瓷工艺会对 CoCr 合金粉末床激光熔融成形件的显微组织造成影响。图 13-29 所示为经历过烤瓷烧结程序后的粉末床激光熔融成形 CoCr 合金金相显微组织和 SEM 显微组织。从图可看出，CoCr 合金经过烤瓷烧结处理后，熔道边界基本消失，本身形成的细晶粒有所长大，且在热耦合作用下无定向生长合并，形成不规则晶粒，晶界区域富集碳化物和金属间化合物，部分来不及偏析的碳化物和金属间化合物离散分布于晶体内，被腐蚀后形成黑色凹槽晶界及凹坑。

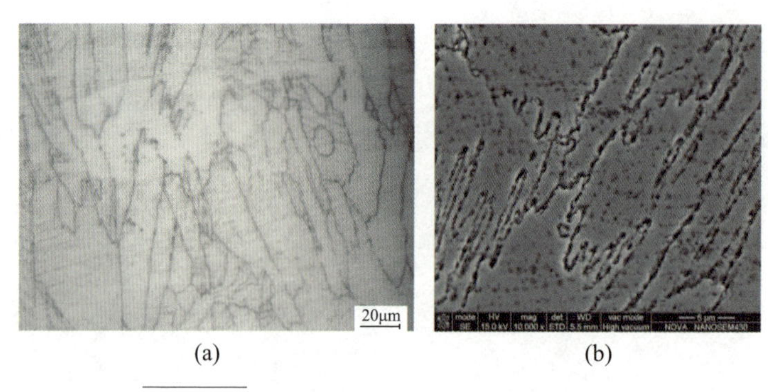

图 13-29 烤瓷烧结后 CoCr 合金的显微组织

(a)金相显微组织；(b)SEM 显微组织。

2. 物相及成分分析

图 13-30 所示为 CoCr 合金原始粉末、粉末床激光熔融成形 CoCr 合金和经过烤瓷烧结的粉末床激光熔融成形 CoCr 合金的 XRD 衍射图，可见 CoCr 合金原始粉末的相主要为面心立方结构 α 相和密排六方结构的 ε 相，且两者有重峰。面心立方结构 α 相三强峰对应晶面指数分别为(111)、(200)和(220)，密排六方结构 ε 相三强峰对应晶面指数分别为(0002)、(1120)和(1122)，而 σ 相含量较少，其衍射峰多被遮挡。经过粉末床激光熔融成形工艺后，CoCr 合金成形件主要相仍为 α 相(fcc 相)和 ε 相(hcp 相)，且其衍射峰强度有所降低，同时在 46.5°处出现晶面指数为(1011)ε 相峰，这是因为 CoCr 合金在激光快速扫描作用下，迅速熔化和凝固，抑制晶粒长大，且热量传递具有明显方向性，多层正交层错堆叠作用使前面的熔道发生重熔再结晶，进一步促使上一熔道中受抑制的微米级碳化物和 ε 相发生转变。经历烤瓷烧结程序后，CoCr 合金成形件的面

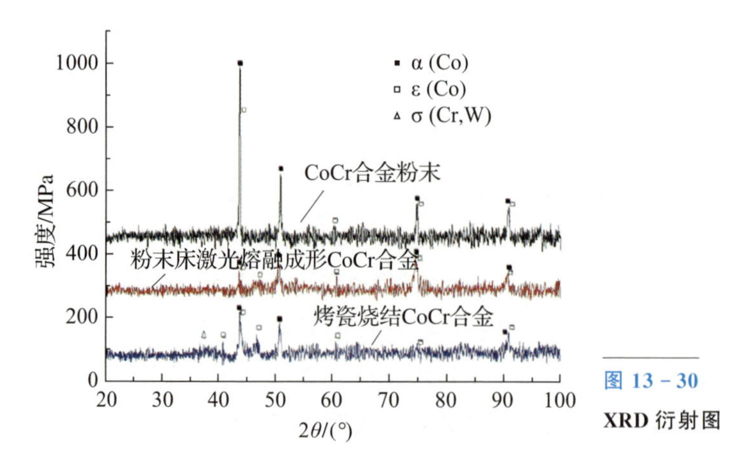

图 13-30 XRD 衍射图

心立方结构 α 相进一步向密排六方结构 ε 相转变，并析出有 σ 相。因烤瓷最高温一般为 920～940℃，在烧结保温过程中，α 相能稳定存在，但随温度降低，CoCr 合金发生固态相变，ε 相增加并有过饱和 Cr 以 σ 相析出。

对成形件进行打磨抛光以去除表面杂质层后，进行 EDS 成分分析以进一步分析 CoCr 合金粉末床激光熔融成形件中的相成分。图 13－31 所示为粉末床激光熔融成形 CoCr 合金的表面成分及 EDS 能谱图，结果表明经过粉末床激光熔融成形工艺后，CoCr 合金中的元素成分均没有发生明显变化，C 含量略有增加，增至 1.11%，这是由于材料存储过程和成形气氛中混有 O、C、N 等元素，易形成少量碳化物富集于熔道边界，Cr 含量大于 20%，Co 和 Cr 的总含量大于 85%，满足 ISO 标准要求。图 13－32 所示为经历烤瓷烧结后的 CoCr 合金 EDS 能谱分析图，对比晶粒内部与晶界的成分含量，发现晶界处 Cr、W、Si、O 等元素含量较晶粒内部高，进一步证明烤瓷烧结后，晶界富集的 σ 相为富 Cr、W、Si 等固溶强化相及碳化物，但总体含量较低，主要元素成分仍符合临床常用要求。

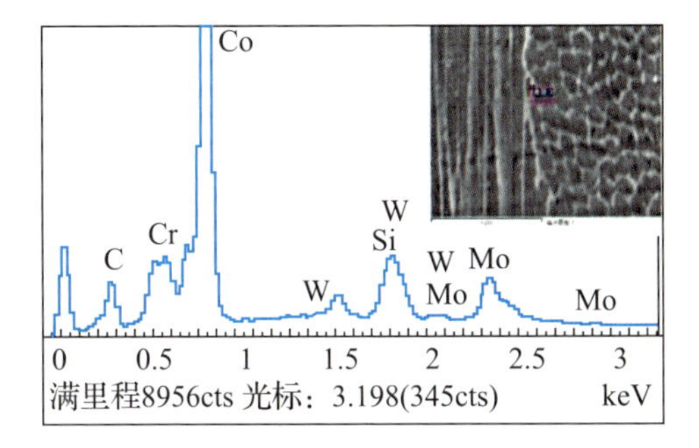

元素	质量分数/%	原子分数/%
C K	1.11	3.87
Si K	0.86	1.28
Cr K	25.05	28.60
Co K	61.79	62.92
Mo L	5.27	2.1
W M	5.92	12.3
总量	100.00	

图 13－31　CoCr 合金 LPBF 成形件 EDS 分析结果

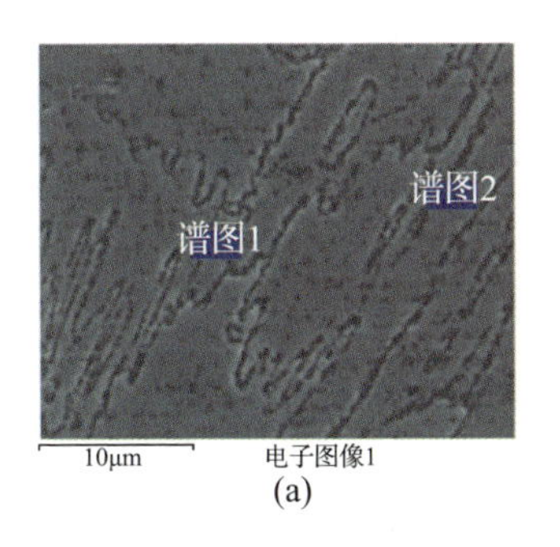

(a)

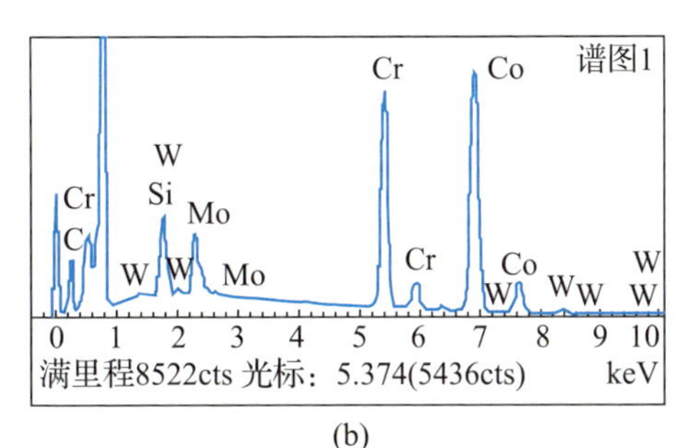

(b)

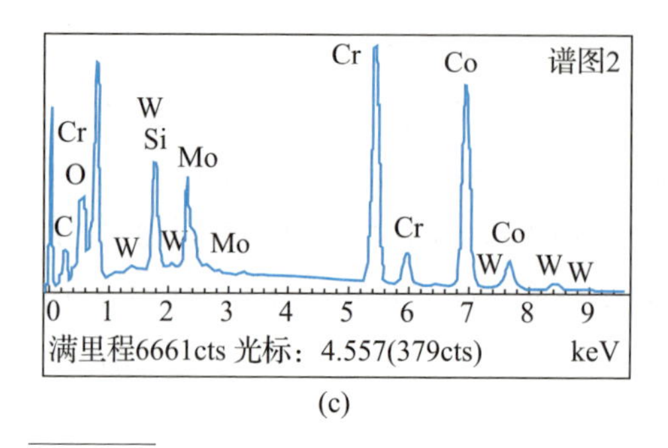

(c)

图 13-32 烤瓷烧结后 CoCr 合金 EDS 能谱图

(a)金相图；(b)晶粒内能谱；(c)晶界能谱。

3. 显微硬度

取上述用于显微组织观察 CoCr 合金粉末床激光熔融成形件，在其上表面、侧表面各取 5 个测试点，点间距为 2mm，以研究该成形件的显微硬度性能。采用维氏硬度测量金属的硬度值，试验原理依据为试件上压痕的单位面积对应所承受的试验力来计算硬度值，显微硬度测试点形态如图 13-33 所示，可见未处理试样的压痕面积比经过烤瓷烧结处理的试样的大。测试结果如表 13-5所列，粉末床激光熔融成形 CoCr 合金上表面的平均硬度值为(423.53 ± 8.74)HV，侧表面的平均硬度值为(434.72 ± 14.32)HV；而经过烤瓷烧结后，CoCr 合金上表面的平均硬度值为(578.53 ± 8.13)HV，侧表面硬度值为(592.07 ± 10.16)HV。在相同测试条件下铸造 CoCr 合金显微硬度为 384.8HV，可看出采用粉末床激光熔融技术成形的 CoCr 合金的显微硬度性能高于铸造方式的，因为粉末床激光熔融成形件致密度高，孔隙、裂纹等缺陷较少，晶粒细小且分布均匀，细晶强化作用显著提高了硬度性能。

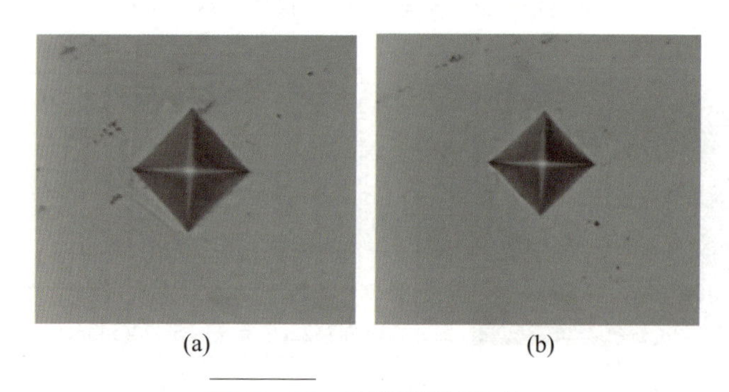

(a) (b)

图 13-33 显微硬度测量点

(a)未处理试样；(b)烤瓷烧结处理试样。

表 13-5　CoCr 合金粉末床激光熔融成形件显微硬度测试结果

测试点		1	2	3	4	5	平均值
未处理	上表面/HV	425.46	427.75	432.39	422.83	409.21	423.53±8.74
	侧表面/HV	439.93	415.99	452.83	425.22	439.62	434.72±14.32
烤瓷烧结	上表面/HV	585.12	573.72	566.68	585.40	581.71	578.53±8.13
	侧表面/HV	581.46	584.99	588.54	604.80	600.56	592.07±10.16

进一步对比分析测量结果可知，在烤瓷烧结处理前后，粉末床激光熔融成形 CoCr 合金方块的侧表面平均硬度值均高于上表面的平均硬度值。这是因为熔道边界富集强化相，而上表面熔道边界为相互平行条状界面，侧表面熔道边界为长条状熔道与半弧形熔道交替堆叠形成的网状界面，故在同样表面积下侧表面的强化相分布密度比上表面的大且均匀，使得侧表面界面受力更均匀，从而硬度值较大。经过烤瓷烧结处理后，粉末床激光熔融成形 CoCr 合金的上表面和侧表面硬度值均提高 36%，这是因为固态相变促使 ε 相增加，强化相显著增加并弥散于基体中，有利于提高硬度。

13.4.2　拉伸性能

具有良好的力学性能是牙科金属-烤瓷修复体的一项基本要求，其测定一般采用拉伸试验法，评价齿科合金力学性能的指标包括一般金属材料的抗拉强度、屈服强度和延伸率等。根据 YY0621.1-2016/ISO9693-1：2012《牙科学匹配性试验第 1 部分：金属-陶瓷体系》设计并采用粉末床激光熔融成形技术制备 9 个拉伸测试试样，如图 13-34 所示，并以 3 个为一组分成 A、B、C 三组，研究经历不同工艺处理后 CoCr 合金的拉伸性能是否满足使用要求。其中，A 组不进行任何处理；B 组按照 ISO9693：1999 标准要求在烤瓷最高温度940℃下保持 15min，然后取出空冷；C 组按照表 13-6 所列的程序对试样进行烤瓷烧结处理。对三组拉伸件测试段进行打磨处理，得到标距为 15mm、直径为(3±0.1)mm 的标准试样，并观察发现没有明显缺陷。采用 CM3505 电子万能试验机进行拉伸试验，载荷加载速度为 0.2mm/min，拉伸前后的试样对比图如图 13-35 所示，所有断裂均发生在标距之内，断裂部位没有明显缩颈。

表 13－6　CoCr 合金烤瓷烧结流程

试样	温度/℃	升温速度/(℃/min)	预热时间/min	烧成时间/min	真空度/%
遮色瓷第一层	940	55	3	5.5	98
遮色瓷第二层	920	55	3	5.5	98
体瓷＋全透瓷	920	60	4	1.5	98

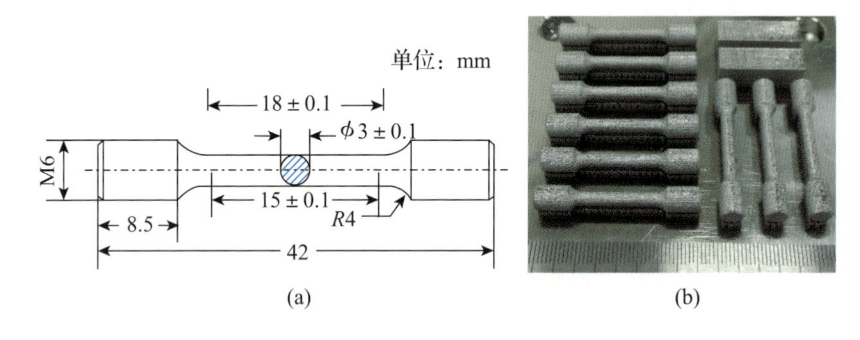

图 13－34　拉伸试样尺寸标准及成形效果

(a)尺寸标准；(b)成形效果。

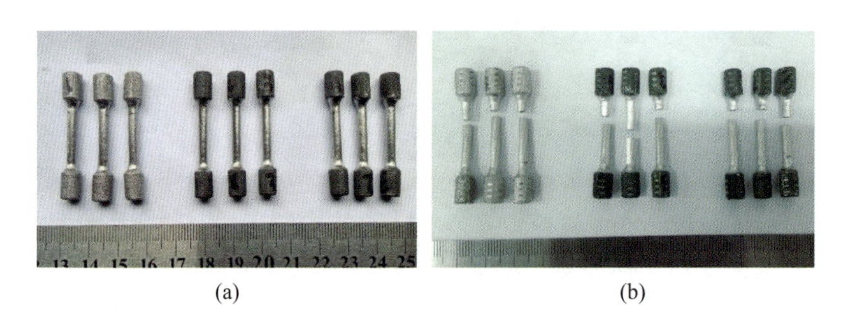

(a)　(b)

图 13－35　拉伸试样对比图

(a)拉伸前；(b)拉伸后。

图 13－36 所示为测试所得的应力-应变曲线，计算整理得到三组试样的性能平均值如表 13－7 所列，可看出三组试样都是脆性断裂，使用 SPSS18.0 软件对它们的拉伸性能进行单因素方差分析，结果表明三组试样的抗拉强度、屈服强度和延伸率均有明显差异。未进行任何处理的粉末床激光熔融成形 CoCr 合金平均抗拉强度为 1282.67MPa，平均屈服强度为 847.33MPa，平均延伸率可达 10.93%；按照 ISO9693－1：2012 标准要求的 15min 热处理和烤瓷烧结处理

后，粉末床激光熔融成形 CoCr 合金的抗拉强度和屈服强度明显提高，其中屈服强度分别为 1003.33MPa 和 1011.33MPa，均远远高于 ISO9693 - 1：2012 要求的最低屈服强度 250MPa，而它们延伸率却有所减小，分别为 4.93% 和 5.00%，但仍高于 ISO9693 - 1：2012 要求的最低延伸率 3%。从上节的显微组织分析可知，粉末床激光熔融成形过程中形成的晶粒较小使试样具有较高的抗拉强度，但拉伸过程中的应变诱发相变，使延伸率变差。而在烤瓷烧结最高温度 940℃ 进行保温处理后，CoCr 合金晶粒尺寸变大，同时发生固态相变，内部存在较多 ε 相和富 W 脆性相偏析，从而增加了基体的屈服强度，但在拉力施加过程中伴随晶格畸变而形成大量裂纹源，导致试样塑性变差。由此可知，粉末床激光熔融成形 CoCr 合金具有良好拉伸性能，在经过后续烤瓷烧结处理后，其强度提高、延伸率有所下降，但力学性能仍完全满足金属-烤瓷修复体系的标准要求。

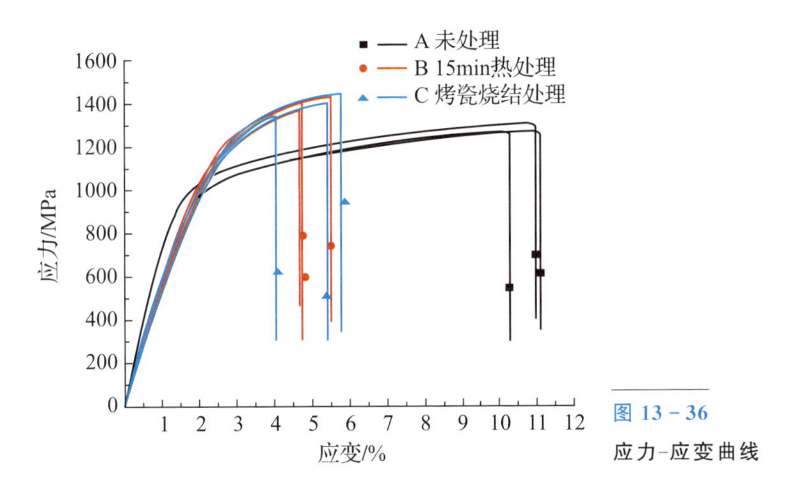

图 13 - 36
应力-应变曲线

表 13 - 7　拉伸测试结果

组别	抗拉强度 σ/MPa	屈服强度$\sigma_{0.2}$/MPa	延伸率 φ/%
未处理试样	1282.67 ± 10.066	847.33 ± 10.786	10. 93 ± 0.462
15min 热处理试样	1399.33 ± 33.565	1003.33 ± 47.004	4.93 ± 0.404
烤瓷烧结试样	1395.33 ± 53.003	1011.33 ± 30.370	5.00 ± 0.889

图 13 - 37 所示为三组拉伸试样的断口 SEM 形貌，对各种试样断口形貌进行观察，进一步分析三组试样的断裂机理。A 组未经任何处理的拉伸试样宏观断口呈放射状花样，有金属光泽，断口形貌具有明显解理台阶和局部塑性变形撕裂岭，通过高倍放大可观察到许多细小酒窝坑状形貌，断裂模式为

准解理断裂。B组拉伸试样宏观断口比A组的更平齐，呈现一定量的解理面和楔形裂纹，具有河流花样，也属于准解理断裂。C组拉伸试样宏观断口最为平整，呈现河流状，没有明显解理台阶，存在大片剪切面，进一步放大断裂面可看到许多细小凹坑，属于解理脆性断裂。晶粒中的解理面总是沿晶内原子排列密度最大的晶面发生，不可能发生在面心立方晶体，证明经过粉末床激光熔融成形后，CoCr合金中的fcc相向hcp相转化，促使合金发生准解理脆性断裂。高温烤瓷烧结处理中，CoCr合金发生固态相变，晶间脆性析出物和显微裂纹增加，提高了试样的强度却降低其韧塑性。对比可知，B组试样与C组试样拉伸性能相似，但断裂机制略有不同，说明在940℃进行保温处理，能促进fcc相向hcp相转变，而且随处理次数增多，固态相变量基本趋于稳定，但会促使强化相充分析出。

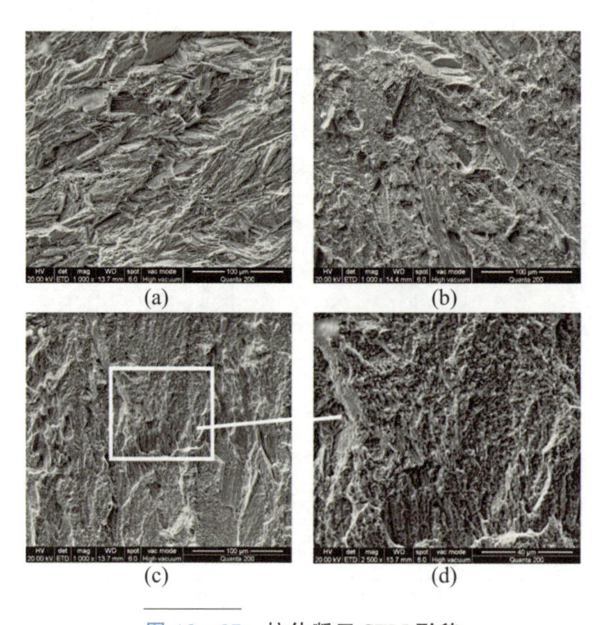

图 13-37 **拉伸断口SEM形貌**

(a)未处理试样；(b)15min热处理试样；

(c)烤瓷烧结试样(放大1000倍)；(d)烤瓷烧结试样(放大2000倍)。

13.5 不锈钢成形

316L不锈钢是典型的奥氏体不锈钢，粉末成形性好、制备简单且来源广泛、成本低廉，并且力学性能较好，结构强度也较高，具有较好的耐磨性、耐腐蚀性和亲水性等，在医疗领域和工业领域都有广泛应用。316L 不锈钢适用于制造复杂结构的零件，例如牙冠、牙桥以及手术手板等复杂结构的零件。不锈钢是在金属 3D 打印中最早被应用的材料，将 316L 不锈钢与粉末床激光熔融技术结合，可以满足诸多领域对零件的复杂结构、低廉成本要求。然而，在 316L 不锈钢粉末床激光熔融成形中，依然存在一定的问题，成形件存在孔洞、裂纹等缺陷以及强度不足以达到理想状态。对 316L 不锈钢粉末床激光熔融成形件的组织与性能进行研究，为粉末床激光熔融技术的进一步发展提供理论与实践实验参考。

13.5.1　显微组织特征

激光熔融成形零件性能取决于凝固组织，而凝固组织又取决于局部凝固条件(凝固速度 R 与熔池内固液界面的温度梯度 G)。粉末床激光熔融成形 316L 不锈钢粉末获得的样件组织与通常的铸造退火后的样件组织有很大区别。本书选择致密度较高的样件作为研究对象，分析 316L 不锈钢粉末床激光熔融成形零件的微观组织特征。

图 13－38 所示为不锈钢粉末床激光熔融成形样件显微组织特征，图 13－38(a)所示为熔道间结合情况微观放大图，因为相邻熔道搭接率大，几乎不能够分辨出单道熔道的形貌，在熔道间存在较多大小不等的孔隙。图 13－38(b)所示为层间、层内熔道间的组织观察，可看出层内熔道结合处为弧形，这主要是因为单道熔道的剖面为椭圆形，熔道间具有明显的冶金结合特性。层间熔合线呈现曲线特征，原因与激光的高斯模式有关系，光斑中心激光强度最高，熔化较深，而两侧能量较弱，熔化较浅，使熔合线呈现弧状，具有明显的冶金结合特征。图 13－38(c)所示为层间熔合线放大图，可清晰地看出 n 层与 $n+1$层之间的熔接效果，在 $n+1$ 层靠近熔合线附近晶粒细小。

在激光连续熔化粉末成形过程中，整个熔池的凝固结晶是一个动态过程。随着激光束向前移动，熔池中金属的熔化和凝固过程是同时进行的。在熔池的前半部分，粉末材料不断进入熔池处于熔化状态，而在熔池的后半部分，液态金属不断远离熔池中心而处于凝固状态。随着激光束的向前推移，金属熔液的热传导方向垂直于凝固前沿，也垂直于周围的已凝固层和上一成形层，所以金相组织中观察发现晶粒的生长方向较多，晶粒也主要由等轴晶与柱状晶组成，这主要是由于该过程是一个高梯度、高速度的凝固过程，层内靠近熔合线处的晶粒特征为柱状晶，层间熔合线处为细小等轴晶。以上现象原因是同一层中的扫描线间激光扫描时间间隔短，前一道熔道还保持在较高的温度，温度梯

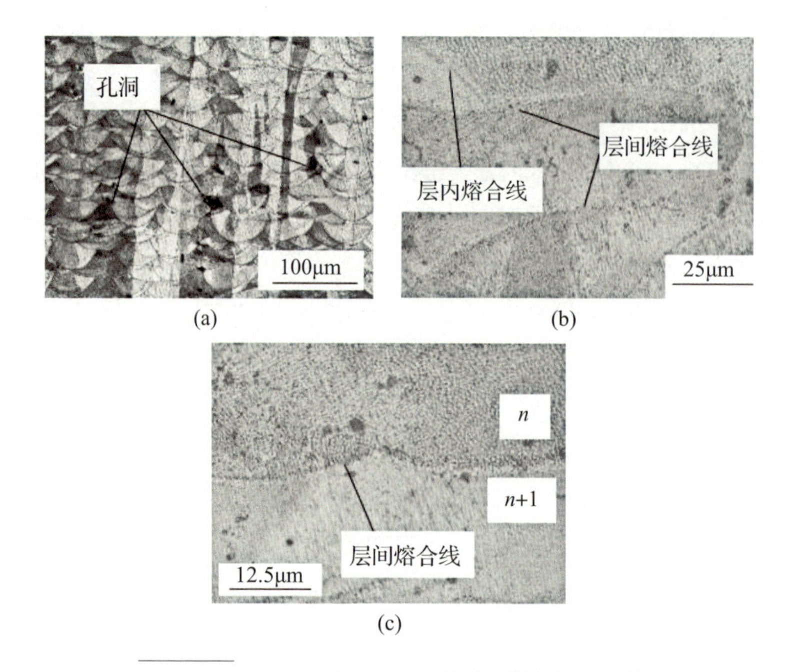

图 13-38 LPBF 成形 316L 不锈钢的显微组织特征

(a)熔道间熔合情况；(b)层间/层内熔道熔合效果；(c)层间熔合线放大图。

度平缓，使下一道熔道不能瞬间形成新的晶核，只能在前一道熔道已凝固晶粒上长大，择优生长，形成柱状晶。而层与层之间熔合线附近形成细小等轴晶，第 n 层上部与第 $n+1$ 层下部熔合，有足够的时间冷却，温度梯度 G 最大，散热也最快，具有大量的形核核心，温度较低的前一层有强烈的散热作用，使得结合界面产生极大的过冷，加上前一层可以作为非均质形核的基底，因此在界面立即产生大量的晶核，并同时向各个方向生长。由于晶核数目很多，相邻的晶粒很快彼此相遇，不能继续生长，便形成等轴晶粒区，晶粒十分细小，组织致密。经测量晶粒尺寸在 0.3～1 μm 之间，所以粉末床激光熔融成形金属件微观组织晶粒尺寸十分细化，可以获得亚微米尺度的晶粒组织。

简而言之，316L 不锈钢粉末床激光熔融成形件的凝固组织与传统的铸造退火后组织有很大区别。粉末床激光熔融成形件的层内、层间熔道间结合处为弧形，且为冶金结合，金相组织主要由柱状晶与等轴晶组成，层内靠近熔合线主要是柱状晶，而层间靠近熔合线主要是等轴晶，晶粒尺寸在 0.3～1 μm 之间，可以获得亚微米尺度的晶粒组织。

13.5.2　成形件性能

1. 力学性能

考虑粉末床激光熔融成形零件的效率及振镜扫描范围，力学性能测试件设计为非标准件，分别采用两种方法测量 316L 不锈钢粉末床激光熔融成形件的力学性能。

第一种：采用粉末床激光熔融成形力学性能测试件的毛坯，根据几何尺寸要求机械加工获得测试件，如图 13－39 所示。图 13－39(a)所示为力学性能测试件尺寸设计，图 13－39(b)所示为拉伸件在拉伸前后的比较。整个过程首先通过粉末床激光熔融工艺成形 7mm×7mm×90mm 的长方块，再由线切割加工成图 13－39(a)所示尺寸的拉伸件。在 CMT5105 电子万能试验机上分别测试使用层间错开扫描策略制作样件的力学性能，以及没有使用层间错开扫描策略制作样件的拉伸力学性能。

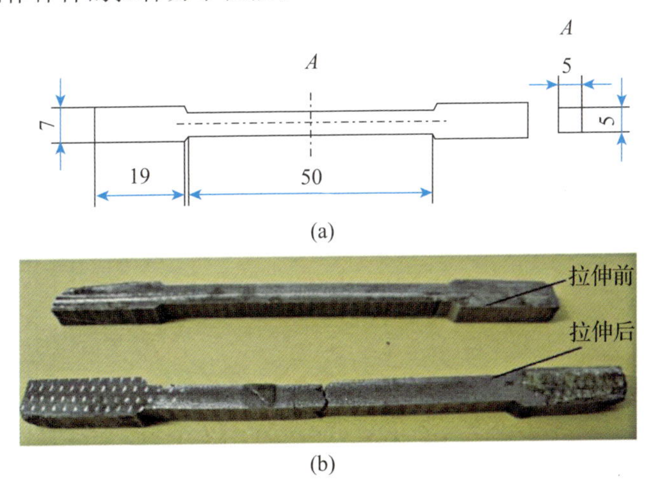

图 13－39　粉末床激光熔融成形零件力学性能测试

(a)粉末床激光熔融成形力学性能测试件几何尺寸；(b)粉末床激光熔融成形件拉伸前后比较。

当使用层间错开扫描策略时，测试件的拉伸强度为 636MPa，断后延伸率为 15%～20%。与熔模铸造件性能(抗拉强度为 517MPa，断后延伸率为 39%)相比，抗拉强度显著提高，延伸率减少，延伸率的降低主要与熔池快速凝固有关。当没有使用层间错开扫描策略时，拉伸强度为 468MPa，断后延伸率为 9%～12%，低于熔模铸造件的拉伸力学性能。

第二种：通过粉末床激光熔融工艺直接成形力学性能测试件，而不需要后续的机加工。通过粉末床激光熔融工艺分别制作沿着拉伸方向和垂直于拉伸方向的力学性能拉伸件，如图 13－40 所示。

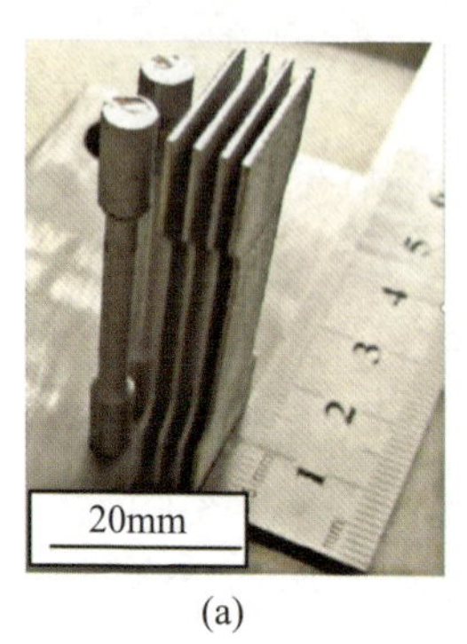

(a)

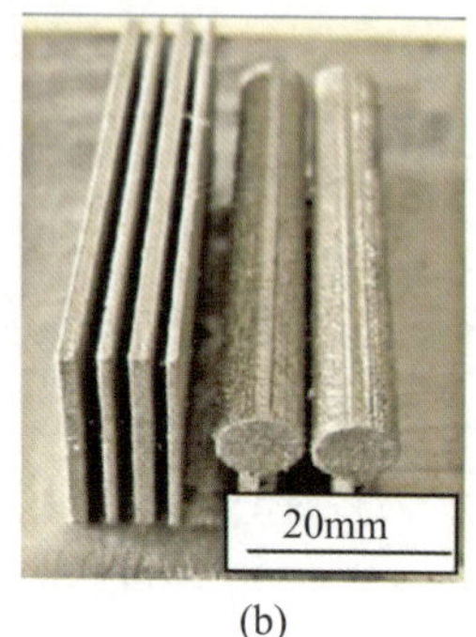

(b)

图 13－40
粉末床激光熔融直接成形力学性能测试件
(a)沿着拉伸方向堆积；
(b)垂直拉伸方向堆积。

图 13－40 所示的力学性能测试件分为圆柱状和板状两种，板状测试件因拉伸时发生扭转使得测试强度降低，测试结果如表 13－8 所列。从结果看出粉末床激光熔融成形件的拉伸强度显著高于铸造件的，沿着垂直拉伸方向堆积的测试件强度高于沿着拉伸方向堆积的样件强度；沿着垂直拉伸方向堆积的测试件延伸率较高，但比熔模铸造件低 20%～26%，而沿着拉伸方向堆积测试件的延伸率低于铸造件 40%～51%，原因可能是沿着拉伸方向堆积时，层与层之间叠加造成的不稳定因素（如夹杂、飞溅、气孔）等缺陷导致抗拉强度与断后延伸率下降。

表 13－8　粉末床激光熔融直接成形 316L 不锈钢力学性能

测试样件	抗拉强度/MPa		断后延伸率/%	
	垂直拉伸方向堆积	沿拉伸方向堆积	垂直拉伸方向堆积	沿拉伸方向堆积
试样 1	624	561	31	19
试样 2	582	554	29	22
铸造	＞480		39	

注：成形的力学性能测试件没有经过后处理。

2. 硬度

对粉末床激光熔融成形 316L 不锈钢件进行微观硬度测试，微观硬度测试前对试样经过打磨抛光，测试时施加压力为 3N，载荷加载时间为 15s。分别沿着图 13－41(a)中直线 *a*、*b* 方向进行测量，结果如图 13－41(b)所示。分析发现沿着直线 *a* 硬度值在 250～275HV0.3 之间，沿着直线 *b* 硬度值在 240～250HV0.3

之间，沿着直线 a 硬度值波动较大一些。原因可能是零件开始在基板上堆积成形，熔池冷却速度快，使得前几层硬度较大，随着层逐渐堆积、温度累积，已加工的成形层被当前成形层的热影响进行退火或回火处理，使得硬度稍微下降。显微硬度测试表明，粉末床激光熔融成形件硬度高于铸造件（铸造件硬度>220HV），主要与粉末床激光熔融成形过程中的快速加热和快速凝固有关系，熔池的快速凝固获得大量微细晶粒。

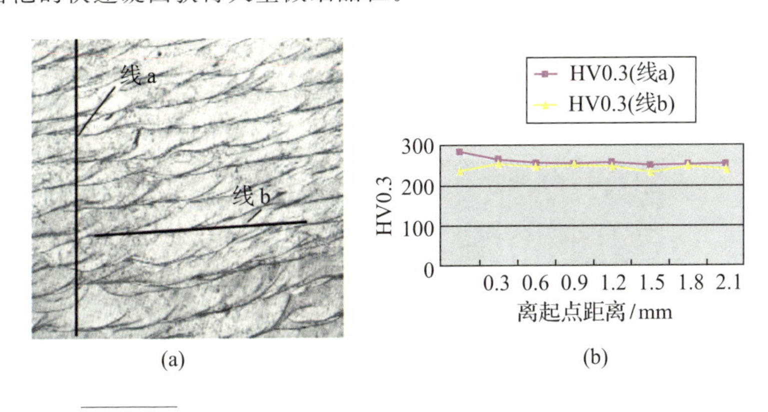

图 13-41　316L 不锈钢粉末床激光熔融成形件显微硬度测试

（a）显微硬度测试方向；（b）显微硬度测试值。

3. 表面质量

粉末床激光熔融成形件的表面质量与其他指标是相互关联的，如致密度和尺寸精度，只有在保证高表面质量的条件下，才会获得高致密度与高尺寸精度，粉末床激光熔融成形实验的结果才更有意义。所以，获得高致密度与获得高表面质量的成形件的目标是一致的。对特定材料粉末床激光熔融成形的致密度可以优化控制在 95% 以上，甚至几乎 100% 的致密度，成形件的力学性能与铸锻件的性能可相媲美。而成形件的表面粗糙度一般为 15～50 μm，相比于传统机加工表面质量，通过粉末熔化方式直接成形金属零件的表面仍有较大差距。一般粉末床激光熔融成形件需要采用喷砂喷丸方式进行后处理，甚至是手工打磨方式提高表面的光滑度，但是，当内部表面为关键控制部位，或者是一些精细零件时，采用上述后处理方法将不再实用。目前，控制粉末床激光熔融成形件表面粗糙度的方法主要是从对工艺、粉末的选择，特殊的扫描策略等方面进行优化。根据加工经验将 316L 不锈钢粉末床激光熔融成形件表面质量分级（图 13-42）：随着表面质量逐渐变差，从等级一逐渐变到等级四，粉末床激光熔融成形金属零件的理想状态是获得等级一或者等级二，此时获得的零件只需要简单的后处理便可以使用。

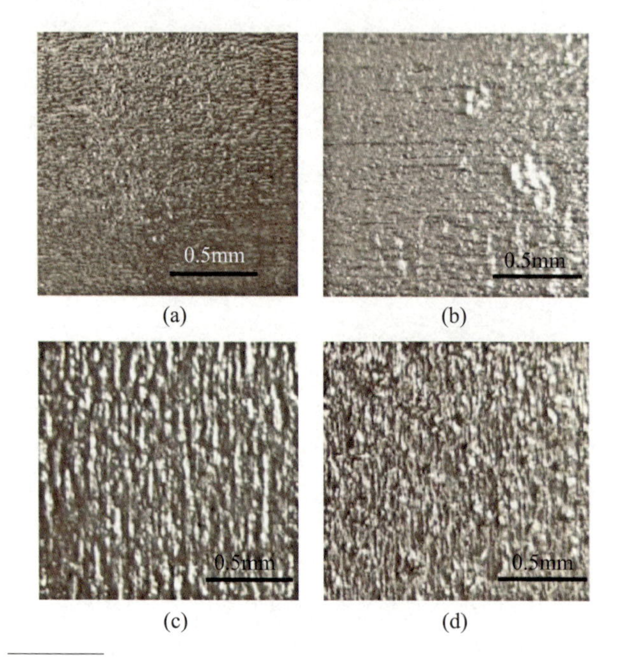

图 13-42 316L 不锈钢粉末床激光熔融成形件表面质量分级

(a)等级一；(b)等级二；(c)等级三；(d)等级四。

13.6 模具钢成形

模具钢是用于制造冷冲压模、热锻模和压铸模的钢种。模具是制造机械零件、无线电仪表、电动机和电器等工业零件的主要加工工具，其质量直接影响生产产品的质量、精度以及生产成本。快速制造出具有复杂几何形状的功能部件是粉末床激光熔融技术的典型优势之一。与传统的减法制造方法相比，由于粉末床激光熔融技术过程的逐层性质，具有较大的几何成形自由度，从而能够构造复杂的带有内腔的功能零件。因此，对于具有要求有内部复杂冷却水路的模具而言，粉末床激光熔融技术具有独一无二的优势。这也引起了学者的关注，并在粉末床激光熔融技术模具钢方面进行了卓有成效的研究。模具钢的种类很多，而目前采用粉末床激光熔融技术的模具钢研究主要集中在 18Ni300 马氏体时效钢、H13 热作模具钢、S136 模具钢等。作者团队对粉末床激光熔融成形18Ni300马氏体时效钢进行了深入的研究。

13.6.1 材料简介

马氏体时效钢与传统高强度钢不同，它是以无碳(或微碳)马氏体为基体，时效时能产生金属间化合物沉淀硬化的超高强度钢。它具有高强韧性、低硬化指数、良好成形性、时效时几乎不变形等优点，以及很好的焊接性能等。马氏体时效钢主要用于精密锻模及塑料模具。马氏体时效钢按强度级别分为18Ni200、18Ni250、18Ni300、18Ni350等。其中18Ni300在粉末床激光熔融技术中研究较多，其成分如表13-9所列。

表13-9 18Ni300马氏体时效钢化学成分

元素	C	Mn/Si	Ni	Co	Mo	Ti	Al	Cr	P/S	Fe
含量/%	≤0.03	≤0.1	17～19	8.5～9.5	4.5～5.2	0.6～0.8	0.05～0.15	≤0.5	≤0.01	余量

13.6.2 组织与性能

粉末床激光熔池采用激光束逐线逐层的成形方式，因此直接成形的马氏体时效钢低倍组织具有典型的熔道形貌特征，而极高的冷却速率(104～106K/s)导致纤维成分偏析非常严重，形成了典型的蜂窝状和条状亚结构组织，使成形零件具有比传统铸造件高的力学性能。作者团队深入研究了粉末床激光熔融成形工艺及热处理对18Ni300马氏体时效钢致密度、微观组织和力学性能的影响机理，发现相对密度先随激光功率、扫描速度和扫描空间而增加，然后减小。因为低激光功率和高扫描速度导致低能量密度，无法充分熔化金属粉末。尽管能量密度在高激光功率和低扫描速度的情况下足够高，但仍会发生强烈的汽化和飞溅，从而导致空隙和夹杂物。较小的扫描空间会导致空隙和夹杂物，局部能量密度也将更高；较大的扫描空间将使一些粉末熔化，这也导致相对密度较低。这里进行正交试验，找到相对密度高于99%的优化工艺参数。

图13-43所示为在不同放大率下的光学显微镜和扫描电子显微镜的显微照片。在图13-43(a)中可以清楚地看到这些轨道，并且在轨道的中间获得了细胞形态，如图13-43(b)所示。微观结构主要包含大量细小的细胞晶体，但由于复杂的热传导和热梯度机制的影响，一些粗大晶粒也消失了。图13-43(c)中展示出了图13-43(b)所示的高倍率图像(放大80000倍)，其中可以清

楚地看到精细的细胞状结构，与常规铸件不同的孔状结构有助于优良的力学性能。以上原因是粉末床激光熔融的冷却速率非常高(约 106K/s)，没有足够的时间形成二次枝晶臂，并且溶质元素在边界处聚集以产生微观偏析，因此最终仅形成了细胞形态。在由粉末床激光熔融成形的 AlSi10Mg 和 Inconel 718 零件的微观结构中也发现了相似的结果。此外，冷却速率越高，细胞的微观结构特征(细胞起搏、树突间空间、树突的大小等)就越好。对微观偏析进行的 EDS 分析表明，这是 Ti、Ni 和 Mo 的富集区域。固溶处理后，凝固轨迹完全消失，在图 13-43(d)中通过光学显微镜观察到了大量板条马氏体结构，这表明固溶处理过程中发生了残余奥氏体向马氏体的转化。为了研究微观结构的进一步变化，通过 SEM 获得了高倍率图像(放大 10000 倍)，如图 13-43(e)所示。

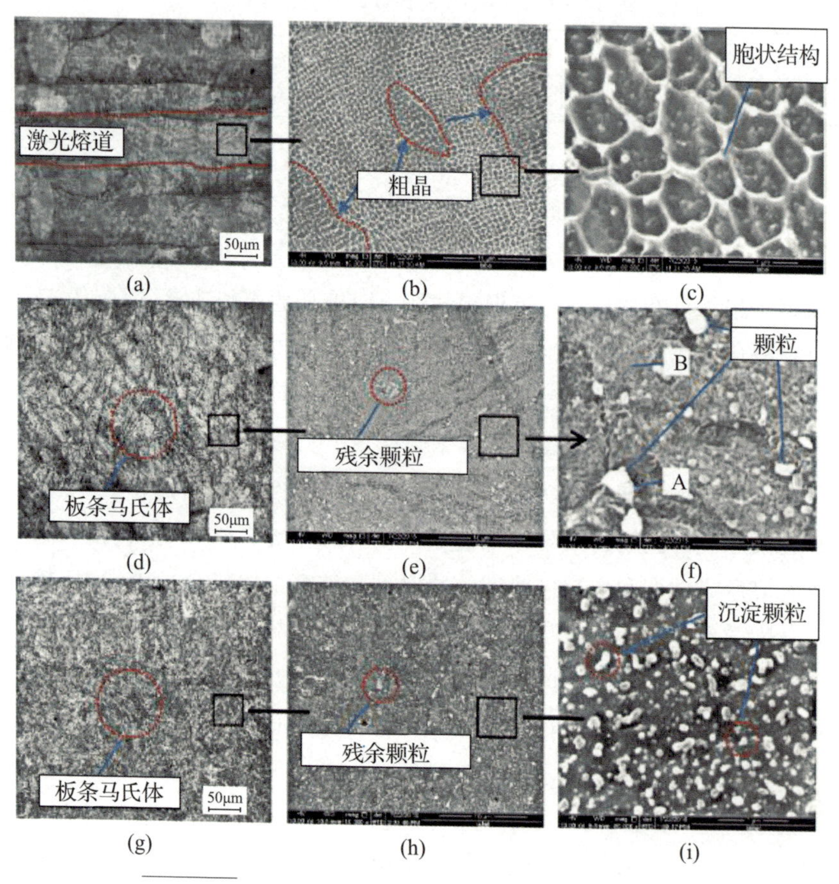

图 13-43 粉末床激光熔融 18Ni300 马氏体时效钢组织

(a)~(c) 直接成形；(d)~(e) 固溶处理；(g)~(i) 固溶与时效处理。

显然可以看出，细胞形态消失了，被许多离散分布的大白色颗粒所代替。在840℃热处理 1 h 时，LPBF 过程中产生的细胞晶粒的边界处的微观偏析会重新分解为 Ni、Mo 和 Ti 单位元素，并扩散和溶解到基体中。由于保持时间短，所以破碎和球化的颗粒不会完全分解，而是仍以近似球形的形式保留。图 13 - 43(f)中显示了通过 SEM 得到的更高的放大倍率图像(放大 80000 倍)，其中可以清晰地观察到颗粒。EDS 显示，A 点的 Mo 含量为 13.49%，远高于 B 点的 5.86%。图 13 - 43(g)中显示了在固溶处理和时效处理之后通过光学显微镜观察的显微结构：板条马氏体的晶界变得非常模糊，整个组织形态中出现了大量白点。由于 Ni、Mo 和 Ti 再次溶解在固溶处理中的基体中，第二相材料 Ni_3Mo、Fe_2Mo 和 Ni_3Ti 形成并扩散分布在板条马氏体的晶粒内部和晶界处。如图 13 - 43(i)所示，通过 SEM 将形态放大(放大 80000 倍)，与图 13 - 43(f)相比，可以看出出现了大量接近球形和棒状的颗粒，它们是由上述第二相材料形成的沉淀颗粒。从图 13 - 43(h)中来看，残留颗粒仍然像图 13 - 43(e)中一样存在，这意味着时效处理对残留颗粒的溶解几乎没有影响。

在图 13 - 44 中对所制成的固溶处理样品和固溶处理 + 时效处理样品之间的显微硬度进行了比较研究。可以看出，在不同热处理条件下，上表面的显微硬度与侧面的几乎相同。从理论上讲，固溶处理可以提高金属材料的强度和硬度。同时，固溶处理后硬度从 381.209HV 下降到 341.743HV，这是因为粉末床激光熔融制造的样品与传统方法制造的样品不同。它具有良好的微结构和因高冷却速率产生的高应力，这些有利于样品硬度的提高。然而，固溶处理后，应力被释放，微观偏析被消除，细胞结构消失，导致位错易于扩散，硬度降低。在固溶处理和时效处理后，硬度从 381.209HV 升高到 645.916HV，这是因

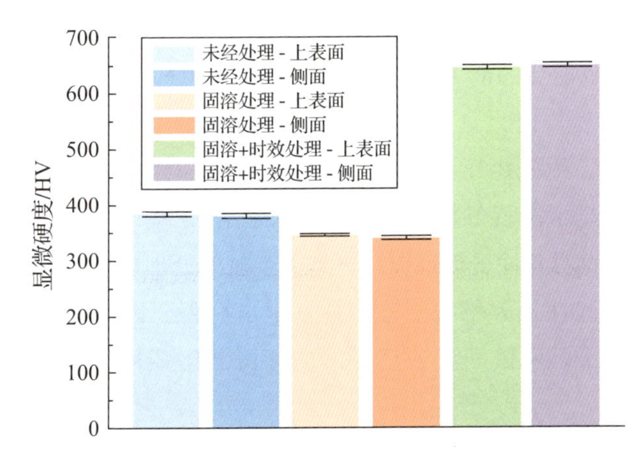

图 13 - 44
马氏体时效钢的显微硬度

为溶解在基体中的 Ni、Mo 和 Ti 会分离出来并形成 Ni_3Mo、Fe_2Mo 和 Ni_3Ti，从而产生沉淀强化。沉淀出的第二相颗粒强烈阻碍了位错的运动，大大提高了样品的硬度。

图 13-45 所示为 840℃ 固溶处理样品和480℃时效处理样品的室温拉伸曲线，以此突出不同热处理条件之间拉伸性能的差异。固溶处理后样品的极限抗拉强度从 1177.61MPa 降至 1080.17MPa；断裂伸长率从 7.9% 提高到 10.2%。固溶处理后细小的细胞结构消失，微观偏析破碎成颗粒并逐渐溶解，而残余应力和硬金属间化合物减少，降低了位错运动的阻力，从而导致强度降低、伸长率增加。时效处理之后，极限抗拉强度显著增加到 2163.92MPa，与锻造材料相当，但是断裂伸长率降低到 2.5%。这是因为形成了 Ni_3Mo、Fe_2Mo 和 Ni_3Ti 的析出物以及在这些折出物基体中的均匀分布，沉淀的颗粒及其应力场强烈阻碍了位错的运动，从而增强了材料强度，然而，这些也导致具有低伸长率的材料的脆性增加。

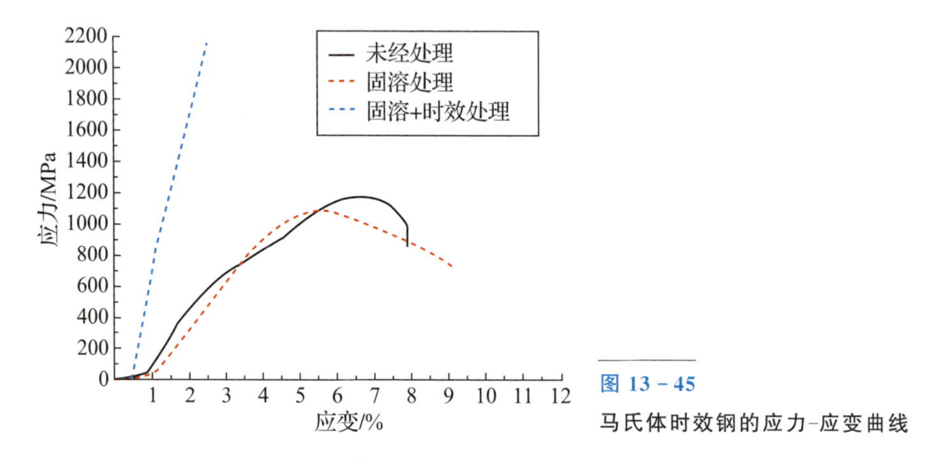

图 13-45
马氏体时效钢的应力-应变曲线

韧性是材料在破坏前吸收能量的能力的指标，并且取决于强度和延展性。为了测试固溶处理和固溶处理与时效处理的马氏体时效钢 300 的冲击韧性，这里进行了夏比冲击试验，结果如图 13-46 所示。发现制成的样品和固溶处理样品的冲击能量都很高，显示出良好的冲击韧性，而固溶处理与时效处理样品的冲击能量显然很低，表明其冲击韧性差。这是由于时效处理后金属间化合物出现沉淀，所以硬度和脆性显著增加，冲击韧性显著降低。因为样品的微观偏析在固溶处理后消失了，所以固溶处理样品的冲击能比半径处理的样品高。

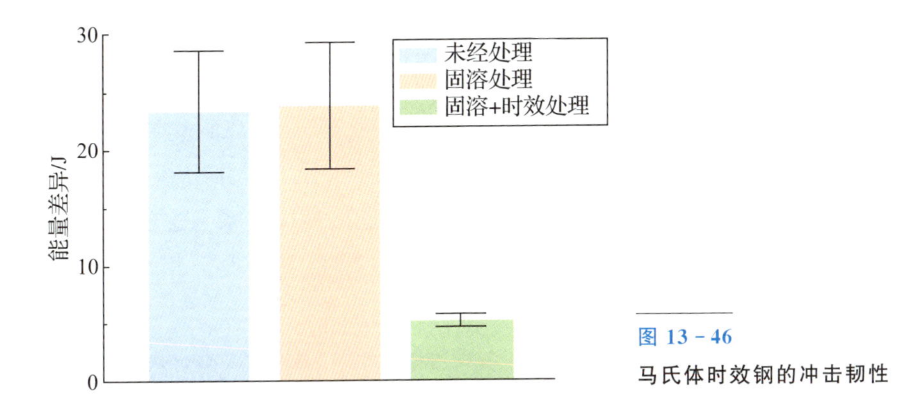

图 13-46
马氏体时效钢的冲击韧性

以上结果表明，在微观组织方面粉末床激光熔融成形的零件具有良好的孔结构和粗大的晶粒，在高冷却速率下会发生明显的微观偏析；在固溶处理之后，马氏体向奥氏体的反向转变发生并且孔结构消失，而且由于保持时间短，破碎和球化的颗粒无法完全分解，而仍以近似球形的形式保留；固溶处理与时效处理后，板条马氏体的晶界变得非常模糊，溶解在基体中的 Ni、Mo 和 Ti 再次分离出来，形成微小的 Ni_3Mo、Fe_2Mo 和 Ni_3Ti 颗粒。由于细胞结构的消失和沉淀颗粒的形成，在不同的热处理条件下，力学性能发生了显著变化。固溶处理后，硬度从 381.209HV 降至 341.743HV；而在固溶处理与时效处理之后，硬度从 381.209HV 增加到 645.916HV。固溶处理后的样品的极限抗拉强度从 1177.61MPa 下降到 1080.17MPa，伸长率从 7.9% 提高到 10.2%，并且断裂表面主要由凹坑组成；而在时效处理之后，极限抗拉强度显著增加至 2163.92MPa，而伸长率降低至 2.5%，在断裂面上可以看到类似河流的台阶、板条包、裂缝以及浅而变形的酒窝。原样和固溶处理样品的冲击能量均远高于固溶处理与时效处理样品，在直接成形样品和固溶处理样品中都可以明显地看到不同尺寸的剪切唇、纤维区和变形凹痕，而在时效处理后，断裂表面是平坦的，并且发现了一些裂缝和板条。

作者团队采用透射电镜(TEM)技术对加工和热处理的粉末床激光熔融成形零件的微观结构演变、纳米沉淀行为和力学性能进行了更深入的表征和分析，对大量的亚微米大小的细胞和细长的针状微观结构的演变进行了说明和理论上的解释。TEM 观察到了固有热处理和非晶态相触发的纳米沉淀，时效硬化标本的高分辨率透射电镜(HRTEM)图像清楚地显示出块状纳米大小的针状纳米沉淀 Ni_3X(X = Ti，Al，Mo)和 50～60 nm 大小的球形核－壳结构纳米颗粒，其嵌入在非晶态基质中，如图 13 - 47 所示。SAED 分析显示了热处理过程中的奥氏体回复和可能的相变。经过加工和老化的粉末床激光熔融试样的硬度和抗拉强度绝对满足标准的锻造要求。此外，可以通过预先进行的固溶处理来补偿老化后失去的延展性。通过 Orowan 机理详细分析并完美解释了大规模纳米沉淀物与时效硬化试样的力学性能之间的关系。这项研究表明，可以通过粉末床激光熔融增材制造来生产与标准锻造水平相当的高性能 18Ni300 马氏体时效钢。

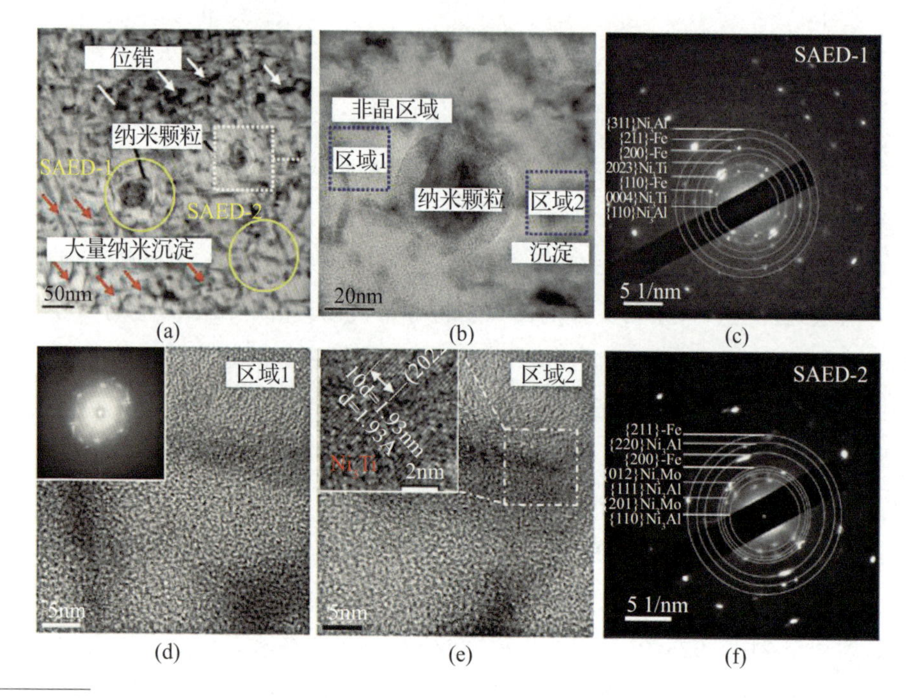

图 13 - 47　从经过时效处理的样品中获得的明场 TEM 图像和相应的选区电子衍射(SAED)图案
(a) BF - TEM 概览显示大量的纳米沉淀和分散的纳米颗粒嵌入无定形基质中；(b) 从(a) 中给定区域拍摄的纳米粒子的 BF - TEM 宏观图像；(c) 与(a)中标记的 SAED - 1 区域相对应的纳米颗粒的 SAED 模式；(d) 与(b) 中标记的区域 1 相对应的非晶区域的 HRTEM 图像和 SAED 图案(插图)；(e) (b)中标记的区域 2 相对应沉淀区的 HRTEM 图像；(f) 与(a)中标记的 SAED - 2 区域相对应的沉淀物的 SAED 模式。

13.7　其他材料成形

随着增材制造技术的不断发展，适用于增材制造工艺的金属材料的种类数量也在不断地丰富和增长。除了上述的高温镍基合金、钛合金、钴铬合金、不锈钢以及模具钢外，铜合金和铝合金由于独特的物理化学性能，被用来实现增材制造成形零件也越来越受到人们的青睐。然而，由于高导热性和低的能量吸收效率，铝合金和铜合金的研究充满挑战，特别是铜合金的粉末床激光熔融成形难度最大。

13.7.1　铜合金成形组织与性能

铜合金具有优良的导热性、导电性和耐磨性，广泛应用于各个领域，越来越多的国内外学者对铜合金的粉末床激光熔融技术开展研究。目前在该领域中，主要集中在对铜锡合金和纯铜材料的研究。由于低的激光吸收和优异的导热性，铜合金在在粉末床激光熔融形成中存在一些困难，因此，目前铜合金的粉末床激光熔融工艺还处于探索阶段，下面对近几年粉末床激光熔融成形铜材料进行介绍。

白玉超等研究了粉末床激光熔融成形 QSn6.5－0.1 锡青铜的工艺及其硬度，通过设计三因素四水平正交工艺实验确定了激光功率、扫描速度和扫描间距对致密度的影响机制，获得了成形致密度高达到 98.71%的铜合金零件。直接成形的锡青铜合金微观组织为网络状枝晶结构，且具有均匀分布的(α＋δ)相和 α 相，其显微维氏硬度比传统铸造的软态(700～900MPa)高 45%左右。

粉末床激光熔融成形的零件性能取决于凝固组织的凝固速度和熔池内部固液相之间的温度梯度，铜合金粉末床激光熔融成形得到的试样组织与铸造得到的一般有很大的差别。图 13－48(a)所示为锡青铜表面熔道搭接形貌，可以看到熔道与熔道之间搭接良好，表面质量较高。由于锡在铜中的扩散速度很慢，而粉末床激光熔融成形为高速熔化迅速凝固过程，所以锡青铜的实际组织与铸造状态相差很大。本实验用 QSn6.5－0.1 合金中的 Sn 含量为 6.7%，在凝固过程中除了生成 α 相固溶体还会出现少量的 δ 相，δ 相是以电子化合物 Cu31Sn8 为基的固溶体，为复杂立方结构，在常温下极其硬脆。图 13－48(b)所示为试样的光学显微组织，可以看出类似羽毛状的组织形态，这与激光束的移动和熔池的散热方向有关。图 13－48(c)所示为试样的扫描电镜显微组织，试样具有明显的网络状枝晶组织。能谱分析表明，A 区域的锡含量较高，以(α＋δ)相为主，B 区域是以 α 相固溶体为主的富铜区。这说明在粉末床激光熔融成形锡青铜过程中，存在较大的过冷度而出现 δ 相，δ 相为脆性相会降低锡青铜的塑性和强度，应当避免其大量产生。少量的 δ 相均匀分

布在塑性良好的 α 相固溶体间隙中，可以明显提高锡青铜成形件耐磨性能和强度，且 δ 相与 α 相具有相近的电极电位，微电池作用极其微弱，在大气、蒸汽、海水及碱水溶液中具有较高的抗腐蚀能力。因此，为降低粉末床激光熔融过程中快速冷却对组织性能的不利影响，锡磷青铜中锡含量应控制在 7% 以下，避免因 δ 相的大量产生和聚集而降低零件性能。

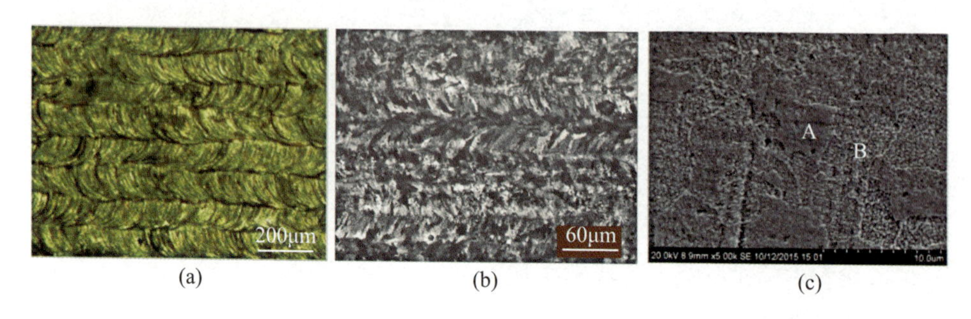

图 13-48　粉末床激光熔融成形锡青铜合金的熔道搭接形貌与显微组织

(a)表面熔道搭接形貌；(b)光学显微组织；(c)扫描电镜显微组织。

分别对试样顶面和侧面的正方形四角和中心的 5 个点进行硬度测量，测量结果如图 13-49 所示。由图可以看出试样的顶面和侧面硬度值相差不大，其顶面和侧面的平均显微维氏硬度分别为 133.87HV、130.69HV，与合金 QSn6.5-0.1 传统铸造方法(软态硬度为 70～90HB，硬态硬度为 160～200HB)相比，粉末床激光熔融成形锡青铜试样硬度比软态的高 45%左右。这是因为在粉末床激光熔融成形过程中，熔池快速熔化、快速凝固获得大量的细小晶粒，细晶强化效果明显，晶界增多阻碍了位错的移动，致使成形件整体的硬度较高。

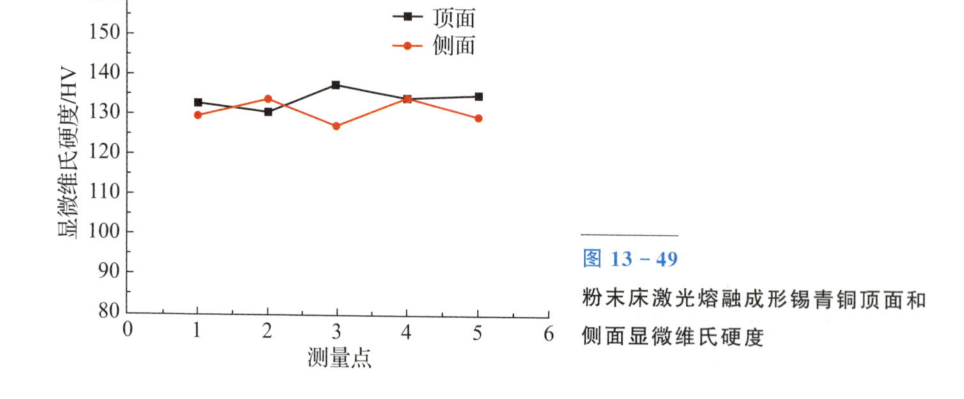

图 13-49
粉末床激光熔融成形锡青铜顶面和侧面显微维氏硬度

13.7.2　铝合金成形组织与性能

由于近共晶成分和相对较低的热膨胀系数，与其他非 Al－Si 合金(如 2×××和 7×××铝合金)相比，Al－Si 合金热膨胀系数较低，所以该合金是粉末床激光熔融成形技术最常使用的铝合金。目前粉末床激光熔融成形铝合金类型主要集中为 AlSi10Mg 和 AlSi12 合金，这是由于这两种金属含有较高 Si，具有良好的流动性和焊接性能，用粉末床激光熔融技术可以成形出高致密度且无裂纹的功能零件。

作者团队研究了工艺参数，包括激光功率、扫描速率、扫描间距等对粉末床激光熔融成形铝合金组织和性能的影响，并采用响应曲面优化实验来研究工艺参数对 AlSiMg0.75 合金的相对密度的影响，获得了相对密度为 99.0624%的样品。成形样品的微观结构在俯视图中显示出具有细晶粒和粗晶粒，且由富铝和硅元素偏析组成的网状结构。但是，在侧视图中观察到大量具有很小间距的树枝状晶粒。此外，直接成形的样品显示出很高的极限抗拉强度、屈服强度和低断裂伸长率。

蚀刻后的样品的宏观结构和微观结构如图 13－50 所示。图 13－50(a)所示为俯视图中熔池轨道横截面的 OM 显微照片。图 13－50(c)所示为侧视图中熔池轨迹的纵向横截面的 OM 显微照片，可以看到典型的鱼鳞。在两个 OM 显微图中都可以清楚地看到熔池轨道边界。出现一些不连续的轨迹[图 13－50(a)]的原因是先前沉积的层被部分重熔并且传热不均匀，导致熔池的深度和形状发生变化，如图 13－50(c)所示。图 13－50(b)、(d)所示为通过 SEM 获得高放大倍率的图像，以进一步研究其微观结构，显示出非常细的细胞树突状网络，共晶细胞大小约为 1 μm，有益于力学性能。EDS 分析表明，灰色部分是被白色富硅细胞树突网络包围的 α－Al。这是因为 AlSi12 是一种共晶合金，在粉末床激光熔融处的冷却速率非常高，形成非平衡结晶，从而导致大量的 Si 析出，晶粒生长的时间很少。从细胞树突特征，我们可以看到晶粒向熔池中心生长。除细颗粒区外，还有粗颗粒区，它们是熔池径迹的边界，它们在下一个熔池轨道经过一些重叠区域时被重新加热，因此晶粒可能变大。

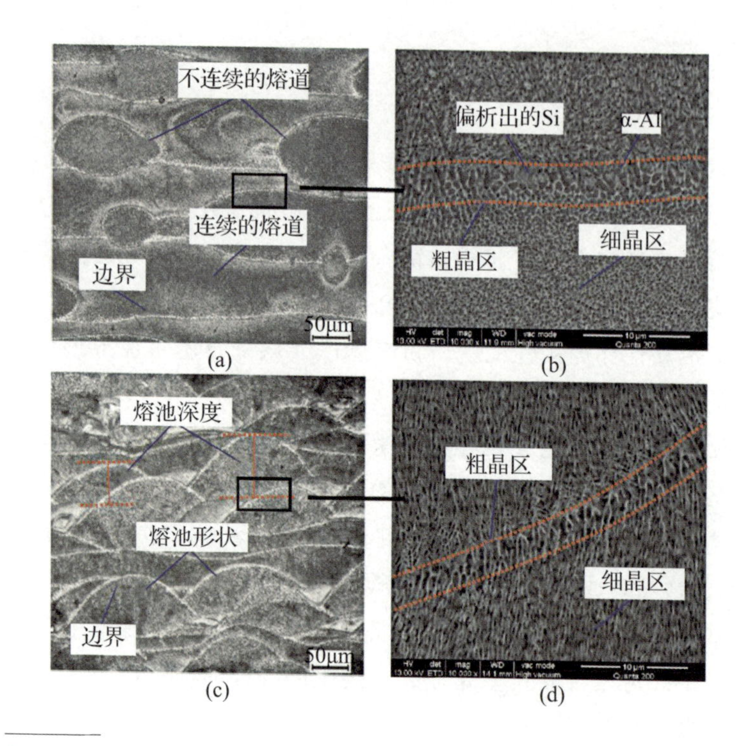

图 13-50 粉末床激光熔融成形的 AlSi12 合金的两个不同平面的微观结构
(a)、(b)俯视图；(c)、(d)侧视图。

如图 13-51 所示，本书对直接成形和退火后的样品之间的显微硬度进行了研究。为确保数据的可靠性，在每个表面上测量了 5 个随机点以获得显微维氏硬度值。直接成形样品顶面的平均值为 147.25HV，与样品侧面的平均值为 151.58HV 相似，这表明样品具有均匀的显微硬度。

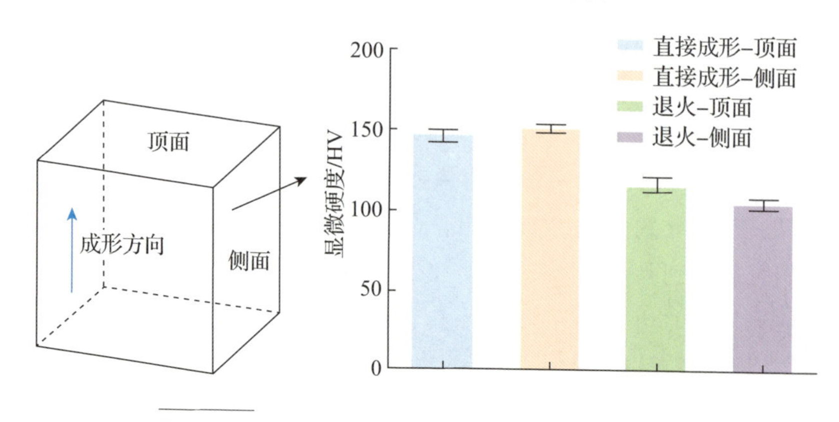

图 13-51 直接成形和热处理后的铝合金的显微硬度

图 13-52 所示为直接成形、退火和铸造样品 AlSi12 的室温拉伸结果。直接成形的样品具有最高强度，包括极限抗拉强度和屈服强度，但断裂伸长率低。热处理后的极限抗拉强度和屈服强度分别从 427.7MPa 和 354.9MPa 降至 360.2MPa 和 275.37MPa，断裂伸长率从 2.54% 提高至 4.57%。可以明显看出，直接成形和退火后的样品的屈服强度和抗拉强度比铸造样品的高得多。但是，直接成形样品和退火样品的断裂伸长率远低于铸造样品的断裂伸长率，这是因为它们之间的微观组织明显不同。由于粉末床激光熔融成形铝合金过程中的冷却速率非常高($5\times10^5 \sim 5\times10^6$ K/s)，因此 Si 在 α-Al 中的固溶度增加，晶粒变得很小，而溶质原子 Si 产生的应力场增强，因此强度得到了提高。此外，晶粒细化也有助于提高强度：随着晶粒细化，晶界的数量显著增加，导致位错运动困难，因此塑性变形的抵抗力变高，强度得到提高。

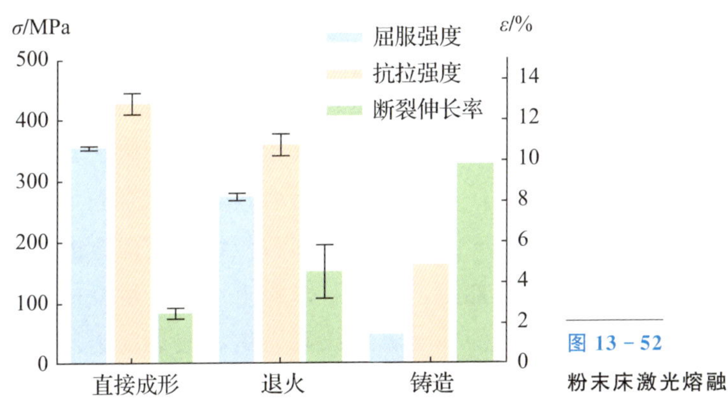

图 13-52
粉末床激光熔融成形铝合金的拉伸性能

13.8 热处理对激光熔融零件组织与性能的影响

金属热处理是将金属或合金工件放在一定的介质中加热到适宜的温度，并在此温度中保持一定时间后，又以不同的速度在不同的介质中冷却，通过改变金属材料表面或内部的显微组织结构来控制其性能的一种工艺。虽然直接采用粉末床激光熔融技术制造的零件可以满足大部分应用需求，但是由于成形件内部存在微小的成分偏析、残余应力以及少量的空隙等缺陷，当有高强度、高塑性、高稳定性等要求时，直接成形的零件无法满足要求，因此必要的后处理对进一步推进粉末床激光熔融成形零件的应用是不可避免的。针对粉末床激光熔融成形零件的组织特征，目前通常采用传统热处理来提高组织均匀性、塑性和强度，采用热等静压处理来消除内应力和空隙。然而，热等静压处理需要提供高温，因此微观组织也会发生明显的改变。对于部分零件，两种处理方法均被采用来获得更加优良的综合性能。

13.8.1 传统热处理

传统热处理中的基本工艺为正火、退火、淬火和回火，被称为热处理的“四把火”。除此之外，根据材料的特性和对零件的性能需求，还衍生了其他热处理方式，例如，①固溶处理：使合金中各种相充分溶解，强化固溶体并提高韧性及抗蚀性能，消除应力与软化，以便继续加工成形；②时效处理：以强化相析出的温度加热并保温，使强化相沉淀析出，得以硬化，提高强度；③调质处理等。

由于目前应用于粉末床激光熔融成形的金属材料，大部分都是来自于传统成形的材料，如铸造的坯料，然后再用高温将其熔化，并采用气雾化或水雾化等方法制成球形粉末。因此，对于目前绝大多数粉末床激光熔融成形的金属材料零件，在元素组成和含量上基本上都和传统制造的金属材料保持相同。基于上述客观事实，并且为了快速制定粉末床激光熔融成形的金属零件的热处理工艺，目前开发的针对粉末床激光熔融成形的金属零件热处理工艺大部分也都来自传统制造材料的热处理的工艺。部分研究会基于传统工艺进行少量改进，比如改变热处理温度或保温时间等，以获得理想的材料性能。

1. 18Ni(300)马氏体时效钢

热处理工艺简单是18Ni(300)马氏体时效钢的一个重要优点。传统加工的马氏体时效钢在时效强化之前需要先进行固溶处理，目的在于溶解余留的沉淀物，使基体溶有充足的强化元素，并获得均匀的高位错密度的全马氏体组织。固溶处理温度通常温度为820～840℃，时间为每25mm厚度1h，固溶后空冷，冷却速度对组织和性能影响不大。马氏体时效钢的高强度性能是通过时效处理得到的，时效温度一般为480℃，时效时间为3～6h，时效后空冷。时效处理后在马氏体基体上，析出大量弥散的和超显微的金属间化合物质点，使材料强度成倍提高而韧性损失较小。基于上述传统马氏体时效钢的热处理工艺，有学者探索了针对粉末床激光熔融成形的 18Ni(300)马氏体时效钢的热处理方法。在热处理程序上同样包含固溶处理和时效处理，目前的改变主要是集中在改变热处理温度和时间，以获得更高的强度和硬度。

作者团队通过粉末床激光熔融工艺制备了高性能 300 级马氏体时效钢，其不同的热处理微观组织如图 13-53 所示。OM 图像显示，直接成形后的试样由分布不均匀的粗糙板状马氏体组成[图 13-53(a)]，并且可以观察到重叠的痕迹。相比之下，马氏体经过时效处理后会细化[图 13-53(d)]，并且固溶+时效试样中会形成致密的针状马氏体[图 13-53(g)]。热处理后，激光轨迹之间的界面特征消失了。另外，可以在图 13-53(i)中的高倍 SEM 图像中观

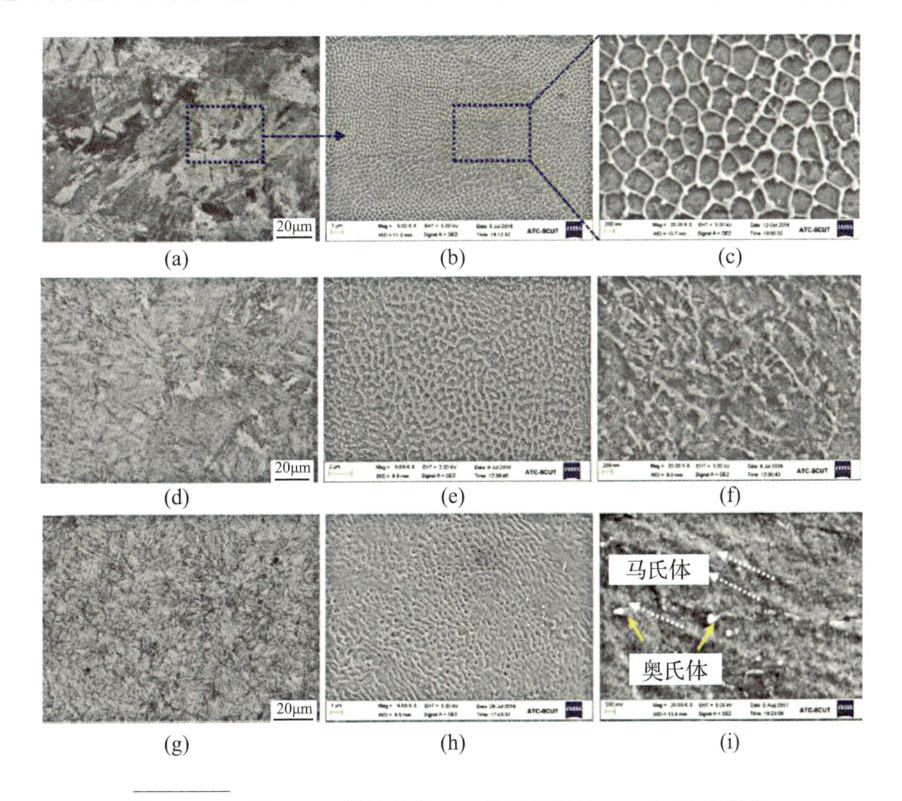

图 13-53　从 LPBF 样品的水平横截面获取的 OM 和 SEM 图像

(a)、(b)、(c) 直接成形样品；(d)、(e)、(f) 直接时效处理样品；(g)、(h)、(i) 固溶处理+时效处理的样品。

察到位于针状马氏体之间的点状奥氏体，在图 13-53(c)中的 SEM 图像中观察大规模的亚微米级的精细细胞微结构，尺寸约为 0.2～0.6μm。这些特征性的细微细胞微结构将在激光照射过程中以极高的冷却速率在瞬间熔化和快速凝固中形成。可以看到，加工后的标本具有明显的微观结构特征。与加工后的试样相比，热处理试样的晶界模糊不规则，这可能是由热处理过程中析出物挤入边界、残余应力释放和相变引起的。

作者团队详细地研究了不同温度和不同保温时间下的直接时效处理(DAT)、固溶处理(ST)和固溶处理+时效处理(SAT)后粉末床激光熔融马氏体时效钢微观组织、硬度和力学性能。

样品在不同热处理条件下的扫描电子显微镜显微照片如图 13-54(a)～(r)所示。图 13-54(a)中显示了成形样品的微观结构，其中熔体边界清晰可见(红色圆圈)。边界的两侧有不同的形态，小角度束由条带(蓝色箭头)和精细的细胞结构(橙色箭头)组成。ST 后，随着温度和保温时间的增加，边界、条带和细胞结构逐渐消失，如图 13-54(b)～(g)所示。在较低的 ST 温度(ST 780℃/1h)下，仍然存在较大尺寸的晶界(红色圆圈)，并且在边界中可以看到一些白色颗粒(橙色箭头)。随着温度的升高，显微组织显示出缠绕在一起的大板条，如图 13-54(c)中的橙色和白色箭头所示。这是因为在 ST 期间的高温导致奥氏体晶粒的生长，导致 ST 之后的马氏体板条更大。而且，改善 ST 期间的保持时间对微结构几乎没有影响[图 13-54(e)～(g)]。图 13-54(h)～(m)分别显示了 DAT 样品在不同温度和保持时间下的微观结构，其结果与 ST 获得的结果不同：条带(蓝色箭头)、熔体边界(由红色圆圈和箭头显示)和细胞结构(橙色箭头)没有完全消失，但随着温度和保持时间的增加而变得模糊。在图 13-54(h)中，可以在 DAT 400℃/6h 清楚地看到与制成样品相似的形态。但是，熔体边界在 DAT 520℃/6h 开始溶解，当温度升至560℃时，长条和孔壁会破碎成短条和球形颗粒。在520℃的样品形态中，保持时间从 1 h 增加到 12 h，也出现了相似的结果。另外一个重大变化是残留的细胞壁和条状结构变得更薄。图 13-54(n)～(r)中显示了其他奥氏体晶粒内不同于 SAT 400℃/6h 的形态，如图 13-54(n)中的绿色圆圈和箭头所示。晶界表明，马氏体包没有延伸出原奥氏体晶界。其他金属合金(如 Ti-6Al-4V)的微观结构也由马氏体在780℃下保温 2h，但没有边界可见。图 13－54(o)、(q)中分别显示了 SAT 480℃/6h 和 SAT 520℃/1h 样品的显微照片。可以看出，马氏体板条变得越来越长(由橙色箭头所示)，但边界仍然隐约可见。而当温度升至560℃或保温时间增加至 12h 时，马氏体板条消失，取而代之的是许多不规则的亮条嵌入在暗矩阵中，如图 13－54(p)、(r)中的白线所示。

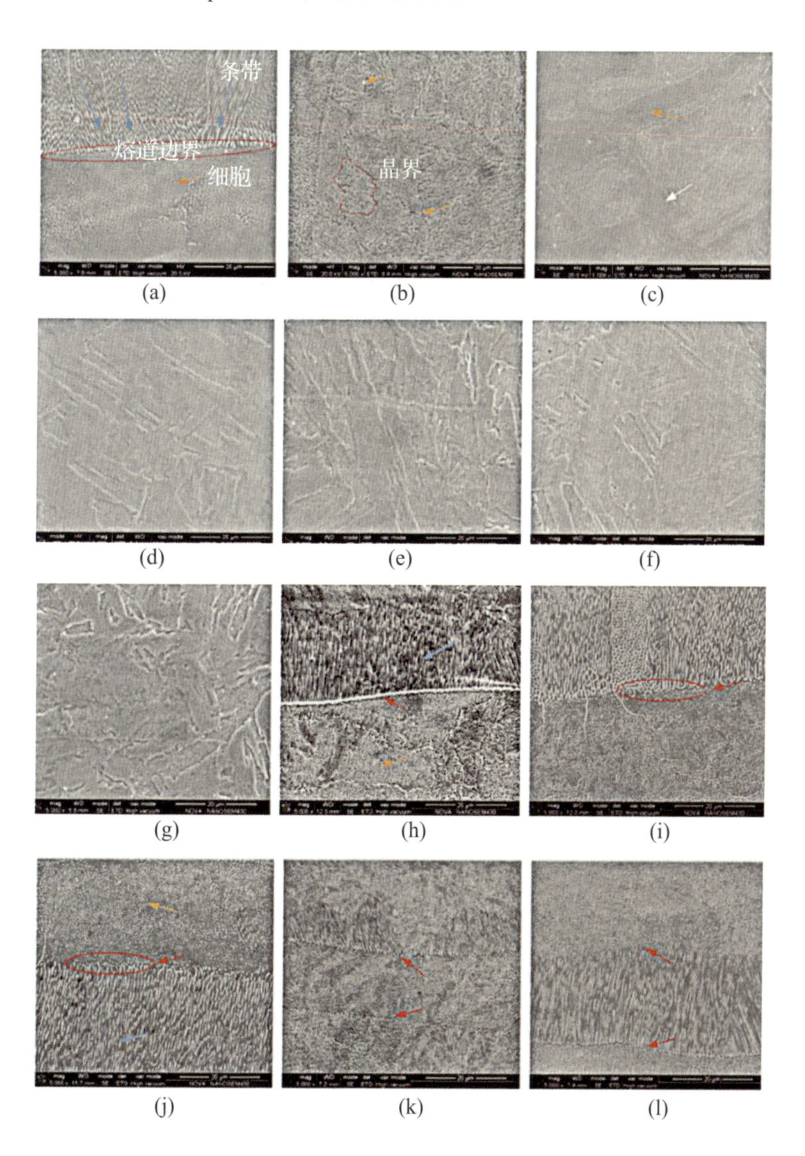

(a) (b) (c)
(d) (e) (f)
(g) (h) (i)
(j) (k) (l)

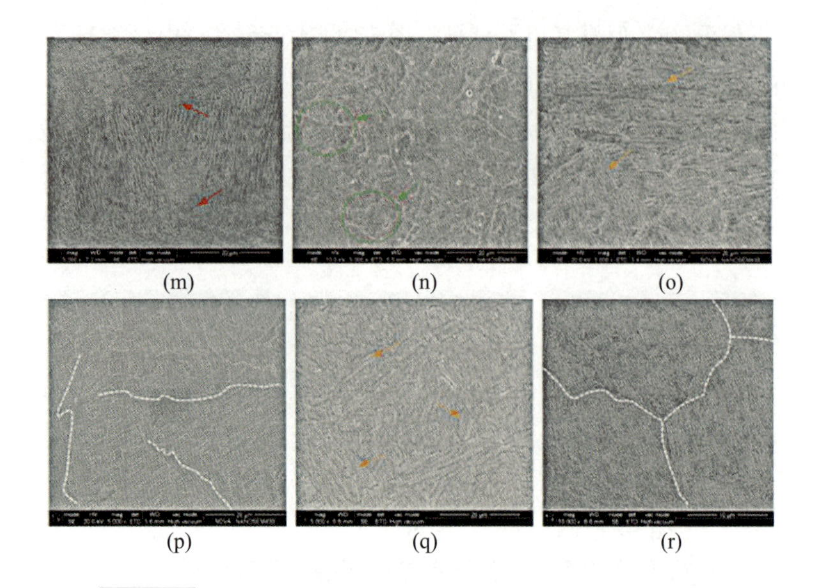

图 13-54　SEM 图像显示了 LPBF 的马氏体时效钢的微观结构

(a)直接成形；(b)ST780 ℃/1h；(c)ST900 ℃/1h；(d)ST1020 ℃/1h；(e)ST900 ℃/0.5h；(f)ST900 ℃/2h；(g)ST900 ℃/4h；(h)DAT400 ℃/6h；(i)DAT480 ℃/6h；(j) DAT 520 ℃/6h；(k)DAT520 ℃/1h；(l)DAT520 ℃/3h；(m)DAT520 ℃/12h；(n)SAT 400℃/6h；(o)SAT 480 ℃/6h；(p)SAT 560 ℃/6h；(q)SAT 520 ℃/1h；(r)SAT 520 ℃/12h。

可以看出，在保温时间为 1h 时，随着温度的升高，固溶处理样品的显微硬度逐渐降低(ST-A)，但在达到最小值后又会略微升高。与上述的保温时间不变而热处理温度增加时的硬度变化相比，热处理温度相同的条件下的固溶处理样品的显微硬度随着保温时间的增加而急剧下降(ST-B)。以上结果表明，ST 处理可以将 LPBF 生产的马氏体时效钢的显微硬度最大降底 15.7%。图 13-55(c)和(d)显示了 DAT 和 SAT 样品的显微硬度，其中 DAT-A，DAT-B，SAT-A和 SAT-B 分别表示 4 种热处理工艺组合：不同热处理温度+相同保温时间下的直接时效处理、相同热处理温度+不同保温时间下的直接时效处理、固溶处理后不同热处理温度+不同保温时间下的时效处理、固溶处理后相同热处理温度+不同保温时间下时效处理。DAT 和 SAT 后，显微硬度可以显著提高；随着老化温度和保温时间的增加，DAT 样品的显微硬度先增加然后略有下降，硬度在520℃下持续 6h 达到最大值 653.94HV。SAT 样品中也出现了类似的结果，这表明在时效处理之前进行的固溶处理对显微硬度的影响很小。

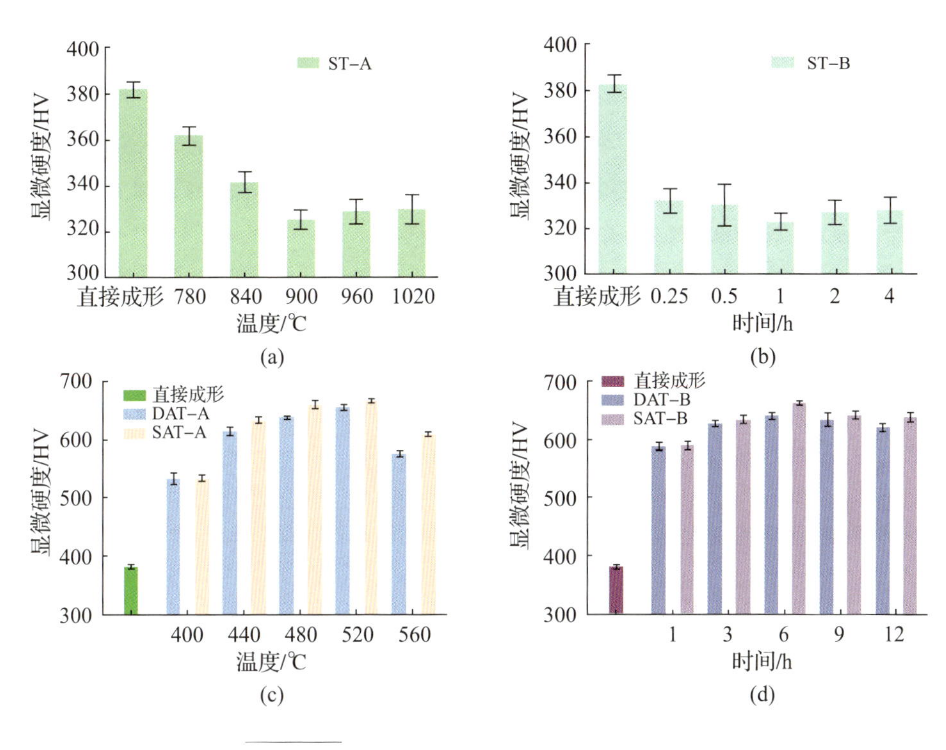

图 13 - 55　不同热处理下样品的维氏显微硬度

(a)、(b) ST；(c)、(d) DAT 和 SAT。

图 13 - 56 显示了 ST、DAT 和 SAT 下的室温拉伸曲线，突出不同热处理条件下拉伸行为的差异。与直接成形后的样品相比，抗拉强度在 ST 处理后略有下降[(图 13 - 56(a)和(b)]。但是，如图 13 - 56(c)～(f)所示，在 DAT 和 SAT 处理后抗拉强度却会急剧增加，即随着 ST 温度的升高，抗拉强度先下降，然后略有上升，但断裂伸长率几乎相同。相反，当保持温度在 900 ℃时，随着保温时间的增加，抗拉强度几乎相同，断裂伸长率先上升然后下降。对于 DAT 样品，拉伸强度和伸长率似乎都随温度和保持时间的增加而先增加然后降低，时效温度表现出较为显著的影响，这是由奥氏体和沉淀颗粒的综合作用所致，奥氏体含量的增加可以改善伸长率，但是降低抗拉强度，随着沉淀颗粒的产生，拉伸强度增加。但是，当颗粒太大时，拉伸强度会下降，大颗粒不仅对拉伸强度有不良影响，而且导致伸长率的降低(当颗粒较小时效果不明显)。对于 SAT 样品，成型的样品在 900 ℃固溶热处理 1h 后，随着时效处理温度的升高，抗拉强度会急剧增加，并在 560 ℃时出现降低，但所有热处理状态下样品的伸长率几乎是恒定的。如图 13 - 56(f)所示，随着保持时间

的延长，伸长率先增加然后下降，并且强度的变化相对较小。以上结果表明热处理对拉伸性能的影响是不同的。DAT 和 SAT 都可以在相同程度上显著提高抗拉强度，这意味着单独的时效处理可以提高粉末床激光熔融制造的零件的抗拉强度，并且不需要其他固溶处理。实验结果表明，在 520 ℃下直接时效处理 6h 后，即可以获得优异的综合性能。

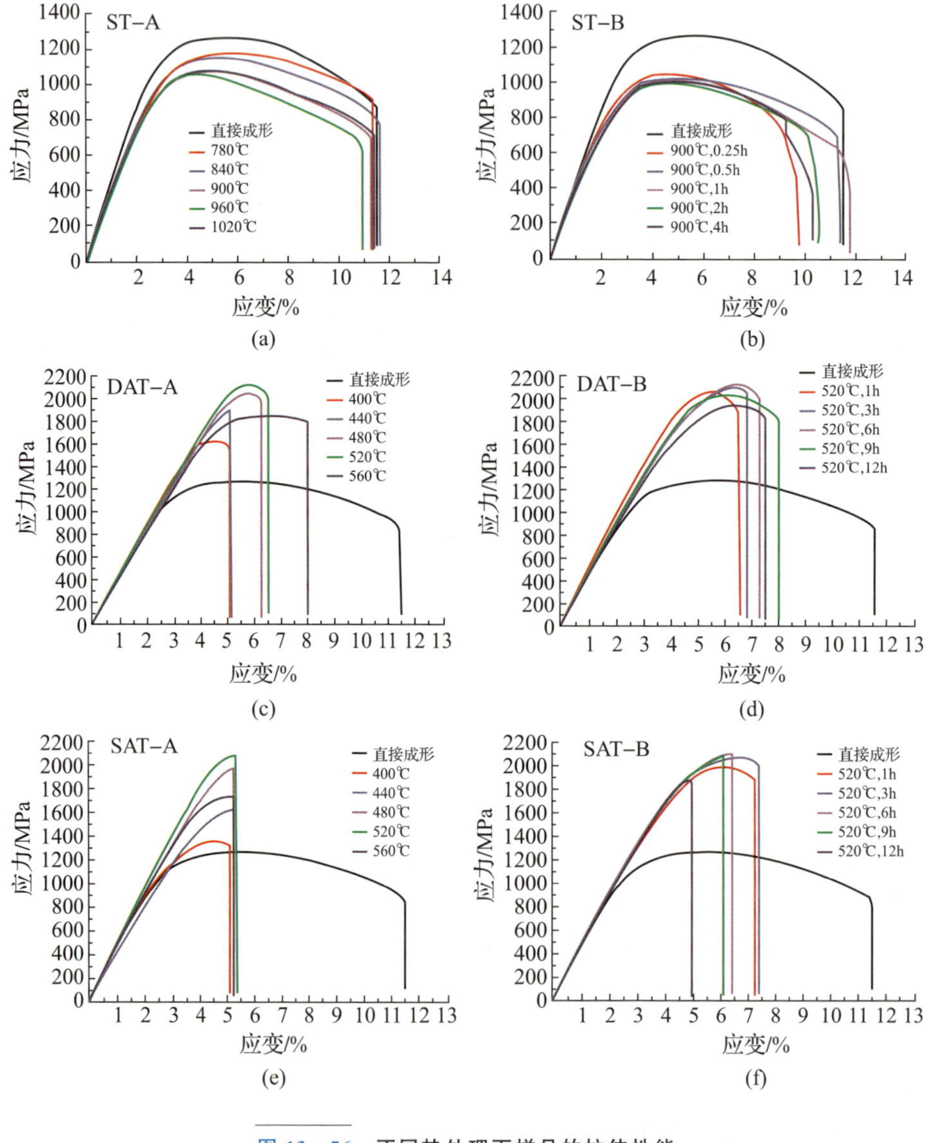

图 13-56 不同热处理下样品的拉伸性能

(a)、(b) ST；(c)、(d) DAT；(e)、(f) SAT。

韧性测试结果如图 13－57 所示，可以看出，随着温度的升高，ST 可以将韧性提高到一定程度，然后在温度高于960℃和/或保持时间超过 1h 后开始降低[图 13－57(a)、(b)]。图 13－57(c)和(d)表明 DAT 和 SAT 处理均会导致冲击韧性的降低。尽管 DAT－A 样品的冲击韧性在480℃下保温 6h 后开始逐渐增加，但所有其他热处理后的样品均下降至低韧性状态。

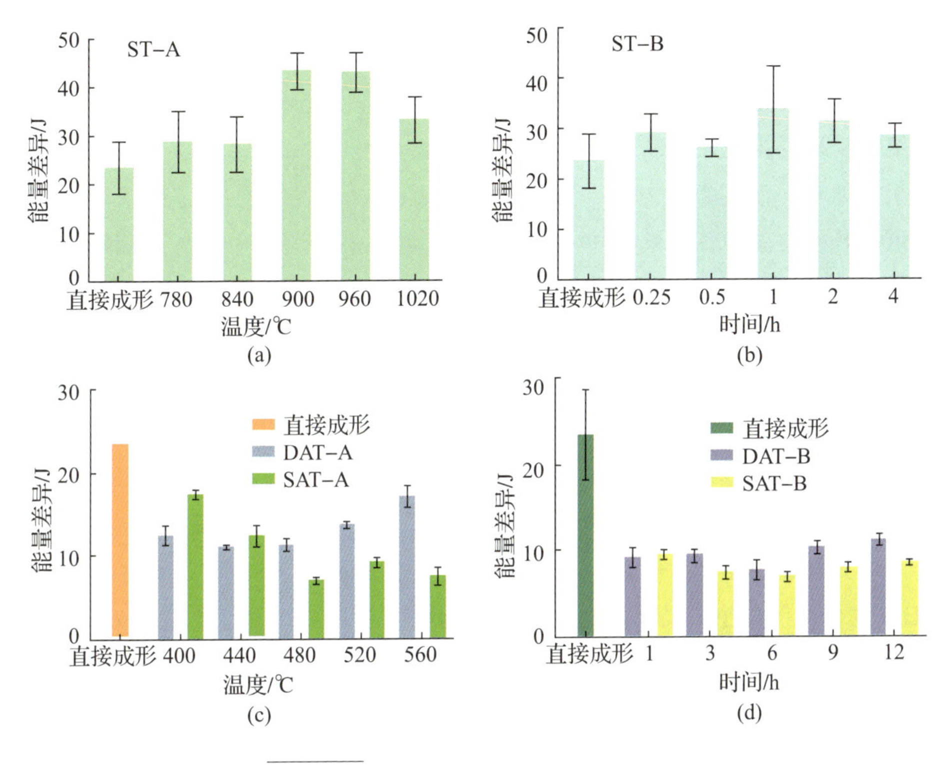

图 13－57　不同热处理下样品的冲击性能

(a)、(b) ST；(c)、(d) DAT 和 SAT。

总体研究结果表明，与传统的马氏体时效钢热处理温度相比，粉末床激光熔融成形的马氏体时效钢需要更高的固溶处理温度(900℃)和时效处理温度(520℃)才能达到峰值时效硬度。固溶处理以及固溶处理＋时效处理会消除直接成形零件内部的胞状和条状微观组织和熔道边界，而直接时效处理后微观组织变化较小。热处理后，其最高显微维氏硬度超过 650HV，最高抗拉强度超过 2100MPa。另外发现，粉末床激光熔融成形过程中极高的冷却速度(10^4～10^6K/S)使直接成形的零件已经含有大量的马氏体组织，直接采用时效处理而不需要固溶处理就可以达到和固溶处理＋时效处理相近的硬度和强度。

2. 铝合金

对于铸造的 AlSi10Mg，固溶处理后再进行人工时效处理(T6)是实现最佳力学性能的标准后处理。针对常见的 AlSi10Mg 以及 AlSi7Mg 合金的粉末床激光熔融成形样品，常用的热处理主要包括退火处理、固溶处理和时效处理 3 种。而对于 AlSi12 合金，由于无法通过时效处理来获得强化相，一般只进行退火处理来消除残余应力以及获得均匀的微观组织，直接成形的 AlSi12 样品中有极细的细胞结构，沿细胞边界残留有游离硅。随着退火温度的升高，显微组织变得更粗糙，Si 从过饱和的 Al 中排出而形成小的 Si 颗粒，粒子的大小呈指数增长，而其数量却减少。在整个样品中，微观结构的演变并非均匀，熔道重叠处的硅颗粒的数量和大小始终大于熔道中部，最终导致了一种复合型的微观结构，该结构由柔软的 α - Al 区域组成，周围被具有较高密度的较大 Si 颗粒的区域包围。微观结构的变化对粉末床激光熔融零件的力学性能有重大影响：屈服强度相较直接成形样品有明显降低，断裂韧性得到了明显提高。

作者团队对低温退火处理后的 AlSi12 进行了研究。图 13 - 58 所示为热处理后的样品的宏观结构和微观结构，其中图 13 - 58(a)、(b)所示为俯视图，图 13 - 58(c)、(d)所示为侧视图。与直接成形的样品相反，低温退火处理的样品的光学宏观显微结构几乎完全没有变化，如图 13 - 58(a)、(c)所示。在 SEM 高倍率图像中，最明显的变化是细胞树突状网络破裂为圆形颗粒。这是因为在热处理期间发生了网状 Si 的溶解，并且热处理为分离出的 Si 留出了足够的时间以使其扩散并变成颗粒。微观结构的变化将对力学性能产生重大影响。在图 13 - 58(b)、(d)中，粗颗粒区的颗粒大于细颗粒区的颗粒，这表明 Si 颗粒分布不均匀，需要更多的热处理时间来加速网状 Si 沉淀的溶解。这里对热处理后的样品进行了 XRD 研究，可以看出，热处理样品的顶面的峰与侧面的峰相似，但是衍射峰与直接成形的不同，这意味着相变发生。热处理后，Si 峰的强度相当强，这表明材料中“游离”Si 的含量增加，这是因为在热处理过程中分离出了在粉末床激光熔融工艺中溶解在 α - Al 中的 Si。热处理后，顶面的显微硬度平均值降低到 116.04 HV，侧面的显微硬度平均值降低到 105.24 HV，显微硬度显著降低是由热处理后显微组织的变化所致。热处理后，蜂窝状和树枝状的显微组织破裂，应力被释放，过饱和固溶体随着 Si 相的沉淀而分解，因此显微硬度降低。

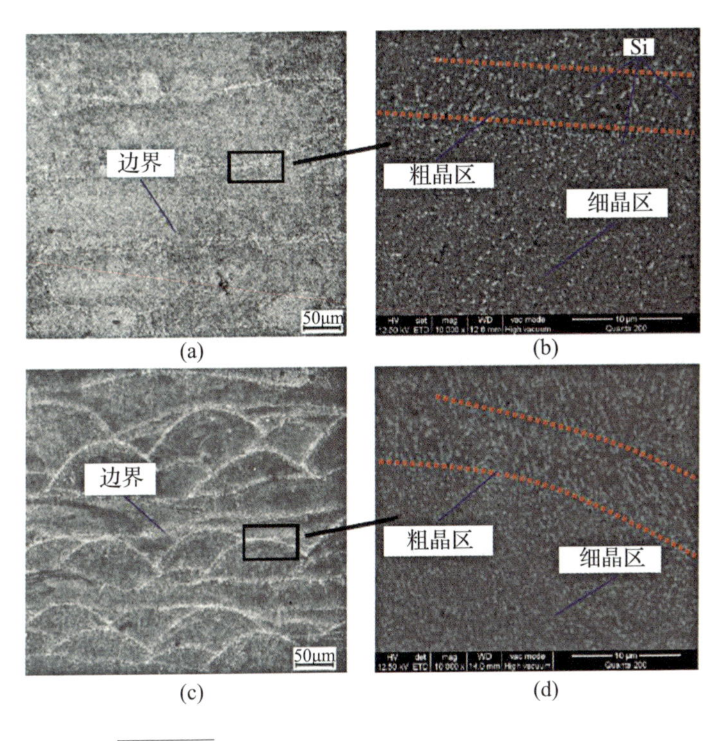

图 13-58　热处理后的光学和扫描电镜组织照片
(a)、(b) 俯视图；(c)、(d) 侧视图。

3. Ti-6Al-4V

Ti-6Al-4V(TC4)合金常用的热处理方法有退火、固溶处理和时效处理。退火是为了消除内应力、提高塑性和组织稳定性，以获得较好的综合性能。通常 α 合金和(α+β)合金退火温度选在(α+β)→β 相转变点以下 120～200℃；固溶处理和时效处理是从高温区快速冷却，以得到马氏体 α′相和亚稳定的 β 相，然后在中温区保温使这些亚稳定相分解，得到 α 相或化合物等细小弥散的第二相质点，达到使合金强化的目的。通常(α+β)合金的淬火在(α+β)→β 相转变点以下 40～100℃进行，亚稳定 β 合金淬火在(α+β)→β 相转变点以上 40～80℃进行。时效处理温度一般为 450～550℃。增材制造的 Ti-6Al-4V合金的热处理工艺同样是基于上述热处理方法而进一步开发的。

退火处理和固溶处理+时效处理对粉末床激光熔融成形 Ti-6Al-4V 材料的组织和性能影响。退火处理使粉末床激光熔融成形的 TC4 各相粗化，晶粒形态由针状逐渐转变为片状，α 相含量降低，β 相含量增加，强度降低，而塑性随着温度的升高先增加或缓慢减小。当退火热处理温度为840℃/2h/空冷时，抗拉强度和延伸率分别为 950MPa 和 18.95%。通过940℃/1h/水淬两相区的固溶处理，粉末床激光熔融成形 TC4 试样形成编排交错的（α+β）网篮组织，与成形态及840℃退火态 TC4 相比，β 相含量增加，α 相晶粒粗化，试样强度、硬度发生明显降低，塑性介于两者之间。断口中存在塑性韧窝断裂特征，局部区域出现解理河流形貌。在940℃/1h/水淬+540℃/4h/空冷处理后，组织由均匀弥散的(α+β)相构成，α 相晶粒尺寸增大，其强度-塑性匹配效果略优于两相固溶处理而劣于840℃/2h/空冷退火处理。拉伸断裂形式表现为准解理断裂，在断裂表面密布着短小曲折的撕裂线条及大小均匀的韧窝形貌。

本书针对粉末床激光熔融成形 Ti-6Al-4V 合金的微观组织进行了研究，如图 13-59 所示。由于在粉末床激光熔融成形过程中，激光交替扫描和相邻层间扫描方向旋转 67°，导致粉末床激光熔融成形的 TC4 合金中存在排列整齐的块状 β 晶粒[图 13-59(a)中深色所示]，其尺寸为 116μm，大约等于激光扫描间距。SEM 图像显示，β 晶粒内主要是纵横交错、杂乱无章的细针状 α′ 马氏体，其长度约为 13.9μm，宽度约为 0.75μm，长径比达到 15～25。

如图 13-59(b)所示，当固溶温度为845℃时(α 处理)时，此温度低于 α 相的相变点882 ℃，经过固溶处理后，α′马氏体消失不见，其组织主要为(α+β)网篮组织，其中白色为β相，深色为α相，说明热处理后发生了 α′→(α+β)的马氏体分解。在高温作用下，α 板条的尺寸明显粗化，宽度为 1.41μm，纵横比降到 12 左右，同时 β 转变基体上分布着交错编织的网篮状 α 组织。

当固溶温度进入(α+β)热处理区间时，如图 13-59(c)、(d)所示，其组织仍为(α+β)网篮组织，但是晶粒粗化现象更加明显。当固溶温度为925℃时，α 板条的宽度增加到 3.84μm，纵横比降到 8.4，且原始 β 晶界开始有一定程度地破碎，晶界 α 沿原始 β 晶界断续分布不明显。当固溶温度增加到955℃时(α+β 区间热处理)，β 相的含量进一步增多，说明马氏体 α′的分解程度更大，原始 β 晶界已经完全破碎，存在大量球状的 α 颗粒，这种球状的组织对于降低粉末床激光熔融成形材料的各向异性、提升力学性能有很大帮助。板条α 发生进一步粗化，长宽比例下降，转变为粗大的片状 α 相，且长直 α 相发生了弯曲，此外，还可以发现，在955℃时，有少量的二次 α 析出。

当固溶温度进一步增加，进入 β 热处理区间时，如图 13-59(e)、(f)所示，合金的微观形貌发生很大变化，其组织演化为魏氏组织。原始 β 晶粒晶界清晰可见，在 β 晶粒边界有少量晶界 α，其内有细长、相互平行的片状 α 相。这是由于在高温 β 区加热使得晶粒快速长大，形成粗大的原始 β 晶粒，在随后的冷却中原始 β 晶界析出连续晶界 α，其内的 α 相发生积聚，形成具有相同取向的 α 束集。对比两者还可以发现，在固溶温度为1025℃时，原始 β 晶粒远远大于985℃时的尺寸，这充分说明了热处理对晶粒粗化的作用。

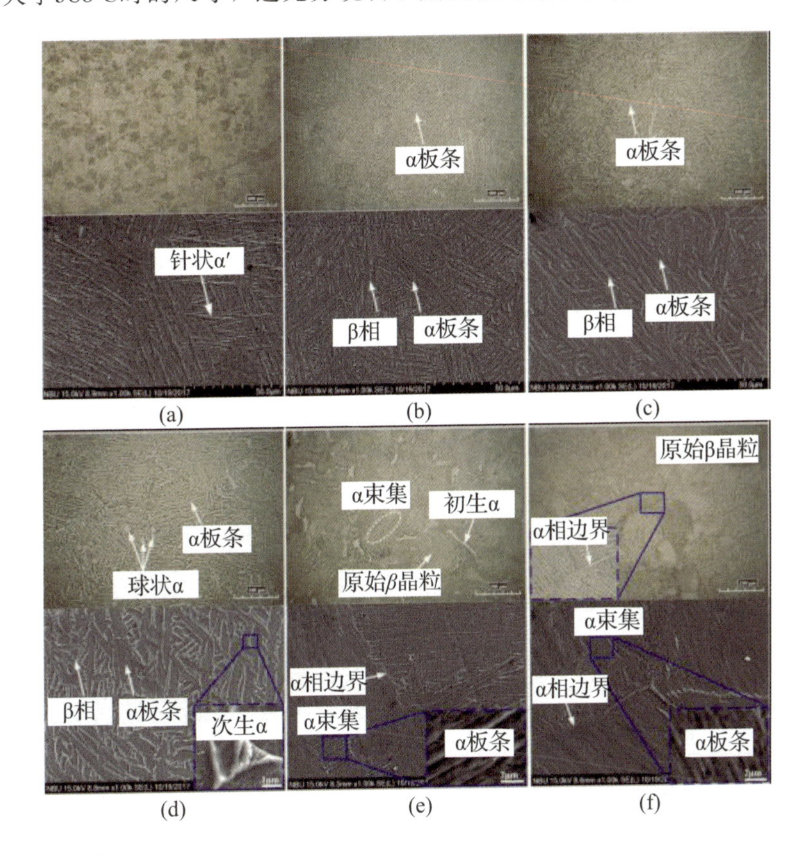

图 13-59　OM 和 SEM 图像显示粉末床激光熔融成形 Ti-6Al-4V 合金在不同热处理条件下的微观结构

(a)直接成形；(b)固溶 845℃/1h/AC；(c)固溶 925℃/1h/AC；
(d)固溶 955℃/1h/AC；(e)固溶 985℃/1h/AC；(f)固溶 1025℃/1h/AC。

为了进一步研究固溶处理+时效热处理对粉末床激光熔融成形 Ti-6Al-4V 合金的组织的影响，本书在固溶955℃/1h/AC 试样的基础上开展了不同的时效处理，如图 13-60 所示。在低倍 SEM 图像中可见，固溶处理+时效处理试样的组织仍为(α+β)网篮组织，α 板条的尺寸与固溶试样的区别不大，且时效处理后的试样的组织形貌与固溶试样的区别不大，β相的含量和形貌也未见明显变化，说明较低的时效温度不足以改变材料的组织。但是在高倍SEM图片中，可以发现，固溶处理+时效处理试样中有大量纳米尺度的白色颗粒析出，而固溶处理试样中则很少，通过EDS结果结合XRD衍射谱图分析认为，白色颗粒属于Ti_3Al(α_2)。α_2相是α和(α+β)钛合金时效处理的产物。一般认为，α_2相的析出行为受多种因素的影响，包括合金成分、Al当量值、热处理条件(固溶处理条件、时效处理条件、冷却速度)、组织状态等。在粉末床激光熔融成形Ti-6Al-4V合金的原始组织中，主要是非稳态的α′马氏体，在长时间的时效处理过程中，V原子不断被从马氏体中排除，导致其中的Al原子浓度升高，当浓度达到一定程度时，Ti将与Al形成初级固溶体，无序固溶体的密集六角结构的对称性发生变化，开始析出有序相，即Ti_3Al相。J. Wang、D. Lunt通过Thermo-Cal软件计算，发现Ti-6Al-4V合金中Ti_3Al相析出的最佳温度范围是500～600℃，对比图13-60(b)和图13-60(d)可以发现，随着时效温度从515℃升高到595℃，α_2颗粒的含量开始是增加，随后减小，这在一定程度上验证了该结论。

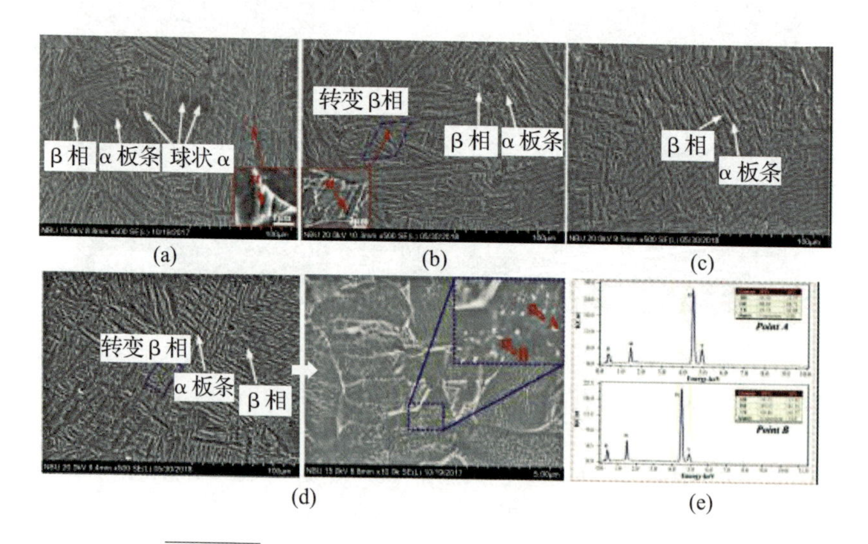

图13-60 OM和SEM图像显示粉末床激光熔融成形Ti-6Al-4V合金在不同热处理条件下的微观结构

(a)955℃/1h/AC；(b)955℃/1h/AC+515℃/8h/AC；(c)955℃/1h/AC+565℃/8h/AC；(d)955℃/1h/AC+595℃/8h/AC；(e)EDS分析。

4. 钴铬合金

钴铬合金中的碳化物颗粒的大小和分布以及晶粒尺寸对铸造工艺很敏感，为使铸造钴铬合金部件达到所要求的持久强度和热疲劳性能，必须控制铸造工艺参数。钴铬(CoCr)合金需进行热处理，主要是控制碳化物的析出。对铸造钴铬钨合金而言，首先进行高温固溶处理，温度通常为1150℃左右，使所有的一次碳化物，包括部分 MC 型碳化物溶入固溶体；然后再在 870～980℃温度中进行时效处理，使碳化物(最常见的为 M23C6)重新析出。

本书研究在时效热处理条件下通过激光选区熔化(SLM)制造的 CoCrMo 合金的马氏体转变和析出。SLM 制成的 CoCrMo 合金是 γ 相和 ε 相的混合物，γ 相含量约为 70%，ε 相的含量随着时效时间的增加而增加。粉末床激光熔融的零件在900℃的温度中时效处理 10h 后，可以获得接近纯的 ε 相。经过短时间的时效处理后，与 AS-LPBF 相比，零件的显微硬度降低了，这可能是蜂窝状沉淀物的消失所致。EDS 结果表明，时效处理后样品中的颗粒状沉淀是 M23C6，其含量随时效时间的增加而增加。M23C6 沉淀、马氏体相变增强了显微硬度。通过在900℃温度中时效 10h 来获得具有最高显微硬度的样品(大约 520 HV)。

图 13-61(a)展示了在1200℃处理 1h 后直接在水中淬火处理(粉末床激光熔融 1200D)的粉末床激光熔融成形的 CoCrMo 合金的微观组织结构。可以看出，此时的微观结构以蜂窝细胞形貌为主要特征，熔道的轨迹消失了。蜂窝细胞对应直接成形后样品中的胞状结构，并在热处理后长大。蜂窝状细胞边界中明亮的沉淀物数量减少可能是由于钴基质中碳化物溶解。在900℃下时效的 0.5h 后，那些蜂窝状细胞和熔化轨迹消失，如图 13-61(b)所示。注意到在 LPBF900℃/0.5h 中同时存在粗粒和细粒。另外，还有一些明亮的沉淀物以及晶界。LPBF900℃/0.5h 的微观结构形态与直接成形和 LPBF1200D 完全不同。如图 13-61(b)～(h)所示，碳化物含量随900℃时效时间的增加而增加。当时效时间增加到 2h 时(图 13-61(d))，一些颗粒状沉淀物在晶内和晶界中分离出来。随着时效时间的增长，析出物的数量增加，这些在锻造和铸造 CoCrMo 合金中文献也有报道。另外，一些纤维相从晶界生长到晶粒内，这种结构也被称为层状结构。这里观察到的层状结构是 s 相和 ε 相的混合物。LPBF750 ℃的微观结构形态如图 13-61(i)～(o)所示。与 LPBF900 ℃相比，随着时间的流逝，LPBF750 ℃中的沉淀物数量缓慢增加。

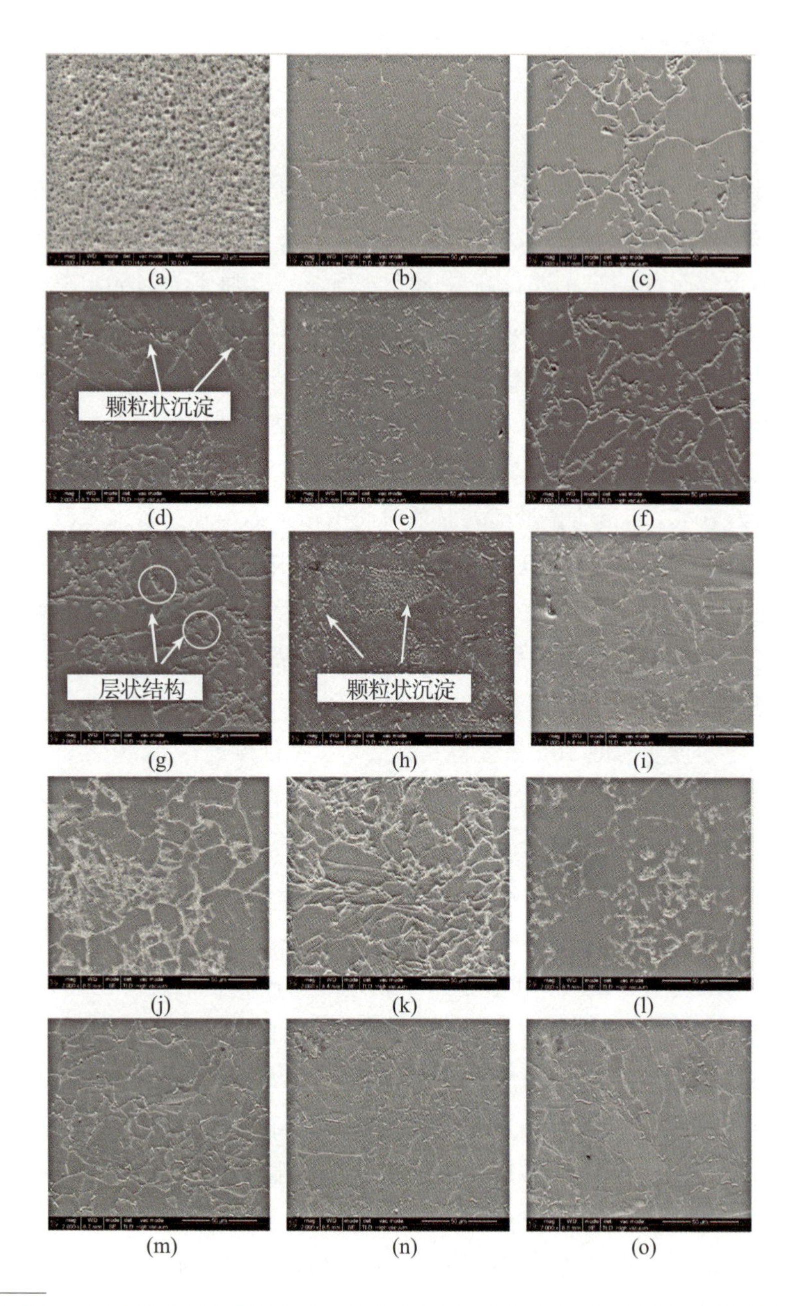

图 13-61　通过粉末床激光熔融工艺制成的 CoCrMo 合金在固溶和时效处理后的显微组织
(a) LPBF1200D；(b) LPBF900 ℃/0.5h；(c) LPBF900 ℃/1h；(d) LPBF900 ℃/2h；(e) LPBF900 ℃/4h；(f) LPBF900 ℃/6h；(g) LPBF900 ℃/8h；(h) LPBF900 ℃/10h；(i) LPBF750 ℃/0.5h；(j) LPBF750 ℃/1h；(k) LPBF750 ℃/2h；(l) LPBF750 ℃/4h；(m) LPBF750 ℃/6h；(n) LPBF750 ℃/8h；(o) LPBF750 ℃/10h。

如图 13－62 所示，在固溶处理和时效热处理后，对粉末床激光熔融制造的 CoCrMo 合金的显微硬度进行了测量。图 13－62 中的误差线表示 3 个样品的数据与平均值的偏差。与 As－LPBF 相比，由于缺乏蜂窝状沉淀和残余应力，LPBF1200D、LPBF900 ℃/0.5h 和 LPBF750 ℃/0.5h 的显微硬度降低。蜂窝状沉淀和残余应力可以提高硬度：随着老化时间的延长，LPBF900 ℃的显微硬度比 LPBF750 ℃的显微硬度增加更快。在900℃温度中老化 2h 后，LPBF900℃/2h 的显微硬度高于 As－LPBF 的。通过在900℃温度中时效 10h 来获得具有最高显微硬度的样品。

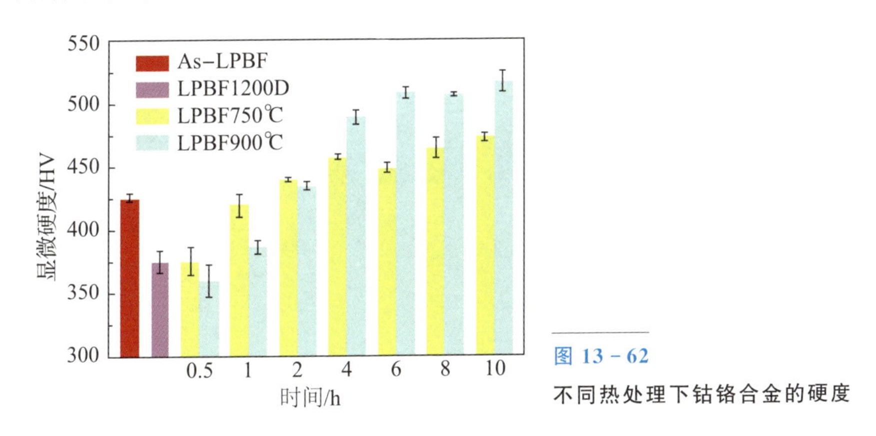

图 13－62
不同热处理下钴铬合金的硬度

作者团队还研究了热处理对钴铬合金耐腐蚀性和力学性能的影响。如图 13－63(a)所示，通过对极化曲线的塔菲尔(Tafel)区域进行拟合，获得了腐蚀电流密度(icorr)。拟合结果表明，SLM 900℃的腐蚀电流密度比 SLM1200D 降低了一个数量级。As－SLM 的腐蚀电流密度约为 0.21mA/cm^2，低于文献报道的熔模铸造 CoCrMo 合金的值(5.8mA/cm^2)。使用 EIS 表征的 CoCrMo 合金的表面结构如图 13－63(b)、(c)所示。在图 13－63(b)中，As－LPBF900 ℃合金的奈奎斯特图中的曲线直径最大，表明 SLM900 ℃具有最佳的耐人工唾液(人工唾液是一种人工合成的检测试剂，用于对目标产品的耐唾液腐蚀能力进行试验测试)腐蚀性能。但是，SLM1200D 合金的直径最短，图 13－63(c)所示 SLM900 的 $|Z|$ 值比铸造的 $|Z|$ 值大一个数量级。所有曲线的波特图仅显示一个峰，这意味着在测试过程中只有一个时间常数。因此，所有样品的等效电路可以由一个恒定相位元件(CPE)、一个 R_s 和一个 R_{ct} 来拟合。模拟等效电路如图 13－63(d)所示。R_s 和 CPE 分别表示溶液电阻和原始样品的规则相。这两个参数分别指示无源表面膜电阻和电容组合。R_{ct} 代

表电荷转移电阻。拟合曲线如图 13－63（a）、（b）所示，拟合曲线显示于图 13－63(a)和(b)。LPBF 900℃的R_{ct}值远远高于 Cast 的R_{ct}值，表明电化学反应 LPBF900 ℃上的人工唾液中速度最慢。LPBF 900℃的 n 接近于 1，表明 LPBF 900℃上钝化膜的表面电阻更有效。但是，LPBF1200D 的R_{ct}和 n 均低于 As－LPBF 的，这意味着在热处理后，粉末床激光熔融生产的合金上的电化学反应增加。

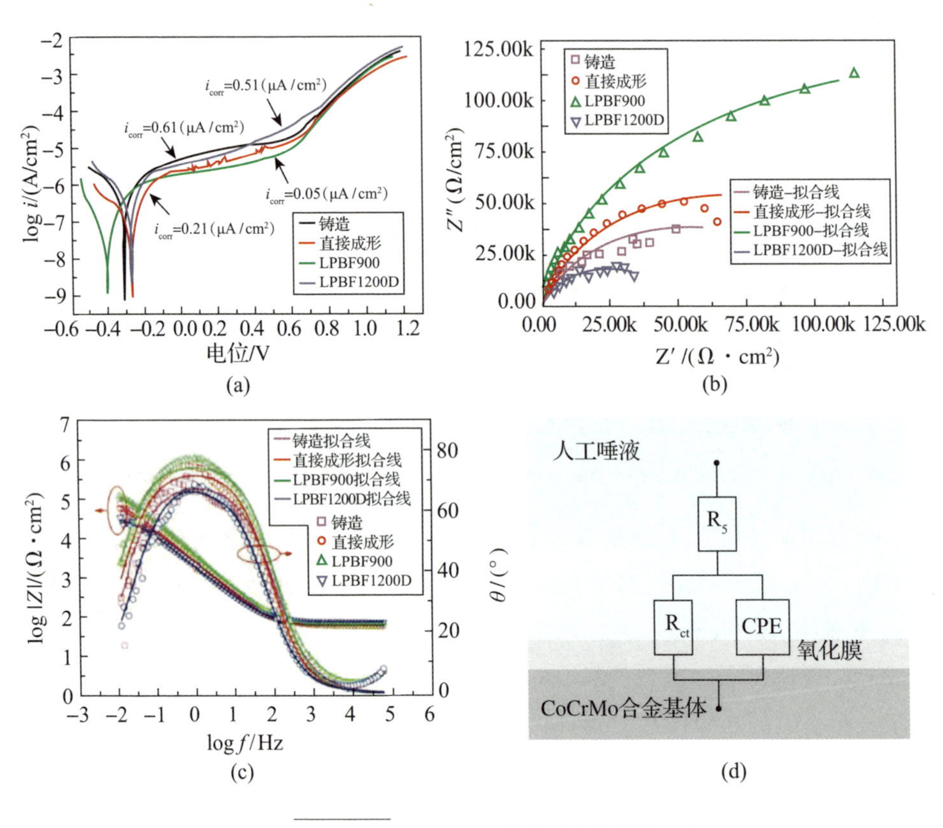

图 13－63 CoCrMo 合金耐腐蚀性能

（a）CoCrMo 合金的塔菲尔曲线模拟；（b）奈奎斯特图；（c）波特图；（d）模拟等效电路。

图 13－64 所示为与 ASTM F75—018 标准相比，由粉末床激光熔融生产的 CoCrMo 合金在不同热处理条件下的抗拉实验结果。在图 13－64(a)中，As－LPBF 的抗拉强度最高。热处理后粉末床激光熔融制造的 CoCrMo 合金的抗拉强度则更低一些，可见热处理会降低 CoCrMo 合金合金的抗拉强度。图 13－64(b)显示了 LPBF 900℃的屈服强度与 As－LPBF 几乎相同，可见，

ε 相含量的增加可以提高 HCP 结构的屈服强度。LPBF1200D 的伸长率提高到 17.66%，是 LPBF 900℃的 3 倍，是 As－LPBF 的 50%。这是因为 LPBF1200D 中 γ 相的含量比较高。与 ε 相比，γ 相对更有效的滑移系统具有更好的延展性。虽然 X 射线衍射表明 As－LPBF 的 γ 相含量高于 LPBF1200D，但是 As－LPBF 中存在残余应力，这降低了 As－LPBF 的延展性能。综合考虑抗拉强度，屈服强度和伸长率后，可确定 As－LPBF 和 LPBF1200D 满足 ASTM F75—2018 标准的机械性能要求。LPBF900 的伸长率小于 8%，所以不满足 ASTM F75—2018 标准的伸长率要求。”

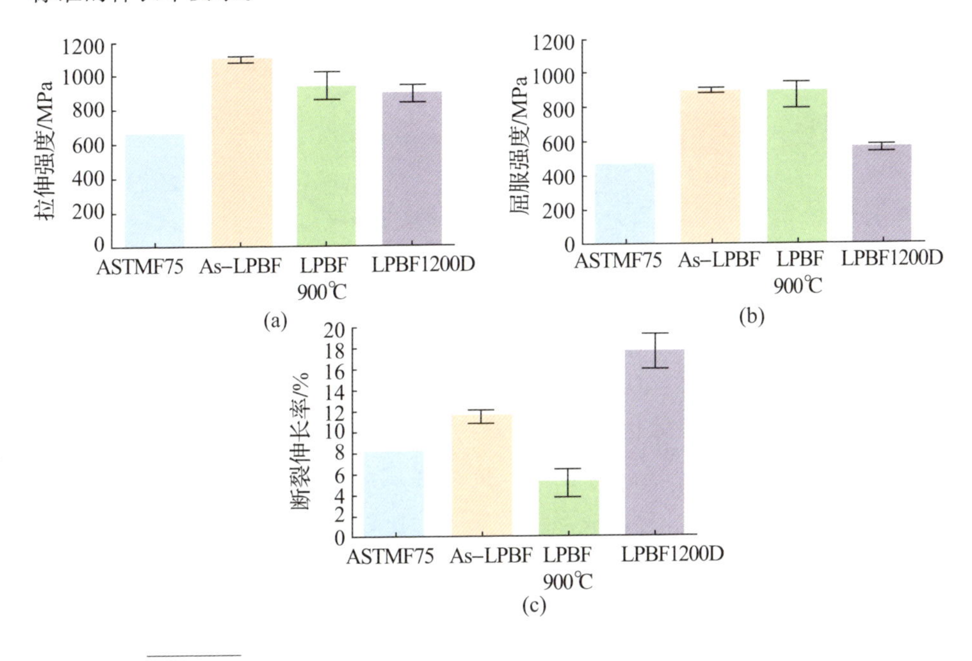

图 13－64　不同热处理下粉末床激光熔融成形的钴铬合金的拉伸性能

13.8.2　热等静压处理

热等静压(hot isostatic pressing，HIP)是一种用于减少金属中的孔洞或者提高陶瓷材料密度的制造工艺，其可提高材料的机械性能和可加工性。在热等静压过程中，材料在密闭容器中同时受到高温和各方向相同的高压的处理，通过塑性流动及扩散机制，使样品中的孔塌缩，降低孔隙率来实现热致密化。施压气体为惰性气体，一般用氩气，以避免与材料发生化学反应。热等静压常被用于烧结(粉末冶金)制程和金属基复合材料制造。热等静压的工艺流程如

图 13－65 所示。由于粉末床激光熔融成形的金属零件仍然存在少量的孔隙及裂纹等内部缺陷，对零件的力学性能，特别是拉伸和疲劳性能，有着极其不利的影响，而热等静压处理可以通过施加高压和高温来消除零件内部的孔隙和裂纹缺陷，因此越来越多的研究人员开始将热等静压作为重要的处理手段来提高零件的综合性能。下面对采用热等静压对粉末床激光熔融成形零件进行处理的几种材料的研究进行介绍。

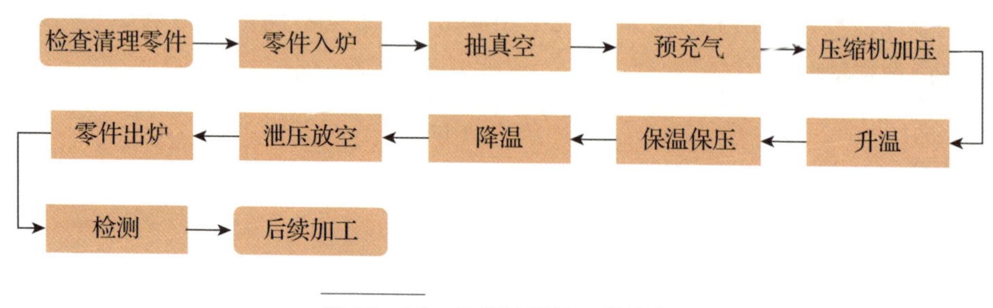

图 13－65　热等静压的工艺流程

1. 316L 不锈钢

丁利等采用热等静压对粉末床激光熔融成形 316L 不锈钢进行处理。结果发现，热等静压处理后，直接成形的试样微观组织由粗大柱状晶分裂为细小的柱状晶，并表现出等轴化的趋势，横向和纵向的强度明显降低，横向延伸率略有升高，纵向延伸率显著提高，抗拉强度与延伸率达到锻件水平。而 Rottger 等比较了铸造、直接成形以及热等静压处理的 316L 试样发现，在通过热等静压进行后处理过程中，粉末床激光熔融成形的 316L 的组织发生了重结晶和奥斯特瓦尔德熟化。这导致了明显不同的微观结构，表现为晶粒较粗，形状几乎等轴，如图 13－66 所示。K. Geenen 等人比较了铸造、HIP、粉末床激光熔融和粉末床激光熔融＋热等静压处理的 316L 奥氏体钢的耐腐蚀行为。电化学结果表明，与固溶退火条件下的铸造和热等静压加工相比，粉末床激光熔融致密化样品的耐腐蚀性较差。显微组织研究表明，粉末床激光熔融致密化的试样具有细粒度的显微组织，但孔隙率相对较高，这对耐腐蚀性具有负面影响，而额外的热等静压处理进一步恶化了耐腐蚀性。与粉末床激光熔融工艺相比，通过热等静压处理可以降低裂纹密度。N. P. Lavery 等通过热等静压来降低粉末床激光熔融零件的孔隙率，并将弹性提高到与锻造/轧制 316L 相关的水平。另外，热等静压处理的零件显示出在制造方向上的特性均质化，且与锻造/热轧 316L 的特性更相似，并且伸长率和抗拉强度增加，但是屈服强度降低。A. Mangour 等使用热等静压后处理增加了粉末床激光熔融成形的具有高硬度的 TiB_2/LPBF 部件的致密度。试样的微观结构特征随热等静压处理时间的增长而从等轴晶粒向聚结增强颗粒的区域偏析演变。但是，由于高温退火作用，热等静压处理使试样的硬度和耐磨性值显著下降。

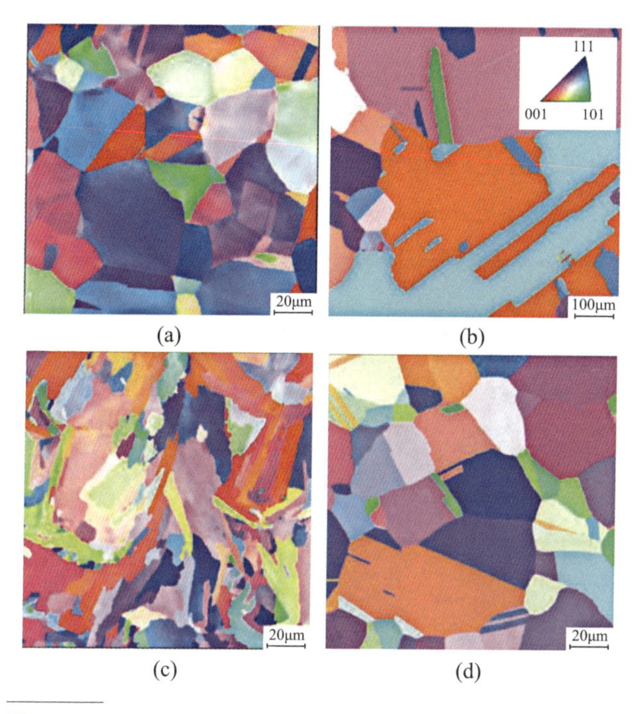

图 13-66　粉末床激光熔融成形 316L 样品的 EBSD 取向图像

(a) 铸造；(b) HIP 致密化；(c) LPBF 致密化(在堆积方向上)；(d)LPBF + HIP 致密化处理。
(彩色表示表面法线方向 ND 上的晶体方向)

2. Ti-6Al-4V 合金

张海英等比较了直接成形、热处理以及热等静压处理的粉末床激光熔融的 Ti-6Al-4V 试样，发现热等静压处理改善了针状马氏体微观组织特征，试验件的极限强度有所下降，但延伸率提高约 50%，韧性增强。马超等发现热等静压处理后，选区激光熔化 Ti-6Al-4V 样品承受三向压应力，内部孔隙逐渐闭合或消失，一定程度提高了致密度，同时亚稳态的 α' 马氏体完全转变为($\alpha+\beta$) 层，局部区域出现粗化。但是，材料的屈服强度和抗拉强度相较退火去应力降低明显，分别降低到 860MPa 和 970MPa，材料的断后延伸率略有提升，提高到 15%～18%。马纪综合研究了热等静压对粉末床激光熔融

Ti－6Al－4V合金的组织和性能的影响，发现热等静压工艺能有效消除合金内部孔隙，提高试样致密度(由 99.8%提高到 99.94%)；原始的针状马氏体 α′分解，层片状的 α 相析出，最终形成层片状的 α+β 双相组织，且横截面与纵截面上的组织基本一致，各向异性得到消除，如图 13－67 所示；横截面与纵截面的显微硬度分别由 459.6HV0.2 与 423.35HV0.2 降低到 388.15HV0.2 与 386.48HV0.2；试样的抗拉强度和延伸率分别由 1233.5MPa 和 4.7%降低到 1048MPa 和 8.8%；疲劳寿命也得到显著提升。蔡超等通过粉末床激光熔融/热等静压混合工艺制备了全致密的 Ti－6Al－4V 样品，与直接粉末床激光熔融成形的样品比较，表现出更高的强度和出色的延展性，并且比锻制的 Ti－6Al－4V

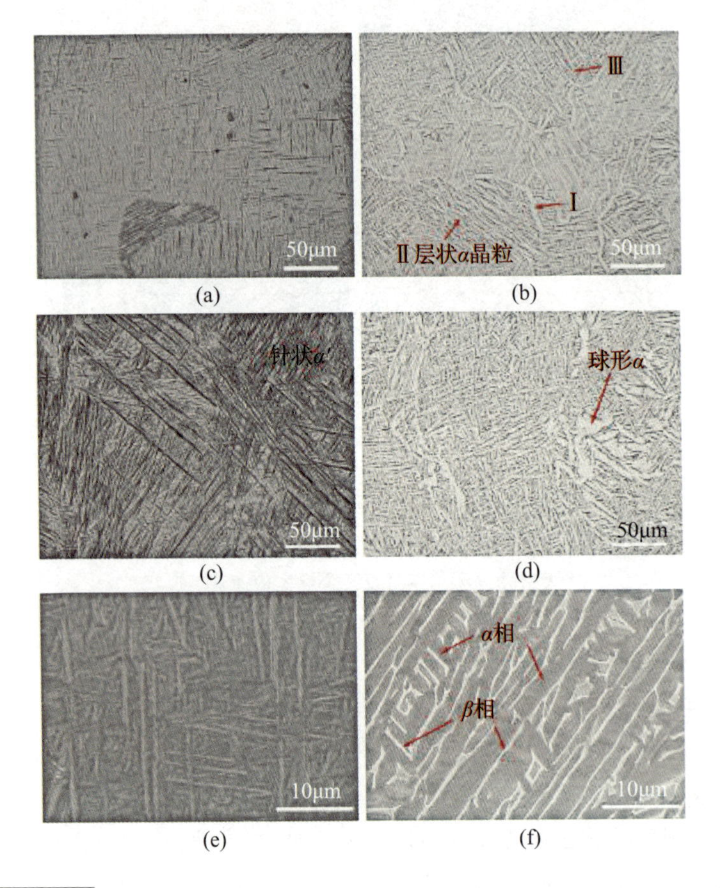

图 13－67 Ti－6Al－4V 合金 As－LPBF 试样与 HIP 试样的显微组织形貌

(a)As－LPBF 试样横截面的显微组织(OM)；(b)HIP 试样横截面的显微组织(OM)；(c)As－LPBF 试样纵截面的显微组织(OM)；(d)HIP 试样纵截面的显微组织(OM)；(e)As－LPBF试样纵截面的显微组织(SEM)；(f)HIP 试样纵截面的显微组织(SEM)。

零件更具竞争力。Wu 等研究了热等静压对粉末床激光熔融成形网格结构的影响，研究结果表明，在1000℃/ 150MPa 下进行热等静压处理可以消除支柱中的孔隙，并将显微硬度从 403 HV 降低到 324 HV，屈服强度从 143MPa 降低到 100MPa。而且，由于热等静压后材料的物相从脆性的 α′马氏体相转变为坚韧的(α+β)混合相，较硬的(α+β)混合相可通过抗裂钝化来抵抗疲劳裂纹的扩展，从而提高了疲劳强度并改善疲劳性能。在另一项研究中发现，样品在1000℃/ 150MPa 下经过热等静压处理后，垂直和水平试件的冲击能分别提高了 28J（560%）和 19J（190%），并且大大降低了合金的各向异性。

3. Hastelloy X 合金

许鹤君等研究了热等静压工艺对粉末床激光熔融成形 Hastelloy X 合金性能的影响，发现热等静压处理会引起细小柱状晶和树枝晶的增长，并在晶界析出碳化物，同时可以消除成形件内部的裂纹并提高零件的塑性和持久性，如图 13－68 和图 13－69 所示。李雅莉等研究了热等静压和固溶处理对粉末床激光熔融成形的 Hastelloy X 合金组织与性能的影响，研究表明经热等静压后，组织由柱状晶和晶内的包晶结构演变为等轴晶，晶界及晶内存在较多的析出物，试样内部的裂纹消失，如图 13－70 所示。试样抗拉强度降低，但是塑性提升，尤其是高温屈服强度降低了约 48%，高温延伸率提升了约 59%。并且，经热等静压＋固溶处理后，晶粒尺寸及形貌与热等静压态的相比近乎无差异，但晶内析出物明显减少，该状态下的综合拉伸性能最优。

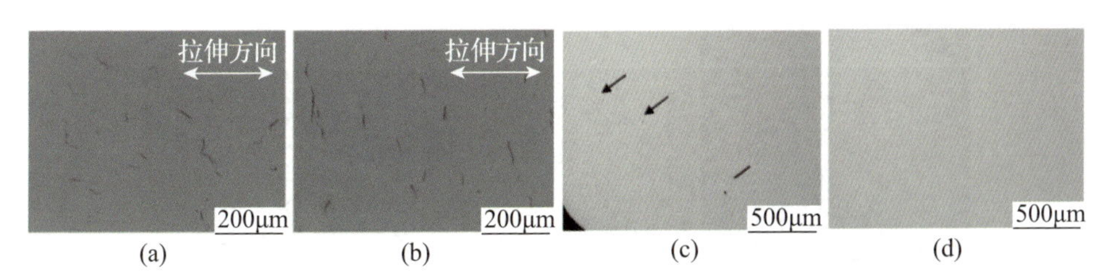

图 13－68　不同热等静压工艺处理前后粉末床激光熔融成形 Hastelloy X 合金纵向和横向试样在持久性试验后的抛光态形貌

(a)HIP 处理前，纵向试样；(b)HIP 处理前，横向试样；
(c)HIP1 工艺处理后，纵向试样；(d)HIP2 工艺处理后，纵向试样。

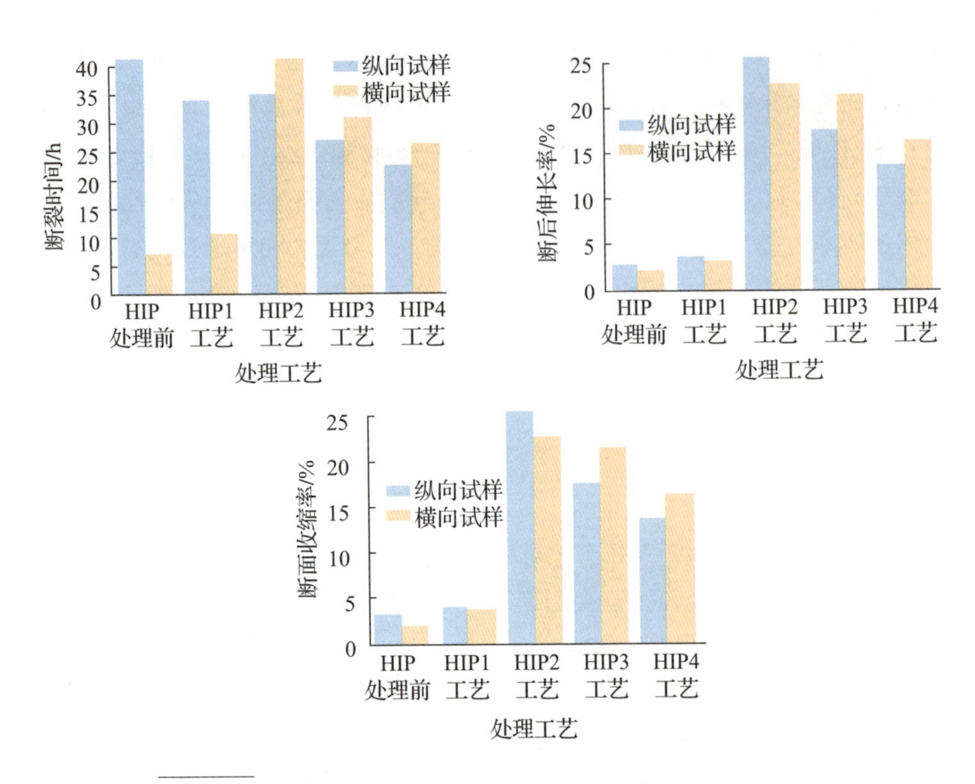

图 13-69　不同工艺 HIP 处理前后不同方向试样的持久性试验结果

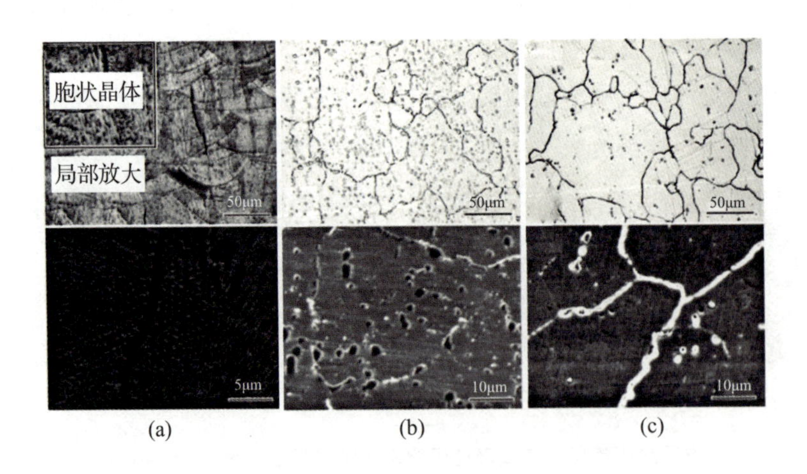

图 13-70　粉末床激光熔融成形 Hastelloy X 合金试样光学（上面三张）和扫描电镜（下面三张）图

(a) 直接成形；(b) 热等静压处理；(c) 热等静压 + 固溶处理。

4. 镍基高温合金

K. Alenaa 等研究了不同热处理和热等静压对激光粉末床熔合 Inconel 625 合金组织和力学性能的影响。Inconel 625 合金的微观组织主要表现为晶粒沿着成形方向生长的柱状组织，热处理和热等静压处理使得微观组织向具有各向同性的等轴组织转变，并伴随着晶粒的变粗。随着温度的升高，晶粒尺寸越小，组织各向异性也越低，如图 13－71 至图 13－73 所示。低温固溶热处理和热等静压处理可以提高延展性和均匀性，但是强度会明显降低。最后，在室温下进行拉伸测试后发现，经 LPBF 处理的 Inconel625 合金的总体机构强度和断后延伸率大于或等于相同成分组成合金的退火＋锻造后的机械强度和断后延伸率。W. Tillmann 等使用热等静压消除了孔隙，并提高了材料的疲劳性能，但是同时导致了晶粒的粗化。V. A. Popovich 等研究表明热等静压能溶解粉末床激光熔融成形的 Inconel718 零件中不良的 Laves 相和 δ 相及封闭内部的空隙，改善其力学性能。

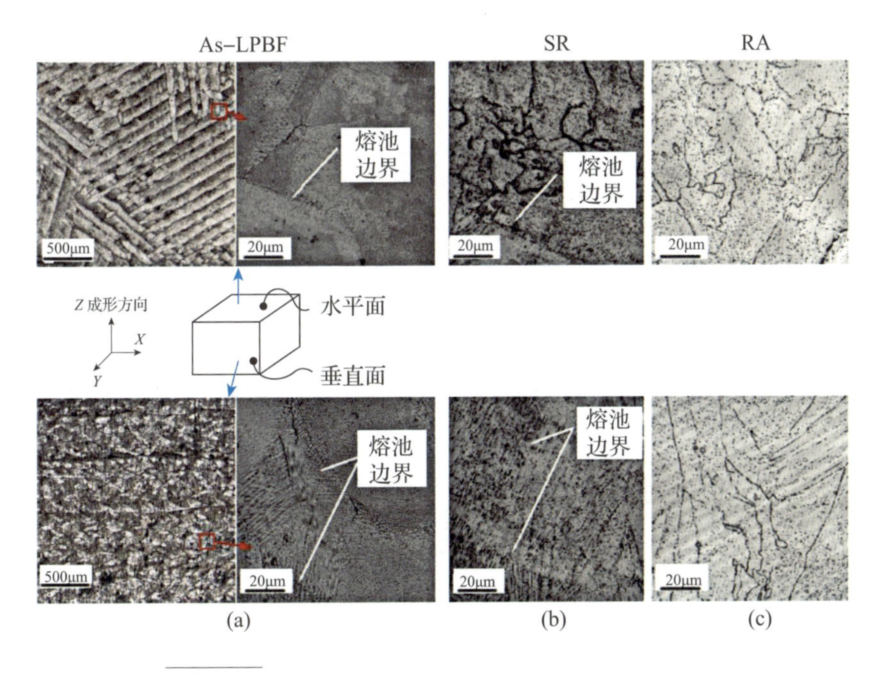

图 13－71　不同处理后的垂直面和水平面微观组织形貌

(a)直接成形 As－LPBF；(b)去应力退火(SR)；(c)重结晶退火处理(RA)。

图 13-72 不同处理后的微观组织

(a)去应力退火；(b)重结晶退火；(c)固溶处理；(d)热等静压处理。

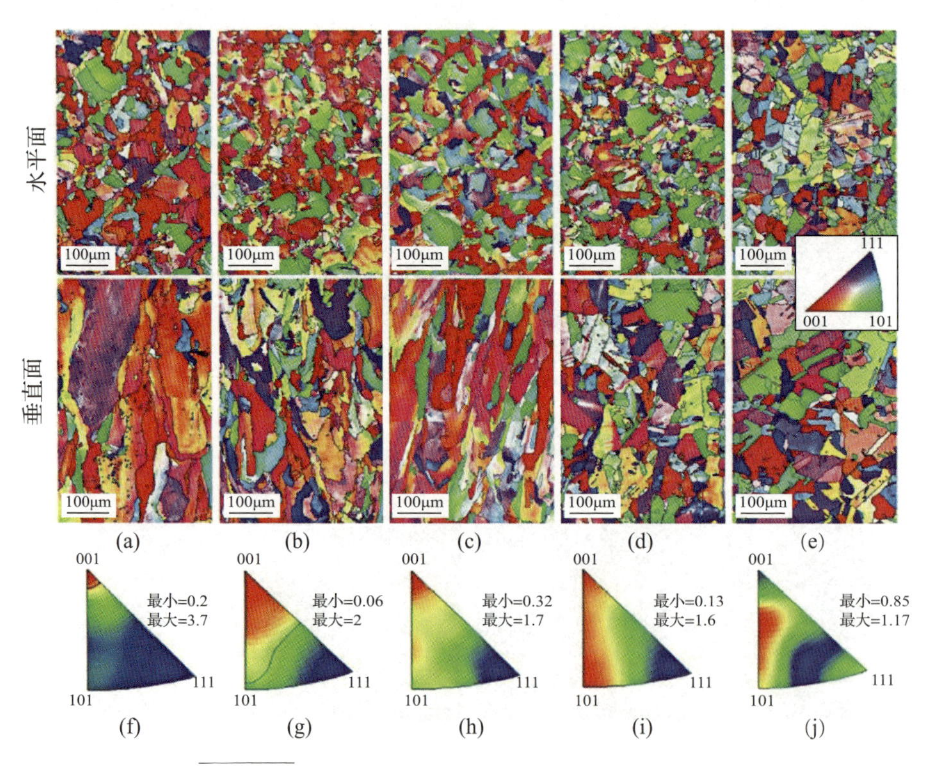

图 13-73 样品经不同处理之后的 EBSD 图与反极图

(a) 直接成形；(b) 去应力退火；(c) 重结晶退火；(d) 固溶处理；(e) 热等静压处理；(f)～(j) 相应的反极图形。

5. 其他合金

J. Hann 等研究了热等静压对粉末床激光熔融成形 ASTM F75 合金的影响，发现直接成形材料的力学性能未达到铸态材料的疲劳强度水平，而通过热等静压进行的致密化后处理后，其疲劳强度得到显著改善。A. Mangour 等人研究了热等静压后处理对粉末床激光熔融成形 TiB_2/H13 的影响。热等静压后处理是消除零件中的大孔、熔合缺陷和大规模内部孔隙的有效方法，提高了粉末床激光熔融制成部件的最终密度。此外，后处理将连续和均匀分布的晶粒转变为具有晶簇的间歇晶粒，使硬度进一步增加。N. Ordas 等采用粉末床激光熔融成形了 P91(铁素体-马氏体 9%Cr－1%Mo)零件，通过热等静压处理使零件由致密度 99.35%提高到 99.74%。同时使元素分布更均匀，并降低了奥氏体含量以及提高了力学性能和抗疲劳性能。

13.9 TiNi 合金与 4D 打印

3D 打印与 TiNi 的形状记忆效应(shape memory effect，SME)结合，通常称为 4D 打印。4D 打印将实现构件的形状、性能或功能在时间和空间维度上的可控，满足变形、变性和变功能的应用需求。下面以成分为 $Ti_{54.8}Ni_{45.2}$(原子分数/%)的富 Ti 形状记忆合金(shape memory alloys，SMA)为例，优化粉末床激光熔融成形工艺参数。

13.9.1 成形工艺参数优化

图 13－74 所示为 $Ti_{54.8}Ni_{45.2}$ 粉末的形貌和微观组织。如图 13－74(a)所示，粉末球形度较高，存在少量卫星粉，粒度范围为 20～50 μm。粉末的横截面显微结构如图 13－74(b)所示，显示为胞状组织结构，在胞状组织边界上存在深灰色第二相。EDS 分析表明，该深色的析出相富含钛，根据 Ti－Ni 相图和文献报道可确定其为金属间化合物 Ti_2Ni，测得粉末中的主要杂质元素 O、C 和 N 分别为 1250 μg/g、427 μg/g 和 130 μg/g。使用 Concept Laser M2 Cusing LPBF 系统成形试样，通入氩气以控制成形腔室的 O_2 降至 100 μl/l 以下。设备配备了最大输出功率为 400W、焦点直径约为 75 μm 的连续波光纤激

光器。考虑到粉末的平均粒径，选择 30 μm 的铺粉层厚(t)，扫描间距(h)固定为 75 μm，与激光光斑直径一致。为了获得完全致密的零件，激光功率 P 和扫描速度 v 分别在 60～120W 和 150～600mm/s 的范围内进行优化研究，并将激光的体能量密度 E_v 定义为 $P/(v \times h \times t)$。

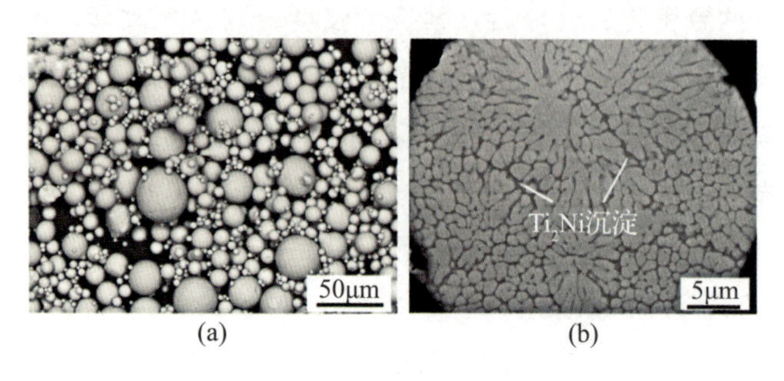

图 13-74 TiNi 粉末的 SEM 显微照片

(a)粉末形态；(b)粉末截面显微结构。

首先采用热等静压成形同种粉末，获得完全致密试样的理论密度为 6.223g/cm^3，以此作为粉末床激光熔融成形样品的参考。不同激光功率和 E_v 成形的试样的阿基米德密度变化趋势如图 13-75 所示。总的来说，使用 67～133J/mm^3 的 E_v 生产的样品具有相对较高的密度，其中激光功率为 90W，体能量密度 80J/mm^3 成形的样品密度最高，为(6.208 ± 0.007)g/cm^3(理论密度的 99.76%)。值得注意的是，在相同 E_v 为 133J/mm^{3}的情况下，使用激光功率 90W 生产的样品比使用 60W 和 120W 生产的样品具有更高的密度。为了进一步研究致密化行为，使用 OM 观察了试样横截面，并插入了典型的缺陷图片。从 OM 图可见，使用 E_v 为44J/mm^{3}制备的样品中出现了不规则的孔隙，并且内部带有未固结的颗粒。在 E_v 为 267J/mm^{3}时，样品表现出大量的球形孔，这是匙孔(key-hole)缺陷的特征。相比之下，以 E_v 为 67J/mm^{3}成形的样品几乎没有孔隙，相对密度较高。此外，尽管使用相同的 E_v(133J/mm^3)，但过高的激光功率 P 加剧了匙孔现象的趋势，从而使 P 为 120W 成形的样品比 60W 的缺陷更多。与此同时，观察试样的宏观表面发现，在所有高功率条件下(P 为 90W 和 120W)，以及在某些低功率条件下(P 为 60W 和 75W)和高 E_v 条件(>133J/mm^3)成形的试样都存在裂纹。裂纹沿 XZ 和 YZ 平面垂直于构造方向排列，主要是由于沿沉积方向的残余应力导致层间分层。

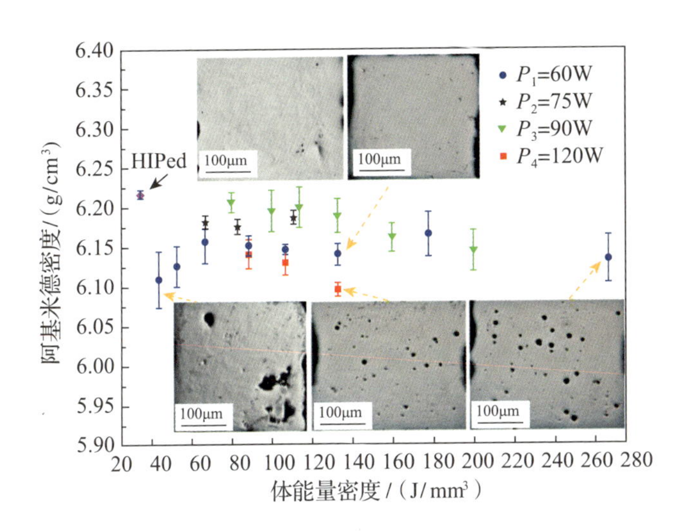

图 13-75　体能量密度对粉末床激光熔融制造的样品的密度和缺陷类型的影响

13.9.2　形状记忆合金的相转变行为

形状记忆合金通过马氏体相变及其逆相变呈现出形状记忆性能，具体相变过程为在马氏体状态下产生一定的形状变形，当外界温度有所升高且高于奥氏体开始相变点 A_s 时会回复为原母相的形状。具体如图 13-76(a)、(b)、(c)所示，合金在室温下为马氏体相，初始状态的马氏体在外力作用下发生变形，得到形变马氏体；形变马氏体加热到一定温度(完全奥氏体化温度 A_f)后获得高温下的奥氏体，奥氏体冷却后即恢复到未变形的初始马氏体。图 13-76(d)所示解释了 SMA 的超弹性(super elasticity，SE)机理，在 A_f 温度以上拉伸/压缩 SMA 至一定应变程度，此时出现奥氏体(A)向马氏体转变(M)；当载荷移除时，则 M 向 A 转变，变形恢复。因此，相变行为对 SMA 至关重要。

图 13-77 所示为粉末和粉末床激光熔融成形的 TiNi 样品的 DSC 曲线，表明了相变温度(TTs)随 E_v 和 P 而变化。与粉末相比，粉末床激光熔融成形的样品的奥氏体转变终止温度(A_f)和马氏体转变起始温度(M_s)降低。另外，增加 E_v 和 P 导致 A_f 和 M_s 降低。具体而言，E_v 从 67 J/mm^3 增加到 267 J/mm^3 导致 A_f 和 M_s 分别降低约 9℃ 和 5℃。TTs 的变化与 Ni 元素的损失、杂质含量和金属间化合物含量有关。在不同激光参数处理的样品中，镍含量不同、样品的杂质(C、N 和 O)水平和 Ti_2Ni 金属间含量也随激光参数而变化。

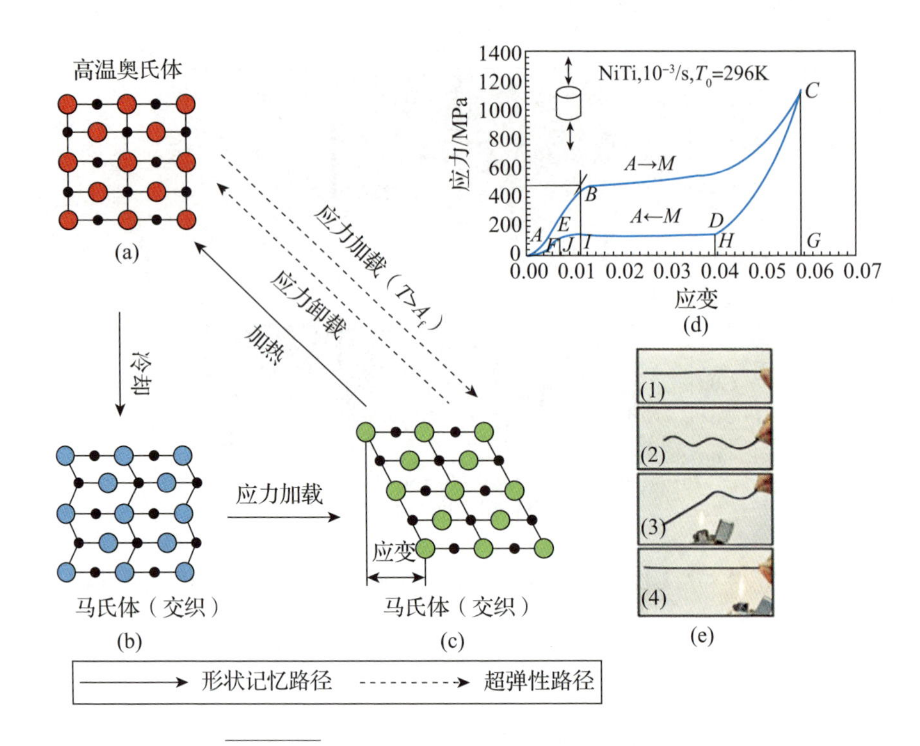

图 13-76　形状记忆效应和超弹性机制的示意图

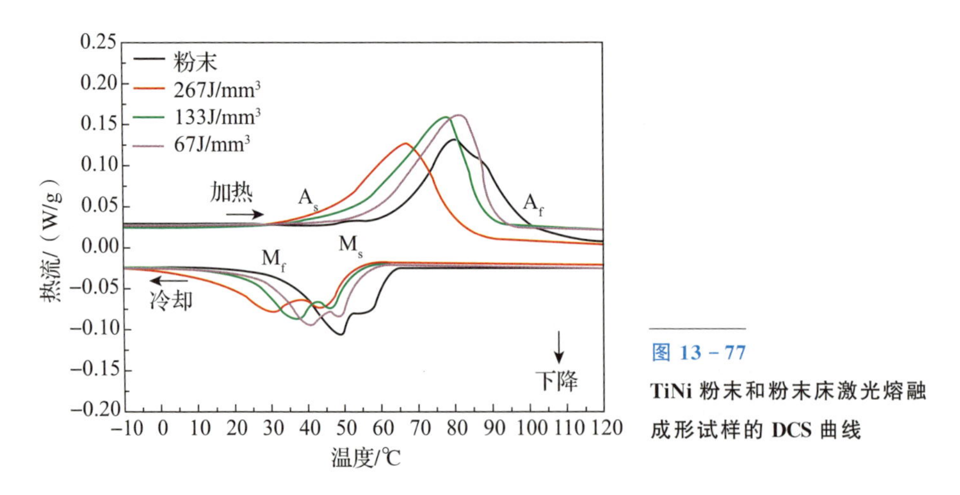

图 13-77　TiNi 粉末和粉末床激光熔融成形试样的 DCS 曲线

氧含量与 M_S 之间的关系可以使用以下经验方程式表示：

$$M_S = 78 - 92.63\,x_O \tag{13-2}$$

式中　M_S——马氏体转变起始温度(℃)；

x_O——氧含量(%)。

因此，氧含量增加会导致 M_S 以大约原子分数93℃/%的幅度降低。M_S 降低的原因与富 Ti 的第二相(如 $Ti_4Ni_2O_X$)的形成有关，因为富 Ti 第二相的形成会消耗更多的 Ti 原子，进而提高基体中 Ni 元素的比例。此外，碳元素也会降低 TTs，因为碳元素可以和 Ti 发生如下准二元共晶反应 $TiNiC \xrightarrow{1280℃} TiNi_{B2} + TiC$，降低基体中 Ti 元素质量分数。并且研究发现碳元素含量与 M_S 满足以下经验方程：

$$M_S \approx 7.5℃ - 73.3\frac{℃}{\%(\text{原子分数})} \cdot x_C \tag{13-3}$$

式中　M_S——马氏体转变起始温度(℃)；

x_C——碳原子分数(%)。

这表明提高碳含量能够导致 M_S 以 73℃/%的幅度降低，其原因可能是 TiC 颗粒及其周围的应力场促进了马氏体的形核和形成。

13.10　难熔材料激光熔融成形

难熔金属材料具有高熔点及特有性能，在国民经济中占有重要地位，一直以来作为高新材料加以发展。这类材料由于熔点高、高温强度高，给冶炼加工带来很大困难，因此大部分难熔合金都采用粉末冶金工艺制造。随着对难熔材料成形复杂结构及降低成本、提高效率的要求，传统的粉末冶金工艺也显示出了其不足：需要昂贵的工装模具，工艺过程复杂，而且难以成形出复杂的三维实体零件。在此情况下，采用增材制造实现难熔金属成形，便成为一种有效途径。本节选择熔点最高的难熔金属纯钨，介绍粉末床激光熔融成形过程中的特点。

13.10.1　纯钨粉末床激光熔融的优势与难点

钨(W)是熔点最高的难熔金属，具有许多独特的物理和化学特性，包括高密度、高热导率、高再结晶温度、低热膨胀性以及较高的高温强度和硬度。钨作为面向等离子体材料(PFM)的有前途的候选者在核工业中受到关注，被认为是未来瞬态核聚变设备(如国际热核实验堆 ITER)和高性能火箭喷嘴的理想材料。然而，由于钨合金具有较高的韧性—脆性转变温度，因此通常通过粉末冶金(powder metallurgy，PM)、火花等离子体烧结(spark plasma sintering，SPS)、化学气相沉积(chemical vapor deposition，CVD)、热等静压(HIP)和热塑性加工制造钨产品。然而，这些方法在制备具有复杂内部和外部结构的零件方面有局限性。因此，需要一种新的制备方法来拓展钨的应用。粉末床激光熔融过程中极高的激光功率密度(高达 $10^6\,W/cm^2$)能够快速熔化难熔合金，无需模具，能够实现自由设计和快速制造，因此为纯钨等难熔金属的制备提供了一种新的途径。

通常，适合粉末床激光熔融成形的材料具有良好的激光吸收率，并且具有合适的熔点、热导率、表面张力和黏度等特性。然而，粉末床激光熔融成形纯钨几乎遇到金属增材制造所面临的所有棘手困难：①纯钨的高熔点(3695K)导致较高的高内聚能，高内聚能产生的高黏度(约 $8\times10^{-3}\,Pa\cdot s$)显著降低了熔池的流动性，加上其表面张力(2.361N/m)较高，容易导致球化现象的出现；②纯钨的高导热性(173W/(cm·K))导致熔池快速凝固和冷却，形成较高的残余应力，而纯钨韧性较差，因此容易形成裂纹缺陷；③纯钨具有较高的氧化敏感性，即使少量的氧气被熔池吸收时，也会降低润湿性并导致裂纹的形成。鉴于以上困难，研究粉末床激光熔融成形纯钨时，需要对过程工艺参数进行理论设计和实验优化。

13.10.2 粉末床激光熔融制备纯钨的参数设计与分析

由于纯钨熔点较高，铺粉层厚通常采用主流设备中最薄的铺粉厚度20μm，以使粉末完全熔化并实现层之间的良好熔合；因为过大的层厚无疑会减少激光到达下层的能量，并降低热穿透深度和对底部熔化层的重熔能力。此外，纯钨粉末形态和尺寸分布对粉末床激光熔融也有重要影响。选择高度球形的粉末能改善流动性，并提高熔池与粉末颗粒之间的润湿能力。研究已证明，与多面体粉末相比，球形粉末可以提高激光吸收率和沉积密度。除此之外，粉末的尺寸分布应该与铺粉层厚匹配，因此选择的纯钨粉具有(17±5)μm 平均粒径和较窄的粒径分布范围(D50 和 D90 值分别为 16.24μm 和 23.67μm)。选择该粒度粉末另一个原因是，较小的粉末粒度容易被激光熔化。因为粉末升温 ΔT 与吸收的激光能量E_{laser}满足如下关系：

$$E_{\text{laser}}=\frac{4}{3}\pi\, r_{\text{p}}^{3}\rho\, C_{\text{p}}\Delta T \tag{13-4}$$

式中　E_{laser}——吸收的激光能量(J)；

ΔT——粉末的升温(℃)；

r_p——粉末颗粒的直径(m)；

ρ——粉末颗粒的密度(kg/m^3)；

C_p——粉末颗粒的比热容[J/(kg·℃)]。

显然，较小的颗粒由于较低的热容量而更容易被加热。然而，由于范德瓦耳斯力的作用，过小的尺寸颗粒更容易聚结，降低了粉末的流动性，因此需要选择合适的粒度。

从理论上讲，可以计算熔化单位体积纯钨所需的能量来设计激光工艺参数。熔化单位体积纯钨所需的能量 Q_p 可表示为

$$Q_p = \rho C_p (T_m - T_0) + \rho L_f \tag{13-5}$$

式中　Q_p——熔化单位体积纯钨所需的能量(J/mm^3)；

ρ——材料的密度(kg/m^3)；

C_p——材料的比热容[J/(kg·K)]；

T_m——材料的熔点(K)；

L_f——熔化潜热(kJ/kg)；

T_0——初始温度(K)。

这些物理参数的详细值归纳于表 13-10 中，根据公式，在预热温度为 323K 的基板上熔化纯钨粉末所需的能量约为 8.595J/mm^3。因此，接下来以这个值为参考，对激光工艺参数进行理论计算和设计。

表 13-10　用于激光参数设计中的理论计算的物理参数

物理参数	单位	值
密度(ρ)	kg/m^3	9.30×10^3
比热(C_p)	J/(kg·K)	132
熔点(T_m)	K	3695
初始温度(T_0)	K	323
聚变潜热(L_f)	J/kg	2.20×10^5
激光吸收率(α)	—	0.41
激光束半径(r_b)	mm	50×10^{-3}
激光熔化半径(r)	mm	100×10^{-3}
熔化区深度(H)	mm	30×10^{-3}

粉末床激光熔融成形过程和熔池中的热传递示意图如图 13－78 所示，激光束的强度呈高斯分布，因此，激光能量通量可以表示为

$$E(r)=\frac{2\alpha P}{\pi r_b^2}\exp\left(-\frac{2r^2}{r_b^2}\right) \tag{13-6}$$

式中 $E(r)$——激光能量通量（W/mm^2）；

P——激光功率（W）；

r_b——激光光斑半径（m）；

r——到激光光斑中心的距离（m）；

α——激光吸收率。

激光的平均能量通量E_s可表示为

$$E_s=\frac{1}{\pi r_b^2}\int_0^{r_b}2\pi rE(r)\mathrm{d}r=\frac{2\alpha P}{\pi r_b^2}(1-e^{-2}) \tag{13-7}$$

式中 E_s——激光的平均能量通量（W/mm^2）；

P——激光功率（W）；

α——激光吸收率。

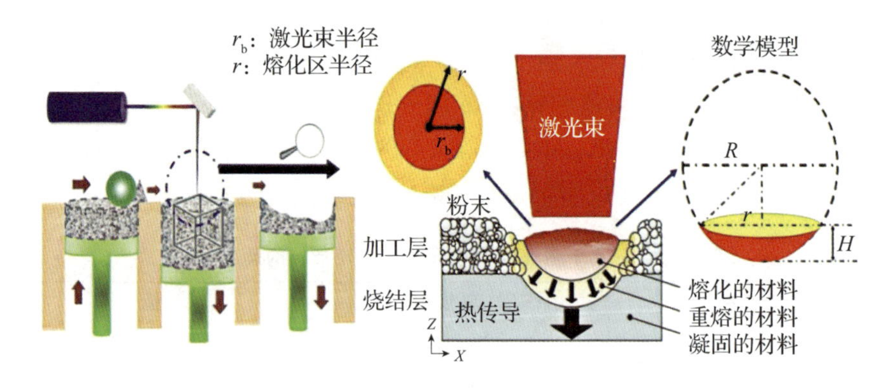

图 13－78 粉末床激光熔融成形过程和熔池中热传递的示意图

熔池中的能量损失可分为热对流损失、辐射热损失和热蒸发损失 3 部分。通常认为由于对流和辐射造成的热损失约为 10%；蒸发的潜热相对较大，尤其在高温下会导致明显的能量损失E_{loss}，通过蒸发产生的热损失估计为 10%。因此，粉末床激光熔融过程中的总热量损失估计为 20%，这与直接激光沉积 H13 工具钢时约 75%～85%的能量到达熔池相一致。因此，用于熔化粉末的有效激光能量通量E_{in}可表示为

$$E_{in} = E_s - E_{loss} = E_s(1-0.2) \tag{13-8}$$

式中　E_{in}——有效激光能量通量（W/mm^2）；

E_s——激光的平均能量通量（W/mm^2）；

E_{loss}——激光能量损失（W/mm^2）。

从而，单位体积纯钨粉末吸收的激光能量Q_V可表示为

$$Q_V = \frac{\pi r_d^2 E_{in} \Delta t}{V_m} \tag{13-9}$$

$$\Delta t = \frac{2r_b}{v} \tag{13-10}$$

式中　Q_V——单位体积纯钨粉末吸收的激光能量（J/mm^3）；

r_d——激光的平均能量通量（W/mm^2）；

E_{in}——有效激光能量通量（W/mm^2）；

V_m——熔池体积（m^3）；

v——激光扫描速度（m/s）。

如图 13－79 所示，将熔池简化为球体的一部分，则V_m可估算为

$$V_m = \frac{1}{2} \times \frac{4}{3}\pi R^3 - \frac{1}{3}\pi(R-H)(R^2+r^2+Rr) \tag{13-11}$$

式中　V_m——熔池体积（m^3）；

r——激光熔化区域的有效半径（m）；

H——熔池的有效熔化深度（m）；

R——球体的半径（m）。

通常，粉末上的激光熔化轨迹的宽度大约是激光光斑半径的两倍，即$r = 2r_b$。此外，为了在下层的已凝固材料中产生重熔，我们将有效的激光熔深设计为两层厚度，即 $H = 40\mu m$。此外，这样设计可以实现层与层之间的可靠连接并抑制结球现象；因为纯钨熔池凝固过程中冷却过快而导致无法完全铺展开，易产生结球现象。与此同时，设置一定的激光重熔深度还可以减少开裂倾向，因为重熔会破坏氧化膜并降低残余应力。根据这些参数，可以计算出V_m和Q_V。当$Q_V \geqslant Q_p$（$Q_p = 8.595J/mm^3$）时，激光的线能量密度 $\eta(P/v)$需满足 $\eta \geqslant 0.42J/mm$。因此设计最小的 η 值为 0.5，激光工艺参数的优化范围为 P、v 和 η 分别设置在区间 200～370 W、100～400mm/s 和 0.5～3.7。

图 13-79(a)所示为不同工艺成形的零件的光学形貌，揭示了烧结成形性与激光参数之间的关系，其中以线能量密度 $\eta_1=0.500$、$\eta_2=0.625$、$\eta_3=0.667$、$\eta_4=0.750$、$\eta_5=0.833$ 和 $\eta_6=1.000$J/mm 成形的样品(黄色背景标记)具有更好的烧结成形性。因此，确定了合理的工艺范围：η 值介于 0.5～1.0J/mm 之间，对应的 P 和 v 分别为 200～300W 和 200～400mm/s。进一步增加线性能量会导致严重烧损和表面起皱，从而破坏成形质量并阻碍铺粉。图 13-79(b)所示为采用 η_3 工艺制备的薄壁(厚度为 0.4mm)纯钨零件和试样，表面光滑且没有任何宏观裂纹和球化现象，表明激光参数合理，零件成形质量较高。

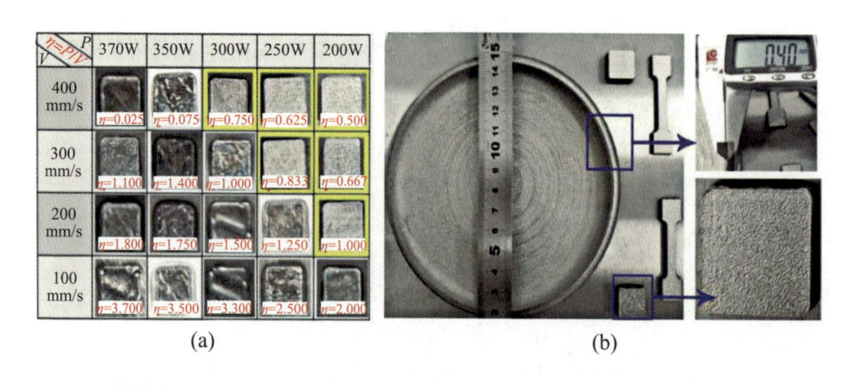

图 13-79　粉末床激光熔融制造的纯钨试样和零件的光学照片

(a)不同的线性能量密度成形的块体样品；

(b)粉末床激光熔融制备的 0.4mm 的薄壁纯钨零件和试样，所用线能量为 $\eta_3=0.667$J/mm。

13.10.3　粉末床激光熔融制备纯钨的密度

图 13-80 所示为 η_1～η_6 成形的样品的水平横截面 OM 图像。在 η_1 和 η_6 样品中可以观察到大量孔洞缺陷，而在 η_3 样品中是较少的微孔。用图像法和阿基米德法测得的 η 与密度的关系如图 13-80(g)所示。通过图像分析方法测得的相对密度约为 98%～99%，而通过阿基米德法测得的密度为 18.86～19.01g/cm^3，即相对于纯钨(19.30g/cm^3)的密度为 97.72%～98.50%。根据图像法和阿基米德方法估算的密度基本一致。两条曲线均表明在 η_3 时获得了最佳致密度，达到 98.5%。此外，当 η 从 η_3 减小到 η_1 或从 η_3 增大到 η_6 时，存在密度下降的整体趋势。因此，η_3 为最优参数。

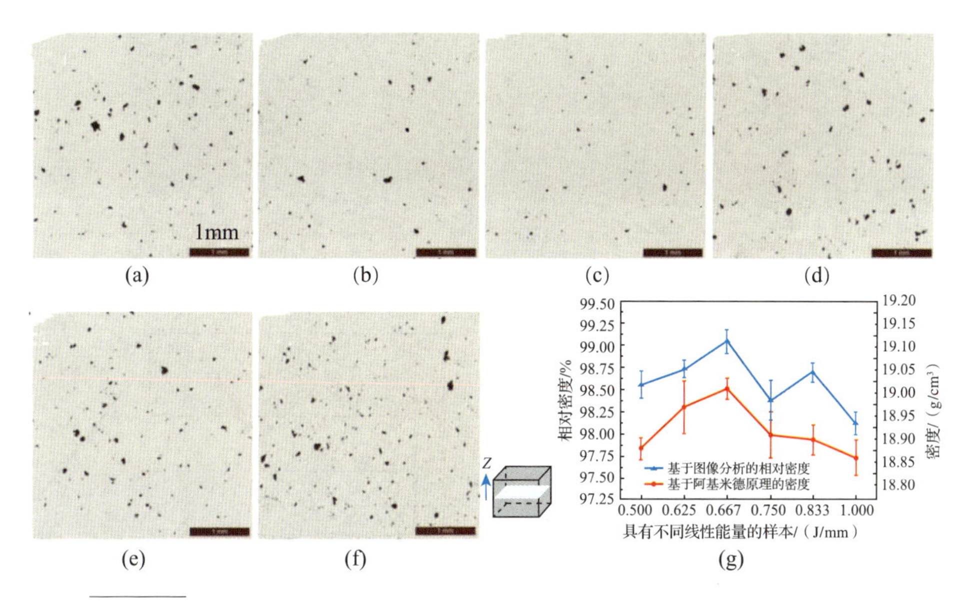

图 13-80　不同线性能量密度粉末床激光熔融成形的纯钨试样缺陷和密度分析

（a）$\eta_1=0.500$J/mm；（b）$\eta_2=0.625$J/mm；（c）$\eta_3=0.667$J/mm；（d）$\eta_4=0.750$J/mm；（e）$\eta_5=0.833$J/mm；（f）$\eta_6=1.000$J/mm；（g）阿基米德原理和图像法分析试样密度。

13.10.4　粉末床激光熔融制备纯钨的组织结构

图 13-81 所示为粉末床激光熔融制备的纯钨的显微组织和相结构分析。从 13-81(a)、(b)中 OM 形貌可见，组织为非常致密的条带状形貌，并且仅在晶界观察到一些球形微孔，主要是保护气体在熔池凝固时来不及逸出形成的冶金缺陷孔。从图 13-81(c)中的嵌入 SEM 形态可以清楚地观察到晶界，并且在高放大倍率 SEM 图像中，晶粒内部存在大量的纳米级斑点状亚晶粒，主要是由于极高的冷却速率导致的。此外，在晶界附近的一些热裂纹可能是由热残余应力引起，其形成归因于残余应力。另外，钨的固有特性，如高脆性、高氧化敏感性和低润湿性也促进了这种裂纹的形成。图 13-81(d)所示分析了原始钨粉和粉末床激光熔融成形的纯钨试样的 XRD 图谱，(110)、(200)、(211)和(220)平面的衍射峰证实了体心立方(bcc)钨相(ICDD # 04-0806)。此外，与粉末相比，粉末床激光熔融成形样品的衍射图谱中衍射峰矿化，根据德拜-谢乐(Debye-Scherrer)公式，衍射峰矿化主要来自组织快速凝固过程中形成的细晶强化效应；此外，峰矿化也可能是由粉末床激光熔融制备过程在样品内形成的残余应力造成晶格畸变引起的。

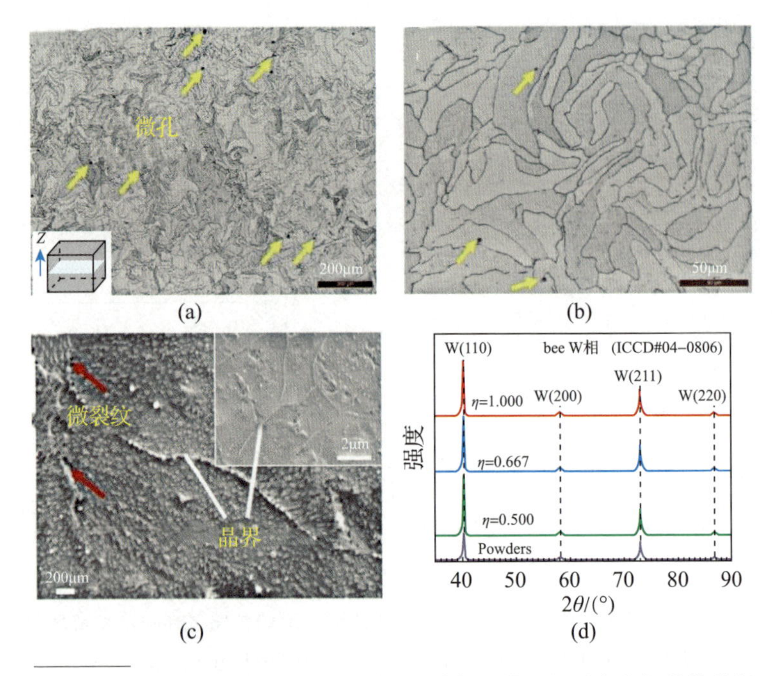

(a) (b) (c) (d)

图 13-81 粉末床激光熔融成形的纯钨试样显微组织观察和相结构分析

(a)低倍 OM 组织形貌；(b)高倍 OM 组织形貌；(c) SEM 组织形貌；(d)粉末和粉末床激光熔融成形试样的 XRD 图谱。

13.10.5 粉末床激光熔融制备纯钨的力学性能

接下来分析粉末床激光熔融成形试样的力学性能，并与传统成形工艺进行对比。图 13-82(a)所示为不同激光线能量成形纯钨试样的显微硬度，测量位置为样品的水平截面。样品的显微硬度约为 445～467HV0.05，在不同的线能量制备的样品中，未观察到硬度的显著变化。其中 η_5 试样硬度最大，且 η_3 和 η_5 试样，硬度均超过 460HV0.05。与传统的粉末冶金或火花等离子体烧结成形的纯钨(通常为 320～400HV)相比，粉末床激光熔融工艺成形的纯钨硬度明显提高。主要原因为粉末床激光熔融逐层沉积过程中形成的残余应力较大，但并不总是不利的，当在应力并未产生大量裂纹的前提下，适当的残余应力可能会使位错强化和硬度提高。

图 13-82 (b)所示为不同激光线能量成形纯钨试样的抗拉强度-应变曲线，获得的力学性能归纳于表 13-11 中。η_3 试样的极限抗压强度(ultimate compressive stress, UCS)和压缩屈服应力(compressive yield stress, CYS)分别为 1015MPa 和 882MPa，为所有试样中的最高值。η_4 样品的抗压强度最

低，相应的 UCS 和 CYS 分别为 933MPa 和 791MPa。压缩结果与密度结果高度一致。为了比较，在表 13-11 中还列出了通过其他常规制造技术成形的纯钨的力学性能。所有引用的结果都是在原始条件下未经过后续处理的，并且均在相同的准静态压缩试验下进行。如表 13-11 所列，粉末床激光熔融成形的极限抗压强度(尤其是 η_3)可与包括化学气相沉积、热等静压、粉末冶金和火花等离子体烧结在内的常规制造方法相媲美。上述研究结果表明，粉末床激光熔融制备高性能纯钨零件是一种新的方法。

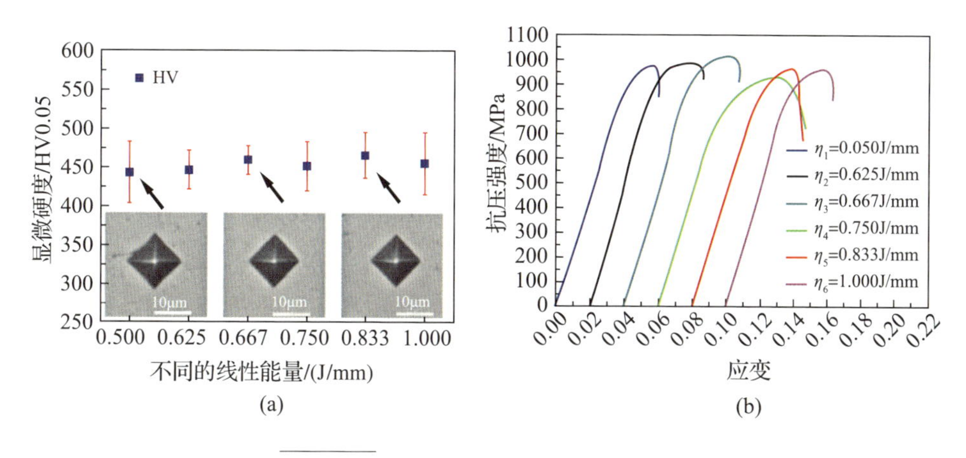

图 13-82　LPBF 制备的纯钨的力学性能

(a) 激光线能量对纯钨的显微硬度的影响；

(b) 激光线能量对纯钨的压缩应力-应变曲线的影响。

表 13-11　粉末床激光熔融成形的纯钨试样的力学性能与传统成形工艺进行对比

样品	压缩屈服应力/MPa	极限抗压强度/MPa	应变/%	密度/(g/cm³)	S_a/μm	硬度/HV
LPBF η_1 = 0.500J/mm	868	978	5.97	97.82% (18.88 ± 0.02)	7.59	445 ± 39
LPBF η_2 = 0.625J/mm	864	984	6.58	98.29% (18.97 ± 0.06)	8.10	448 ± 25
LPBF η_3 = 0.667J/mm	882	1015	6.76	98.50% (19.01 ± 0.02)	6.74	461 ± 18
LPBF η_4 = 0.750J/mm	791	933	8.65	97.98% (18.91 ± 0.05)	8.97	452 ± 31
LPBF η_5 = 0.833J/mm	849	964	6.64	97.93% (18.90 ± 0.03)	7.46	467 ± 29

（续）

样品	压缩屈服应力/MPa	极限抗压强度/MPa	应变/%	密度/(g/cm³)	S_a/μm	硬度/HV
LPBF $\eta_6 = 1.000$J/mm	860	962	6.36	97.72%(18.86±0.04)	7.44	456±41
CVD	—	780～1480	—	≤99.79%	—	419(4.5GPa)
HIP	1010	1180	—	≤98.00%	—	—
PM	900	1000～1200	—	≤98.20%	—	344
SPS	750	980	—	≤96.30%	—	372(4GPa)

参考文献

[1] 王建明，邵冲，赵明汉，等. K4202镍基铸造高温合金的组织研究[J]. 现代制造工程，2007(9)：91-93.

[2] ZHANG H，ENXIANG F A N，WANG C，et al. Investigation on microstructure and mechanical behaviour of one wrought nickelbased superalloy obtained by selective laser melting process[C]. Shanghai：Proceedings of Shanghai 2017 Global Power and Propulsion Forum，2017.

[3] PEREVOSHCHIKOVA N，RIGAUD J，Sha Y，et al. Optimisation of selective laser melting parameters for the Ni-based superalloy IN-738LC using Doehlert's design[J]. Rapid Prototyping Journal，2017，23(5)：881-892.

[4] 张洁，李帅，魏青松，等. 激光选区熔化Inconel625合金开裂行为及抑制研究[J]. 稀有金属，2015，39(11)：961-966.

[5] 魏先平，郑文杰，宋志刚，等. 热处理对Inconel718合金组织及力学性能的影响[J]. 材料热处理学报，2012，33(8)：53-58.

[6] 邵冲，李俊涛，吴剑涛，等. K4202镍基铸造高温合金的研究：第11届中国高温合金年会论文集[C]. 北京：冶金工业出版社，2007.

[7] WANG X，DALLEMAGNE A，HOU Y，et al. Effect of thermomechanical

processing on grain boundary character distribution of Hastelloy X alloy[J]. Materials Science and Engineering: A, 2016, 669: 95-102.
[8] AGHAIE-KHAFRI M, GOLARZI N. Forming behavior and workability of Hastelloy X superalloy during hot deformation[J]. Materials Science and Engineering: A, 2008, 486(1-2): 641-647.
[9] 周同金，马秀萍，田水，等. 固溶冷却速率对IN738LC合金组织及性能的影响[J]. 金属热处理，2015，40(11)：153-156.
[10] DANIS Y, ARVIEU C, LACOSTE E, et al. An investigation on thermal, metallurgical and mechanical states in weld cracking of Inconel738LC superalloy[J]. Materials & Design, 2010, 31(1): 402-416.
[11] YADROITSEV I, THIVILLON L, BERTRAND P, et al. Strategy of manufacturing components with designed internal structure by selective laser melting of metallic powder[J]. Applied Surface Science, 2007, 254(4): 980-983.
[12] DINDA G P, DASGUPTA A K, MAZUMDER J. Laser aided direct metal deposition of Inconel 625 superalloy: Microstructural evolution and thermal stability[J]. Materials Science and Engineering: A, 2009, 509(1-2): 98-104.
[13] LIU B, WEI X, WANG W, et al. Corrosion behavior of Ni-based alloys in molten NaCl-$CaCl_2$-$MgCl_2$ eutectic salt for concentrating solar power[J]. Solar Energy Materials and Solar Cells, 2017, 170: 77-86.
[14] 席明哲，高士友. 激光快速成形Inconel 718超合金拉伸力学性能研究[J]. 中国激光，2012，39(3)：68-73.
[15] AZADIAN S, WEI L Y, WARREN R. Delta phase precipitation in Inconel718[J]. Materials Characterization, 2004, 53(1): 7-16.
[16] 宁永权，姚泽坤，郭鸿镇，等. 等温锻造对IN718合金组织和性能的影响[J]. 热加工工艺，2007，36(21)：65-67.
[17] 左蔚，张权明，吴文杰，等. K4202高温合金激光选区熔化成形微观组织研究[J]. 火箭推进，2017，43(1)：55-59.
[18] TOMUS D, ROMETSCH P A, HEILMAIER M, et al. Effect of minor

alloying elements on crack-formation characteristics of Hastelloy-X manufactured by selective laser melting[J]. Additive Manufacturing, 2017, 16: 65 - 72.

[19] RICKENBACHER L, ETTER T, HÖVEL S, et al. High temperature material properties of IN738LC processed by selective laser melting (SLM) technology[J]. Rapid Prototyping Journal, 2013, 19(4): 282 - 290.

[20] CLOOTS M, UGGOWITZER P J, WEGENER K. Investigations on the microstructure and crack formation of IN738LC samples processed by selective laser melting using Gaussian and doughnut profiles[J]. Materials & Design, 2016, 89: 770 - 784.

[21] CHOI J P, SHIN G H, YANG S, et al. Densification and microstructural investigation of Inconel 718 parts fabricated by selective laser melting[J]. Powder Technology, 2017, 310: 60 - 66.

[22] POPOVICH V A, BORISOV E V, POPOVICH A A, et al. Functionally graded Inconel718 processed by additive manufacturing: Crystallographic texture, anisotropy of microstructure and mechanical properties[J]. Materials & Design, 2017, 114: 441 - 449.

[23] BRYNK T, PAKIELA Z, LUDWICHOWSKA K, et al. Fatigue crack growth rate and tensile strength of Re modified Inconel718 produced by means of selective laser melting[J]. Materials Science and Engineering: A, 2017, 698: 289 - 301.

[24] CHLEBUS E, GRUBER K, KUZNICKA B, et al. Effect of heat treatment on the microstructure and mechanical properties of Inconel718 processed by selective laser melting[J]. Materials Science and Engineering: A, 2015, 639: 647 - 655.

[25] 任英磊，金涛，管恒荣，等. 固溶处理对1种镍基单晶高温合金组织的影响[J]. 稀有金属材料与工程，2003，32(4)：287 - 290.

[26] 赵双群，谢锡善. 一种新型镍基高温合金长期时效后的组织和性能[J]. 金属学报，2003，39(4)：399 - 404.

[27] 余乾. 微量元素C和MG对一种镍基高温合金组织和力学性能的影响

[J]. 航空材料学报，2006，26(4)：11 - 13.

[28] 国为民，张凤戈，张莹，等. 镍基粉末高温合金的组织、性能与成形和热处理工艺关系的研究[J]. 材料导报，2003，17(3)：11 - 15.

[29] 王会阳，安云岐，李承宇，等. 镍基高温合金材料的研究进展[J]. 材料导报，2011(S2)：482 - 486.

[30] ZHANG D，NIU W，CAO X，et al. Effect of standard heat treatment on the microstructure and mechanical properties of selective laser melting manufactured Inconel718 superalloy[J]. Materials Science and Engineering：A，2015，644：32 - 40.

[31] 左蔚，张权明，雷玥，等. K4202 镍基高温合金激光选区熔化成形室温拉伸性能研究[J]. 火箭推进，2017，43(3)：53 - 58.

[32] TOMUS D，TIAN Y，ROMETSCH P A，et al. Influence of post heat treatments on anisotropy of mechanical behaviour and microstructure of Hastelloy-X parts produced by selective laser melting[J]. Materials Science and Engineering：A，2016，667：42 - 53.

[33] KREITCBERG A，BRAILOVSKI V，TURENNE S，et al. Influence of thermo-and HIP treatments on the microstructure and mechanical properties of IN625 alloy parts produced by selective laser melting：A comparative study[J]. Materials Science Forum，2017，879：1008 - 1013.

[34] 杨启云，吴玉道，沙菲. 选区激光熔化成形 Inconel625 合金的显微组织及力学性能[J]. 机械工程材料，2016，40(6)：83 - 87.

[35] CHLEBUS E，GRUBER K，KUZNICKA B，et al. Effect of heat treatment on the microstructure and mechanical properties of Inconel718 processed by selective laser melting[J]. Materials Science and Engineering：A，2015，639：647 - 655.

[36] POPOVICH V A，BORISOV E V，POPOVICH A A，et al. Impact of heat treatment on mechanical behaviour of Inconel718 processed with tailored microstructure by selective laser melting[J]. Materials & Design，2017，131：12 - 22.

[37] 石齐民，顾冬冬，顾荣海，等. TiC/Inconel718 复合材料选区激光熔化成

形的热物理机制[J]. 稀有金属材料与工程，2017(6)：1543 - 1550.

[38] YAO X, MOON S K, LEE B Y, et al. Effects of heat treatment on microstructures and tensile properties of IN718/TiC nanocomposite fabricated by selective laser melting[J]. International Journal of Precision Engineering and Manufacturing, 2017, 18(12): 1693 - 1701.

[39] ZHANG B, BI G, NAI S, et al. Microhardness and microstructure evolution of TiB_2 reinforced Inconel 625/TiB_2 composite produced by selective laser melting[J]. Optics & Laser Technology, 2016, 80: 186 - 195.

[40] CAO G H, SUN T Y, WANG C H, et al. Investigations of γ', γ'' and δ precipitates in heat-treated Inconel718 alloy fabricated by selective laser melting[J]. Materials Characterization, 2018, 136: 398 - 406.

[41] CHENG B, LYDON J, COOPER K, et al. Infrared thermal imaging for melt pool analysis in SLM: a feasibility investigation[J]. Virtual and Physical Prototyping, 2018, 13(1): 8 - 13.

[42] KANAGARAJAH P, BRENNE F, NIENDORF T, et al. Inconel 939 processed by selective laser melting: Effect of microstructure and temperature on the mechanical properties under static and cyclic loading[J]. Materials Science and Engineering: A, 2013, 588: 188 - 195.

[43] KOUTIRI I, PESSARD E, PEYRE P, et al. Influence of SLM process parameters on the surface finish, porosity rate and fatigue behavior of as-built Inconel625 parts[J]. Journal of Materials Processing Technology, 2018, 255: 536 - 546.

[44] BASS L, MILNER J, GNÄUPEL-HEROLD T, et al. Residual stress in additive manufactured nickel alloy 625 parts[J]. Journal of Manufacturing Science and Engineering, 2018, 140(6): 63 - 74.

[45] 丁利，李怀学，王玉岱，等. 热处理对激光选区熔化成形316不锈钢组织与拉伸性能的影响[J]. 中国激光，2015，42(04)：187 - 193.

[46] RÖTTGER A, GEENEN K, WINDMANN M, et al. Comparison of microstructure and mechanical properties of 316L austenitic steel processed by selective laser melting with hot-isostatic pressed and cast material[J].

Materials Science and Engineering：A，2016，678：365 - 376.
[47] GEENEN K，RÖTTGER A，THEISEN W. Corrosion behavior of 316L austenitic steel processed by selective laser melting，hot - isostatic pressing，and casting[J]. Materials and Corrosion，2017，68(7)：764 - 775.
[48] LAVERY N P，CHERRY J，MEHMOOD S，et al. Effects of hot isostatic pressing on the elastic modulus and tensile properties of 316L parts made by powder bed laser fusion [J]. Materials Science and Engineering：A，2017，693：186 - 213.
[49] ALMANGOUR B，GRZESIAK D，YANG J M. Selective laser melting of TiB_2/316L stainless steel composites：The roles of powder preparation and hot isostatic pressing post-treatment [J]. Powder Technology，2017，309：37 - 48.
[50] 李怀学，黄柏颖，孙帆，等. 激光选区熔化成形 Ti - 6Al - 4V 钛合金的组织和拉伸性能 [J]. 稀有金属材料与工程，2013 (S2)：209 - 212.
[51] 马超，王磊，付小强. 热处理对选区激光熔化 Ti - 6Al - 4V 组织及力学性能的影响[J]. 钢铁钒钛，2019，40(04)：51 - 58.
[52] 马纪. 基于选区激光熔化的金属构件力学性能提升工艺及方法研究[D]. 南京：南京航空航天大学，2019.
[53] CAI C，GAO X，TENG Q，et al. A novel hybrid selective laser melting/hot isostatic pressing of near-net shaped Ti - 6Al - 4V alloy using an in-situ tooling：Interfacial microstructure evolution and enhanced mechanical properties [J]. Materials Science and Engineering：A，2018，717：95 - 104.
[54] WU M W，CHEN J K，LIN B H，et al. Improved fatigue endurance ratio of additive manufactured Ti - 6Al - 4V lattice by hot isostatic pressing[J]. Materials & Design，2017，134：163 - 170.
[55] WU M W，LAI P H. The positive effect of hot isostatic pressing on improving the anisotropies of bending and impact properties in selective laser melted Ti - 6Al - 4V alloy[J]. Materials Science and Engineering：A，2016，658：429 - 438.
[56] 许鹤君，李勇，祁海，等. 热等静压工艺对选区激光熔化成形 Hastelloy

X 合金持久性能的影响[J]. 机械工程材料，2018，42(12)：53.
[57] 李雅莉，雷力明，侯慧鹏，等. 热工艺对激光选区熔化 Hastelloy X 合金组织及拉伸性能的影响[J]. 材料工程，2019，47(5)：100 - 106.
[58] KREITCBERG A, BRAILOVSKI V, TURENNE S. Effect of heat treatment and hot isostatic pressing on the microstructure and mechanical properties of Inconel625 alloy processed by laser powder bed fusion[J]. Materials Science and Engineering: A, 2017, 689: 1 - 10.
[59] TILLMANN W, SCHAAK C, NELLESEN J, et al. Hot isostatic pressing of IN718 components manufactured by selective laser melting [J]. Additive Manufacturing, 2017, 13: 93 - 102.
[60] POPOVICH V A, BORISOV E V, POPOVICH A A, et al. Impact of heat treatment on mechanical behaviour of Inconel718 processed with tailored microstructure by selective laser melting [J]. Materials & Design, 2017, 131: 12 - 22.
[61] HAAN J, ASSELN M, ZIVCEC M, et al. Effect of subsequent hot isostatic pressing on mechanical properties of ASTM F75 alloy produced by selective laser melting[J]. Powder Metallurgy, 2015, 58 (3): 161 - 165.
[62] AL MANGOUR B, GRZESIAK D, YANG J M. Selective laser melting of TiB_2/H13 steel nanocomposites: Influence of hot isostatic pressing post-treatment [J]. Journal of Materials Processing Technology, 2017, 244: 344 - 353.
[63] ORDÁS N, ARDILA L C, ITURRIZA I, et al. Fabrication of TBMs cooling structures demonstrators using additive manufacturing (AM) technology and HIP[J]. Fusion Engineering and Design, 2015, 96: 142 - 148.
[64] DADBAKHSH S, SPEIRS M, VAN HUMBEECK J, et al. Laser additive manufacturing of bulk and porous shape-memory NiTi alloys: From processes to potential biomedical applications[J]. MRS Bulletin, 2016, 41: 765 - 774.

[65] FRENZEL J, GEORGE E P, DLOUHY A, et al. Influence of Ni on martensitic phase transformations in NiTi shape memory alloys [J]. Acta Materialia, 2010, 58: 3444 - 3458.

[66] TAN C, LI S, ESSA K, et al. Laser Powder Bed Fusion of Ti-rich TiNi lattice structures: Process optimisation, geometrical integrity, and phase transformations[J]. International Journal of Machine Tools and Manufacture, 2019, 141: 19 - 29.

[67] MA J, ZHANG J, LIU W, et al. Suppressing pore-boundary separation during spark plasma sintering of tungsten [J]. Journal of Nuclear Materials, 2013, 438: 199 - 203.

[68] WANG D, YU C, ZHOU X, et al. Dense Pure Tungsten Fabricated by Selective Laser Melting[J]. Applied Sciences, 2017, 7: 430.

[69] QI H, MAZUMDER J, KI H. Numerical simulation of heat transfer and fluid flow in coaxial laser cladding process for direct metal deposition[J]. Journal of Applied Physics, 2006, 100: 11.

[70] THOMPSON SM, BIAN L, SHAMSAEI N, et al. An overview of Direct Laser Deposition for additive manufacturing; Part I: Transport phenomena, modeling and diagnostics[J]. Additive Manufacturing, 2015, 8: 36 - 62.

[71] HAN L, LIOU FW, MUSTI S. Thermal Behavior and Geometry Model of Melt Pool in Laser Material Process[J]. Journal of Heat Transfer, 2005, 127: 1005 - 1014.

[72] HE X, MAZUMDER J. Transport phenomena during direct metal deposition[J]. Journal of Applied Physics, 2007, 101: 053113.

[73] WANG J, LIN X, WANG M, et al. Effects of subtransus heat treatments on microstructure features and mechanical properties of wire and arc additive manufactured Ti - 6Al - 4V alloy[J]. Materials Science and Engineering: A, 2020, 776: 139020.

[74] LUNT D, BUSOLO T, XU X, et al. Effect of nanoscale α2 precipitation on strain localisation in a two-phase Ti-alloy[J]. Acta Materialia, 2017, 129: 72 - 82.

第 14 章 粉末床激光熔融技术前沿与未来发展

作为金属增材制造主流技术之一的粉末床激光熔融技术，目前主要有 4 个问题：①成形的零件尺寸小，无法满足市场对大尺寸零件的需求，而未来发展的趋势要求尺寸越来越大，比如航空航天、造船业；②尺寸精度不够高，成形产品的尺寸精度无法媲美用数控机床生产出来的产品；③效率较低，现在成形速度普遍比较慢，比如，有的大零件成形需要一两个月的时间，如果在成形期间出现状况，整个零件就会报废，造成巨大的损失，因此，效率问题是目前制约增材制造发展的一个非常大的问题；④一种机器只能用一种材料成形零件，而实际上，一个零件里可能会有很多种不同的功能需求，在不同的位置可能也有不同的材料需求。

根据行业需求，解决以上 4 个问题也就是金属增材制造领域发展趋势：零件尺寸越做越大，以满足工业发展的要求以及市场对于大型零部件的需求；进一步提升成形效率、制造精度和多种材料金属增材制造技术，以满足供应商、市场的高要求。

14.1 异质材料成形

到目前为止，商业化的快速成形机大部分都是以单材料零件为出发点进行设计制造的，可以轻易制造出结构复杂的单材料零件。然而，随着科技的高速迭代，传统的单材料零件已经难以满足工业产品日益增加的复杂性要求和市场全球化所需要的柔性和高效性要求。因此，具备巨大应用潜能的异质材料零件受到了广泛关注，成为增材制造领域的重要研究方向之一。

14.1.1 异质材料零件简介

异质材料零件，亦称多材料零件，通过在其不同位置配置合适的材料以满足预期的性能要求。需要注意的是，那些采用事先混合好的复合粉末成形的且具有均匀材料布局的复合材料并不是本书中所指的异质材料。

由于不同材料具有不同的性能或功能，因而异质材料零件可以拥有单材料零件不具备的优异的力、电、热、声、光等性能，在众多领域中具有极大的发展前景。例如，在航空航天领域中，航天器发动机燃烧室壁在工作时：一侧需要承受 2000K 以上的高温和热侵蚀，要求材料具有优异的隔热性与耐热性；另一侧则需要通过低温液氢进行冷却，要求材料具有耐低温和高导热的性能。单材料零件难以或者无法满足如此苛刻的性能要求，而异质材料零件却具备满足航空航天领域苛刻要求的巨大潜能。异质材料零件具有较高的强度和韧性，不仅能承受较大的机械应力和热应力，还能承受住巨大的温差，并保持较长的使用寿命，这些都是单材料零件不具备的优异性能。此外，在国防军工领域中，现代化装备不仅具有复杂、精细的结构要求，还具有多功能化的要求，如具备光或声隐身、电磁屏蔽、耐高温等特殊功能。单材料零件无法实现多功能集成化，而异质材料零件却具备这样的潜能。

14. 1. 2　粉末床激光熔融成形异质材料零件

尽管异质材料零件在性能上具有优异表现，但是制造出满足应用要求的异质材料零件却十分不易，这限制了异质材料零件在实际生产、生活中的应用。如压力加工、粉末冶金、铸造、焊接、喷涂、化学气相沉积、自蔓延合成等传统制造手段在异质材料零件制造上存在困难，不仅难以获得复杂的造型和灵活细微的材料布局，而且制造过程繁琐。不过，近年来备受关注的粉末床激光熔融为异质材料零件提供了一种新型制造方式，同时更为其提供了一种以功能为导向的设计思路。基于材料叠加成形的制造特性，粉末床激光熔融可以成形具备复杂结构且尺寸误差不超过 ± 0. 1mm 的异质材料零件，而且可以自由随形布置材料，在零件上实现精细的材料布局以获得优异的性能表现。粉末床激光熔融在成形异质材料界面时能够实现成分梯度过渡，因此其成形的异质材料零件能够达到甚至超越传统焊接的结合强度。

目前，国内外一些高校已经对异质材料零件的粉末床激光熔融成形展开了较为深入的研究，并且成功制造出一些独特的异质材料零件。例如，华南理工大学金属 3D 打印增材制造实验室成形了图 14 - 1 所示的异质材料零件，所用材料为 CuSn10 铜合金和 4340 钢。曼彻斯特大学激光加工研究中心成形了图 14－2 所示的异质材料零件，所用材料为 316L 不锈钢和 Cu10Sn 铜合金。

图 14－1　华南理工大学利用粉末床激光熔融制造的异质材料零件

(a)方形散热梯度垫片；(b)异质材料齿轮；(c)块状异质材料零件。

图 14－2　曼彻斯特大学利用粉末床激光熔融制造的异质材料零件

(a)狮身人面像；(b)微型房屋。

上述粉末床激光熔融制造的异质材料零件不仅具有复杂的结构，而且具有独特的材料布局，证实了粉末床激光熔融在异质材料零件成形上确实具有独特的优势。因此，异质材料零件的粉末床激光熔融成形在生物医疗、航空航天等高新领域具有极大的应用前景。在生物医疗领域中，骨植入体具有巨大市场需求，但却具有诸多要求。不过，这些要求基本都可以通过异质材料粉末床激光熔融成形满足：①满足骨植入体的个性化定制需求，以达到与人体的高契合度；②成形具有多孔结构设计的骨植入体以模仿天然骨，消除应力屏蔽效应，令患者可以避免痛苦的翻修手术；③在骨植入体中实现细微的多材料布局，以获得接近于天然骨的性能。在航空航天领域中，许多的核心部件不仅要求具有复杂而精细的结构，还需要工作在极端恶劣的环境之下，因此这些核心部件的制造过程十分复杂而且成本极高。通过异质材料粉末床激光熔融来成形这些部件，一方面将简化制造过程、降低成本，另一方面可以通过灵活的材料布局以获得优异的环境适应性能。如美国国家航空航天局(NASA)正在进行一项名为 RAMPT(rapid analysis and manufacturing propulsion technology)的项目，该项目的一个重点方向就是推进双金属和多金属增材制造技术。在该项目中，粉末床激光熔融已经成熟地应用于火箭燃烧室的成形，并结合其他增材制造技术以制备多金属轻质推力室组件(图 14-3)。该项目研究成果表明，异质材料增材制造技术可以在腔室和喷嘴之间成形连续的冷却通道，而且可以通过合理的材料布局实现轻量化。

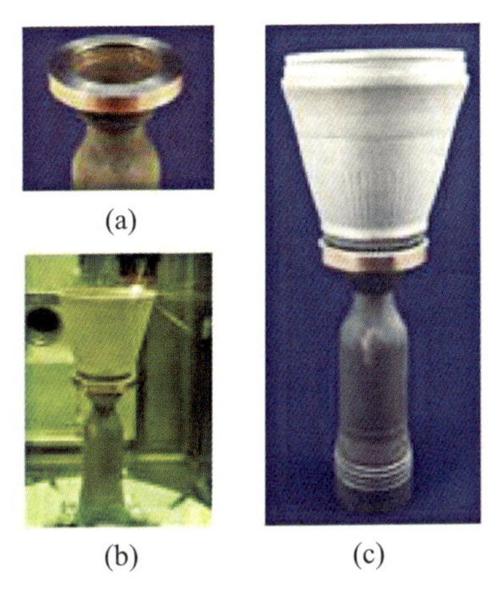

(a)　(b)　(c)

图 14-3
粉末床激光熔融燃烧室与 DED 喷嘴的耦合过程
(a) 为 DED 准备的带有双金属接头的粉末床激光熔融铜合金燃烧室；(b) DED 耦合过程展示；(c)完成耦合的异质材料零件。

然而，想要异质材料粉末床激光熔融成形在这些高新领域中获得广泛应用，还需要解决一些问题。其中的一个关键问题便是不同材料的相容性问题：由于不同材料具有不同的化学性质、冶金性质和热学性质等，当它们的这些性质不相容时，它们所形成的界面的结合强度较弱，容易产生开裂、分层等缺陷。图 14-4(b)中展示了作者团队通过粉末床激光熔融制造的异质材料零件，其材料组成如图 14-4(a)所示。图 14-5(a)中展示了 18Ni(300)层和 CoCr 层具有良好的结合界面，说明 18Ni(300)和 CoCr 的材料匹配性良好。而图 14-5(b)、(c)中则展示了异质材料零件在界面处存在凝固缺陷(裂纹、孔洞等)，尤其是 316L/CuSn10 界面不仅存在较多孔洞，还存在大量微裂纹，这说明 316L 和 CuSn10 的材料相容性不佳。由于 CuSn10 的热膨胀系数大于 316L 的热膨胀系数，当 316L 和 CuSn10 都采用全致密状态成形时，CuSn10 撕裂了 316L，在界面处形成了大量微裂纹。此外，由于不同材料的热物理性质(如激光吸收率、熔化温度、热容、线性热膨胀系数和导热系数)的差异，界面处的热行为和凝固行为极其复杂，故而界面缺陷形式多样且形成原因复杂。在粉末床激光熔融过程中，有可能在界面处形成脆性的金属间化合物，这将导致界面的脆性和破裂。基于上述这些问题，异质材料零件的界面往往是其力学性能薄弱之处，将会对异质材料零件的整体性能造成不利影响，限制了异质材料零件在诸多领域中的应用。

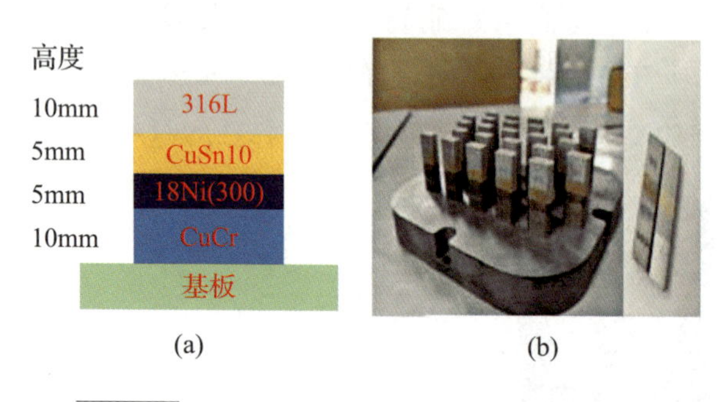

图 14-4 粉末床激光熔融制造的异质材料零件

(a) 材料组成；(b)打印件。

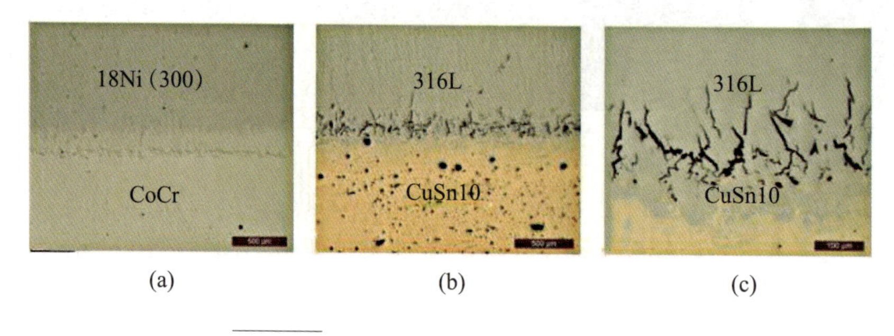

图 14-5 异质材料零件的面特征与缺陷

(a) 良好结合界面；(b)孔隙；(c) 裂纹。

因此，对于异质材料粉末床激光熔融成形来说，异质材料零件界面性能控制与工艺匹配问题是一个重大挑战。对不同材料组合的界面结合过程进行研究，了解界面物理与化学性能，探索异质材料匹配原则及界面性能控制方法，是异质材料粉末床激光熔融成形过程中待解决的核心关键问题。此外，在异质材料智能制造方面，针对材料的精确预置、粉末分离和相应的控制软件都是待解决的关键问题。在界面成形与界面性能方面，需要探索异质材料界面缺陷产生机制，归纳界面顺利成形方法以及工艺优化流程，以有效解决材料不相容引起的诸多问题，改善界面性能。

14.2 贵金属材料激光熔融

贵金属主要指金、银和铂族金属(钌、铑、钯、锇、铱、铂)等 8 种金属元素。这些金属大多数拥有美丽的色泽，具有较强的化学稳定性，一般条件下不易与其他化学物质发生化学反应。贵金属材料主要应用在珠宝首饰领域。

珠宝首饰也成为粉末床激光熔融成形工艺的尝鲜者，究其原因，大概有以下几条：第一，珠宝行业并没有固定的规格；第二，珠宝设计师大都会使用 CAD 软件，他们也常常分包；第三，珠宝设计师也对珠宝的修整和抛光很在行；第四，珠宝设计师同时也习惯于制作一些定制项目，而且他们渴望做一些自由而且不寻常的设计作品。由此看来，珠宝产业的持续增长也不断驱使着增材制造往稀有金属材料方向去开拓。

传统的珠宝首饰制造流程要经过起银版、压胶模、开胶模、注蜡、修模等多种工艺，程序多且杂。材料、场地、设备、人力及时间成本较大。相反，贵金属增材制造具有强大的个性化定制优势，以及节约生产时间和成本的特点，越来越深得人心。无论是在精度还是在设计的自由度上，金属直接打印相对于传统失蜡铸造的优势，正体现得越来越明显。

粉末床激光熔融技术常用于钛、铝或不锈钢材料的打印，黄金或银合金很难利用激光熔融直接制造，因为它们具有高反射率和导热性。由于其较高的技术门槛，贵金属增材制造还存在以下问题：

(1)表面精度和光滑度不够理想。增材制造出来的珠宝首饰成品，其表面精度和光滑度难以与传统失蜡铸造的首饰相比，需要大量的后处理工序。

(2)贵金属粉末成本高昂。能够用来增材制造的贵金属粉末，纯度、颗粒度要求非常高，因此成本较高。

(3)贵金属具有较高的反射率和导热性。将贵金属与其他金属或黏合剂混合或许能够解决这个问题。

(4)不适合大批大量定制。

(5)实际的可借鉴的珠宝设计案例有限。基于增材制造的珠宝设计仍然相对匮乏。

尽管面临着诸多难题，人类对贵金属增材制造的探索已经有了不小的进步。2014 年，EOS 公司推出一款可直接增材制造贵金属的设备，用来成形珠宝首饰以及高端手表，如图 14－6 所示。

图 14－6
增材制造珠宝首饰和高端手表

2016 年 3 月，英国 Cooksongold 公司开发了铂金粉末。公司与白金协会(PGI)合作，打造出了世界首批增材制造的铂金首饰，如图 14－7 所示。前者的作品是根据中国古代花瓶设计的手镯，后者的作品则是以骨骼结构为灵感的镂空袖扣。

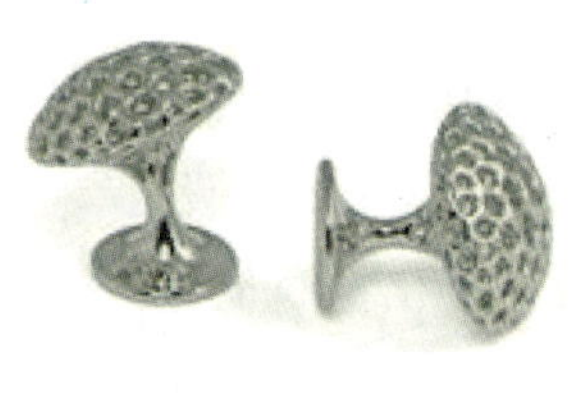

图 14－7
铂金首饰

2017 年 3 月，德国贵金属与金属化学 FEM 研究所宣布研究出了一种新方法，可以显著提高通过粉末床激光熔融技术增材制造黄金的质量。研究者将金与铁和锗混合，因为这两种合金中的铁和锗都被氧化了，可以降低合金的反光率，如图 14－8 所示。

图 14－8
黄金增材制造件

使用粉末床激光熔融技术成形贵金属首饰，不仅可以缩短时间，还提高了设计师的设计自由度。设计师可以不用考虑加工工艺，随意发挥自己的创意。一旦这种贵金属增材制造设备大量应用，那么整个珠宝首饰工艺流程，将省略蜡模和铸造这两个环节。

14.3 超大尺寸成形

当前，受光学器件的限制，国内外金属增材制造成形设备尺寸普遍偏小，但是涡轮机叶片、发动机等绝大多数难于加工的复杂构件的尺寸均超过金属增材制造成形设备的成形能力，使粉末床激光成形技术在航空航天领域难以大展拳脚。因此，为了在传统粉末床激光熔融技术的基础上提高成形效率、增大成形幅面尺寸，多光束粉末床熔融技术应运而生。多光束激光选区熔化技术可有效地减少零件内应力、翘曲，减少球化及裂纹等缺陷，具有成形工艺性好、制件性能优良、材料利用率高、适用性广和可直接制造具有复杂形状的金属零件等优点，尤其是适用于制造航空航天、汽车等领域具有复杂形状的零部件，具有广阔的应用前景和广泛的应用范围。

目前，商业化大尺寸粉末床激光熔融设备，几乎都是采用多台激光器、多振镜分区同时扫描成形方案，面临着激光聚焦光斑定位精度、激光功率一致性、多光束无缝拼接、多象限加工重合区制造质量控制以及大功率长时间工作条件下的光学系统的稳定性控制等众多技术难题。图 14-9 所示为一种多激光分区和气流配置方案，在多激光器增材制造设备中，当多个激光器在比较近的距离内工作时，一个激光器发射激光将影响到另一个激光器，这取决于它们在惰性气体流中所处的相对位置。当一个激光器处于另一个激光器的下风向时，其激光束会受到上风向激光熔融的影响。针对不同拼接方式对成形件表面尺寸精度以及内部缺陷的影响机制，张思远等研究发现，交错拼接方式中相邻两层之间的拼接界面彼此错开，在保证相邻激光分区有效熔合的同时可有效控制激光重复扫描过程中重熔的影响范围，抑制拼接界面处的熔合不良缺陷，最终成形件表面平整。在多光束激光选区熔化条件下，通过应用交错拼接方式实现不同激光扫描区域之间的拼接，可有效改善成形件的尺寸精度和冶金质量。

多激光束新型设备的研发是设备商竞相追逐的焦点。当前市场上主流大尺寸粉末床激光熔融设备的配置如表 14-1 所列。

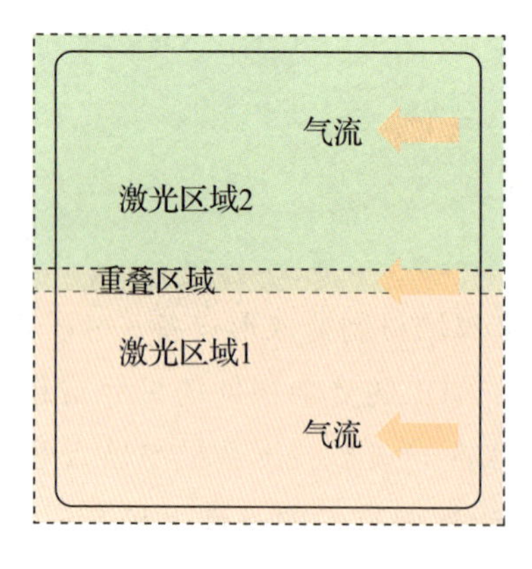

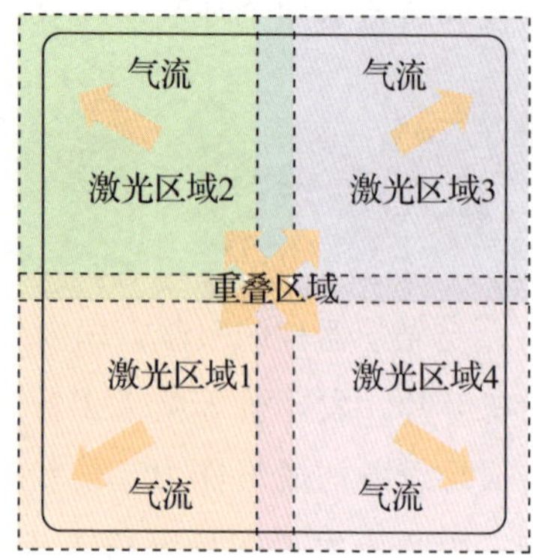

图 14-9 多激光分区和气流配置举例
（来源：Renishaw）

表 14-1 市场主流大尺寸粉末床激光熔融设备的配置

机型	最大成形尺寸	配置
探真 TZ-SLM500A	500mm×500mm×1000mm	四激光四振镜
雷佳增材 DiMetal-500	500mm×250mm×300mm	双激光双振镜
华曙 FS421M	425mm×425mm×420mm	双激光双振镜
易加三维	455mm×455mm×500mm	双激光四振镜
铂力特 BLT-S600	600mm×600mm×600mm	四激光四振镜
SLM Solution SLM 500	500mm×280mm×365mm	四激光四振镜
EOS M400	400mm×400mm×400mm	四激光四振镜

国内上海探真公司首次提出四激光束扫描的增材制造新方法，其 TS 系列四激光扫描成形设备 TZ-SLM500A 成形尺寸可以达到 500mm×500mm×1000mm，成形精度为±0.05mm。与单激光系统相比，多激光系统大大减少了成形前期的多次准备时间，虽然其铺粉的行程长、成形零件多，但四激光同时打印造成的单层花费时间却并未延长。

中国航空工业集团有限公司的航空工业制造院成功研发我国最大尺寸多激光选区熔化增材制造设备，为解决大型复杂件轻量化结构研制难题提供了良好平台。该设备突破了双光束实时协同控制、激光振镜动态聚焦控制、路径数据文件解析技术以及激光选区熔化控制等多项关键技术，配备双激光头及推拉式双向加工工位，零件成形尺寸可以达到 810mm×450mm×700mm。据悉，该设备的研制成功，为解决我国航空、航天、船舶等军用制造业领域的大型复杂件轻量化结构研制难题提供了良好平台。

2020 年，铂力特公司推出大尺寸成形设备 BLT - S600，如图 14 - 10 所示，该设备最大成形尺寸达 600mm×600mm×600mm，可满足多种应用场景零件尺寸需求，解决高端应用领域中大尺度异形空间曲面特征、多特征跨尺度结构、镂空网状及空间连续拓扑包络等复杂结构的一体化成形难题。该设备采用多光束拼接技术，4 个高品质 500W 光纤激光器协同打印，较单激光设备打印效率可提升 60%以上。此外，该设备采用双向铺粉技术，消除单向铺粉的无效时间，有效提升零件成形效率。

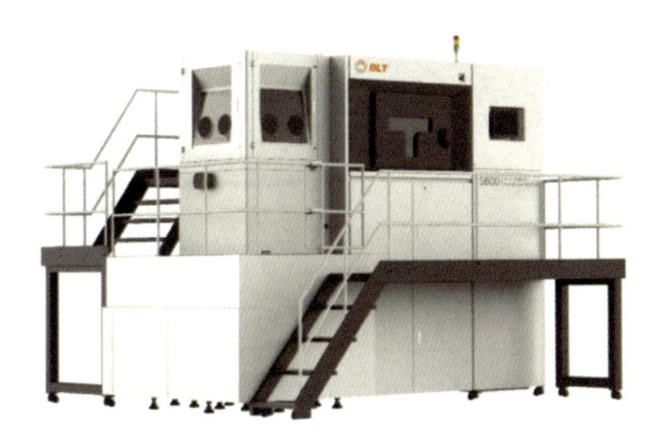

图 14 - 10
铂力特 BLT - S600

14.4　高分辨率粉末床激光熔融

金属增材制造设备一个发展趋势是研发出高精度桌面级微尺度的增材制造打印机、满足一些中小企业及相关科研机构的迫切需求。

国内外在增材制造打印设备研发上普遍以工业级为主，著名国外公司包括德国 EOS 公司、德国 SLMSolutions 公司、美国 3D Systems 公司、德国 Concept Laser 公司、英国 Renishaw 公司和德国 Realizer 公司。上述主流金属增材制造设备聚焦光斑在 100～200 μm 之间，加工层厚为 20～100 μm，粉末平均粒径为 20～40 μm，这几个关键技术参数导致成形零件尺寸精度一般在 100 μm，表面粗糙度 *Ra* 为 15 μm。主流金属增材制造追求大尺寸，但是分辨率不足。

工业与医疗等高端应用领域对金属增材制造的精度提出更高要求。一些高端应用领域如汽车燃油喷嘴、电子元器件等，对金属增材制造的精度要求更多，开发高分辨率激光微熔化金属增材制造设备，是金属增材制造技术向微尺度迈进的重要一步。很多微型零部件很难用传统工艺生产，但是近年对这类产品的需求大幅增加。这一需求的发展趋势体现在 3 个方面：个体化、功能集成和小型化。图 14－11 所示为高分辨率的增材制造零件。

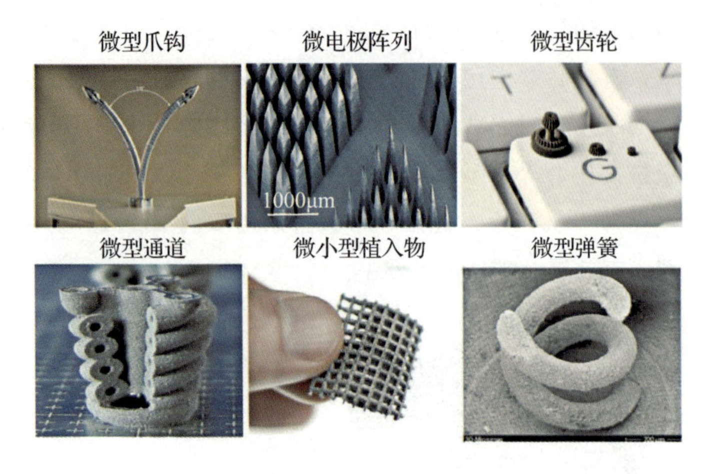

图 14－11　高分辨率的增材制造零件

激光微熔化增材制造系统集合增材制造与微机械系统优势，制造高分辨率、高精度的零部件，并且可以直接制造出免装配功能结构件，这些优势来源于系统微细光斑、精细粉末和超低加工层厚。国外维也纳技术大学(Vienna University of Technology)等机构开发出纳米结构增材制造设备，可制造一体化微型活动机构，为解决个性化、功能一体化和微机械等提供解决方案，但还仅限于树脂材料。

德国汉诺威激光中心(LZH)的科学技术工作者，成功研发出基于选择性激光微熔融(SL μM)技术的增材制造工艺，使用铂金、镍钛合金、不锈钢等材质来制作医疗植入物。图 14－12 所示为利用 SL μM 技术制造的微型血管支架。

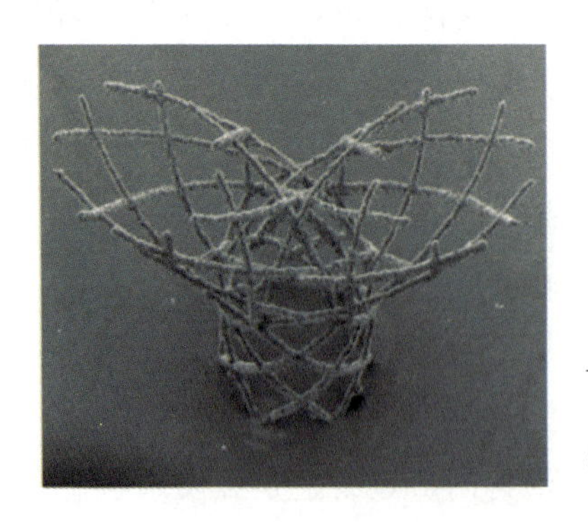

图 14－12
基于 SLμM 技术的微型血管支架

14.5 质量控制与熔池监控反馈

质量保证和过程监控是将增材制造技术从模型加工水平提升到一流车间制造水平的必要手段。粉末床激光熔融零件制备过程中以激光作为能量源熔化粉末形成熔池，且熔池内的金属会产生流动，随着激光的移开，熔池凝固形成了单道熔覆层。熔池及单道熔覆层的特性影响着最终所制备零件的质量，所以需要着重对熔池的情况进一步了解。

目前，激光增材制造过程监控的系统主要集中在对熔池的物理参数进行在线检测和对组件的缺陷进行检测并且通过反馈控制减少这些缺陷上。激光监控过程主要分为两个部分：一个是数据采集，一个是数据处理。数据采集主要有两个部分：熔池形貌和熔池温度。熔池形貌一般是通过 CCD 相机或红外相机得到，熔池温度一般是通过光电二极管或高温计测得。数据处理是指将测得的数据经加工后传送给控制器，由控制器对系统的运行参数进行配置更新，对系统的运行过程进行有效的控制，从而使产品的质量得到提高。值得注意的是控制器使用的控制方法有多种：传统的 PID 控制、模糊控制、人工智能控制如神经网络控制等。目前使用最为成熟的是传统 PID 控制；目前研究的热点是各种人工智能控制方法。

S. Berumen 等利用高速相机检测熔池尺寸，利用光电二极管检测熔池的平均辐射，建立了一套用于激光粉末床熔化工艺的同轴监测系统，系统原理示意图如图 14－13 所示。研究结果表明，采用此系统可有效监测制造过程中熔池出现的偏差信息，测量结果可作为反馈量对制造过程进行控制。

目前的研究表明，由于实现控制系统和生产过程的集成十分复杂、测量工具与传感器的局限、实时控制的难以实现等因素，许多系统尚未在实际工业生产过程中应用。该研究尚处于发展阶段。相信在不久的将来，随着研究的不断深入，激光增材制造监控技术将会得到更成熟的发展和实际的应用。

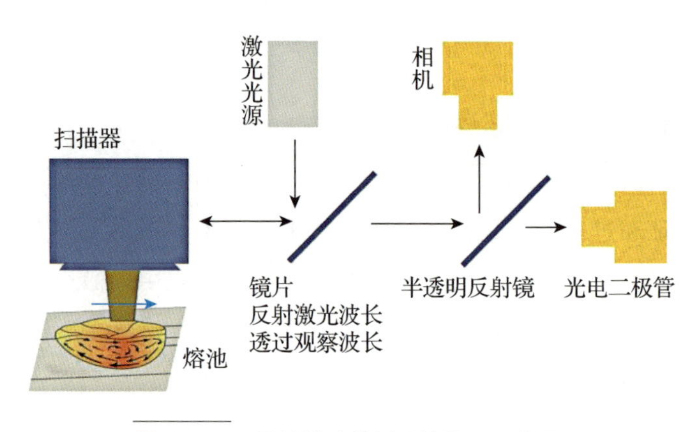

图 14-13 同轴熔池监测系统原理示意图

14.6 增减材复合+智能增材制造

增减材复合制造的过程是在一台机器上结合增材和减材的过程，复合制造通过使用增材和减材两种技术来制造物体。由于这种双重性质，复合制造机器可以使用这两种工艺中的任何一种来开始生产零件。开始生产使用加法增材制造可以比单独铣削更有效，通常能提供更广泛的设计自由。

增减材的复合加工系统主要应用于金属零件加工领域，通常金属增材制造技术使用的材料为粉末或线材，主要利用激光熔覆和等离子成形技术进行加工。其中，粉末材料适用于精细部件和小部件成形，而线材则适用于大型结构部件的制造。通过消除某些层沉积产生的恒星效应，实现了 CNC 精加工以确保所需的精度。如图 14-14 所示，将减材制造与增材制造进行有机集成，进行复合加工能够有效将二者优缺点进行互补，提高生产效率，降低成产成本。

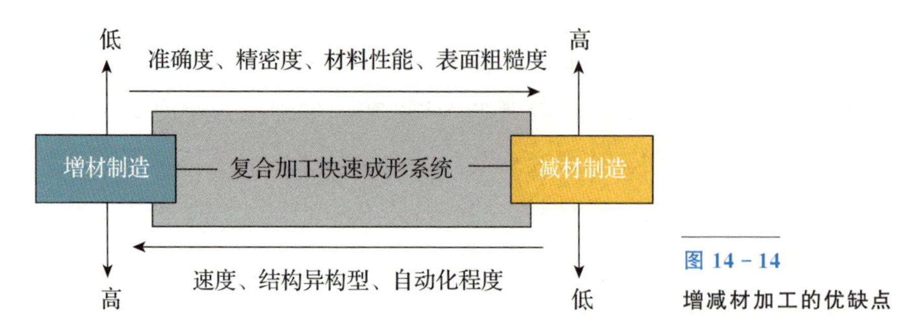

图 14-14 增减材加工的优缺点

增减材复合制造技术不仅具有增材制造的成形速度快、材料利用率高和复杂结构易成形等优点，还兼具机械加工高质量和高精度等优点，是复杂金属构件整体成形的重要手段之一。日本松井(Matsuura)公司推出的 Lumex Avance-25 复合加工机床是将激光熔化增材制造与铣削加工集成，如图 14-15 所示。Lumex Avance-25 是在一台机床上先进行选择性激光熔化加工，然后借助高速铣削精加工整个零件或其部分表面以获得高精度和高表面质量。如图 14-16 所示，Lumex Avance-25 复合加工机床的工艺过程是每打印 10 层(约 0.5～2mm)形成一金属薄片后，用高速铣削(主轴转速为 45000r/min)对其轮廓精加工一次，再打印 10 层，再精铣轮廓，不断重复，最终叠加成为高精度、结构复杂的零件。

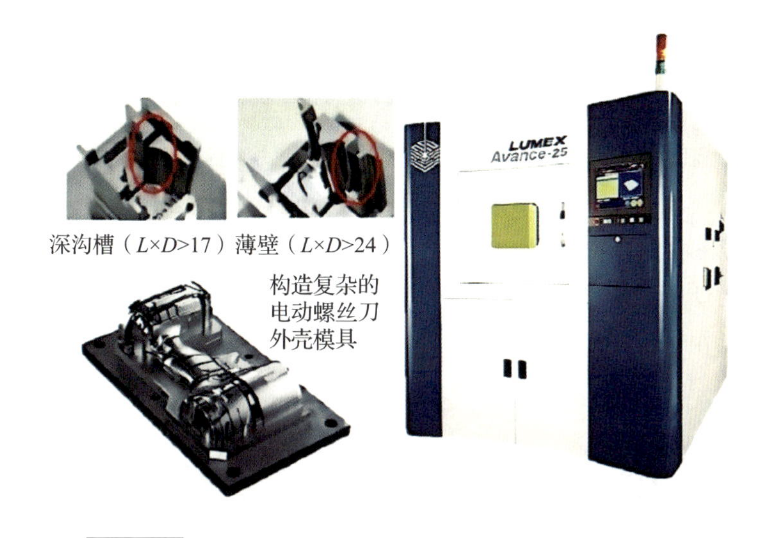

图 14-15　Lumex Avance-25 复合加工机床及其加工的零件

激光熔化和铣削复合加工的最大优点是无需拼装即可制成复杂模具。传统制造方法是将复杂模具分解为若干组件，制成后加以拼装，不仅费时费事，而且不可避免存在一定误差，降低了模具的精度。在激光烧结增材制造和铣削集成的机床上却可将具有深沟、薄壁的复杂模具一次加工完成，完全改变了复杂模具的设计和制造过程。

近年来，随着增材制造与减材制造技术的融合，以及自动化技术与人工智能技术的发展，增材制造装备向着智能化方向更新换代。

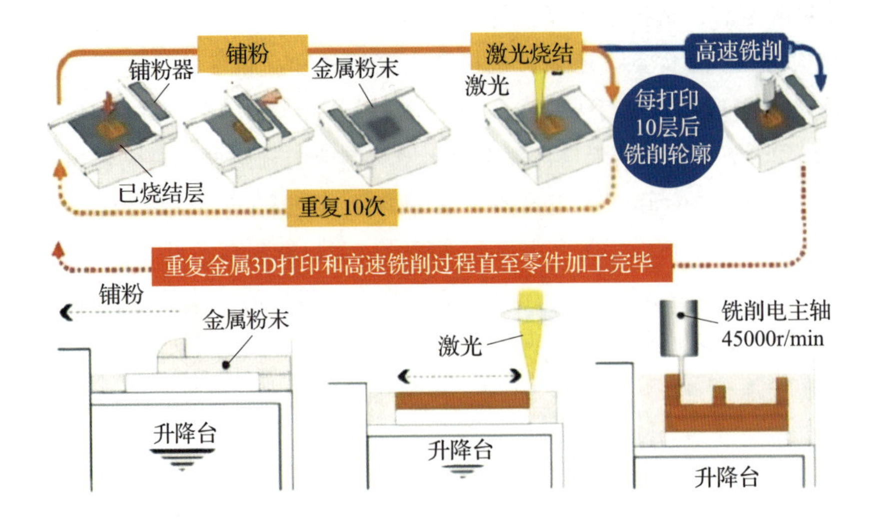

图 14-16 Lumex Avance-25 复合加工机床的工艺过程

美国旧金山的 Velo 3D 公司开发出新的智能熔化粉末床金属增材制造系统，该系统打破了基于粉末床选区金属熔化领域的“45°规则”，可以在不需要支撑的情况下打印角度低至10°的零件特征，如图 14-17 所示。Velo 3D 的特点是能够在没有支撑的情况下构建低角度几何形状。与常规增材制造技术相比，还可以在不需要支撑的情况下构建高达 40mm 的大内径。

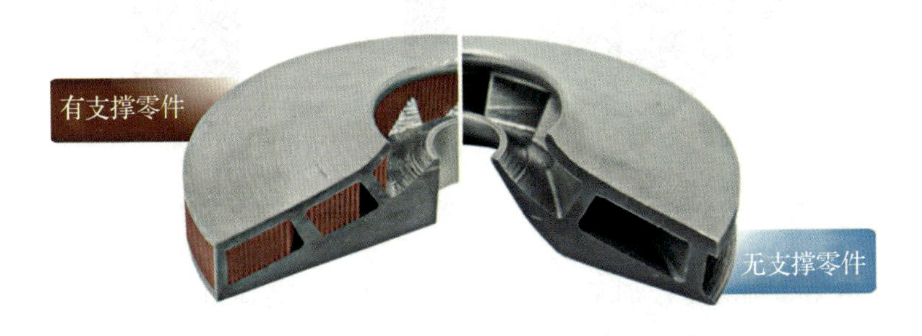

图 14-17 传统有支撑零件与 Velo 3D 公司的 3D 打印无支撑零件

在 2019 年 Formnext 展会上，EOS 公司展出一款生产型解决方案。该解决方案由多种硬件和软件模块组成，对成形过程中前后环节的工作流程进行简化、并行化处理，特别是对于运行多个 3D 打印系统的情况。该共享模块在高质量金属零件制造方面具有效率高、可扩展性强并且兼具成本优势。

粉末床激光熔融技术的一个关键部分是用于生产零部件的粉末的处理。

粉末的质量至关重要，因为它决定了材料的性能，是保证高质量产品的唯一途径。先进技术公司通过 Russell AMPro Sieve Station 粉末筛分回收系统来处理粉末自动化生产，提高了工艺流程的效率和可靠性。该系统完全模块化，可以直接集成到现有的粉末床系统的构建过程中。

目前，在增减材复合制造设备的硬件系统方面均有许多研究成果，能将相应的增材机构集成到数控机床，但是大多数的改造设备旨在满足相应的实验要求，能够真正投入商用的复合加工机床相对较少。单个过程的突破可以促进复合过程的发展。但是，为了充分实现复合制造过程，需要解决一些未来的研究进展。

参考文献

[1] DADBAKHSH S, SPEIRS M, VAN HUMBEECK J, et al. Laser additive manufacturing of bulk and porous shape-memory NiTi alloys: From processes to potential biomedical applications[J]. MRS Bulletin, 2016, 41(10): 765 - 774.

[2] FRENZEL J, GEORGE E P, DLOUHY A, et al. Influence of Ni on martensitic phase transformations in NiTi shape memory alloys[J]. Acta Materialia, 2010, 58(9): 3444 - 3458.

[3] TAN C, LI S, ESSA K, et al. Laser Powder Bed Fusion of Ti-rich TiNi lattice structures: Process optimisation, geometrical integrity, and phase transformations[J]. International Journal of Machine Tools and Manufacture, 2019, 141: 19 - 29.

[4] 高荣伟. 记忆合金：4D 打印概念的主线[J]. 电信快报：网络与通信, 2016(7): 47 - 48.

[5] 陈花玲, 罗斌, 朱子才, 等. 4D 打印-智能材料与结构增材制造技术研究进展[J]. 西安交通大学学报, 2018, 12: 1 - 12.

[6] 宋波, 卓林蓉, 温银堂, 等. 4D 打印技术的现状与未来[J]. 电加工与模具, 2018 (6): 1.

[7] 张争艳. 异质多材料零件快速成形关键技术研究[D]. 武汉：武汉理工大学, 2014.

[8] WANG P, LAO C S, CHEN Z W, et al. Microstructure and mechanical properties of Al - 12Si and Al - 3.5Cu - 1.5Mg - 1Si bimetal fabricated by selective laser melting [J]. Journal of Materials Science & Technology, 2020, 36: 20 - 28.

[9] CHEN C, GU D, DAI D, et al. Laser additive manufacturing of layered TiB2/Ti - 6Al - 4V multi-material parts: Understanding thermal behavior evolution[J]. Optics & Laser Technology, 2019, 119: 105666.

[10] 吴伟辉，杨永强，毛桂生，等. 异质材料零件 SLM 增材制造系统设计与实现[J]. 制造技术与机床，2019 (10): 13.

[11] MEI X, WANG X, PENG Y, et al. Interfacial characterization and mechanical properties of 316L stainless steel/inconel718 manufactured by selective laser melting[J]. Materials Science and Engineering: A, 2019, 758: 185 - 191.

[12] CHEN J, YANG Y, SONG C, et al. Interfacial microstructure and mechanical properties of 316L/CuSn10 multi-material bimetallic structure fabricated by selective laser melting[J]. Materials Science and Engineering: A, 2019, 752: 75 - 85.

[13] 王迪，王艺锰，杨永强. 一种基于金属 3D 打印的多材料成形装置：中国，CN208853710U[P]. 2019 - 05 - 14.

[14] 王迪，王艺锰，杨永强. 一种基于金属 3D 打印的多材料成形装置与方法：中国，CN108907189A[P]. 2018 - 11 - 30.

[15] TAN C, ZHOU K, MA W, et al. Interfacial characteristic and mechanical performance of maraging steel-copper functional bimetal produced by selective laser melting based hybrid manufacture [J]. Materials & Design, 2018, 155: 77 - 85.

[16] WEI C, LI L, ZHANG X, et al. 3D printing of multiple metallic materials via modified selective laser melting[J]. CIRP Annals, 2018, 67(1): 245 - 248.

[17] DEMIR A G, PREVITALI B. Multi-material selective laser melting of Fe/Al -12Si components[J]. Manufacturing Letters, 2017, 11: 8 - 11.

[18] CHIVEL Y. New approach to multi-material processing in selective

laser melting[J]. Physics Procedia, 2016, 3: 891-898.

[19] SING S L, LAM L P, ZHANG D Q, et al. Interfacial characterization of SLM parts in multi-material processing: Intermetallic phase formation between AlSi10Mg and C18400 copper alloy[J]. Materials Characterization, 2015, 107: 220-227.

[20] MA J, ZHANG J, LIU W, et al. Suppressing pore-boundary separation during spark plasma sintering of tungsten[J]. Journal of Nuclear Materials, 2013, 438(1-3): 199-203.

[21] WANG D, YU C, ZHOU X, et al. Dense pure tungsten fabricated by selective laser melting[J]. Applied Sciences, 2017, 7(4): 430.

[22] QI H, MAZUMDER J, KI H. Numerical simulation of heat transfer and fluid flow in coaxial laser cladding process for direct metal deposition[J]. Journal of Applied Physics, 2006, 100(2): 024903.

[23] THOMPSON S M, BIAN L, SHAMSAEI N, et al. An overview of Direct Laser Deposition for additive manufacturing; Part I: Transport phenomena, modeling and diagnostics[J]. Additive Manufacturing, 2015, 8: 36-62.

[24] HAN L, LIOU F W, MUSTI S. Thermal behavior and geometry model of melt pool in laser material process[J]. Journal of Heat Transfer. 2005, 127: 1005-1014.

[25] HE X, MAZUMDER J. Transport phenomena during direct metal deposition [J]. Journal of Applied Physics, 2007, 101(5): 053113.

[26] 余保桢. 多光束激光选区熔化成形TA15合金的基础研究[D]. 武汉：华中科技大学，2019.

[27] 3D打印世界. 揭秘贵金属珠宝首饰3D打印：Cooksongold[EB/OL]. (2016-7-15)[2020-04-26]. http://www.i3dpworld.com/observation/view/2114.

[28] 华融普瑞. 3D打印首饰——3D打印金、银、铜等贵金属方面的应用(之选择性激光熔融技术)[EB/OL]. (2017-05-31)[2020-4-26]. http://www.3dpways.com/news/news16-732.html.

[29] 南极熊. 探真激光TS系列金属3D打印机，最大尺寸可达500mm[EB/OL].

(2020 - 3 - 11)[2020 - 04 - 26]. http://www.nanjixiong.com/forum.php?mod=viewthread&tid=140282&highlight=%B4%F3%B3%DF%B4%E7.

[30] 张思远，王猛，王冲，等．拼接方式对多光束 SLM 成形 TC4 成形特性的影响[J]．应用激光，2019，39(04)：544 - 549.

[31] 3D 科学谷．如何通过多激光器 3D 打印技术构建高完整性的金属零件(上)．[EB/OL]．(2018 - 09 - 28)[2020 - 4 - 26]. http://www.3dsciencevalley.com/? p=13099.

[32] 3D 科学谷．更好的粉末筛分，更好的回收，更好的金属 3D 打印[EB/OL]．[2020 - 04 - 19]http://www.3dsciencevalley.com/? p=14457.

[33] BERUMEN S，BECHMANN F，LINDNER S，et al. Quality control of laser-and powder bed-based Additive Manufacturing (AM) technologies [J]. Physics Procedia，2010，5：617 - 622.

[34] 3D 科学谷．EOS 面向敏捷自动化金属 3D 打印推出全新的解决方案[EB/OL]．[2020 - 03 - 10] http://www.3dsciencevalley.com/?p=17454.

[35] 吴伟辉，杨永强，毛桂生，等．激光选区熔化自由制造异质材料零件[J]．光学精密工程．2019，27(03)：517 - 526.

[36] ZHANG L C，ATTAR H. Selective Laser Melting of Titanium Alloys and Titanium Matrix Composites for Biomedical Applications：A Review[J]. Advanced Engineering Materials，2016，18(4).

[37] PUTRA N E，MIRZAALI M J，APACHITEI I，et al. Multi-material additive manufacturing technologies for Ti -，Mg -，and Fe-based biomaterials for bone substitution[J]. Acta Biomaterialia，2020：109.

[38] SMELOV V G，SOTOV A V，AGAPOVICHEV A V. Research on the possibility of restoring blades while repairing gas turbine engines parts by selective laser melting[J]. 2016，140(1)：012019.

[39] KAPLANSKII Y Y，LEVASHOV E A，KOROTITSKIY A V，et al. Influence of aging and HIP treatment on the structure and properties of NiAl-based turbine blades manufactured by laser powder bed fusion[J]. Additive Manufacturing，2020，31：100999.

［40］GRADL P R，PROTZ C，FIKES J，et al. Lightweight Thrust Chamber Assemblies using Multi-Alloy Additive Manufacturing and Composite Overwrap[C]. [s. l.]：AIAA Propulsion and Energy 2020 Forum. 2020：3787.

［41］ZHU Z，DHOKIA V G，Nassehi A，et al. A review of hybrid manufacturing processes – state of the art and future perspectives[J]. International Journal of Computer Integrated Manufacturing，2013，26(7)：596 – 615.

第15章 粉末床激光熔融过程防护安全与粉末污染

15.1 激光安全与防护措施

15.1.1 激光危害

金属3D打印设备在打印过程中激光器会从输出孔径中发射不可见的激光辐射，不可见激光辐射可超过4类激光产品的可达发射极限（accessible emission limit，AEL）值，可能导致以下危险。

1. 机械危险

大部分激光设备自身都可能产生机械危险，尤其是当激光设备缺乏适当保护或手工移动时。

2. 触电危险

大部分激光器在高电压条件下运行，其电容器在电源切断后仍维持储存的能量，在检修期间容易引发危险。

3. 高温危险

某些增材制造设备激光器在加工或发生故障时，其表面会发热。图15-1所示为持续高温导致准直镜爆裂。

图15-1
准直镜由于持续的高温而爆裂

4. 振动危险

机械振动会影响激光系统的漂移，导致光路失准，产生危险的漂移光束。

5. 辐射危险

辐射危险包括：

(1) 由直接入射或反射的激光束产生的危险。

(2) 电离辐射产生的危险。

(3) 由诸如射频/功率源产生的伴随辐射危险(如紫外线、微波等)。

(4) 因光束作用靶材而产生的二次辐射造成的危险。

(5) 接触直射和散射辐射会对眼睛造成伤害、灼伤人体组织和引起火灾。

6. 材料加工危害

激光增材制造过程中，激光与金属粉末的相互作用会产生刺激性的、有毒的甚至致命的挥发、烟气、固体颗粒和其他大气污染物。

15.1.2　激光安全防护措施

1. 个体防护装备

按照 GB/T 11651—2008 中条款，需佩戴防激光护目镜(根据激光波长选择)，应穿戴防静电手套、防静电表带、防静电鞋袜。

2. 个体及加工过程防护措施

(1) 避免眼睛和皮肤暴露在直射或者散射辐射下。

(2) 成形过程中避免频繁打开成形室门，禁止将头、手或身体其他部位伸入成形室内。

(3) 需监控设备运行状态，从而在发生警报时采取适当的动作。

(4) 严禁在成形腔内氧含量还没降为零时进行加工成形。

(5) 加工前，确保保护镜已经擦拭干净。

(6) 在清除成形件粉末和舱体清洁期间，禁止触摸激光镜片窗口。

(7) 观察窗需要有激光防护玻璃或激光防护涂层、光路系统有密封/水冷、激光器需要有水冷/风冷，设备需要放置在空调房中间以防止结露。

(8) 在设备维护、检修及加工准备阶段应确保激光器电源断开。

3. 工作环境防护措施

(1) 张贴安全标示。

安全标志	标志释义
	当心烫伤标志，表明处在标志处应当注意高温危险，防止人身体直接接触导致严重烫伤
	当心激光标志，表明处在标志处应当注意附近看不见的激光，防止激光对人体造成严重的烧伤或者导致失明
	当心触电标志，表明处在标志处应当注意附近存在的高电压，防止其对人体造成严重的电击伤害
	穿防护衣标志，表明操作设备时应当穿上防护衣，防止金属粉末对人体造成伤害
	戴防护手套标志，表明操作设备时应当戴上防护手套，防止手部直接接触金属粉末或零件时造成烫伤或割伤
	戴防护面具标志，表明进入车间时应当戴上防护面具，防止吸入过多的金属粉末导致呼吸道疾病等危害
	戴防护镜标志，表明操作设备时应当戴上防护镜，防止激光辐射损害眼睛(严重时导致失明)

(2) 金属增材制造设备应符合下列规定：

①附有设备安全操作说明书。

②设过载保护装置。

③内外便于打扫，无粉尘集聚的空隙。

④良好接地。

⑤密封良好，无粉尘泄漏。

图 15－2 所示为光纤由于杂质混入而烧损。

图 15－2
光纤由于杂质混入而烧损

(3) 激光器设备具有明确标识，至少包括：制造商的名称和地址、生产日期、系列或型式的说明、序列号、激光器的类别和功率、激光辐射的警示标志、穿戴个体防护装备的必要性、设备最大成形尺寸、最大工作负荷、检查频次等。

其中，标志、符号和书面警告应易于理解且含义明确。激光辐射警告标记的颜色、尺寸及打印样式应符合 GB 7247.1—2012 的规定，其他注意事项和警告标记的颜色、尺寸及打印样式应符合 GB/T 2893（所有部分）规定的要求。

(4) 设备的安全与正确操作。

① 设备使用前对电源、电机、气源、冷却等模块进行检查，观察是否处于正常工作状态，并至少上电空载测试 5min。

② 采取自动控制时，首先要调整好限位装置，以免超越行程造成事故。

③ 突发状况应严格按照设备异常、报警等预案执行规定急停、断电操作。如遇火情，亦需依据规定进行灭火、断电等操作。

④ 操作员需进行专用设备培训并持证上岗，熟悉指定型号设备的正确操

作流程。

⑤ 成形完成后应按规定流程执行清理设备、移动部件复位、断电等操作。

(5) 加工单位应根据设备厂家要求，定期对设备进行检查和维护。

① 建议定期对设备进行检查，检查内容包括设备外壳、电气连接、激光水管连接和软管。

② 在进行设备维护和检修前，确保激光器的电源已关闭，否则可能导致严重的人身伤害。

③ 设备过滤器需要每月清洁，确保其有效工作以及气流顺畅通过。

④ 进行设备维护操作时，需穿戴完整的个人防护设备。

⑤ 危险警告标签缺失或受损时，应及时补充。

图 15-3 所示为振镜镀膜在长时间工作条件下的烧损。

图 15-3
振镜镀膜在长时间工作条件下的烧损

15.2 粉末污染与防护措施

15.2.1 粉末危害

(1)由于运输、存储、使用及回收等环节操作不当而使不同种类、不同批次粉末混用，将导致成形质量的下降及成形设备的污染。

(2)细小的悬浮固体颗粒可产生有害粉尘，长期暴露于此环境中可能引发许多疾病，如尘肺病、呼吸道疾病、哮喘病，以及肺功能降低等。

(3)眼部接触金属粉末会导致刺激和灼伤。

(4)金属粉末具有可燃性，在高温条件下，会产生有害气体，空中悬浮物超出极限时会引发火灾或爆炸危险。发生火灾或爆炸，前提是满足图 15-4 中的 3 点基本因素：① 可燃粉末或易燃物质；② 氧气源(空气)；③ 着火源。

其中，可确定的着火源包括：加工激光和静电放电。当存在一定数量的可燃粉尘(金属粉末)或任何其他危险物质和氧气时，静电放电可能成为火灾或爆炸的导火索。图 15-5 所示为气体循环滤芯，由碳化物和易燃粉末堆积和遇到高温而自燃。

图 15-4　引起爆炸的 3 个条件

图 15-5　气体循环滤芯由于堆积和高温的碳化物和易燃粉末而自燃

15.2.2　粉末安全防护措施

1. 个体防护装备

按照 GB/T 11651—2008 条款，需佩戴防尘口罩(防颗粒物呼吸器)、防毒面具、防尘防静电阻燃防护服，应穿戴防静电手套、防静电表带、防静电鞋袜。

2. 个体及加工过程防护措施

(1) 禁止在金属打印设备或利用该工艺生产的尚未适当清洁的组件附近进食或吸烟。

(2) 加工结束后，要用水和肥皂彻底清洗手部。

(3) 任何污染衣物与其他衣物分开清洗。

(4) 系统内应充惰性气体保护，氧含量的安全上限为 5000 μL/L(0.5%)，当多次调整仍不能低于此数值时，应立即停止加工过程并进行处理。

(5) 成形过程中要设置合理的抽风速度，将产生的烟尘及时抽走。

(6) 需监控设备运行状态，从而在发生警报时采取适当的动作。

(7) 禁止在设备运行时拆下过滤器，只能在成形完成后进行。

(8) 成形过程中应确保成形室内的压力在合理的范围内，超过一定值时应开出气口进行降压。

(9) 加工仓中难于清理的残余粉末一定要用内部注水的防爆吸尘器去吸，若采用普通的吸尘器，容易发生爆炸。

(10) 当完成钛和铝合金成形后，拆下过滤器并用水冲洗，否则可能引发火灾。

3. 工作环境防护措施

1）车间粉尘环境管理

(1) 配备 PM2.5 检测与空气净化装置。

(2) 车间内的粉末的清理应当使用吸尘器吸或酒精擦拭等方法进行清理，不能采用“吹”的方式。

(3) 车间内应当制定清洁规范，员工遵循清洁规范对车间进行清洁。

(4) 车间内应当安装粉尘监测设备，以便及时对车间的粉尘进行控制，使其达到合理的范围。

图 15－6 所示为堆积的防爆吸尘吸滤芯的碳化物与金属粉末及滤芯自燃。

图 15－6

堆积的防爆吸尘吸滤芯的碳化物与金属粉末及滤芯自燃

(5) 应当制定车间清理时间表，员工按时对车间进行清理，如每日清理一次，每周大清理一次，每月彻底清理一次等。

2）温度和湿度

工作环境应该是常温、干燥环境，远离火源、避免阳光直射。温度过高或过低、湿度过高会影响激光设备及其安全装置的性能和危及安全操作，同时温度过高和湿度过低容易引起悬浮金属粉末发生火灾。

3）火灾防护措施

（1）生产场所应安全、通风，并保证工房内粉尘浓度控制在 $4mg/m^3$ 以下。

（2）需配备金属 D 型灭火器用于防范突发情况。

（3）在设备安装室的所有通道门上贴上“严禁烟火”安全警告。

（4）静电防护措施应按 GB 12158—2006 中相关条款执行。

（5）应加强管线、阀门、设备的日常检查力度，发现故障应及时予以维修。

（6）发生火灾时，为降低造成金属粉末悬浮的风险，避免用水、泡沫、二氧化碳灭火器或加压灭火器灭火，可通过用干砂、珍珠岩粉、石绵毯等惰性物质包围火源等手段灭火。

（7）灭火人员应经过专门训练。

4)粉末泄漏

（1）出现粉末泄漏时，立即用抗静电铲子及天然纤维毛刷等非合成刷深入金属容器轻轻扫除，并收集在专用金属容器中，妥善处理。

（2）避免泄漏的粉末接触油脂、油类、溶剂或易燃物。

（3）禁止使用压缩空气清洁泄露或残留的金属粉末。

15.2.3　粉末污染防护措施

1. 粉末存储与运输

（1）应将金属粉末存储在密封的非易燃易爆容器中，存放在远离火源的阴凉干燥处。

（2）装有易燃金属粉末的容器必须贴上标签，标明“易燃固体”。

（3）为避免静电放电引起火灾，禁用塑料袋存储易燃金属粉末。

（4）大量贮存金属散装粉末时，应对粉末温度进行连续降温(如用手触摸法进行检查)；当发现温度升高或气体析出时，应及时采取粉末冷却措施。

（5）每批产品应附有产品质量证明书，其上注明供方名称、相应标准编号、包装日期。

（6）金属粉末应在有遮盖物的环境下进行运输，运输过程应防止雨淋受潮、严禁剧烈碰撞和机械挤压，运输过程应平稳，无剧烈振动。搬运过程应轻装轻卸。

(7) 金属粉末沉重，在抬起和搬运时应采取预防措施，防止受伤。

2. 加工成形前

(1) 用异丙醇清洁基板后，确保异丙醇残留物清除干净，避免与碳钢发生化学反应。

(2) 严禁将未进行筛分的金属粉末添加进粉料缸。

(3) 严禁将不同的粉末添加在同一粉料缸内。

(4) 严禁没有对成形室进行清理干净就添加另外一种新粉末。

(5) 严禁粉料缸没回原点就进行添加粉末。

(6) 严禁没有进行计算成形件所需的粉末量就进行加工成形。

(7) 加工前，确保加工参数已经设置好，基板铺上一层很薄的粉末(约0.02mm)。

3. 换粉

(1) 在更换金属粉末前应确保激光器电源已断开。

(2) 在更换金属粉末过程中，应始终穿戴防护手套、呼吸面罩和带有侧面防护的护目镜。

(3) 禁用刷子长距离清理易燃金属粉末，因为可能产生静电。

4. 加工成形后

(1) 打印结束后，需要冷却10～20min再打开成形室，防止高温下的成形件和粉末遇到空气被氧化或发生自燃。

(2) 加工后在侧壁上留下的黑烟只能用湿纸巾去擦拭，禁止用吸尘器吸。

(3) 在进行清理烟尘净化器中的粉末时，应先对其断电，同时避免剧烈运动，使用导电设备进行导电处理。

(4) 干式烟尘净化器的滤材应使用防静电滤料或金属网。

(5) 在清理烟尘净化器时使用天然纤维(如棉、棕等)或防静电材料制作的工具，防止产生静电。

(6) 清理烟尘净化器应在潮湿、低温等环境下进行。

15.2.4　特殊、高活性材料粉末的操作

规范性引用文件：

GB 15577—2018 粉尘防爆安全规程

GB/T 17919—2008 粉尘爆炸危险场所用收尘器防爆导则

GB 17269—2003 铝镁粉加工粉尘防爆安全规程

1. 铝、铝合金与镁合金的注意事项与正确操作

（1）在铝、铝合金与镁合金粉末的搬运、装载与清理过程中，应有防止静电放电和电气火花的措施，存储环境需配备干沙或 D 型灭火器用于防范突发情况。

（2）铝、铝合金与镁合金应贮存于无水分、无油、无杂质的金属桶或其他封闭式容器，并密封良好，存于干燥地方，同时应距门窗、采暖热源 1m 以外。

（3）铝、铝合金与镁合金成形过程中应额外关注成形腔内氧含量情况，严防气密性等问题导致的成形腔内氧气含量达到爆炸阈值。

（4）铝、铝合金与镁合金金属粉尘禁止采用正压吹送的防尘系统；其他可燃性粉尘除尘系统采用正压吹送时，应采取可靠的防范点燃源的措施。

（5）铝、铝合金与镁合金金属粉末金属制品加工过程中产生的可燃性金属粉尘场所宜采用湿法除尘。

（6）除尘器中的铝、铝合金与镁合金应每班清理。

（7）当完成铝、铝合金与镁合金金属的成形后，拆下过滤器并用水冲洗，否则可能引发火灾。

2. 纯钛、钛合金的注意事项与正确操作

（1）纯钛、钛合金粉末属于易燃易爆物，贮存于阴凉、通风处。远离火源、热源，贮存环境温度不高于30℃，相对湿度不超过 80%。

（2）纯钛、钛合金粉末应保持密封，严禁与空气等接触。同时应与氧化剂、酸类、卤素等分开存放。贮存环境需配备干沙或 D 型灭火器用于防范突发情况。

（3）纯钛、钛合金粉末的成形过程中，难于避免会产生烟尘；为了保证加工质量和成形精度，成形过程中要设置合理的抽风速度，将产生的烟尘及时抽走。

（4）除尘器中的纯钛、钛合金粉末应每班清理。

15.3 气体钢瓶安全与防护

在粉末床激光熔融成形过程中涉及氮气、氩气等惰性保护气的使用，相比氢气、氯气等活性、毒性气体，惰性气体的运输、贮存与使用安全问题常常被忽视。

15.3.1 安全隐患

（1）气体钢瓶没有醒目标志，甚至出现以专用气瓶盛装其他气体的现象。

（2）忽略了有些气体混合在一起会发生反应，反应剧烈甚至会产生爆炸，如乙炔与氧气、氢气与氧气、氯气与乙炔等。

（3）对气体钢瓶的安全使用规范操作重视不够，不熟悉气体的性质属性，对气体钢瓶的使用未能正确掌握，气瓶的存放缺乏固定装置，对气阀的使用及气阀的安全检查工作不到位。

（4）实验室防爆设施不健全，如通风不良、气体钢瓶带静电、气体钢瓶泄漏检测等问题，未及时处理而存在安全隐患。

（5）气体钢瓶管理规章制度不健全。管理人员责任分工不明确，缺少专人监督和处理，导致一些问题无人发现，出了问题也无法及时处理，因而存在安全隐患。例如，气体钢瓶附件丢失、气体钢瓶气体泄漏、气体钢瓶的残存气体及空瓶处理等都需要有专人经常检查处理。

15.3.2 气体钢瓶的安全使用、运输与存放

1. 气体钢瓶的安全使用

（1）压力气体钢瓶上选用的减压器要分类专用，安装时螺母要旋紧，防止泄漏；开、关减压器和开关阀时，动作必须缓慢；使用时应先旋动开关阀，后开减压器；用完后，先关闭开关阀，放尽余气后，再关减压器。切不可只关减压器，不关开关阀。

（2）使用压力气体钢瓶时，操作人员应站在与气体钢瓶接口处垂直的位置。操作时严禁敲打撞击，并经常检查有无漏气，应注意压力表读数。

（3）瓶内气体不得用尽，必须留有剩余压力或重量，永久气体气体钢瓶的剩余压力应不小于 0.05MPa；液化气体气体钢瓶应留有不少于 0.5%～1.0% 规定充装量的剩余气体。

2. 气体钢瓶的运输

气体钢瓶在运输或搬运过程易受到震动和冲击，可能造成瓶阀撞坏或碰断而造成安全事故。为确保气体钢瓶在运输过程中的安全，气体钢瓶运输时注意以下几点：

（1）装运气体钢瓶的车辆应有“危险品”的安全标志。气体钢瓶必须配戴好气瓶帽、防震圈，当装有减压器时应拆下，气体钢瓶帽要拧紧，防止瓶阀摔断造成事故。

（2）气体钢瓶应直立向上装在车上，妥善固定，防止倾斜、摔倒或跌落，车厢高度应在瓶高的 2/3 以上。

（3）所装介质接触能引燃爆炸，产生毒气的气体钢瓶，不得同车运输。易燃品、油脂和带有油污的物品，不得与氧气瓶或强氧化剂气瓶同车运输。

（4）搬运气体钢瓶时，要旋紧瓶帽，以直立向上的位置来移动，注意轻装轻卸，禁止从气体钢瓶的安全帽处提升气体钢瓶。近距离（5m 内）移动气瓶，应用手扶瓶肩转动瓶底，并且要使用手套。移动距离较远时，应使用专用小车搬运，特殊情况下可采用适当的安全方式搬运。

3. 气体钢瓶的存放

（1）气体钢瓶的存储场所应通风、干燥、防止雨（雪）淋、水浸，避免阳光直射，严禁明火和其他热源，不得有地沟、暗道和底部通风孔，并且严禁任何管线穿过。

（2）气体钢瓶应分类存储，并设置标签，如图 15－7 所示。空瓶和满瓶分开存放。氧气或其他氧化性气体的气体钢瓶应与燃料气体钢瓶和其他易燃材料分开存放。

（3）气体钢瓶应直立存储，用栏杆或支架加以固定或扎牢，禁止利用气体钢瓶的瓶阀或头部来固定气瓶。支架或扎牢应采用阻燃的材料，同时应保护气体钢瓶的底部免受腐蚀。禁止将气体钢瓶放置到可能导电的地方。

（4）气体钢瓶（包括空瓶）存储时应将瓶阀关闭，卸下减压器，戴上并旋紧气瓶帽，整齐排放。实验室对高压气体钢瓶必须分类保管，直立固定并经常检查是否漏气，严格遵守使用气体钢瓶的操作规程。

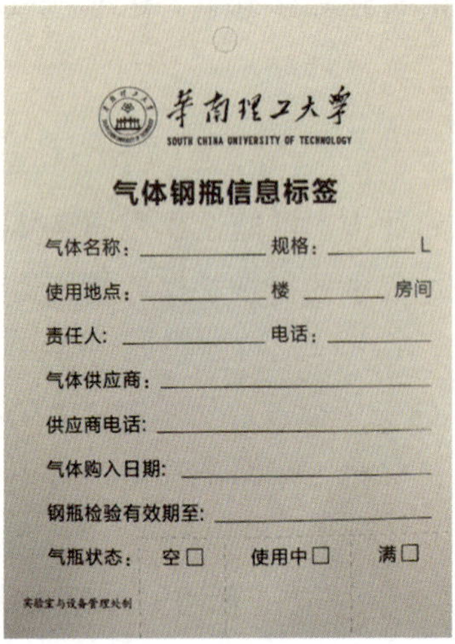

華南理工大學
SOUTH CHINA UNIVERSITY OF TECHNOLOGY

气体钢瓶信息标签

气体名称：________ 规格：________L
使用地点：________楼 ________房间
责任人：________ 电话：________
气体供应商：________
供应商电话：________
气体购入日期：________
钢瓶检验有效期至：________
气瓶状态： 空□ 使用中□ 满□

实验室与设备管理处制

图 15－7
华南理工大学气体钢瓶信息标签

4. 气体钢瓶的管理

(1) 按气体的性质制定相应的管理制度和操作规程，并在实验室张贴气体钢瓶使用制度。

(2) 为防止压缩气体钢瓶安全事故发生，应实行气体钢瓶使用登记管理制度。

(3) 建立气体钢瓶存放规则制度。

(4) 建立气体钢瓶日常检查制度。